Jasper Schagerl

Umstände erzählen

Minima

Literatur- und Wissensgeschichte kleiner Formen

Herausgegeben von
Anke te Heesen, Maren Jäger, Ethel Matala de Mazza
und Joseph Vogl

Band 10

Jasper Schagerl

Umstände erzählen

Die Prosa des Falls bei Harsdörffer, Thomasius und Gayot de Pitaval

DE GRUYTER

Zugl.: Berlin, Humboldt-Universität zu Berlin, Sprach- und literaturwissenschaftliche Fakultät, Dissertation, 2023, u. d. T.: Die Umstände des Falls. Kasuistische Verfahren bei Harsdörffer, Thomasius und Gayot de Pitaval.
Die Veröffentlichung wurde gefördert aus dem Open-Access-Publikationsfonds der Humboldt-Universität zu Berlin, den Publikationsfonds der Staats- und Universitätsbibliothek Bremen und durch die Deutsche Forschungsgemeinschaft (DFG)-276772850/GRK 2190.
Die zugrundeliegende Forschung wurde gefördert durch die Deutsche Forschungsgemeinschaft (DFG) – Graduiertenkolleg 2190.

Gefördert durch Deutsche Forschungsgemeinschaft

Literatur- und Wissensgeschichte kleiner Formen

ISBN 978-3-11-135856-7
e-ISBN (PDF) 978-3-11-135868-0
e-ISBN (EPUB) 978-3-11-135869-7
ISSN 2701-4584
DOI https://doi.org/10.1515/9783111358680

Library of Congress Control Number: 2025933550

Bibliografische Information der Deutschen Nationalbibliothek
Die Deutsche Nationalbibliothek verzeichnet diese Publikation in der Deutschen Nationalbibliografie; detaillierte bibliografische Daten sind im Internet über http://dnb.dnb.de abrufbar.

Einbandentwurf: Philip Kraut und Jasper Schagerl aufgrund von Entwürfen des DFG-Graduiertenkollegs „Literatur- und Wissensgeschichte kleiner Formen“ und des Verlags Walter de Gruyter.
Coverabbildung: Crispijn de Passe, Warhafte Contrafactur Desz Fur- / treffelichen Edelstein Und Kleinodien Kaufmans Iohan Von Wely Burger Zu Amsterdam, Und Klare Beschreibung, Wie Groulich Deselb Ins Graven Hag Ermordt Ist Am 14, Martij Ao. 1616, 1616, Kupferstich, Typendruck, 199 x 263 mm, Kulturstiftung Sachsen-Anhalt, Kunstmuseum Moritzburg Halle (Saale), Inventarnummer MOIIF00860, Foto: Kulturstiftung Sachsen-Anhalt.
Druck: CPI books GmbH, Leck

www.degruyterbrill.com
Fragen zur allgemeinen Produktsicherheit:
productsafety@degruyterbrill.com

Für Vali, Christoph und Susanna

Inhalt

Einleitung: Kasuistische Verfahren

1 Frühneuzeitliche Rechtsfallsammlungen

Hannover, Herbst 1677. Leibniz' Rücken wird wohl schmerzen. Schon seit Stunden sitzt er über Akten gebeugt an seinem Schreibtisch und exzerpiert ihren Inhalt. Es handelt sich um einen Kriminalfall, den Leibniz in seiner Funktion als Hofrat bearbeitet. Ein Bauer, so wird berichtet, habe in einem Mollenfeldener Wirtshaus einem Hausierer „etliche Löcher in den Kopf geschlagen". Dieser sei eine Woche später verstorben, „Kopf und leib sey dicke geschwollen gewesen", heißt es, „blut und unflat aus maul und nase gangen".[1] Wie so oft hat der promovierte Jurist Leibniz von der Justizkanzlei die Aufgabe erhalten, einen Aktenauszug anzufertigen, der als Urteilsvorlage dienen soll. War er ewig dazu verdammt, „einzig und allein die Sisyphusarbeit der Rechtshändel wie einen Felsblock wälzen zu müssen"?[2] Seitdem er die Stelle am hannoveranischen Hof angenommen hatte, war er kaum zu mathematischen oder philosophischen Studien gekommen: „Ich muss Gerichtsakten studieren, rechtliche Entscheidungen treffen und mitunter auf Anordnung des Fürsten politische Gutachten erstellen."[3] Und nun erneut ein Prozess. Schon wieder Akten. Seit dem Erlass der Peinlichen Halsgerichtsordnung Kaiser Karls V. von 1532, der sogenannten *Carolina*, galt im Deutschen Reich eine Offizial- und Instruktionsmaxime. Sie verpflichtete die Obrigkeit bei Vorfällen wie der Wirtshausschlägerei zur Strafverfolgung und Ermittlung der Wahrheit auch dann, wenn es an Kläger:innen fehlte.[4] Der 1495 von König Maximilian I. verkündete

1 Gottfried Wilhelm Leibniz, Tödliche Schlägerei in Hedemünde, in: Sämtliche Schriften und Briefe, hg. von der Preußischen (nunmehr Deutschen) Akademie der Wissenschaften zu Berlin und der Akademie der Wissenschaften zu Göttingen, Darmstadt (nunmehr Berlin) seit 1923, 4. Reihe, 3. Bd., 600–603, hier: 600.

2 Gottfried Wilhelm Leibniz, Brief an Hermann Conring [Juni 1678], in: Sämtliche Schriften, 1. Reihe, 2. Bd., 630–634, hier: 633: „Sane nollem ego ad saxum hoc forense unice volvendum damnari Sisypio ritu". Meine Übersetzung orientiert sich mit leichter Modifikation an Lotte Knabe, Einleitung, in: Leibniz, Sämtliche Schriften, 4. Reihe, 3. Bd., XIX–XXXVIII, hier: XXVII.

3 Leibniz, Brief an Hermann Conring [Juni 1678], 633: „Caeterum nunc inter Consiliarios quos vocant aulicos allecto alia fateor agenda imponi et ex actorum judicialium lectione dicendam de litibus sententiam esse, nonnunquam et pertonentia ad Rempublicam jussi Principis esse tractanda".

4 In dieser Arbeit wird immer dann ein Gender-Doppelpunkt verwendet, wenn davon auszugehen ist, dass das jeweilige Nomen bzw. Pronomen in der historischen Situation nicht ausschließlich Männer repräsentierte. In einigen Fällen werde ich auf den Gender-Doppelpunkt verzichten, weil für den konkreten historischen Kontext in den Quellen keine Belege für nicht-männliche Repräsentant:innen nachweisbar sind.

https://doi.org/10.1515/9783111358680-001

„Ewige Landfriede" hatte hierfür den Grundstein gelegt: Fortan herrschte in Rechtssachen ein staatliches Gewaltmonopol, zu dessen Ausübung mit dem Reichskammergericht eine zentrale Verwaltungsorganisation gegründet wurde.[5] Dieser staatliche Anspruch bei der Verfolgung von Straftaten hatte sich nach dem Westfälischen Frieden von 1648 noch vergrößert.

Leibniz exzerpiert das Protokoll des Amtmanns aus der Region, in der sich der Vorfall ereignet haben soll. Und er exzerpiert die versammelten Zeugenaussagen. Der Täter soll dem Opfer eine Kanne „auffm Kopf enzwey" geschlagen, „den griff in der hand" behalten und ihm „sehr auff dem Kopf damit herumb" gestoßen haben.[6] Leibniz ärgert sich. Die lokalen Amtsmänner seien sowohl bei der Obduktion des Leichnams als auch „mit examinirung des thäters etwas negligenter umbgangen".[7] Wer war noch alles beteiligt gewesen? Sei der Täter „truncken gewesen oder nicht"? Hat er einen vorsätzlichen „willen gehabt"? Gab es ein Motiv? Seit der Rezeption des römisch-kanonischen Rechts Ende des 15. Jahrhunderts waren solche juristischen Kategorien auch im Deutschen Reich zu beachten. Leibniz vermerkt in seinem Bericht, dass man den Untersuchungsrichtern vor Ort „einen kleinen Verweiß zuschreiben" solle, und empfiehlt, die „umbstände" des Vorfalls genauer zu untersuchen. Zur besseren Übersicht solle man diese zudem in einzelne „articel" bringen.[8]

Erneuter Aktenverkehr also. In der zweiten Untersuchung nehmen die Einzelheiten des Vorfalls Gestalt an: Der geständige Inquisit sei im Verlaufe eines Streits „blutrünstig worden". Er hatte, so ein anwesender Förster, zum Zeitpunkt der Schlägerei bereits „3 Kannen bier getruncken gehabt". Wenn er nicht eingeschritten wäre, hätte der Täter den armen Hausierer wohl „noch härter tractirt." Eine „sonderliche feindschafft" mit dem Opfer habe er aber nicht gehabt. Auslöser des Streits seien „böse wort" gewesen.[9] Ein ärztliches Gutachten wiederum vermerkt, das Opfer habe einige Tage später über „Kopfwehe geclaget", woraufhin ihm „herzstreckungen" verordnet worden waren und er „unter der Zunge zur ader gelassen" worden sei.

---

5 Zur Gründung des Reichskammergerichts vgl. Bernhard Diestelkamp, Das Reichskammergericht. Der Weg zu seiner Gründung und die ersten Jahrzehnte seines Wirkens (1451–1527), Köln 2003; sowie aus organisationsgeschichtlicher Perspektive Rena Schwarting, Organisationsbildung und gesellschaftliche Differenzierung. Empirische Einsichten und theoretische Perspektiven, Wiesbaden 2021.

6 Leibniz, Tödliche Schlägerei, 601.

7 Leibniz, Tödliche Schlägerei, 601.

8 Leibniz, Tödliche Schlägerei, 601–602.

9 Leibniz, Tödliche Schlägerei, 602–603.

Welchen Ausgang der Prozess genommen hat, ist unbekannt. Sein weiterer Verlauf ist nicht überliefert. Der von Leibniz angefertigte Aktenauszug wird jedoch einen Urteilsvorschlag enthalten haben. Welche Strafe er gefordert haben mag, lässt sich aus dem überlieferten Auszug nicht ermessen. Gewiss scheint, dass ein Urteil nicht allein durch die Subsumtion des Falls unter ein Gesetz gefällt worden ist. Entscheidungen, so Leibniz, sollten stets im Blick auf den Einzelfall getroffen werden, „alles nach gelegenheit der personen, des verbrechens, und der umbstände, als zeit und orth, welche bisweilen machen[,] daß die straffe zu erhöhen und zu vermindern [ist].“[10] *Minima circumstatia variat rem*, weiß Leibniz. Der kleinste Umstand verändert den Sachverhalt. Schließlich war er als Jurist „die vorfallende[n] umbstände zu betrachten geübet“.[11] Sie mussten registriert und mit Hilfe eines komplexen Selektions- und Verdichtungsverfahrens zur Darstellung gebracht werden. Erst so entstand ein entscheidbarer Fall des Rechts.

Das In-Form-Bringen von Umständen hatte in der Frühen Neuzeit eine prozessrechtliche Relevanz. Nach dem Vorbild des römisch-kanonischen Prozessrechts trennte das Inquisitionsverfahren strikt zwischen lokaler Ermittlung und zentraler Urteilsfindung. Mit Erlass der *Carolina* wurde es im Deutschen Reich eingeführt.[12] Die Trennung von Tatsachenerhebung und Rechtsanwendung lag darin begründet, dass an den lokalen Gerichten zumeist ungelehrte Rechtspraktiker tätig waren, die mit der Komplexität des römisch-kanonischen Rechts überfordert waren.[13] Verwaltungstechnisch wurde so zudem das Gewaltmonopol des Staates gesichert. Die Entscheidung sollten rechtskundige Gelehrte an den Obergerichten oder den juristischen Fakultäten der Universitäten treffen. Juristen wie Leibniz. Die vor Ort gesammelten Tatsachen wurden in Akten an Spruchkollegien gesendet, von denen die lokalen Gerichte wiederum Urteilsvorschläge erhielten, deren Verbindlichkeit

10 Gottfried Wilhelm Leibniz, Erfordernisse einer guten Landesregierung, in: Sämtliche Schriften, 4. Reihe, 3. Bd., 366–370, hier: 368.

11 Gottfried Wilhelm Leibniz, Vorschlag zur Bildung einer Medizinalbehörde, in: Sämtliche Schriften, 4. Reihe, 3. Bd., 370–376, hier: 375.

12 Zur Rezeption des römisch-kanonischen Rechts im strafrechtlichen Bereich vgl. Winfried Trusen, Strafprozeß und Rezeption. Zu den Entwicklungen im Spätmittelalter und den Grundlagen der Carolina, in: Strafrecht, Strafprozeß und Rezeption. Grundlagen, Entwicklung und Wirkung der Constitutio Criminalis Carolina, hg. von Peter Landau und Friedrich-Christian Schroeder, Frankfurt a. M. 1984, 29–118.

13 Zur Vermittlung der neuen Verfahrensgrundsätze an ungelehrte Rechtspraktiker vgl. Eva Schumann, Rechts- und Sprachtransfer am Beispiel der volkssprachigen Praktikerliteratur, in: Transfer von Expertenwissen in der Frühen Neuzeit – Gelehrte Diskurse in der volkssprachigen Praxis, hg. von ders. und Udo Friedrich, Göttingen 2018, 61–111.

im Laufe der Frühen Neuzeit stetig zunahm.[14] Die Fakultäten erhielten dadurch einen erheblichen Einfluss auf die Rechtspraxis. Und mit diesem Prinzip wurde die Aktenversendung als eine neue Form schriftlicher Kommunikation eingeführt, was einen mediengeschichtlichen Umbruch einleitete.[15] Im Medium der Akten wurden empirische Begebenheiten fortan durch einen „juristischen Filter" beobachtet.[16] *Quod non est in actis, non est in mundo* lautete der neue Rechtsgrundsatz. Die Welt der Erfahrung verdoppelte sich um ein juristisches Imaginäres.[17]

Die Früchte ihrer praktischen Tätigkeit publizierten die Fakultäten in Kommentaren und Lehrbüchern sowie in unzähligen Konsilien- und Fallsammlungen. Solche Sammlungen fungierten als Arsenale für die Bearbeitung künftiger Fälle und leiteten als Präjudizien die Entscheidung in Rechtssachen.[18] Die Spruchsammlungen hatten eine normative Qualität, während manche, etwa die Entscheidungen des Reichskammergerichts in Speyer, dem höchsten Gericht im Deutschen Reich, sogar gesetzesgleiches Ansehen genossen.[19] Es war juristisches Fingerspitzengefühl gefragt. Fallrechtliches Argumentieren verlangte „die Abarbeitung an den Umständen" von bereits entschiedenen Fällen[20] – eine Praxis, die in der Frühen Neuzeit elementarer Bestandteil der juristischen Ausbildung war.[21]

---

14 Vgl. Ulrich Falk, Consilia. Studien zur Praxis der Rechtsgutachten in der frühen Neuzeit, Frankfurt a. M. 2006.

15 Vgl. Peter Oestmann, Aktenversendung, in: Handwörterbuch zur deutschen Rechtsgeschichte (HRG), hg. von Albrecht Cordes, zitiert nach HRGdigital, URL: https://www.hrgdigital.de/id/aktenversendung/stichwort.html (31.01.2025); sowie Cornelia Vismann, Medien der Rechtsprechung, hg. von Alexandra Kemmerer und Markus Krajewski, Frankfurt a. M. 2011, 98–111.

16 Christian Kirchmeier, Verbrechen als Exemplum. Zu Poetik und Pragmatik frühneuzeitlicher Kriminalliteratur am Beispiel des ‚aktenmäßigen Berichts' über Lips Tullian (1716), in: IASL 41.1 (2016), 1–20, hier: 8.

17 Zum juristischen Imaginären vgl. James Boyd White, The Legal Imagination, Chicago und London 1985.

18 Vgl. Filippo Ranieri, Kasuistik und Regelbildung bei der Rechtsfindung im europäischen Ius commune des 16.–17. Jahrhunderts, in: Dogmatisierungsprozesse in Recht und Religion, hg. von Georg Essen und Nils Jansen, Tübingen 2011, 153–188.

19 So z. B. die Fallsammlung von Andreas Gail, die zwischen 1578 und 1771 in ca. dreißig Auflagen in verschiedenen europäischen Staaten erschien. Vgl. Michael Stolleis, Geschichte des öffentlichen Rechts in Deutschland. 1. Bd. Reichspublizistik und Policeywissenschaft. 1600–1800, München 1988, 134–138.

20 Thomas-Michael Seibert, Die Lehre vom Rechtszeichen. Entwurf einer allgemeinen Rechtslehre, Berlin 2017, 420.

21 Zur Logik der fallrechtlichen Argumentation vgl. Wolfgang Raible, Die Weisheit des (Fall-)Rechts, in: Weisheit, hg. von Aleida Assmann, München 1991, 437–452.

Die kasuistische Ausrichtung an Präjudizien hatte ihren Grund in der unsicheren Rechtslage.[22] Die Gesetze zeichneten sich in der Frühen Neuzeit durch mangelnde Systematik und „normative Unbestimmtheit" aus.[23] Nicht alle Delikte waren abschließend normiert, genauso wenig die angedrohten Strafen und Rechtsfolgen. Auch war ein positives Strafgesetz keine Bedingung für die Strafbarkeit einer Handlung. Da Tatbestandsmerkmale, Rechtsfolgen oder die Voraussetzungen der Strafbarkeit wie Vorsatz, Fahrlässigkeit oder Strafunmündigkeit nicht konsequent festgelegt waren, ergaben sich für die per Aktenversendung ins Spiel gebrachten Rechtsgelehrten erhebliche Interpretationsspielräume.[24]

Gerade in ihrer Umstandsbezogenheit boten sich ihre Entscheidungen als Präjudizien an. Im Wald der unbestimmten Delikte lieferten Fallsammlungen eine Orientierungshilfe, auf die Entscheider aufgrund der unübersichtlichen Rechtslage zwingend angewiesen waren. Rechtsgelehrte überschwemmten den Büchermarkt mit Fallsammlungen.[25] Wie die Gutachtertätigkeit versprachen auch die für die Entscheidung benötigten kasuistischen Sammlungen ein lukratives Nebeneinkommen. Jenseits lückenhafter Ordnungen und kollidierender Normen erwiesen sich solche Fallsammlungen auch im Blick auf die komplexen Verfahren und beweistechnischen Eigenarten des inquisitorischen Prozesses als unverzichtbar. Mit ihrer Hilfe konnten sich Juristen mit der Anwendung der diffizilen Beweisregeln und den Argumentationsmethoden vertraut machen.

Im Fall der Wirthausschlägerei machte Leibniz von der Technik des Aktenauszugs Gebrauch. Diese Technik war seit dem Reichstag zu Worms 1495 als eine Verfahrens- und Entscheidungspraxis etabliert und im Jüngsten Reichsabschied

---

22 Zum Fallrecht der Frühen Neuzeit vgl. Case Law in the Making. The Techniques and Methods of Judicial Records and Law Reports, hg. von Alain Wijffels, 2 Bde., Berlin 1997.

23 Karl Härter, Strafrechts- und Kriminalitätsgeschichte der Frühen Neuzeit, Berlin und Boston 2018, 65.

24 Zur flexiblen Entscheidungspraxis der frühneuzeitlichen Strafjustiz vgl. Ulrike Ludwig, Das Herz der Justitia. Gestaltungspotentiale territorialer Herrschaft in der Strafrechts- und Gnadenpraxis am Beispiel Kursachsens 1548–1648, Konstanz 2008, 8–94; Harriet Rudolph, Eine gelinde Regierungsart. Peinliche Strafjustiz im geistlichen Territorium. Das Hochstift Osnabrück (1716–1803), Konstanz 2001, 98–104.

25 Heinrich Gehrke hat einen Großteil dieser sich aus dem Zivilrecht entwickelnden Sammlungen gesichtet und zusammengetragen. Vgl. ders., Die privatrechtliche Entscheidungsliteratur Deutschlands. Charakteristik und Bibliografie der Rechtsprechungs- und Konsiliensammlungen vom 16. bis zum Beginn des 19. Jahrhunderts, Frankfurt a. M. 1974; eine Bibliografie ausschließlich strafrechtlicher Sammlungen findet sich bei Georg Wilhelm Böhmer, Handbuch der Litteratur des Criminalrechts in seinen allgemeinen Beziehungen, mit besondrer Rücksicht auf Criminalpolitik nebst wissenschaftlichen Bemerkungen, Göttingen 1816, 558–567.

von 1654 schließlich normiert worden.[26] Fest im universitären Kurrikulum verankert, folgte die sogenannte Relationstechnik einer ausdifferenzierten Methodik, die in Praxishandbüchern erläutert wurde.[27] Eine „Relation" war „ein kurtzer Begriff derjenigen vornehmsten Stücke / welche in denen Actis selbst weitläufftig sind angeführet worden."[28] Sie fungierte als komprimierter Bericht des Falls, den der mit dem Gutachten betraute Referent dem Spruchkollegium als Entscheidungsgrundlage vorlegte. Neben der Eruierung von Normen und Rechtsfragen hatte der Referent auch die konkreten Umstände von Tat und Täter:in zu bewerten. Die in der Relationstechnik vermittelten „Reguln vom Ausziehen aller die Sache selbst angehenden Umstände" halfen ihm bei der Formierung eines entscheidbaren Falls.[29]

Leibniz' langjährige Perfektionierung der Relationstechnik rechtfertigte in seinen Augen eine Gehaltserhöhung. In einem Anfang des Jahres 1677 verfassten Gesuch an seinen Dienstherren Herzog Johann Friedrich, rühmt er sich damit, bereits eine Reihe von „Relationes aus actis und Urtheil abgefaßet, und allezeit dieses Zeignüß erhalten [zu haben], daß an dem so von mir ausgearbeitet worden, sowohl was die krafft der vernunftgründe, als was die clarheit der ausdruckungen betrifft, wenig zu endern gewesen."[30] Einige seiner Relationen zu Fällen wie Falschmünzerei, Wilddiebstahl oder Erbstreitigkeiten sind erhalten geblieben.[31] Sie geben ein eindrucksvolles Zeugnis von Leibniz' juristischer Tätigkeit. 1667 in Altdorf mit einer Arbeit zu „perplexen Fällen"[32] zum *doctor juris utriusque* promoviert – zum Doktor beider Rechte (des römischen und des kanonischen) –, konnte Leibniz

---

26 Vgl. Der jüngste Reichsabschied von 1654. Abschied der römisch kais. Majestät und gemeiner Stände, welcher auf dem Reichstag zu Regensburg im Jahr Christi 1654 aufgerichtet ist, hg. von Adolf Laufs, Bern und Frankfurt a. M. 1975, §§ 143–156.

27 Vgl. Filippo Ranieri, Stilus Curiae. Zum historischen Hintergrund der Relationstechnik, in: Rechtshistorisches Journal 4 (1985), 75–88; Eckhardt Meyer-Krentler, „Geschichtserzählungen". Zur Poetik des Sachverhalts im juristischen Schrifttum des 18. Jahrhunderts, in: Erzählte Kriminalität. Zur Typologie und Funktion von narrativen Darstellungen in Strafrechtspflege, Publizistik und Literatur zwischen 1770 und 1920, hg. von Jörg Schönert, Tübingen 1991, 117–157; sowie Wolfgang Schild, Relationen und Referierkunst. Zur Juristenausbildung und zum Strafverfahren um 1790, in: Erzählte Kriminalität, 159–176.

28 Jacob Friederich Ludovici, Anhang Zum Peinlichen Proceß / Von der Arth / Die Acten und Registraturen zu verfertigen / selbe zu excerpiren / und in Gerichten zu referiren, in: Einleitung zum Peinlichen Proceß, 4. Aufl. Halle 1714, 129–144, hier: Kap. III, § II, 141.

29 Justus Claproth, Grundsätze von Verfertigung der Relationen aus Gerichtsacten, mit nöthigen Mustern. Zum Gebrauch der Vorlesungen [...] (1756), 3. verm. und verb. Aufl. Göttingen 1778, 32.

30 Gottfried Wilhelm Leibniz, Brief an Herzog Johann Friedrich [Februar 1677], in: Sämtliche Schriften, 1. Reihe, 2. Bd., 19–22, hier: 20.

31 Vgl. Leibniz, Sämtliche Schriften, 4. Reihe, 3. Bd., 561–772.

32 Gottfried Wilhelm Leibniz, Disputatio Inauguralis De Casibus Perplexis In Jure [...], Altdorf 1666.

am Ende seines Lebens auf eine erfolgreiche juristische Karriere zurückblicken.[33] Zunächst war er Revisionsrat am Oberappelationsgericht in Mainz, dann Hofrat in Hannover und schließlich Geheimer Justizrat im Dienst des Zars Peter des Großen. Das Aktenstudium beschreibt er als eine Art juristisches Erweckungserlebnis: Statt sich mit abstrakten Rechtsfragen aufzuhalten, sei er schon früh in die juristische Praxis eingetaucht. Von einem Freund, der Assessor am Leipziger Hofgericht war, habe der jugendliche Leibniz „Fallakten zu lesen bekommen und anhand von Beispielen gelernt, wie aus ihnen Urteile gewonnen werden können".[34]

Und jeden Tag tauchten neue Fälle auf, „novi enim quotidie casus emergunt", schreibt Leibniz.[35] Um die „Sisyphusarbeit"[36] der kasuistischen Rechtspraxis erträglicher zu gestalten, arbeitete er unermüdlich an Mitteln, um das notwendige Aktenstudium zu erleichtern.[37] Mithilfe eines *continuirlichen Extractum Actorum*, glaubte Leibniz, könne dies gelingen. Der Vortrag aus den Akten solle nicht mehr mündlich erfolgen, da „solche arbeit so zu sagen in den wind und verlohren gehet".[38] Da „man sich der umbstände nicht allemahl wohl erinnern kan", sollten sie in komprimierter Form stattdessen schriftlich „conservirt werden".[39] Der Stand der Dinge ließe sich durch eine Aktenrelation leicht vergegenwärtigen. Aus einem unübersichtlichen Aktenkonvolut mache sie einen „vollkommenen Nucleum" des Falls. Gerade, „wenn die sachen ein wenig schwehr [sind] und in unterschiedlichen

---

33 Zu Leibniz als Jurist vgl. Alberto Artosi und und Giovanni Sartor, Leibniz as Jurist, in: The Oxford Handbook of Leibniz, hg. von Maria Rosa Antognazza, New York 2018, 641–663; sowie Stephan Meder, Der unbekannte Leibniz. Die Entdeckung von Recht und Politik durch Philosophie, Wien, Köln und Weimar 2018.

34 Gottfried Wilhelm Leibniz, Vita Leibnitii a se ipso breviter delineata, in: Die Werke von Leibniz gemäss seinem handschriftlichen Nachlasse [...], hg. von Onno Klopp, Hannover 1864–1884, Bd. 1, XXXII–XLV, hier: XXXVII: „[N]on diu haerens in theoria, quam velut facilem despiciebam, ad praxin juris animum appuli. Erat mihi amicus curiae provincialis Lipsiensis, quam vocant das Hofgerichte, consiliarius assessor. Is et me secum ducebat saepe, et acta legenda dabat, et qua ratione concipiendiae essent sententiae, exemplis docebat."

35 Gottfried Wilhelm Leibniz, Frühe Schriften zum Naturrecht, Lat.–Dt., hg., mit einer Einl. und Anm. vers. und übers. von Hubertus Busche, Hamburg 2003, 71.

36 Leibniz, Brief an Hermann Conring [Juni 1678], 633.

37 Zum Umkreis der Problemlage gehören auch Schriften wie die zur gleichen Zeit verfassten Bedenken, welchergestalt den Mängeln des Justiz-Wesens in Theoria abzuhelfen, in: Leibnitz's Deutsche Schriften, hg. von Gottschalk Eduard Guhrauer, Bd. 1, Berlin 1838, 256–263.

38 Gottfried Wilhelm Leibniz, Unvorgreiflicher Vorschlag Einen continuirlichen Extractum Actorum betreffend, in: Sämtliche Schriften, 1. Reihe, 2. Bd., 47–51, hier: 48.

39 Leibniz, Extractum Actorum, 48 kurs. entf.; vgl. auch die Überlegungen in Von nüzlicher einrichtung eines Archivi, in: Leibniz, Sämtliche Schriften, 4. Reihe, 3. Bd., 332–340. Kurs. entf.

puncten und umbständen bestehen“, ließen sich mithilfe archivierter Relationen Fälle leicht überblicken.[40]

Die Techniken der Umstandsverdichtung, ihrer Relationierung und Darstellung etablierten in der Frühen Neuzeit einen Weltbezug, der Wirklichkeit als Resultat umständlicher Realisierung konstituierte.[41] Bei der Verfestigung stabiler Arbeitsroutinen im Bereich des Verhaltungshandelns standen Textoperationen im Vordergrund, mit denen empirische Vorfälle spezifiziert werden konnten. Fälle wurden zum Produkt umfassender Verfertigungen, von Selektionen, Kürzungen und Verdichtungen. Sie waren Wirklichkeitspräparate, die erst in der Zurichtung und kunstvollen Verknüpfung ihrer Bestandteile in Erscheinung traten.

Die Formationsregeln dieses kasuistischen Wissens untersucht die vorliegende Studie. Sie analysiert die Logik frühneuzeitlicher Fallsammlungen und richtet ihr Augenmerk auf das Problem, dass Fällen, um entscheidbar zu sein, ästhetisch Kontur gegeben werden muss. Diesem Darstellungsproblem widme ich mich. Die leitende These lautet, dass kasuistische Verfahren wie die Relationstechnik in einem engen Verhältnis zu poetischen Formen standen. Um dieses Verhältnis zu fassen, untersuche ich, welche Techniken im Rechtsbereich verwendet wurden, um Fälle les- und damit beurteilbar zu machen.[42] *Vorfälle* mussten in einen institutionell bearbeitbaren *Fall* transformiert werden. Dabei hing die Dynamik kasuistischer Formgebung am Erfassen des jeweiligen Kontexts einzelner Fälle und stand damit immer vor dem Problem, bestimmen zu müssen, welche Aspekte noch zu diesem Kontext gehören und welche nicht mehr. Im Blick auf die Verfahren des Rechts und der Literatur gehe ich den dynamischen Rekonfigurationen von Ereignissen nach und untersuche, durch welche Operationen juristische *Streitfälle* entstanden.

---

40 Leibniz, Extractum Actorum, 48, 49, 50.

41 Zur neuzeitlichen Form von Wirklichkeit vgl. Hans Blumenberg, Wirklichkeitsbegriff und Möglichkeit des Romans, in: Ästhetische und metaphorologische Schriften, Ausw. und Nachw. von Anselm Haverkamp, Frankfurt a. M. 2001, 47–73; sowie ders., Realität und Realismus, hg. von Nicola Zambon. 2. Aufl. Berlin 2020, 21–35, 79–104. Wirklichkeit ist für Blumenberg kein ontologischer Begriff im Sinne eines Seins oder einer *veritas ontologica* und steht damit nicht im Gegensatz zum Scheinbaren. Im Rückgriff auf die phänomenologische Tradition geht es stattdessen um die pragmatische Dimension einer Wirklichkeit, auf die Akteur:innen sich verlassen und berufen können. Zum Wirklichkeitsbegriff Blumenbergs vgl. ausführlich Petra Gehring, ‚Wirklichkeit‘. Blumenbergs Überlegungen zu einer Form, in: Journal Phänomenologie 35 (2011), 66–81; sowie Manfred Sommer, Wirklichkeit, in: Blumenberg lesen. Ein Glossar, hg. von Robert Buch und Daniel Weidner, Frankfurt a. M. 2014, 363–378.

42 Zum Fall-Werden durch Repräsentationsformen vgl. Susanne Düwell und Nicolas Pethes, Fall, Wissen, Repräsentation – Epistemologie und Darstellungsästhetik von Fallnarrativen in den Wissenschaften vom Menschen, in: Fall – Fallgeschichte – Fallstudie. Theorie und Geschichte einer Wissensform, hg. von dens., Frankfurt a. M. und New York 2014, 9–33, hier: 17–24.

Fälle nehme ich damit aus einer doppelten Perspektive ins Visier. Einerseits als allererst zu etablierende Streitfälle, die eine juristische Kontroverse entfachen. Andererseits als sprachliche Darstellung eines vergangenen Ereignisses. Im rhetorischen Modell der Gerichtsrede waren diese beiden Seiten des Falls institutionalisiert. Das rhetorische Verfahren umfasst gegenläufige Positionen, die den *Fall* (*causa*) als *Streitfall* (*controversia*) konstituieren.[43] Die narrative Form der Verteidigungsrede impliziert eine vorherige Anklage, sie ist die Reaktion auf die Fragwürdigkeit einer anderen Darstellung des Falls. Die Formierung eines Vorfalls zu einem rechtlichen Sachverhalt erfolgt in einem Verfahren, dessen Dynamik eine konstitutive Doppelung des Falls in Gang setzt. Dieses Verfahren spitzt sich als Umstandskonflikt zweier antagonistischer Parteien zu. In diesem Sinn entsteht ein Rechtsfall nur dann, wenn temporär unentscheidbar wird, was genau der Fall ist.

Das frühneuzeitliche Recht hat dieses prozedurale Grundmuster vom *genus iudiciale* der antiken Rhetorik geerbt.[44] Noch Leibniz plädierte dafür, Recht stets ausgehend vom konkreten Fall zu ermitteln. Bereits 1667 hatte er in der *Nova Methodus discendae docendaeque Iurisprudentiae* die Jurisprudenz ausgehend von ihren fallbasierten Verfahren definiert und sie kurzerhand zur „scientia actionum“[45] erklärt. Aus aristotelischer Perspektive handelt es sich dabei um eine paradoxale Formel: Eine Wissenschaft (*scientia*) von Handlungen (*actiones*) war nach aristotelischen Standards ein Widerspruch in sich.[46] Und diese metaphysische Haltung hatte auch die Epistemologie der mittelalterlichen Scholastik noch bestimmt. Bis zum Beginn der Frühen Neuzeit war die Wissenschaft mit der Aufstellung notwendiger und dauerhafter Wahrheiten beschäftigt. Eine Wissenschaft des Einmaligen, Veränderlichen und Vergänglichen hingegen, eine Wissenschaft des kontingenten Einzelfalls, konnte es auf aristotelischem Boden nicht geben.

Leibniz jedoch war Anti-Aristoteliker. „Jurisprudentia est scientia juris, proposio aliquo casu seu facto“, definiert er – sie sei eine Wissenschaft des Rechts in irgendeinem vorliegenden Fall oder Tatbestand.[47] Umgekehrt sei ein rechtlicher Fall

---

43 Diese Semantik des Falls hat jüngst Katrin Trüstedt prägnant herausgearbeitet. Vgl. dies., Stellvertretung. Zur Szene der Person, Göttingen 2022, insb. 66 – 86, 290 – 299.

44 Zum Verhältnis von Recht und Rhetorik in der Frühen Neuzeit vgl. die Beiträge in Rhetoric and Law in Early Modern Europe, hg. von Victoria Kahn und Lorna Hutson, New Haven 2001.

45 Gottfried Wilhelm Leibniz, Nova Methodus discendae docendaeque Jurisprudentiae, in: Sämtliche Schriften, 6. Reihe, 1. Bd., 251 – 364, Pars II, § 14.

46 Wissenschaft zielte in der aristotelischen Tradition, die bis zur Frühen Neuzeit die Aufteilung des Fächerkanons bestimmte, auf die Etablierung notwendiger und dauerhafter Wahrheiten. Einschlägig Aristoteles, Nikomachische Ethik, übers. von Eugen Rolfes, hg. von Günther Bien, Hamburg 1985, Buch VI, 130 – 150; sowie ders., Metaphysik. Erster Halbband: Bücher I (A) – VI (E), Gr.–Dt., hg. von Horst Seidl, Hamburg 1989, Buch VI, 248 – 263.

47 Leibniz, Nova Methodus, Pars II, § 1.

jede Begebenheit, deren Tatsachen in Relation zum Recht stünden: „[C]asus definietur factum in ordine ad jus."[48] Als Entscheidungshilfe benötige die Jurisprudenz, so Leibniz, allein zwei Dinge: Eine an Euklid angelehnte *ars combinatoria*, die anhand römisch- und naturrechtlicher Grundelemente die Lösung jedes noch so perplexen Falls besorge. Und eine Bestimmung des lokalen Rechtsgebrauchs durch die Sichtung alter Fallakten und die Neuentscheidung kontroverser Fälle. In diese *collectio decisionum seu controversiarum* sollten nach Leibniz auch neu auftauchende Fälle eingespeist werden, die durch rechtswissenschaftliche Gutachten zu einer schrittweisen Erweiterung des Rechts beitragen würden.[49]

Solche Bestrebungen hatten ihren Grund in der schwierigen und im Einzelfall mitunter unübersichtlichen Rechtslage. Das frühneuzeitliche Recht setzte sich aus einer heterogenen Normenmasse zusammen, die aus unterschiedlichen Quellen stammte.[50] Agenten dieses multinormativen Universums waren das Reich und die Reichsstädte, die Landesherren und Territorialstaaten sowie die Autoren des gelehrten Rechts.[51] Aber auch intermediäre Gewalten wie Städte, Zünfte, Universitäten, der Adel, sowie nicht zuletzt die Kirche besaßen eigene jurisdiktionelle Rechte und übten eine niedrige und hohe Gerichtsbarkeit aus. Territorialstaaten und Landesherrschaften waren in diverse Rechtsräume unterteilt, die in komplexen Interaktionsverhältnissen zueinanderstanden. Kurz, das Recht des Alten Reichs war ein Flickenteppich. Dieser Pluralismus führte zu Unklarheiten, in welchem hierarchischen Verhältnis die jeweiligen Normen standen.

Einen Weg aus der Misere schien die umfassende Kodifizierung des Rechts zu weisen. Rechtsunsicherheiten und juridische Unbestimmtheiten sollten durch eine Vereinheitlichung und Rationalisierung beseitigt und die Ermessensspielräume der Richter durch gesetzliche Klassifizierungen eingeschränkt werden. Auf eine Umsetzung dieser Entwürfe wartete man jedoch bis zum Ende des 18. Jahrhunderts

48 Leibniz, Casibus Perplexis, II, 5. Kurs. entf.

49 Vgl. Hans-Peter Schneider, Der Plan einer „Jurisprudentia Rationalis" bei Leibniz, in: Archiv für Rechts- und Sozialphilosophie/Archives for Philosophy of Law and Social Philosophy 52.4 (1966), 553–578, hier: 567–570.

50 Vgl. Härter, Kriminalitätsgeschichte, 21–22, 40–42, 65–70; sowie Peter Oestmann, Gemeines Recht und Rechtseinheit. Zum Umgang mit Rechtszersplitterung und Rechtsvielfalt in Mittelalter und Neuzeit, in: Hierarchie, Kooperation und Integration im europäischen Rechtsraum, hg. von Eva Schumann, Berlin und Boston 2015, 1–49.

51 Zum Konzept der Multinormativität vgl. Miloš Vec, Multinormativität in der Rechtsgeschichte, in: Berlin-Brandenburgische Akademie der Wissenschaften (vormals Preußische Akademie der Wissenschaften). Jahrbuch 2008, Berlin 2009, 155–166; sowie aus verwaltungsgeschichtlicher Perspektive: Administory. Zeitschrift für Verwaltungsgeschichte. Bd. 5 (2020): Administrative Multinormativity. Normenkonflikte in verwaltungshistorischer Perspektive, hg. von Peter Becker und Peter Collin.

vergebens. Erst im Zuge der aufklärerischen Reformdiskurse wurden eine Reihe systematischer Kodifikationen erlassen, die die Gleichförmigkeit der Rechtsanwendung garantieren sollten – in Preußen etwa das *Allgemeine Landrecht* (1794) und die *Criminal-Ordnung* (1805), in Frankreich der *Code civil* (1804).[52] In Abwesenheit eines einheitlichen Gesetzbuches sollten in der Frühen Neuzeit vorerst weiterhin Fall und Umstand im Zentrum des juristischen Interesses stehen.

Meine Studie fasst diese Übergangsphase ins Auge, in der eine am Gesetz orientierte Ordnung noch nicht installiert und die kasuistische Praxis seit dem Erlass der *Carolina* damit beauftragt war, kreative Lösungen für juristische Erkenntnisprobleme zu finden. Historisch schreite ich einen Parcours ab, der von der Mitte des 17. bis in die Mitte des 18. Jahrhunderts führt und in der Perspektive einer *longue durée* eine Zeit erkundet, die ein Experimentierstadium des präkodifikatorischen Fallwissens war. Diese Zeit wurde schließlich von einem Diskurs abgelöst, der sich nicht mehr am einzelnen Fall, sondern am allgemeinen Gesetz ausrichtete und damit die Kasuistik als Wissenspraxis hinter sich ließ.

Die Studie schlägt einen Bogen vom Barockautor Georg Philipp Harsdörffer über den Frühaufklärer Christian Thomasius bis hin zu François Gayot de Pitaval, der als Begründer der modernen rechtlichen Fallgeschichte gilt.[53] Ihre Stationen – das barocke Kulturzentrum Nürnberg, die neu gegründete Universität Halle und das Leipzig Gottscheds – sind prominente Schauplätze, auf denen Casus zeitversetzt eine spezifische Position im Feld literarischen und juristischen Wissens einnahmen. Der Weg zur Allgemeinheit des Gesetzes und zu einer „Kasuistik, von welcher die Rechtslehre nichts weiß",[54] verlief dabei keineswegs geradlinig. Die kasuistischen Praktiken des Wissens zeichneten sich vielmehr durch eine Ungleichzeitigkeit des Gleichzeitigen aus, in der alte und neue Wissensformen sich überlagerten und, teilweise nur für kurze Zeit, eigenwillige Verbindungen eingingen.[55]

52 Zum Kodifikationszeitalter vgl. Pio Caroni, Gesetz und Gesetzbuch. Beiträge zu einer Kodifikationsgeschichte, Basel, Genf und München 2003; Bernd Mertens, Gesetzgebungskunst im Zeitalter der Kodifikationen. Theorie und Praxis der Gesetzgebungstechnik aus historisch-vergleichender Sicht, Tübingen 2004.

53 Vgl. Die Causes célèbres des 19. Jahrhunderts in Frankreich und Deutschland. Narrative Formen und anthropologische Funktionen, hg. von Rudolf Behrens und Carsten Zelle, Wiesbaden 2020; sowie Hans-Jürgen Lüsebrink, Kriminalität und Literatur im Frankreich des 18. Jahrhunderts. Literarische Formen, soziale Funktionen und Wissenskonstituenten von Kriminalitätsdarstellungen im Zeitalter der Aufklärung, München und Wien 1983.

54 Immanuel Kant, Die Metaphysik der Sitten (1797), Werkausgabe VIII, hg. von Wilhelm Weischedel, 17. Aufl. Frankfurt a. M. 2014, A 56, 543.

55 Zum Begriff der Ungleichzeitigkeit des Gleichzeitigen vgl. Reinhart Koselleck, Vergangene Zukunft. Zur Semantik geschichtlicher Zeiten, Frankfurt a. M. 1989, 323–328.

In eine solche Verbindung traten in der Frühen Neuzeit literarische und rechtliche Verfahren. Das Erzählarchiv der Juristen wurde wegweisend für die Entstehung einer literarischen Fallprosa. Zum Verknüpfungspunkt beider Verfahrenstypen avancierte der rhetorische Begriff der Umstände (*circumstantiae*). Dessen interdiskursiver Produktivität widmet sich meine Studie. Sie ist als terminologische Wissensgeschichte konzipiert und stellt den Umstandsbegriff in seiner technischen Fassung ins Zentrum der Untersuchung.

Bevor moderne Disziplinargesellschaften jedes Individuum in einen Fall transformierten, konstituierte die in der Tradition der Jurisprudenz stehende frühneuzeitliche Kasuistik Fälle als ein Gefüge von Umständen.[56] Fälle waren noch nicht gleichbedeutend mit devianten oder kranken Individuen. Sie waren kein menschenkundliches Material. Ihre Erzählung erlaubte weder „tiefere Blicke in das Menschen-Herz", noch offenbarte sie „das Innerste der Gedanken".[57] Vielmehr wurden sie als Casus diskutiert: als Fälle, mit denen Gesetze exemplifiziert und miteinander in Beziehung gebracht wurden. Zum Einzelfall wurden sie erst durch die spezifische Konstellation ihrer Umstände, die für die Bewertung durch ein Fachpublikum einer verbindlichen Methode folgend registriert werden mussten. Während es sich beim Fall, der das Individuum ist, um eine universale Fallwerdung im Zeichen einer Vermittlung vom Einzelnen ans Allgemeine handelt, waren frühneuzeitliche Casus regional und situativ gebunden.[58]

Wie ihre anthropologischen Nachfahren, die in den letzten beiden Jahrzehnten zum Gegenstand intensiver Forschung geworden sind,[59] kennzeichnet auch früh-

---

56 Vgl. die berühmten Zeilen zur historischen Transformation der Kasuistik bei Michel Foucault, Überwachen und Strafen. Die Geburt des Gefängnisses (1975), 10. Aufl. Frankfurt a. M. 2007, 246: „Der Fall ist nicht mehr wie in der Kasuistik oder in der Jurisprudenz ein Ganzes von Umständen, das eine Tat qualifiziert und die Anwendung einer Regel modifizieren kann; sondern der Fall ist das Individuum, wie man es beschreiben, abschätzen, messen, mit anderen vergleichen kann – und zwar in seiner Individualität selbst".

57 Friedrich Schiller, Vorrede [Merkwürdige Rechtsfälle als ein Beitrag zur Geschichte der Menschheit. Nach dem französischen Vorbild des Pitaval durch mehrere Verfasser ausgearbeitet und mit einer Vorrede begleitet herausgegeben von Schiller. Ersther Theil. Jena 1792], in: Werke. Nationalausgabe, Bd. 19, Tl. 1, hg. von Waltraud Hagen und Thomas Prüfer, Weimar 2003, 201–203, hier: 202–203.

58 Vgl. den Kommentar zur Foucault'schen Unterscheidung der Fallparadigmen bei Rüdiger Campe, Von Fall zu Fall. Goethes Werther, Büchners „Lenz", in: Was der Fall ist. Casus und Lapsus, hg. von Inka Mülder-Bach und Michael Ott, Paderborn 2014, 33–55, hier: 47.

59 Es sei exemplarisch verwiesen auf die Sammelbände Fall – Fallgeschichte – Fallstudie, hg. von Düwell und Pethes; Casus und Lapsus, hg. von Mülder-Bach und Ott; Fallgeschichte(n) als Narrativ zwischen Literatur und Wissen, hg. von Martina King und Thomas Wegmann, Innsbruck 2016; Fallstudien. Theorie – Geschichte – Methode, hg. von Gisela Engel, Johannes Süßmann und Susanne Scholz, Berlin 2007.

neuzeitliche Falldarstellungen eine hohe interdisziplinäre Produktivität. Denn wie die um 1800 entstehende moderne Fallgeschichte, die als epistemische Schreibweise ein ganzes Forschungsfeld begründet hat,[60] erwiesen sich auch die Fälle der Frühen Neuzeit als anschlussfähig für gelehrte und literarische Kommunikation gleichermaßen. Ihr interdiskursives Potenzial lag jedoch weniger in der Dokumentation individueller Lebensgeschichten und deren spezifischer Wendepunkte,[61] sondern in ihrem beinahe obsessiven Fokus auf Umstände, der einen umständlichen Schreib- und Erkenntnisstil in den empirischen Disziplinen hervortrieb.[62]

Dieses Buch vollzieht in der Erforschung von Fallgeschichten eine Blickwendung. Es erschließt eine Epoche der Kasuistik, die nicht einfach als Vorgeschichte des humanwissenschaftlichen Zeitalters verstanden werden kann, in dem eine beobachtete, vermessene und disziplinierte Individualität zum Maß fallgeschichtlicher Schreibweisen wurde. Mit dem Fokus auf jene Seite der Unterscheidung von Fallparadigmen, die Michel Foucault als die Episteme des klassischen Zeitalters

---

60 Eine pointierte Einführung des Forschungsgegenstands findet sich bei Christiane Frey, Fallgeschichte, in: Literatur und Wissen. Ein interdisziplinäres Handbuch, hg. von Roland Borgards, Harald Neumeyer, Nicolas Pethes und Yvonne Wübben, Stuttgart und Weimar 2013, 282–287; sowie bei Alexander Košenina, Fallgeschichten. Von der Dokumentation zur Fiktion, in: Zeitschrift für Germanistik. Neue Folge XIX/2 (2009), 282–287. Der Vorschlag, Fallgeschichten als epistemische Schreibweise in den Blick zu nehmen, stammt von Nicolas Pethes. Vgl. ders., Literarische Fallgeschichten. Zur Poetik einer epistemischen Schreibweise, Paderborn 2016. Der Begriff ist angelehnt an Roland Barthes' Konzept der Schreibweise (*écriture*), vor allem aber eine Übernahme von Gianna Pomatas Begriff des „epistemischen Genres". Vgl. dies., Observation Rising: Birth of an Epistemic Genre, 1500–1650, in: Histories of Scientific Observation, hg. von Lorraine Daston und Elizabeth Lunbeck, Chicago und London 2011, 45–80; sowie Roland Barthes, Am Nullpunkt der Literatur, in: Am Nullpunkt der Literatur. Literatur oder Geschichte. Kritik und Wahrheit (1953), 2. Aufl. Frankfurt a. M. 2016, 15–69.

61 Neben dem Ziel einer Verallgemeinerung des singulären Falls sind dies die beiden Aspekte, in denen die Forschung die interdiskursive und nicht zuletzt literarische Produktivität des narrativen Schemas von Fallgeschichten verortet. Vgl. Marcus Krause, Infame Menschen. Zur Epistemologie literarischer Fallgeschichten 1774–1816, Berlin 2017, 16–17; Pethes, Literarische Fallgeschichten, 13–14; sowie Susanne Lüdemann, Literarische Fallgeschichten. Schillers ‚Verbrecher aus verlohrener Ehre' und Kleists ‚Michael Kohlhaas', in: Das Beispiel. Epistemologie des Exemplarischen, hg. von Nicolas Pethes, Jens Ruchatz und Stefan Willer, Berlin 2007, 208–223.

62 Für die Experimentalwissenschaft vgl. Steven Shapin, Pump and Circumstance: Robert Boyle's Literary Technology, in: Social Studies of Science 14.4 (1984), 481–520; für die Historie vgl. Markus Völkel, „Pyrrhonismus historicus" und „fides historica". Die Entwicklung der deutschen historischen Methodologie unter dem Gesichtspunkt der historischen Skepsis, Frankfurt a. M., Bern und New York 1987; für die Medizin Stefanie Retzlaff, Observieren und Aufschreiben. Zur Poetologie medizinischer Fallgeschichten (1700–1765), Paderborn 2018.

bezeichnet hat, geht eine veränderte Fragestellung einher.[63] Während ihr anthropologischer Zuschnitt die mit Beginn des menschenwissenschaftlichen Zeitalters virulent werdende Fallgeschichte für die literatur- und kulturwissenschaftliche Forschung interessant gemacht hat,[64] setzt meine Untersuchung andere Akzente. Sie beleuchtet Stationen und Gebiete, in denen ein spezifischer Umgang mit Umständen verknüpft war mit der Genese von Prosaformen. Und sie analysiert den Einfluss der Rechtskasuistik auf eine entstehende Poetik der Prosa zwischen 1650 und 1750.[65] Damit umgeht sie Schwierigkeiten, auf die die Forschung in der Frage nach „barocken Fallgeschichten" immer wieder gestoßen ist.[66] An einzelnen Fällen konnte zwar herausarbeitet werden, wie Falldarstellungen des Barockzeitalters bereits ein anthropologisches Wissen über den Menschen generierten und damit späteren Entwicklungen vorgriffen.[67] Solche individualisierenden Darstellungen blieben jedoch bis zum Ende der Frühen Neuzeit die Ausnahme.

Im Blick auf die Regelfälle frühneuzeitlicher Kasuistik hat eine bisher spärliche Forschung dagegen die Eigenarten von deren Falldarstellungen ins Blickfeld gerückt.[68] „Die Abwesenheit von Psychologie und individueller Biografik"[69] war al-

---

63 In der klassischen Episteme haben disziplinierende Anthropologien keinen Ort. Vgl. Michel Foucault, Die Ordnung der Dinge. Eine Archäologie der Humanwissenschaften (1966), 23. Aufl. Frankfurt a. M. 2015.

64 Vgl. z. B. Yvonne Wübben, Fall und Fallgeschichte – Der Mensch als Sache anthropologischer Diskurse: Einleitung, in: Die Sachen der Aufklärung. Beiträge zur DGEJ-Jahrestagung 2010 in Halle a. d. Saale, hg. von Frauke Berndt und Daniel Fulda, Hamburg 2010, 521–524.

65 Zum Stand der Diskussion frühneuzeitlicher Prosa vgl. Spielregeln barocker Prosa. Historische Konzepte und theoriefähige Texturen ‚ungebundener Rede' in der Literatur des 17. Jahrhunderts, hg. von Thomas Althaus und Nicola Kaminski, Bern 2012.

66 Vgl. Ingo Breuer, Barocke Fallgeschichten? Zum Status der Trauer- und Mordgeschichten Georg Philipp Harsdörffers, in: Zeitschrift für Germanistik. Neue Folge XIX/2 (2009), 288–300.

67 Vgl. Claus-Michael Ort, ‚Mord'-Geschichten und ‚Verbrecher'-Wissen. Probleme der Verbrechensdeutung und die Generierung von Wissen in Georg Philipp Harsdörffers *Grossem Schau-Platz jämmerlicher Mord-Geschichte* (1650–1652), in: Fallgeschichte(n), hg. von Wegmann und King, 27–48; sowie Ingo Breuer, Barocke Vorgeschichte(n). Menschenkunde in Erzählungen des 17. Jahrhunderts, in: Kleine anthropologische Prosaformen der Goethezeit (1750–1830), hg. von Alexander Košenina und Carsten Zelle, Hannover 2011, 1–21.

68 Vgl. Harald Neumeyer, ‚Schwarze Seelen'. Rechts-Fall-Geschichten bei Pitaval, Schiller, Niethammer und Feuerbach, in: IASL 31.1 (2006), 101–132; Hania Siebenpfeiffer, Affekt und Amoral – Der Fall der Marquise de Brinvilliers (1676/1734), in: Recht und Moral. Zur gesellschaftlichen Selbstverständigung über ‚Verbrechen' vom 17. bis zum 21. Jahrhundert. Festschrift für Jörg Schönert, hg. von Hans-Edwin Friedrich und Claus-Michael Ort, Berlin 2015, 161–192; Kirchmeier, Verbrechen als Exemplum; sowie Patrick Hohlweck, Wahrheit der Ermittlung (Neuer Pitaval, Harsdörffer), in: Sprache und Literatur 48.1 (2019): Ermittlungstechniken, hg. von dems., Till Breyer und Philipp Weber, 7–27.

69 Siebenpfeiffer, Affekt und Amoral, 184.

lerdings nicht allein Ausdruck eines an Seelenverfassungen desinteressierten strafrechtlichen Dispositivs.[70] Sondern diese Abwesenheit erklärt sich ebenfalls aus der gemeinrechtlichen Tradition, deren Praktiken das gesamte Gebiet des Rechts strukturierten. Als wissenschaftlich gehandhabtes Recht war das gemeine Recht (*ius commune*) Gegenstand eines europaweiten Diskurses.[71] Und in diesem Diskurs erhielt der Casus seine Form.

In der hier verfolgten funktionsgeschichtlichen Perspektive rücken daher die juristischen Verfahren in den Vordergrund, die an der beweisrechtlichen, argumentativen und erzählerischen Konstitution des Falls beteiligt waren. Ich nehme nicht allein das Themenfeld der Devianz als Katalysator einer literarisch anschlussfähigen Kasuistik in den Blick, sondern richte ein besonderes Augenmerk auf diejenigen Verfahren, die Fälle entscheidbar machten. Damit überschneiden sich die Grundannahmen meiner Studie mit dem Programm einer Poetologie des Wissens.[72] So stehen nicht die Gegenstände frühneuzeitlicher Kasuistik im Vordergrund, sondern ihre Darstellungstechniken und semiotischen Operationen. Gerade in der Frage danach, wie Umstände sich darstellungstechnisch zur Geltung bringen ließen, konvergierten schließlich, so die Annahme, poetologische und juristische Erkenntnisinteressen.

2 Einzelfallwissenschaft

Als ‚Umstand' galt in der Frühen Neuzeit alles, was eine Sache „nahe angeht, sie einschränkt oder bestimmt, mit ihr in Verbindung steht, oder auf sie Einfluß übt."[73]

---

70 Ich verwende den Begriff des Dispositivs im Sinne Foucaults. Vgl. seine Begriffsbestimmung als „eine entschieden heterogene Gesamtheit, bestehend aus Diskursen, Institutionen, architektonischen Einrichtungen, reglementierenden Entscheidungen, Gesetzen, administrativen Maßnahmen, wissenschaftlichen Aussagen, philosophischen, moralischen und philantropischen Lehrsätzen". Michel Foucault, Das Spiel des Michel Foucault (1977), in: Schriften in vier Bänden. Dits et Ecrits, 4 Bde., hg. von Daniel Defert und François Ewald, Frankfurt a. M. 2001–2005, Bd. 3, 391–429, hier: 392; vgl. auch Gilles Deleuze, Was ist ein Dispositiv? in: Schizophrenie und Gesellschaft. Texte und Gespräche von 1975 bis 1995, hg. von Daniel Lapoujade, Frankfurt a. M. 2005, 322–331.

71 Vgl. Tilman Repgen, Ius Commune, in: Usus modernus pandectarum. Römisches Recht, Deutsches Recht und Naturrecht in der Frühen Neuzeit, hg. von Hans-Peter Haferkamp und Tilman Repgen, Köln, Weimar und Wien 2007, 157–173; sowie pointiert Susanne Lepsius, Ius Commune, in: HRG. URL: https://www.hrgdigital.de/id/ius_commune/stichwort.html (31.01.25).

72 Vgl. Joseph Vogl, Poetologie des Wissens, in: Einführung in die Kulturwissenschaft, hg. von Harun Maye und Leander Scholz, München 2011, 49–71.

73 Art. Umstand, in: Oekonomische Encyklopädie, oder allgemeines System der Staats- Stadt- Haus- u. Landwirthschaft, in alphabetischer Ordnung; von D. Johann Georg Krünitz, 242 Bde., 1773–1858. URL: https://www.kruenitz1.uni-trier.de (31.01.2025).

Als die individuierenden Merkmale von Fällen konstituierten Umstände zwei Wissenstypen. Im normativen Universum galten sie als „denen Dingen und Personen gemeinsame und äusserliche Zeichen“, auf denen Entscheidungen beruhten. Mit Hilfe solcher Zeichen konnte Recht zugerechnet und normative Regeln „geschärfft oder gelindert“ werden.[74] „Hæ circumstantiæ hoc officij habent, ut uarient et dominium & obligationem & reliqa denicß omnia quæ in legibus sunt“, heißt es in einer weit verbreiteten Dialektik für Juristen – Umstände hätten die Funktion, Unterschiede beim Eigentum, der Verpflichtung und bei allem, was in Gesetzen geschrieben stünde, einzuführen.[75] In dem lateinischen Hexameter *quis, quid, ubi, quibus auxiliis, cur, quomodo, quando* waren Umstände auf eine handliche Formel gebracht. „[I]st der Umstand quis, da man sehen muß, wer etwas gethan. Denn schlägt ein Vater sein Kind wegen seiner Boßheit; so ist das was gutes, wolte aber der Sohn den Vater schlagen, so wäre dieses was böses“, usw.[76] Aber Umstände qualifizierten nicht nur Fälle und modifizierten Regeln; ihre Registrierung und Verknüpfung als „zufällige Bestimmung[en] eines Dinges“[77] war ebenfalls elementar in der Erfassung von Begebenheiten, die sich der direkten Beobachtung entzogen. Von Morden etwa, die sich in der Dunkelheit der Nacht ereigneten und keine Zeug:innen hatten. Als „Grund wahrscheinlicher Vermuthungen“ hatten Umstände neben ihrer rechtlichen auch eine logische Funktion. Sie waren „Theil des Zusammenhangs der Dinge“.[78] Aus Umständen formte man Hypothesen und konjekturale Argumente, mit denen sich Geschehnisse rekonstruieren ließen.

Ein solches quer zu Disziplinengrenzen liegendes Umstandswissen bildete weder eine begriffsgeschichtliche Einheit noch schloss es sich zu einem „metaphorischen Hintergrund“[79] zusammen. Um den Begriff der Umstände entspann sich

74 Großes vollständiges Universal-Lexicon aller Wissenschaften und Künste, hg. von Johann Heinrich Zedler, 64 Bde., Halle und Leipzig 1731–1754, Bd. 6, Art. Circumstantiæ, Sp. 151.

75 Johann Apel, Methodica Dialectices Taio, Ad Ivrisprvdentiam adcommodata, Nürnberg 1535, Kap. „De Circumstantijs“, unpag.

76 Philosophisches Lexicon […], hg. von Johann Georg Walch, Leipzig 1726, Art. Verrichtungen, Sp. 2690–2695, hier: 2692.

77 Art. Der Umstand, in: Grammatisch-kritisches Wörterbuch der hochdeutschen Mundart mit beständiger Vergleichung der übrigen Mundarten, besonders aber der oberdeutschen, hg. von Johann Christoph Adelung, Dietrich Wilhelm Soltau und Franz Xaver Schönberger, 4 Bde., Wien 1811. URL: https://lexika.digitale-sammlungen.de/adelung/lemma/bsb00009134_4_0_517 (31.01.2025).

78 Zedler, Universal-Lexicon, Bd. 49, Art. Umstand, Umstände, Sp. 1063–1067, hier: 1063.

79 Hans Blumenberg, Paradigmen einer Metaphorologie, in: Archiv für Begriffsgeschichte 6 (1960), 7–142, hier: 16.

in der Frühen Neuzeit vielmehr ein differenzielles „Netz von Gebrauchsweisen",[80] die aller Unterschiede zum Trotz nicht zusammenhangslos waren. Referent und Ausdruck, Material und Techniken mochten von einem diskursiven und praktischen Gebrauch zum andern variieren, als Knotenpunkte eines terminologischen Netzwerkes weisen sie dennoch einen Zusammenhang auf: Sie alle arbeiteten an der Verwissenschaftlichung einer umständlichen Erkenntnisart.

Diesen übergreifenden Funktionszusammenhang, dessen Elemente sich von Fall zu Fall neu zusammensetzten, macht mein Buch sichtbar. Denn mit dem Zuschnitt dieser Erkenntnisart stand und fiel das neuzeitliche Projekt einer empirischen Einzelfallwissenschaft. Die epistemische Grundlage ihrer Ermittlungspraxis war die Analyse des Verhältnisses zwischen einem Vorfall und seinen Umständen, „d.i. [von] alle[m], was sich mit demselben begiebet".[81] Für dieses Verhältnis waren lange Zeit die Rhetoren und Poeten die Experten gewesen. Durch die Manipulation von Details wurden ihre Fallerzählungen glaubwürdig. Nun ging es darum, diese Technik logisch aufzuwerten, um mit ihrer Hilfe Vorfälle nicht nur glaubhaft darzustellen, sondern sie allererst zu erschließen. Die neue empirische Ausrichtung der Wissenschaften machte Gebrauch von einem Wissen, über das Rhetorik und Poetologie schon lange verfügten. Die „Kunst der Überlistung"[82] wurde somit zum Präzedenzfall einer Episteme, die akzidenziellen Einzelheiten auf bisher unbekannte Art und Weise Aufmerksamkeit schenkte.

Beide Seiten des Umstandsbegriffs, die rechtliche und die logische, waren ein elementarer Bestandteil der antiken Rhetorik. In der Rhetorik wurden Umstände als Argumente, die Fälle wahrscheinlich machten, erstmals formalisiert. Als Technik der Evidenzerzeugung sollten solche *circumstantiae* Entscheidungen in Rechtsstreitigkeiten ermöglichen und beeinflussen. Die historisch-empirischen Disziplinen der Frühen Neuzeit griffen diese Technik auf und machten aus ihr die Grundlage einer Wissenschaft des Einzelfalls.[83] Unter Rückgriff auf den Umstandsbegriff problematisierte das frühneuzeitliche Wissen die Erkenntnisbedingungen in einem Bereich, dem seit der Antike kein Platz im Wissen der *epistēmē* vergönnt war.

Die mit diesem Begriff aufgerufene schwankende Wirklichkeit wich von der statischen Identität des Seins ab. Sie hatte sich daher lange dem Zugriff theoreti-

80 Rüdiger Campe, Epoche der Evidenz. Knoten in einem terminologischen Netzwerk zwischen Descartes und Kant, in: „Intellektuelle Anschauung". Figurationen von Evidenz zwischen Kunst und Wissen, hg. von Sybille Peters und Martin Jörg Schäfer, Bielefeld 2006, 25–43, hier: 26.

81 Zedler, Universal-Lexicon, Bd. 49, Art. Umstand, Umstände, Sp. 1064.

82 Michael Cahn, Kunst der Überlistung. Studien zur Wissenschaftsgeschichte der Rhetorik, München 1986.

83 Zur Umschrift rhetorischen Wissens in der neuzeitlichen Probabilistik vgl. Rüdiger Campe, Spiel der Wahrscheinlichkeit. Literatur und Berechnung zwischen Pascal und Kleist, Göttingen 2002.

schen Wissens entzogen. Erst im Zuge der „probabilistischen Revolution“ wurde sie zum Gegenstand und Bezugspunkt der Wissenschaften.[84] Die Analyse von Einzelfällen, im Aristotelismus der Scholastik alleinige Aufgabe der erzählenden Künste, erhielt eine logische Dignität. Umgekehrt hatte diese epistemologische Aufwertung auch Konsequenzen für die Erzählkunst. Sie richtete sich ihrerseits nun an den Verfahren der Einzelfallwissenschaft aus. Waren die Bereiche der Ontologie und der Poiesis im aristotelischen Wissensregime strikt voneinander getrennt, so etablierten sich in der Frühen Neuzeit Verfahren, die Fälle durch Darstellungsakte vom Stand der Möglichkeit zum Sprung ins Sein verhalfen.

Um den poetologischen Implikationen dieser neuartigen Funktionszusammenhänge auf den Grund zu kommen, untersuche ich den ehemals rhetorischen *terminus technicus* der *circumstantiae* in seiner interdiskursiven und disziplinenüberschreitenden Operativität. Neben den Brüchen werde ich auch den Kontinuitäten nachgehen, die eine neue Logik des Umstands mit den persuasiven Techniken der alten Rhetorik verband. Auch wenn das Umstandswissen in der Frühen Neuzeit einen erkenntnistheoretischen Zuschnitt erhielt, sprachen die Protagonisten dieser epistemischen Verschiebung immer noch die alte Sprache der Rhetorik. Sie griffen sie auf, zitierten sie, schrieben sich in sie ein und schrieben sie fort. Ohne den Umstandsbegriff keine „Wissenschaft des Besonderen“, so hat es Gilles Deleuze im Blick auf das Wissen der Epoche einmal pointiert formuliert.[85] Der alte Terminus der *circumstantiae* trägt und fundiert die begriffliche Architektur des frühneuzeitlichen Historischen (*historia*), dem Archiv der Erkenntnisbedingungen und Darstellungsweisen von Einzelfällen.[86]

Die hier verfolgte terminologische Wissensgeschichte geht davon aus, dass es gerade die historisch-semantische Unschärfe des Umstandsbegriffs gewesen ist, die es den historisch-empirischen Disziplinen erlaubt hat, sich um ihn zu formieren. Um die Dynamiken dieser Formierung zu begreifen, gilt es darum, auf eine durchgängige Bestimmung des Terminus zu verzichten und stattdessen seinem

---

84 Vgl. The Probabilistic Revolution, hg. von Lorenz Krüger, Lorraine Daston und Michael Heidelberger, 2 Bde. Cambridge 1987; grundlegend Ian Hacking, The Emergence of Probability. A Philosophical Study of Early Ideas About Probability, Induction and Statistical Inference, Cambridge 1975; Barbara Shapiro, Probability and Certainty in Seventeenth-Century England. A Study of the Relationships between Natural Science, Religion, History, Law, and Literature, Princeton 1983.

85 Gilles Deleuze, David Hume (1953), Frankfurt a. M. und New York 1997, 128.

86 Vgl. Arno Seifert, Cognitio historica. Die Geschichte als Namengeberin der frühneuzeitlichen Empirie, Berlin 1976; sowie den an Seifert anschließenden instruktiven Sammelband Historia. Empiricism and Erudition in Early Modern Europe, hg. von Gianna Pomata und Nancy G. Siraisi, Cambridge und London 2005. Zur verschlungenen Begriffsgeschichte der frühneuzeitlichen Historia vgl. Joachim Knape, Historie in Mittelalter und Früher Neuzeit. Begriffs- und gattungsgeschichtliche Untersuchungen im interdisziplinären Kontext, Baden-Baden 1984.

Gebrauch nachzugehen – eine Dramatisierung der *circumstantiae*, die weniger nach einer für die Frühe Neuzeit durchgängigen historischen Semantik fragt, sondern vielmehr ihre konkreten Einsatzpunkte beobachtet.[87] Damit trage ich einem Spannungsverhältnis Rechnung, das dem Umstandsbegriff selbst inhärent ist.

Einerseits trat er als technischer Begriff rhetorischer Provenienz in Gebrauch, andererseits wies er in seiner ubiquitären Verwendung auch eine alltagspragmatische und metaphorische Dimension auf. „Circumstantia est quod circumstat rem (vt tempus) personam vel actum", heißt es etwa in Goclenius' *Lexicon Philosophicum* von 1613.[88] Metapher und begriffliche Terminologisierung sind kein Gegensatzpaar. Die Metapher des Umstehenden, Umringenden oder Umstellenden nimmt in dieser pleonastischen oder tautologischen Bestimmung stattdessen „das Wort beim Wort":[89] sie ist in ihm aufgegangen und im begrifflichen Ausdruck schließlich nivelliert. Wenn im Folgenden von *circumstantiae* als einem Terminus gesprochen wird, dann ist damit auch und gerade in diesem Sinn eine Fassung des Ausdrucks gemeint, die zwischen Alltagsrede und wissenschaftlichem Begriff oszillierte.[90] *Circumstantia* begreife ich als operativen Begriff, der nicht von seiner diskursiven Verwendung zu trennen ist.[91] Ich erkunde ihn entlang seiner ‚nomadischen' Aspekte und verfolge seine pragmatischen Einsatzgebiete und Wirksamkeiten.[92]

Im Umgang mit Einzelheiten konnte neben der Rhetorik auch die Jurisprudenz Vorbildcharakter beanspruchen – und zwar nicht allein deshalb, weil sie aus dem

87 Zu diesem an der Umstandslehre selbst geschulten Vorgehen vgl. Gilles Deleuze, Die Methode der Dramatisierung, in: Die einsame Insel. Texte und Gespräche 1953–1974, hg. von David Lapoujade, Frankfurt a. M. 2003, 139–170.

88 Rodolphus Goclenius, Lexicon Philosophicvm, qvo tanqvam clave philosophiæ fores aperivntvr […], Matthias Becker 1613, 369. Noch bei Krünitz heißt es entsprechend: „Eigentlich heißt Umstand, etwas, was um eine Sache herumsteht". Vgl. Art. Umstand, in: Krünitz, Oekonomische Encyklopädie. URL: https://www.kruenitz1.uni-trier.de (31.01.2025).

89 Blumenberg, Paradigmen, 88.

90 Eine solche Fassung orientiert sich an den von Blumenbergs Metaphorologie und Foucaults Diskursanalyse inspirierten Arbeiten Rüdiger Campes. Vgl. ders., Spiel der Wahrscheinlichkeit, insb. 7–13; sowie ders., Epoche der Evidenz, insb. 26.

91 Vgl. zu dieser an Canguilhems Methode orientierten begriffsgenealogischen Grundeinstellung Henning Schmidgen, Fehlformen des Wissens, in: Georges Canguilhem, Die Herausbildung des Reflexbegriffs im 17. und 18. Jahrhundert, aus dem Franz. übers. von Henning Schmidgen, München 2008, VII–LVIII, hier: IX. Zu Canguilhems Programm einer Begriffsgenealogie vgl. außerdem ders., Dreifache Dezentrierung: Canguilhem und die Geschichte wissenschaftlicher Begriffe, in: Begriffsgeschichte der Naturwissenschaften. Zur historischen und kulturellen Dimension naturwissenschaftlicher Konzepte, hg. von Ernst Müller und Falko Schmieder, Berlin und New York 2008, 149–163.

92 Vgl. zum Begriffsnomadentum Isabelle Stengers, La propagation des concepts, in: D'une science à l'autre. Des concepts nomads, hg. von ders., Paris 1987, 9–26.

Streit der Fakultäten als Siegerin hervorgegangen war. Zur paradigmatischen Vertreterin der neuen Wissensform avancierte sie, weil sie seit dem Beginn der Rezeption des römischen Rechts im Bologna des 12. Jahrhunderts die Verwalterin von Techniken war, die am problematischen Einzelfall ansetzten.[93] Dazu gehörten dialektische Argumentationsformen ebenso wie eine ausgefeilte Beweistheorie, die in ihrem Fokus auf verdächtige Details und Indizien zur Blaupause der neuzeitlichen Wahrscheinlichkeitslogik wurde.

Das Beweisrecht des *ius commune* sorgte für eine Abkehr von binär strukturierten Wahrheiten. In dieser Eigenschaft bot es sich als Technik einer graduellen Wahrscheinlichkeit an, an der sich die Disziplinen des frühneuzeitlichen Historischen orientieren konnten. Mit der Etablierung schriftkultureller Standards im Prozessrecht traten zudem Fragen der Lesbarkeit von Umständen auf, die die Möglichkeiten ihrer Darstellung betrafen. Meine Studie wird solche beweis- und darstellungstechnischen Fragen rekonstruieren, um an ihnen vorzuführen, wie das Recht eine Problemlage bearbeitete, an der auch die frühneuzeitliche Literatur laborierte. Das Problem des Rechts und der Literatur bestand darin, auch ohne verlässliche Zeug:innen abwesende Dinge glaubwürdig darzustellen.

Die untersuchten Texte und Autoren behandele ich als Sonderfälle einer paradigmatischen Konstellation, d. h. als Beispiele, die immer dann entstehen, wenn ein Element seine Zugehörigkeit zu einem Ensemble aussetzt und zugleich vorzeigt.[94] Insofern hat der Gegenstand meiner Studie – kasuistische Verfahren – auch methodische Konsequenzen: Wie sich die frühneuzeitlichen Wissenschaften vom Einzelfall ihren Objekten nicht auf den gesicherten Wegen universeller Prinzipien und apodiktischer Schlüsse nähern konnten, so fasst auch diese Untersuchung ihre Stationen als Einzelfälle, die weder induktiv noch deduktiv erschlossen werden können. Anstatt Besonderes mit Allgemeinem in Verbindung zu bringen, bleibe ich auf der Ebene des Einzelfalls. Ich verfahre somit selbst kasuistisch und schreite analogisch von Fall zu Fall, um ihre Beziehungen auszuloten.[95] Das mit diesem

93 Vgl. Hermann Kantorowicz, The Quaestiones Disputatae of the Glossators, in: Tijdschrift voor Rechtsgeschiedenis/Revue d'histoire du droit/The Legal History Review 16.1 (1939), 1–67; Gerhard Otte, Dialektik und Jurisprudenz. Untersuchungen zur Methode der Glossatoren, Frankfurt a. M. 1971. Zu der ‚aporetischen', am Einzelproblem (*quaestio*) orientierten Methode, die für die Juristen der Frühen Neuzeit modellbildend war, vgl. ausführlich Theodor Viehweg, Topik und Jurisprudenz. Ein Beitrag zur rechtswissenschaftlichen Grundlagenforschung (1953), 5. Aufl. München 1974, sowie explizit im Blick auf die frühneuzeitliche Methodik Jan Schröder, Topik und Jurisprudenz in der Frühen Neuzeit, in: Muster im Wandel. Zur Dynamik topischer Wissensordnungen in Spätmittelalter und Früher Neuzeit, hg. von Wolfgang Dickhut, Stefan Manns und Norbert Winkler, Göttingen 2008, 33–48.

94 Vgl. Giorgio Agamben, Signatura Rerum. Zur Methode (2008), Frankfurt a. M. 2009.

95 Vgl. Joseph Vogl, Meteor. Versuch über das Schwebende, München 2025, 107–112.

Vorgehen probeweise generierte Umstandsparadigma entsteht dabei weder durch die Subsumtion von Fallbeispielen, noch durch ihre bloße Häufung. Vielmehr steckt in jedem Sonderfall zugleich das diskursive Paradigma, das diese Studie erschließt.

Entlang der drei Autoren – Harsdörffer, Thomasius und Gayot de Pitaval – schreibe ich eine Geschichte derjenigen Verfahren und Gebrauchsweisen, die die rhetorischen *circumstantiae* zu einem wissenschaftlichen Erkenntnismodus, einer konjekturalen Urteilsform und einer Technik prosaischer Bindung haben werden lassen. In der Frühen Neuzeit wurde die alte Umstandstopik zur Grundlage einer Literatur, die nicht mehr regelpoetisch konzipiert war.[96] Aus den umständlichen Verfahren dieser Zeit gingen Fiktionen neuen Typs hervor, entworfen von einer *Literatur*, die nicht mehr *Dichtkunst* war:[97] Einerseits die Fiktion einer möglichen Welt,[98] andererseits die Fiktion des Nicht-Fiktion-Seins. Während sich die moderne Romanästhetik im Entwurf möglicher Wirklichkeiten konstituierte, ging es einer stärker an der Rechtskasuistik orientierten Fallprosa um die realistische Rekonstruktion verwirklichter Möglichkeiten. Wie ich zeigen werde, war es der neue Umgang mit den alten Umständen der Rhetorik, der einen Wechsel von einer poetologischen Normierung von Dichtung als *gebundener* zu einer ästhetischen Fassung von Literatur als *ungebundener* Rede ermöglichte. In der ersten Hälfte des 18. Jahrhunderts waren es die Leibnizianer Johann Jakob Bodmer und Johann Jakob Breitinger, die den Wechsel zur Prosa vorantrieben und ihn manifest werden ließen.

Diese wissenspoetologische Verschiebung wird verständlich vor dem Hintergrund der alten Dichtungstradition. In der bis in die Frühe Neuzeit geltenden Konzeption von Dichtkunst produzierte der Dichter seine Kunst ausgehend von einem geschulten Umgang mit der literarischen Tradition. Er war auf ein Versmaß verpflichtet. Dichtung war gebundene Rede (*oratio ligata*) und was der poetologische Diskurs über sie wusste, betraf die Modalitäten der Wortbindung: die Metrik,

---

96 Auf die Bedeutung der topisch-rhetorischen *circumstantiae* für das moderne Erzählen hat bereits Klaus Dockhorn im Blick auf die Leidenschaftspoetik der Romantik aufmerksam gemacht und damit die Studien von Rüdiger Campe zur Umschrift topischen Wissens in der neuzeitlichen Probabilistik angeregt. Vgl. ders., Wordsworth und die rhetorische Tradition, in: Macht und Wirkung der Rhetorik, Bad Homburg, Berlin und Zürich 1968, 26–37.

97 Vgl. Rüdiger Campe, „Mögliche Welt" und „Fictio Analogica". Baumgarten und der Sinn der modernen Fiktionstheorie, in: Wie entsteht Neues? Analogisches Denken, Kreativität und Leibniz' Idee der Erfindung, hg. von Constanze Peres, Paderborn 2020, 131–155. Zur Konzeption frühneuzeitlicher Dichtkunst vgl. Ingo Stöckmann, Vor der Literatur. Eine Evolutionstheorie der Poetik Alteuropas, Tübingen 2001; sowie aus begriffsgeschichtlicher Perspektive Volkhard Wels, Der Begriff der Dichtung in der Frühen Neuzeit, Berlin und New York 2009.

98 Vgl. Blumenberg, Wirklichkeitsbegriff.

die Gattungen, die Tropen und Figuren.[99] Die Verwalterin des Wissens um die ungebundene Rede (*oratio soluta*) hingegen war die Rhetorik. Diese Aufteilung änderte sich im Deutschen Reich in der Mitte des 17. Jahrhunderts. Allen voran Georg Philipp Harsdörffer entwarf die Konzeption einer Literatur, deren Formen nicht mehr gebunden waren. Mit Beginn des 18. Jahrhunderts setzte sich diese neue Konzeption endgültig durch. Auf den Plan trat nun eine Dichtungslehre, die in Gestalt der Schweizer Bodmer und Breitinger ‚critisch' auftrat. Im Anschluss an Leibniz' Theorie möglicher Welten entwarfen sie eine fiktionale Literatur, die der barocken Umstandsprosa einen neuen Zuschnitt verpasste. Ihre Ästhetik des Einzelfalls avancierte zum Paradigma einer von Seiten der Prosa her gedachten Literatur.

3 Der Casus als prozedurale Form

Wie der Blick auf die Problematik des Umstands als Zeichen des Rechts zeigen wird, funktionierte der Terminus nicht allein auf einer diskursiven Ebene. Eine Studie zur kasuistischen Prosa der Frühen Neuzeit kommt daher nicht umhin, die „Praktiken der Materialisierung und Relevanzbildung" zu berücksichtigen, „durch die sowohl die Intelligibilität als auch die Materialität konstituiert werden".[100] Den begriffsgenealogischen Ansatz ergänzt die vorliegende Studie darum um eine praxeologische Perspektive. Sie trifft keine disjunktive Unterscheidung zwischen diskursiven, materiellen oder sozialen Verknüpfungen, sondern begreift die frühneuzeitliche Epistemologie des Einzelfalls als Effekt vorgängiger Verkettungen.[101] Die aus diesem Gefüge emergierenden Prosaformen diskutiere ich anhand ihrer pragmatischen Kontexte und der sie bestimmenden Gebrauchsroutinen. Dabei wird mein Fokus auf den Feedbackmechanismen zwischen der Formgenese einer Prosa des Einzelfalls und juristischen Medientechnologien liegen. Ausgehend von dem mit der Frühen Neuzeit einsetzenden neuartigen Umgang mit akzidenziellen Einzelheiten untersuche ich Casus als prozedurale Formen: als Prozess von Verdichtungen

---

99 Vgl. Ludwig Fischer, Gebundene Rede. Dichtung und Rhetorik in der literarischen Theorie des Barock in Deutschland, Tübingen 1968.

100 Karen Barad, Agentieller Realismus. Über die Bedeutung materiell-diskursiver Praktiken (2003), Berlin 2012, 72.

101 Zum Denken in (rekursiven) Operationsketten vgl. Erhard Schüttpelz, Der Punkt des Archimedes. Einige Schwierigkeiten des Denkens in Operationsketten, in: Bruno Latours Kollektive. Kontroversen zur Entgrenzung des Sozialen, hg. von dems., Georg Kneer und Markus Schroer, Frankfurt a. M. 2008, 234–260; sowie Bernhard Siegert, Öffnen, Schließen, Zerstreuen, Verdichten. Die operativen Ontologien der Kulturtechnik, in: Zeitschrift für Medien- und Kulturforschung 8.2 (2017), 95–113.

und Selektionsmechanismen, die einen Fall *in actu* und unter Ausschluss von anderen Gestaltungsmöglichkeiten formieren. Eine prozedurale Form ist der Casus nicht nur, weil er dynamisch verfasst ist, sondern auch, weil er gerichtliche Abläufe steuert und Entscheidungen anbahnt. Als Verfahren hat die Form des Casus demnach eine *agency* eigener Art.

Mit dieser Ausrichtung schließe ich an Debatten jüngeren Datums an, die den materialen Charakter von Formen betont haben und sie funktional als eine Verkettung von Elementen zu fassen suchten. Im Zentrum dieser Debatten stehen die formierenden Aspekte operativer Verknüpfungen,[102] die die neuere Forschung im Anschluss an Gilles Deleuze und Félix Guattaris Konzept des Gefüges diskutiert.[103] Anstatt interne Relationen aus ihren Gliedern abzuleiten, definieren sich Gefüge (*agencements*[104]) durch die grundlegende Äußerlichkeit ihrer Relationen: Nicht die Relata, sondern die Relationen sind das Primäre.[105] Und es ist diese Vorgängigkeit der Relation, die die Verschaltbarkeit ihrer Elemente ermöglicht: Gefüge können sich ändern, selbst wenn ihre Elemente gleichbleiben – was den einzelnen Teilen wiederum die Möglichkeit gibt, in andere Funktionszusammenhänge einzutreten. Als Elemente solcher Verkettungen waren Umstände für die Frühe Neuzeit keine homogenen Teile, sondern „offene Dinge“,[106] die erst als Funktion von Relationen ihre formierende Dynamik entfalteten.

Mit und ohne Verweis auf Deleuze und Guattari haben auch Bruno Latour und Niklas Luhmann die Emergenz von Formen als funktionale Kopplung von Elementen beschrieben und die elementare Beziehung zwischen Form und materiellen Medium hervorgehoben.[107] Eine solche Fassung des Formbegriffs bietet sich für meine Studie nicht zuletzt deshalb an, weil sie den Kopplungsmechanismen von

---

102 Vgl. das Kapitel „Die Handlungsmacht der Gefüge“ bei Jane Bennett, Lebhafte Materie. Eine politische Ökologie der Dinge (2010), Berlin 2020, 54–81.

103 Vgl. Caroline Levine, Forms. Whole, Rhythm, Hierarchy, Network, Princeton und Oxford 2017; Marcus Twellmann, Assemblage (Collage, Montage). Für einen neuen Formalismus, in: DVjs 93 (2019), 239–261.

104 Den Begriff *agencement* haben Deleuze und Guattari geprägt. Die engl. Übersetzung lautet *assemblage*. Die dt. Übersetzung ist weniger eindeutig. Im Kafka-Buch wird der Begriff zunächst mit „Verkettung“ übersetzt, in *Tausend Plateaus* dann mit „Gefüge“. Vgl. Gilles Deleuze und Félix Guattari, Kafka. Für eine kleine Literatur (1975), Frankfurt a. M. 1976; sowie dies., Tausend Plateaus. Kapitalismus und Schizophrenie II (1980), Berlin 1992.

105 Vgl. Marilyn Strathern, Relations. An Anthropological Account, Durham und London 2020.

106 Vgl. Antoine Hennion, Offene Objekte, Offene Subjekte? Körper und Dinge im Geflecht von Anhänglichkeit, Zuneigung und Verbundenheit, in: Zeitschrift für Medien- und Kulturforschung 1 (2011), 93–109.

107 Vgl. Niklas Luhmann, Medium und Form, in: Die Kunst der Gesellschaft, Frankfurt a. M. 1995, 165–214; Bruno Latour, Eine neue Soziologie für eine neue Gesellschaft. Einführung in die Akteur-Netzwerk-Theorie (2005), Frankfurt a. M. 2007, 382–399.

Umständen nachgeht.[108] Umstände, so eine leitende These, mussten nicht nur untereinander verknüpft werden, um als Zeichen wirksam zu werden. Sie sorgten auch für die Kopplung von heterogenen Textsorten, die mit ihrer Qualifizierung betraut waren. Die Verfahren der Verkettung, mit denen Vorfälle in der Frühen Neuzeit Kontur gewannen, unterschieden sich von Fall zu Fall. Der Casus ist keineswegs eine ahistorische „Einfache Form", sondern nimmt in unterschiedlichen epistemischen, diskursiven und pragmatischen Kontexten jeweils andere Formen und Funktionen ein.

Als André Jolles 1930 die poetische Form des Casus in das System *Einfacher Formen* integrierte, hatte er ebenfalls die Tradition frühneuzeitlicher Kasuistik und ihre „balancierende Moral" im Sinn.[109] Seine Ausführungen betrafen allerdings nur die normativen Aspekte von Umständen, während sie ihre logische Funktion übersahen. Nach Jolles weist der Casus zwei wesentliche Charakteristika auf: Er zeichnet sich erstens dadurch aus, dass in ihm „Norm gegen Norm steigend gewertet" wird und er so als Form realisiert, was Jolles eine „Streuung der Normen" nennt.[110] Die Gültigkeit von Normen wird anhand individueller Fälle überprüft: „In dem Kasus ergibt sich die Form aus einem Maßstab bei der Bewertung von Handlungen, aber in der Verwirklichung liegt die Frage nach dem Werte der Norm."[111] Das zweite Merkmal der Form liegt darin, „daß sie zwar die Frage stellt, aber die Antwort nicht geben kann, daß sie uns die Pflicht der Entscheidung auferlegt, aber die Entscheidung selbst nicht enthält".[112] Der Casus fragt, welche Norm den konkreten Umständen eines Falls gerecht wird. Aber er kann keinen allgemein ver-

---

108 Neuere Arbeiten zum Formbegriff haben die Produktivität dieser Fassung erkannt und begonnen, ihr Potenzial neu zu vermessen. Vgl. Torsten Hahn und Nicolas Pethes, Einleitung, in: Formästhetiken und Formen der Literatur. Materialität – Ornament – Codierung, hg. von dens., Bielefeld 2020, 9–19.

109 André Jolles, Einfache Formen. Legende. Sage. Mythe. Rätsel. Spruch. Kasus. Memorabile. Märchen. Witz (1930), 6. Aufl. Tübingen 1982, 198. Zur kasuistischen Moralistik der Frühen Neuzeit vgl. die Studien von Rudolf Schüßler, Moral im Zweifel. Band 1: Die scholastische Theorie des Entscheidens unter moralischer Unsicherheit, Paderborn 2003; ders., Moral im Zweifel. Band 2: Die Herausforderung des Probabilismus, Paderborn 2006; Albert R. Jonsen und Stephen Toulmin, The Abuse of Casuistry. A History of Moral Reasoning, Berkeley, Los Angeles und London 1988; sowie Kasuistik und Theorie des Gewissens. Von Pascal bis Kant, hg. von Sara Di Guilio und Alberto Frigo, Berlin und Boston 2020 und Casuistry and Early Modern Spanish Literature, hg. von Marlen Bidwell-Steiner und Michael Scham, Leiden und Boston 2022.

110 Jolles, Einfache Formen, 179–180.

111 Jolles, Einfache Formen, 190.

112 Jolles, Einfache Formen, 191.

bindlichen Maßstab bestimmen, da die variierenden Umstände nur ein Vorgehen von Fall zu Fall zulassen.

Jolles' morphologische Herangehensweise hat einfache Formen mit einem ahistorischen Zug versehen. Nicht nur vernachlässigt seine Analyse verschiedener Gestalttypen die historische Genese und medialen Bedingungen kasuistischer Formen. Sie ignoriert zudem ihre pragmatische Funktion als Medium für die Akkumulation und Transmission von Wissen. Wenn frühneuzeitliche Casus im Folgenden als kleine und nicht als einfache Formen in den Blick genommen werden, dann impliziert diese Bezeichnung einen genealogisch perspektivierten Zugriff auf einen unterbestimmten und in sich heterogenen Gegenstand, der nur im Plural existiert. Die wesenhafte Identität der kasuistischen Form löst sich auf in eine Pluralität ereignishafter Formen, die in ihrer historischen Eigenart zu beschreiben sind. Die Arbeit legt den historischen Rahmen dafür in eine Zeit, deren topische, ebenso exemplarische wie kasuistische Wissensordnungen einen ungemein fruchtbaren Boden für die unterschiedlichen Spielarten von Falldarstellungen boten.

Teil dieser Entessenzialisierung des Casus ist ein funktionsgeschichtlicher Blick auf Falldarstellungen als „Verfahren der erschwerten Form".[113] Damit rücke ich jene Wahrnehmungsmittel in den Vordergrund, die dazu dienen, „das Machen einer Sache zu erleben".[114] Gegen die Äußerlichkeit einer Form, die einen Inhalt bloß transportiert, nimmt meine Verfahrensperspektive ins Visier, wie ein Material prozessiert wird, „die Art und Weise, wie das Material die Konstruktion ausfaltet".[115] Wie zu zeigen sein wird, handelt es sich bei der Aus- und Einfaltung von Einzelheiten in der Frühen Neuzeit um ein poetisches „Verfahren der Verfremdung" im Sinne Viktor Šklovskijs.[116] Dieses Verfahren lässt Umstände als die Zeichen des Rechts in ihrer Zeichenhaftigkeit sichtbar werden.[117] Es setzt damit eine Verfahrensreflexion in Gang, die Recht als Funktionssystem der Gesellschaft aus-

113 Viktor Šklovskij, Die Kunst als Verfahren (1916), in: Russischer Formalismus. Texte zur allgemeinen Literaturtheorie und zur Theorie der Prosa, hg. von Jurij Striedter, 5. Aufl. München 1994, 4–35, hier: 15.

114 Šklovskij, Kunst als Verfahren, 15.

115 Boris Eichenbaum, Die Theorie der formalen Methode (1926), in: Aufsätze zur Theorie und Geschichte der Literatur, ausgew. und aus dem Russ. übers. von Alexander Kaempfe, Frankfurt a. M. 1965, 7–52, hier: 30. Vgl. auch den guten Überblick von Robert Matthias Erdbeer, Der Text als Verfahren: Zur Funktion des textuellen Paradigmas im kulturgeschichtlichen Diskurs, in: Zeitschrift für Ästhetik und allgemeine Kunstwissenschaft 46.1 (2001), 77–105.

116 Šklovskij, Kunst als Verfahren, 17.

117 Wie Šklovskij schreibt, machen poetische Verfahren „den Stein steinern". Kunst als Verfahren, 15.

differenziert.[118] Dass diese Verfahren ein ästhetisches Wissen prozessieren, an das der poetologische Diskurs anschließen kann, ist eine Grundthese meiner Arbeit.

Jenseits gattungs- oder textsortentechnischer Normierungen rücken damit die Schreibpraktiken in den Vordergrund, die an einer fallweisen Verkettung von Einzelheiten beteiligt waren und Disziplinengrenzen durchkreuzten.[119] Anstatt strukturelle Eigenschaften und morphologische Gesetze zu untersuchen, analysiere ich wissenschaftliche, amtliche und poetische Formen als nicht-isolierbare Elemente kasuistischer Funktionsketten. Dabei mag die Rede von Verkettung oder Gefüge einem Theoriedesign entnommen sein, das aus dem 20. und 21. Jahrhundert stammt. Die Grundzüge der Theorie wurden jedoch im Blick auf frühneuzeitliche Problemlagen entwickelt.[120]

Für Gilles Deleuze ist die Assoziationslehre des schottischen Philosophen David Hume das grundlegende Modell einer Theorie des Gefüges.[121] Dessen Empirismus unterscheide, so Deleuze, nicht mehr zwischen sinnlichen Eindrücken und geistigen Vorstellungen. Ein Unterschied bestehe vielmehr zwischen den Eindrücken bzw. Vorstellungen der empirischen Umstände und den Eindrücken bzw. Vorstellungen ihrer Relationen. Die Relationen sind den wahrgenommenen Einzelheiten äußerlich, da sie nicht von ihnen, sondern von den formalen Prinzipien der Ideenassoziation abhängen. Als Variablen, die die Lage eines Subjekts definieren, spielen Umstände bei Hume dennoch eine herausragende Rolle. Sie sind das Gegenstück der Relationsprinzipien und der zureichende Grund des besonderen Inhalts einer Relation.[122] Kleine Details sind der Motor der Imagination:[123] Nur mit ihrer Hilfe kann Abwesendes in Erinnerung gerufen und vor Augen gestellt werden, nur durch sie werden die formalen Assoziationsmechanismen in Gang gesetzt.[124]

---

118 Dies ausgehend von systemtheoretischen Annahmen. Vgl. Niklas Luhmann, Ausdifferenzierung des Rechts. Beiträge zur Rechtssoziologie und Rechtstheorie, Frankfurt a. M. 1999; sowie ders., Legitimation durch Verfahren, Frankfurt a. M. 1983.

119 Zur epistemischen Funktion von Schreibpraktiken vgl. Christoph Hoffmann, Schreiben im Forschen: Verfahren, Szenen, Effekte, Tübingen 2018; zur praxeologischen Dimension des Schreibens vgl. die Schreibszenen-Forschungen, vor allem Rüdiger Campe, Die Schreibszene, Schreiben, in: Schreiben als Kulturtechnik. Grundlagentexte, hg. von Sandro Zanetti, Berlin 2012, 269–283; sowie Martin Stingelin, ‚Schreiben', in: „Mir ekelt vor diesem tintenklecksenden Säkulum." Schreibszenen im Zeitalter der Manuskripte, hg. von dems., München 2004, 7–21.

120 Vgl. Manuel DeLanda, Assemblage Theory, Edinburgh 2016, 26–27.

121 Vgl. Gilles Deleuze, Hume, in: Die einsame Insel, 236–247; sowie ders., David Hume, insb. 127–130. Zu Humes relationaler Ontologie vgl. auch Strathern, Relations.

122 Vgl. David Hume, A Treatise of Human Nature, Nachdr. der Orig.-Ausg. von 1739 (1888), hg. von Lewis Amherst Selby-Bigge, 11. Aufl. Oxford 1960, 13–15.

123 Vgl. Hume, Human Nature, insb. 148.

124 Vgl. Hume, Human Nature, insb. das Beispiel zur Funktionsweise der Erinnerung auf 627–628.

Der „Begriff des Umstands" steht, wie Deleuze bemerkt, im „Zentrum" der Reflexion und „taucht in der Philosophie Humes ständig auf."[125] Empirische Einzelheiten setzen eine „Kasuistik der Relationen" in Gang und ermöglichen in ihrem Gesamtzusammenhang schließlich die Individualisierung eines Subjekts als besonderen Fall.[126]

Das Konzept des Gefüges entwickelt Deleuze also in der Auseinandersetzung mit dem frühneuzeitlichen Empirismus, dessen Umstandsfixierung für ihn zum Paradigma kasuistischer Wissenschaft wird. Meine Studie greift diesen Hinweis auf: Die Welt der frühneuzeitlichen Kasuistik beleuchtet sie aus einer historisch-genealogischen Perspektive, die sich am Programm einer Poetologie des Wissens orientiert. Leitend ist dabei eine Theorie des Umstands, die diverse Herkunftslinien für sich beanspruchen kann. Neben Gilles Deleuze, der die philosophische Frage nach dem Wesen einer Sache durch die topisch-forensische Frage nach ihren Umständen ersetzt und auf diese Weise Verfahren des Kriminalromans in die Philosophie eingeführt hat,[127] ist hier vor allem Michel Serres zu nennen. In mehreren Großprojekten hat Serres Ansätze zu einer Umstandsphilosophie geliefert.[128] Anstatt auf das Zentrum richtet eine solche Philosophie den Blick auf die Produktivität der Peripherie. Sie interessiert sich für emergente Prozesse, die an den Rändern der Bestimmbarkeit Neues hervorbringen. Serres „Philosophie der Umstände"[129] analysiert die unscharfen und fließenden Umgebungen von Wissensobjekten, die aus der Perspektive der wissenschaftlichen Notwendigkeit nur Abweichungen darstellen. In der Hoffnung auf eine „Revolution des Umstands"[130] lautet ihr methodologischer Appell an künftige Forschergenerationen, sie werden „morgen die Aufgabe haben, die ‚Umstände' [*circonstances*] in aller Strenge zu untersuchen und zu beschreiben."[131]

Diesen Appell beim Wort nehmend ziehe ich meine Inspiration aus den Entwürfen von Deleuze und Serres, die ihre Konzepte an Problemlagen frühneuzeit-

125 Deleuze, David Hume, 128.

126 Deleuze, Hume, 237, 246.

127 Vgl. Deleuze, Dramatisierung; sowie ders., Gespräch über Tausend Plateaus, in: Unterhandlungen 1972–1990 (1993), 6. Aufl. Frankfurt a. M. 2017, 41–54; ders., Differenz und Wiederholung (1968), München 1992, insb. 11–14, 233–243.

128 Vgl. insb. Michel Serres, Umstände, in: Die fünf Sinne. Eine Philosophie der Gemenge und Gemische (1985), Frankfurt a. M. 1993, 380–416; sowie ders., Hermes IV. Verteilung (1977), Berlin 1993, insb. 237–244; ders., Hermes V. Die Nordwest-Passage (1980), Berlin 1994, insb. 85–107; ders., Der Parasit (1980), Frankfurt a. M. 1987, insb. 34–40.

129 Serres, Umstände, 385; Serres, Hermes IV, 243 u. ö.

130 Serres, Hermes IV, 243.

131 Serres, Hermes V, 107.

licher Gelehrter wie Hume oder Leibniz entwickelt haben.[132] In literaturgeschichtlicher Perspektive wiederum kann ich auf einigen grundlegenden Arbeiten der angloamerikanischen Literatur- und Kulturwissenschaft aufbauen. Ian Watts klassische Studie über den Aufstieg des Romans etwa erweist sich trotz ihres Fokus auf die große Form hilfreich, um die Emergenz der Fallprosa zu beschreiben.[133] Im Detailrealismus des modernen Romans hat Watt die Antwort auf das Fehlen poetologischer Konventionen erblickt und die nichtpoetologische Form des *circumstantial realism* als narrative Adaption juristischer und epistemischer Praktiken vor Gericht beschrieben.[134] Die unscheinbaren juristischen Verfahren wurden zum Muster einer neuen Existenzweise der Literatur, die sich zu Beginn des 18. Jahrhunderts ausbildete und im modernen Prosaroman ihren prägnantesten Ausdruck erhielt.

Die Etablierung eines „circumstantial view of life"[135] erwies sich allerdings nicht nur für den Roman als anschlussfähig. Der neuartige Weltbezug implizierte vielmehr Verfahrenstechniken, die für eine ganze Reihe von Prosaformen modellbildend waren. Das betrifft erstens amtliche und wissenschaftliche Gebrauchsformen wie das Gutachten, das Protokoll oder die Relation, und damit Formen, die im Medium der Akte zu Hause waren und von dort aus Gestalt annahmen. Und das betrifft zweitens literarische Prosaformen wie das Exemplum oder die Fallgeschichte, die wie der Roman aus den barocken Regelpoetiken ausgeschlossen waren und in keiner etablierten Gattung aufgingen. Aufgrund ihres Mangels an poetologischer Konvention befanden sich diese Formen auf der Suche nach formalen Richtlinien und orientierten sich an konventionalisierten juristischen Techniken.[136] Ihre Form erhielten literarische Casus demnach nicht durch poetische Vorgaben, sondern in der Adaption von Praktiken aus dem Bereich der Einzelfallwissenschaften, deren juridische Konventionalität die Unkonventionalität der Prosa kompensierte.

Diese Formen bezeichne ich nicht etwa deshalb als klein, weil sie kurz in quantitativer Hinsicht wären. Ihre Kleinheit ergibt sich vielmehr aus ihrem Ver-

---

132 Vgl. Michel Serres, Le Système de Leibniz et ses modèles mathématiques, Paris 1968; sowie Gilles Deleuze, Die Falte. Leibniz und der Barock (1988), 5. Aufl. Frankfurt a. M. 2012.

133 Ian Watt, The Rise of the Novel. Studies in Defoe, Richardson and Fielding (1957), 4. Aufl. Berkeley und Los Angeles 1964; dt. Der bürgerliche Roman. Aufstieg einer Gattung. Defoe, Richardson, Fielding, Frankfurt a. M. 1974.

134 Vgl. auch Campe, Spiel der Wahrscheinlichkeit, 113, Fn. 12 sowie 200, Fn. 20.

135 Watt, Novel, 32.

136 Zu den nichtpoetologischen Formen der Frühen Neuzeit vgl. Jörg Wesche, Literarische Diversität. Abweichungen, Lizenzen und Spielräume in der deutschen Poesie und Poetik der Barockzeit, Tübingen 2004; sowie Stefanie Stockhorst, Reformpoetik. Kodifizierte Genustheorie des Barock und alternative Normenbildung in poetologischen Paratexten, Tübingen 2008.

hältnis zu kodifizierten Formen.[137] Es sind Formen, die in Prosa verfasst sind. In den einseitig auf Poesie fixierten Unterrichtswerken der Dichtungslehrer kamen sie nicht vor. Durch ihre detaillierte Verknüpfungskunst erwiesen die kleinen Prosaformen dennoch ihre Kunstfertigkeit. Ihre Ungebundenheit und poetologische Unterbestimmtheit, die sie in eine eigentümliche Formlosigkeit versetzten, glichen sie aus in Form einer Selbstbindung, die sich auf die orbitale Bahn von Umständen begab.[138] Die elementare Umständlichkeit prosaischer Selbstbindung wird im Laufe der Arbeit immer wieder zum Thema werden. Mit ihr verließen die frühneuzeitlichen Umstandspoetiken schließlich die Region tradierter poetologischer Kategorien, um Paradigma ästhetischer Form zu werden.

Watts Romanbuch hat eine Reihe von Folgeuntersuchungen auf den Plan gerufen, die den narrativen Effekten einer umständlich gewordenen Welt nachspürt. Als Katalysator hat sich Alexander Welshs Buch über das Verhältnis von Indizienparadigma und narrativen Mustern erwiesen.[139] Unter dem Begriff der „starken Repräsentation“ versammelt Welsh Texte, die anhand von Indizien den wahren Hergang eines Geschehens zu beweisen versuchen. Solche evidenziellen Strategien hat man unter dem Titel eines *circumstantial style* diskutiert, dessen paradigmatische Ausprägungen die Forschung in Texten wie Sternes *Tristram Shandy* (1759) oder Fieldings *Tom Jones* (1749) entdeckt hat.[140] Die an Details ausgerichteten evidenziellen Praktiken haben dabei auch Arbeiten zur Poetik des neuzeitlichen Wahrscheinlichkeitsdispositivs[141] und zur rhetorischen *enargeia* im Roman[142] in

---

137 In Anlehnung an das minoritäre Schreiben im Sinne Deleuze und Guatarris. Vgl. dies., Kafka. Kleinheit als „Formmerkmal“ behandele ich entsprechend „als relative Größe“, vgl. Maren Jäger, Ethel Matala de Mazza und Joseph Vogl, Einleitung, in: Verkleinerung. Epistemologie und Literaturgeschichte kleiner Formen, hg. von dens., Berlin und Boston 2021, 1–12, hier: 3.

138 Vgl. Inka Mülder-Bach, Die Prosa der Gesellschaft. Literarische Form und soziale Bindung in Goethes Unterhaltungen deutscher Ausgewanderten, in: Prosa schreiben. Literatur – Geschichte – Recht, hg. von ders., Jens Kerten und Martin Zimmermann, Paderborn 2019, 225–248, hier: 241–242.

139 Alexander Welsh, Strong Representations. Narrative and Circumstantial Evidence in England, Baltimore 1992.

140 Zum *circumstantial style* des englischen Romans vgl. Michael Rosenblum, Why What Happens in Shandy Hall Is Not „A Matter for the Police“, in: Eighteenth-Century Fiction 7.2 (1995), 147–164; Hal Gladfelder, Criminal trials and the dilemmas of narrative realism, 1650–1750, in: Prose Studies 20.3 (1997), 21–48; Matthew Wickman, Of Probability, Romance, and the Spatial Dimensions of Eighteenth-Century Narrative, in: Eighteenth-Century Fiction 15.1 (2002), 59–80; Emily R. Anderson, „I Will Unfiold A Tale––!“: Narrative, Epistemology, and Caleb Williams, in: Eighteenth-Century Fiction 22.1 (2009), 99–114.

141 Vgl. Douglas Lane Patey, Probability and literary form. Philosophic theory and literary practice in the Augustan age, Cambridge, London, New York u. a. 1984, insb. Kap. II, „Probability and signs: reasoning from effect to cause“, 35–76; Campe, Spiel der Wahrscheinlichkeit; sowie Peter Schnyder, Alea. Zählen und Erzählen im Zeichen des Glücksspiels 1650–1850, Göttingen 2009.

den Blick genommen. Eine die umfassende textuelle Produktivität der frühneuzeitlichen Umstandslehre ernst nehmende Arbeit wiederum hat im Blick auf Shakespeare Lorna Hutson vorgelegt.[143]

Auf den Ergebnissen dieser Studien baut die vorliegende auf. Sie nimmt jedoch in ihrem Fokus auf die Dynamik kasuistischer Prosa einige Akzentverschiebungen vor. Neben Verdichtungsprozeduren und Selektionsmechanismen kalkuliert sie auch die ökologischen Faktoren der jeweiligen Text- und Medienumgebung mit ein. Sie verschiebt damit den Blick von immer schon geformten Gebilden auf Formen als Gegenstand und Resultat von Formalisierungsprozessen.[144] Solche poietischen Praktiken verfolge ich auch und gerade im Blick auf die juristische Operationalisierung von Fällen. Die Arbeit an einem neuen Wirklichkeitsbegriff, an den die Literatur anschließen konnte, involvierte rechtliche Verfahren, die ein umständliches Weltverhältnis allererst etablierten. Erst eine Perspektive, die diese Elemente als Konstituenten eines Umstandsparadigmas ins Auge fasst, schärft den Blick für die Funktionsweise einer Prosa des Falls.

4 Gang der Argumentation

Im Zentrum der Arbeit stehen die Kapitel zu den Kasuisten Harsdörffer, Thomasius und Gayot de Pitaval. In ihnen untersuche ich die lokalen Bedingungen von Prosaformen: Ich diskutiere sie in ihren pragmatischen Kontexten und lege den Fokus auf ihre Gebrauchsroutinen. Die Verfahren kasuistischer Formgebung erkunde ich in diesen Kapiteln in ihren medialen und praxeologischen Funktionszusammenhängen. Und ich verorte sie in ihren konkreten Schauplätzen: im Nürnberg des mittleren 17. Jahrhunderts, sowie im Halle des frühen und im Leipzig des mittleren 18. Jahrhunderts.

---

142 Vgl. Andreas Solbach, Evidentia und Erzähltheorie. Die Rhetorik anschaulichen Erzählens in der Frühmoderne und ihre antiken Quellen, München 1994; ders., Gesellschaftsethik und Romantheorie. Studien zu Grimmelshausen, Weise und Beer, New York, Washington, Baltimore u. a. 1994, insb. 193–235; sowie Erich Meuthen, Selbstüberredung. Rhetorik und Roman im 18. Jahrhundert, Freiburg i. Br. 1994, insb. 79–114; zur energetischen Umstandsrhetorik vgl. Rüdiger Campe, Vor Augen Stellen. Über den Rahmen rhetorischer Bildgebung, in: Auf die Wirklichkeit zeigen. Zum Problem der Evidenz in den Kulturwissenschaften, hg. von Helmut Lethen, Ludwig Jäger und Albrecht Koschorke, Frankfurt a. M. und New York 2015, 106–136.

143 Vgl. Lorna Hutson, Circumstantial Shakespeare, Oxford 2015.

144 Vgl. Jäger, Matala de Mazza und Vogl, Einleitung; sowie Friedrich Balke, Bernhard Siegert und Joseph Vogl, Editorial, in: Kleine Formen. Archiv für Mediengeschichte 21, hg. von dens., Berlin 2021, 5–8.

Den Anfang macht eine kleine Geschichte der Circumstantien-Lehre (Kap. I). Ausgehend von ihrer Systemstelle in der Rhetorik untersuche ich die Funktion der *circumstantiae* im Zusammenhang mit rhetorischen und poetologischen, aber auch logischen Fragen. Neben der antiken Rhetorik wird ein Schwerpunkt des Kapitels auf der italienischen Renaissance und der dort einsetzenden Rhetorisierung der aristotelischen *Poetik* liegen. Von dort aus werde ich den Einsatz der Umstandstopik in den deutschsprachigen Prosapoetiken des Barock analysieren.

Im Kapitel zu Georg Philipp Harsdörffers *Schau-Platz jämmerlicher Mordgeschichte* (Kap. II) steht die Rolle der kasuistischen Form bei der Etablierung einer deutschsprachigen Prosaliteratur im Vordergrund. Harsdörffers exemplarischen Casus gehe ich in Zusammenhang mit den Projekten der *Fruchtbringenden Gesellschaft* nach, der einflussreichsten Sprach- und Literaturgesellschaft des 17. Jahrhunderts. Dabei untersuche ich, wie Harsdörffers Übersetzungen die französischen Fallvorlagen transformieren. Durch die Kürzung und Verdichtung des Ausgangsmaterials wechseln die Fälle das Genre.

In den Kapiteln zu Christian Thomasius und François Gayot de Pitaval geht es um die Transformation dieser Erzählstrategien in der Zeit zwischen 1700 und 1750 (Kap. III und IV). Diese Transformation wurde von einer anders gelagerten Beschäftigung mit Umständen eingeleitet. Während Einzelheiten bei Harsdörffer narrativiert wurden, traten sie bei Thomasius und Pitaval in ihrer Zeichenhaftigkeit zutage. Als Indizien erhielten sie eine konjekturale Funktion. Sie dienten nun dazu, die Wahrheit von Vorfällen zu erfassen, die ihre Augenfälligkeit verloren hatten.

Inwiefern kasuistische Sammlungen die Reformbestrebungen des preußischen Staates begleiteten, untersuche ich im Kapitel zu Christian Thomasius. Denn im Programm der neuen Universität Halle nahm der Casus eine Schlüsselrolle ein. In beiden Kapiteln analysiere ich die Bedeutung ästhetischer Verfahren für Beobachtungen zweiter Ordnung im Bereich des Rechts. Mit der Installation einer solchen Beobachtungsform differenziert sich das Recht als Funktionssystem der Gesellschaft aus. Umgekehrt geht es um den Einfluss rechtlicher Praktiken auf die Entstehung einer realistischen Fallprosa. Die bereits in dieser Einleitung eingeführte Figur des Aktenreferenten – eine Rolle, die Leibniz oft übernommen hat – wird für die Beschreibung dieses Prozesses in allen drei Autorenkapiteln unerlässlich sein. Seine Technik der Entscheidbarmachung von Fällen hatte eine eminent ästhetische Dimension.

Kapitel V. schließt an die Ergebnisse der Autorenkapitel an, indem es den Übergang des kasuistischen Wissens in die Entstehung der Geschichtswissenschaft und die kritischen Dichtungslehren nachzeichnet. Protagonisten dieses Übergangs sind Johann Martin Chladenius und die beiden Schweizer Johann Jakob Bodmer und Johann Jakob Breitinger. Sie schließen an die Prozeduralität des Casus und an die Praktiken der Relationstechnik an, indem sie Verdichtungs- und Selektionsprozesse in den Vordergrund ihrer jeweiligen Disziplinen rücken. Das Kapitel beleuchtet den Anschluss der Poetik des Wunderbaren an die empirisch-historischen Verfahren der Frühen Neuzeit. Es analysiert damit die Rolle des Umstands in der Konstitutionsgeschichte einer Ästhetik des Falls.

In der Schlussskizze werfe ich schließlich die Frage auf, in welchem Verhältnis der frühneuzeitliche Casus zu den Fallgeschichten des menschenwissenschaftlichen Zeitalters steht. Während sich auf der epistemischen Ebene und hinsichtlich der pragmatischen Funktionen von Fallgeschichten Brüche ausmachen lassen, liegt die Kontinuität, die vom Casus zum Fall führt, auf der Ebene der Schreibverfahren. Der Rekonstruktion dieser Verfahren ist diese Studie gewidmet.

I Kleine Geschichte des Umstands

1 *Circumstantiae:* rhetorisch-technischer Begriff

„Rhetorik", hat Hans Blumenberg einmal gesagt, „hat es zu tun mit den Folgen aus dem Besitz von Wahrheit oder mit den Verlegenheiten, die sich aus der Unmöglichkeit ergeben, Wahrheit zu erreichen."[1] Aus den Zugzwängen beider Alternativen entwickelt die Rhetorik Techniken, um Fälle glaubwürdig zu machen. Die womöglich effektivste Technik dafür ist der Einsatz von Umständen (*circumstantiae*).[2] Sie fungieren als Beweismittel für die Wirklichkeit von Vorfällen. Ohne ihre Operativität kann Wahrheit sich nicht zeigen: Umstände verleihen der Wahrheit allererst Wahrscheinlichkeit und ermöglichen so die Transformation des Fraglichen zum Glaublichen.

Die Herstellung von Glaubwürdigkeit durch Circumstantien berührt Fragen der verbalen *elocutio* und der materialen *inventio*. Seit der antiken Rhetorik und noch im poetologischen Diskurs der Frühen Neuzeit strukturieren diese zwei komplementären Seiten des Umstandsbegriffs – die stilistische und die argumentative – die entsprechenden Debatten.[3] Den Funktionen, die Umstände seit ihrer rhetorischen Formalisierung entfalten, werde ich in diesem Kapitel in einer kleinen Geschichte nachgehen. Im Blick auf die topischen Wurzeln der Umstandslehre frage ich nach ihrer Stellung in den barocken Poetiken. Nur aus einer bergriffsgenealogischen Perspektive lassen sich die Verschiebungen in ihrer vollen Tragweite begreifen, die sich im Zeichen einer volkssprachlichen Prosa im 17. Jahrhundert vollziehen.

Die antike Rhetorik entwickelt die Umstandstechnik zunächst unter dem Namen der *peristaseis* (περίστασεις[4]), den die römischen Rhetoren mit *circumstantiae*

1 Hans Blumenberg, Anthropologische Annäherungen an die Rhetorik, in: Wirklichkeiten, in denen wir leben. Aufsätze und eine Rede, Stuttgart 1996, 104–136, hier: 104. Kurs. entf.

2 Zur rhetorischen Umstandslehre vgl. Durant Waite Robertson Jr., A Note on the Classical Origin of ‚Circumstances' in the Medieval Confessional, in: Studies in Philology 43.1 (1946), 6–14; Johannes Gründel, Die Lehre von den Umständen der menschlichen Handlung im Mittelalter, Münster 1963, 10–25; Günther Bien, Circumstantia, in: Historisches Wörterbuch der Philosophie, hg. von Joachim Ritter, Karlfried Gründer, Gottfried Gabriel et al., 13 Bde., Basel 1971–2007, Bd. 1, 1019–1022.

3 Amplifikation bedeutet der ciceronianischen Tradition gemäß stets eine Zunahme sowohl des semantischen Gehalts als auch des sprachlichen und stilistischen Reichtums. Vgl. Lothar Bornscheuer, Topik. Zur Struktur der gesellschaftlichen Einbildungskraft, Frankfurt a. M. 1976, 74.

4 Die Bezeichnung stammt von Hermagoras von Temnos (ca. 150 v. Chr.). Überliefert hat dessen Lehre eine pseudo-augustinische Schrift aus dem 4. Jahrhundert. Vgl. Aurelius Augustinus, De Rhetorica. Liber (um 380), in: Rhetores Latini Minores. Ex codicibus maximam partem primum adhibitis, hg. von Karl Halm, Leipzig 1862, 137–151, insb. 141.

https://doi.org/10.1515/9783111358680-002

übersetzen. Solche *circumstantiae* sind künstliche Topoi, die die konkreten Bezüge eines Falls beschreiben:[5] die raumzeitlichen Zusammenhänge und situativen Umstände, die in Verhältnis zu einem Vorfall stehen und seine Kontingenz bedingen (das Wer? Wann? Wo? Wie? Warum? usw. eines Falls). *Circumstantiae* sind seit ihrer Formalisierung in der griechischen Rhetorik ein technisches Verfahren, mit der die Fälle der Wirklichkeit auf die Bühne des Gerichts gestellt werden, um den Effekt eines wahren Arguments zu erzielen.

Im Bereich der Wissenschaft konnte man Geschehnisse isoliert betrachten, da es dort um die Etablierung dauerhafter Wahrheiten durch Demonstrationen anhand erster Prinzipien (*apodeixis*) ging.[6] Die Wahrheit wandelbarer Dinge hingegen ließ sich nur begreifen, wenn ihre jeweiligen Umgebungen und Relationen ins Auge gefasst wurden. Allein mit apodeiktischen Schlüssen, die Syllogismen im Medium des propositionalen Satzes bildeten, ließ sich kein Urteil fällen.[7] Vor Gericht, auf der politischen Bühne oder bei der dialektischen Disputation bedurften die Schlüsse darum einer Ergänzung durch die Argumente der Topik. Bei Einzelfällen zog die Topik ihre Argumente aus Elementen, die mit der strittigen Sache (*causa*) zusammenhängen und sie gleichsam umstellen: den Umständen des Falls.[8] Die Umstandstopik ist das Gegenstück des wissenschaftlichen Regelwissens und das poietische Zentrum rhetorisch-dialektischer Wahrscheinlichkeit. Als Sitz der Argumente (*sedes argumentorum*[9]) sind *circumstantiae* Topoi der Evidenzerzeugung. Sie sind eine Extraktionshilfe, die diejenigen Bereiche eines Sachverhalts erschließen, in denen argumentative Potenziale schlummern (IO VI, 1, 15).

---

5 Zur Unterscheidung von natürlichen und künstlichen Topoi vgl. Roland Barthes, Die alte Rhetorik (1985), in: Das semiologische Abenteuer, Frankfurt a. M. 1988, 15 – 101, hier: 56 – 57.

6 Zur rigiden Konzeption der *apodeixis tou dioti* vgl. insb. Aristoteles, Zweite Analytik, in: Erste Analytik. Zweite Analytik. Organon, Bd. 3/4, Gr.–Dt., hg., übers., mit einer Einl. und Anm. vers. von Hans Günter Zekl, Hamburg 1997, 309 – 523.

7 In der aristotelischen Tradition sind Sätze die elementaren Komponenten des regelhaften und grammatikalischen Wissens (*scientia*), während Einzelfälle aufgrund ihrer ontologischen Instabilität als nicht wissenschafts- bzw. theoriefähig gelten und darum in Erzählungen (*historiae*) organisiert werden. Vgl. die Ausführungen in Aristoteles, Hermeneutik oder vom sprachlichen Ausdruck (De interpretatione), in: Kategorien. Hermeneutik oder vom sprachlichen Ausdruck (De interpretatione) […]. Organon Bd. 2, Gr.–Dt., hg., übers., mit Einl. und Anm. vers. von Hans Günter Zekl, Hamburg 1998, 96 – 151. Zum aristotelischen Theoriebegriff vgl. Joachim Ritter, Die Lehre vom Ursprung und Sinn der Theorie bei Aristoteles, in: Metaphysik und Politik. Studien zu Aristoteles und Hegel, Frankfurt a. M. 1977, 9 – 33.

8 Vgl. Campe, Spiel der Wahrscheinlichkeit, 114 – 115.

9 Marcus Fabius Quintilian, Institutiones oratoriae libri XII, übers. und hg. von Helmut Rahn, 2 Bde., 2. Aufl. Darmstadt 1988, V, 10, 20. Zitate aus den *Institutiones oratoriae* werden im Folgenden im Haupttext mit der Sigle „IO“ angegeben.

Entlang des Umstandsbegriffs entfaltet sich das System der antiken Rhetorik. Neben dem buchstäblichen Umstehen einer *causa*[10] liegt die Funktion der *circumstantiae* im Umgrenzen der auf einen Einzelfall bezogenen Hypothese als konkret behandelbares Problem. Kann eine *quaestio infinita* (soll *man* heiraten?) als universale These nur abstrakt angegangen werden, so bewirken kontingente Einzelheiten die Konkretisierung und Individualisierung des Falls und evozieren so eine *quaestio finita* als Gegenstand rhetorischer Rede (soll *Cato* heiraten?).[11] Die unbegrenzten Fragestellungen wurden im Laufe der Rhetorikgeschichte immer wieder dem Zugriff der Rhetorik entzogen.[12] Die begrenzten Fragestellungen hingegen galten als genuiner Einsatzpunkt der rhetorischen Technik: Es sind die jeweiligen Umstände einer Tat, die bei den involvierten Parteien zur Debatte stehen und den Fall als Streitfall (*controversia*) konstituieren.

Der Paradefall der Rhetorik ist die Gerichtsrede (*genus iudicale*). Hier macht die Bestimmung von dessen *circumstantiae* den strittigen Fall (*causa*) überhaupt erst greifbar: Die beteiligten Personen, die Ursachen, Motive und Mittel, seinen Ablauf und seine Folgen. Der Rhetor erfasst so den Kontext des Geschehens. Von hier aus lässt sich fragen, ob dessen Behandlung vor Gericht überhaupt begründet ist (*constitutio* des Falls).[13] Die sogenannte *Status*-Lehre, deren Zusammenhang mit den Circumstantien bereits etymologisch erkennbar ist, präpariert anhand von dessen Umständen das Problem heraus, um das der jeweilige Fall kreist.[14] Das

10 Zum Verhältnis von *causa* und *circumstantiae* vgl. Wolfgang Gast, Causa, in: Historisches Wörterbuch der Rhetorik, hg. von Gert Ueding, 15 Bde., Tübingen 1992–2016, Bd. 2, Sp. 140–147; sowie Heinrich Lausberg, Handbuch der literarischen Rhetorik. Eine Grundlegung der Literaturwissenschaft (1960), 3. Aufl. Stuttgart 1990, §§ 73–75, 139, 374–399. Noch in der Frühen Neuzeit wird der Begriff der *causa* durch seinen Bezug zu den *circumstantiae* definiert: „Causa heisset auch Qvalitas facti, das ist / die Beschaffenheit der nöthigen Circumstantien / welche man erkennen muß / ehe sich die Sache recht vortragen / untersuchen und entscheiden läst.“ Christian Weise, Curieuse Fragen über die Logica […] in Zweyen Theilen, Leipzig 1696, 1. Tl., 209–210.

11 Zum Unterschied zwischen *quaestio finita* und *infinita* vgl. Wolfgang Gast, Generalia/Specialia, in: Historisches Wörterbuch der Rhetorik, Bd. 3, Sp. 723–730; Walter F. Veit, These, Hypothese, in: Historisches Wörterbuch der Rhetorik, Bd. 9, Sp. 541–565; sowie Wesley Trimpi, The Quality of Fiction: The Rhetorical Transmission of Literary Theory, in: Traditio 30 (1974), 1–118; hier: 5–14.

12 Prominent etwa bei Marcus Tullius Cicero, De Inventione, in: De Inventione. Über die Auffindung des Stoffes – De Optimo Genere Oratorum. Über die beste Gattung von Rednern, Lat.–Dt., hg. und übers. von Theoder Nüßlein, Düsseldorf und Zürich 1998, I, 6, 8.

13 Vgl. etwa Marcus Tullius Cicero, De Oratore – Über den Redner, Lat.–Dt., hg. und übers. von Theoder Nüßlein, Düsseldorf 2007, II, 104.

14 Vgl. prägnant Barthes, Rhetorik, 73–75; sowie ausführlich Lausberg, Rhetorik, §§ 139–254 und Michael Hoppmann, Statuslehre, in: Historisches Wörterbuch der Rhetorik, Bd. 8, Sp. 1327–1359. Zum etymologischen Zusammenhang von *stare* und *circumstantia* vgl. Art. circumstantia, in: Thesaurus linguae Latinae, Bd. 3, Leipzig 1907, Sp. 1172–1173.

Abfragen der *status* oder *constitutiones* markiert den strittigen Punkt der Angelegenheit und gibt so die Richtung der Argumentation vor.[15]

In der *inventio*, der Lehre von der Auffindung des Stoffes und der Beweise, kommt die Umstandslehre seit Cicero in ihrer topischen Fassung zum Tragen.[16] Allerdings verwendet Cicero in keiner seiner Schriften den Begriff *circumstantiae*. Begriffe sind nicht identisch mit einzelnen Lexemen. Die terminologische Regelmäßigkeit des Umstandsbegriff hängt nicht an der Kontinuität des Ausdrucks oder der Allgemeinheit seiner Bezeichnung.[17] In der *inventio* erhalten Umstände eine prozedurale Position.[18] Sie betreten in Gestalt eines ausgefeilten topischen Systems die Bühne des Gerichts und organisieren so die *narratio* und *argumentatio* des Redners. „Die Auffindung des Stoffes [*inventio*] ist das Ersinnen wahrer oder wahrscheinlicher Tatsachen, die den Fall glaubwürdig [*probabilem*] machen sollten", definiert Cicero.[19] Wie in Aristoteles' *Ethik* dienen solche Tatsachen dazu, die Intentionalität einer Handlung zu bestimmen und Kausalitäten festzulegen.[20] Sie stützen Argumente, die „einen angezweifelten Sachverhalt absichern [*fidem facere*]" sollen.[21] Als Verteidiger manipuliert der Rhetor mögliche Bezüge des Geschehens, um den (impliziten) Vorwurf der anderen Partei zu entkräften. Auf diese Weise formt er den Sachverhalt. Er schmiedet Argumente, die den Grund von Handlungen (re-)konstruieren, um diese zu rechtfertigen.

Seit Ciceros Frühschrift *De Inventione* tritt die Umstandstopik in doppelter Gestalt auf. In Form der *adtributa personis* und der *adtributa negotiis* entwickelt die Rhetorik eine Personen- und eine Sachtopik, mit deren Hilfe der Redner seine Er-

---

15 Im System der Rhetorik gibt es vier solcher *Status*-Fragen: Handelt es sich um einen *status coniecturae* (hat die angeklagte Person es tatsächlich getan?); um einen *status finitionis* (was hat sie genau getan? wie ist die Tatsache zu qualifizieren?); einen *status qualitatis* (hat sie es zurecht getan? ist die Tatsache entschuldbar? gibt es mildernde Umstände?); oder um einen *status translationis* (ist die Verhandlung überhaupt legitim?)? Mit diesen Fragen wird der Fall geordnet und für die weitere Stoffauffindung und Argumentation präpariert.

16 Vgl. Michael C. Leff, The Topics of Argumentative Invention in Latin Rhetorical Theory from Cicero to Boethius, in: Rhetorica 1 (1983), 23–44.

17 Vgl. Georges Canguilhem, Die Geschichte der Wissenschaften im epistemologischen Werk Gaston Bachelards (1963), in: Wissenschaftsgeschichte und Epistemologie. Gesammelte Aufsätze, hg. von Wolf Lepenies, Frankfurt a. M. 1979, 7–21, hier: 10–11.

18 Vgl. Rita Copeland, Rhetoric, Hermeneutics and Translation in the Middle Ages. Academic Traditions and Vernacular Texts, Cambridge 1991, 67–68.

19 Cicero, De Inventione, I, 7, 9.

20 Zu Ciceros Rückgriff auf Aristoteles vgl. Michael C. Sloan, Aristotle's Nicomachean Ethics as the Original Locus for the Septem Circumstantiae, in: Classical Philology 105.3 (2010), 236–251.

21 Marcus Tullius Cicero, Topik, übers. und mit einer Einl. hg. von Hans Günter Zekl, Hamburg 1983, II, 8. Kurs. entf.

zählung glaubwürdig gestalten kann.[22] *Nomen, naturam, victum, fortunam, habitum, affectionem, studia, consilia, facta, casus, orationes,* lauten die personenbezogenen Umstände bei Cicero. Sie erlauben zum Beispiel aus dem Charakter, dem Körperbau oder dem Lebenslauf von Täter:innen Beweise für oder wider ihre Tat zu ziehen. Die *adtributa negotiis* zielen hingegen auf die Erschließung der konkreten Bezüge des Vorfalls, das, „was immer eng an die Sache angeheftet zu sein scheint und von ihr nicht getrennt werden kann".[23] Mit ihrer Hilfe fragt man, „warum und weshalb und in welcher Absicht die Tat begangen wurde".[24] Oder man beleuchtet die Modalitäten ihrer Ausführung: Ort, Zeit, Gelegenheit, Art und Weise, Mittel – *locus, tempus, occasio, modus, facultas.*[25] „Bei allem nun, was getan wird", schreibt Quintilian, „dreht es sich um die Fragen: Warum?, wo?, wann?, wie? und mit welchen Mitteln? ist es getan worden? [*aut quare aut ubi aut quando aut quo modo aut per quae facta sunt?*]" (IO V, 10, 32). Als formalisiertes Suchverfahren besteht die Leistung solcher Umstandsfragen darin, einen „Gegenstand über einen Raster von Leerformen ‚gleiten'" zu lassen.[26] Als Set basaler Fragen, die das Mittelalter zur handlichen Hexameterformel *quis, quid, ubi, quibus auxiliis, cur, quomodo, quando* wandelt, ermöglicht die Umstandstopik die ausführliche Untersuchung eines strittigen Falls.

Im Anschluss an die *Rhetorik* des Aristoteles, die zwischen artifiziellen und nicht-artifiziellen Beweismitteln unterscheidet, teilt Cicero die topischen Stellen in interne und externe *loci* auf. Interne *loci* dienen dazu, die mit der *causa* selbst in Verbindung stehenden Umstände und Relationen ausfindig zu machen.[27] Äußere *loci* betreffen die Zuverlässigkeit von Aussagen über das Geschehen (*testimonia*).[28] Sache des Redners sind nur die internen *loci.* Durch ihren Gebrauch bei seiner Darstellung des Sachverhalts (*narratio*) stellt dieser Glaubwürdigkeit her (*fidem facere*). Dabei wird der „Eindruck der Vertrauenswürdigkeit [*fides*], den die Dar-

22 Vgl. Cicero, De Inventione, I, 34–41; sowie IO V, 10, 24–31. Ein guter Überblick über die umstandstopischen Fundstätten von Beweisen findet sich bei Gert Ueding und Bernd Steinbrink, Grundriß der Rhetorik. Geschichte – Technik – Methode (1986), 5., akt. Aufl. Stuttgart 2011, 243–258; ausführlich zu Systemstelle und Geschichte der Umstandstopoi Lucia Calboli Montefusco, Die *adtributa personis* und die *adtributa negotiis* als *loci* der Argumentation, in: Topik und Rhetorik. Ein interdisziplinäres Symposium, hg. von Thomas Schirren und Gert Ueding, Tübingen 2000, 37–50.

23 Cicero, De Inventione, I, 26, 37.

24 Cicero, De Inventione, I, 26, 37. Übers. leicht modifiziert.

25 Vgl. Cicero, De Inventione, I, 26, 38.

26 Barthes, Rhetorik, 68.

27 Vgl. Aristoteles, Rhetorik, übers. und hg. von Gernot Krapinger, Ditzingen 2018, I, 1355b35–56a4; ausführlich zu den technischen Beweismitteln bei Aristoteles Kathy Eden, Poetic and Legal Fiction in the Aristotelian Tradition, Princeton 1986, 12–21.

28 Vgl. Cicero, Topik II, 8; zu den externen, atechnischen *loci* vgl. XIX, 72–78.

stellung [*narratio*] hervorrufen soll, […] durch Überredungskraft [*persuasio*] bewirkt".[29] Die *fides* einer wahrscheinlichen Erzählung (*narratio verisimilis*) ist eine Wirkung der *persuasio.* Dabei ist die affektive Lenkung (*persuasio*) des Redners stets eine strategisch eingesetzte und inszenierte Vertrauenswürdigkeit, während die Zuverlässigkeit seiner Aussage (*fides*) ihrerseits auf der Qualität seiner Überredung beruht. Diesen Effekt kann er erzielen, indem er zum Erzähler wird. So verschränkt sich eine narrative Poetik mit dem juridischen Konzept der Zeugenschaft: der Redner verwandelt sich in einen „Zeugen zweiten Grades",[30] der durch die glaubwürdige Erzählung des Falls seinerseits an Glaubwürdigkeit gewinnt. Der Redner formt den fragwürdigen Fall im Durchgang durch die *loci a circumstantiae* auf eine Weise, die zugleich die Glaubwürdigkeit von dessen Einzelheiten mit produziert.

Die verwendeten Umstände müssen allerdings nicht nur mit dem strittigen Fall in Beziehung gesetzt werden, sondern sie müssen zudem mit allgemeinen Annahmen in Einklang gebracht werden.

> Glaubwürdig ist die Darstellung des Sachverhaltes, wenn sie das zu enthalten scheint, was in Wirklichkeit gewöhnlich zu sehen ist; wenn die Würde der Personen gewahrt wird; wenn die Ursachen der Taten sichtbar hervortreten; wenn sich zeigt, daß es Möglichkeiten zur Tat gab; wenn man zeigt, daß der Zeitpunkt geeignet, der Zeitraum genügend, der Ort tauglich war für das Geschehen, das dargelegt wird; wenn das Geschehen der Natur der handelnden Person, der Sitte der Menge und der Meinung der Zuhörer angepaßt wird.[31]

Wenn der Redner all dies beachtet, wirkt seine Falldarstellung glaub- und er selbst vertrauenswürdig. Schließlich soll der Richter nicht nur vom Vorfall erfahren, sondern von einer konkreten Version überzeugt werden.[32] Quintilian definiert die *narratio* im Anschluss an Cicero entsprechend als die „zum Überreden nützliche Darlegung eines tatsächlichen oder scheinbar tatsächlichen Vorgangs" (IO IV, 2, 31). Ihre persuasive Kraft erhält solch eine Darlegung durch die Verkettung künstlicher Beweise (*probationes artificiales*) in Form der *circumstantiae.*

Die Umstandslehre ist jedoch mehr als eine Technik der Extraktion, die glaubwürdige Beweise aus dem vorliegenden Fall zieht. Als Verfahren der Darstellung hat sie auch eine phänomenotechnische Dimension. Durch sie gewinnt die verhandelte Sache allererst Kontur. Umstände machen abwesende Begebenheiten, implizite Motive und gewohnheitsmäßige Handlungen sichtbar und stellen

---

29 Cicero, Topik, XXVI, 98.

30 Campe, Spiel der Wahrscheinlichkeit, 140. Kurs. entf.

31 Cicero, De Inventione, I, 21, 29.

32 Vgl. Michael Niehaus, Narration im Recht und vor Gericht, in: Grundthemen der Literaturwissenschaft: Erzählen, hg. von Martin Huber und Wolf Schmid, Berlin und Boston 2018, 514–527, hier: 518–519.

sie lebhaft vor Augen. Sie leisten imaginative Arbeit.[33] Erzählungen vor Gericht wirken überzeugend, wenn sie ebenso substanzielle wie detaillierte Informationen integrieren, die das Argument des Redners untermauern.

Als Verfahren des Vor-Augen-Stellens (*enargeiea* oder *hypotyose*) erzielen emotiv zugerichtete Einzelheiten eine lebhafte Schilderung des Falls (IO VI, 1, 16–17). Wer Umstände gekonnt vorbringt, stellt eine Evidenz her, „die nicht mehr in erster Linie zu reden, sondern vielmehr das Geschehen anschaulich vorzuführen scheint, und ihr folgen die Gefühlswirkungen so, als wären wir bei den Vorgängen selbst zugegen" (IO VI, 2, 32). Schließlich ist die Figur der Hypotypose, wie Quintilian schreibt, „eine in Worten so ausgeprägte Gestaltung von Vorgängen, daß man eher glaubt, sie zu sehen als zu hören" (IO IX, 2, 40). Der Gebrauch von Details erzeugt eine drastische Anschaulichkeit, die Affekte erregt und so das Ziel des *persuadere* durch das Mittel des *movere* erreicht:[34]

> Ich habe Klage zu führen, ein Mann sei erschlagen. Kann ich da nicht all das, was dabei, als es wirklich geschah, vermutlich vorgefallen ist, vor Augen haben? Wird nicht plötzlich der Mörder hervorbrechen? Nicht das Opfer voll Angst aufschrecken? Wird es schreien, bitten oder fliehen? Werde ich nicht den Schlag fallen, das Opfer zusammenbrechen sehen? Wird sich nicht sein Blut, seine Blässe, sein Stöhnen und schließlich sein letzter Todesseufzer meinem Herzen tief einprägen? (IO VI, 2, 31.)

Die aus der forensischen Fallerzählung gespeisten Umstandskategorien des Wer? Wie? Warum? usw. arbeiten als argumentatives wie stilistisches Mittel gleichermaßen.[35] Als lebhafte Einzelheiten verleihen sie dem Fall eine körperliche Fülle, durch ihre Anschaulichkeit steigern sie zugleich dessen Glaubwürdigkeit.

Für eine Rhetorik des Umstands erweist sich ein *locus* als besonders relevant, dem Cicero den Namen *adiuncta* gibt. Cicero erläutert diesen Topos, der danach fragt, „was vor dem Ereignis, was im Zusammenhang mit ihm, was nach dem Ereignis sich ergeben hat oder ergeben könnte",[36] anhand eines Mordfalls und damit anhand des einzigen Kriminaldelikts in seiner *Topik.*[37] Der Topos der *ad-*

33 Vgl. Hutson, Circumstantial Shakespeare, 79.
34 Zur Darstellung von Details bei der *enargeia* vgl. ausführlich Ruth Webb, Ekphrasis, Imagination and Persuasion in Ancient Rhetorical Thoery and Practice, Farnham 2009, insb. 87–94.
35 Vgl. Rüdiger Campe, Die Sorge der Prinzessin und die Zukunft des Ereignisses, in: Wissen. Erzählen. Narrative der Humanwissenschaften, hg. von Arne Höcker, Jeannie Moser und Philippe Weber, Bielefeld 2006, 65–84, hier: 73.
36 Cicero, Topik XII, 51.
37 Zu den zivilrechtlichen Fällen vgl. Manfred Fuhrmann, Die zivilrechtlichen Beispiele in Ciceros Topik, in: Topik und Rhetorik, 51–66.

iuncta sucht nach Details in Form von Indizien.[38] Vor der Tat (*ante rem*) nach Dingen wie „Vorbereitungen", „Gespräche[n]" oder nach den Verabredungen zum Abendessen, bei dem der Mord stattgefunden hat; während der Tat (*cum re*) nach dem „Geräusch von Füßen" oder dem „Schatten von Körpern"; nach der Tat (*post rem*) nach Indizien wie einem blutigen Schwert, nach „Erblassen, Erröten, Verlegenheit" oder „was sonst noch den Verdacht bezüglich der Tat erregen kann."[39]

Der Topos der *adiuncta* kommt vor allem beim *status conjecturalis* zum Tragen – bei „Vermutungsfälle[n]", bei denen die *quaestio facti* im Vordergrund steht. Hier fragt der Redner danach, ob und wie eine bestimmte Tat stattgefunden hat.[40] Aus diesem Grund spricht Cicero den *adiuncta* weder eine logische noch eine juridische, sondern eine dezidiert forensische Relevanz zu. Bei der *quaestio facti* greift eine konjekturale oder indizielle Kunst, die Taten nicht bereits als gegeben voraussetzt, sondern, wie Quintilian schreibt, die „Umstände, aus denen die Tat gefolgert werden muß", in den Blick nimmt (IO IV, 2, 81). Eine solche Rhetorik fragt danach, „was womit verknüpft wird und was zusammenstimmt" (IO VII, 2, 57). Um Beweislücken zu schließen, setzt sie zuweilen sogar auf „fingierte[ ] Annahmen" (IO V, 10, 95). Von solchen fingierten Umständen aus wird auf die Möglichkeit und Realisierbarkeit einer Tat geschlossen, von der nicht ohne Zweifel gesagt werden kann, sie sei geschehen. „[D]enn natürlich", schreibt Quintilian, „passen die Tatsachen, je nachdem, wie sie gebracht werden, mehr zusammen oder widersprechen sich" (IO VII, 2, 57). Der Topos der *adiuncta* ist daher ein genuin rhetorischer.[41] Wie kein anderer organisiert er die Erzählung des Falls. Der *Fall* ist im *status conjecturalis* ein sprachlich noch nicht gefasster *Vorfall*, der durch die rhetorische Bearbeitung in Erscheinung tritt. Erst durch die konjekturelle Verknüpfung von *circumstantiae* wird er plausibel.

Bei der Erzeugung von Glaubwürdigkeit nimmt die antike Gerichtsrhetorik keine Rücksicht auf etwaige Grenzziehungen zwischen fiktionalem und faktualem Erzählen. Die *narratio* kann und soll neben *res factae* dezidiert auch *res fictae* beinhalten. „Großen Eindruck macht es," heißt es etwa in Quintilitans *Institutionis oratoriae* (IV, 2, 123), „wenn man zu den wirklichen Vorgängen noch ein glaubhaftes Bild hinzufügt, das den Hörer gleichsam gegenwärtig in den Vorgang zu versetzen scheint". Schließlich gebe es „sehr viele Dinge, die zwar wahr, aber allzu unglaublich sind, so wie auch Falsches oft wahrscheinlich ist." Man müsse daher dafür sorgen, „daß der Richter das glaubt, was wir der Wahrheit gemäß sagen, als auch das, was

38 Zum Indizienbeweis der Rhetorik vgl. ebenfalls IO V, 9.

39 Cicero, Topik XII, 52.

40 Cicero, Topik XII, 50.

41 „Es ist also dieser großenteils rhetorische Gesichtspunkt nicht nur nicht Sache der Juristen, sondern ebenso nicht Sache der Philosophen", schreibt Cicero (Topik, XII, 51).

wir erfinden“ (IO IV, 2, 34). Rhetorische Technik und Theorie ist zuallererst eine sprachliche Bearbeitung des Wahrheitsscheins. Der Schein des Wahren ist aufgrund seiner größeren Überzeugungskraft der Wahrheit vorzuziehen.

Der Einbezug von fingierten Tatsachen ist aber mehr als nur ein probates Mittel, um die Überzeugungskraft einer Rede zu steigern. Vielmehr ist die Verwendung von Erfundenem eine ästhetische Grundbedingung. Um eine *causa* überhaupt zu erkennen und um sie evidenziell vor Augen zu stellen, muss die Erzählung, wie Quintilian schreibt, „mit Sinneswahrnehmung durchtränkt“ und „mit jedem nur möglichen Schmuck und Liebreiz ausgestattet werden“ (IO IV, 2, 116 – 117). Mit dem rhetorischen Verfahren des Vor-Augen-Stellens geht daher ein Medienwechsel einher, der Sprache und sinnliche Erscheinung ununterscheidbar werden lässt.[42] Diese Transposition wird durch die Umständlichkeit des Erzählens vollzogen. Die evidenziellen Verfahren der Erzählung fokussieren deshalb in hohem Maße Details. Schließlich wirkt eine *causa* allererst „durch die Verwendung beiläufiger Einzelheiten“ (IO VIII, 3, 70) oder durch die Integration von „Begleitumständen“ (IO IV, 2, 129) überzeugend. Eine Vielzahl kleiner Umstände macht Geschehnisse wahrscheinlich und transformiert sie so in faktoide Fälle. Das Hinzudichten von Details verleiht der Rede jene „Durchschlagskraft“ (IO VI, 2, 2) und jene „Handgreiflichkeit“ (IO VIII, 4, 1), um deren Fabrikation die rhetorische Technik bemüht ist.

Weil feststeht, dass „eine knappe Nachricht zu wenig tief in unser Gefühl“ dringt (IO VIII, 3, 67), darf der Orator „alles Mögliche dazuerfinden, was gewöhnlich dabei geschieht“ (IO VIII, 3, 70). Schließlich gilt im Blick auf das *brevitas*-Gebot die Regel, dass die „Sorge um Kürze wohl nie so groß sein [darf], daß ich nicht das, was die Darstellung glaubhaft macht, hineinbringen möchte“ (IO IV, 2, 47). Kürze darf daher niemals ohne *ornatus* sein – „non inornata debet esse brevitas“ (IO IV, 2, 46).[43] Eine unterhaltsame und bildhafte Rede erscheint stets kürzer als eine vermeintlich kurze, dafür aber trockene Erzählung. Die *narratio* soll daher lieber „etwas zuviel als zuwenig“ beinhalten, denn „sagt man Überflüssiges[,] ist es lästig, streicht man Notwendiges, gefährlich“ (IO IV, 2, 44). Die Amplifikation von *circumstantiae* steht der *brevitas* demnach gerade nicht entgegen: Umständlichkeit, so der paradoxe ‚Clou‘ der antiken Rhetorik, ist nicht nur ein Modus zur Erzeugung von Evidenz, sondern sie macht das Gesagte überhaupt erst kurzweilig.

---

42 Vgl. Campe, Vor Augen Stellen, 107, 129.

43 Ausführlich zur Notwendigkeit des Ornats für die Erzeugung von Kürze Davide Giuriato, „klar und deutlich“. Ästhetik des Kunstlosen im 18./19. Jahrhundert, Freiburg i. Br., Berlin und Wien 2015, 21 – 49, insb. 45 – 49.

2 Logifizierung des Umstands

Von hier aus geht die Umstandslehre verschlungene Pfade. Als abstrakte Frageformel taucht die Aufzählung des Wer hat es getan? Wann? Wo? Wie? Mit welchen Mitteln? usw. in einer Reihe von Theorien und Gebrauchskontexten zwischen Rhetorik, Dialektik und Grammatik auf. Ohne „dieses spannende, aber auch finstere Gewölbe der Terminologiegeschichte“[44] umfassend auszuleuchten, will ich zumindest einige Stationen nennen: In der mittelalterlichen Hermeneutik fungiert die Umstandstopik als Verfahren der Texterschließung und der Kommentierung.[45] In der spekulativen Universalgrammatik indiziert das Umstandsschema die akzidenziellen und relationalen Eigenschaften von Worten (*modus significandi accidentale*);[46] in der Ethik bestimmen *circumstantiae* im Anschluss an Aristoteles die Zurechenbarkeit und Zulässigkeit von Handlungen;[47] und in der Beichtstuhljurisprudenz des Mittelalters qualifizieren sie die einzelnen Sünden und legen das Strafmaß fest.[48]

Für die Überlieferung der Circumstantienlehre hat die Forschung zwei entscheidende Figuren ausgemacht. Auf der einen Seite der spätantike Gelehrte Boethius, auf der anderen der rheinländische Humanist Rudolf Agricola. Ihre Umschrift

---

44 Campe, Sorge der Prinzessin, 73.

45 Zur Texterschließung vgl. Henning Brinkmann, Mittelalterliche Hermeneutik, Tübingen 1980, 7–8; Anna A. Grotans, Reading in Medieval St. Gall, Cambridge 2010, 155–198; Jerold C. Frakes, Remigius of Auxerre, Eriugena, and the Greco-Latin *circumstantiae* formula of *Acessus ad Auctores*, in: The sacred nectar of the Greeks. The study of Greek in the West in the early Middle Ages, hg. von Shirley Ann Brown, London 1988, 229–255; sowie immer noch Edwin A. Quain, S. J., The medieval accessus ad auctores, in: Traditio III (1943), 215–264; zur Kommentierung vgl. Copeland, Rhetoric, insb. 63–86.

46 Vgl. Jan Pinborg, Die Entwicklung der Sprachtheorie im Mittelalter, Münster und Kopenhagen 1967, 38–51; Corneille Henri Kneepkens, Robert Kilwardby on Grammar, in: A Companion to the Philosophy of Robert Kilwardby, hg. von Henrik Lagerlung und Paul Thom, Leiden und Bosten 2013, 17–64; sowie für die Frühe Neuzeit George Arthur Padley, Grammatical theory in Western Europe: 1500–1700. Bd. 1: The Latin Tradition, Cambridge, London, New York u.a. 1976, 50–51, 65, 129–130, 173–175.

47 Vgl. Gründel, Lehre von den Umständen; sowie Thomas Nisters, Akzidentien der Praxis. Thomas von Aquins Lehre von den Umständen menschlichen Handelns, Freiburg i. Br. und München 1992; Ralf Lutz, Die klassische Lehre von den Umständen einer Handlung. Ein Beitrag zur Handlungstheorie Thomas von Aquins, in: Lebensbeendende Handlungen. Ethik, Medizin und Recht zur Grenze von ‚Töten‘ und ‚Sterbenlassen‘, hg. von Franz-Josef Bormann, Berlin und Boston 2017, 95–121; und Jean-Pierre Wils, Ethik, in: Historisches Wörterbuch der Rhetorik, Bd. 3, Sp. 1468–1507.

48 Vgl. Robertson Jr., Classical Origin; sowie Klaus Ley, Über die allmähliche Verfertigung der Gedanken vor dem Reden. ‚*Circumstantia*‘-Lehre, Beichte und Alltagsrhetorik in der Gegenreformation, in: Zeitschrift für romanische Philologie 107.3–4 (1991), 295–323.

des rhetorischen Umstands bildet die Grundlage der neuzeitlichen Wahrscheinlichkeitslogik. Waren *circumstantiae* in der antiken Rhetorik ein technisches Verfahren, das vor Gericht Wirklichkeit unterstellte, so behauptet die frühneuzeitliche Topik im Anschluss an Boethius und Agricola die Übereinstimmung ihrer Schlussverfahren mit den in Frage stehenden Sachverhalten.[49] Sie begreift die Argumente der Umstandstopik nicht mehr nur als wirkungsvolle Mittel für einen überzeugenden Redeauftritt, sondern als gute Gründe, um stichhaltige Konjekturen über Sachzusammenhänge in der Wirklichkeit anzustellen. Als Teil einer neuen wissenschaftlichen Logik wurden Umstände bei Boethius und Agricola zu Elementen, von denen aus auf Einzelfälle geschlossen werden konnte. Daran schließt die Topik der Frühen Neuzeit an. In der Verschaltung empirischer und rhetorischer Beweismodi etabliert sie eine Konformität zwischen ihrem Aussagesystem und dem empirischen Fall. Sie ruft damit eine logische Analyseform auf den Plan, die untersucht, in welcher Relation kontingente Begebenheiten zu ihren Umständen und Bedingungen stehen. Diese epistemologische Neujustierung lässt das Projekt einer empirischen Einzelfallwissenschaft aufblitzen. Es lohnt sich daher, die Umschrift des rhetorischen Wissens bei Boethius und Agricola etwas genauer unter die Lupe zu nehmen.

Im vierten Buch von *De topicis differentiis*, das für die Transmission der Topik im Mittelalter eine nicht zu unterschätzende Rolle einnimmt,[50] vollzieht Boethius die Wendung der *circumstantiae* zur Definition der Rhetorik selbst.[51] Schärfer als die antiken Klassiker konturiert er die Unterschiede und Gemeinsamkeiten von Dialektik und Rhetorik: Während die Dialektik mit Fragen betraut sei, die sich unabhängig von etwaigen Umständen stellten (Thesen), behandele die Rhetorik Hypothesen – Fragen, die die Einzelheiten einer konkreten Umgebung in ihrer Vielheit mit einbeziehen: „Dialectica facultas igitur thesim tantum considerat. Thesis vero est sine circumstantiis quæstio. Rhetorica vero de hypothesibus, id est

49 Dies ist einer der Grundthesen Rüdiger Campes, der in seinem Buch zum neuzeitlichen Wahrscheinlichkeitsdispositiv dessen Umschreibung topischer Wissensformen herausgearbeitet hat. Vgl. ders., Spiel der Wahrscheinlichkeit, insb. 143–146.

50 Vgl. Jan Pinborg, Topik und Syllogistik im Mittelalter, in: Sapienter ordinare. Festgabe für Erich Kleineidam, hg. von Fritz Hoffmann, Leo Scheffczyk und Konrad Feiereis, Leipzig 1969, 151–178; Eleonore Stump, Boethius' Theory of Topics and its Place in Early Scholastic Logic, in: Atti del Congresso internazionale di studi boeziani, hg. von Luca Obertello, Rom 1981, 249–262; Niels Jørgen Green-Pedersen, The Tradition of the Topics in the Middle Ages. The Commentaries on Aristotle's and Boethius' Topics, Wien und München 1984; sowie John Marenbon, Boethius, Oxford, New York, Auckland u. a. 2003, 164–182.

51 Vgl. Michael C. Leff, The Logician's Rhetoric. Boethius' *De topicis differentiis*, Book IV, in: Medieval Eloquence. Studies in the Theory and Practice of Medieval Rhetoric, hg. von James J. Murphy, Berkeley 1978, 3–24.

de quæstionibus circumstantiarum multitudine inclusis, tractat et disserit."[52] Entscheidend ist: Die *circumstantiae* mögen zwar den Wirkungsbereich der Rhetorik definieren, ihr Verfahren ist jedoch dialektisch grundiert.[53] Der Redner formt seine Fälle aus den Umständen, und er zieht seine Argumente aus ihnen, aber sie müssen stets vom Universellen und Einfachen bestätigt werden, den dialektischen Topoi.[54] Die dialektische Topik erklärt Boethius zum Fundament der rhetorischen Argumentation.

Die Verbindung zwischen beiden Disziplinen liegt für Boethius im gemeinsamen Schatz der Topoi.[55] Der Dialektiker konstruiert seine Argumente im Rückgriff auf das formale Wesen der jeweiligen Topoi (etwa die Topoi der Gattung, des Ähnlichen, des Früheren, des Späteren, des Widerspruchs usw.). Der Rhetoriker sucht die Basis seiner Argumentation ausgehend von diesen Topoi in einer singulären und situierten Relation (etwa einer konkreten Gattungs-, Ähnlichkeits- oder Widerspruchsrelation).[56] Die Dialektik zieht also ihre Beweise aus den Qualitäten selbst, während die Rhetorik Beweise aus den Dingen holt, die eine Qualität annehmen – den situativen Umständen eines Falls.[57] Die rhetorische Kunst, so Boethius, vergleicht die Einzelheiten von Fällen und setzt sie in Beziehung. Argumente aus diesen Operationen werden jedoch stets mit Hilfe der dialektischen Topik gezogen.[58]

Logik und Rhetorik sind, dieser Auffassung nach, kein Gegensatz. Im Gegenteil: Mit Boethius fallen sie erstmals zusammen.[59] „Argumentum est ratio rei dubiæ faciens fidem", schreibt Boethius im Anschluss an Cicero – ein Argument ist eine Überlegung, die einer zweifelhaften Sache Glaubwürdigkeit verleiht.[60] Und diese Überlegung (*ratio*) ist nun als eine explizit *wissenschaftliche* Wissensform konzipiert.

---

52 Boethius, De differentiis topicis. Libri quatuor (um 523), in: Manlii Severini Boetii Opera Omnia, hg. von Jacques-Paul Migne, 2 Bde., Paris 1891, Bd. 2, 1205C – D.

53 Ausführlich zur Konzeption der dialektischen Argumentation bei Boethius Eleonore Stump, Dialectic and Boethius's *De topicis differentiis*, in: Dialectic and Its Place in the Development of Medieval Logic, Ithaca und London 1989, 31 – 56; sowie Christian Vogel, Boethius' Theorie der argumentativen Wissensvermittlung. Working Paper No. 22. Sonderforschungsbereich 980. Episteme in Bewegung. Wissenstransfer von der Alten Welt in die Frühe Neuzeit, Freie Universität Berlin 2019, 1 – 33.

54 Vgl. Boethius, De topicis, 1216A.

55 Vgl. Boethius, De topicis, 1216A – C. Vgl. Vogel, Boethius' Theorie, 36.

56 Vgl. Boethius, De topicis, 1214C.

57 Vgl. Boethius, De topicis, 1216C.

58 Vgl. Boethius, De topicis, 1214B.

59 Zu den Konsequenzen vgl. Peter von Moos, Die angesehene Meinung. „Was allen oder den meisten oder den Sachkundigen richtig scheint". Vier Studien zum ENDOXON im Mittelalter, in: Öffentliches und Privates, Gemeinsames und Eigenes. Gesammelte Studien zum Mittelalter, Bd. 3, hg. von Gert Melville, Münster 2007, 237– 393, hier: 274 – 276.

60 Boethius, De topicis, 1174C.

In Ciceros Modell war die Topik ein Verfahren der Evidenzerzeugung, das die Glaubwürdigkeit von juristischen Sachverhalten herstellte. Diese Topik erweckte Emotionen und erzeugte Evidenz durch die Narrativierung und Beschreibung von Fallumständen. Bei Boethius erhielt dieses Konzept nun eine formal-logische Grundlage.[61] Seine Umstandstopik basiert auf einer logisch konzipierten Wahrscheinlichkeitslehre. Und diese logische Wahrscheinlichkeit impliziert ihrerseits rhetorische Grundannahmen. Zum ersten Mal wurden damit „die rhetorische Suchtechnik und die philosophische Wahrheitssuche unter ein Dach" gebracht.[62] Die Umstands- verschränkte sich mit einer Prinzipienlehre.

Mit Boethius erhielten die *circumstantiae* einen neuen Zuschnitt. Ihr argumentativer Ausgangspunkt lag für Boethius im Anschluss an Aristoteles' Definition der *endoxa* in glaubwürdigen, wahrscheinlichen oder anerkannten Aussagen (*probabilia*).[63] Als Beweisverfahren ist Boethius' Topik dadurch definiert, in der Antwort auf einen vorausgehenden Zweifel wahrscheinliche Argumente (*probabilibus argumentationibus*) zu benutzen. Das gleicht ihrer Fassung bei Cicero. Neu ist, dass sich ihre Schlüsse in die Form von Syllogismen bringen lassen.[64] Boethius orientiert sich damit an Aristoteles' Analytik, definiert den Syllogismus jedoch etwas weiter: Als eine deduktive Argumentationsform, bei der sich der Schluss notwendig ergibt, wenn etwas als Prämisse gesetzt und eingestanden ist.[65] Die Kraft dieser Prämissen, ihre Glaubwürdigkeit, hängt in einem psychologischen Sinn an der Akzeptanz der Adressat:innen.[66] Damit stattete Boethius die logische Argumentation mit der persuasiven Kraft der Rhetorik aus.

Die topischen Prämissen sollen nach Boethius allgemein und bestbekannt (*universales ac notissimas*) sein. Da sie unmittelbar einsichtig (*per se cognita*) und prinzipiell (*principales*) sind, liefern sie für die angezweifelte Sache (*res dubium*) den Beweis. Das Bekannte erschließt das Unbekannte. Das Unzweifelhafte dient als Beweis des Zweifelhaften. In ihrer vorausgesetzten Evidenz, so Boethius, erzeugen solche *maximae propositiones* eine Glaubwürdigkeit, die auch dann wirkt, wenn der Syllogismus in seiner vollen logischen Strenge nicht nachvollzogen wird. Dabei ist eine topische Maxime (zum Beispiel: aus einer unterschiedlichen Definition folgt

61 Vgl. Stump, Dialectic; Marenbon, Boethius, 57–64; Campe, Spiel der Wahrscheinlichkeit, 141–143; sowie Günter Frank, Topik als Methode der Dogmatik. Antike – Mittelalter – Frühe Neuzeit, Berlin und Boston 2017, 15–21.

62 Moos, Die angesehene Meinung, 255.

63 Vgl. Aristoteles, Topik, übers. und komm. von Tim Wagner und Christof Rapp, Stuttgart 2004, 100b 21. Ausführlich zu Boethius' Gebrauch der *endoxa* Moos, Die angesehene Meinung, 237–287.

64 Zum Verhältnis von Syllogistik und Topik bei Boethius vgl. Stump, Dialectic, 42–43.

65 Vgl. Boethius, De topicis, 1183B.

66 Zur psychologischen Einpassung vgl. Stump, Dialectic, 41–42.

der Unterschied zweier Dinge) deshalb wahrscheinlich, weil sie mit der zweifelhaften Aussage inhaltlich verbunden ist. Sie beruht nicht auf kontextunabhängigen Universalien, auf letzten Gründen oder ersten Sätzen, den *prôta* der aristotelischen Demonstration. Topische Maximen sind für Boethius vielmehr kasuistische Maximen. Sie gelten speziell für die konkrete Beziehung zum Fall und richten sich situativ an der Akzeptanz der Adressat:innen aus.

Durch diese Neubestimmung der topischen Argumentation entstanden neue Möglichkeiten für die Darstellung von Einzelfällen. Da die dialektische Topik bei Boethius die Grundlage der umstandsbezogenen Rhetorik ist, erhielten ihre Fallerzählungen eine logische Grundierung. „Argumentum vero erat ratio rei dubiæ faciens fidem", erinnert Boethius in Buch IV, das die rhetorische Topik behandelt, „faciant autem negotio fidem ea quæ sunt personis ac negotiis attributa" – bei einer Handlung erzeugen die Attribute der Personen und Sachverhalte (die Umstände der rhetorischen Tradition) Glaubwürdigkeit.[67] Um verständlich zu machen, was unter diesem *fidem facere* zu verstehen ist, diskutiert Boethius im unmittelbaren Anschluss ausführlich den Umstandsbegriff: „Circumstantiæ sunt quæ convenientes substantiam quæstionis efficiunt. Nisi enim sit qui fecerit, et quod fecerit, causaque cur fecerit, locus, tempusque quo fecerit, modus etiam facultatesque si desunt, causa non stabit" – Umstände seien Dinge, deren Zusammenkommen die Substanz des strittigen Falls produziere. Denn wenn es niemanden gebe, der gehandelt habe und nichts, was getan worden sei, und keinen Grund warum, und keinen Ort und keine Zeit, in welchen gehandelt worden sei, und keine Art und Weise und keine Mittel, gebe es schlichtweg keinen Fall.[68] Die rhetorische Topik, fasst Boethius zusammen, greift daher stets bei Fragestellungen, die von Umständen informiert werden (*quaestiones informatas circumstantiis*).[69]

In Boethius' Definition der *circumstantiae* wird der Zusammenhang der Umstandstopik und des Casus als Form deutlich. Ohne die topische Manipulation von Einzelheiten gibt es keinen entscheidbaren Fall (*causa non stabit*). Dabei fungieren Umstände in Boethius' Logik als *probabilia*, als bekannte und wahrscheinliche Elemente, von denen aus auf einen unbekannten Fall geschlossen werden kann. Diese Elemente sind Mittelterme, die den Übergang von den Prämissen der Argumentation zu ihrer Konklusion erlauben.[70] Sie etablieren die Verbindung zwischen

67 Boethius, De topicis, 1212B – C.

68 Boethius, De topicis, 1212C.

69 Boethius, De topicis, 1215A.

70 „[N]ihil est aliud argumentum quam medietatis inventio", schreibt Boethius in seinem Kommentar zu Ciceros Topik – das Argument sei nichts anderes als das Finden der Mitte. Boethius, In Topica Ciceronis Commentarium Libri Sex (um 522), in: Opera Omnia, Bd. 2, 1051A. Vgl. Green-Pedersen, Tradition of the Topics, 60.

einer Hypothese und einem in Zweifel stehenden Sachverhalt. Der Fall ist zwar eine juristische Streitsache, aber er ist auch ein Ereignis, dessen Glaubwürdigkeit an der Setzung gewisser Umstände hängt. Und um dieses mögliche Ereignis zu fassen und darzustellen, ist eine logische Verknüpfungskunst vonnöten, die die Bedingungen festlegt, unter denen das Ereignis wirklich werden kann.

Boethius gibt hierfür folgendes Beispiel, das er dem Bereich des Rechts entnimmt: In der rhetorischen Argumentation, so Boethius, könne man ein Argument anhand des formalen Topos *a genere* aufziehen. Will man etwa die Anklage abweisen, dass jemand betrunken gewesen sei, indem man anführt, dass die Person noch nie zuvor ausschweifend war, so setzt man Trunkenheit als die Untergattung der Ausschweifung. Um mit der Beweisführung (*ratio*) fortfahren zu können, schreibt Boethius, muss das Wesen des Genus jedoch vorher bekannt sein.[71] Wo die Gattung abwesend sei, dort müsse auch die Art abwesend sein, da die Gattung niemals die Art verlasse. Diese implizite topische Maxime fungiert wie ein glaubwürdiges Zeugnis der Tatsache, dass die der Trunkenheit angeklagte Person noch nie ausschweifend war. Als glaubwürdiges Prinzip sichert die Maxime die Kraft des gesamten Arguments. An dieser Stelle lässt sich daher der Zusammenhang von ciceronianischer Umstandstopik und aristotelischer Satzlogik auf den Punkt bringen: Umstände sind einzelfallbezogene Argumente, die von prinzipiellen dialektischen Topoi gestützt werden. Im Rahmen einer dezidiert wissenschaftlichen Logik verleihen sie einem zweifelhaften Einzelfall Glauben.

In dieser Fassung wurde die Umstandslehre durch Boethius an das Mittelalter und die Frühe Neuzeit tradiert. Durch sie erhielt der rhetorische Zugriff auf Umstände eine logische Basis. Umgekehrt hing diese logische Basis nun an der rhetorischen Überzeugungskraft wahrscheinlicher Argumente, an deren Akzeptanz bei den Adressat:innen. Die Verschränkung von logischer und rhetorischer Beweisführung weitete sich zu einer Logik des *fidem facere.* Mit Beginn der Neuzeit wurde sie zur epistemischen Grundlage der historisch-empirischen Einzelfallwissenschaft. Als *cognitio historica* erhielt die alte Umstandstopik den Rang eines Erkenntnismodus eigener Art.[72]

Zur Emergenz einer solchen Umstandslogik hat Rudolf Agricola wesentlich beigetragen. Seine *Dialektik*, die 1515 posthum veröffentlicht wurde, hat das frühneuzeitliche Denken auf grundlegende Weise geprägt.[73] Topik war in der Frühen

71 Vgl. Boethius, De topicis, 1216B.

72 Auf diesen Konnex hat Rüdiger Campe im Anschluss an Arno Seiferts Studie zum historisch-empirischen Erkenntnismodus aufmerksam gemacht. Vgl. Campe, Spiel der Wahrscheinlichkeit, 143, 146 u. ö.

73 Zum nicht zu unterschätzenden Einfluss Agricolas auf den Humanismus und darüber hinaus vgl. die Arbeiten von Peter Mack, Renaissance Argument. Valla and Agricola in the Traditions of Rhetoric

Neuzeit nicht nur ein kommunikativer Regelapparat, sondern mit ihrer Hilfe ließ sich auch die empirische Vielfalt der Welt kartographieren:[74]

> Der Zahl nach sind nun aber die Dinge unermeßlich, und ebenso unermeßlich sind ihre Eigentümlichkeiten und Unterschiede. Aufgrund dessen vermag keine Rede, keine menschliche Verstandeskraft alles das, was den Einzeldingen [*singulis*] zukommt oder widerspricht, im einzelnen zu erfassen. Obwohl ein jedes durch die ihm eigenen Merkmale abgesondert ist, haftet doch allen eine bestimmte gemeinsame äußere Gestalt an, und alle haben die Tendenz zu einer Ähnlichkeit ihres Wesens: z. B. daß alle ihre bestimmte Substanz haben, alle aus irgendwelchen Ursachen entstehen, alle irgend etwas bewirken. Daher haben höchst geistreiche Männer aus jener üppigen Verschiedenheit der Dinge ebendiese hauptsächliche Gemeinsamkeiten [*communia capita*], wie z. B. Substanz, Ursache, Wirkung und alles übrige, wovon wir alsbald sprechen werden, herausgezogen.[75]

Topik basiert nach Agricola auf einer differenziellen und tendenziell unerkennbaren Ontologie, die trotz ihrer Komplexität allgemeine und gemeinsame Faktoren (*communia capita*) preisgibt. Diese Faktoren erlauben es, die Vielheit zu ordnen. Die empirisch-phänomenale Welt besteht aus einer unendlichen Anzahl von Einzelfällen, die sich nicht in derselben Weise wiederholen. Zwischen den Einzelfällen gibt es jedoch Gemeinsamkeiten. Aus diesen lässt sich ein Netz von topologischen Gemeinplätzen weben, das zum Zweck empirischer Erkenntnis über die phänomenale Vielfalt geworfen wird:[76] „Ein locus ist also nichts anderes als ein bestimmtes Merkmal, das eine Sache mit anderen gemein hat [*communis quaedam rei nota*] und durch dessen Anleitung aufgefunden [*inveniri*] werden kann, was an jedweder Sache glaubhaft [*probabile*] ist" (ID I, 2). Agricola geht es nicht um die Festlegung eines allgemeinen Gesetzes, sondern um den Entwurf eines Gerüsts, das die mannigfaltigen Erscheinungen in Topoi unterteilt. Beobachter:innen sind so im Stand, diese Erscheinungen auf glaubhafte Weise epistemisch zu erschließen. Als

---

and Dialectic, Leiden 1993; sowie pointiert ders., A History of Renaissance Rhetoric 1380–1620, Oxford 2011, 56–75.

74 Vgl. Anita Traninger, Mühelose Wissenschaft. Lullismus und Rhetorik in den deutschsprachigen Ländern der Frühen Neuzeit, München 2001, 96.

75 Rudolf Agricola, De inventione dialectica libri tres. Drei Bücher über die Inventio dialectica, krit. hg., übers. und komm. von Lothar Mundt, Tübingen 1992, I, 2. Zitate aus dieser Ausgabe von *De inventione dialectica* werden im Folgenden im Haupttext unter Angabe des Buches mit der Sigle „ID" angegeben.

76 Vgl. Merio Scattola, Krieg des Wissens, Wissen des Krieges. Konflikt, Erfahrung und System der literarischen Gattungen am Beginn der Frühen Neuzeit, Padova 2006, 76–81; sowie Ann Moss, Printed Commonplace-Books and the Structuring of Renaissance Thought, Oxford, New York, Auckland u. a. 1996, 77–78.

capita communia verweisen Topoi dabei immer schon auf eine potenzielle Ähnlichkeit zwischen den Dingen: Ordnungstopik setzt Vergleichbarkeit a priori voraus.

Neu an Agricolas Fassung einer ontologisch verankerten Topik ist die Gleichsetzung von Seins- und Sachordnung.[77] „[A]lles, was für oder gegen jedwedes Ding gesagt wird", hänge mit diesem zusammen (*cohaerere*), und sei „mit ihm sozusagen durch eine natürliche Gemeinschaft verbunden" (*coniuncta*) (ID I, 2). Wie bei Boethius ist der dialektische Topos an den Einzelfall gebunden. Das System der *loci* sieht Agricola als eine Art ontologisches Referential, ein Beziehungsgeflecht, das die Regeln der darin sichtbar werdenden Sachverhalte definiert.

Mit Agricolas *Dialektik*, die Argumentationsvorgaben und Ordnungskriterien enthält, wurde die Topik an der Wende zur Frühen Neuzeit zum Ordnungs- und Darstellungsinstrument empirischer Fälle. Die Umstandstopik entwickelte sich zum „Hilfsmittel zur Gewinnung empirischer Erkenntnisse".[78] Seit Boethius hat sie eine „doppelte Valenz". Ihre Funktion ist, „sowohl die komplexen Elemente eines Wissenszusammenhangs als auch deren Arrangement" zu beschreiben.[79] Die dialektische Topik erfasst die „verschiedenartigen Verbindungen und Verknüpfungen" eines Geschehens (ID I, 12). Wie schon für Boethius, ist sie ein Verfahren der glaubhaften Rede (*dicere probabiliter*). Es geht darum, einen Fall „auf glaubwürdige Weise als etwas Glaubwürdiges vorzustellen" (ID II, 2).

Die *inventio* ist bei Agricola damit beauftragt, ein „medium argumentationis" zu finden, einen Topos als „irgendein Drittes", das die Vergleichbarkeit zwischen zwei Dingen oder Geschehnissen garantiert (ID I, 2). Topoi, darin Boethius und der mittelalterlichen Scholastik nicht unähnlich, sind Mittelterme, die „mit den gegebenen Dingen auf glaubwürdige Art verbunden" sind. So können sie das zweifelhafte Verhältnis von Subjekt und Prädikat glaubwürdig bestimmen (*fidem facere*). Um ein Beispiel von Boethius in Erinnerung zu rufen: Umstandstopoi sollen beweisen, dass die angeklagte Person nicht betrunken gewesen sei – etwa durch die Tatsache, dass diese Person noch nie ausschweifend war. Und die Wirkung dieses Umstands (dass jemand, der nicht ausschweifend ist, auch nicht trinkt), wird als allgemein gültig unterstellt.

---

77 Vgl. Peter Mack, Rhetoric and Dialectic in the Renaissance, in: Bulletin of the Institute of Classical Studies 50, Issue Supplement 96 (2007), 91–103, hier: 95; Mack, Renaissance Argument, 140–141; sowie Thomas Leinkauf, Grundriss Philosophie des Humanismus und der Renaissance (1350–1600), 2 Bde., Hamburg 2017, Bd. 1, 368.

78 Udo Friedrich, Erfahrung als Wert. Über das Verhältnis von Wissen und Subjekt in der Frühen Neuzeit, in: Eule oder Nachtigall? Tendenzen und Perspektiven kulturwissenschaftlicher Werteforschung, hg. von Marie Luisa Allemeyer, Katharina Behrens und Katharina Ulrike Mersch, Göttingen 2007, 49–72, hier: 65.

79 Wilhelm Schmidt-Biggemann und Anja Hallacker, Topik: Tradition und Erneuerung, in: Topik und Tradition. Prozesse der Neuordnung von Wissensüberlieferungen des 13. und 17. Jahrhunderts, hg. von Thomas Frank, Ursula Kocher und Ulrike Tarnow, Göttingen 2007, 15–27, hier: 23.

Im Unterschied zu Boethius jedoch erfährt die topische Invention bei Agricola eine neuerliche Rhetorisierung.[80] Sie erscheint weniger als wissenschaftliches Werkzeug einer syllogistischen Logik denn als ausgefeilte Methode der empirischen Untersuchung. Dialektik ist nicht mehr mit dem Finden von *maximae propositiones* beauftragt.[81] Bei Boethius zielte die Invention auf Maximen, deren prinzipieller und selbstevidenter Status eine Argumentation glaubwürdig absichern soll. Agricola hingegen schloss wieder an Ciceros Bestimmung der Topoi als leere Sitze von Argumenten (*sedes argumentorum*) an. Anstatt wie Boethius Rhetorik und Dialektik getrennt zu behandeln, entwirft er eine gemeinsame Basis der Argumentation. Zwischen dialektischen und rhetorischen Topoi gebe es keinen Unterschied (ID II, 25). Alles womit Affekte erregt würden, werde aus denselben Topoi hergeleitet, wie das, womit Zweifel beseitigt werden könne (*docemus*) (ID II, 4).[82]

Die Dialektik ist bei Agricola rhetorisch modelliert: Sie wird zu einer Technik des Einzelfallwissens. Mit dieser Technik können empirische Einzelheiten aufgefunden und argumentativ eingesetzt werden. Plausibles Reden heißt bei Agricola darum nicht allein „Widerspruchsfreiheit" (ID I, 2), wie es in Bezug auf die alte Bestimmung logischer Argumentation heißt. Plausibilität bedeutet ebenfalls ein den Umständen und Bedingungen der Dinge (*pro conditione rei*) angemessenes (*aptissime*) Sprechen (ID II, 2). Und da „nichts, worüber ein Zweifel besteht, aus sich selbst bewiesen [*per se probari*] werden könne", bleibt „nur die Möglichkeit, daß alles, was als zutreffend zu gelten hat [*confirmandum est*], seine Glaubwürdigkeit [*fidem*] aus irgend etwas anderem beziehe" (ID I, 2). Die Glaubwürdigkeit des zweifelhaften Falls beruht allein auf den Topoi, die ihn erschließen.

Wie schon bei Boethius überlappen sich logische Argumentation (*confirmatio*) und rhetorische Glaubwürdigkeit (*fides*). Ein Umstandstopos ist für Agricola eine plausible Annahme, aus deren Setzung die Wahrheit eines Falls logisch gefolgert werden kann: „Damit also etwas zur Bestätigung von etwas anderem verwendet werden kann", schreibt Agricola, „muß es auf eine bestimmte Art mit dem, zu dessen Beweis es angewendet wird, in Verbindung stehen [*coniunctum*] und mit ihm gleichsam verwandt [*cognatum*] sein, und es muß so scheinen, als könne die Sache ohne dies, falls man sie bejaht, keinen Bestand haben und, falls man sie verneint, nicht ohne dies umgestürzt werden" (ID I, 2). Die argumentative Verknüpfung von Umstand und Fall betrifft nicht mehr allein die Pragmatik einer rhetorischen Erzählung, sondern auch und gerade den empirischen Einzelfall

80 Vgl. Marc Cogan, Rodolphos Agricola and the Semantic Revolutions of the History of Invention, in: Rhetorica. A Journal of the History of Rhetoric 2.2 (1984), 163–194, insb. 182–194.

81 Vgl. (mit direktem Verweis auf Boethius) ID I, 20, 29.

82 Docere heißt bei Agricola weniger ein Belehren als die epistemische Klärung des strittigen Falls. Vgl. Cogan, Semantic Revolutions, 191.

selbst. Mit der narrativen Verknüpfungskunst steht die mögliche Existenz des Falls auf dem Spiel – eines Falls, der erst durch seine Erzählung aus der Latenz gehoben wird.

Boethius hatte diese Schlussform vorgeprägt, indem er der formalen Folgerichtigkeit einen materialen und kontextabhängigen Topos zur Seite gesetzt hat. Zur logischen Stringenz formaler Topoi tritt auch bei Agricola die Verbundenheit dieser Topoi mit der empirischen Begebenheit. Das Verfahren der Dialektik ähnelt durch diese Verbundenheit mehr der rhetorischen *descriptio* als der logischen Definition:

> Im übrigen gibt es so gut wie niemanden, der standhaft behaupten würde, daß man die wahre differentia irgendeines Gegenstandes erkennen könne. Vermittels einer gewissen rednerischen Umschreibung und Einkreisung [*quodam et loquendi circuitu*] stellen wir etwas her, was ihre Stelle einnimmt, und sehr oft sammeln wir Bestimmungen, von denen jede einzelne einen weiteren Umfang hat als der Gegenstand [...] selbst; in der Verbindung miteinander aber gleichen sie sich an und erzeugen so etwas wie das proprium jenes Gegenstandes. (ID I, 5.)

Die Umschreibung und Einkreisung eines einzelnen Gegenstands erschließen dessen Eigenschaften – und zwar analog zur logischen Definition. Während die logische Definition jedoch allein das Wesen einer Sache erklärt, kann die deskriptive Umstandstopik diese Schranken sprengen: „Die descriptio nämlich, die häufig von Dichtern, zuweilen auch von Rednern verwendet wird, – sie stellt eine Sache sehr wortreich dar, und man wendet sie auch nicht an, damit sie anzeigt, *was* ein Gegenstand ist [*quid sit res*], sondern damit sie uns gleichsam sichtbar vor Augen führt, *wie* er beschaffen ist [*qualis sit*]" (ID I, 5, Herv. JSch). Plausibles Argumentieren ist eine Frage der Detaildichte. Mithilfe erweiterter Umstandsfragen werden die fragwürdigen Begebenheiten in alle ihre Komponenten aufgefächert. Dieses Verfahren besteht darin, „den Gegenstand, über den wir reden, in Teile [zu] zerlegen und gewissermaßen einen einzelnen auf viele [zu] verteilen [*unam in multas distribuimus*]" (ID III, 3). Vorfälle werden nicht substanziell, sondern ausgehend von ihren Modalitäten und ihren akzidenziellen Einzelheiten befragt und beschrieben.

Glaubwürdige Rede ist bei Agricola somit umständliche Rede, die den Fall in seinem „ganzen Zusammenhang ausbreite[t]" (ID III, 5). Eine Vielheit, schreibt er, wird dann ausgesagt, „wenn wir uns nicht nur damit begnügen, Sachverhalte nach ihren Kernpunkten darzustellen, sondern alle ihre Einzelbestandteile schildern" (ID III, 5). Diese Technik der Evidenzerzeugung ist an der Kunstlehre des guten Sagens geschult. Sie hat den Gegenstand „in der Rede gleichsam anschaubar zu machen und vor Augen zu führen" (ID III, 3). Die epistemische Erschließung empirischer Einzelfälle erzeugt zugleich eine rhetorische Plausibilität. Umgekehrt erfordert die Erweckung von Emotionen ein logisches Kalkül.[83] „Mag auch bei Aristoteles stehen, daß alles Wahre mit Wahrem in Einklang stehe und es nicht mehrere einander widersprechende Wahrheiten geben könne – Widerspruchsfreiheit ist das eine, Abstützung der Glaubwürdigkeit [*fidem astruere*] ein anderes" (ID I, 2). Im Gebrauch desselben Thesaurus von Topoi verschränken sich bei Agricola logische Argumentation und psychologische Steuerung: „‚Die amplificatio (Steigerung) ist nämlich', wie Cicero sagt, ‚gewissermaßen eine heftige argumentatio und zwar so, daß diese die Quelle der Beweisführung, jene aber die der Erregung des Hörers ist'", bemerkt Agricola (ID II, 4).[84] Die persuasive und darstellungstechnische Seite der Umstandstopik verschmilzt mit einer epistemischen Klärung des Falls.

Für die Geschichte neuzeitlichen Erzählens kommt Agricolas *Dialektik* damit eine Schlüsselrolle zu. Sie ist als Wissens- und Darstellungstechnik konzipiert, die eine deskriptive Prädikation von Ereignissen zum Ziel hat. Die prädikative Analyse eines Satzes, der wahr oder falsch ist, wird in Form einer *descriptio* auf Geschehensabläufe angewendet. Agricola vollzieht somit eine Fusion von aristotelischem Satzwissen und einer an Cicero angelehnten narrativen Evidenzerzeugung.[85] Und die Verfahren dieser Fusion sind nicht allein auf empirisch-historische Begebenheiten beschränkt: Agricola definiert die Dialektik nicht ausgehend von ihrem Gegenstandsbereich, sondern von ihrem Gebrauch her. Sobald ihr Verfahren zum Einsatz kommt, wandelt sich ihr Gegenstand zu ihrem Stoff (ID II, 6–7).

Die Differenz zwischen wirklichen oder fiktiven Gegenständen spielt für das dialektische Verfahren darum keine Rolle. Glaubwürdig lässt sich auch über einen Fall reden, „der nicht nur der Wahrheit, sondern auch jeder Möglichkeit widerspricht" (ID II, 2). Sofern über einen Sachverhalt passend und widerspruchsfrei geredet wird, kann man auch überzeugend über Dinge sprechen, „die sich überhaupt nicht zutragen können, wie es bei den Aussagen der Dichter über die fiktiven Inhalte ihrer Dichtungen [*fabularum*] der Fall ist" (ID II, 2). Mit der Ausweitung der dialektischen Zone bot Agricola die Umstandstopik als ein Verfahren an, um fiktive Sachverhalte glaubwürdig zur Darstellung zu bringen. Die Bedingung dieser Glaubwürdigkeit war der konsistente, widerspruchsfreie und nicht zuletzt überbordende Einsatz von Einzelheiten.

83 Vgl. Mack, Renaissance Argument, 69.

84 Übers. modifiziert mit Blick auf die epistemische Semantik von *docere* bei Agricola.

85 Vgl. Campe, Sorge der Prinzessin, 72, der darauf hinweist, dass sich damit erstmals die Möglichkeit einer „grammatische[n] Ordnung der Erzählung" im Sinne der frühen Strukturalist:innen öffne.

Agricolas System der *loci* lieferte das Rüstzeug, die Relationen empirischer Einzelfälle zu erschließen.[86] Als kompositorische Technik umfasst dieses System neben einer wissens- auch eine darstellungstheoretische Seite. Für den Diskurs der juristischen Kasuistik wurde dabei ein Topos besonders prägend: Ciceros Topos der *adiuncta*. Agricola kommentiert ihn ausführlich. Dieser Topos fokussiert *circumstantiae*, die danach Ausschau halten, „was mit einer Sache rein zufällig und ohne daß dies für ihren Bestand notwendig wäre, verbunden ist" (ID I, 20) – Zeichen eines Vorfalls ohne Anspruch auf Kausalität. Passenderweise tauft Agricola diesen Topos *de contingentibus*. Mit ihm lassen sich Umstände finden, „die uns – gleichsam durch eine Umzingelung und über gewisse Fährten – zur Sache selbst hinführen können" (ID I, 21). Hierzu gehören all jene Zeichen, „wodurch ein Übergang vom einen zum anderen möglich wird". Mit solchen Zeichen lassen sich daher Hypothesen bekräftigen. Um epistemisch wirksam zu sein, müssen sie jedoch erst narrativ kombiniert werden. Zu diesen konjekturalen, vermutenden Zeichentypen rechnet Agricola das Wahrscheinliche (*eikóta*) (jemand begeht einen Diebstahl, weil er trotz Mittellosigkeit luxuriös lebt), Zeichen (*signa*) (eine Narbe, die auf eine Verwundung verweist) und Indizien (*indicia*) (es brennt, denn es steigt Rauch auf) (ID I, 21) – Umstandskategorien also, die einer indiziellen Logik folgen und eine in Frage stehende Tat aufschlüsseln sollen.

Rüdiger Campe hat im Blick auf Agricolas Topos *de contingentibus* bemerkt, dass das Wissen der Topik eine Wahrscheinlichkeitstheorie (*ars conjectandi*) vorbildet, die Jakob Bernoulli oder die *Logik von Port-Royal* Ende des 17. Jahrhunderts entwickelt haben.[87] Im topischen Wissen schlummert dabei ein neues erzähltechnisches Potenzial. Agricolas Topik betrifft weniger die Frage, wie verbürgte Geschehnisse (*historiae*) mit wahren oder fingierten Umständen angereichert werden können, sondern vielmehr die Frage, wie Umstände verknüpft und narrativiert werden müssen, um ein Ereignis zu rekonstruieren. Im Fokus auf Indizien als Umstandszeichen hebt eine solche Rhetorik Ereignisse aus der Latenz. Indem sie die Wahrheit oder Existenz der Ereignisse mit Indizien umzingelt und sie verdachtsförmig antizipiert, schreibt sie sie herbei. Sie folgt dabei der orbitalen Logik der Akzidenzien auf einer Umlaufbahn, die, startend von der Peripherie, das Zentrum eines Vorfalls immer enger umkreist und den Fall schließlich Kontur gewinnen lässt.

Agricolas *Dialektik* hat das humanistische Denken maßgeblich geprägt. Sowohl Erasmus als auch Melanchthon entwarfen ihre Topiken ausgehend von Agrico-

86 Für die komplette Liste der insgesamt 24 Topoi vgl. die ans erste Buch angehängte Tafel der *loci* in ID 194.

87 Vgl. Campe, Spiel der Wahrscheinlichkeit, 146 – 148, u. ö.

las bahnbrechendem Text.[88] *Circumstantiae* blieben das Herzstück der Invention. Sie dienten dem sachlichen Beweis und der sprachlichen Ausgestaltung gleichermaßen. Umstände waren Argument *und* Ornament. In diesem Zuschnitt boten sie ihre Technik den empirischen Wissenschaften an, die akzidenziellen Einzelheiten in bisher unbekanntem Maße Aufmerksamkeit schenkten. Die rhetorische „Abstützung der Glaubwürdigkeit" (ID I, 2) wurde zur wissenschaftlichen Grundlage der historischen Disziplinen. Unter dem Begriff der *historia*, der den ganzen Bereich frühneuzeitlicher Empirie abdeckte, konstituierten sich seit dem 17. Jahrhundert diejenigen Felder des Wissens, die ihre Erkenntnisse ausgehend von Akzidenzien generierten. Die Wahrheit singulärer Zustände und Ereignisse, darin waren sich alle Empiriker einig, ließ sich nur indirekt über ihre konkreten Umstände erfassen.

Im Zugriff auf das veränderliche Einzelne nahm *historia* in der Frühen Neuzeit den Platz der dialektischen Topik ein. Der neuartige Historienbegriff lehnte sich an Aristoteles' und Plinius' *historia naturalis* an und umfasste neben der Darstellung vergangener Begebenheiten auch alle Formen nicht-deduktiven Schließens sowie die als Zustandswissen konzipierte phänomenologische Erkenntnis natürlicher Dinge.[89] Erfahrung, Erscheinung und Wahrscheinlichkeit erhielten eine zuvor undenkbare wissenschaftliche Relevanz und ließen die Grenze von Gewissheit und Wahrscheinlichkeit porös werden.

Die empirische Wende verband das Wissen, *dass* etwas vorgefallen war, mit dem Wissen, *warum* etwas vorgefallen war. Im Blick auf historische Singularitäten ging es nun um die Erkundung kausaler Interdependenzen abseits allgemeiner Gesetzmäßigkeiten. Logisches Denken und Erzählen fielen nicht mehr ohne Bezug auseinander, wie in der scholastisch-aristotelischen Epistemologie, die eine strikte Disjunktion zwischen *scientia* und *historia* etabliert hatte.[90] Das Kontingente, so lautete die neue Grundannahme, könne ebenso wie das Wahre zum Gegenstand der Logik werden. Statt der harten Disjunktion von Meinung und Wissen traten nun – in Deutschland seit dem Ende des 17. Jahrhunderts am prominentesten bei Leibniz

---

88 Vgl. Desiderius Erasmus, De Copia Verborvm ac Rervm (1512), in: Opera Omnia Desiderii Erasmi Roterdami. Recognita et adnotatione critica instrvcta notisqve illvstrata, Ordo 1, Tomus 6, hg. von Betty I. Knott, Amsterdam, London, New York u. a. 1988, insb. II, 8; Philipp Melanchthon, Elementa rhetorices. Grundbegriffe der Rhetorik (1519), hg., übers. und komm. von Volkhard Wels, 2. Aufl. Postprint der Universität Potsdam der Ausgabe Berlin 2001; zum Einfluss Agricolas auf Erasmus vgl. Richard J. Schoeck, Agricola and Erasmus: Erasmus' Inheritance of Northern Humanism, in: Rodolphus Agricola Phrisius 1444–1485, hg. von Fokke Akkerman und Arie Johan Vanderjagt, Leiden und New York 1988, 181–188; sowie Mack, Renaissance Argument, 303–314.

89 Vgl. Seifert, Cognitio historica.

90 Vgl. Arno Seifert, Historia im Mittelalter, in: Archiv für Begriffsgeschichte 1997 (2), 226–284, insb. 269–284.

und Thomasius[91] – Konzeptionen einer gradierbaren Wahrscheinlichkeit auf den Plan. Die Zweiwertigkeit der scholastischen Aussagenlogik, deren Beweisprinzipien entweder wahre oder falsche Sätze produziert hatte, war damit aufgebrochen und der strikte Gegensatz von philosophischem Gesetzeswissen und einer rhetorischen Topik, die sich um die Wahrscheinlichkeit von Einzelfällen kümmerte, aufgehoben.

Elementarer Bestandteil dieses Diskurses, der sich um die Erkenntnisbedingungen in der Welt schwankender Umstände drehte, war die Etablierung einer erfahrungswissenschaftlichen Beobachtungskunst.[92] Wollte man den Zusammenhang von Ursache und Wirkung erschließen, so evozierte der indirekte Zugang zu den Singularien notwendigerweise Fragen nach dem Status des Beobachtens. Im Zentrum solcher Fragen, an denen sich auch Leibniz und Thomasius rege beteiligten,[93] stand die *fides historica*, die historische Glaubwürdigkeit. Mit diesem Begriff waren spätestens seit Johann Eisenharts gleichnamigen Traktat (1679) die Mechanismen historischer und juristischer Wahrheitsproduktion bezeichnet.[94] In der Tradition des topischen *fidem facere* ging es um die Absicherung strittiger Fälle, um das Finden geeigneter Beweismittel für abwesende und zweifelhafte Begebenheiten. Zum rhetorischen Glaubwürdigkeitserweis traten nun jedoch auch Schlussformen der logischen Evidenz.

Mit dieser Ausrichtung griffen die Verfahren der historischen Glaubwürdigkeit auf die Neuerungen von Boethius' und Agricolas dialektischen Topiken zurück. Das Wissen um die Begebenheit, das als glaubwürdige Schilderung der Tatsachen in den Zuständigkeitsbereich der rhetorischen *narratio versimilis* gefallen war, wurde ergänzt durch das Wissen um ihr Zustandekommen. Und für diese Verschaltung sorgten die *circumstantiae*: *Fides historica* wird definiert als „præsumtionem veri-

---

91 Zu Leibniz und Thomasius vgl. Luigi Cataldi Madonna, Wahrscheinlichkeit und Aufklärung. Auf dem Weg zu einem neuen Vernunftbegriff, Hildesheim, Zürich und New York 2021, 1–37; zu Thomasius' Anti-Aristotelismus vgl. Seifert, Cognitio historica, 150–162.

92 Vgl. Lorraine Daston, The Empire of Observation, 1600–1800, in: Scientific Observation, hg. von ders. und Lunbeck, 81–113; für den juristischen Bereich Manfred Schneider, Die Beobachtung des Zeugen nach Artikel 71 der *Carolina*. Der Aufbau eines Codes der Glaubwürdigkeit 1532–1850, in: Geschichten der Physiognomik. Text – Bild – Wissen, hg. von dems. und Rüdiger Campe, Freiburg i. Br. 1996, 153–182.

93 Vgl. die Briefwechsel mit Bierling und Eisenhart in Gottfried Wilhelm Leibniz, Schriften und Briefe zur Geschichte, bearb., komm. und hg. von Malte-Ludolf Babin und Gerd von den Heuvel, Hannover 2004, 79–85, 113–128; zu Thomasius vgl. Völkel, „Pyrrhonismus historicus", 128–136.

94 Vgl. Johann Eisenhart, De Fide Historica Commentarius aceeßit Oratio De conjungendis Jurisprudentiæ & Historiarum studiis (1680), 2., überarbeitete Aufl. Helmstedt 1702. Zu Eisenhart vgl. Völkel, „Pyrrhonismus historicus", 113–123.

tates, ortam ex conjecturis circumstantiarum, qvæ non sæpe fallere solent",[95] die Vorwegnahme der Wahrheit, die aus Mutmaßungen von Umständen herrührt, die gewöhnlich nicht täuschen.[96] Diese Fassung etablierte historische Verfahren als eine präsumtive Logik. *Historia* erhielt den Status eines konjekturalen Erkenntnismodus, bei dem sich alles um die Analyse von Umständen drehte. Narrationen, vormals dem Wissen der Rhetorik anvertraut, erhielten im Bereich der historisch-empirischen Wissenschaften damit eine wichtige Stellung. Die Definition der *fides historica* als Vermutung ausgehend von allgemein gehaltenen Umständen beruhte jedoch nicht nur auf der dialektischen Topik, sondern auch und gerade auf dem Wissen der Literatur. Inwiefern diese neue historische Erkenntnistechnik ein spezifisch poetologisches Wissen in Anspruch nahm, werde ich im folgenden Unterkapitel im Blick auf die Renaissancepoetiken untersuchen.

Auch die frühneuzeitliche Wahrscheinlichkeitslogik schrieb die Geschichte der Umstandstopik fort. In der logischen Diskussion um 1700 wurden Umstände zum „Grund wahrscheinlicher Vermuthungen".[97] Um die Wahrheit eines Vorfalls angemessen beurteilen zu können, pocht die *Logik von Port-Royal* (1662) darauf, „alle das Ereignis begleitenden Umstände [zu] berücksichtigen".[98] Im Gegensatz zur Rhetorik, die externe *loci* aus dem Einzugsgebiet ihrer Kunst ferngehalten hatte, unterscheidet die *Logik von Port-Royal* zwischen inneren und äußeren Umständen nur unter der Bedingung ihrer gegenseitigen Beziehbarkeit. Innere Umstände (*circonstances intérieures*) gehören, wie ihr Verfasser Antoine Arnauld traditionsbewusst festhält, „zu dem in Frage stehenden Ereignis [*le fait*] selbst". Äußere Umstände (*circonstances extérieures*) betreffen die Personen, „durch deren Zeugnis wir dazu gebracht werden, es für wahr zu halten".[99] Mit ihnen geraten die Glaubwürdigkeit von Zeugnissen und die Stärke ihrer Argumente ebenso ins Visier wie

95 Friedrich Wilhelm Bierling (Praes.) und Gerhard Patje (Resp.), Dissertatio De Pyrrhonismo Historico, Oder Von der Ungewisheit der Historie [...], Hannover 1707, 4. Kurs. entf.

96 Übersetzung nach Friedrich Wilhelm Bierling, De fide historica (1707) (Auszug aus: Dissertatio de Pyrrhonismo Historico, Oder von der Ungewisheit der Historie. Rinteln: H. A. Enax), in: Theoretiker der deutschen Aufklärungshistorie. Bd. 1: Die theoretische Begründung der Geschichte als Fachwissenschaft, hg. von Horst Walter Blanke und Dirk Fleischer, Stuttgart und Bad Cannstatt 1990, 154–169, hier: 157.

97 Art. Umstand, Umstände, in: Zedler, Universal-Lexicon, Bd. 49, Sp. 1063. „Wer demnach", wie der Artikel im Stil von Ciceros *adiuncta*-Topos folgert, „in wahrscheinlichen Wissenschafften etwas leisten will, der muß zuförderst die völlige Historie des Objects, d. i. alles, was sich mit demselben begiebet, nach allen Umständen inne haben." Ebd., Sp. 1064.

98 Antoine Arnauld und Pierre Nicole, Die Logik oder die Kunst des Denkens (1662), aus dem Franz. übers. und eingel. von Christos Axelos, 2. durchg., um eine Einl. erw. Aufl. Darmstadt 1994, 334.

99 Arnauld und Nicole, Logik, 334.

die Zuverlässigkeit von Zeug:innen und deren konkrete Absichten.[100] Während diese beiden Umstandstypen in der klassischen Topik ohne gemeinsamen Nenner auseinanderfielen, ging es nun explizit um die Möglichkeit einer Rekursion: Die inneren Umstände von Vorfällen wurden auf die äußeren Umstände der Beobachtungen zurückgeführt. Durch den Fokus auf die Bedingungen eines Zeugnisses verlor dieses seinen vormals privilegierten Status. Was in der rhetorisch modellierten *narratio rei gestae* noch zusammengefallen war, Bericht und Tatsachen, Nachricht und Information, fiel nun auseinander.[101]

Die entscheidende Neuerung der frühneuzeitlichen Wahrscheinlichkeitslogik bestand somit darin, empirische Geschehnisse sowohl in Beziehung zu ihren internen als auch zu ihren externen Umständen zu setzen. Hierfür sollten, ausgehend von der Basisunterscheidung innerer und äußerer Umstände, alle nur erdenklichen Details in Betracht gezogen und sodann erwogen werden, „welche mehr Zeichen, die auf die Wahrheit hindeuten, an sich tragen".[102] Das erforderte eine kasuistische Komparatistik. Denn die Wahrscheinlichkeit einer konkreten Fallhypothese bemaß sich an der Wahrscheinlichkeit der entgegengesetzten Hypothese. Wissenschaftliche Wahrheiten wurden nicht mehr alleine mit einem satzförmigen, propositionalen Wissen erkannt, sondern sie erschienen vor dem Hintergrund eines perspektivischen und somit eminent narrativen Gefüges, in dessen Mittelpunkt nicht mehr das Faktische selbst, sondern dessen Beobachtung stand.[103] Beobachtungen von Vorfällen (Berichte) und die Beobachtungen dieser Beobachtungen (die Bewertung jener Berichte) fielen nicht mehr wie in der Rhetorik als kunstvoll und kunstlos auseinander. Vielmehr wurden sie von einem Beobachter zweiter Ordnung bloß noch als relativ differenzierte Aussage- und Erzählweisen unterschieden.[104]

Genaue Regeln konnte die *Logik von Port-Royal* dafür jedoch nicht angeben. Wichtig sei nur, dass man darauf achte, „sich nicht durch Gemeinplätze mitreißen zu lassen, die allgemein genommen irgendwie wahr sein mögen, in vielen

---

100 Vgl. ausführlich Oliver R. Scholz, Von Rom, den Antipoden und von Wundern: Das Zeugnis anderer in Logiken der Neuzeit, in: Unsicheres Wissen. Skeptizismus und Wahrscheinlichkeit 1550–1850, hg. von Carlos Spoerhase, Dirk Werle und Markus Wild, Berlin und New York 2009, 245–267, insb. den Abschnitt zur *Logik von Port-Royal*, 252–262.

101 Ausführlich zum rhetorischen Konzept der Geschichtsschreibung Eckhard Kessler, Das rhetorische Modell der Historiographie, in: Formen der Geschichtsschreibung, hg. von Reinhart Koselleck, Heinrich Lutz und Jörn Rüsen, München 1982, 37–85.

102 Arnauld und Nicole, Logik, 334.

103 Vgl. (im Anschluss an Campe) Burkhardt Wolf, Fortuna di mare. Literatur und Seefahrt, Zürich und Berlin 2013, 107, 261.

104 Vgl. Campe, Spiel der Wahrscheinlichkeit, 116.

Einzelfällen jedoch unrichtig sind.«[105] Dabei erwies sich die neuartige Erkenntnistechnik nicht zuletzt deshalb als anschlussfähig für literarische Verfahren, weil sie sich ihrerseits aus einem Umstandswissen speiste, dessen Verwalterin lange Zeit die Dichtkunst war. Diesen Zusammenhang wird diese kleine Geschichte des Umstands nun mit Blick auf die Rhetorisierung der aristotelischen *Poetik* im italienischen Cinquecento beleuchten. Agricola hatte mit der Verschränkung von rhetorischen und empirischen Beweismodi eine Handreichung für Mutmaßungen und Konjekturen über unsichere Faktenlagen geliefert. Damit war die Voraussetzung geschaffen für die Umdeutung von zentralen poetologischen Konzepten von Aristoteles. Diese Umdeutung führte zu einer Annäherung von Historie und Poesie und schließlich zu einer Aufwertung fallbasierter Prosa seit dem Barock.

3 Rhetorisierung der Poetik

Rhetorik konnte bis weit in die Frühe Neuzeit hinein ihren überragenden Status für den Umgang mit Texten beibehalten.[106] In ihrer umfassenden Produktivität seit den Vermittlungsleistungen des Renaissancehumanismus sogar noch gesteigert,[107] lieferte sie Verfahren der Textgenerierung, deren strukturierende Kraft sich selbst in den Lektüre- und Exzerpierpraktiken bemerkbar machte.[108] Für die Erziehung und Bildung behielt Rhetorik ihre grundlegende Bedeutung. In den Gymnasien folgte man in Kontinuität mit dem mittelalterlichen Bildungswesen dem Ausbildungsmodell der Septem Artes Liberales, der sieben freien Künste.[109] In diesem Modell gehörte Rhetorik neben Dialektik und Grammatik zum Trivium, der sprachlichen

105 Arnauld und Nicole, Logik, 345.

106 Vgl. Wilfried Barner, Barockrhetorik. Untersuchungen zu ihren geschichtlichen Grundlagen (1970), 2. Aufl. Tübingen 2002.

107 Vgl. Renaissance eloquence. Studies in the theory and practice of Renaissance rhetoric, hg. von James J. Murphy, Berkeley 1983; Heinrich F. Plett, Rhetoric and Renaissance Culture, Berlin und New York 2004; sowie Mack, Renaissance rhetoric.

108 Zur Exzerpierpraxis vgl. Elisabeth Décultot, Einleitung: Die Kunst des Exzerpierens. Geschichte, Probleme, Perspektiven, in: Lesen, Kopieren, Schreiben. Lese- und Exzerpierkunst in der europäischen Literatur des 18. Jahrhunderts, hg. von ders., Berlin 2014, 7–47; zu den Lektürepraktiken Helmut Zedelmaier, Lesetechniken. Die Praktiken der Lektüre in der Neuzeit, in: Die Praktiken der Gelehrsamkeit in der Frühen Neuzeit, hg. von dems. und Martin Mulsow, Tübingen 2001, 11–30.

109 Zu den Freien Künsten im Mittelalter vgl. The seven liberal arts in the Middle Ages, hg. von David Leslie Wagner, Bloomington 1983; zu den Reformen vgl. Volkhard Wels, Triviale Künste. Die humanistische Reform der grammatischen, dialektischen und rhetorischen Ausbildung an der Wende zum 16. Jahrhundert, Berlin 2000.

Grundausbildung.[110] Aber Rhetorik war mehr als nur ein Unterrichtsfach neben anderen. Als elementare Kulturtechnik strukturierte sie die gesamte frühneuzeitliche Gelehrtenkultur und zeitigte disziplinierende Effekte.[111] Das rhetorische Wissen informierte den Verwaltungsapparat, die juristische Kultur, die Politik und die Verhaltenslehren, um nur einige Bereiche ihrer fundamentalen Wirkmächtigkeit zu nennen.[112]

So auch im Bereich der Dichtung.[113] Als Leitdisziplin bildete die klassische Rhetorik die Grundlage der Poetik. „Poeterey und Redkunst", schreibt Georg Philipp Harsdörffer Mitte des 17. Jahrhunderts, sind „miteinander verbrüdert und verschwestert / verbunden und verknüpfet / daß keine sonder die andre gelehret / erlernet / getrieben und geübet werden kan."[114] Dichtung wurde verstanden als eine Art Beredsamkeit (*eloquentia*), die in rhetorischer Terminologie erfasst werden konnte.[115] Noch weit entfernt von jeglichem Autonomie- oder Geniegedanken, galt Dichtung in der Frühen Neuzeit darum als etwas Lehr- und Lernbares. Als *poeta rhetor* betrat der Dichter das literarische Feld. Wie die Rhetorik war Dichtung eine *ars*, die erworben werden könne. Allerdings waren die Zugangsschranken zur ‚Ticht-Kunst' hoch. Voraussetzung der literarischen Produktion war nach zeitgenössischer Auffassung eine Ausbildung in den Artes Liberales auf Lateinschulen und Universitäten. So schreibt Harsdörffer, „daß der den Namen eines Poeten / mit Fug / nicht haben möge / welcher nicht in den Wissenschaften und freyen Künsten wol erfahren sey" (PT 1, 5). Es galt das elitäre Ideal des gelehrten Dichters, des *poeta doctus* oder *eruditus*.[116]

---

110 Zu den rhetorischen Übungen und zur Didaktik im mittelalterlichen Trivium vgl. Peter von Moos, Geschichte als Topik. Das rhetorische Exemplum von der Antike zur Neuzeit und die *historiae* im „Policraticus" Johanns von Salisbury, Hildesheim, Zürich und New York 1988, 254–265; sowie Trimpi, Quality of Fiction, 77–81.

111 Zum Begriff der Kulturtechnik vgl. Harun Maye, Was ist eine Kulturtechnik? in: Zeitschrift für Medien- und Kulturforschung, 1. Jahrgang (2010), Heft 1, 121–135; sowie Bernhard Siegert, Kulturtechnik, in: Einführung in die Kulturwissenschaft, 95–118.

112 Vgl. Dirk Niefanger, Barock. Lehrbuch Germanistik (2000), 3., akt. und erw. Aufl. Stuttgart 2021, 81.

113 Vgl. Joachim Dyck, Ticht-Kunst. Deutsche Barockpoetik und rhetorische Tradition (1966), 3. Aufl. Tübingen 1991.

114 Georg Philipp Harsdörffer, Poetischer Trichter. Die Teutsche Dicht- und Reimkunst, ohne Behuf der Lateinischen Sprache, in VI. Stunden einzugiessen, Faks.-Nachdr. der Ausg. Nürnberg 1648–1653, Hildesheim und New York 1971, 3. Tl., Vorrede, unpag. Zitate aus dem *Trichter* werden im Folgenden im Haupttext mit der Sigle „PT" unter Angabe des Teils angegeben.

115 Vgl. Dyck, Ticht-Kunst, 39.

116 Zu den Konsequenzen vgl. Roman Widder, Pöbel, Poet und Publikum. Figuren arbeitender Armut in der Frühen Neuzeit, Konstanz 2020, insb. 97–137.

Anweisungen zur Herstellung von Literatur lieferten seit dem 17. Jahrhundert Poetiken, die nach Maßgabe rhetorischer Begriffe strukturiert waren. Als Muster diente lange Zeit die Horaz'sche *Ars poetica* (14 v. Chr.).[117] In diesem in Versform verfassten Lehrgedicht überlagern sich Poetik und Rhetorik.[118] Richtungsweisend hatte der römische Dichter die rhetorischen Produktionsstadien *inventio, dispositio* und *elocutio* auf die Poetik übertragen und Dichtung damit nach dem Schema der Rhetorik konzipiert.[119] Auch die Ausrichtung an einem Wirkungskalkül übernahm Horaz von der Rhetorik. Poetische Texte behandelt er sowohl unter dem Aspekt ihrer Herstellung, als auch unter dem ihrer Publikumswirksamkeit.[120] Als kommunikative und persuasive Texte zeichnen sich literarische Formen durch ihre lebenspraktische Ausrichtung aus.[121] „Entweder nützen oder erfreuen wollen die Dichter", so eine der wohl berühmtesten Stellen, „oder zugleich, was erfreut und nützlich fürs Leben ist, sagen" – „aut prodesse volunt aut delectare poetae aut simul et iucanda et idonea divere vitae."[122] Das Nützliche soll sich mit dem Süßen verbinden (*utile cum dulce*).[123]

Ausgehend von dieser pragmatischen Bestimmung, die sich in Gestalt des *docere, delectare* und *movere* an rhetorischen Tugenden orientiert, entwirft Horaz die formalen Eigenschaften gelungener Dichtung. Einerseits übernimmt er das rhetorische *brevitas*-Gebot: „Wozu du auch immer ermahnst, sei kurz, damit deine Worte schnell der gelehrige Sinn erfaßt und treulich bewahrt; alles, was überflüssig ist, entfließt dem vollen Herzen."[124] Es gehe darum, den „üppigen Zierat [zu] beschneiden".[125]Andererseits verpflichtet er Dichtung auf Wahrscheinlichkeit: „Was man des Vergnügens wegen erfindet, sei dicht an der Wahrheit [*proxima veris*]"[126] – „Entweder folge der Sage oder erdichte, was in sich übereinstimmt".[127] Im Kurzschluss mit der Stiltugend der Kürze und einer poetisch geregelten *dispositio* kommt das Glaubwürdigkeitspostulat zu sich: „[I]mmer eilt er [der Dichter, JSch] zum Ziel

117 Vgl. Horaz, Ars poetica. Die Dichtkunst (14 v. Chr.), übers. und mit einem Nachw. hg. von Eckart Schäfer, Stuttgart 2017.

118 Vgl. Achim Geisenhanslüke, Poetik. Eine literaturtheoretische Einführung, Bielefeld 2018, 139.

119 Vgl. Clemens Ottmers, Rhetorik (1996), 2., akt. und erw. Aufl. Stuttgart und Weimar 2007, 46.

120 Vgl. Horaz, Ars poetica, v. 99–100.

121 Zur gesellschaftlichen Stellung des Horaz'schen Poeten vgl. Richard Rutherford, Poetics and literary criticism, in: The Cambridge Companion to Horace, hg. von Stephan Harrison, Cambridge 2007, 248–261, hier: 258–261.

122 Horaz, Ars poetica, v. 333–334.

123 Vgl. Horaz, Ars poetica, v. 343–344.

124 Horaz, Ars poetica, v. 335–337.

125 Horaz, Ars poetica, v. 447–448.

126 Horaz, Ars poetica, v. 338.

127 Horaz, Ars poetica, v. 119–120.

und mitten hinein ins Geschehen, als sei es bekannt, entführt er den Hörer, läßt aus, woran er zweifelt, es könne, bearbeitet, glänzen, und so versteht er zu lügen, so Falsches mit Wahrem zu mischen, daß nicht dem Anfang die Mitte, der Mitte der Schluß wiederstreitet."[128] Gemeint ist damit ein *ordo artificialis*, der zugunsten einer schnellen Zielführung auch die natürliche Ordnung des Geschehens verlassen darf.[129]

Wahrscheinlichkeit im materialen Sinn ist für Horaz dann gegeben, wenn der Schriftsteller seine Figuren durch die Topik der personalen Umstände führt. Dichterische Praxis besteht darin, nach Maßgabe des Schicklichen und Angemessenen – des *aptum* bzw. *decorum*[130] – das zu gestalten, was die Personen umgibt (*circumveniunt*).[131] Die Aufgabe des Dichters liegt darin, „einer jeden Person, was ihr zukommt, zu geben",[132] um auf diese Weise dem Publikum deren Handlungen glaubhaft vor Augen zu stellen.[133] Wahrscheinlichkeit soll bei Horaz die inventive Umstandstopik generieren, die er mit dem Cicero'schen Term der *adiunctis* belegt.[134] Diese wird an der Idealität und Abstraktheit typischer Charaktereigenschaften gemessen. Referenz des Angemessenen ist in dieser Weiterentwicklung rhetorischer Verfahren die glaubwürdige Allgemeinheit eines Charakters, der nach der Typik seiner personenbezogenen Umstände wie Herkunft, Alter, Beruf, soziale Stellung usw. modelliert wird.[135] Dabei hat sich die Dichtkunst an den Erwartungen und Erfahrungen der Rezipienten zu orientieren.[136] Die *circumstantiae* gleichen zu diesem Zweck die literarische Figur nicht allein mit der historischen Erfahrungswelt ab. Sie stilisieren sie auch im Sinne der platonisch-ciceronianischen Tradition als abschreckendes oder nachahmungswertes Idealbild. In Horaz' Poetik besorgen

---

128 Horaz, Ars poetica, v. 148–154.

129 Vgl. Horaz, Ars poetica, v. 42–45: „Die Leistung und Schönheit der Ordnung [...] wird darin bestehen, daß man schon jetzt sagt, was jetzt schon gesagt werden muß, alles übrige aufschiebt und fürs erste zurückhält, dieses bevorzugt, jenes verschmäht, wer eine verheißene Dichtung verwirklicht." Ausführlich zur Künstlichkeit des Horaz'schen *ordo* Marvin T. Herrick, The Fusion of Horatian and Aristotelian Literary Criticism, 1531–1555, Urbana 1946, 16–20.

130 Vgl. ausführlich Jan Dietrich Müller, Decorum. Konzepte von Angemessenheit in der Theorie der Rhetorik von den Sophisten bis zur Renaissance, Berlin und Boston 2011.

131 Vgl. Horaz, Ars poetica, v. 156–179.

132 Horaz, Ars poetica, v. 315–316.

133 Vgl. Horaz, Ars poetica, v. 180–188.

134 Vgl. Horaz, Ars poetica, v. 178–179.

135 Vgl. Horaz, Ars poetica, v. 156–157: „Die Eigentümlichkeiten jeder Altersstufe mußt du kennzeichnen, mußt den sich wandelnden Naturen und Jahren das, was sie auszeichnet, geben." Vgl. auch Brigitte Kappl, Die Poetik des Aristoteles in der Dichtungstheorie des Cinquecento, Berlin und New York 2006, 19–23.

136 Vgl. Gyburg Uhlmann, Poetik in der Antike, in: Grundthemen der Literaturwissenschaft: Poetik und Poetizität, hg. von Ralf Simon, Berlin und Boston 2018, 61–85, hier: 62, 77.

typisierte Eigenschaften die Konventionalität poetischer Charaktere. Durch die Herstellung von charakterlicher Kohärenz garantieren sie das *decorum* eines auf Einheitlichkeit und Geschlossenheit verpflichteten literarischen Textes.[137]

Mit dem Fokus auf die regelgeleitete Herstellung ging eine Umdeutung des aristotelischen Nachahmungsbegriffs einher. Nicht mehr eine *mímesis*, die handelnde Menschen nachahmte, sondern eine *imitatio*, die sich an literarischen Vorbildern ausrichtete, führt Horaz ins literarische Feld. In Kombination mit dem Wissen um ethische Typen wird damit eine technische und urteilende Gelehrsamkeit zur *conditio sine qua non* der Dichtkunst.[138] Hierzu gehört ebenfalls die Verpflichtung auf ein Versmaß, das fortan Poesie, anders als bei Aristoteles, auf gebundene Rede (*oratio ligata*) festlegt. Mit dieser Festlegung konstituiert Horaz eine Differenz zur Rhetorik als ungebundener Rede (*oratio soluta*).

Horaz' rhetorische Konzeption von Dichtung war bis in die Frühe Neuzeit hinein bestimmend.[139] Im *l'âge de l'éloquence*[140] war weiterhin die rhetorische *inventio* für die Auswahl derjenigen Dinge zuständig, die als Gegenstand poetischer Rede in Betracht kamen.[141] Seit der Wiederentdeckung der aristotelischen *Poetik* in der italienischen Renaissance hatten einige zentrale poetologische Kategorien jedoch eine neue Fassung erhalten.[142] Rezipiert wurde ein „durch die Brille der lateinischen Rhetorik gesehener Aristoteles".[143] Der schwierige Text wurde von einer Generation von Gelehrten kommentiert, deren poetologische Grundannahmen von Horaz' *Ars poetica* und den Rhetoriken Ciceros und Quintilians bestimmt waren.[144]

---

137 Vgl. Horaz, Ars poetica, v. 9–23.

138 Vgl. Horaz, Ars poetica, v. 309.

139 Vgl. Sandra Richter, Außer Konkurrenz? Die *Ars poetica* des Horaz in Kommentar und Poetik des 16. und 17. Jahrhunderts, in: Welche Antike? Konkurrierende Rezeptionen des Altertums im Barock, hg. von Ulrich Heinen, Bd. 2, Wiesbaden 2011, 934–956.

140 Vgl. Marc Fumaroli, L'âge de l'éloquence. Rhétorique et „res literaria" de la Renaissance au seuil de l'époque classique, Genf und Paris 1980.

141 Vgl. Dirk Rose, *Res* und *verba*. Literarhistorische Anmerkungen zu einer rhetorischen Beziehungsgeschichte, in: Das Verhältnis von *res* und *verba*. Zu den Narrativen der Dinge, hg. von Martina Wernli und Alexander Kling, Freiburg i. Br., Berlin und Wien 2018, 33–51, hier: 35–38; ausführlich zur topischen *inventio* der Frühen Neuzeit Manfred Beetz, Rhetorische Logik. Prämissen der deutschen Lyrik im Übergang vom 17. zum 18. Jahrhundert, Tübingen 1980, 120–144.

142 Vgl. Herrick, Fusion; Bernard Weinberg, A history of literary criticism in the Italian Renaissance, 2 Bde., Chicago 1961/1963; Baxter Hathaway, The age of criticism. The late Renaissance in Italy, Ithaca 1962; Kappl, Poetik des Aristoteles; sowie Rainer Stillers, Humanistische Deutung. Studien zu Kommentar und Literaturtheorie in italienischer Renaissance, Düsseldorf 1988.

143 August Buck, Einleitung, in: Iulius Caesar Scaliger, Poetices libri septem, Nachdr. der Ausg. Lyon 1561, Stuttgart-Bad Cannstatt 1964, V–XX, hier: XIX.

144 Zur Rhetorisierung der aristotelischen Poetik in der italienischen Renaissance vgl. Herrick, Fusion; Charles Sears Baldwin, Renaissance Literary Theory and Practice. Classicism in the Rhetoric

In Antonio Riccobonis einflussreichem *Poetik*-Kommentar von 1587 trifft das rhetorische Verfahren der *circumstantiae* auf eine poetologische Wahrscheinlichkeit aristotelischer Herkunft.[145] Im Blick auf das im 9. Kapitel der *Poetik* skizzierte Verhältnis von Dichtung, Historie und Philosophie und auf den dort formulierten Satz, Dichtung sei philosophischer und darum wertvoller als Geschichte,[146] bringt Riccoboni die Circumstantienlehre ins Spiel.[147] Die höhere Stellung der Dichtkunst folgt für ihn daraus, dass diese im Gegensatz zur Historie die singuläre Begebenheit im Allgemeinen betrachtet (*in vniuersum considerare singularia*).[148] Eine solche Betrachtung erfolgt im Gang durch die topischen *circumstantiae*, mit deren Hilfe der Dichter die vielen Gründe und Modi ihres Vorkommens fingiert (*plurimis de caussis & plurimis modis potuit euenire ex arbitrio fingat*). Dieses Verfahren sei genuin poetisch, da solche Umstände unterhaltsamer seien. Und es sei genuin poetisch auch deshalb, weil es einen Fall auf diese Weise an die Universalität der platonischen *ultimae formae* annähere, während die Geschichtsschreibung es mit *singularia innumberabilia* zu tun habe.

In die alte Universalien-Lehre kann Riccoboni diese spezifisch poetische Universalität allerdings nicht einordnen. Diese kannte ein Universale vor den Dingen (*ante partes*), in den Dingen (*in partibus*) und nach den Dingen (*post partes*). Riccoboni entwirft darum kurzerhand ein viertes Universale, *quod est poetarum proprium*, als umständliches Verfahren *circa partes*. „[I]d est", schreibt er, „circa singularia facta, vt in vniuersum considerentur caussæ, & modi, quibus illa euenire potuereunt" – es steht neben dem einzelnen Faktum, und fasst dessen Ursachen und die Arten und Weisen, auf welchen es sich ereignen kann, als allgemein ins Auge.[149] Das poetische Universale liegt für Riccoboni demnach in der Allgemeinheit

---

and Poetic of Italy, France, and England 1400 – 1600, hg. mit einer Einl. von Donald Lemen Clark, New York 1939, insb. 155 – 189; sowie August Buck, Italienische Dichtungslehren. Vom Mittelalter bis zum Ausgang der Renaissance, Tübingen 1952, insb. 142 – 190; eine pointierte Zusammenfassung liefert Brian Vickers, Rhetoric and Poetics, in: The Cambridge History of Renaissance Philosophy, hg. von Charles B. Schmitt, Quentin Skinner, Eckhard Kessler et al., Cambridge 1988, 715 – 745.

145 Zu Riccoboni vgl. Weinberg, Literary criticism, Bd. 1, 603 – 609; sowie Hathaway, The age of criticism, 167–168.

146 Die pointierteste Lesart dieses Satzes findet sich bei Werner Hamacher, Über einige Unterschiede zwischen der Geschichte literarischer und der Geschichte phänomenaler Ereignisse, in: Historische und aktuelle Konzepte der Literaturgeschichtsschreibung – Zwei Königskinder?, hg. von Wilhelm Voßkamp und Eberhard Lämmert, Tübingen 1986, 5 – 15.

147 Vgl. Kappl, Poetik des Aristoteles, 140 – 144, sowie Campe, Spiel der Wahrscheinlichkeit, 318 – 319.

148 Antonio Riccoboni, Poetica Aristotelis ab Antonio Riccobono latine conversa: eivsdem Riccoboni paraphrasis in poeticam Aristotetelis [...], Padua 1587, 44.

149 Riccoboni, Poetica Aristotelis, 45.

der Umstände eines bestimmten Geschehens, d.h. in Einzelheiten, die einer übergeordneten, allgemeinen Gesetzmäßigkeit gehorchen, die den Rezipient:innen bekannt ist. Diese Fassung wird in den Dichtungstheorien der Frühen Neuzeit von Harsdörffer bis Gottsched einen prominenten Platz einnehmen.

Die Vermittlung zwischen dem Besonderen und dem Allgemeinen besorgten in den frühneuzeitlichen Poetiken solcherart geformte Umstände. Der Poet, so wird dessen Praxis seit Riccoboni immer wieder beschrieben, greift auf ein historisches Handlungsgerüst zurück und manipuliert die Umstände des historischen Einzelfalls nach Maßgabe von Notwendigkeit und Wahrscheinlichkeit. Dafür gestaltet er fingierte *episodia*, welche Ursachen und Handlungsgründe als nähere Erklärung des Sachverhalts enthalten, unter der Bedingung, dass diese einen wahrscheinlichen oder notwendigen Zusammenhang aufweisen.[150] Auf diese Weise werde der Poet zum Lehrmeister des Historikers: „Ac quemadmodum poeta in singulis rebus id, quod fieri potuit, obseruat: sic historico quoque de rebus incertis licet iudicium facere ex eo, quod fieri potuit, dummodo res incertas, tamquam incertas tractet, & de eis probabiliorem faciat coniecturam" – denn wie dieser das beobachtet, was in einzelnen Fällen geschehen kann, so darf auch der Historiker ein Urteil über unsichere Sachlagen fällen. Er darf es nach Maßgabe dessen fällen, was hätte geschehen können, solange er die unsichere Faktenlage auch als unsichere behandelt und ausgehend von ihr seine wahrscheinliche Vermutung anstellt, so Riccoboni.[151] Der Renaissance-Kommentator macht aus dem poetologisch Wahrscheinlichen eine konjekturale Kunst, deren Verfahren sich der Historie anbieten. Als die historischen Empiriker der Frühen Neuzeit eine Wissenschaft des Einzelfalls entwarfen, knüpften sie an dieses poetologische Wissen an, das das Verhältnis allgemeiner Umstände zur Wahrscheinlichkeit eines spezifischen Geschehens regelte.

Im Stil eines „äußerst fruchtbaren Missverständnisses"[152] verhalfen die Kommentatoren des Cinquecento der aristotelischen Mimesis-Lehre so zu einer Wiedergeburt.[153] Die Nachahmung eines Handlungsverlaufs wurde im Zuge der neu-

150 Vgl. Riccoboni, Poetica Aristotelis, 49. Vgl. die berühmte Stelle bei Aristoteles, wo es heißt, „daß es nicht Aufgabe des Dichters ist mitzuteilen, was wirklich geschehen ist, sondern vielmehr, was geschehen könnte, d. h. das nach den Regeln der Wahrscheinlichkeit oder Notwendigkeit Mögliche." Aristoteles, Poetik, Gr.–Dt., übers. und hg. von Manfred Fuhrmann, Stuttgart 1982, 29.

151 Riccoboni, Poetica Aristotelis, 45.

152 Andreas Kablitz, Die Unvermeidlichkeit der Natur. Das aristotelische Konzept der Mimesis im Wandel der Zeiten, in: Die Mimesis und ihre Künste, hg. von Gertrud Koch, Martin Vöhler und Christiane Voss, München und Paderborn 2010, 189–211, hier: 197.

153 Zum Umgang der Kommentatoren mit dem aristotelischen Nachahmungsbegriff vgl. Kappl, Poetik des Aristoteles, 71–168; Herrick, Fusion, 28–38; Arbogast Schmitt, Mimesis bei Aristoteles und in den Poetikkommentaren der Renaissance. Zum Wandel des Gedankens von der Nachahmung der

zeitlichen Umdeutung nun jedoch zur Nachahmung der Natur. Der erste große *Poetik*-Kommentator Francesco Robortello gab die Richtung vor:[154] „Was hat die Dichtung für einen anderen Zweck, als durch Darstellung, Beschreibung und Nachahmung aller menschlichen Handlungen, aller Bewegungen und aller belebten wie unbelebten Dinge zu unterhalten?"[155] Mit dieser terminologischen Modifikation wird das Nachahmungsparadigma semiotisch gewendet.

Die Frühe Neuzeit transformierte das aristotelische Mimesiskonzept in eine „Poetik der Repräsentation".[156] „[P]er imitationem expressa singula recognoscit, que antè percepit sensu oculorú", schreibt Robortello – durch Nachahmung erkennt man die ausgedrückten Einzeldinge wieder, die zuvor durch das Auge wahrgenommen wurden.[157] Nicht mehr die innere Logik einer Handlung, sondern die zeichenhafte Repräsentation einer weitgefassten Natur zu erfassen, sei die darstellerische Aufgabe des Dichters. Und diese Nachahmung ist auch ein Zeichen: „Est autem signum hoc."[158] Bezugspunkt einer notwendig einheitlichen Handlung ist für Robortello dabei die Kohärenz ihrer Einzelheiten. Deren Plausibilität bemisst sich an den rhetorischen Kategorien einer ontologischen Notwendigkeit und der Wahrscheinlichkeit des ‚Für-Gewöhnlich':[159] „Nam res aut cohærent, aut non cohærent [...]. [S]i cohærent, & sunt ὑπάλληλα, id quoque duplici contingit modo, aut necessariò aut verisimiliter", schreibt Robortello – die Dinge sind entweder kohärent oder nicht. Wenn sie kohärent sind und dem Ganzen untergeordnet (*hypallêla*), geschieht dies auf zwei Arten, entweder notwendigerweise oder wahrscheinlich.[160]

Natur in der frühen Neuzeit, in: Mimesis und Simulation, hg. von Andreas Kablitz und Gerhard Neumann, Freiburg i. Br. 1998, 17–53, sowie Kablitz, Unvermeidlichkeit der Natur.

154 Ausführlich zur Wirkmächtigkeit der Umdeutungen Robortellos Ulrike Zeusch, Aporien in der Literaturtheorie der Frühen Neuzeit. Francesco Robortollos *In librum Aristotelis De arte poetica explications* und die Folgen, in: Mimesis – Repräsentation – Imagination. Literaturtheoretische Positionen von Aristoteles bis zum Ende des 18. Jahrhunderts, hg. von Jörg Schönert und Ulrike Zeusch, Berlin und New York 2004, 181–214.

155 Francesco Robortello, In librum Aristotelis De Arte Poetica Explicationes [...], Florenz 1548, 2: „Quem igitur alium finem poëtices facultatis esse dicemus, quàm oblectare per repræsentationem, descriptionem, & imitationem omnium actionum humanarum; omnium motionum; omnium rerum tùm animatarum, tùm inanimatarum?" Übers. nach Kablitz, Unvermeidlichkeit der Natur, 206.

156 Kablitz, Unvermeidlichkeit der Natur, 206.

157 Robortello, Explicationes, 26. Wie man sieht, wird der lateinische *imitatio*-Begriff hier nicht mehr bloß im Blick auf die stilistische Nachahmung exemplarischer Texte verwendet, sondern repräsentationstheoretisch gefasst.

158 Robortello, Explicationes, 30.

159 Vgl. (ohne Bezug auf die Kategorie der *circumstantiae*) Kappl, Poetik des Aristoteles, 171–172; sowie Leinkauf, Grundriss, Bd. 1, 561.

160 Robortello, Explicationes, 83.

Das Philosophisch-Allgemeine der Dichtkunst besteht für Robortello entsprechend in der Verkettung wahrnehmbarer Einzelheiten zu einem kohärenten Gebilde und einem einheitlichen Ganzen, das aus ihnen extrahiert wird.[161] Das Vor-Augen-Stellen (*ob oculis ponere*) der Umstände kreiert ein Idealbild, das aufgrund der zeichenhaften Ähnlichkeit der Einzeldinge mit den Realien gerade keine platonische Lüge sei.[162] Vielmehr führt der Dichter wie in den Topiken von Boethius und Agricola Zeichen an, die bekannt sind, um etwas zu beweisen, was nicht hinreichend bekannt ist.[163] Die poetische Nachahmung wird repräsentational gewendet: Sie erhält ihre Einheitlichkeit nicht mehr aus innerpoetologischen Kategorien, sondern aus der Homologie mit der empirischen Wirklichkeit – homolog im Sinne einer grundsätzlichen Möglichkeit des Geschehenkönnens. „[P]oëtæ non esse proprium narrare res gestas, sed quales fieri oportet, aut possibile est" – die Eigenheit des Dichters besteht nicht im Erzählen wahrer Dinge, sondern in solchen, die der Möglichkeit nach geschehen können, schreibt Robortello.[164] Der Dichter erzählt schließlich nicht nur, was wirklich geschehen ist, sondern auch was geschehen kann und soll. Literatur wurde so zu einer eigenen Form der Realitätsdeutung, die nun auch philosophisch interessant war.

Damit änderten sich die Gegenstände und Modi poetischer Nachahmung. Wohl keine andere Poetik des Cinquecento hat die Folgen so umfassend ausbuchstabiert wie Julius Scaligers *Poetices libri septem* (1561). Nicht umsonst ist der „humanistische[ ] Zuchtmeister[ ]"[165] zum zentralen Bezugspunkt nachfolgender Poetiken geworden.[166] Die Bestimmung der Dichtkunst unternimmt auch Scaliger ausgehend von dem im 9. Kapitel der aristotelischen *Poetik* entworfenen Verhältnis zur Historie. Zwar bedienten sich beide narrativer Formen. Die Geschichtsschreibung berichte Wahres jedoch mit „untrügliche[r] Verläßlichkeit" (*fides*), während die Poesie „entweder dem Wahren Erfundenes hinzufügt oder das Wahre durch Erfundenes nachahmt" (*imitatur*).[167] Dichtung, schreibt Scaliger, stellt nicht nur diejenigen Dinge vor (*repraesentare*), die tatsächlich geschehen sind, sondern auch solche, die nicht zwingend sein können oder müssen. Sie geht somit ganz in der

161 Vgl. zu dieser Lesart (ohne Bezug auf die Kategorie der *circumstantiae*) Kappl, Poetik des Aristoteles, 85–87; sowie Leinkauf, Grundriss, Bd. 1, 566.

162 Vgl. Robortello, Explicationes, 30: „Affert signum, idest quidpiam notissium nobis, ex quo probat id, quod non erat satis notum."

163 Vgl. Robortello, Explicationes, 30.

164 Robortello, Explicationes, 86.

165 Manfred Fuhrmann, Einführung in die antike Dichtungstheorie, Darmstadt 1973, 203.

166 Zur Wirkungsgeschichte vgl. Luc Deitz, Einführung, in: Iulius Caesar Scaliger, Poetices libri septem. Sieben Bücher über die Dichtkunst (1561), hg., übers., eing. und erl. von Luc Deitz und Gregor Vogt-Spira, 6 Bde., Stuttgart-Bad Cannstatt 1994–2011, Bd. 1, XI–LXXIV, hier: XXXII–LXIII.

167 Scaliger, Poetices, Bd. 1, 61.

Nachahmung (*imitatione*) auf, der Dichter agiere „wie ein zweiter Gott".[168] „Dieser Zweck", so Scaliger, ist jedoch „nur Mittel zu jenem letzten Zweck, der in der mit Annehmlichkeit verbundenen Belehrung besteht" (*docendi cum delectatione*).[169]

Scaligers Fassung ist mehr als eine einfache Fusion aristotelischer Prinzipien mit Horaz'schen Bestimmungen. Vielmehr geht er den weitreichenden Implikationen dieser Fusion im Blick auf poetische Darstellungsweisen akribisch nach. In der Frage danach, was und auf welche Weise überhaupt nachgeahmt werden kann, verspricht seine Poetik jedenfalls, „genauer als die des Aristoteles" zu sein.[170] Seine Regeln der Darstellung entwirft Scaliger im 3. Buch, das der *inventio* gewidmet und mit „Idea" übertitelt ist. Noch bevor er sich den poetischen Figuren (Kap. 28–94) und den Gattungen (Kap. 95–126) zuwendet, widmet er sich in ganzen zweiundzwanzig Kapiteln und auf mehreren hundert Seiten dem Auffinden der einzelnen *circumstantiae* (Kap. 2–23).[171] Aus ihnen fließen laut Scaliger die entscheidenden – und deshalb auch zuerst zu behandelnden – Modi der Darstellung. Als *idea rerum* sind Umstände hier Ideen im unplatonischen Sinn: Sie gleichen „die Beschaffenheit und das Ausmaß der Rede der Beschaffenheit und dem Ausmaß der Dinge an[ ]".[172] Umstände sorgen dafür, dass die zeichenhaften Wörter (*notae*), den Dingen, die sie repräsentieren, auf eine angemessene Art und Weise ähnlich werden.[173] Schließlich muss sich, so lautet eine Grundregel, die Nachahmung „an ihren Gegenstand halten und innere Stimmigkeit die Nachahmung begleiten".[174]

---

168 Scaliger, Poetices, Bd. 1, 73.

169 Scaliger, Poetices, Bd. 1, 61. Zur Unterordnung der Mimesis unter Horaz'sche Zweckbestimmungen in der Frühen Neuzeit vgl. Ansgar M. Cordie, Mimesis bei Aristoteles und in der Frühen Neuzeit, in: Künste und Natur in Diskursen der Frühen Neuzeit, hg. von Hartmut Laufhütte, Barbara Becker-Cantarino, Martin Bircher et al., 2 Teile, Wiesbaden 2000, 1. Tl., 277–288.

170 Scaliger, Poetices, Bd. 2, Buch 3, 61.

171 Die Forschung hat die herausragende Stellung der Circumstantienlehre in Scaligers Poetik bisher kaum zur Kenntnis genommen. Ihr Herausgeber Luc Deitz hat bereits Mitte der 1990er Jahre auf diesen Missstand hingewiesen, an dem sich bislang nicht viel geändert hat. Umstände, so Deitz, seien im Blick auf Scaliger bisher bloß „stiefmütterlich behandelt" worden. Dabei habe man „sie nicht etwa deshalb ignoriert, weil sie an sich uninteressant wären, sondern weil sie es für uns zu sein scheinen." Scaliger, Poetices, Bd. 2, 37–38. Deitz hat begonnen, diese Schieflage zu korrigieren, indem er die plausible Vermutung anstellt, Scaliger habe die Lehre von Consultus Chirius Fortunatianus übernommen. Jenseits dieser philologischen Forschung zur intertextuellen Referenz versuche ich, die systematische Stellung der *circumstantiae* in Scaligers Poetik zu bestimmen.

172 Scaliger, Poetices, Bd. 2, 61.

173 Vgl. Scaliger, Poetices, Bd. 2, 61: „Die Gegenstände selbst dagegen sind das Ziel der Rede; ihre Zeichen sind die Wörter. Aus diesem Grund erhalten die Wörter von den Gegenständen selbst jene Form, durch die sie eben das sind, was sie sind."

174 Scaliger, Poetices, Bd. 2, 315.

Die *circumstantiae* der rhetorischen Tradition sind nicht mehr bloß formale Sitze einer Beweistopik, aus denen ein Redner seine Argumente zieht, sondern ihr Verfahren reguliert auch die Modalitäten eines wirklichkeitsgetreuen Erzählens: Umstände sind Zeichen, die das Repräsentierte wahrscheinlich machen. Scaliger führt sie wie folgt ein:

> Was aus dem Wahrscheinlichen herzuleiten ist, weiß jeder. Hierbei muß man sich die Natur vor Augen halten. Die Personen sind entweder als solche gezeichnet, oder mit den Dingen, die zu ihnen gehören. Hierzu zählen Herkunft, Vaterland, Vermögensstand, Charakter, Taten, Beruf, Aussehen und anderes dergleichen, was manche Griechen περίσάσεις (Umstände) und unsere Barbaren daraufhin *circumstantiae* nannten.[175]

Neben der Charakterisierung von Personen dienen Umstände auch der Plausibilisierung und näheren Bestimmung von Handlungen: „der Plan, die Ausführung, die Ursachen, der Zeitpunkt, der Ort, die Art und Weise, die Gemütsverfassung, das Mittel und der Ausgang."[176] Von Umstand zu Umstand und anhand der Dichtung Vergils gibt Scaliger detaillierte Anweisungen, wie sich diejenigen Dinge zur Darstellung bringen lassen, die ein Geschehen in seiner Einzigartigkeit konstituieren und mit diesem in Zusammenhang stehen. Dabei legt der Begriff der *circumstantiae* fest, was als Gegenstand und Mittel der Nachahmung gelten kann. Im 7. Buch rekapituliert Scaliger die multiple darstellungstechnische Funktion von Umständen pointiert:

> Die Künste also, deren Werkzeug die Sprache ist, beruhen allesamt auf Nachahmung. Diese Nachahmung aber findet nicht nur auf eine Weise statt, da auch die Dinge nicht einheitlich sind. Eine Art besteht nämlich in der einfachen Bezeichnung, zum Beispiel ‚Aeneas kämpft'; eine andere Art fügt die Art und Weise und die näheren Umstände [*circumstantias*] hinzu, zum Beispiel ‚mit dem Schwert', ‚in Waffen', ‚zu Pferde', ‚erzürnt'. Hier hat man auch ein Bild des Kämpfenden vor sich, nicht nur die Handlung. So macht das Hinzufügen der näheren Umstände [*adiunctae circumstantiae*] (des Ortes, der Stimmung, der Gelegenheit, der Zeit, der Rede, des Erfolgs) die Nachahmung voller und kräftiger; hieraus entstehen – außer der Ausgewogenheit und der Feinheit der Konturen – Schatten, Licht, perspektivische Anordnung der Teile, Kraftfülle und Wirksamkeit. Da dies alles durch die Tätigkeit des Dichters dargestellt wird, ließ Aristoteles sein alleiniges Ziel in der Nachahmung bestehen [...].[177]

In der neuzeitlichen Umdeutung des aristotelischen Mimesis-Begriffs nahmen Umstände somit eine neue poetologische Systemstelle ein. Erhielt die Frage nach den Modalitäten des Erzählens mit dem Wiederaufleben des aristotelischen Nachah-

---

175 Scaliger, Poetices, Bd. 2, 81.
176 Scaliger, Poetices, Bd. 2, 107.
177 Scaliger, Poetices, Bd. 5, 493.

mungsparadimas eine neue Dringlichkeit, so stand der rhetorische Term der *circumstantiae* als das, was eine Sache erzählenswert macht und ihr zugleich Wahrscheinlichkeit verleiht, nun exakt an der Funktionsstelle des alten Mimesis-Prinzips.

Für die Unterscheidung von Poesie und Historie hat diese neue Stellung der *circumstantiae* zur Folge, dass Scaliger, im Einklang mit der Mehrheit der Kommentatoren, andere Abgrenzungsprinzipien einführen muss. Ganz unaristotelisch erhielt diese Funktion das aus den lateinischen Poetiken bekannte Verskriterium.[178] Die erste deutschsprachige Barockpoetik, Martin Opitz' *Buch von der Deutschen Poeterey* (1624), übernimmt diese Bestimmungen. Dicht an Scaliger orientiert, schreibt Opitz, „das die gantze Poetery im nachäffen der Natur bestehe / vnd die dinge nicht so sehr beschreibe wie sie sein / als wie sie etwan sein köndten oder solten."[179] Auch wenn Opitz' rhetorische Poetik die *inventio* und *dispositio* als poetische Verfahren in Stellung bringt, bleibt das Versprinzip unangefochten: Das *Buch von der Deutschen Poeterey* widmet sich vorrangig der „zuebereitung vnd ziehr der worte" und dem „maße der sylben / Verse / reimen".[180] Ändern wird sich das erst mit Georg Philipp Harsdörffer, wie Opitz Mitglied des Gelehrtennetzwerks der *Fruchtbringenden Gesellschaft*. Auf folgenreiche Weise verschiebt er die alte aristotelische Demarkationslinie zwischen Geschichte und Poesie in Form eines Kriteriums, das in fingierten Details das wesentliche Unterscheidungsmerkmal zwischen den Erzählweisen beider Disziplinen erkennt.

4 Umstandsprosa

Vor dem Hintergrund der aristotelischen Bemerkung, dass das entscheidende Kriterium von Dichtung nicht die versifizierte Rede, sondern die Nachahmung von Handlungen sei, entwarf der poetologische Diskurs im Heiligen Römischen Reich Deutscher Nation seit Harsdörffer einen Begriff von Dichtkunst, der auch die Prosa umfasste. Zwar wurde bereits in der klassischen Rhetorik die ungebundene Prosarede der gebundenen Versrede entgegengesetzt, doch blieb die prosaische Schreib- und Redeweise eigentümlich unterbestimmt. Prosa zeichnete sich durch Formlosigkeit aus – ein Merkmal, das enorme Freiheiten mit sich brachte, darum

178 Vgl. Scaliger, Poetices, Bd. 1, 73, 91.

179 Martin Opitz, Buch von der deutschen Poeterey [...], Breslau 1624, III. Kap., unpag.; zur Rezeption Scaligers bei Opitz vgl. Stefan Trappen, Dialektischer und klassischer Gattungsbegriff bei Opitz. Ein übersehener Zusammenhang zwischen Aristoteles, Scaliger und der deutschen Barockpoetik, in: Martin Opitz (1597–1639). Nachahmungspoetik und Lebenswelt, hg. von Thomas Borgstedt und Walter Schmitz, Tübingen 2002, 88 – 98.

180 Opitz, Deutsche Poeterey, VI. Capitel, unpag.

aber umso mehr nach einer Selbstbindung des Ungebundenen verlangte. „Freier ist die Prosarede“, schreibt Cicero in *De oratore*, „und sie ist wahrhaftig ganz so ungebunden, wie man sie ja auch nennt, aber dennoch nicht in der Art, dass sie ohne Weg und Steg dahineilt, sondern sich auch ohne Fesseln ein Maß setzt.“[181] Prosa hat keine metrischen Fesseln. Da sie allein den Regeln der Grammatik und der Syntax gehorcht, muss sie sich selbst ein Maß setzen. Prosa muss sich, das ist ihre Herausforderung, selbst binden.

Während sich die metrisch gebundene Rede seit jeher durch eine gewisse Rückwärtsgewandtheit und Rekursivität auszeichnet,[182] gehorcht die ungebundene Rede, deren Begriff (*pro(r)sa*) sich etymologisch aus der Komposition von *pro* und *vorsa* zusammensetzt, dem Prinzip der ‚nach vorne gewendeten‘ Folge.[183] Die Lösungsansätze der römischen Rhetorik hatten das Problem prosaischer Ungebundenheit durch eine Rhythmisierung und Stilisierung des Sprechens zu lösen versucht.[184] Der poetologische Diskurs der Frühen Neuzeit führte dagegen eine Selbstbindung der Prosa in Form von Umständen und Umständlichkeiten ein. Zwar machte sich in normativen Poetiken noch im 17. Jahrhundert eine fehlende Theorie der Prosa bemerkbar, doch verschaffte sich diese, zunächst supplementär und gleichsam parasitär, immer stärker Zugang zu den Regelpoetiken.[185] Was dort als Umstandspoetik diskutiert wurde, begriff die Umstandsorientierung als eine Form der Selbstbindung von Prosa.[186]

Andererseits wurde damit zugleich ein Aspekt eingeführt, der mit der prosaischen Vorwärtsbewegung potenziell in Konflikt stand.[187] Begeben sich Erzählweisen in die Region der Circumstantien, werden sie von den Einzelheiten, die die Sachen wie in einem Zirkel umstehen, in einen Sog gezogen. Das lässt das Geradeaus

181 Cicero, De Oratore, III, 184.

182 Vgl. Giorgio Agamben, Idee der Prosa (1985), in: Idee der Prosa, Frankfurt a. M. 2003, 21–24, hier: 23–24; sowie Inka Mülder-Bach, Einleitung, in: Prosa schreiben, 1–11, hier: 1–2.

183 Vgl. Bernd Asmuth, Gebundene/ungebundene Rede, in: Historisches Wörterbuch der Rhetorik, Bd. 3, Sp. 605–629; sowie Erich Kleinschmidt, Prosa, in: Reallexikon der deutschen Literaturwissenschaft, hg. von Harald Fricke, Jan-Dirk Müller, Klaus Weimar et al., 3 Bde. (1997–2003), 3. Aufl. Berlin und New York 2007, 168–172.

184 Vgl. Asmuth, Gebundene/ungebundene Rede, Sp. 605–614; ausführlich zur organisatorischen Funktion des Rhythmus Michael Gamper, Rhythmus als eine Organisationsform der Prosa, in: Prosa. Zur Geschichte und Theorie einer vernachlässigten Kategorie der Literaturwissenschaften, hg. von dems. und Svetlana Efimova, Berlin und New York 2021, 35–49.

185 Vgl. Thomas Althaus und Nicola Kaminski, Aspekte einer Theorie barocker Prosa, in: Spielregeln barocker Prosa, 7–21.

186 Vgl. etwa die entsprechenden Aussagen zur „Maaßgebung“ durch die „besonderen Absichten und Umstände[ ] der Vorstellung“ bei Johann Jakob Breitinger, Fortsetzung Der Critischen Dichtkunst [...], Zürich 1740, 337–338.

187 Vgl. Mülder-Bach, Prosa der Gesellschaft, 241–242.

der Prosa orbital werden. Zwar werden damit genaue und erschöpfende Darstellungen möglich, „in der sich die Sache rundet",[188] doch birgt eine solcherart konzipierte Dichtkunst die Gefahr, in eine Umständlichkeit zu verfallen, die einer ermüdenden „Weitläufftigkeit" gleicht. Schließlich können Fälle durch „mannigfaltige Umstände in die Länge und Breite ausgedähnet"[189] werden. Eine umständliche Prosa tendiert deshalb, wie Opitz beobachtet, „zu seltzamer Verlauffung"[190] und steht damit immer, wie noch Johann Jakob Breitinger schreibt, im Begriff, mit „ausführliche[n] Beschreibungen" den schnellen „Lauf der Erzehlung" zu unterbrechen und so „die neugierige Aufmercksamkeit des Lesers"[191] zu ermatten.

Aller Gefahren zum Trotz kam der poetologische Diskurs seit der rhetorischen Verumständlichung der Poetik um die Circumstantienlehre nicht herum. Im Gegenteil: In ihrer Integration sieht Harsdörffer das entscheidende Merkmal der Dichtkunst. Sowohl im Blick auf die materiale Invention als auch hinsichtlich der elokutionären Gestaltung nahmen Umstände dort einen zentralen Platz ein. Harsdörffer erblickt in ihnen das Grundschema narrativer Evidenz:

> Der Poet beschreibt / was würklich ist / und was seyn könte und der Wahrheit ähnlich ist. Der Geschichtschreiber erzehlet den Verlauf seiner Sachen / der Poet gleichfals / ist aber befugt allerhand künstliche Umstände beyzubringen / welche die Sachen als gegenwärtig vor Augen stellen / und in diesem leistet er mehr als der Redner / dessen Absehen nur ist in einer gewissen Sache zu bereden: [...] [D]er Poet aber beweget mit viel mehrerer Belustigung / und handelt von allen denen Sachen / die sind / und auch nicht sind.[192]

Während es die Rhetorik allein auf Überzeugung abgesehen habe, besteche die Poesie durch das umständliche Vor-Augen-Stellen eines Sachverhalts. Und während die Historie an das Wahrheitspostulat gekettet sei, könne die Dichtkunst die historisch verbürgten Begebenheiten „kunstzierlich" ausgestalten und sogar „aus dem / was nichts ist / etwas mache[n]" (PT 1, 4). „Die Gedichte", schreibt Harsdörffer, sind darum „viel dienlicher eine Sache auszubilden / als die wahren Geschichte / wel-

188 Mülder-Bach, Prosa der Gesellschaft, 242.

189 Joseph Addison, Critische Abhandlung von den Poetischen Schönheiten in Johann Miltons Verlohrnem Paradiese, in: Johann Jakob Bodmer, Critische Abhandlung von dem Wunderbaren in der Poesie und dessen Verbindung mit dem Wahrscheinlichen [...], Zürich 1740, 223–434, hier: 298.

190 Martin Opitz, Gesammelte Werke, Kritische Ausgabe, hg. von George Schulz-Behrend, 4 Bde., Bd. 3: Die Übersetzung von John Barclays Argenis (1626), Tl. 1, Stuttgart 1970, 181. Zit. nach Althaus und Kaminski, Aspekte, 15.

191 Breitinger, Fortsetzung Der Critischen Dichtkunst, 286.

192 Georg Philipp Harsdörffer, Frauenzimmer Gesprächspiele, 8. Bde., Nürnberg 1643–1649, Faks.-Nachdruck, hg. von Irmgard Böttcher, Tübingen 1968–1969, Bd. 5, Nr. 26.

che keine andere / als jhre Umbstände leiden wollen.“[193] Der Vorteil der Dichtkunst besteht in der Lizenz, die Begebenheiten künstlich zu bearbeiten, um so der Wahrheit einen größeren Nachdruck zu verleihen.[194]

Seit der Emergenz einer volkssprachigen literarischen Prosa[195] war das herkömmliche Unterscheidungsmerkmal zwischen Historie, Rhetorik und Poesie, das in der Differenz zwischen gebundener und ungebundener Rede verortet wurde,[196] untauglich geworden. Mit dem endgereimten Vers hatte man erhofft, der rhetorischen Prosa von Seiten der Dichtkunst ein „nicht-rhetorisches Theorieelement“ entgegenzusetzen.[197] Harsdörffers Nürnberger Dichterkollege Sigmund von Birken, der ihn als Vorsitzenden des *Pegnesischen Blumenordens* beerben sollte,[198] hat in seiner *Teutschen Rede-, Bind- und Dicht-Kunst* diese Differenz wie Harsdörffer in den Titel gehoben:[199] „Ich nenne es die Teusche RedebindKunst / gleichwie im Latein die Poeterei Ligata Oratoria genennt wird: wie sie dan darinn [sic] von der Prosâ oder RedeKunst unterschieden ist / daß sie die Wörter in Zeilen und die Zeilen in ganze Redgebände / zusammen bindet da hingegen die andere frei daher fließet.“[200]

Wo Prosa poetologische Relevanz gewann, wurde die Differenz zwischen gebundener und ungebundener Rede brüchig, die noch in den einseitig auf Poesie fixierten Poetiken wirksam gewesen war. Diese hatten Dichtung allein auf Seiten

193 Georg Philipp Harsdörffer, Nothwendiger Vorbericht, in: Jorge de Montemayor, Diana, in zweyen Theilen Spanisch beschrieben / und aus denselben geteutschet [...], Nürnberg 1646, unpag.

194 So auch Peter Heßelmann, Der „honig der angedichteten umstände“. Zur rhetorisch-poetologischen Kontroverse um *historia*, *fabula* und *evidentia* in der Romantheorie des Barock, in: Spielregeln barocker Prosa, 91–117, hier: 105.

195 Zum ersten Aufkommen einer volkssprachigen Prosa im hohen Mittelalter vgl. Wlad Godzich und Geffrey Kittay, The Emergence of Prose. An essay in prosaics, Minneapolis 1987.

196 Vgl. Peter Hess, „Ist also der Dichter seines Wercks Meister / der Geschichtschreiber der Warheit Knecht.“ Harsdörffers implizierte Romantheorie, in: Spielregeln barocker Prosa, 167–183, hier: 171.

197 Stöckmann, Vor der Literatur, 76.

198 Der *Pegnesische Blumenorden* war eine Nürnberger Sprach- und Literaturgesellschaft, die von Harsdörffer ins Leben gerufen wurde. Ausführlich hierzu Renate Jürgensen, *Utile cum dulci.* Mit Nutzen erfreulich. Die Blütezeit des Pegnesischen Blumenordens in Nürnberg 1644 bis 1744, Wiesbaden 1994. Zum ambivalenten Verhältnis der beiden Nürnberger vgl. Rosmarie Zeller, Sigmund von Birken und Georg Philipp Harsdörffer, in: „Erfreuliche Nützlichkeit – Keim göttlicher Ehre“. Beiträge zum Harsdörffer-Birken-Colloquium des Pegnesischen Blumenordens im Oktober 2014, hg. von Werner Kügel, Passau 2015, 171–189.

199 Zur Emergenz dieser Differenz im 17. Jahrhundert vgl. Dietmar Till, *Oratio ligata/oratio soluta.* Zur Genese einer Opposition und den mit ihr entstehenden Normierungslücken in der Poetik der Frühen Neuzeit, in: Spielregeln barocker Prosa, 229–246.

200 Sigmund von Birken, Teutsche Rede-bind-und Dicht-Kunst [...], Nürnberg 1679, Vorrede, Nr. 26.

der gebundenen Rede verortet und ihre reim- und versmetrischen Bindetechniken als ein Spezialwissen verwaltet. Ein Lehrgebäude des Prosastils war unter diesen Bedingungen nicht zu errichten. Die Normenrevision im Feld der Poetik vollzog sich daher nicht auf systematische Weise. Vielmehr verfuhr die Reflexion auf die „newe Art zu schreiben“[201] kasuistisch, konnte darum aber umso stärker ihr Potenzial entfalten.[202] Die in ihr wirksame Unterscheidungsarbeit brachte neue disziplinäre und gattungstypologische Differenzen hervor. Seit der Mitte des 17. Jahrhunderts unterschieden sich eine nunmehr auch ungebunden auftretende Dichtkunst und die Rhetorik durch den Gebrauch unterschiedlicher Stillagen.[203] Der Unterschied von Dichtkunst und Geschichtsschreibung wiederum lag für Harsdörffer und seine Nachfolger in der dichterischen Lizenz, eine Erzählung nach Maßgabe der Wahrscheinlichkeit durch „Poetische[ ] Vmstände[ ]“[204] zu amplifizieren:

> [O]bwol der Poet mehrmals eine wahre Geschicht ausgedichtet und an derselben Ausgang nichts verändern sol / so kan er doch allerley Umstände / welche sich nit begeben / aber doch vermutlich sich hätten ergeben können / und theils auch begeben sollen / mit an- und einbringen / sonderlich aber der Personen nachdenkliche und merkwürdige Reden zudichten. (PT 1, 81.)

Das Wahrscheinliche und Notwendige fließt in der hier aristotelisch bestimmten Dichtkunst aus einer Umstandstopik, die präsumtive Züge angenommen hat. Während der Historiker „die Sache bloß / wie sie ergangen / der Warheit gemeß erzehlet“ (PT 1, 6), könne der Dichter in Form von „zierlichen Vmständen“ narrative Elemente in die Erzählung integrieren, „die er in den Zeitbüchern nicht begegnen / und finden wird“.[205] Der Geschichtsschreibung war als „der Warheit Knecht“[206] somit ein beschränktes Gebiet zugewiesen, das sie nicht verlassen durfte. Seitdem mit Harsdöffers *Trichter* feststand, dass „die Reimzeilen“ noch lange „kein Gedicht“ machten (PT 1, 6), wurde die Poetizität der Rede hingegen durch die Amplifikation eines Kerngesche-

---

201 John Barclay, Argenis Deutsch gemacht durch Martin Opitzen [...]: Fürstellung dieses Buchs, Breslau 1626 [...], in: Romantheorie 1620–1880. Dokumentation ihrer Geschichte in Deutschland, hg. von Eberhart Lämmert, Frankfurt a. M. 1988, 3–5, hier: 4.

202 Vgl. Thomas Althaus, Eine „artem Apophthegmaticam (wie ars Poëtica, Oratoria)“ haben – Harsdörffers kompilatorische Arbeit an einer Prosapoetik des Barock im Klärungsbereich der Breviloquenz, in: Spielregeln barocker Prosa, 281–308, hier: 283.

203 Vgl. Joachim Dyck, Philosoph, Historiker, Orator und Poet. Rhetorik als Verständnishorizont der Literaturtheorie des XVII. Jahrhunderts, in: Arcadia 4 (1969), 1–15.

204 Harsdörffer, Gesprächspiele, Bd. 5, Nr. 38.

205 Georg Philipp Harsdörffer, Vorrede. Den Inhalt / und die Dolmetschung dieses ersten Theils der Eromena betreffend, in: Giovanni Francesco Biondi, Eromena. Das ist / Liebs- und Heldengedicht [...], 1. Tl., 2. Aufl. Nürnberg 1651, unpag.

206 Harsdörffer, Vorrede Eromena, unpag.

hens sichergestellt, durch dessen kunstvolle Ausweitung mit nicht verifizierbaren Einzelheiten.

Fortan unterschied der poetologische Diskurs zwischen einer Reim- und einer Dichtkunst.[207] Während die Reimkunst die metrischen Aspekte der Poetik behandelte, beschrieb die Dichtkunst ihre materiale Seite: die *inventio, elocutio* und *dispositio.* Einen „Inhalt zu gestalten / und mit einer zimlichen Erfindung auszubilden / ist das / was ich Dichten und Dichtkunst nenne", schreibt Harsdörffer. „Sie ist aber von der Reim- und Verskunst gantz unterschieden."[208] Als Gegenstück der versifizierten Formenkunde fungierte ein rhetorisch konturierter Stoffteil, der das Auffinden von poetischen Umständen lehrte und ihre narrativen Modalitäten vorstellte. Wurde daher, in welcher Form auch immer, eine Begebenheit narrativ gestaltet, ging es stets darum, die „Sache nach allen Umbständen zu betrachten", wie Harsdörffer immer wieder betont.[209]

Der alte Fragekatalog der Circumstantien wird bei ihm zur „Kunstquelle" der neuen Prosadichtung: „Ob ein Ding seye"?, „Was es seye"?, „Woher es komme"?, „Warumb es seye"?, „Wie es seye"?, „Wie lang es daure"?, „Wann es also seye"?, „Wo es seye"? und „Zu was Ende solches vermeint oder verordnet worden"? – „nach solcher Befragung und Erkundigung" werde man „die Sache mit andern Augen durchsehen / und derselben bedenckliche Umbstände in reiffer Erwägung zu Sinne bringen", schreibt Harsdörffer.[210] Ob eine verbürgte Historie zum Fall für die Dichtkunst wurde oder ob eine Geschichte neu erfunden wurde, machte mit Blick auf die stofflichen Grundoperationen der Prosapoetik kaum einen Unterschied: „Die Ausführung / (Ampflificatio)" eines Geschehenszusammenhangs „geschihet durch die Umstände".[211] Die narrative (Er-)Findung erfolgte stets im Durchgang durch die Topik der *circumstantiae.*

Mit dieser quer zu Bindungsfragen verlaufenden Differenz zwischen Reim- und Dichtkunst war die ehemals kunstlose Prosa poetologisch legitimiert. Wie Harsdörffer schreibt, hat „die ungebundene Rede nicht weniger Zulassung / als die ge-

---

207 Vgl. Stöckmann, Vor der Literatur, 78.

208 Harsdörffer, Gesprächspiele, Bd. 5, 20.

209 Georg Philipp Harsdörffer, Delitiae Mathematicae et Physicae. Der Philosophischen und Mathematischen Erquickstunden Dritter Teil, Neudr. der Ausg. Nürnberg 1653, hg. und eingel. von Jörg Jochen Berns, Frankfurt a. M. 1990, 31–152, hier: 52.

210 Georg Philipp Harsdörffer, Artis Apophthegmaticæ Continuatio. Fortgeleitete Kunstquellen Denckwürdiger Lehrsprüche und Erfreulicher Hofreden […], Nürnberg 1656, 32–33. Vgl. auch den Umstandskatalog in den Gesprächspielen, Bd. 8, 283–284.

211 Birken, Dicht-Kunst, 187.

bundne".[212] Die Poetizität von Texten ergab sich nicht mehr allein aus ihrer reim- und versmetrischen Gebundenheit:

> Es läst sich [...] ofternante Poeterey füglich theilen in die Reim- und Dichtkunst: jene lehret die Reden auf mancherley Arten zierlich binden; diese [...] die wahre Geschichte mit erdichten Umständen ausschmucken / [...] [und] auf den Schauplatz Spielweiß vorzustellen. Werden also insgemein die Reimen mit den Gedichten / die Gedichte aber nicht allezeit mit den Reimen verknüpfet.[213]

Wer es wagte, „ohne Gedichte Verse [zu] machen", der durfte von nun an „den Namen der Poeten nicht [mehr] führen" (PT 3, 35). Nicht mehr das rein formale Kriterium der Versifizierung, sondern ein umstandorientierter Stil macht seit Harsdörffer einen Text zu einem poetischen. Dichtkunst war schließlich „eine Fertigkeit aller Sachen schikkliche Gestalt zu erfinden / beweglich vorzutragen und wolständig auszubilden".[214] Diese Fertigkeit sollte in der ungebundenen Prosa genauso zum Tragen kommen wie in der gebundenen Rede der Poesie.[215] Indem er die Umstandstopik in seinen *Poetischen Trichter* einbaute, führte Harsdörffer Dialektik, Rhetorik und Poetik miteinander eng. Er schuf damit die Basis für ein erweitertes Verständnis von Dichtkunst.

Zur Aufwertung der erzählenden Prosa kam es im Barock aus einem doppelten Grund. Erstens war die Versdichtung im Zeichen des neuen Mimesis-Postulats unter Lügenverdacht geraten. Wo die Worte heteronomen Vorgaben gehorchten, sei es wahrscheinlicher, dass die Wahrheitstreue leide. Die Prosa hingegen betrieb die Verkettung von Umständen mit einer Artistik, deren Kunstfertigkeit sich am ‚Als ob' der Wahrhaftigkeit einer mimetischen Darstellung von Einzelheiten maß. Die Wahl der Prosa diente in den im 17. Jahrhundert ubiquitären Exempel- und Historiensammlungen somit als Authentizitätsmarker. Wer einen Text in Prosa verfasste, gab ihn oftmals als *historia* aus, als Darstellung von Tatsachenwahrheiten.[216] Zweitens war die poetologische Auf- und Umwertung der Prosa durch ihren Status als privilegiertes Medium der Wissensvermittlung bedingt.[217] Durch den enzyklopädischen Zug des frühneuzeitlichen Romans war dieses Kriterium ebenso erfüllt wie

212 Georg Philipp Harsdörffer, Der Grosse SchauPlatz Jämerlicher Mordgeschichte. Dritter und Vierter Theil [...], Hamburg 1649, Vorrede, unpag.

213 Harsdörffer, Gesprächspiele, Bd. 4, 12.

214 Harsdörffer, Gesprächspiele, Bd. 5, Nr. 204.

215 Vgl. ausführlich Hess, Romantheorie, 172–175.

216 Vgl. Gert Hübner, Ältere deutsche Literatur. Eine Einführung (2006), 2., vollst. überarb. und erw. Aufl. Tübingen 2015, 100–103.

217 Vgl. Christian Meierhofer, Erzählen und Wiedererzählen. Zur Verfahrensweise des Barockromans, in: Spielregeln barocker Prosa, 23–41, hier: 34.

durch die unzähligen Kompilationen ‚wahrhafter Begebenheiten', die Wissen sammelten und vermittelten.

Beide Aspekte – die wirklichkeitstreue Verknüpfungskunst und das Wissen der barocken Sammelsurien – kamen auf vorbildliche Weise in den aktenbasierten Fallsammlungen der Juristen zusammen. Nicht umsonst empfiehlt Harsdörffer in seinem *Poetischen Trichter*, im Kapitel „Von der Nachahmung" (PT 3, 36–57), als volkssprachliches Stilvorbild für die „ungebundne[ ] Rede" neben Martin Luther und den beiden Historikern Johannes Aventinus und Friedrich Hortleder auch die Fallakten von Melchior Goldast, die politisch-juristischen Relationen von Christoph Lehmann[218] und schließlich die Rechtskasuistik der Reichsabschiede, „in welchen die Reinlichkeit unsrer Sprache (wie in *corpore Juris* die Lateinische)" am stärksten zu finden sei (PT 3, 52). Die Ungebundenheit der Prosa gab den Rechtspraktikern den erforderlichen Spielraum, um in der fallweisen Verkettung von Einzelheiten sowohl die Kontingenz als auch die Notwendigkeit realer Geschehnisse zu berücksichtigen. Das Erzählarchiv des frühneuzeitlichen Historischen konnte damit zum Stilvorbild für Poetiken werden, die den „Erfindungen / so aus den Sachen und ihre Vmständen herfliessen" (PT 2, 31–48), größte Aufmerksamkeit schenkte.

Harsdörffer beschäftigte vor allem die darstellungstechnische Frage, wie „eine wahre Begebenheit / mit vielen schicklichen ümständen ausgezieret" werden könne (PT 2, 72). Mit der Amplifikation fingierter Umstände meinte er jedoch keineswegs bloß die elokutionäre Gestaltung des Erzählten. Seine Umstandstopik umfasste auch eine argumentative und dispositionelle Seite und arbeitete somit unterhalb der *res/verba*-Differenz. Schließlich beruhte die Wahrscheinlichkeit einer Begebenheit auf der Glaubwürdigkeit ihrer Zusammenhänge. Zwar konnte man die „Vmstände / welche den Haubthandel belangen / [...] nach Belieben nicht austauschen", aber im Fall, dass ein Geschehnis „sonderlich schwer zu glauben" war, sei es notwendig, dieses künstlich zu „vermehren oder [zu] verminderen" – und damit „den Wahrheits-Schein der Wahrheit selbsten vor[zu]ziehen".[219] Ohne die evidenzielle Kraft solcher Details kann sich Wirklichkeit nicht zeigen. Umstände, so ließe sich ihr Einsatzort in Anlehnung an die antike Rhetorik bestimmen, fungieren in den Barockpoetiken als Beweismittel für ein Geschehnis. Sie verleihen der Wahrheit allererst Wahrscheinlichkeit und ermöglichen so die Transformation des Unglaublichen zum Glaublichen.

218 Zu der in Lehmanns Sammlungen zum Tragen kommende Verschmelzung von Rechtsakten und literarischer Kleinprosa vgl. den wichtigen Aufsatz von Thomas Althaus, Das Reichskammergericht zu Speyer und der Sprichwörter-Thesaurus des Christoph Lehmann, in: Konstruktion der Gegenwart und Zukunft. Shaping the Present and the Future, hg. von Rudolf Suntrup und Jan R. Veenstra, Frankfurt a. M. 2008, 51–76.

219 Harsdörffer, Gesprächspiele, Bd. 5, 28.

Wenn Harsdörffers Argumentationskalkül eine Poetik des umstandsorientierten Erzählens mit einer Steigerung der Glaubwürdigkeit in Eins setzt, dann steht es in der Linie der juristisch-topischen Wahrscheinlichkeit, die Cicero eröffnet hatte. Glaubhaft, so gibt es diese Linie vor, wird selbst eine wahre Geschichte erst durch die kunstvolle, erzählerische Verknüpfung ihres internen Zusammenhangs und ihrer Kontexte: Durch die geordnete Erzählung ihrer Ursachen, Begleitumstände und Folgen. Die Lizenz zum umständlichen Erzählen, im Doppelsinn, wurde daher auch in der Frühen Neuzeit nur unter einer Prämisse erteilt: Dieses Erzählen verpflichtete sich auf Wahrscheinlichkeit, selbst wenn sein Gegenstand wahre Begebenheiten war.

Die geforderte Wahrscheinlichkeit wurde durch das Kriterium der Konkordanz von Einzelheiten mit der historischen Überlieferung bestimmt. „Besagter Nebeninhalt", schreibt Harsdörffer im *Poetischen Trichter*, „muß mit der Haubtsache Kunstrichtig verbunden / und nicht bey den Haaren herbeygezogen seyn / wie auch alle Vmstände der Wahrheit ähnlich [sein müssen]" (PT 2, 75). Da unbezeugte Geschehnisse nur im Modus der Vermutung gedichtet werden konnten, war, mit einer Formulierung Leibniz', „die Analogie die große Regel der Wahrscheinlichkeit". Weil die Existenz solcher Ereignisse allein durch Beglaubigung begründet werden konnte, konnten sie, so Leibniz, „nur insoweit wahrscheinlich erscheinen, als sie mehr oder weniger mit den festgestellten Wahrheiten übereinstimmen."[220]

Dieser Wahrscheinlichkeitslogik gehorchte die barocke Erzählkunst. Lege man, so Harsdörffer, einer historischen Person Worte in den Mund, müsse man im Sinne des rhetorischen *aptums* stets darauf achten, dass solche Aussagen „ihren Gedanken / Worten und Sitten gemäß und anständig kommen".[221] Der Poet dürfe nur „Umstände / die sich war scheinlich [sic] begeben können", erfinden, wie es beim Nürnberger Dichter Sigmund von Birken im Anschluss an Harsdörffer heißt.[222]

Die Bedingung für die Narrativierung von Einzelheiten ist somit erstens die Möglichkeit ihres Vorkommens. Zweitens müssen die poetischen Erweiterungen einem Abgleich mit den feststellbaren Wahrheiten standhalten. Im Zeichen von Wahrscheinlichkeit und unter dem Stern einer poetisch neu legitimierten Prosa nähern sich Dichtkunst und Geschichtsschreibung damit bis hin zur Ununterscheidbarkeit an. „Will der Tichter", schreibt etwa Georg Neumark unter Verweis auf Aristoteles und Harsdörffers *Poetischen Trichter*, „von weltlichen Sachen etwas machen / so erzehlet er dieselbe umständlich / wie ein Geschichtsschreiber / der

---

220 Gottfried Wilhelm Leibniz, Neue Abhandlungen über den menschlichen Verstand, in: Philosophische Schriften, Bd. 3 (1959), hg. und übers. von Wolfgang Engelhardt und Hans Heinz Holz, 2 Bde., 2. Aufl. Darmstadt 1985, Bd. 2, 529–531. Kurs. entf.

221 Harsdörffer, Gesprächspiele, Bd. 5, Nr. 45.

222 Birken, Dicht-Kunst, 306.

hierinn mit dem Poeten ganz übereinkommet.“[223] Als einziges Unterscheidungskriterium bleiben „[s]innreich-erfundene Fabeln“[224] – fingierte Zusätze wie kurze Reime, die durch ihre „Kunstzierlichkeit“ als poetisch ausgewiesen sind.

Für die Konzeption des Umstandsbegriffs blieb diese Konstellation nicht ohne Folgen. Nicht nur verschob der poetologische Diskurs der Frühen Neuzeit die aristotelische Unterscheidung zwischen Historie und Dichtkunst durch ein poetologisches Prinzip, das aus dem „honig der angedichteten Umstände“[225] ein wesentliches Differenzkriterium machte. Die Diskussionen des Barock führten zudem in den Umstandsbegriff selbst eine operationale Differenz ein: Fortan unterschied die Poetologie zwischen den Haupt- und den Nebenmerkmalen eines Falls. So hält Sigmund von Birken fest, dass die „Gedichtgeschichten“ – Prosaformen, die sich bis zum Roman erheben können – „zwar die warhafte Historie mit ihren hauptumständen“ erzählten, „aber mehr neben-umstände hinzu[dichten]“ als die „Geschichtschriften“.[226] Das historische Kerngeschehen wird bei den „Gedichtgeschichten“ von fiktiven Nebenumständen gerahmt, die glaubwürdig sind. Poesie, hält ein Lexikon einige Jahre später fest, sei „eine Art der Wohlredenheit, da wir durch Hülffe des Ingenii unsere Haupt-Gedancken in allerhand sinnreichen und artigen Neben-Gedancken, oder Bilder und Vorstellungen einkleiden, es geschehe dieses in ungebundener, oder gebundener Rede.“ Solche Nebenumstände sollten „wenigstens den Schein einer Wahrscheinlichkeit haben, und der Haupt-Sache, welche darunter vorgestellet wird, in allen Stücken gemäß“ sein.[227]

Die Differenz zwischen Haupt- und Nebenmerkmalen hatte in solchen gattungspoetologischen Überlegungen einen festen Platz. Für die Poetik von Falldarstellungen zeitigte sie ebenfalls Konsequenzen. Kann man, mit einer Metapher aus der antiken Rhetorik, die Hauptumstände eines Falls als das „Sehnengeflecht“ bezeichnen, „worin der eigentliche Fall besteht“, so sind es die Nebenumstände, die diesem Fall „den Anschein einer vollen körperlichen Hülle“ geben (IO V, 8, 2). Die Verwendung der Unterscheidung jedoch changierte von Feld zu Feld. „In historischen Sachen“, heißt es etwa in Walchs *Philosophischem Lexicon*, „machen die Umstände, die sich bey einer Geschicht zutragen, die Erklärung aus, welches entweder Haupt- oder Neben-Umstände sind, z. e. man stellte von der Geburth Christi

223 Georg Neumark, Poetische Tafeln / Oder Gründliche Anweisung zur Teutschen Verskunst […], Jena 1667, 33. Ebenfalls zitiert bei Stöckmann, Vor der Literatur, 175.

224 Neumark, Poetische Tafeln, 33.

225 Sigmund von Birken, Vor-Ansprache zum Edlen Leser, in: Anton Ulrich, Herzog v. Braunschweig, Die Durchleuchtige Syrerinn Aramena, Tl. 1, Nürnberg 1678, unpag.

226 Birken, Vor-Ansprache, unpag. Zur Differenzierung der verschiedenen narrativen Genera, die Birken vornimmt, vgl. Stockhorst, Reformpoetik, 364–367.

227 Walch, Philosophisches Lexicon, Art. Poesie, Sp. 2019–2024, hier: 2019.

Fragen an, so gehörte zu den Haupt-Umständen: wer gebohren; von wem er gebohren; ein Neben-Umstand hingegen wäre es: was damals vor eine Zeit gewesen?“[228] Ein Kommentar der aristotelischen *Poetik* aus der Mitte des 18. Jahrhunderts bezieht die Differenz wiederum auf Rezeptionsgewohnheiten: Während der Dichter bei unbekannten Fabeln „Umstände weglassen, oder zusetzen“ könne, dürfe in „bekannten Falben […] der Poet die Hauptumstände nicht ändern. Cäsar muß vom Brutus, und Cato von seinen eigenen Händen sterben: weil dieses Umstände sind, die einem jeden Zuschauer bekannt seyn müssen.“[229]

Das Verhältnis von Haupt- und Nebenmerkmalen ist demnach relational gefasst. Ohne allzu tief in die Details dieser Unterscheidung einzusteigen, möchte ich den technischen Aspekt dieser neuzeitlichen Klassifizierungsbestrebungen zumindest kurz andeuten. Hauptumstände, kategorisiert etwa der barocke Dichter und Schulrektor Christian Weise, umfassten zwei Umstandstypen unterschiedlichen Grades. Die *circumstantiae specificantes* qualifizieren bzw. spezifizieren eine einfache Handlung (zum Beispiel: Singen während der Predigt ist ein Laster: Umstandstopos *quando*). Durch sie wird „eine Action zur Tugend oder zum Laster gemacht“.[230] Die *circumstantiae minuentes* hingegen stellen sozusagen ‚Umstandsumstände‘ dar: Mit ihrer Hilfe werden die genauen Einzelheiten der Spezifikanten befragt (das während der Predigt gesungene Lied ist ein unzüchtiges und die Person schneidet beim Singen auch noch Grimassen: Umstandstopoi *quid* und *quomodo*).[231] Erst die Minuenten, Details zweiter Ordnung, die auch Fragen nach Motivlagen traktieren, erlauben also, graduelle Bewertungsmaßstäbe einzuführen (weil man auch noch Grimassen schneidet und das Lied zudem unzüchtig ist, ist die Handlung des In-der-Kirche-Singens noch schlimmer einzustufen). Nicht nur werden durch diese Umstände zweiter Ordnung Regeln modifiziert und Strafmaße festgelegt, sondern sie können eine Tat bei einer bestimmten Bewandtnis sogar ganz entschuldigen (etwa den Diebstahl aus Hungersnot).

Zu all dem taugen Nebenumstände in Weises Klassifikation nicht. Auch sie sind Details zweiter Ordnung, aber sie machen, wie er schreibt, „die Sache weder besser noch schlimmer“.[232] „Begeht auch einer aus Boßheit einen Todschlag“, exemplifiziert er den Gebrauch eines Topos, den er *circumstantiae concomitantes* tauft, „so

228 Walch, Philosophisches Lexicon, Art. Frage, Sp. 985–990, hier: 987.

229 Michael Conrad Curtius, Aristoteles Dichtkunst […], Hannover 1753, 205–206.

230 Weise, Curieuse Fragen, 1. Tl, 273. Vgl. auch Art. Specificantes Circumstantiae, in: Zedler, Universal-Lexicon, Bd. 38, Sp. 1343: „Specificantes Circumstantiae, sind, welche eine Sache gantz anders machen, als sie an sich selbst ist, z.E. In die Kirche gehen, ist etwas gutes, allein es thun, nur nach dem Frauenzimmer zu sehen, machet die Sache wieder böse, u. s. f.“

231 Weise, Curieuse Fragen, 1. Tl., 273–274.

232 Weise, Curieuse Fragen, 1. Tl., 274.

hilfft es wenig zur Sache / wenn die Zeugen abgehöret werden / ob er gleich eine rothe oder blaue Kappe angehabt / auch ob er den Degen in der rechten oder lincken Hand geführet hätte."[233] Das Beispiel legt nahe, dass Nebenumstände, im Gegensatz zu den Hauptumständen einer Handlung (Bosheit als Grund für den Totschlag: Umstandstopos *cur*), Fragen ganz anderer Art berühren. Sie bilden eine Umstandsklasse, die zwar hinsichtlich der Tatbewertung nichts zur Sache tut, als Detail aber eine eminent ästhetische Bedeutung hat und die Glaubwürdigkeit des Erzählten steigert (die *blaue* Kappe, der Degen in der *linken* Hand).

Folgt man Weises Ausführungen, dann sind Haupt- und Nebenumstände die grundlegenden Elemente narrativer Verfahren. Sie treten zu einem Kerngeschehen (Singen) hinzu, welches nun mit anderen Umständen und weiteren Handlungszusammenhängen verkettet und so gleichsam amplifiziert wird (ein Junge singt ein unzüchtiges Lied während der Predigt und schneidet dabei Grimassen usw.).[234] Unter Rückgriff auf die Circumstantienlehre macht Weise deutlich, dass jede Erzählung als die „Erweiterung eines Verbs im grammatischen Sinne" verstanden werden kann – eine Annahme, die für die strukturalistische Literaturwissenschaft grundlegend werden sollte.[235] Die Amplifikation eines Verbs zu einer Handlung, die bereits eine „Minimalerzählung"[236] ist, dient für Weise dabei immer schon der rechtlich-moralischen Qualifikation eben jener Handlung.

Als Einheit der Differenz von Haupt- und Nebenumständen haben *circumstantiae* demnach die Aufgabe, den Amplifikationsapparat argumentativ und sprachlich zu versorgen. Es geht darum, „die circumstantien" so „mit einander [zu] compariren", dass auf diese Weise „nicht nur die invention und disposition, sondern auch die gantze elaboration glücklich von statten gehen [wird]".[237] In den Blick genommen werden soll nach Weise zum Beispiel, „was darbey geredet worden / was vor difficultäten darbey entstanden / was vor Personen darbey interessirt gewesen / u. d. g."[238] Vorfälle werden auf diese Weise in Fallökologien versetzt, die mithilfe der *circumstantiae* in alle ihre Komponenten aufgefächert werden.

---

233 Weise, Curieuse Fragen, 1. Tl., 274–275.

234 Vgl. auch die poetischen Übungen bei Daniel Peucer, Anfangs-Gründe der teutschen Oratorie, in kurzen Regeln und deutlichen Exempeln vor Anfänger entworffen (1736), 2., verm. Aufl. Naumburg 1739, insb. 72–75.

235 Gérard Genette, Die Erzählung (1998), 3., durchg. und kor. Aufl. Paderborn 2010, 14.

236 Genette, Die Erzählung, 183–184.

237 Christian Weise, Curiöse Gedancken Von Deutschen Versen / Welcher gestalt Ein Studierender in dem galantesten Theile der Beredsamkeit was anständiges und practicables finden sol [...], Leipzig 1692, Bd. 2, 65.

238 Weise, Von Deutschen Versen, Bd. 2, 65.

Im poetologischen und rhetorischen Diskurs tauchen Nebenumstände dabei immer wieder als das Unbezeugte und historisch Ungesicherte auf, das den Status des Fiktiven für sich reklamieren kann. Gerade den fiktiven Einzelheiten (rhet. *colores*[239]) kam schließlich eine evidenzielle Funktion im Sinne des Vor-Augen-Stellens zu. Denn sichtbar und zugleich glaubwürdig wurde ein Fall erst durch ein Ensemble unbezeugter, aber wahrscheinlicher Details. Glaubwürdiger als auf diese Weise, darin waren sich jedenfalls beinahe alle frühneuzeitlichen Poetiken einig, könne ein poetischer Sachverhalt nicht dargestellt werden: „Es kan", schreibt etwa Albrecht Christian Rotth,

> nichts so glaubiich [sic] ersonnen werden / als wenn man eine warhafftige / nicht unbekandte / doch auch nicht gar zu weitläufftig beschriebene / Geschichte zur Materie nimmt / hernach die Umstände / die ausdrücklich nicht gesetzt sind / und andere Sachen dabey / nach Belieben selbst erdichten. Denn in solchen Fall glaubet der Zuhörer oder Leser des Gedichts / es seyn die erdachten Umstände eben so wahr / als die wahrhafftige Historie.[240]

Nicht umsonst werden die Kritiker der neuen, von Seiten der Prosa her gedachten Dichtkunst nicht müde, vor ihren Verfahren zu warnen. „Man macht sich im Kopff vil imaginierte Umständ / und Gemähld / wie alles ist hergegangen" – die Poeten „betriegen uns"![241] Die pietistischen Romanverbote etwa rechtfertigen ihr Anliegen gerade mit Verweis auf die Addition wahrscheinlicher Nebenumstände und die damit einhergehende Gefahr einer Ununterscheidbarkeit von Wahrheit und Fiktion: „Spricht man, es liege doch vielmals auch eine wahre Geschichte dabey zum Grunde: so machen doch [...] die erdichteten Zusätze immer das allermeiste aus; und ist es dabey um so viel unmöglicher, das wahre vom falschen zu unterscheiden, ie wahrscheinlicher die Lügen".[242] Und der berüchtigtste Romankritiker der Frühen Neuzeit, Gotthard Heidegger, schreibt: „Es seyn einige Romans, die den Zettel auß wahrhafften Historien entlehnen / [...] aber indem sie ihn mit erlognen Umständen durchweben / oder auch wahrhaffte Historien under alten Nammen / mit falschen Circumstanzen beymengen / [...] werden sie viel schlimmer / als die vorigen

239 Zur Geschichte der umstandsbasierten *colores rhetorici* vgl. Udo Kühne, Colores rhetorici, in: Historisches Wörterbuch der Rhetorik, Bd. 2, Sp. 282–290; hilfreich ist auch der konzise Aufsatz von Thomas Zinsmaier, Zwischen Erzählung und Argumentation: *colores* in den pseudoquintilianischen *Declamationes maiores*, in: Rhetorica. A Journal of the History of Rhetoric 27.3 (2009), 256–273.

240 Albrecht Christian Rotth, Vollständige Deutsche Poesie / in drey Theilen [...], Leipzig 1688, Tl. 2, 12. Zitate aus der *Deutschen Poesie* werden im Folgenden im Haupttext unter Angabe des Teils mit der Sigle „DP" angegeben.

241 Gotthard Heidegger, Mythoscopia Romantica: oder Discours Von den so benanten Romans [...], Zürich 1698, 73.

242 Hieronymus Freyer, Teutsches Programma vom Romanenlesen [...], Halle 1730, 6.

[komplett fiktionalen Texte, JSch] / denn sie machen die wahrhaffte Geschichten zu Lügen".[243] Kurz, Romandichter gestalteten „aller Umständen Umstände" so, als ob diese „wahrhaffte Sachen" wären, dabei seien sie bloße Fabeln.[244]

Wie die Kritiker besorgt registrierten, fielen Realität und Fiktion darstellungstechnisch nicht mehr ohne Weiteres auseinander. Schuld an dieser unstatthaften Vermengung war neben Harsdörffer und Birken auch Albrecht Christian Rotth. Dessen 1688 in drei Teilen erschienene *Vollständige Deutsche Poesie* gilt als diejenige Poetik des deutschsprachigen Raums, die Aristoteles (und Scaliger) am gewissenhaftesten rezipiert hat und dabei die größte Systematik aufweist.[245] Von Harsdörffer und Birken übernimmt der hallesche Gymnasiallehrer die Aufteilung in eine Reim- und eine Dichtkunst. Schärfer noch als seine Nürnberger Vorgänger bestimmt er letztere über einen poetisierten Umstandsbegriff:

> So ist dannenhero ein Poetisches Aussinnen nichts anders / als ein künstliches Nachdencken eines Poeten / vermittels welchem er entweder die Haupt-Materie seines Gedichts mit allen dero Umständen / oder doch zum wenigsten / wenn die Haupt-Materie nicht erdichtet ist / einige Umstände bey der Haupt-Materie also aussinnet / daß sie so wohl glaublich als ergetzlich und lehrreich ist / damit der Leser oder Zuhörer dadurch könne erlustigt und erbauet werden. (DP 2, 7.)

Darum könnten, wie er schreibt, auch „diejenigen Poeten genennet werden / welche zwar keine verse machen / dennoch aber nicht ungeschickt sind in ungebundenen Reden solche Poetischen Erfindungen vorzustellen" (DP 2, 8). Diejenigen hingegen, „die bloß im Verß-machen sich geübet haben / itzt berührte Ersinnung aber nicht können anstellen", würden zwar ebenfalls als Poeten bezeichnet, allerdings „nur von dem gemeinen Pöbel" (DP 2, 8). Gerade weil durch die Circumstantienlehre ein Bindungskriterium gegeben sei, könne Dichtung auch „in ungebundener und freylauffender Rede" Gestalt annehmen (DP 2, 8).

Wie die Forschung bemerkt hat, liefert Rotth nichts weniger als „[d]ie erste systematische poetologische Darstellung und Rechtfertigung von erzählender Prosa".[246] Bemerkenswert sind vor allem die Voraussetzungen dieser umfassenden Legitimation. Den für seine Systematik grundlegenden dritten Teil beginnt Rotth mit einer erzähltheoretischen Exposition, die den Einsatzpunkt narrativer Formen bestimmt. Zwei Formen der Rede gebe es. Eine, deren Gegenstand ein „simples",

243 Heidegger, Mythoscopia Romantica, 73–74.

244 Heidegger, Mythoscopia Romantica, 103.

245 Vgl. Rosmarie Zeller, Der Diskurs über die Poetik des Aristoteles in deutschen und lateinischen Poetiken des 17. Jahrhunderts, in: Études Germaniques 57 (2002), 5–33, hier: 28.

246 Uwe Spörl, Aristotelische Argumentationen zur fiktionalen Erzählprosa in deutschsprachigen Barockpoetiken, in: Spielregeln barocker Prosa, 69–89, hier: 88.

und eine, deren Gegenstand ein „kompositorisches Thema" sei. Letzteres lasse sich in die Form einer logischen Proposition bringen und somit als eine Frage formulieren, die mit Ja oder Nein beantwortet werden kann. Eine solche Entscheidungsfrage kann durch *rationes* und dialektische Topoi satzförmig erwiesen werden (DP 3, 3–4). Ein *thema simplex* hingegen sei, negativ formuliert, ein Redegegenstand, auf den keine binär strukturierte Antwort folgen könne:

> Wenn aber der Inhalt der Rede nicht in eine solche Frage kan gezogen werden / sondern ich frage nur durch die Umstände: qvis, qvid, ubi qvibus auxiliis, cur qvomodo, qvando; Wer / was / wo / durch wessen Beystand / warum / wie / wenn? so ist / wenn ein iedweder Umstand vor sich betrachtet wird / nichts anders vorhanden als eine einzelne Beschreibung dieses oder jenes Dinges / werden sie aber zusammen angesehen / so laufft es auff eine Erzehlung hinaus. (DP 3, 4.)

Wo *circumstantiae* ins Spiel kommen, ändert sich die Frageform.[247] „Wenn ich", erläutert Rotth, „die Umstände unter ihrer eigendlichen Frage vorbringe / und frage: Wer hats gethan? so kan ich weder mit ja noch mit nein antworten / sondern muß den / der es gethan hat / nennen und nach seiner Beschaffenheit beschreiben" (DP 3, 5–6). Eine Umstandsfrage kann nicht im Medium eines propositionalen Satzes beantwortet werden, sondern nur durch eine Beschreibung oder Erzählung, denn hier wird „nicht so wohl nach den Sachen selbst / als nach der Sache Beschaffenheit gefraget" (DP 2, 22). Die von Rotth eingeführte narratologische Basisdifferenz (Beschreiben/Erzählen) wiederum ergibt sich aus dem spezifischen Blickwinkel auf Einzelheiten: Steht ein einzelner Umstand zu Disposition, wird dieser beschrieben, fließen mehrere Einzelheiten zusammen, werden diese erzählt.

Die aus ‚simplen' Themen entstehende Dichtung bestimmt Rotth dabei aristotelisch: Sie sei „nichts anders als eine Nachahmung Menschlicher Verrichtung / soferne dieselben ins gemein betrachtet werden / in einer angenehmen Rede vorgestellet / damit böse Affecten oder Gemüths-Regungen durch diselben möchten gereiniget werden" (DP 3, An den Leser, unpag.). Wie die italienischen Kommentatoren des Cinquecento wird das Allgemeine der Nachahmung in den Umständen des nachgeahmten Geschehens verortet. „Denn ob gleich ein Poet", kommentiert Rotth,

247 Prominent wird diese Differenz der Frageformen dann auch bei Leibniz eingeführt. Die Umstandsfrage des *thema simplex* leitet sein ganzes Unternehmen einer Einzelfallwissenschaft. Vgl. ders., Neue Abhandlungen, Bd. 2, 227: „Man kann sogar sagen, daß es Thesen gibt, die in der Mitte zwischen einer Idee und einem Aussagesatz stehen: es sind dies die Fragen, deren es solche gibt, die nur die Antwort Ja oder Nein erfordern; diese stehen den Aussagesätzen am nächsten. Es gibt aber auch solche, die eine Erklärung der näheren Umstände erfordern, bei denen es mehr hinzuzufügen gibt, um daraus einen Aussagesatz zu machen." Vgl. auch Deleuze, Differenz und Wiederholung, 204, 210.

„nur eine Verrichtung zu seinem Gedichte nimmt / so betrachtet er doch dieselbe nicht wie sie geschehen ist / und also nicht in singulari, sondern er beschreibet sie / wie sie hat geschehen können / und also betrachtet er sie in universali, oder ins gemein. Denn was allen dergleichen Verrichtungen je hätte zukommen können / stellet er in Beschreibung einer einzigen Verrichtung vor" (DP 3, An den Leser, unpag.). Auch hier soll das Gesetzmäßige von Einzelfällen mithilfe verallgemeinerter Merkmale sichtbar gemacht werden. Die Ursachen und Möglichkeiten ihres Vorkommens stellt der Poet in Umständen vor, die anzeigen, „was bey einer Sache müglicher Masse hat können vorgehen" (DP 2, 17). Ein möglicher Fall wird demnach dann wahrscheinlich, wenn er in Umgebungen und mit Bezügen vorgestellt wird, die für gewöhnlich bestimmte Wirkungen zeitigen. Wie schon bei Riccoboni wird an dieser Stelle ersichtlich, dass Dichter über ein Wissen verfügen, das den Einzelfall mit dem Netz seiner Ursachen und Bedingungen verwebt. Sie verwalten damit ein Wissen, das kontingente Geschehnisse mit Strukturgesetzen in Einklang bringt und darum zur Blaupause für die historisch-empirische Einzelfallwissenschaft werden konnte. Aristotelisch gesprochen nähert sich die Dichtung auf diese Weise dem Wissen der Philosophie.

Einzelheiten auf diese Weise einzusetzen, erforderte eine spezifische Darstellungskunst. In der poetischen *inventio* dreht sich entsprechend auch bei Rotth alles um die *circumstantiae.* „So ist demnach zu wissen / daß insonderheit die Umstände einer Sachen / und hernach die zufälligen Dinge der Umstände die allerbesten Erfindungen geben", schreibt er (DP 3, 12). Vier Stadien der dichterischen Produktion werden dabei unterschieden:

> WEr ein Poetisches concept formiren / und also Poetische Erfindungen recht anstellen will / der hat ins gemein folgende Stücken in acht zu nehmen. Er muß sich 1) eine Materie / das ist / eine Geschicht oder Historie zu bevorstehenden Gedichte erwehlen / oder / wo er keine hat / selber ausdencken. 2) Die erwehlte Materie mit allerhand anmuthigen Umbständen ausrüsten. 3) Die ausgerüsteten Umbstände wohl auszieren und einkleiden. Und 4) die gantze Geschichte / nach Erheischung des gantzen Wercks / zur Vergnügung wohl anordnen. (DP 2, 19–20.)

Während der vierte Punkt, die *dispositio*, dem Gutdünken des Poeten überlassen bleibt – der einzige Maßstab ist, dass die Leser:in „ein Verlangen hat nach dem Ausgange / und ohne Eckel weiter lieset oder zuhöret" (DP 2, 24) –, widmet sich Rotth in Form der *inventio* und der *elocutio* ausführlich dem zweiten und dritten Punkt. Schließlich verlangte die frühneuzeitliche Prosa neue Darstellungsregeln, die sich Rotth bemüht, zu erläutern. Der zweite Teil seiner *Poesie* widmet sich der *inventio.* Hier gibt Rotth Anweisungen, „wie die vorgenommene Umstände manierlich könten eingekleidet und vorgestellet werden" (DP 2, 25). Ein Umstand, so Rotth, „muß seyn glaublich / muß seyn ergetzlich / muß seyn lehr-reich" (DP 2, 10). Die Einkleidung von Einzelheiten hat also eine mehrfache poetische Funktion. Ein glaubwürdiger

Umstand erzeugt einen glaubwürdigen Fall. Ein schöner Umstand unterhält und ergötzt. Und ein lehrreicher Umstand unterrichtet: Er umstellt den vorgestellten Fall mit moralischen Bezügen.

Diese Zielvorgaben hatten Auswirkungen auf die Konzeption des Dichters. Ein „sinnreicher Poet", schreibt Rotth im Blick auf das Aussinnen von Details, ist „so zu reden ein Schöpfer / der aus nichts etwas machen kann / das ist / ob gleich etwas nicht da ist oder da gewesen ist / so ersinnet doch ein Poet dasselbe / als wenn es da gewesen wäre" (DP 2, 7). Der Poet als zweiter Schöpfer war seit der Renaissance ein Topos der Kunst.[248] In einer umständlich gewordenen Welt erhielt dieser Schöpfer nun eine gewichtige Aufgabe: Bedingungen zu erfinden und formen, in denen sich Fälle ereignen können. Über die Struktur dieser umständlichen Welt, über das, was diese Welt zu einer Welt machte, war damit jedoch noch nichts gesagt. Umstände auszusinnen, hieß vorerst noch, Einzelheiten in Analogie zu den bekannten Mechanismen der Natur und der Moral zu setzen. Inwiefern diese poetologischen Überlegungen das Herstellen konkreter Falldichtungen geleitet haben, wird das nächste Kapitel anhand einer kasuistischen Prosaform erkunden, die in den Regelpoetiken des Barock keinen Platz hatte: dem Fallbeispiel.

248 Vgl. Paul Oskar Kristeller, Renaissance Thought and the Arts. Collected Essays, erw. Aufl. mit einem neuen Nachw., Princeton 1990, 174–178.

II Paradigmatische Fälle: Harsdörffers *Schau-Plätze*

In einer Geschichte des *Grossen Schau-Platzes jämmerlicher Mordgeschichte*, einer Prosasammlung von zweihundert „merkwürdigen Erzehlungen",[1] macht Harsdörffer die Liebe zu den Umständen zum Gegenstand der Erzählung selbst. Ein deutscher Fürst ist mit einer älteren Frau verheiratet, begehrt jedoch ihre Dienerin. Da sie „jünger und schöner" ist, verliebt er sich „in solchen ümstand / wie jener redet / weil die Mägde umb ihre Frauen zustehen pflegen" (JMG 69). Das Umstehende wird zum Ausgangspunkt der Handlung: Der Fürst verstößt seine Frau, schürzt, um sein Ansehen zu bewahren, ihren Tod vor und zeugt mit der Dienerin zwei Kinder. Der verstoßenen Frau werden diese Handlungen, zu denen auch ein falsches Begräbnis für sie gehört, „mit allen ümständen" berichtet (JMG 69). Vor Eifersucht und Wut rasend, wartet sie, bis der Fürst verreist, um sich an ihm und der Dienerin nach allen Regeln der Kunst zu rächen: „Der grosse Eifer lehrte diese Fürstin eine neue Art deß Todes ersinnen / erstlich lässet sie die zwey unschuldige Kinder für der Mutter Augen erdrosseln : hernach lässt sie ihre Hände und Füsse binden in einen Sarg / und neben sie ihre Kinder legen / und also lebendig samt den Todten begraben" (JMG 70). Der Fürst ist über diese Tat dermaßen entsetzt, dass er seiner Ex-Frau einen ebenbürtigen Tod verspricht, woraufhin diese flieht und zeit ihres Lebens aus Angst den Hof nicht mehr betritt.

In dieser Erzählung mit dem Titel „Die eiferige Fürstin" verweist Harsdörffer auf eine analoge Geschichte, die er im Konterpart der *Mordgeschichte*, dem *Grossen Schau-Platz Lust- und lehrreicher Geschichte*, ausführt.[2] Während die Erzählung als *Mord*geschichte einen blutigen Ausgang nimmt, besinnt sich in ihrer ‚lust- und lehrreichen' Variante der Fürst, seine verstoßene Frau vergibt ihm und die Magd tritt voller Reue ins Kloster ein. Auch hier ist die Dienerin ein „ümstand", der die Geschichte in Gang bringt. Sie ist aber auch eine Metapher für den richtigen Gebrauch von Einzelheiten: „Die Weiber / so schönere Mägde dingen als sie sind / geben Ursach / daß ihre Männer die ehliche Schuldigkeit veruntreuen / und ist die

---

1 Georg Philipp Harsdörffer, Der Grosse Schau-Platz jämmerlicher Mordgeschichte. Bestehend in CC. traurigen Begebenheiten, Faks.-Nachdr. der 3. Aufl. Hamburg 1656, Hildesheim und New York 1975, Titelblatt. Zitate aus dieser Ausgabe der *Jämmerlichen Mordgeschichte* werden im Folgenden im Haupttext mit der Sigle „JMG" angegeben.

2 Georg Philipp Harsdörffer, Der Grosse Schau-Platz Lust- und Lehrreicher Geschichte, Faks.-Nachdr. der 5. Aufl. Hamburg 1664, Hildesheim und New York 1978, 2. Tl., 329 – 323. Zitate aus dieser Ausgabe der *Lust- und Lehrreichen Geschichte* werden im Folgenden im Haupttext mit der Sigle „LLG" unter Angabe des Teils angegeben.

https://doi.org/10.1515/9783111358680-003

Rede nicht zu loben / in welcher die Umstände (ich sage die herumstehende Mägde) schöner sind / als der Innhalt", schreibt die Erzählinstanz (LLG 2, 330).

Der Umstand als ein „um der Hauptsache her stehendes Ding"[3] – was hier die Form einer ästhetischen Metapher annimmt, steht im Zentrum von Harsdörffers Prosasammlungen: das Verhältnis von Umständen zum Verlauf eines Geschehens, zu dem, was die moderne Erzähltheorie den *plot* einer Geschichte nennen wird. „Die Rede", fasst Harsdörffer dieses Programm im *Poetischen Trichter* zusammen, „sol in ihrer natürlichen Ordnung zierlich daher flüssen: Der Eingang nach den Ort und der Zeit gerichtet die Erzehlung und Beschaffenheit der Sache / *mit dienlichen Umbständen* / die Ursachen solches zubehaubten: Was aus denselben erfolge: Dann der Schluß mit Wiederholung des nohtwendigsten etc." (PT 3, 33, Herv. JSch). Das Erzählen von Einzelheiten müsse, wie die Mägde der Fürstin, stets der Handlung dienen. Die Befolgung dieses Apells ist in den *Schau-Plätzen* allerdings verkompliziert, da die dort versammelten Geschichten aus anderen Sammlungen übernommen wurden. „Die eiferige Fürstin" etwa stammt aus dem *Amphithéâtre Sanglant* (1630), einer Erzählsammlung des französischen Bischofs Jean-Pierre Camus.[4] Ihre Einzelheiten in ein ‚dienliches' Verhältnis zum eigentlichen *plot* zu bringen, war Harsdörffers schwierige Aufgabe bei der Adaption von Camus' Erzählungen.

Seine *Mordgeschichte* versammelt eine Reihe von „traurigen Begebenheiten" (JMG Titelblatt). Geschichten von Sünder:innen aller Art tummeln sich hier dicht gedrängt. Wie bei der „Eifrigen Fürstin" handeln auch Harsdörffers andere Erzählungen vorwiegend von fehlgeleitetem Begehren, von Eifersucht und den Folgen des Ehebruchs. „Was der Ehebruch für einen erschröcklichen Ausbruch zu nehmen pfleget / ist durch viel hundert Geschichte bekannt", wird er in einer Erzählung am Ende der Sammlung schreiben – und es ließe sich ergänzen: durch viele hundert *seiner* Geschichten (JMG 706). Die beeindruckende Menge von Fällen präsentiert Harsdörffer stolz in Gestalt von nummerierten Titeln. Dabei stammen die wenigsten seiner Geschichten aus seiner Feder: Barocke Sammlungen basierten beinahe immer auf vorausgegangenen Kompilationen, aus denen die frühneuzeitlichen Verwalter des Wissens das für sie Relevante selegierten.[5] „Wir sollen", schreibt Harsdörffer an anderer Stelle, „was wir in unterschiednen Büchern gelesen / [...]

---

3 Art. Der Umstand, in: Adelung, Grammatisch-kritisches Wörterbuch. URL: https://lexika.digitale-sammlungen.de/adelung/lemma/bsb00009134_4_0_517 (31.01.2025).

4 Vgl. Jean-Pierre Camus, L'Amphitheatre Sanglant ov sont representees plvsiervs Actions Tragiques de nostre temps, Paris 1630, „La Princesse ialouse", 297–310.

5 Zu Harsdörffers Kompilationstechnik vgl. Jörg Jochen Berns, Kompilation und Kombinatorik. Zusammenhänge und Grenzen von Harsdörffers naturwissenschaftlichen und ästhetischen Interessen, in: Harsdörffer-Studien. Mit einer Bibliografie der Forschungsliteratur von 1847 bis 2005, hg. von Hermann Korte und Hans-Joachim Jakob, Frankfurt a. M. 2006, 55–83.

mit verständigem Fleiß zusammen mischen / daß ob man gleich wissen kan / woher es genommen / jedoch etwas anders daraus gemachet worden / als es gewesen" (PT 3, 54).

Auch auf dem *Schau-Platz* gibt er seine Quellen an. Besonders die Fallprosa des französischen Bischofs Jean-Pierre Camus – Autor der „eiferigen Fürstin" – hatte es Harsdörffer angetan.[6] Camus hatte in der ersten Hälfte des 17. Jahrhunderts eine Reihe erfolgreicher Sammlungen von Mordfällen veröffentlicht. Aus diesen Anthologien wählte Harsdörffer Geschichten aus und übersetzte sie ins Deutsche. Der Übertragungsakt aus dem Französischen korrelierte dabei mit einem Verfahren der Reduktion und der Verdichtung. Um die Mordumstände zu Dienerinnen der Handlung zu machen, kürzte Harsdörffer die Geschichten und schrieb sie um. Den Implikationen und Auswirkungen dieses Verfahrens für die Narrativierung von Einzelfällen gehe ich in diesem Kapitel nach. In einem ersten Schritt beleuchte ich im Fokus auf die Reichsstadt Nürnberg die lokalen Bedingungen von Harsdörffers Übersetzungsprojekt. In einem zweiten erkundige ich im kontrastierenden Blick auf den Diskurs der frühneuzeitlichen Policey das Sammelinteresse, das Harsdörffers Anthologie leitet. In einem dritten werde ich die konkreten Umformungsoperationen in den Blick nehmen, die den Transfer der Texte von einem Kontext in den nächsten steuern – dies mit dem Ziel, den Effekten dieser Operationen sowohl auf der Ebene des einzelnen Falls als auch auf der Ebene der Sammlung auf die Spur zu kommen. Nicht nur, so die These, produziert die Kürze der Texte ein typologisches Wissen und sorgt dabei für eine Knappheit des Sinns. Sie verleiht den Erzählungen auch eine „dromologische"[7] Qualität, deren Eigenart es zu bestimmen gilt.

1 Nürnberg: Handelsstadt und literarisches Zentrum

Harsdörffers *Schau-Platz*-Anthologie umfasst zwei strukturgleiche Teile, den *Schau-Platz jämmerlicher Mordgeschichte* und den *Schau-Platz Lust- und lehrreicher Geschichte*. Während die *Lust- und lehrreiche Geschichte* nachahmungswerte Fallbeispiele versammelt, präsentiert die *Jämmerliche Mordgeschichte* abschreckende

6 Neben Camus ist eine Hauptquellen der Genfer Kompilator Simon Goulart, dessen Sammlungen sich in großen Teilen jedoch selbst wiederum aus Camus' Anthologien speisen. Zu den weiteren Quellen vgl. Judit M. Ecsedy, Thesen zum Zusammenhang von Quellenverwertung und Kompilationsstrategie in Georg Philipp Harsdörffers *Schau-Plätzen*, in: Georg Philipp Harsdörffers Universalität. Beiträge zu einem *uomo universale* des Barock, hg. von Stefan Keppler-Tasaki und Ursula Kocher, Berlin und New York 2011, 115–146.

7 Zum Begriff der „Dromologie" vgl. Paul Virilio und Sylvère Lotringer. Der reine Krieg (1983), Berlin 1984, 45.

Geschichten. Letztere erschien ab 1648 in acht Teilbänden mit je fünfundzwanzig Fällen. Die dritte Auflage von 1656 versammelt erstmals alle zweihundert Fälle. Die *Schau-Platz*-Anthologie gehört zum breiten Strom einer sich im 17. Jahrhundert großer Beliebtheit erfreuenden, primär volkssprachlichen ‚Buntschriftstellerei'.[8] Die Beispielreihen sind nicht systematisch angeordnet, sondern die Sammlung gehorcht einem Prinzip der bunten Reihung: Die exemplarischen Geschichten werden, wie Harsdörffer einmal sagt, „ohne Ordnung / wie sie uns beyfallen" erzählt (LLG 1, 357).[9] Der einzige Grad, an dem sich die serielle Ordnung bemessen lässt, ist die analogische Struktur der Fälle.

In der Positionierung auf dem Buchmarkt versprach das buntschriftstellerische Prinzip einen breiten, nicht mehr nur gelehrten Adressatenkreis zu erreichen – zumal die Segen des Buchdrucks, wie Harsdörffer in der Vorrede schreibt, dazu geführt haben, dass seine Bücher nun „um ein Spottgelt zu erkauffen sind".[10] Um Kosten zu reduzieren, ließ Harsdörffer die Sammlung nicht bei seinem nürnbergischen Stammverleger Wolfgang Endter, sondern beim Hamburger Verleger Johann Naumann drucken. Wenn er seine Sammlung als bunte Reihung präsentiert, dann ist dies, ebenso wie das Erscheinen in Teilbänden, vor einem ökonomischen Hintergrund zu sehen. Über eine Ästhetik der Vielfalt und Abwechslung versuchte Harsdörffer, ihren Informationswert für eine ‚curieuse' Leserschaft zu steigern. Form und Format des Wissens tragen den Ansprüchen des Buchmarktes Rechnung, etwa in Gestalt von Zähltiteln, die mit breiter Brust die Menge der gesammelten Fälle präsentieren, die Harsdörffer „noch auf etliche hundert fort zusetzen" gedachte.[11] Schließlich sicherte dieses „additive Prinzip", wie Stefan Rieger bemerkt, „eine numerische Erweiterbarkeit ohne fixe Kapazitätsobergrenzen", sodass „weitere[n] Veröffentlichungen nach demselben Muster" nichts mehr im Weg stand.[12]

8 Vgl. Flemming Schock, Wissensliteratur und ‚Buntschriftstellerei' in der Frühen Neuzeit: Unordnung, Zeitkürzung, Konversation. Einführung, in: Polyhistorismus und Buntschriftstellerei. Populäre Wissensformen und Wissenskultur in der Frühen Neuzeit, hg. von dems., Berlin und Boston 2012, 1–20.

9 Matthias Abele, ebenfalls Mitglied der *Fruchtbringenden Gesellschaft*, feiert in seiner ab 1669 unter dem Titel *Vivat Unordnung!* erscheinenden mehrbändigen Fallsammlung das buntschriftstellerische Prinzip der offenen Form und der Unordnung ganz unverhohlen. Vgl. Matthias Abele von Lilienberg, Künstliche Unordnung / Das ist: Wunder-Seltsame / niemals in offentlichen Druck gekommene Gerichts- und ausser Gerichts- doch warhaffte Begebenheiten / Meistentheils aus eigner Erfahrnus [...] (1669), 2. Aufl. Nürnberg 1670.

10 Georg Philipp Harsdörffer, Der grosse Schau-Platz Lust- und Lehrreicher Geschichte. Das erste Hundert (1651), 7. Aufl. Frankfurt a. M. und Hamburg 1683, Vorrede, unpag.

11 Harsdörffer, SchauPlatz, 3. und 4. Tl., Vorrede, unpag.

12 Stefan Rieger, Speichern/Merken. Die künstlichen Intelligenzen des Barock, München 1997, 75.

In dieser Anlage reagiert die Sammlung auf eine Transformation der Kommunikations- und Informationsökonomie im 17. Jahrhundert.[13] Wer sich mit neuartigen Publikationsformaten wie unterhaltsamen Kurzprosasammlungen, periodisch erscheinenden Magazinen und Zeitungen messen wollte, der musste den neu entfachten Zirkulationsprozessen Rechnung tragen und das Interesse seiner Leser:innen berücksichtigen.[14] Nun ging es darum, das Neue und Wissenswerte kompakt auf den volkssprachlichen Wissensmarkt zu tragen,[15] um einen „Leser / welcher neue Sachen zu wisse[n] begierig" war (JMG, Vorrede, Nr. 20), nicht zu langweilen. In seinen Schriften entschied sich Harsdörffer daher bewusst für Knappheit, um ihm „mit langer Ausführung nicht verdrüßlich zu seyn".[16] Durch Kürze wollte er der unterstellten niedrigen Aufmerksamkeitsspanne der Lesenden gerecht werden.[17]

Da „Veränderung und Abwechslung angenem" seien,[18] korreliert das Lob der *brevitas* mit der Maxime *variatio delectat.* Harsdörffers Mittel zur Befolgung dieser Maxime lautete: Umstandsvarianz. „Dieser Exempel", schreibt er im *Schau-Platz*, „könten wir noch viel mehr bey bringen; weil sie aber fast alle gleiche Umbstände / wollen wir dem Leser unverdrießlich zu seyn / nicht ferner fortfahren" (LLG 1, 254). Und umgekehrt: „Ob wir nun von solchem Laster unterschiedene Erzehlungen beygebracht / wollen wir doch / weil solches die ümstände ändern / noch ferners davon melden" (JMG 582). Wo die Begebenheiten nicht außergewöhnlich genug sind, steht Harsdörffer hingegen unter Rechtfertigungsdruck: „Ob wol diese Exempel keine besondere Umstände und nicht selten sind / so habe ich sie doch wollen auffmercken / den bösen Kindern zu einer Warnung" (LLG 1, 78). Kürze, so das

---

13 Zu dieser Transformation vgl. Markus Fauser, Wissen als Unterhaltung, in: Macht des Wissens. Die Entstehung der modernen Wissensgesellschaft, hg. von Richard van Dülmen, Köln und Weimar 2004, 491–514. Aus mediengeschichtlicher Perspektive vgl. Michael Giesecke, Der Buchdruck in der frühen Neuzeit. Eine historische Fallstudie über die Durchsetzung neuer Informations- und Kommunikationstechnologien (1991), 4. durchges. und um ein Vorw. erg. Aufl. Frankfurt a. M. 2006, insb. 640–645.

14 Vgl. mit Blick auf Harsdörffer Jean-Daniel Krebs, Deutsche Barocknovelle zwischen Morallehre und Information. Georg Philipp Harsdörffer und Théophraste Renaudot, In: MLN 103.3 (1988), 478–503; sowie Berns, Kompilation und Kombinatorik, 56–58.

15 Michael Gamper und Ruth Mayer sehen in dieser Neuordnung den Startschuss für die moderne Karriere kurzer Formen. Vgl. dies., Erzählen, Wissen und kleine Formen. Eine Einleitung, in: Kurz & Knapp. Zur Mediengeschichte kleiner Formen vom 17. Jahrhundert bis zur Gegenwart, hg. von dens., Bielefeld 2017, 7–22, hier: 7.

16 Harsdörffer, Gesprächspiele, Bd. 2, 307.

17 Zur Berücksichtigung ‚curieuser' Leser:innen mithilfe der Formel ‚Kürze gleich Kurzweil' vgl. Christian Meierhofer, Alles neu unter der Sonne. Das Sammelschrifttum der Frühen Neuzeit und die Entstehung der Nachricht, Würzburg 2010, 136–146, insb. 142.

18 Harsdörffer, Gesprächspiele, Bd. 8, 420.

Kalkül, steigert in Kombination mit der Merkwürdigkeit des Erzählten den Unterhaltungswert der Sammlung und garantiert so die Konkurrenzfähigkeit auf dem volkssprachlichen Buchmarkt. Den fünften Band der *Mordgeschichte* leitet Harsdörffer daher mit dem Versprechen ein, „viel[e] merkwürdige Umstände“ zu präsentieren, die „von keinem noch der Zeit / in Teutscher Sprache beschrieben worden“ seien (JMG 343).[19]

Auch das angehängte Sachregister nimmt Rücksicht auf die in der Vorrede adressierte Leserschaft mit knappen Zeitressourcen, die an einer linearen und zeitraubenden Lektüre kein Interesse hatte. Beiden *Schau-Plätzen* ist ein alphabetisches „Inhalts Register“ der „Lehrsprüche und Geschichte / welche in diesem Wercklein zu finden“ angehängt, das bei Camus’ Sammlung fehlt (JMG, Inhaltsregister, unpag.). Da in der barocken Flut des Wissens,[20] wie Harsdörffer schreibt, „keiner der Zeit hat / alle und jede Bücher zu durchlesen“,[21] war es notwendig, dass ein Buch ein Register beinhaltet, um den Benutzer:innen einen gezielten Zugang zu den Kurzgeschichten zu ermöglichen. Im „Ordnungs-Regiester“ kann „eine Sache unter unterschiedliche Titul gebracht werden“, damit „der günstige Leser nach belieben ferners nachsuchen mag“.[22] Die indexgestützte Verweisstruktur des Registers öffnet neue Zusammenhänge sowie idiosynkratische Lesewege und Gebrauchsformen.[23] Sie erlaubt den Leser:innen eine nicht-lineare, springende und blätternde Lektüre.[24] Mithilfe des Registers können sie durch die Sammlung navigieren und sich ihren persönlichen ‚Schauplatz‘ zusammenstellen.[25]

---

19 Vgl. auch JMG 193, wo er verspricht, „umstände so meines wissens in keinem Teutschen Buch zu finden“ seien, zu erzählen.

20 Zu den nicht enden wollenden Klagen aufgrund der Bücherflut vgl. Arndt Brendecke, Papierfluten. Anwachsende Schriftlichkeit als Pluralisierungsfaktor in der Frühen Neuzeit, in: Mitteilungen des Sonderforschungsbereichs 573, I/2006, 21–30; sowie Dirk Werle, Die Bücherflut in der Frühen Neuzeit – realweltliches Problem oder stereotypes Vorstellungsmuster? in: Frühneuzeitliche Stereotype. Zur Produktivität und Restriktivität sozialer Vorstellungsmuster, hg. von Miroslawa Czarnecka, Bern, Berlin, Brüssel u. a. 2010, 469–486.

21 Harsdörffer, Erquickstunden, 57.

22 Georg Philipp Harsdörffer, Die Hohe Schul Geist- und Sinnreicher Gedancken [...], Nürnberg 1653, Register, unpag.

23 Zur weiteren Geschichte dieser Lektürepraktik vgl. Harun Maye, Blättern/Zapping. Studien zur Kulturtechnik der Stellenlektüre seit dem 18. Jahrhundert, Zürich 2019.

24 Vgl. Christoph Benjamin Schulz, Poetiken des Blätterns, Hildesheim, Zürich und New York 2015, 57–61; sowie Monika Schmitz-Emans, Zur Einleitung: Das Alphabet als Ordnungsmuster – Enzyklopädistik als poetologisches Programm – Lexikographik als literarisches Verfahren, in: Alphabet, Lexikographik und Enzyklopädistik. Historische Konzepte und literarisch-künstlerische Verfahren, hg. von ders., Kai Lars Fischer und Christoph Benjamin Schulz, Hildesheim, Zürich und New York 2012, 7–26, hier: 7.

Harsdörffer, der jede noch so kleine Marktnische zu bedienen wusste (vom *Trincir-Büchlein*[26] bis zu den Erzählsammlungen), setzt zusätzlich auf eine Dramatisierungsstrategie. Alles ist ‚denck-' und ‚merckwürdig'; berichtet werden ausschließlich ‚seltsame Fälle' und ‚außerordentliche Begebenheiten'. Die Geschichten erhalten oxymorische, teilweise paradoxal konstruierte Titel. Überschriften wie „Das unglückselige Glück", „Die freye Leibeigne", „Die ermordten Mörder" oder „Die beständige Vnbeständigkeit" versprechen eine kasuistische Auflösung zur Beseitigung der Widersprüche. Ein kurzer Blick auf das Inhaltsregister reicht aus, um die *curiositas* der Leser- und potenziellen Käufer:innen zu wecken. Nicht umsonst wählt Harsdörffer die Überschriften mit Bedacht: „Fast gleichen Titel", schreibt er etwa zur Einleitung einer Geschichte, „könten wir auch nachfolgender Geschichte beyschreiben / ob wol der Erfolg gantz andre Umstände; Wir auch zu beliebter Unterscheidung / jedesmals auf neue Uberschrifften bedacht seyn müssen" (LLG 1, 203). Dass diese Strategien auf fruchtbringenden Boden fielen, belegen die immerhin bis ins 18. Jahrhundert reichenden sieben Auflagen der *Mordgeschichte*, die von der *Lust- und lehrreichen Geschichte* mit einer achten überboten werden konnten.

In seiner Heimatstadt befand sich Harsdörffer für sein literarisches Unternehmen am richtigen Ort.[27] Das Handelszentrum Nürnberg war seit Beginn der Frühen Neuzeit ein Knoten- und Umschlagspunkt des Nachrichtenverkehrs und erwies sich deshalb als idealer Standort für ein literarisches Programm, das neben einer erfolgreichen Vermarktung den Anschluss an europäische Entwicklungen nicht verpassen wollte.[28] „Die Statt Nürnberg ist sonderlich im Teutschen Reiche /

25 Vgl. Ecsedy, Thesen, 143 und Hans-Joachim Jakob, Die Schauplatz- und Theater-Bildlichkeit in Georg Philipp Harsdörffers *Grossem Schau=Platz jämmerlicher Mordgeschichte*, in: Harsdörffers Universalität, 83–114, hier: 97.

26 Georg Philipp Harsdörffer, Vollständiges Trincir-Büchlein / handelnd: I, Von den Tafeldecken [...]. II, Von Zerschneidung und Vorlegung der Speisen [...], Nürnberg 1640. Das *Trincir-Büchlein* war ein großer Erfolg. Bis Harsdörffers Tod erschienen noch ganze acht weitere Ausgaben, nach seinem Tod drei weitere (die letzte 1677). Vgl. hierzu ausführlich Werner Wilhelm Schnabel, Vorschneidekunst und Tafelfreuden. Georg Philipp Harsdörffer und sein „Trincirbuch", in: Georg Philipp Harsdörffer und die Künste, hg. von Doris Gerstl, Nürnberg 2005, 158–174; sowie Stefanie Stockhorst, Theorie des (Un-)Praktischen. Zur Logik einer obsoleten Kunst am Beispiel von Harsdörffers ‚Trincierbuch', in: Euphorion. Zeitschrift für Literaturgeschichte 116.1 (2022), 19–37.

27 Zum Nürnberg Harsdörffers vgl. überblicksartig den Querschnitt bei Peter Fleischmann, Nürnberg in den 1640er Jahren, in: Johann Klaj (um 1616–1656). Akteur – Werk – Umfeld, hg. von Dirk Niefanger und Werner Wilhelm Schnabel, Berlin und Boston 2020, 177–196.

28 Vgl. Lore Sporhan-Krempel, Nürnberg als Nachrichtenzentrum zwischen 1400 und 1700, Nürnberg 1968; sowie mit Blick auf die policeyliche Dimension Bernhard Siegert, Netzwerke der Regimentalität und die Schicklichkeit der Briefe im 17. Jahrhundert, in: MLN 105 (1990), 536–562, hier: 559–560.

bewuster vieler hohen Ursachen halber sehr berühmt [...]. In selber hat der Spielende [d. i. Harsdörffer, JSch] die Mittel / als vielleicht kein anderer / (Wer und wo er auch sich aufhalte/) aus Spania / Italia / Frankreich / und Niederland / die neusten und schönsten Bücher / vermittelst der Kaufmannschaft zu erhalten“, preist Justus Georg Schottelius, wie Harsdörffer Mitglied der *Fruchtbringenden Gesellschaft*, dessen Standortvorteil.[29]

Seit der Etablierung als Fernhandelsstadt war Nürnberg eines der wichtigsten kulturellen Vermittlungszentren des Reiches.[30] Zwölf Fernstraßen kreuzten sich in der geografisch günstig gelegenen Stadt. Die Präsenz nürnbergischer Filialen in allen Teilen Europas hatte einen Nachrichtenstrom zu Folge, der die Nürnberger:innen über politische Ereignisse und die neuesten Marktentwicklungen fortlaufend informierte. In Gestalt des reichen Patriziats, dem auch Harsdörffer angehörte, und der wohlhabenden Bürgerschaft existierten zudem zahlungskräftige lokale Abnehmerschichten.[31] Deren Importhandel verschaffte die für künstlerische Erzeugnisse notwendigen Materialen. Der lebhafte Export, der bis in die Karpatenländer reichte, versprach auch Absatzchancen außerhalb Nürnbergs.[32] Die wichtigsten Vertriebsorte für Harsdörffers Texte waren jedoch die Buchmessen in Leipzig und Frankfurt am Main, wo Buchhandlungen die neuesten Exemplare in großer Stückzahl bei seinen Nürnberger – oder im Fall der *Mordgeschichte:* Hamburger – Verlegern erwerben konnten.[33]

---

29 Justus Georg Schottelius, Spatüberschikktes Sendschreiben Des Suchenden an den Spielenden / die Fortsetzung der Gesprächspiele betreffend, in: Harsdörffer, Gesprächspiele, Bd. 4, 668–669; zu Harsdörffers Beschaffung von Büchern aus dem europäischen Ausland vgl. auch die Anekdote über die Verhandlungen mit dem Literaturagenten Georg Forstenheuser, der als Gegenleistung sein Geschirr fordert, bei Julia Bangert, Buchhandelssystem und Wissensraum in der Frühen Neuzeit, Berlin und Boston 2019, 342–343.

30 Vgl. Quasi Centrum Europae. Europa kauft in Nürnberg 1400–1800. Germanisches Nationalmuseum, Nürnberg, 20. Juni bis 6. Oktober 2002, hg. von Hermann Maué, Thomas Eser, Sven Hauschke et al., Nürnberg 2002.

31 Zum Nürnberger Patriziat vgl. Peter Fleischmann, Rat und Patriziat in Nürnberg. Die Herrschaft der Ratsgeschlechter vom 13. bis zum 18. Jahrhundert, 3 Bde, Nürnberg 2008 (zu Harsdörffer Bd. 2, 545–566); zu den humanistischen Interessen der Patrizier vgl. Renate Jürgensen, Bibliotheca Norica. Patrizier und Gelehrtenbibliotheken in Nürnberg zwischen Mittelalter und Aufklärung, Wiesbaden 2002; sowie Olga Fejtová, Die bürgerliche Buchkultur in Nürnberg im 17. Jahrhundert, in: Acta Comeniana. Internationale Revue für Studien über J. A. Comenius und Ideengeschichte der Frühen Neuzeit 17 (2003), 151–182.

32 Vgl. Michael Diefenbacher und Horst-Dieter Beyerstedt, Nürnberg, in: Handbuch kultureller Zentren der Frühen Neuzeit, hg. von Wolfgang Adam und Siegrid Westphal, Berlin und Boston 2012, 1569–1610, hier: 1597–1598.

33 Vgl. hierzu überblicksartig Ute Schneider, Grundlagen des Mediensystems: Drucker, Verleger, Buchhändler in ihren ökonomischen Beziehungen 1600–1750, in: Das Mediensystem im Alten Reich

Spätestens seit der Erfindung des Buchdrucks war die Reichsstadt Nürnberg ein wichtiger Standort für Buchproduktion, Verlagswesen und Buchhandel. Mitte des 17. Jahrhunderts waren in Nürnberg eine Reihe einflussreicher Verleger von europaweiter Bedeutung ansässig.[34] Sie druckten reihenweise lateinische Kassenschlager – epochemachende Werke wie Kopernikus' *De revolutionibus* waren zuerst in Nürnberg erschienen –, und besaßen einen großen Anteil an der deutschsprachigen Buchproduktion. Zum Umschlagplatz des Wissens war auch die 1622 gegründete Universität Altdorf avanciert, an der Harsdörffer und später auch Leibniz studierten – dieser sollte in seiner Dissertation auf Harsdörffers poetische Kombinationskunst zurückgreifen.[35] In Altdorf wurden die zukünftigen administrativen Funktionsträger des Stadtstaats ausgebildet. Die neben Straßburg einzige reichsstädtische und südöstliche protestantische Universität des Alten Reiches war eng mit der Reichsstadt verflochten, ihre Strahlkraft reichte jedoch weit über das Nürnberger Gebiet hinaus.[36] Es bildeten sich zahlreiche literarische Gruppen in Altdorf, die sich inspirieren ließen von dem 1644 von Harsdörffer als lokale Alternative zur elitären *Fruchtbringenden Gesellschaft* ins Leben gerufenen *Pegnesischen Blumenorden*,[37] der sich ebenfalls gemeinschaftlichen poetischen Übungen verschreiben hatte.[38]

Aus diesem Umfeld – einem Netzwerk von städtischen Intellektuellen und vermögenden Handelsleuten – stach Harsdörffer hervor. Wie kaum ein anderer wusste er sich in einem internationalen Netz epistolografischer und literarischer

---

der Frühen Neuzeit (1600–1750), hg. von Johannes Arndt und Esther-Beate Körber, Göttingen 2010, 27–37.

34 Ausführlich hierzu Hans-Otto Keunecke, Buchverlag, Buchdruck und Buchhandel in Nürnberg 1640 bis 1650, in: Klaj, 197–233; sowie Dominik Radlmeier, Weltliteratur aus Nürnberger Pressen. Das reichsstädtische Verlagswesen im Zeitalter des Dreißigjährigen Krieges, in: Norica. Berichte und Themen aus dem Stadtarchiv Nürnberg 9 (2013), 73–81; ein Überblick über die weit mehr als hundert Nürnberger Verlage findet sich in Das Nürnberger Buchgewerbe. Buch- und Zeitungsdrucker, Verleger und Druckhändler vom 16. bis zum 18. Jahrhundert, hg. von Manfred H. Grieb, Nürnberg 2003.

35 Vgl. Johann Gottfried Leibniz, Dissertatio de arte combinatoria, in: Die philosophischen Schriften von Gottfried Wilhelm Leibniz, hg. von Carl Immanuel Gerhardt, 7 Bde., Berlin 1875–1890, Bd. 4, 27–104.

36 Vgl. Akademie und Universität Altdorf. Studien zur Hochschulgeschichte Nürnbergs, hg. von Hanns Christof Brennecke, Dirk Niefanger und Werner Wilhelm Schnabel, Köln 2011.

37 Ausführlich zum *Pegnesischen Blumenorden* Jürgensen, Utile cum dulci.

38 Vgl. Dirk Niefanger und Werner Wilhelm Schnabel, Literarische Gruppenbildungen an der Universität Altdorf, in: Akademie und Universität Altdorf, 245–322; zu Nürnbergs reger Literaturszene vgl. Renate Jürgensen, Norimberga Literata, in: Stadt und Literatur im deutschen Sprachraum der Frühen Neuzeit, hg. von Anders, Stefan, Thomas Elsmann und Klaus Garber, Tübingen 1998, 425–490.

Beziehungen zu profilieren. Er wurde zur „Drehscheibe europäischer Literaturbeziehungen".[39] Von seiner fünfjährigen Bildungsreise nach Frankreich, Italien, den Niederlanden, Belgien und England, der standestypischen *peregrinatio academica*, hatte er die Verhaltens-, Rede- und Verkehrsformen der italienischen und französischen Sprachgesellschaften und Akademien mitgebracht.[40] Diese hoffte er nun auch in Deutschland zu etablieren.[41] Elementarer Teil dieser Vermittlungstätigkeit war eine akribische Übersetzungsarbeit, durch die die Literatur der Romania einem deutschsprachigen Publikum nähergebracht werden sollte.[42]

Im Einklang mit den Zielen der *Fruchtbringenden Gesellschaft* ging es Harsdörffer bei seinen zahlreichen Übersetzungsprojekten um die Etablierung eines ‚teutschen' Prosastils. Im Deutschen Reich kursierte schließlich schon im 17. Jahrhundert der Topos der verspäteten Kulturnation. Lange schien es so, als ob „die Teutschen / welche ohne alle Wissenschaft daher prallen / und fressen und sauffen für jren Tugendruhm achten / mehr vernunftlosen Thieren / als Menschen ähnlich" seien.[43] Im Gegensatz zu Frankreich war die Situation in Deutschland in der Tat eine grundlegend andere: Im Nachbarland war mit der Gründung des französischsprachigen *Collège de France* (1529), als Konterpart zur lateinischen *Sorbonne*, und dem Edikt von Villers-Cotterêts (1539) das Französische bereits zur offiziellen Verwaltungs-, Rechts- und Hofsprache erklärt worden, was einen sprachlichen Standardisierungsprozess in Gang gesetzt hatte.[44] Die deutschen Territorialstaaten hingegen waren seit dem Augsburger Religionsfrieden 1555 konfessionell unterschiedlich ausgerichtet, was der Entwicklung einer überkonfessionellen Nationalliteratur im Weg gestanden hatte. Das Heilige Römische Reich Deutscher Nation hatte zudem kein kulturelles und politisches Zentrum wie Frankreich, sondern war

---

39 Stefan Keppler-Tasaki und Ursula Kocher, Vorwort, in: Harsdörffers Universalität, VII–X, hier: VIII.

40 Vgl. Jean-Daniel Krebs, Harsdörffer als Vermittler des ‚honnêteté'-Ideals, in: Georg Philipp Harsdörffer. Ein deutscher Dichter und europäischer Gelehrter, hg. von Italo Michele Battafarano, Bern, Berlin, Frankfurt a. M. u. a. 1991, 287–311.

41 Vgl. Klaus Conermann, Harsdörffers Plan einer Vernetzung europäischer Akademien, in: „Erfreuliche Nützlichkeit – Keim göttlicher Ehre", 1–65; sowie Andreas Herz, Akademie und Kunst. Georg Philipp Harsdörffer und Joachim von Sandrat, in: Fruchtbringende Gesellschaft (1627–1680). Hundert Jahre nach der Reformation, hg. von Gabriele Ball, Klaus Conermann, Andreas Herz et al., Wolfenbüttel und Wiesbaden 2017, 343–368.

42 Vgl. Italo Michele Battafarano, Vom Dolmetschen als Vermittlung und Auslegung. Der Nürnberger Georg Philipp Harsdörffer – ein Sohn Europas. in: Der Franken Rom. Nürnbergs Blütezeit in der zweiten Hälfte des 17. Jahrhunderts, hg. von John Roger Paas, Wiesbaden 1995, 196–213.

43 Harsdörffer, Nothwendiger Vorbericht, unpag.

44 Vgl. die pointierte Zusammenfassung der Lage bei Achim Aurnhammer und Nicolas Detering, Deutsche Literatur der Frühen Neuzeit: Humanismus, Barock, Frühaufklärung, Tübingen 2019, 136–137.

ein Verbund von Kleinstaaten, die sprachlich, kulturell und politisch heterogen verfasst waren.

Im barocken Deutschland vollzog sich die Genese volkssprachlicher Prosaformen daher zunächst dezentral. Die Gründung überterritorialer Sprachgesellschaften wie der *Fruchtbringenden Gesellschaft* sollte dem entgegenwirken. Mit Blick auf die Kriegswirren und das in verschiedene Territorien zersplitterte Deutsche Reich wurde deren Arbeit an einer normativen Codierung der deutschen Sprache auch zur Arbeit an einem gemeinsamen politischen Raum, der für den Prozess der Staatenbildung dringend benötigt wurde.[45] Die Förderung der deutschen Sprache sollte einen geteilten Raum etablieren, der ein friedliches Miteinander förderte.[46] Denn die „teutsche Sprache" eignete sich – zumindest aus der sprachmystischen Sicht der *Fruchtbringer* – in hervorragender Weise zur „Erlernung [von] Tugenden und wolständiger Sitten".[47]

Ein wichtiger Aspekt der Spracharbeit war die rege Übersetzungstätigkeit, die literarische Stoffe und Formen aus der Romania nach Deutschland transportierte.[48] Neben grammatischen Kodifizierungen sollte die „Dolmetschung aller nutzlichen Bücher" die deutsche Sprache endlich vom „fremddruckenden Sprachenjoch befreye[n]".[49] Die Aufwertung der Volkssprache setzte die Konstituierung eines allgemeinverbindlichen sprachlichen Standards in Gang. Die Profilierung der Prosa gegenüber der Versdichtung war mit diesem Ziel unzertrennlich verwoben: Die frei fließende Rede galt als volkstümlicher und vermeintlich näher an der mündlichen Sprache.

Harsdörffer warb für die *Fruchtbringer* bis 1650 über fünfzig neue Mitglieder an und erfüllte die Vorgaben der Sprachgesellschaft mustergültig. Neben seiner Mitwirkung an Wörterbüchern arbeitete er vor allem mit seinen Prosasammlungen an der Etablierung eines Stils, der auf die „ärgerlichen Possen" (JMG, Vorrede, Nr. 7) der romanischen Literaturen verzichtete und stattdessen durch seine Kürze und

---

45 Vgl. Nicola Kaminski, *Ex bello ars* oder Ursprung der „Deutschen Poeterey", Heidelberg 2004.

46 Vgl. Markus Hundt, „Spracharbeit" im 17. Jahrhundert. Studien zu Georg Philipp Harsdörffer, Justus Georg Schottelius und Christian Gueintz, Berlin und New York 2000.

47 Harsdörffer, Gesprächspiele, Bd. 1, 14.

48 Vgl. Winfried Lange, Fruchtbringende Gesellschaft und Übersetzung im 17. Jahrhundert, in: Geschichte der Übersetzung. Beiträge zur Geschichte der neuzeitlichen, mittelalterlichen und antiken Übersetzung, hg. von Bogdan Kovtyk, Hans-Joachim Solms und Gerhard Meiser, Berlin 2002, 89–107; sowie Italo Michele Battafarano, Übersetzen und Vermitteln im Barock im Zeichen der kulturellen Angleichung und Irenik: Opitz, Harsdörffer, Hoffmannswaldau, Knorr von Rosenroth, in: Morgen-Glantz 8 (1998), 13–61.

49 Carl Gustav von Hille, Der Teutsche Palmbaum, Nachdr. der Ausg. Nürnberg 1647, München 1970, 207, 7.

Prägnanz bestach.[50] Die deutsche Sprache konzentrierte sich schließlich aufs Wesentliche. Die Zeit der „außgesuchte[n] Worte der grossen Wolredenheit" war vorbei, von nun an sollten nur noch Texte produziert werden, die „aus einer gleichgeschnittenen Feder herfliessen" (JMG, Vorrede, Nr. 18). Der Aufschwung der Prosa wurde von stilistischen Diskursen begleitet und gestützt, die das „Ideal einer scheinbar ‚kunstlosen' Kunstfertigkeit" neben der fortan als unauthentisch geltenden Verskunst etablierten.[51]

Harsdörffers Lieblingsautor aus der Romania war der bereits erwähnte Jean-Pierre Camus.[52] In den *Schau-Plätzen* machte er von einer Reihe von dessen Fallsammlungen aus den 1620er bis 40er Jahren Gebrauch. Sie tragen Titel wie *Les Spectacles d'horreur* oder *Les Evenemens singuliers.*[53] Ausgangspunkt und titelgebend für Harsdörffers *Schau-Platz jämmerlicher Mordgeschichte* war Camus' *L'Amphithéâtre Sanglant.* Aus dieser Sammlung von fünfunddreißig Mordfällen hat er bis auf drei Ausnahmen alle Geschichten übernommen und ins Deutsche übersetzt. Dass ein orthodoxer Lutheraner auf die Fallsammlungen eines erzkatholischen Bischofs zurückgriff, war allerdings keineswegs unproblematisch, zumal Camus seine Mordgeschichten in den Dienst der Gegenreformation gestellt hatte.[54] Die Poetik seiner Geschichten richtet sich an den Statuten des Konzils von Trient (1545–1563) aus. Um die Lehren des Katholizismus zu revitalisieren, hatte das Konzil auf literarische Exempla gesetzt, deren Form und Inhalt jedoch strikt normiert

---

50 Zur Engführung der deutschen Sprache und einer Idee von Kürze und Prägnanz in der sprachpatriotischen Debatte des Barock vgl. Andreas Gardt, Kürze in Rhetorik und Stilistik, in: Sprachliche Kürze. Konzeptuelle, strukturelle und pragmatische Aspekte, hg. von Joachen A. Bär, Thorsten D. Roelcke und Anja Steinhauer, Berlin und New York 2007, 70–88, hier: 78–79.

51 Zu innigen Verwandtschaft von Prosa und Stildiskurs vgl. Sina Dell'Anno, Achim Imboden, Ralf Simon und Jodok Trösch, Prosa. Theorie, Exegese, Geschichte. Einleitung, in: Prosa: Theorie, Exegese, Geschichte, hg. von dens., Berlin und Boston 2021, 1–16, hier: 2–3; sowie Eva Axer, Annika Hildebrandt und Kathrin Wittler, Umbruchszeit. Der deutschsprachige Stildiskurs des 18. Jahrhunderts im europäischen Kontext, in: Schreibarten im Umbruch. Stildiskurse im 18. Jahrhundert, hg. von dens., Berlin 2024, 7–30, insb. 23–30, das Zitat findet sich auf Seite 15.

52 Auch zwei weitere erfolgreiche Fallsammlungen Harsdörffers sind Übersetzungen Camus'scher Texte. Vgl. Georg Philipp Harsdörffer, Pentagone Historique H. von Belley / Historisches Fünffeck […], Frankfurt a. M. 1652; sowie ders., Heraclitus und Democritus: Das ist: C. Fröliche und Traurige Geschichte […], Nürnberg 1661.

53 Ebenfalls verwendet Harsdörffer von Camus die Sammlungen *Varietez historique, Les Relations morales, Les Récits historiques, Divertissement historique* und *La Tour des miroirs.*

54 Zur innigen Verbindung *histoire tragique*/Gegenreformation vgl. Stéphan Ferrari, L'histoire tragique au service de la cause tridentine. Exemplarité et foi religeuse dans *L'Amphitéâtre sanglant* et *Les Spectacles d'horreur* de Jean-Pierre Camus, in: Littérature Classiques 79 (2012/3), 112–126; sowie Thierry Pech, Conter le crime. Droit et littérature sous la Contre-Réforme. Les histoires tragiques (1559–1644), Paris 2000.

wurden. Der Gott der tridentinischen Kultur sollte ein sinnlich erfahrbarer Gott sein. Der Glauben der Untertanen sollte mithilfe von exemplarischen Erzählungen erweckt werden. Auch die Kommentierung der Exempla erfolgte bei gegenreformatorischen Autoren wie Camus stets im Einklang mit den Themen des Konzils.

In der Vorrede des *Schau-Platzes* bemerkt Harsdörffer darum ausdrücklich, dass er bei dem, was „aus einer jeden Erzehlung zu ersehe[n] und zu lernen ist [...] / dem Französischen selten nachgegangen / weil [...] [Camus] an vielen Orten erwiesen / daß er ein Eifrer / der alles gerne auf seine Religion ziehen wollen / mehrmals mit nachtheil anderer frommen Christen“ (JMG, Vorrede, Nr. 14).[55] Seine Begeisterung für Camus war anderen Interessen geschuldet:[56] Zum einen hatte sich der Bischof von Belley für seine missionarischen Zwecke eines Genres bedient, das sich seit der zweiten Hälfte des 16. Jahrhunderts großer Beliebtheit erfreute. Mit dem Rückgriff auf die in Frankreich populäre *histoire tragique* hatte Camus gehofft, einen breiteren, auch weniger gebildeten Bevölkerungsanteil zu erreichen. Genrebildende Sammlungen wie Matteo Bandellos *Histoires tragiques* und dessen Übersetzung durch Pierre Boaisteau,[57] François de Belleforests *Histoires Prodigieuses*[58] oder François Rossets *Histoires tragiques de nostre temps*[59] zählten zu den großen Verkaufsschlagern zu Beginn des 17. Jahrhunderts. Populär waren die *histoires tragiques* unter anderem deshalb, weil sie in novellistischer Manier von außergewöhnlichen Ereignissen erzählten, die nicht nur, wie sie behaupteten, tatsächlich vorgefallen waren, sondern auch einen hohen Aktualitätsbezug aufwiesen.[60]

---

55 Zu den Kürzungen und Umdeutungen konfessioneller Unterschiede vgl. Misia Sophia Doms, „Wann ein Frantzos [...] ein teutsches Kleid anziehet“. Die Behandlung konfessioneller Fragen bei der Übersetzung von Jean-Pierre Camus' *L'Amphithéâtre sanglant* und in Harsdörffers *Der Grosse Schau-Platz jämmerlicher Mord-Geschichte*, in: Deutsch-französische Literaturbeziehungen. Stationen und Aspekte dichterischer Nachbarschaft vom Mittelalter bis zur Gegenwart, hg. von Marcel Krings und Roman Luckscheiter, Würzburg 2007, 51–69; sowie Christoph Schmitt-Maaß, Of 'Conversion' and 'Reversal': Georg Philipp Harsdörffer and his Adaptations of Jean Pierre Camus in Context of Jansenism, Counter-Reformation, and Reform Catholicism, in: Taking Stock – Twenty-five Years of Comparative Literary Research, hg. von Norbert Bachleitner, Achim Hölter und John A. McCarthy, Amsterdam 2019, 493–519.

56 In der Vorrede wird die Leistung Camus' denn auch besonders gewürdigt. Vgl. JMG, Vorrede, Nr. 10–16.

57 Pierre Boaisteau und François de Belleforest, Histoires Tragiqves, extraictes des oevvres italiennes de Bandel, & mise en langue Françoise [...], Anvers 1567.

58 François de Belleforest, Histoires Prodigievses extraictes de plvsievrs famevx Avtevrs [...], Paris 1575.

59 François Rosset, Les Histoires tragiqves de nostre temps [...] (1614), 2. Aufl. Au Pont 1615.

60 Ausführlich zum Genre der *histoire tragique* Pech, Conter le crime, sowie die Einleitung von Stéphan Ferrari in: Jean-Pierre Camus, L'amphitéâtre sanglant, hg. von Stéphan Ferrari, Paris 2001, insb. 56–86.

Zum anderen hatten die Geschichten die Eigenschaft, extrem blutrünstig zu sein: Rollende Köpfe und spritzendes Blut soweit das Auge reichte, was mit Blick auf die Aufmerksamkeitsökonomie von Vorteil war.[61] In Form einer kommentierenden Erzählinstanz enthielt das Genre zudem eine „interpretative Funktion"[62] – ein Gattungsmerkmal, das dem moralisierenden Bischof entgegenkam. Die *histoire tragique* barg schließlich die Gefahr einer unkontrollierten Affizierung des Publikums durch drastische Schilderungen, die der Mann Gottes mit Hilfe einer auktorialen Erzählinstanz zu kanalisieren hoffte.

An beide Momente schloss auch Harsdörffer an. Er zielte auf einen breiten Adressatenkreis und auf eine nach außergewöhnlichen Fällen begierige Leserschaft. Die Sammlung richtet sich dezidiert an Leser:innen, die durch eine Ästhetik der Vielfalt und des Außerordentlichen unterhalten werden wollten. Die Entscheidung, *histoires tragiques* zu publizieren, folgte damit auch einem ökonomischen Kalkül: Vorangegangene Übersetzungen waren teilweise schon „zum vierdten oder fünfftenmahl wider aufgeleget" worden und „den Teutschen so lieb / daß sie schwerlich mehr zu bekomen" waren (JMG, Vorrede, Nr. 9). Wie Harsdörffer in der Vorrede schreibt, habe die Beliebtheit des französischen Bischofs ihn zur Übersetzung veranlasst, da er gemerkt habe, wie in seinem Vorgängerwerk, den *Frauenzimmer Gesprächspielen*, Erzählungen von Camus „fast jederman gefällig" waren (JMG, Vorrede, Nr. 12). Auch durfte, ebenso wie bei Camus, über der unterhaltenden Funktion die belehrende nicht vergessen werden. Und genau hierfür eignete sich die in der *histoire tragique* installierte Kommentarfunktion.

Dass Harsdörffer vor der katholisch-militanten Art Camus' nicht zurückschreckte und dessen Mordgeschichten in seine Sammlung aufnahm, lässt sich nicht zuletzt durch die besondere kirchenrechtliche Situation erklären, die der Standort Nürnberg bot. Dort war es gang und gäbe, spätestens mit der Ankunft Johann Michael Dilherrs, dem 1642 Kirchenleitung, Schulaufsicht und Zensur anvertraut worden waren, bei der Vermittlung der lutherischen Lehre auch auf narrative Formen aus anderen religiösen Kontexten zu setzen.[63] Dilherr verstand Theologie dezidiert als eine handlungsorientierte Disziplin, deren Praxis es auch erlaube, Mittel zu integrieren, die sich im Schrifttum der Gegenreformation bewährt hatten. Zwar sollte die Dogmatik der lutherischen Orthodoxie unberührt bleiben, aber unter dem Gesichtspunkt der Pragmatik von Texten und einer „Formalität der

61 Ihr aktueller Herausgeber, Stéphan Ferrari, hat errechnet, dass es im Schnitt drei Tote pro Geschichte gibt. Vgl. Ferrari, Introduction, in: Camus, L'amphitéâtre sanglant, 57.

62 Vgl. Genette, Die Erzählung, 166–169, 255.

63 Vgl. Stefan Keppler-Tasaki, Himmlische Rhetorik. Harsdörffers Poetik des Gebets zwischen lutherischer Orthodoxie und europäischem Manierismus, in: Harsdörffers Universalität, 299–325, hier: 299–304.

Praktiken"[64] vollzog sich ein Austausch zwischen den Glaubenssphären, der Formen und Materialien von einem Kontext in den nächsten transportierte.

Nicht nur war Dilherr ein guter Freund Harsdörffers,[65] sein theologisches Vermittlungsprogramm traf sich auch literarisch mit Harsdörffers Anliegen. Dessen intellektueller Synkretismus zielte immerhin auf den Anschluss der deutschen Literatur an die Literaturen der Romania. Dieses Ziel vor Augen vollzieht seine Fallsammlung auf paradigmatische Weise eine solche Zweckentfremdung von Formen. Es war daher nur folgerichtig, dass Dilherr für die *Lust- und Lehrreiche Geschichte* das Sendschreiben verfasste, um dort die „sehr löbliche und nützliche Arbeit" hervorzuheben, die Harsdörffer mit seinen beiden Sammlungen geleistet habe (LLG 1, 4).[66]

Während er seiner Berufung als Kulturfunktionär nebenberuflich nachging, war Harsdörffer hauptberuflich Jurist. Die Vorstellung policeylicher Praktiken soll den Blick dafür schärfen, welche Stellung eine Sammlung von Mordfällen im strafrechtlichen Diskurs des 17. Jahrhunderts einnahm. Vor dem Hintergrund einer policeylichen Perspektive auf Vorfälle, die sich seit Beginn der Frühen Neuzeit etablierte, werden die pragmatischen und gouvernementalen Funktionen von Harsdörffers vielschichtigen Übersetzungsprojekt deutlich – zumal gerade in Nürnberg policeyliche Problemstellungen zentral waren. Harsdörffer selbst hatte mit Rechtsfällen als Assessor zunächst am Nürnberger Untergericht, dann am Stadtgericht zu tun. Wie Leibniz im Hannover der 1670er Jahre war Harsdörffer dort mit der Aufgabe betraut, Prozessakten aufzubereiten und als Referent den Richtern Urteilsvorschläge zu unterbreiten. Nebenbei war er als policeylicher Funktionär mit der Erhaltung ‚guter Ordnung' beauftragt. Mit seiner Berufung in den Inneren Rat der Reichsstadt wurde er schließlich Vorsitzender des Rugamts, einer gewerbepoliceylichen Aufsichtsbehörde.

---

64 Vgl. Michel de Certeau, Die Förmlichkeit der Praktiken (1973), in: Lire Michel de Certeau. La formalité des pratiques – Michel de Certeau lesen. Die Förmlichkeit der Praktiken, hg. von Philippe Büttgen und Christian Jouhaud, Zeitsprünge 12/1–2, Frankfurt a. M. 2008, 7–65, insb. 7–10, 18–20.

65 Harsdörffer widmete Dilherr eine Reihe seiner Arbeiten, etwa die *Lobgedichte* (Nürnberg 1650), die *Sonntagsandachten* (Nürnberg 1649) und die *Hertzbeweglichen SonntagsAndachten Andrer Theil* (Nürnberg 1652). Zur Kooperation der beiden lutheranischen Intellektuellen vgl. Hans-Joachim Jakob, Die Gemeinschaftsarbeiten von Georg Philipp Harsdörffer und Johann Michael Dilherr, in: Literarische Kooperation im Barock. Untersuchungen zur Zusammenarbeit von Autoren im 17. Jahrhundert, hg. von Ralf Schuster, Passau 2021, 41–68.

66 Dilherr verfasste ebenfalls ein Vorwort zum zweiten Band der *Mordgeschichte*. Vgl. Harsdörffer, SchauPlatz, 3. und 4. Tl., „Urtheil", unpag.

2 Gute Ordnung: Umstandspolicey

Harsdörffers Anthologie versammelt Begebenheiten, „welche zu einer Warnung oder Nachfolge merk- und schrifftwürdig erachtet“ worden sind.[67] Dabei wirft sie einen eigenwilligen Blick auf deren Umstände. Während Harsdörffers poetologische Stellungnahmen in der Invention fingierter Einzelheiten das entscheidende Merkmal der Dichtkunst sehen, geht die Kurzprosa des *Schau-Platzes* auf Distanz zur neuen Umständlichkeit. Im Verzicht auf eine Ausstaffierung der Geschichten durch narrative Details folgt sie einem typologisierenden Verfahren, das ihre Handlungsträger:innen an eine abstrakte Lastertopik bindet. Mit diesem Verfahren tritt Harsdörffers Sammlung in ein Spannungsverhältnis zu den Sammlungspraktiken der frühneuzeitlichen Policey.

Mit dieser teilt die Sammlung ein Steuerungsproblem: Das Ende der *res publica christiana* und der parallele Aufstieg einer frühkapitalistischen, marktförmigen Gesellschaft führte zu immer häufigeren Zusammenstößen im gesellschaftlichen Verkehr. Als politökonomisches Bezugsproblem schälten sich die Unwägbarkeiten und Wechselfälle einer Gesellschaft heraus, in der es scheinbar keine dauerhaften Sicherheiten und stabilen Erwartungen mehr gab. Die Policey war in der Frühen Neuzeit noch keine konkrete Behörde, sondern eher eine spezifische Regierungstechnik. Als „Inbegriff aller Beobachtungs- und Aktionsweisen des Staates“[68] hatte die ‚gute Policey‘[69] die Funktion, Vorfälle zu erfassen und zu regulieren. Mittels ihrer Überwachungsorgane und einer flexiblen Gesetzgebung sollte sie eine ‚gute Ordnung‘ für Territorium und Untertanen besorgen und den sozialen Verkehr regeln. Um das Verhältnis von Harsdörffers Fallsammlung zu den policeylichen Praktiken zu bestimmen, ist es zunächst nötig, die Spezifik des policeylichen Diskurses vorzustellen, um vor diesem Hintergrund die Einsatzpunkte des *Schau-Platzes* zu markieren.

Seit Beginn des 16. Jahrhunderts reglementierte die Policey in bisher unbekanntem Maße das Verhalten der Untertanen.[70] Die als Ergänzung der 1532 erlas-

---

67 Georg Philipp Harsdörffer, Der Grosse SchauPlatz Jämerlicher Mordgeschichte. Fünffter und Sechster Theil […], Hamburg 1649, Vorrede, unpag.

68 Joseph Vogl, Staatsbegehren. Zur Epoche der Policey, in: DVjs (2000), H. 4, 600–626, hier: 608.

69 Vgl. Thomas Simon, Gute Policey, Ordnungsbilder und Zielvorstellungen politischen Handelns in der frühen Neuzeit, Frankfurt a. M. 2004; sowie Andrea Iseli, Gute Policey. Öffentliche Ordnung in der Frühen Neuzeit, Stuttgart 2009.

70 Zu der intensivierten Policeynormierung vgl. Ernst Schubert, Vom Gebot zur Landesordnung. Der Wandel fürstlicher Herrschaft vom 15. zum 16. Jahrhundert, in: Die deutsche Reformation zwischen Spätmittelalter und Früher Neuzeit, hg. von Thomas A. Brady, München 2001, 19–61; zur zeitgenössischen Diskussion um den Gesetzgebungsstaat vgl. Michael Stolleis, *Condere leges et in-*

senen *Carolina* gedachte Policeygesetzgebung erweiterte den Katalog der strafbaren Handlungen über den Bereich des gesetzlichen Strafrechts hinaus erheblich. Sie modifizierte die in der *Carolina* angeführten Delikte gegen Leben und Eigentum sowie die strafbaren Handlungen im Bereich der Ehe und Sexualität.[71] Auf diese Weise setzte sie einen umfassenden Prozess der Verrechtlichung moralischer Normen in Gang. Traditionelle und soziale Normen, religiöse Vergehen und Sünden wurden adaptiert und in den Bereich des Rechts überführt.[72] Flexibler als große Gesetzeswerke passte sich die policeyliche Normsetzung dabei den konkreten Situationen an.[73] „Das gemeinschaftliche Beste", heißt es rückblickend in einem Handbuch der sich im 18. Jahrhundert etablierenden Policeywissenschaft, „erfordert Anstalten und Maßregeln, die nach Verschiedenheit der Vorfälle und Umstände verschieden seyn müssen."[74] Es kommt „vieles auf den äußerlichen Zusammenfluß der Umstände an, und da diese Umstände so mannigfältigen Wechsel unterworfen sind; so kann es sich leicht ergeben, daß heute eine Handlung gleichgültig, und daher unverwehrt ist, die Morgen untersagt werden muß, und im Gegentheile."[75] Die Policey richtete sich in ihren Entscheidungen situativ nach der Beschaffenheit der Vorfälle und transformierte die politisch-rechtliche Sphäre somit in ein flexibles kasuistisches System.[76]

---

terpretari. Gesetzgebungsmacht und Staatsbildung in der frühen Neuzeit, in: Staat und Staatsräson in der frühen Neuzeit. Studien zur Geschichte des öffentlichen Rechts, Frankfurt a. M. 1990, 167–196.

71 Zu den umfassenden Normierungen im Bereich der Ehe und Sexualität vgl. Bettina Günther, Sittlichkeitsdelikte in den Policeyordnungen der Reichsstädte Frankfurt am Main und Nürnberg (15.–17. Jahrhundert), in: Policey und frühneuzeitliche Gesellschaft, hg. von Karl Härter, Frankfurt a. M. 2000, 121–148, insb. 126–140; sowie ausführlich dies., Die Behandlung der Sittlichkeitsdelikte in den Policeyordnungen und der Spruchpraxis der Reichstädte Frankfurt am Main und Nürnberg im 15. bis 17. Jahrhundert, Frankfurt a. M., Berlin, Bern u. a. 2004.

72 Vgl. Friedrich Schaffstein, Studien zur Entwicklung der Deliktstatbestände im Gemeinen deutschen Strafrecht, Göttingen 1985.

73 Vgl. André Holenstein, Die Umstände der Normen – die Normen der Umstände. Policeyordnungen im kommunikativen Handeln von Verwaltung und lokaler Gesellschaft im Ancien Régime, in: Policey und frühneuzeitliche Gesellschaft, 1–46.

74 Joseph von Sonnenfels, Sätze aus der Polizey, Handlungs- und Finanz-Wissenschaft. Zum Leitfaden der akademischen Vorlesungen, Wien 1765, 12.

75 Sonnenfels, Sätze, 57–58.

76 Zum Gegensatz zwischen einer auf den konkreten Augenblick bezogenen Policey und den dauerhaften Gegenständen des Gesetzes vgl. auch Michel Foucault, Sicherheit, Territorium, Bevölkerung. Geschichte der Gouvernementalität I. Vorlesung am Collège de France 1977–1978, 4. Aufl. Frankfurt a. M. 2015, 488.

Im Blick auf empirische Begebenheiten evozierten die umfangreichen Reglementierungen eine neuartige juristische Sensibilität.[77] Sittliche Verfehlungen wurden durch die Policeyordnungen reguliert und zugleich, durch die Form des Normativen, konstruiert.[78] Mit jeder neu erlassenen Ordnung traten neue Begebenheiten auf den Plan, die wiederum normiert und integriert werden mussten. Der Blick der Policey produzierte so systematisch das, was eigentlich vermindert werden sollte: auffällige Verhaltensweisen und reihenweise Normverstöße.[79] In letzter Konsequenz verlangte dies eine Form der Regulierung, die den starren Bereich rechtlicher Verordnungen überschritt. Rückwirkende Sanktionen kommen schließlich immer schon zu spät.

Der Policeydiskurs der Frühen Neuzeit konzentrierte sich deshalb mehr und mehr auf die Einhegung derjenigen Faktoren, in denen er die Quelle von Unruhen, Störungen und Verbrechen vermutete. Zielscheibe policeylicher Maßnahmen waren weniger die Unfälle selbst als vielmehr die ihnen vorangehenden und sie begleitenden Elemente: die komplexen Ursachen und Bedingungen, aus denen sie entstanden.[80] Ihre Kenntnis war für präventive Interventionen – eine Veränderung oder Verhinderung der Umstände von Unfällen – essenziell. Welchen Lastern frönten Unruhestifter? Welche Faktoren waren ausschlaggebend für Verbrechen? Welches Verhalten beförderte das gemeinschaftliche Beste? Ein *circumstantial turn* im Feld juristisch-politischen Wissens: Die Policey perspektivierte ihre Objekte nicht mehr hinsichtlich ihrer wesentlichen Qualitäten, sondern unter dem Gesichtspunkt ihrer Akzidenzien.

Fortan verlangte eine gute Regierung die Erhebung eines Kontrollwissens.[81] Vormals nebensächliche Kleinigkeiten gerieten in den Fokus. Die sich verfestigende Idee einer aktiven Gestaltung und prospektiven Steuerung gesellschaftlicher Prozesse setzte ein Wissen über die lokalen Verhältnisse und damit eine Informationsbeschaffung voraus, die in regelmäßig wiederholten Momentaufnahmen der

77 Vgl. (im Blick auf das 19. Jahrhundert) Stefan Nellen und Robert Suter, Unfälle, Vorfälle, Fälle. Eine Archäologie des polizeilichen Bicks, in: Zum Fall machen, zum Fall werden. Wissensproduktion und Patientenerfahrung in Medizin und Psychiatrie des 19. und 20. Jahrhunderts, hg. von Sibylle Brändli, Barbara Lüthi und Gregor Spuhler, Frankfurt a. M. und New York 2009, 159–181.

78 Zur Konstruktion von Kontingenz durch Normen vgl. Niklas Luhmann, Kontingenz und Recht. Rechtstheorie im interdisziplinären Zusammenhang, hg. und mit einem Nachw. von Johannes F. K. Schmidt, Frankfurt a. M. 2013, 71–80; sowie Christoph Möllers, Die Möglichkeit der Normen. Über eine Praxis jenseits von Moralität und Kausalität, Berlin 2015, 13–15.

79 Vgl. (im Blick auf den Kameralismus) Vogl, Staatsbegehren, 608–610.

80 Zielscheibe der Policey, hält von Justi in seinen *Grundsätzen der Policey-Wissenschaft* pointiert fest, sind „alle Umstände des Landes". Johann Heinrich Gottlob von Justi, Grundsätze der Policey-Wissenschaft [...], Göttingen 1759, 336.

81 Vgl. etwa Veit Ludwig von Seckendoff, Teutscher Fürsten-Stat [...], Frankfurt a. M. 1656, insb. Tl. 1.

wirtschaftlichen und sozialen Verhältnisse bestand.[82] Im Bereich der Verhaltensführung wurden zahlreiche Programme entworfen, die den sittlichen Zustand der Menschen in den Blick bekommen sollten, um ihn auf diese Weise zu verbessern. Das dafür notwendige Wissen wurde in Visitationen erhoben, welche die systematische Erhebung von Informationen über die Bevölkerung und die Beschaffenheit des Territoriums besorgen sollten.[83]

Seit der empirischen Wende zu Beginn der Frühen Neuzeit galten Sammlungen als das geeignete Medium solch eines Wissens.[84] Die Policey partizipierte an der neuen Erkenntnisart, die *historia* „als systematische Datensammlung reorganisiert[e]" und sie damit zur „Namensgeberin frühneuzeitlicher Empirie" machte.[85] Der Beruf, das Geschlecht, das Alter, der Personenstand, das Einkommen, die physische Beschaffenheit, der Gesundheitszustand und die sittlichen Qualitäten der Individuen wurden in lokalen Untersuchungen erhoben und schließlich in tabellarische Form übersetzt.

So sah der Entwurf zur *Vermehrung guter Policey* des Straßburger Juristen Georg Obrecht von 1617 vor, „alle Personen / mit ihren nothwendigen Vmbständen" kontinuierlich zu erfassen.[86] Denn nur wenn ein Regent um die Beschaffenheit und konkreten Verhältnisse seiner Untertanen wisse, könne er durch gezielte Maßnahmen etwaige Mängel beheben. Hierfür solle eine Schar von „Deputaten" eingesetzt werden, um auf alle Untertanen „Gemeine fürsorg / vnd auffsehens zuhaben" und „in ihr Leben vnd Wandel generaliter zu inquiriren".[87] Sollten die

82 Vgl. Peter Becker, Beschreiben, Klassifizieren, Verarbeiten. Zur Bevölkerungsbeschreibung aus kulturwissenschaftlicher Sicht, in: Information in der Frühen Neuzeit. Status, Bestände, Strategien, hg. von Arndt Brendecke, Markus Friedrich und Susanne Friedrich, Berlin 2008, 393–419.

83 Vgl. Susanne Friedrich, „Zu nothdürfftiger information". Herrschaftlich veranlasste Landeserfassungen des 16. und 17. Jahrhunderts im Alten Reich, in: Information in der Frühen Neuzeit, 301–334; sowie Karin Gottschalk, Wissen über Land und Leute. Administrative Praktiken und Staatsbildungsprozesse im 18. Jahrhundert, in: Das Wissen des Staates. Geschichte, Theorie und Praxis, hg. von Peter Collin und Thomas Horstmann, Baden-Baden 2004, 149–174.

84 Zum wissensgeschichtlichen Status frühneuzeitlicher (empirischer) Sammlungen vgl. Anke te Heesen und Emma C. Spary, Sammeln als Wissen, in: Sammeln als Wissen. Das Sammeln und seine wissenschaftsgeschichtliche Bedeutung, hg. von dens., Göttingen 2001, 7–21; sowie Sammeln, Ordnen, Veranschaulichen. Zur Wissenskompilatorik in der Frühen Neuzeit, hg. von Frank Büttner, Markus Friedrich und Helmut Zedelmaier, Münster 2003.

85 Seifert, Cognitio historica, 87.

86 Georg Obrecht, Fünff Vnderschiedliche Secreta Politica Von Anstellung / Erhaltung Vnd Vermehrung guter Policy […], Straßburg 1617, 209. Vgl. zu diesem Programm auch Walter Seitter, Menschenfassungen. Studien zur Erkenntnispolitikwissenschaft, München 1985, 102–104; Philip Ajouri, Policey und Literatur und in der Frühen Neuzeit. Studien zu utopischen und satirischen Schriften im Kontext Guter Policey, Berlin und Boston 2020, 137–142; sowie Simon, Policey, 290–297.

87 Obrecht, Policey, 193.

Deputaten bei ihren Untersuchungen Verhaltensweisen entdecken, „auß welchen viel hochschädliche Laster herwachsen", so bestand ihre Aufgabe darin, die Untertanen „zur Besserung / Freundlich vnd ernstlich zuvermahnen",[88] um sie „vor dem fall / der sonst vielleicht erfolgen möchte",[89] zu bewahren. Das fürsorgliche Gespräch ergänzt in Obrechts Überwachungsutopie die formelle schriftliche Registratur um eine informelle mündliche Seite. Dies ganz im Sinne des neuzeitlichen ‚pastoralen' Machttypus, der die Verhaltensführung zum Gegenstand des Regierungswissens gemacht hatte.[90] Um seine Schafe moralisch zu leiten und sie von einem „vnehrlichen / ärgerlichen / straffbahrem Leben"[91] abzuhalten, sollen sie Objekt einer unablässigen Überwachung und seelsorgerischen Betreuung werden.

Solchen wissenspolitischen Problemlagen hat sich auch Harsdörffer immer wieder angenommen. Mit dem Programm Georg Obrechts ist er womöglich bereits während seines Studiums der Historie und Rhetorik in Straßburg Mitte der 1620er Jahre in Berührung gekommen, einer breiteren Öffentlichkeit wurde Obrechts Abhandlung aber erst 1644 bekannt – just zu der Zeit, als Harsdörffer sich intensiv mit policeylichen Ordnungsfragen beschäftigte.[92] An einer Stelle erörtert Harsdörffer etwa die policeyliche Frage, „Durch was Mittel man ein Ort Volckreich machen könne?" und hebt dabei nicht nur „die Gesetze / welche gebieten / daß ein jeder Heuraten und Kinderzeugen muß", hervor. Einbezogen werden ebenfalls Variablen wie „gesundes Wasser", gute Luft, „fruchtbares Land mit Holtz und Stein / mit schiffreichen Flüssen bereichert", oder „die Wolfeilung der Lebensmittel".[93]

In der Reichsstadt Nürnberg, Harsdörffers Wirkungsstätte, war die policeyliche Regierungskunst seit der Hinwendung zum lutherischen Glauben fest etabliert.[94] Der Fränkische Kreis hatte zudem als einziger Reichkreis bereits 1572 eine eigene

88 Obrecht, Policey, 193.

89 Obrecht, Policey, 228.

90 Vgl. Michel Foucault, Omnes et singulatim. Zu einer Kritik der politischen Vernunft (1981), in: Gemeinschaften. Positionen zu einer Philosophie des Politischen, hg. von Joseph Vogl, Frankfurt a. M. 1994, 65–93.

91 Obrecht, Policey, 186.

92 Zwischen Nürnberg und Straßburg bestand in der Frühen Neuzeit starker Austausch. Zum Einfluss Straßburgs auf die oberdeutsche Stadtkultur vgl. Erich Kleinschmidt, Die literarische Stadtkultur Oberdeutschlands, in: Stadt und Literatur, 281–292.

93 Harsdörffer, Erquickstunden, 637.

94 Zu den Erlassen des Spätmittelalters vgl. Nürnberger Polizeiordnungen aus dem XIII bis XV Jahrhundert, hg. von Joseph Baader, Stuttgart 1861; zur mittelalterlichen Sittenpolicey in Nürnberg vgl. Werner Bucholz, Anfänge der Sozialdisziplinierung im Mittelalter. Die Reichsstadt Nürnberg als Beispiel, in: Zeitschrift für Historische Forschung 18 (1991), 129–147.

Policeyordnung verabschiedet.[95] Bis zum Ende des Alten Reichs wurden allein auf Nürnbergischem Gebiet etwa 7.500 einzelfallbasierte Ordnungen, Mandate und Dekrete erlassen, deren erfolgreiche Implementierung eine Reihe von Exekutivorganen garantieren sollte.[96] Policeylich-deputatorische Funktionen, wie Obrecht sie forderte, nahmen das Landalmosen- und das Landpflegeamt und sogenannte Viertelmeister und Gassenhauptmannschaften ein.[97] Neben seiner Stelle als Gerichtsassessor war Harsdörffer Teil der Nürnberger Bürgerwehr, die für die Ausübung der Policey verantwortlich war. 1651 wurde er zum Gassenhauptmann im Egidier Viertel ernannt.[98] Er war für die Kontrolle des Viertels und die Einhaltung guter Ordnung zuständig.

Eine große Rolle erhielt in diesem Zusammenhang auch das Rugamt, dessen Vorsitz Harsdörffer nach seiner späten Berufung in den Inneren Rat der Stadt innehatte.[99] Das Rugamt war „eine behörde, die die befolgung der gesetze zu überwachen und übertretungen derselben zu rügen hat".[100] Sie war für die Implementierung der Policeyordnungen und die Überwachung der Bevölkerung verantwortlich. An „Gerichts-Täge[n]", an denen „alles vorkommt, was die kleinen Rügen und Verbrechen angehet",[101] wurde die Bevölkerung angehalten, Übeltäter:innen zu denunzieren. Das stellte eine raffinierte Ergänzung externer Kontrollinstanzen dar: Die Untertanen sollten ihr Verhalten gegenseitig kontrollieren

---

95 Vgl. Des löblichen frenckischen reichskraiß verainte vnd verglichne policey ordnung […], Nürnberg 1572, in: Die „gute" Policey im Reichskreis. Zur frühmodernen Normensetzung in den Kernregionen des Alten Reiches. Bd. 2: Die „gute" Policey im Fränkischen Reichskreis, hg. von Wolfgang Wüst, Berlin 2003, 827–838. Vgl. hierzu auch Rudolf Endres, Nürnbergs Stellung im Reich im 17. Jahrhundert, in: Der Franken Rom, 19–45, hier: 24–25.

96 Zur Erweiterung des Sicherheitsapparats seit der Einführung der lutherischen Lehre vgl. Andrea Bendlage, „Umb friedens willen" – Obrigkeit und Executive in der Reichstadt Nürnberg im 16. Jahrhundert, in: Kriminalität in Mittelalter und Früher Neuzeit. Soziale, rechtliche, philosophische und literarische Aspekte, hg. von Sylvia Kesper-Biermann und Diethelm Klippel, Wiesbaden 2007, 57–75.

97 Vgl. Rudolf Endres, Grundzüge der Verfassung der Reichsstadt Nürnberg, in: Zeitschrift der Savigny-Stiftung für Rechtsgeschichte. Germanistische Abteilung, Bd. 111 (1994), 405–421.

98 Vgl. den Ratsverlass vom 25. April 1651, abgedruckt in Georg Adolf Narciss, Studien zu den Frauenzimmergesprächspielen Georg Philipp Harsdörffers (1607–1658). Ein Beitrag zur deutschen Literaturgeschichte des 17. Jahrhunderts, Leipzig 1928, 170.

99 Zur Geschichte des Nürnberger Rugamts vgl. Walter Lehnert, Nürnberg – Stadt ohne Zünfte. Die Aufgaben des reichsstädtischen Rugamts, in: Deutsches Handwerk in Spätmittelalter und Früher Neuzeit. Sozialgeschichte – Volkskunde – Literaturgeschichte, hg. von Rainer S. Elkar, Göttingen 1983, 71–81.

100 Art. Rügeamt, in: Deutsches Wörterbuch von Jacob Grimm und Wilhelm Grimm, 16 Bde. (32 Teilbde.), Leipzig 1854–1961, Bd. 14, Sp. 1411, URL: https://woerterbuchnetz.de/DWB (24.01.2025).

101 Art. Rüge-Gerichte, Rug-Gerichte, in: Zedler, Universal-Lexicon, Bd. 32, Sp. 1747.

und, falls sie untugendhafte Handlungen registrierten, diese den Rügerichtern melden.

Zielscheibe dieser Institution waren, wie Harsdörffer in einem Text mit dem Titel *Von dem Rugambt* schreibt, vor allem die als moralisch defizitär betrachteten unteren Stände, gerade die „unbändigen Handwercker und Handwecks-Genossen".[102] Ihr Kampf galt besonders geheimen Versammlungen der Handwerker und ihrer Organisation in Zünften. Die Rügepolicey, fordert Harsdörffer, solle sich nicht allein darum kümmern, dass „der Bürger Vermögen ordenlich verzeichnet" werde. Für die „innerliche Gesundheit" der Reichstadt sei es zudem essenziell, diese Stände „im Zaum zu halten" und „auf die Laster deß Pöbels gute Acht [zu] haben".[103]

Tatsächlich hatte Nürnberg seit dem Ende des 16. Jahrhunderts mit massivem Widerstand gegen die obrigkeitliche Regelungswut zu kämpfen. Immer wieder flammten Proteste gegen die zunehmende policeyliche Überwachung der Untertanen auf.[104] Eine frühzeitige Neutralisierung von Protesten wurde seitdem als unabdingbar für die Erhaltung guter Ordnung betrachtet, wie man einem weiteren Text des Rugherrs Harsdörffer zu den *Ursachen der Aufrührn und Empörungen* entnehmen kann: „Ein Füncklein kan offt ein grosses unleschliches Feuer verursachen / welches umb sich greifft und sonder Gefahr und Schaden nicht mag gedämpffet werden; also daß die endliche Verderbung und Einäscherung eines gantzen Regiments daraus entstehen kan".[105] Um die „Grundfeste eines Regiments" zu wahren, empfiehlt er neben einer erhöhten policeylichen Observanz eine ebenso harte wie kompromisslose Bestrafung der „Boßhafftigen".[106]

Harsdörffers Neigung zu Rügepraktiken floss auch in den *Schau-Platz* ein. In einer Erzählung mit dem Titel „Ehbruchsrug" verweist er auf die doppelte Semantik des Worts: „Das alte Wörtlein RUG bedeutet die Klag / und wird auch gebraucht für die Straffe", leitet er die Mordgeschichte ein und erzählt dann die Geschichte eines Edelmanns, der „sein in Ehbruch ergrieffenes Eheweib unbarmhertzig geruget" habe (JMG 393). Nach einem Verdacht hatte der Ehemann seine Frau „mit ihren Bulen gantz nackend liegend" in flagranti erwischt (JMG 395). Seine später vom Herzog als gerechtfertigt betrachtete „Rug" bestand darin, die Frau zu zwingen,

---

102 Georg Philpp Harsdörffer, Der teutsche Secretarius. Das ist: Allen Cantzleyen, Studir- und Schreibstuben nutzliches, fast nohtwendiges und zum drittenmal vermehrtes Titular- und Formularbuch, 2 Bde., Faks.-Nachdr. der 3. Aufl. 1656, Hildesheim und New York 1971, Bd. 2, 507.

103 Harsdörffer, Secretarius, Bd. 2, 506–507.

104 Vgl. Andrea Bendlage und Peter Schuster, Hüter der Ordnung. Bürger, Rat und Polizei in Nürnberg im 15. und 16. Jahrhundert, in: Mitteilungen des Vereins für Geschichte der Stadt Nürnberg 82 (1995), 37–55, insb. 48–55.

105 Harsdörffer, Secretarius, Bd. 2, 532.

106 Harsdörffer, Secretarius, Bd. 2, 534.

ihren Liebhaber selbst zu erhängen, um sie dann im gleichen Zimmer mit ihrem Liebsten einzumauern, „daß also diese Sünderin / ihren Bulen erhencken / und neben ihm lebendig verfaulen müssen" (JMG 395). Solch eine drakonische Selbstjustiz ist für Harsdörffer nicht zuletzt aufgrund ihrer Abschreckungsfunktion legitim: „Viel geile Weiber", schreibt er, „haben sich durch diese That von ihrem Sünden Leben mehr abschrecken lassen / als sonst von vielen Predigten und Bedrauungen Göttlicher Straffen" (JMG 396).

Am Fluchtpunkt solcher policeylichen Überlegungen nimmt Harsdörffers *Schau-Platz* Gestalt an. Während die Policey im Verlauf der Frühen Neuzeit auf eine „Totalerfassung des Menschen"[107] zustrebte und so den „Schauplatz einer politischen Anthropologie"[108] eröffnete, veranstaltet Harsdörffer jedoch ein Theater anderer Art. Anstatt auf individualisierende Darstellungspraktiken setzt er auf eine Praxis der Typisierung. Diese Praxis ist eng mit seinem Erzählstil verknüpft: Die Narrativierung von Mordfällen erfolgt im *Schau-Platz* mithilfe einer Erzähltechnik, die undienliche Details konsequent streicht. Auch wenn er in Vorfällen und ihren Umständen ebenfalls ein regierungstechnisches Problem erblickt, schlägt sein papierner Schauplatz eine andere Richtung als die Policey ein. Deren empirischen Anspruch als einer dynamischen Institution, die die neue Wirklichkeit des Staates regierbar machen soll, flankiert Harsdörffer mit einer Sammlung abschreckender Fälle.[109] Im Sinne der *histoires tragiques* liegt der Fokus auf alltäglichen Begebenheiten, wobei Vorfälle privilegiert werden, die sich in räumlicher und zeitlicher Nähe ereignet haben. Auch stellt die Sammlung das Verhalten der Protagonisten in den Vordergrund und zielt so auf die vermeintlichen Wurzeln des Übels.

In dieser Ausrichtung verortet Harsdörffer das Neue seiner Anthologie. Die Geschichtsschreibung habe sich bisher nur für die Geschichte der Großen interessiert. Aus ihr haben Regenten kluges Handeln und die Regierung ihrer Untertanen gelernt. Es seien aber, schreibt Harsdörffer in der Vorrede, „vielmehr gemeine Leute zu finden als hohe Standspersonen". Auch deren Verhalten bedürfe der Steuerung, weshalb man „alle und jede merkwürdige Fügnisse[ ] / so sich unter geringen Leuten mehrmahls begeben / zu Papier setzen" müsse (JMG, Vorrede, Nr. 3). Damit ist ein historisches Programm umrissen, das die Untertanen in den Fokus rückt und den Blick auf Vorkommnisse des gemeinen Lebens richtet: „[N]icht nur Könige / Fürsten und Herren [...] / sondern auch Edle / Burger / Bauren" werden auf dem *Schau-Platz*

---

107 Vogl, Staatsbegehren, 605.

108 Vogl, Staatsbegehren, 619.

109 Auf den Zusammenhang von frühneuzeitlicher Policey und der Entstehung von literarischen Verbrechenssammlungen hat Alexander Halisch aufmerksam gemacht. Vgl. ders., Barocke Kriminalgeschichtensammlungen, in: Simpliciana 21 (1999), 105–124, insb. 106. Das genaue Verhältnis von Poetologie und Policey analysiert Halisch nicht.

präsentiert und somit „die Begebenheiten der Privat-Personen vorstellig“ gemacht (LLG, Zuschrift, unpag.). Gerade sie sind schließlich „den vielfältigsten wunderlichsten Begebenheiten unterworffen“.[110] Erzählt werden zum Beispiel Fälle von Ehebrüchen und ihrer Rüge oder von vertuschten Morden. Aber auch Fälle von Vergewaltigungen, von Rachefeldzügen oder von „Hurenhengsten“, deren Leichnam nach ihrem Tod zu stinken begonnen hatte, werden auf den Schauplatz geführt.

Affekte und Leidenschaften sind für Harsdörffer nicht mehr ausschließlich bei Souveränen oder einer ritterlichen Aristokratie zu suchen, sondern auch und gerade bei Personen niederer Stände – also überall dort, wohin sich der Blick der Sittenpolicey richtete. Außergewöhnliche (und deshalb erzählenswerte) Vorfälle sind für einen solchen Blick nicht mehr die Ausnahme, sondern die Regel. „[E]s lebet [...] niemand“, schreibt Harsdörffer, „deme nicht in seinem leben etwas besonders geschehen“.[111] Seine Sammlung von „sonderliche[n] Fügnissen“[112] führt paradoxerweise eines vor Augen: ihre Regelmäßigkeit. Die Geschichten sind „dem alltäglichen Menschlichen Leben“ entnommen und werden „zu fruchtbarer Beobachtung / jetzo ans Tagelicht“ gezerrt (LLG 1, 4). Was Harsdörffer in Bezug auf die Policey und eine durch die göttliche Vorsehung regierte Welt behauptet, gilt daher für die Anlage des *Schau-Platzes* insgesamt: „Es ist nichts so klein gesponnen / es kommet doch endlich an die Sonnen“ (JMG 78).

Die Verbindung zum policeylichen Dispositiv zeigt sich auch in der zeitlichen und räumlichen Nähe der berichteten Begebenheiten. Das Personal der Mordgeschichten rekrutiert sich nicht mehr aus einer vorbildhaften Antike. Vielmehr geht es darum, Vorfälle zu erzählen, „welche warhafftig und würklich geschehen und uns fast täglich für Augen schweben“ (JMG, Vorrede, Nr. 4). Dabei enthalte, so Harsdörffer, die Sammlung nur solche Begebenheiten, die er als authentisch bewertet und die „sich theils zu unsrer Väter / theils zu unsren Zeiten begeben“ haben (JMG, Zuschrift, unpag.). Es sei nötig, das „Thun der jenigen [zu] finden / welche in unsrer Gesellschafft leben“. Denn nur im Wissen um aktuelle Vorfälle können die Menschen sich vom „Zustand [...] ihres Vaterlands und desselben Beschaffenheit“ ein Bild machen (JMG, Vorrede, Nr. 4).

Der Gegenwartsbezug des *Schau-Platzes* zeigt sich vor allem in Geschichten, denen keine Vorlagen aus der französischen *Tragica*-Literatur zu Grunde liegen, sondern aus Zeitchroniken oder Wunderbüchern zusammengetragen werden: „Zu Frauenstein / ein Dorff unferne von Meintz gelegen / hat ein Baurenknecht ein

---

110 Harsdörffer, SchauPlatz, 5. und 6. Tl., Zuschrift, unpag.

111 Harsdörffer, Der Grosse SchauPlatz jämmerlicher Mordgeschichte. Siebender und Achter Theil [...], Hamburg 1650, Vorrede, Nr. 11.

112 Harsdörffer, SchauPlatz, 5. und 6. Tl., Vorrede, unpag.

Mägdlein von fünff Jahren in einem Stall geführt und nohtzüchtigen wollen" (JMG 689); „Ein Schuster ist alhier zu Nürnberg an einem Hünnerbein / welches in dem Hals stecken geblieben / jämmerlich ersticket" (JMG 586); „Zu Antwerpen hat sich folgende schröckliche Geschichte begeben" (JMG 690) usw.

Harsdörffers Anthologie steht damit nicht zuletzt neuen historiografisch-policeylichen Formen wie der Reichshistorie oder der Staatenkunde nahe. Seit dem Westfälischen Frieden (1648) hatten sich im Deutschen Reich Territorialstaaten formiert, die ihre Souveränitätsansprüche auch historisch zu festigen bestrebt waren und die Geschichte zur Disziplin für das Staatswissen machten. Gefordert war nun die Beschreibung des aktuellen Zustands eines Staates. Sie sollte die Konstitution eines Staatsgebildes zu einem konkreten Zeitpunkt in Differenz zu seiner eigenen Vergangenheit sowie zu anderen Staaten bestimmen. Diese Form der Historiografie lieferte Analysen der aktuellen staatlichen Zustände und wertete somit die Neuere Geschichte radikal auf.[113] Ein historiographisches Modell, das geschichtliches Wissen als zeitlose Orientierungshilfe verzeichnete, konnte zu einer genauen Einschätzung der gegenwärtigen europäischen Mächtekonstellation immer weniger beitragen.

Die Verzeichnung aktueller Begebenheiten erhält bei Harsdörffer eine erzähltechnische Einpassung, die aufmerksamkeitsökonomisch grundiert ist: Was einen Vorfall zu einem erzählenswerten Fall macht, ist die Merkwürdigkeit seiner Umstände. Deren Ausgefallenheit ist die Bedingung für die Aufnahme von Geschichten in Harsdörffers Sammlung, die damit ihren Unterhaltungswert sichert. Dieses wirkungsästhetische Kalkül zog jedoch regulatorische Folgeprobleme nach sich, die einen spezifischen Umgang mit den Einzelheiten der Geschichten erforderten.

Dem Jämmerlichen durch das Erzählen von Verbrechen ein Denkmal zu setzen, war dabei keineswegs unproblematisch. Das belegt der argumentative Aufwand, den Harsdörffer in der Vorrede betreibt, um sein Vorgehen zu legitimieren. Er habe Mordgeschichten gesammelt, „weil deß Menschen Sinn [ ]so beschaffen / daß er durch Bestraffung der Bösen mehr beweget wird / als durch Belohnung der Frommen" (JMG, Vorrede, Nr. 11). Mit dieser wirkungsästhetischen Überlegung ist zwar das Erzählen von Gesetzesübertretungen gerechtfertigt, aber als drängende Frage bleibt immer noch das Theodizeeproblem, an dem sich die Legitimationsstrategie weiter abarbeitet. In der Tat wirft eine Literatur solcher Art die für die

113 Vgl. Notker Hammerstein, Reichshistorie, in: Aufklärung und Geschichte. Studien zur deutschen Geschichtswissenschaft im 18. Jahrhundert, hg. von Hans Erich Bödeker, Georg G. Iggers, Jonathan B. Knudsen et al., Göttingen 1986, 82–104; sowie für den französischen Kontext Chantal Grell, L'histoire entre érudition et philosophie. Etude sur la connaissance historique à l'âge des Lumières, Paris 1993.

Frühe Neuzeit schwierige Frage auf, warum Gott Verbrechen überhaupt gestattet, oder mehr noch: Warum sogar durchaus eindrucksvolle Verbrecherkarrieren im Rahmen des Möglichen sind.[114]

Hier liegt der Grund, warum Harsdörffer seine Geschichten nicht auf der Seite der *fabula* verortet, sondern sie in den *historia*-Diskurs einschreibt.[115] Die Fälle sind „alle wahre Geschichte[n] / zu welche[n] / oder von welchen haubtsachlich nichts gethan worde[n]" wäre (JMG, Vorrede, Nr. 17). Gesammelt habe er allein solche Geschichten, die „würkliche[r] Vorstellung zu Gesichte komen / oder in warhafften Beschreibungen gelesen" worden sind.[116] Auch in den einzelnen Geschichten versichert er dies immer wieder: „Folgende Geschichte scheinet fast einem Gedicht ähnlich / ist mir aber für gewiß erzehlet worden / von solchen Personen / welche glaubwürdig / und nicht Ursachen gehabt eine Fabel für warhafftig dar zu geben", heißt es an einer Stelle etwa (JMG 414).

Manche Fälle, beteuert Harsdörffer, habe er sogar selbst erlebt.[117] Sie seien „zu [s]einer Zeit" (JMG 421) oder in „Nürnberg auf dem Churfürsten Tage 1641" (JMG 385) vorgefallen, oder hätten sich zugetragen, „als ich mich in Engelland hab aufgehalten / und alle umstände [...] aus sicheren Bericht [erfahren] und theils [mit] Augeschein fleissigt beobachtet [habe]" (JMG 193). Damit verspricht er, den Zusammenhang von Vorfall und Umstand wahrheitsgemäß darzustellen und einen „zulässigen Gebrauch"[118] von den Historien zu machen. Weil sie eine stärkere Beweiskraft besitzen, führt Harsdörffer in seinen *Schau-Platz*-Anthologien anstatt fiktiver Geschichten historische Exempla an. Im Gegensatz zu Geboten sind Exempla keine autoritativen Vorschriften, sondern sie erhalten ihre Legitimation aus ihrem Status als Erfahrungswissen. Nur durch eine verlässliche Zeugenschaft wird Harsdörffers poetische Gerechtigkeit zugleich zu einer heilsgeschichtlichen. Anders als fabulöse Texte können die als *historiae* ausgewiesenen Geschichten göttliche Interventionen nicht nur vorführen, sondern zugleich auch beglaubigen.[119] „Wer [...] von der Obrigkeit ungestraffet bleibt", so lautet jedenfalls der Wahlspruch der

---

114 Christian Kirchmeier hat in Bezug auf den aktenmäßigen Bericht auf dieses Problem aufmerksam gemacht und gezeigt, welche Strategien verwendet werden, um die Unversehrtheit der heilsgeschichtlichen Gerechtigkeit zu demonstrieren. Vgl. ders., Verbrechen, 9–10.

115 Zum poetologischen Diskurs vgl. Rosmarie Zellerm, Fabula und Historia im Kontext der Gattungspoetik, in: Simpliciana XX (1998), 49–63.

116 Harsdörffer, SchauPlatz, 3. und 4. Tl., Vorrede, unpag.

117 Nachdem er alle Geschichten aus Camus' *Amphithéâtre Sanglant* der Reihe nach präsentiert hat, schiebt er ein, dass er von nun an auch Fälle erzählen werde, die er „theils aus eigner Erfahrung" habe (JMG 119).

118 Harsdörffer, SchauPlatz, 7. und 8. Tl., Vorrede, Nr. 5.

119 Vgl. Kirchmeier, Verbrechen, 10.

Mordgeschichte, „muß auf andre Weise von Gott / dessen Gesetze unveränderlich / heimgesuchet werden“ (JMG 268).

Ob die Vorfälle aus Büchern extrapoliert oder Gegenstand empirischer Beobachtung waren, spielte mit Blick auf den weitgefassten *historia*-Begriff der Frühen Neuzeit keine Rolle. Als topische Inventionen waren Erfahrungen aus erster und Erfahrungen aus zweiter Hand ununterscheidbar.[120] Voraussetzung für diese „Nichtunterscheidung zwischen dem Geschehenen und dem Gelesenen, zwischen dem Beobachteten und dem Berichteten“ war, wie Michel Foucault mit Blick auf die „Episteme der Ähnlichkeit“ festgehalten hat, „die Konstitution einer einzigen und glatten Schicht, auf der der Blick und die Sprache sich unendlich oft kreuzten.“[121] Zwischen einer empirischen und einer topischen Methode ließ sich unter dieser Prämisse nicht sinnvoll unterscheiden. In beiden Fällen waren Sammler:innen am Werk, die ihre Fundstücke anhäuften, zerlegten, (re-)formatierten und kombinierten; ein Exzerpt einer schriftlichen Historie galt ebenso als empirische Beobachtung wie eine policeyliche Registratur, eine Notiz am Krankenbett oder ein Protokoll im Inquisitionsverfahren.[122]

Harsdörffers Aufmerksamkeit für jüngere Ereignisse war die Folge einer Geschichtsauffassung, der zufolge sich aus Geschichten exemplarisch lernen lasse.[123] Aller Verzeitlichungstendenzen zum Trotz blieb Geschichte im 17. Jahrhundert vorerst ein Archiv lehrreicher und wiederholbarer Fälle.[124] Geschichte war eine „Scheune von Beispielen“,[125] aus der man sich im Rahmen einer universalisierten Topik für belehrende Zwecke bedienen konnte. So zielt auch Harsdörffers Bei-

---

120 Vgl. Wilhelm Schmidt-Biggemann, Topica Universalis. Eine Modellgeschichte humanistischer und barocker Wissenschaft, Hamburg 1983, 251.

121 Foucault, Ordnung der Dinge, 71. Dass Harsdörffers Poetik noch im Zeichen der Episteme der Ähnlichkeit steht, hat die Forschung mehrfach hervorgehoben. Vgl. Peter-André Alt, Literarische Imagination als Spiel. Zum Verhältnis von Bildpoetik, Fiktion und Epistemologie bei Harsdörffer, in: Harsdörffers Universalität, 23–38; sowie Stefan Manns, Grenzen des Erzählens. Konzeption und Struktur des Erzählens in Georg Philipp Harsdörffers *Schauplätzen*, Berlin und Boston 2013, 63–64, Fn. 42, 119.

122 Vgl. Volker Hess und Andrew Mendelsohn, Paper Technology und Wissensgeschichte, in: NTM. Zeitschrift für Geschichte der Wissenschaften, Technik und Medizin 21 (2013), 1–10, hier: 4–6; sowie (mit Blick auf die medizinische Empirie) Michael Stolberg, Medizinische *loci communes*. Formen und Funktionen einer ärztlichen Aufzeichnungspraxis im 16. und 17. Jahrhundert, in: NTM (2013), 37–60.

123 Vgl. Reinhard Koselleck, Historia Magistra Vitae. Über die Auflösung des Topos im Horizont neuzeitlich bewegter Geschichte, in: Vergangene Zukunft, 38–66.

124 Vgl. Helmut Zedelmaier, *Bibliotheca universalis* und *bibliotheca selecta*. Das Problem der Ordnung des gelehrten Wissens in der frühen Neuzeit, Köln, Weimar und Wien 1992, 225–309; Schmidt-Biggemann, Topica Universalis, 21–30, 81–99.

125 Schmidt-Biggemann, Topica Universalis, 63.

spielsammlung auf die Gewinnung von Beurteilungsmaßstäben für das eigene Handeln. Während die „Haubt-Wissenschafften" Theologie, Medizin und Jurisprudenz „mit Lehren und Gesetzen" aufwarteten, arbeitet die Geschichtsschreibung, so Harsdörffer, „mit Exempeln und Beyspielen", die aufgrund ihrer vorgestellten Wiederholbarkeit zur „Richtschnur menschliche[n] Leben[s]" avancieren (LLG 1, Zuschrift, unpag.). Die Bevorzugung der Gegenwart hat ihren Grund in dieser praktischen Ausrichtung der Geschichten: Die Gegenwartsgeschichte kann eine größere Zuverlässigkeit für sich reklamieren.

Die exemplarische Struktur von Geschichten wurde im Barock räumlich repräsentiert.[126] Im Fall des *Schau-Platzes* erfolgt diese räumliche Wissensanordnung durch das in der Frühen Neuzeit omnipräsente Theatrum-Format, das die Möglichkeit eines „synoptischen Gesamtüberblicks" versprach.[127] Eine als zunehmend unübersichtlich wahrgenommene Welt sollte in einen überschaubaren Bereich überführt werden. Das Verbrechen, das nach Pierre Legendre aus der symbolischen Ordnung herausfällt und darum nach einer Darstellung verlangt,[128] wird in der Theatrum-Literatur wieder in den Bereich der Ordnung integriert. Auch wenn Harsdörffer eine empirische Fülle von Fällen andeutet, soll ebenjene Vielfalt begrenzt und in einen einheitlichen und gesetzmäßigen Rahmen integriert werden.

Von seinen Fallbeispielen erhoffte sich Harsdörffer eine disziplinierende Wirkung. In einer Vorrede des *Schau-Platzes* heißt es:

> Es haben aber die Exempel deßwegen viel Krafft in der Menschen Thun / weil der Wille nicht wil gezwungen / und mit Gewalt beherrschet werden / wie die Lehrgesetze / welche sich auch auf gute Ursachen gründen / befehlen wollen: Die Exempel aber gleichsam stillschweigend die

126 Vgl. Leander Scholz, Das Archiv der Klugheit. Strategien des Wissens um 1700, Tübingen 2002, 29–32; sowie Peter Matussek, Die Memoria erschüttern. Zur Aktualität der Gedächtnistheater, in: Bühnen des Wissens. Interferenzen zwischen Wissenschaft und Kunst, hg. von Hans-Christian von Herrmann, Florian Nelle, Wolfgang Schäffner et al., Berlin 2003, 214–225.

127 Markus Friedrich, Frühneuzeitliche Wissenstheater. Textcorpus und Wissensbegriff, in: Wissensspeicher der Frühen Neuzeit. Formen und Funktionen, hg. von Frank Grunert und Anette Syndikus, Berlin und Boston 2015, 297–328, hier: 324. Zu den vielfältigen Konnotationen und Einsätzen der Metapher in der Frühen Neuzeit vgl. Ann Blair, The Theater of Nature. Jean Bodin and Renaissance Science, Princeton 1997, 153–179; Udo Friedrich, Weltmetaphorik und Wissensordnung in der Frühen Neuzeit, in: Enzyklopädistik 1550–1650. Typen und Transformationen von Wissensspeichern und Medialisierungen des Wissens, hg. von Martin Schierbaum, Berlin 2009, 193–248. Einen Überblick über die frühneuzeitliche Theatrum-Literatur findet sich in Welt und Wissen auf der Bühne. Die Theatrum-Literatur der Frühen Neuzeit. Repertorium, hg. von Nikola Roßbach und Thomas Stäcker, Wolfenbüttel 2011.

128 Vgl. Pierre Legendre, Das Verbrechen des Gefreiten Lortie. Abhandlung über den Vater. Lektionen VIII (1994), Freiburg 1998, 77; sowie die an Legendre anschließenden Ausführungen bei Vismann, Medien der Rechtsprechung, 31–34.

> Belohnung deß Guten / und Abstraffung deß Bösen anführen / und also den freyen Willen nicht nöthigen / sondern zu der Gebührleistung und dienlicher Nachfolge / sittsamlich geleiten.[129]

Das Exempel stellt die Konsequenzen einer bestimmten Handlungsweise bildhaft vor Augen. Dies leisten weder Gesetze noch Lehren. Lerneffekte, so Harsdörffer, lassen sich nicht durch Verordnung erzielen, sondern nur durch freiwillige Einsicht. Die „wenigmühestsamsten" Erkenntnisse sind schließlich solche, die „durch das Anschauen" eines Fallbeispiels gewonnen werden.[130]

Diese Erfahrung hat auch der Nürnberger Rat machen müssen: „ohne würkliches Beyspiel" haben Gesetze „keinen Nachdruck".[131] Ein Großteil seiner Policeyordnungen hebt mit der gleichen Frustration über die Unwirksamkeit ihrer Vorgänger an. Die „wolgemeinte verkündigung diser Gesetz vnd Policey" sei „von der Burgerschafft/ in gebürende obacht nit gezogen/ theils auch sich mit der vnwissenheit entschuldigt" worden, heißt es etwa.[132] Aller Regelungen zum Trotz bemerkte man eine stetige Zunahme von Störfällen. Mit „sonderbarem Missfallen" habe man „vernehmen mussen/ wie sehr das Balgen und Raufen überhand genommen" habe.[133] Und auch mit Blick auf das Strafritual der öffentlichen Hinrichtung machte sich Ernüchterung breit: Mit Verärgerung stellte der Innere Rat fest, dass sich die als abschreckende Mahnung konzipierten Hinrichtungen in rauschende und unübersichtliche Volksfeste verwandelt hatten.[134]

Um Ordnung herzustellen und die für den frühneuzeitlichen Strafbegriff grundlegende Abschreckungsfunktion zu erfüllen, waren andere Formen und Formate gefragt. Das hinterließ auch in den Kulturinstitutionen eine Spur. 1628, mitten im Dreißigjährigen Krieg, errichtete der Nürnberger Rat aus einem Potpourri finanzieller, policeylicher und pädagogischer Kalküle ein *Fecht-* oder *Tagkomödienhaus.*[135] Der erste kommunale Theaterbau Deutschlands sollte die außer Kontrolle geratenen öffentlichen Veranstaltungen, deren Menschenmassen aus Sicht der Policey Aufsichts- und Ordnungsprobleme nach sich zogen, in geordnete

---

129 Harsdörffer, SchauPlatz, 7. und 8. Tl., Vorrede, Nr. 10.

130 Harsdörffer, SchauPlatz, 7. und 8. Tl., Vorrede, Nr. 1.

131 Harsdörffer, SchauPlatz, 7. und 8. Tl., Zuschrift, unpag.

132 EXTRACT, Auß eines Erbarn Rahts der Statt Nuermberg Wandelbuch/ etlicher Gesetz vnd Ordnung [...]. Nürnberg 1621, in: Die „gute" Policey im Reichskreis. Zur frühmodernen Normensetzung in den Kernregionen des Alten Reiches. Ein Quellenwerk. Bd. 7. Policeyordnungen in den fränkischen Reichsstädten Nürnberg, Rothenburg o.d.T., Schweinfurt, Weißenburg und (Bad) Windsheim, hg. von Wolfgang Wüst, Erlangen 2015, 87–96, hier: 87.

133 Duellverbot, Nürnberg 1651, in: Policey im Reichskreis, Bd. 7, 911.

134 Vgl. Diefenbacher und Beyerstedt, Nürnberg, 1603.

135 Vgl. Markus Paul, Reichstadt und Schauspiel. Theatrale Kunst im Nürnberg des 17. Jahrhunderts, Tübingen 2002, 40–59.

Verhältnisse überführen, „damit man alles wol und deutlich sehen“[136] könne. In der Mitte des dreistöckigen Galeriegebäudes, das Platz für 3.000 Besucher:innen bot, befand sich ein quadratischer Hof, in dem Theateraufführungen, Fechtspiele und Tierhatzen stattfanden. Parallel schuf der Rat einen neuen Verwaltungsapparat, der eine intensive Kontrolle über die Veranstaltungen und Einnahmen ausüben sollte. Als nach einer mehrjährigen epidemiebedingten Pause der Spielbetrieb 1644 wieder aufgenommen wurde, war ein wichtiger Bereich des öffentlichen Lebens der obrigkeitlichen Kontrolle unterworfen. In Form von Genehmigungspflichten, Vorzensuren, der Überwachung von Abläufen und dem Kassieren von Eintrittsgeldern trat eine Theaterpolicey in Erscheinung, die „auß guten politischen doch christlichen Ursachen“[137] den Spielbetrieb kontrollierte.

Auf das Problem der räumlichen Beschränktheit und situativen Gebundenheit des „Theater[s] des Schreckens“[138] reagierte wiederum ein ganzer Medienverbund. Flugblätter,[139] Wochenzeitungen und aktenmäßige Berichte verbreiteten die Nachricht der obrigkeitlichen Bestrafung auch über die städtischen oder territorialen Grenzen hinaus und sicherten die Deutungshoheit der Policey. Aufgrund des hohen Anteils an Analphabeten wurde allerdings auch weiterhin auf mündliche Formen gesetzt. So heißt es bereits in der Reichspolizeiordnung von 1577, „daß die Obrigkaiten iren Pfarrhern und Predigern befehlen sollen/ alle Sontag dem volck zuverkünden/ daß sie sich deß ubermessigen trinckens/ und deß zutrinckens enthalten/ mit erzelung der laster/ so auß der trunckenheit folgen“.[140] Die Policey hatte registriert, dass „auß trunckenheyt“ oftmals „mort[/] todtschleg/ ehebruch und dergleichen übelthaten“ folgt und die „unwesenheyt des zutrinckens“ alleror-

136 Staatsarchiv Nürnberg, Ratsverlass vom 14. August 1627, fol. 93^{v}, zit. nach: Paul, Reichstadt, 45.

137 Staatsarchiv Nürnberg, Rep. 16a: B-Laden, Eingabe der Geistlichen vom 28. April 1643, S. I. L. 203, fol. 58^{r}, zit. nach: Paul, Reichstadt, 58.

138 Vgl. das viel diskutierte Buch von Richard van Dülmen, Theater des Schreckens. Gerichtspraxis und Strafrituale in der frühen Neuzeit (1985), 3. Aufl. München 1988.

139 Vgl. Dietmar Peil, Strafe und Ritual. Zur Darstellung von Straftaten und Bestrafungen im illustrierten Flugblatt, in: Wahrnehmungsgeschichte und Wissensdiskurs im illustrierten Flugblatt der Frühen Neuzeit (1450 – 1700), hg. von Wolfgang Harms und Alfred Messerli, Basel 2002, 465 – 486; Harriet Rudolph, „Wahrhafftige Abcontrafactur“? Die Evidenz des Verbrechens und die Effizienz der Strafjustiz in illustrierten Einblattdrucken (1550 – 1650), in: Evidentia. Reichweiten visueller Wahrnehmung in der Frühen Neuzeit, hg. von Markus Friedrich, Karin Leonhard und Gabriele Wimböck, Münster 2007, 163 – 190; sowie Karl Härter, Criminalbildergeschichten. Verbrechen, Justiz und Strafe in illustrierten Einblattdrucken der Frühen Neuzeit, in: Repräsentationen von Kriminalität und öffentlicher Sicherheit. Bilder, Vorstellungen und Diskurse vom 16. bis zum 20. Jahrhundert, hg. von dems., Gerhard Sälter und Eva Wiebel, Frankfurt a. M. 2010, 25 – 88.

140 Die Reichspolizeiordnungen von 1530, 1548 und 1577. Historische Einführung und Edition, hg. von Matthias Weber, Frankfurt a. M. 2002, 228.

ten „überhandt genommen" hat.[141] Auch im Bereich der Homiletik sollte daher mit abschreckenden Exempla gearbeitet werden. Im pastoralen Dispositiv stand ohnehin außer Frage, dass die Untertanen sich mehr an Beispielen als an hoheitlichen Gesetzen orientierten.[142]

Vor diesem policeylichen Hintergrund erhalten Harsdörffers Beispielgeschichten ihre pragmatische Funktion. Wo das Flugblatt über die graphische Darstellung der Hinrichtung die abschreckenden Affekte der öffentlich vollzogenen Bestrafungen verlängert, literarisiert der *Schau-Platz* die policeylich-strafrechtliche Pönalisierung unzüchtigen Lebens.[143] Warnendes Beispiel ist nicht mehr der leidende Körper. Eine abschreckende Wirkung hinterlässt hier die Darstellung der Bestrafung im Medium der Literatur.[144] Im *Schau-Platz* als Erinnerungsort wird das Ausstellen von Verbrechen und Strafe somit zur Memorialgeste. So wie die alten Römer und neuerdings auch die Nürnberger „zu ihren offentlichen Schauspielen besonder grosse Häuser / mit vielen erhobenen Staffeln erbauet [haben] / in welchen viel tausend Personen zugleich auf den mitlern Sandplatz sehen können", findet man auf dem papiernen Schauplatz „fast dergleichen jämmerliche Lustspiele und Mordfechter" (JMG, Zuschrift, unpag.). Um „zu warnen und abzuschrecken",[145] werden moralische Entgleisungen, die im Sinne des Thomismus zugleich Verletzungen der sozialen Ordnung sind,[146] mit dem Leben bezahlt oder mit der Verwirkung des Seelenheils sanktioniert. „Die Sünde und die Straffe", schreibt Hars-

141 Reichspolizeiordnungen, 140.

142 Vgl. Foucault, Omnes et singulatim.

143 Zum Verhältnis von Flugblatt und Verbrechensliteratur vgl. Ulrike Landfester, Das Recht des Erzählers. Verbrechensdarstellungen zwischen Exekutionsjournalismus und Pitaval-Tradition 1600–1800, in: Literatur, Kriminalität und Rechtskultur im 17. und 18. Jahrhundert, hg. von Uwe Böker und Christoph Houswitschka, Essen 1996, 155–183; Niels Werber, Die Form des Populären. Zur Frühgeschichte fantastischer und kriminalistischer Literatur, in: Der Reiz des Trivialen. Künstler, Intellektuelle und die Popkultur, hg. von Thomas Hecken, Opladen 1997, 49–86; Alexander Košenina, Recht – gefällig. Frühneuzeitliche Verbrechensdarstellung zwischen Dokumentation und Unterhaltung, in: Zeitschrift für Germanistik NF 15 (2005), 28–57; Joy Wiltenburg, Crime and Culture in Early Modern Germany, Charlottesville und London 2012; sowie Caroline Emmelius, Fallkontexte. Narrativität, Diskursivität und Kontextualität von Mordfällen in Erzählsammlungen des 16. Jahrhunderts, in: Schwanksammlungen im frühneuzeitlichen Medienumbruch. Transformationen eines sequentiellen Erzählparadigmas, hg. von Seraina Plotke und Stefan Seeber, Heidelberg 2019, 189–222.

144 Vgl. in Bezug auf den aktenmäßigen Bericht Kirchmeier, Verbrechen, 18.

145 Harsdörffer, SchauPlatz, 3. und 4. Tl., Zuschrift, unpag.

146 In der thomistischen Traditionslinie stellt eine Sünde (*peccatum*) grundsätzlich bereits einen Verstoß gegen die soziale Ordnung dar (*actus inordinatus*) und zieht deshalb unweigerlich eine Strafe nach sich. Vgl. Sibylle Schnyder, Tötung und Diebstahl. Delikt und Strafe in der gelehrten Strafrechtsliteratur des 16. Jahrhunderts, Köln, Weimar und Wien 2010, 38.

dörffer, „sind wie der Schatten und der Leib: der in der Sonne stehet. Fliehestu die Straffe / so folgt sie dir nach / und kan solche der Ort und die Zeit verzögern / aber nicht aufheben" (JMG 78).

Wo die Reichweite der Justiz endet, beginnen die exemplarischen Erzählungen einer verfeinerten Policeytechnik. „Es bestehet also dieser Schauplatz", schreibt Harsdörffer, „in Exempeln oder Beyspielen / welche / wie die Juristen wollen / anfangen wo das Gesetz aufhöret / und lehret die Erfahrung / daß was diesem oder jenem begegnet / auch mir oder dir begegnen kann."[147] Auch die erfahrungsbasierten Sprichwörter, die die Geschichten als verallgemeinerte Umstände umstellen, sind „eine Wage und Richtschnur / welcher man nachsetzet / wo die geschriebnen Gesetze ermanglen", wie Harsdörffer bemerkt.[148] Sie sind „eine kurtze Weise kluger Reden / da mehr verstanden / als geredet wird / da hingegen / die Gesetze mit vielen Worten vorgetragen werden", weshalb solche Sprichwörter für sein Projekt besonders dienlich sind.[149]

Die versammelten „Merkzeichen"[150] stellen Verbrechen und Strafe „als gegenwärtig für Augen"[151] und sollen auf diese Weise künftige Straftaten verhindern. In den *Schau-Plätzen* zeichnet sich darum ein Programm ab, dem es an der Eindämmung von Lastern gelegen ist und das sein ordnungspolitisches Unternehmen offen zur Schau stellt. Harsdörffer entwirft einen narrativen Präventionsapparat, der sich in das weite Spektrum policeylicher Techniken einreiht.[152] Es geht um „die Erhalt- und Handhabung guter Ordnung".[153] Die Leser:innen sollen in tugendhafte Subjekte transformiert werden. Da das Exemplum im Gegensatz zu Gesetzen seine Lehren „gleichsam stillschweigend und beweglichst auswürket",[154] setzt Harsdörffer auf abschreckende Fallbeispiele, um diese Wirkung zu entfalten.

---

147 Harsdörffer, SchauPlatz, 7. und 8. Tl., Vorrede, Nr. 9.

148 Harsdörffer, Ars Apophthegmatica, 2.

149 Harsdörffer, Ars Apophthegmatica, 2.

150 Harsdörffer, SchauPlatz, 7. und 8. Tl., Zuschrift, unpag.

151 Harsdörffer, SchauPlatz, 7. und 8. Tl., Vorrede, Nr. 3.

152 Vgl. Gesa Dane, Rechtsgefühl, poetische Gerechtigkeit und Wahrscheinlichkeit: Georg Philipp Harsdörffers *Schau=Platz jämmerlicher Mordgeschichte*, in: Harsdörffers Universalität, 167–179, hier: 174.

153 Harsdörffer, Erquickstunden, 649–651, hier: 650.

154 Harsdörffer, SchauPlatz, 7. und 8. Tl., Zuschrift, unpag.

3 (Un-)Dienliche Umstände: Harsdörffers Kürzungspraktiken

Wenn Exempla, wie Harsdörffer betont, dort anfangen, wo das Gesetz aufhört, dann weicht das präskriptive Prinzip der Rechtmäßigkeit einem Präventionsschema, das das praktische Urteilsvermögen herausfordert. In systematischer Perspektive ist damit zugleich der Einsatzort rhetorischer Techniken präzise benannt: Rhetorik kommt nach dem Gesetz.[155] Weil kein Gesetz alle Fälle seiner Anwendung trifft, weil, wie bei Aristoteles, die Schlechtigkeit der Leute die einfache Selbstanwendung des Gesetzes verhindert, ist Rhetorik vor Gericht überhaupt notwendig.[156] Das rhetorische Exemplum ist kein gesetzmäßig allgemeines Argument, es passt sich vielmehr dem Einzelfall und dem konkreten Argumentationsgang an. Dieser Befund lässt sich verallgemeinern: Der pragmatische Kontext entscheidet darüber, ob und wie eine Fallerzählung zum Exempel wird.[157] Das Exemplum ist, wie die Forschung betont hat, kein Gattungs- sondern ein Funktionsbegriff.[158] Die drei *genera narrationis* exemplarischen Erzählens (*historia*, *argumentum* und *fabula*) sind nicht als Gattungen aufzufassen, sondern – von der klassischen Rhetorik auch so entworfen – als narrative Argumentationsformen.[159]

So stellen die Exempla der *Mordgeschichte* in funktionaler Perspektive eine argumentative Möglichkeit unter anderen dar. Ihre Stärke liegt darin, eine Regel bzw. eine Lehre konkret veranschaulichen zu können und dadurch Evidenz zu erzeugen. Die Exempla bestechen durch ihre Flexibilität und können deshalb den argumentativen Erfordernissen besser angepasst werden. Um Harsdörffers Argu-

155 Vgl. Campe, Vor Augen Stellen, 108.

156 Vgl. Aristoteles, Rhetorik, I, 1354 a, b. „Am zweckmäßigsten ist es also, wenn gerecht erlassene Gesetze nach Möglichkeit alles selbst entscheiden und möglichst wenig den Richtern überlassen [...]. Der Kern der Sache aber liegt darin, daß der Gesetzgeber nicht nach dem Einzelfall, sondern zukunftsorientiert und für die Allgemeinheit entscheidet, das Mitglied der Volksversammlung und der Richter hingegen bereits über gegenwärtig vorliegende und individuelle Fälle urteilen. Bei ihnen sind oft Parteinahme, Antipathie und persönliche Interessen im Spiel, so daß sie den wahren Sachverhalt nicht mehr ausreichend zu erkennen vermögen, sondern eigenes Freud oder Leid das Urteil trüben."

157 Zur Pragmatik des Exemplums vgl. Karlheinz Stierle, Geschichte als Exemplum – Exemplum als Geschichte. Zur Pragmatik und Poetik narrativer Texte, in: Geschichte – Ereignis – Erzählung, hg. von Reinhart Koselleck und Wolf-Dieter Stempel, München 1973, 347–375; sowie Alexander Gelley, The Pragmatics of Exemplary Narratives, in: Unruly Examples. On the Rhetoric of Exemplarity, hg. von dems., Stanford 1995, 142–161.

158 Vgl. John D. Lyons, Exemplum. The Rhetoric of Example in Early Modern France and Italy, Princeton 1989, 23–24; sowie Walter Haug, Exempelsammlungen im narrativen Rahmen: Vom ‚Pañcatantra' zum ‚Dekameron', in: Exempel und Exempelsammlungen, hg. von dems. und Burghart Wachinger, Tübingen 1991, 264–287.

159 Zur Systematik der *genera narrationis* vgl. Lausberg, Handbuch, §§ 290–292.

mentationen den Glanz der Wahrheit zu verschaffen, tritt im *Schau-Platz* neben die allgemeine Meinung der topischen Lehre die Faktizität eines historischen Beispielfalls. Selbst den bloß wahrscheinlichen Fall, das *argumentum*, präsentiert Harsdörffer darum als Variante empirischer Geschehnisse:[160]

> Im fall es uns an warhafften Geschichten ermanglen solte / welches aber gewißlich nicht ist / so könte man geschehen lassen / daß das Gedicht solchen Abgang ersetzte / und lieget wenig daran / daß die Könige in den Trauer / und Friedenspielen keine geborne und würkliche Könige sind / wann nur ihre Geschichte / welche sie vorstellen / sich warhafftig begeben und zugetragen / nach denen andre ihre Sitten arten und gestalten können.[161]

Die Einzelheiten des Kerngeschehens – sein Personal, deren Reden, Eigenschaften usw. – können ausgetauscht werden, sofern der exemplarische Zusammenhang des historischen Geschehens, sein *plot*, unberührt bleibt. Die einzigen Hauptumstände, die Harsdörffer, sofern fehlend, hinzugestellt habe, seien „die Zeit und der Ort" des Geschehens (JMG, Vorrede, Nr. 17). Ohne sie ist eine Narrativierung von Begebenheiten schlichtweg unmöglich. Allerdings konterkariert Harsdörffers Erzählverfahren in den jeweiligen Geschichten mitunter das Programm der Vorreden. So ergänzt er etwa bei einer Geschichte pflichtschuldig ihre Zeit- und Ortumstände, macht aber zugleich deutlich, dass sie für das Ziel der Belehrung und für die Motivierung der Ereignisse hier eher undienlich sind: „Diese Geschichte hat sich begeben zu der Zeit / als Ostenden von den Spaniern ist bezwungen worden / wiewol dem Leser an den ümständen des Orts und der Zeit so wenig gelegen / als dem Kranken an dem Namen seines Artztes / welcher ihn heilet" (JMG 339).

Nur dort, wo Details für das Kerngeschehen unerheblich sind, können sie nach Belieben ergänzt oder ausgetauscht werden. Auf dieses Verfahren macht die Erzählinstanz in den Fallbeispielen selbst mitunter aufmerksam: Als „Müller oder Zimmermann (an diesem Umstand ist wenig gelegen)" (JMG 653) führt Harsdörffer einmal eine Figur ein, deren genauer Beruf für den Verlauf der Handlung aus seiner Sicht unerheblich ist. Nur wahrscheinlich hatten solche Einzelheiten zu sein. Entscheidend war schließlich, dass „nichts ungläubiges / das nicht geschehen könnte / in dem gantzen Buch befindlich" ist (JMG, Vorrede, Nr. 17). Mit Markierungen wie diesen gibt die Erzählinstanz die Geschichten als Resultat einer umständlichen Verfertigung zu erkennen und liefert nebenbei die Regeln für eine „kunstrichtige[ ] Verfassung" von Fallbeispielen. Auf diese Weise wird die Leserschaft zugleich animiert, nach „derselben Veranlassung andre zu ersinnen" (JMG, Vorrede, Nr. 19).

---

160 Zum Verhältnis von *argumentum* und *historia* in den Schau-Plätzen vgl. Manns, Grenzen, 105.
161 Harsdörffer, SchauPlatz, 3. und 4. Tl., Vorrede, unpag.

In der Beweglichkeit exemplarischer Erzählformen hatte das Gelehrtennetzwerk der *Fruchtbringenden Gesellschaft*, deren Mitglied Harsdörffer seit 1641 war, eine vorteilhafte Liaison von Beredsamkeit und Verhaltensreglementierung erblickt. Die 1617 als Reaktion auf entsprechende romanische Akademien gegründete Sprachgesellschaft hoffte mit der Förderung der „Landes-Sprachen" zur „erbauung wolanständiger Sitten" beizutragen.[162] Die Verschränkung von Sprache und Sittenlehre kennzeichnete die Unternehmungen ihrer zahlreichen Mitglieder. So zeichnen sich auch Harsdörffers Fallsammlungen durch ihr ingeniöses Spiel mit der Moral aus.[163] Das Finden juristischer oder moralischer Regeln wird bei ihm zum ebenso kunstvollen Jonglieren, wie das Platzieren von scharfsinnigen Argumenten. Seine Fallbeispiele, die er „mit vielen Anmerckungen aus der Naturkündigung unnd Sitten Lehre" versieht (LLG 2, Vorrede, 371), dienen der Orientierung im multinormativen Universum der Frühen Neuzeit.

Als Teil der gemeinsamen Kunstübungen von unterschiedlichen Professionen und Ständen, die in der *Fruchtbringenden Gesellschaft* vereint waren, inszeniert der „Spielende", wie ihn die Sprachgesellschaft taufte, die Mordfälle nicht zuletzt als Produkt eines argumentativen und copiösen Spiels.[164] Gesammelt hat er sie aus „Liebe zu unsrer geehrten Mutter-Sprache"[165] und mit „klugen Sprüchen / scharffsinnigen Hof-Reden / neuen Fabeln / verborgenen Räthseln / artigen Schertzfragen / und darauff wolgefügten Antworten / etc. außgezieret".[166] Zum Zweck des *prodesse et delectare* und damit „der Leser mit viel traurigen Begebenheiten nicht belästiget werde"[167] rahmen solche poetischen Kleinformen die Exempla. Die schrecklichen

162 Kurtzer Bericht Von der Fruchtbringenden Geselschaft [sic] Zwecke und Vorhaben, in: Der Fruchtbringenden Geselschaft [sic] Nahmen / Vorhaben / Gemählde und Wörter [...]. Das Erste Hundert, Frankfurt a. M. 1646, unpag. Zu den Anfängen und Zielen der Sprachsozietät vgl. Georg Schmidt, Die Anfänge der Fruchtbringenden Gesellschaft als politisch motivierte Sammlungsbewegung und höfische Akademie, in: Die Fruchtbringer – eine teutschhertzige Gesellschaft, hg. von Klaus Manger, Heidelberg 2001, 5–37.

163 Exemplarisch für diese Verschränkung sind die Fragen „aus der Sitten- oder Tugendlehre", die er den Gesprächspielen anhängt. Vgl. Harsdörffer, Gesprächspiele, Bd. 8, 513–642. Ausführlich zur Stellung der Sittenlehre in Harsdörffers Werk Manns, Grenzen, 119–129.

164 Zur Geschichte einer solchen Verschränkung in Erzählungen des Mittelalters vgl. Coralie Rippl, Erzählen als Argumentationsspiel. Heinrich Kaufringers Fallkonstruktionen zwischen Rhetorik, Recht und literarischer Stofftradition, Tübingen 2014; sowie die Beiträge in Rechtsnovellen. Rhetorik, narrative Strukturen und kulturelle Semantiken des Rechts in Kurzerzählungen des späten Mittelalters und der Frühen Neuzeit, hg. von Pia Claudia Doering und Caroline Emmelius, Berlin 2017.

165 Harsdörffer, SchauPlatz, 5. und 6. Tl., Zuschrift, unpag.

166 Harsdörffer, Lust- und Lehrreicher Geschichte. Das erste Hundert, Titelblatt; vgl. auch ders., SchauPlatz, 5. und 6. Tl., Titelblatt u. ö.

167 Harsdörffer, SchauPlatz, 3. und 4. Tl., Vorrede, unpag.

Vorfälle werden von Harsdörffer mit allerhand paratextuellem *pomp & circumstance* umstellt. Damit markiert er die Fälle als Beispiele, die Teil einer Serie sind. Im weiten Sinn von *circumstantiae* als rhetorische Argumente sind diese pragmatischen Kleinformen – die Rätsel, Hofreden und Sprüche usw. – verallgemeinerte Umstände, die die Glaubwürdigkeit der Geschichten garantieren und Lerneffekte sichern. Solche Verzierung oder Umstellung hat aber auch einen unterhaltenden Wert: „Zu mehrern Belusten" hat Harsdörffer „zu Ende in jeder Erzehlung kurtze darzu schickliche Reimlein beygesetzet" (JMG, Vorrede, Nr. 18). Die versifizierten Auslegungen der Geschichten steigern den Unterhaltungsfaktor einer Sammlung, deren Verfasser ansonsten bloß für einen „unbedachtsamen Straffrichter"[168] gehalten werden konnte.

Im *Schau-Platz* verweist Harsdörffer immer wieder auf die in den 1640er Jahre in acht Bänden erschienenen *Frauenzimmer Gesprächspiele*, mit welchen er für poetische und rhetorische Übungen Anleitungen geliefert hatte und die ein großer Publikumserfolg gewesen waren.[169] Laster, ist Harsdörffer überzeugt, können durch solche Übungen „geheilet / oder ja gemindert werden" (LLG 2, 152). Bestand die Funktion der *Gesprächspiele* darin, dass durch sie spielerisch „das Urtheil ausgeschärfet / [...] wolständige Sitten angewähnet / und die Teutsche Sprache wieder Hofgemäß" gemacht werde,[170] so überträgt Harsdörffer diese Multifunktionalität nun auf die Anlage der *Schau-Plätze.*[171] Das setzt eine weitgehend homogene Leserschaft beider Titel voraus.[172] Mit seinen Prosasammlungen, deren Zusammenstellung er bereits in den *Gesprächspielen* angekündigt hatte,[173] wollte er jedenfalls „einen mehrern Spiel-Vorrath"[174] bereitstellen. Schließlich hatte das Erzählen von

168 Harsdörffer, SchauPlatz, 3. und 4. Tl., Vorrede.

169 Stefan Manns hat vierundzwanzig solcher Verweise ermittelt. Vgl. ders., Grenzen, 115.

170 Harsdörffer, Gesprächspiele, Bd. 4, 475; vgl. auch Harsdörffers Schutzschrift von der Teutschen Spracharbeit, in: Gesprächspiele, Bd. 1, 339–396.

171 Zu den *Gesprächspielen* vgl. Rosmarie Zeller, Spiel und Konversation im Barock. Untersuchungen zu Harsdörffers „Gesprächspielen", Berlin und New York 1974; prägnant auch Markus Hundt, Diskursivierung von Wissen durch Sprache – der multimodale Ansatz von Georg Philipp Harsdörffer in den *Frauenzimmer Gesprächspielen*, in: Politik – Ethik – Poetik. Diskurse und Medien frühneuzeitlichen Wissens, hg. von Thorsten Burkard, Markus Hundt, Steffen Martus und Claus-Michael Ort, Berlin 2011, 177–200.

172 Vgl. Manns, Grenzen, 115.

173 Harsdörffer, Gesprächspiele, Bd. 8, Vorrede, 39 und den „Vorbericht an den Teutschlieben Leser", ebd., 516–517.

174 Harsdörffer, Lust- und Lehrreiche Geschichte. Das erste Hundert, Vorrede, unpag.; vgl. auch ders., Der Grosse SchauPlatz Jämerlicher Mordgeschichte. Erster und Ander Theil [...] (1649), 2. Aufl. Hamburg 1650, Zuschrift, unpag.

Fällen in den *Gesprächspielen* auf dem Übungsplan der Spieler:innen gestanden.[175] Zu jeder Gelegenheit sollten Konversationsteilnehmer:innen in der Lage sein, einen passenden Beispielfall anzuführen oder eine topische Regel zu einem gegebenen Fall zu präsentieren. Mit diesem „Spielhauß unglückseliger Geschichte" (JMG, Zuschrift, unpag.) lieferte Harsdörffer nun Nachschub für das Training galanter Beredsamkeit in „Ehr- und Tugendliebenden Gesellschaften".[176]

Nach den Kriegswirren hatte solch ein Erwerb für Harsdörffer und die *Fruchtbringende Gesellschaft* oberste Priorität. Waren die *Gesprächspiele*, mit denen sich Harsdörffer als Mitglied der *Fruchtbringer* beworben hatte, Ende des Dreißigjährigen Krieges erschienen,[177] so fiel die Veröffentlichung der ersten Bände des *Schau-Platzes* 1648 mit den Friedensschlüssen von Münster und Osnabrück zusammen.[178] Während die brotlos gewordenen Söldnerhaufen nun als Gegenstand jämmerlicher Mordgeschichte ihr Unwesen trieben, hoffte der „Spielende" mit seinen Sammlungen zur „Wissenschaft in allerhand Friedenskünsten"[179] beizutragen. Der Aufbau sozialer Ordnung hing für Harsdörffer mit dem Ausbau einer Wissens- und Erzählkultur zusammen, für welche die kombinatorische Rhetorik seiner Exempla grundlegend sein sollte.[180]

Rhetorisches Wissen setzt nicht mit allzeit gültigem Regelwissen an. Es operiert, eng an den Einzelfall geschmiegt, im Modus des Wahrscheinlichen.[181] Dessen Maß liegt in den Umständen des jeweiligen Falls. Im Vordergrund der rhetorischen Technik steht die Wirkungsabsicht. Um den Erfolg der Argumentation zu garantieren und nachhaltig zu überzeugen, setzt Harsdörffer im *Schau-Platz* auf die Kombination von Kleinformen.[182] Als verallgemeinerte Meinungen umstellen

---

175 Vgl. Dieter Breuer, Einübung ins allegorische Verstehen. Zur Funktion des Erzählens in Harsdörffers „Gesprächspielen", in: Harsdörffer. Ein deutscher Dichter und europäischer Gelehrter, 127–142; sowie Herbert Jaumann, Die Kommunikation findet in den Büchern statt. Zu Harsdörffers Literaturprogramm in den „Gesprächspielen", in: Harsdörffer. Ein deutscher Dichter und europäischer Gelehrter, 163–179.

176 Harsdörffer, Gesprächspiele, Bd. 1, 17. Vgl. Manns, Grenzen, 42–43 u. ö.

177 Zur Kriegsthematik bei Harsdörffer vgl. Hedwig Bramenkamp, Krieg und Frieden in Harsdörffers „Frauenzimmer Gesprächspielen" und bei den Nürnberger Friedensfeiern 1649 und 1650, 2., durchges. Aufl. München 2009.

178 Vgl. Manns, Grenzen, 43.

179 Harsdörffer, SchauPlatz, 5. und 6. Tl., Zuschrift, unpag.

180 Zur Verschaltung im 17. Jahrhundert von Ethik und Literatur, die sich im Begriff des rechten Maßes trafen, vgl. Hans Ulrich Gumbrecht, Art. Maß, in: Ästhetische Grundbegriffe, hg. von Karlheinz Barck, Martin Fontius, Friedrich Wolfzettel et al., 7 Bde., Stuttgart und Weimar 2000–2005, Bd. 3, 846–866, hier: 852.

181 „Rhetorik schafft Institutionen, wo Evidenzen fehlen", stellt Hans Blumenberg pointiert fest. Ders., Anthropologische Annäherungen, 110.

182 Zur Kombinatorik vgl. Manns, Grenzen, insb. 183–215 und 249–258.

Merkverse, Sprichwörter oder Apophthegmata den einzelnen Beispielfall.[183] Als „wandelbare Gedicht[e]" sind diese „zu Vorstellung einer Lehre viel schiklicher als die unveränderliche Warheit",[184] da sie nach der Eigenart des Erzählten geformt werden können. Bei der Frage nach dem, was „aus einer jeden Erzehlung zu ersehe[n] und zu lernen" ist (JMG, Vorrede, Nr. 14), führt Harsdörffer daher solche Formen an. Ihre Verwendung als *fabulae* beschränkt sich allerdings im Sinne einer Kommentar- und Gedächtnisfunktion auf die „außzierung"[185] der exemplarischen *historiae.*

Die Funktionsweise von Harsdörffers Kombinatorik ist komplex. Zu Beginn der Erzählungen setzt er zumeist mehrere Kleinformen über Analogieschlüsse miteinander in Beziehung, um sie als Basis des rhetorischen Beweises ins Spiel zu bringen. Wie in Boethius' und Agricolas Topiken soll der noch „unbekante" Fall durch „das bekante in das weiche und wäxerne Gedächtniß eingedrucket werden".[186] Dieser außerhalb des Fallbeispiels stehende unstrittige Umstand wird in der *Mordgeschichte* in der Regel enthymemisch deduziert. Das Enthymen gilt in der rhetorischen Tradition als ein zweigliedriger und deshalb verkürzter Syllogismus, bei dem entweder die Konklusion oder die Prämisse fehlen.[187] Enthymemisches Schließen zielt nicht auf logische Stringenz, sondern bedient sich anerkannter Meinungen (*éndoxa*), die, wie es bei Aristoteles heißt, „entweder von allen oder den meisten oder den Fachleuten [...] für richtig gehalten werden."[188]

Dieses Verfahren lässt sich anhand einer Erzählung des *Schau-Platzes* mit dem Titel „Die Großmüthige Rache" veranschaulichen. Sie beginnt wie folgt: „Wann das angezündte Pulver keinen Lufft hat / so ist es gleich dem Winden / welche in den in den Erdenhölen eingefangen ein grosses Erdböben verursachen / aller massen zu ersehen / an den eingesetzten Pulver in den Sprenggrufften (mines) dardurch grosse Mauren niedergerissen werden" (JMG 73). Diese Regel präsentiert die zu Harsdörffers Zeit verbreitete Annahme, dass Erdbeben durch Winde verursacht würden, die unter der Oberfläche gefangen sind. Das Schießpulver, so dachte man, funktioniere ähnlich. In einem umschlossenen Raum verursache es große Explosionen.

Dieser als Erfahrungswissen präsentierten Regel stellt Harsdörffer einen Lehrspruch daneben, den er mit einem „alten [t]eutschen" Sprichwort anreichert: „Nichts ist feiger als ein Bauer / wann er allein ist / wann sich aber ihrer viel zu-

183 Zu dieser Umstellung vgl. Hohlweck, Wahrheit der Ermittlung, 19.
184 Harsdörffer, SchauPlatz, 3. und 4. Tl., Vorrede, unpag.
185 Harsdörffer, SchauPlatz, 3. und 4. Tl., Titelblatt.
186 Harsdörffer, Erquickstunden, 646–647.
187 Zum frühneuzeitlichen Enthymem vgl. Beetz, Rhetorische Logik, 176–178.
188 Aristoteles, Topik, I, 1, 100b; zur Überlieferung vgl. von Moos, Die angesehene Meinung.

sammen rotten / so machen sie ihnen Lufft / und rasen gleich dem Erdbeben / daß ohn unterscheid alles zu Grund richtet / daher die alten Teutschen gesagt: laß den Bauren ihre Kirchwey: gemach ins Dorff die Drescher haben getruncken" (JMG 73). Im kollektiven Zusammenschluss, legt dieser Analogieschluss nahe, verursachten Bauern ähnlich große Wirkungen wie unterirdische Winde bzw. eingeschlossenes Schießpulver. Dabei schlüpfen die literarischen Kleinformen in die Rolle von Gliedern im enthymemischen, auf Topoi basierenden Schlussverfahren.[189] Aufgrund ihrer Kürze und Prägnanz eignen sie sich hierfür in besonderem Maße. Sie dienen dem rhetorischen Beweis als allgemein anerkannte Prämissen. In der Sprache einer dialektischen Topik, wie sie Boethius und Agricola entworfen hatten, geht es darum, mit einem bekannten Faktum einem unbekannten Fall Glaubwürdigkeit zu verleihen (*fidem facere*). Der Zusammenschluss von Bauern, von dem der Beispielfall dann erzählt, erzeugt Wirkungen, die zwar ungeheuerlich sind, aber dennoch wahrscheinlich. Wie es diese verallgemeinerte und mit den vermeintlichen Gesetzen der Natur abgeglichene Regel nahelegt, sind die Umstände dieser merkwürdigen Begebenheit glaubwürdig.

In einer der topischen Regeln, die Harsdörffer anführt, steckt zugleich die Logik des Exemplums als Beweisform: Ein einzelnes Beispiel ist ‚feige', es beweist wenig und steht vor allem für sich selbst. Rotten sich aber die Exempla zusammen wie die Bauern, gewinnen sie eine andere Beweiskraft – auch wenn die Eigenheiten des Einzelfalls dann vielleicht unter den Tisch fallen mögen. Deshalb kommt das Exemplum auf dem *Schau-Platz* auch nicht allein daher. Harsdörffer flankiert es mit anderen Fällen, mehreren hundert an der Zahl.[190] Denn erst in der seriellen Aneinanderreihung (rhet. *coacervatio*) disparater Begebenheiten werden Regularitäten sichtbar. Erst so wird deutlich, dass lasterhaftes Verhalten beinahe mit Notwendigkeit ins Verderben führt. Durch die Erhöhung der Fallzahl steigert Harsdörffer die Überzeugungskraft der einzelnen Geschichten.

Nach der enthymemischen Deduktion der allgemeinen Regel erzählt Harsdörffer in der „Großmüthigen Rache" den Fall einer grausamen Vergewaltigung, die sich gut ein halbes Jahrhundert zuvor, gegen Ende des 16. Jahrhunderts, im heutigen Nordfrankreich ereignet haben soll.[191] Auch diese Geschichte übernimmt er aus

---

189 Vgl. Manns, Grenzen, 110–111, 185.

190 Die Zahl der Geschichten beläuft sich, typisch für die frühneuzeitliche Fixierung auf eine Centurien-Ordnung, auf zweihundert. Die einzelnen Geschichten enthalten allerdings mitunter mehrere kurze Exempla.

191 Zu den Vergewaltigungsfällen im Schau-Platz vgl. Gesa Dane, „Zeter und Mordio". Vergewaltigung in Literatur und Recht, Göttingen 2005, 175–185 (zu der „Großmüthigen Rache" 181–182); zu den Bearbeitungen dieses Falls in der frühneuzeitlichen Literatur vgl. Hans-Joachim Jakob, Eine Historie wandert durch die Jahrhunderte. Fall und Vorlage für Georg Philipp Harsdörffers Erzäh-

Jean-Pierre Camus' Fallsammlung *Amphithéâtre Sanglant*. Ein Hauptmann namens Le Pont kehrt mit seinem Soldatentrupp bei einem Bauern namens Albain ein. Gemeinsam mit seiner Frau und seiner Tochter Maria bewirtet Albain den Trupp. Der Hauptmann hat ein Auge auf die jungfräuliche Maria geworfen. Als diese auf seine Avancen nicht reagiert, vergeht sich der mittlerweile betrunkene Le Pont nach dem Essen unter Beihilfe seiner Soldaten an ihr.[192] Die Eltern, die dies mit ansehen müssen, flehen vergebens um Gnade. Bevor es aber zu einer Gruppenvergewaltigung kommt, ersticht die Tochter in einem Akt der Notwehr den Hauptmann Le Pont. Die übrigen Soldaten üben Rache und schneiden sie in Stücke. Dem Wirt gelingt die Flucht, er berichtet den Nachbarn von der brutalen Tat, woraufhin diese die bei ihnen beherbergten anderen Soldaten ermorden, die übrigen gefangen nehmen und nicht minder grausam an ihnen Rache üben. Als *rape-and-revenge-story* endet der Bericht der Ereignisse mit einem Blutbad.

Wie bereits erwähnt, wird die „Großmüthige Rache" mit zwei topischen Lehrsprüchen eingeleitet, die einen Teil des *plots* glaubwürdig abstützen. Es folgt ein mahnendes „Dieses hetten sollen beobachten die Soldaten" (JMG 73), das als Scharnier zwischen dem allgemeinen Umstandsargument und dem Beispielfall dient. Strukturell entspricht die Umstellung des Beispielfalls einem Pro- und einem Epimythion bzw. einer *exordium* und einer *recapitulatio*.[193] Als Teil der rhetorischen Tradition geht das Promythtion der *narratio* als Vorüberlegung voraus, während das Epimythion als Resümee des Erzählten fungiert. Der Beispielfall der bäuerlichen Rache belegt die große Wirkung von zusammengerotteten Bauern, deren Effekte in der Vorüberlegung des Promythions enthymemisch als ein allgemeines Gesetz vorgestellt wurden.

Allerdings entfalten die Einzelheiten des Beispielfalls im Verlauf der Erzählung eine Eigendynamik, die über die zu belegende Lehre hinausweist. Zwar wird die kollektive Kraft eines rasenden bäuerlichen Mobs vor Augen gestellt, aber schon die Notwehr des Mädchens steht in keinem Zusammenhang mit dem Promythion. Auch die Tat der Soldaten, die als Resultat eines sündhaften Lebensstils und eines übermäßigen Alkoholkonsums motiviert wird, entfernt sich als auslösender Umstand der Bauernrache merklich vom Promythion. Die Ungebundenheit der Prosa erlaubt es Harsdörffer, Einzelheiten zu erzählen, die den didaktischen Absichten

lung „Die Großmüthige Rache", in: Kriminalfallgeschichten, TEXT+KRITIK-Sonderband, hg. von Alexander Košenina, München 2014, 7–21.

192 Den moralischen Folgen des Alkoholkonsums hat Harsdörffer ein ganzes Buch gewidmet. Vgl. Georg Philipp Harsdörffer, Der Mässigkeit Wolleben / und der Trunckenheit Selbstmord [...], Ulm 1653.

193 Vgl. Manns, Grenzen, 156–163. Zur rhetorischen Funktion von Pro- und Epimythion vgl. Ibolya Tar, Art. Promythion/Epimythion, in: Historisches Wörterbuch der Rhetorik, Bd. 7, Sp. 210–212.

zuwiderlaufen können.[194] Stattdessen gewinnt die unterhaltende Funktion kurzzeitig Überhand. Mit Hilfe der prosaischen Umständlichkeit verschafft sich das *delectare* Recht auf Kosten des *prodesse.* Die Prosaform löst die Fallbeispiele aus den Klammern der sie umstellenden Gemeinplätze. Damit lockert sie die „funktionale[ ] Fixierung" der Umstände, um ihnen einen „eigenständigen Unterhaltungs-, Mitteilungs- und Nachrichtenwert" zu verschaffen.[195]

Den Fliehkräften solcher ausscherenden Details versucht Harsdörffer entgegenzusteuern, indem er dem einleitenden Promythion ein begrenzendes Epimythion entgegenstellt. Dieses soll einen verbindlichen Maßstab für das Geschehene etablieren. „Weh dir der du raubest", heißt es dort, „denn du wirst wiederumb beraubet werden. Man wird dir messen mit der Maß / mit welcher du andern gemessen. Daher gehört auch die von unserm Erlöser / der Natur eingeschaffne Regel: Was ihr nicht wollt daß euch die Leute thun / das thut ihnen auch nicht" (JMG 75). Während der Fall in Bezug auf die Ausgangslehre die Funktion eines Belegbeispiels übernimmt, wandelt er sich in Bezug auf das Epimythion in ein Ausgangsbeispiel.[196] Aus dem Fall wird eine Regel gezogen, die Harsdörffer *per analogiam* mit einer Regel des göttlichen Naturrechts in Übereinstimmung bringt.

Schließlich führt Harsdörffer als Vergleich – die „Königin" unter den Redefiguren (PT 3, 57) – ein weiteres Exempel an: „Wer diese Geschicht mit den alten vergleichen wolte / solte die Mariam mit fug eine Jael und Judith nennen können. Albain hat gethan / was dorten der Virginia Vater bey den Römern / der aus dergleichen Ursachen der König Tarquin verjagt" (JMG 75). Das Handeln der jungfräulichen Tochter und die „großmütige" Rache des Vaters wiederholt die Taten der alttestamentarischen und römischen Held:innen. Die referentielle Substruktur des Exemplums impliziert seine Vergleichbarkeit und damit andere, ähnliche oder unähnliche Exempla.[197] Die exemplarische Handlung wird durch einen Analogieschluss mit einem typologischen Wissen ausgestattet, das wie in der Tradition der Bibelexegese „Sinnbeziehungen zwischen Geschehnissen in alter und neuer Zeit"[198] herstellt. Mit der rhetorischen Figur der Typologie setzt Harsdörffer in dieser Ge-

194 Das Überhandnehmen des *delectare* hat die neuere Harsdörffer-Forschung bei der *Mordgeschichte* festgestellt. Vgl. insb. Breuer, Barocke Fallgeschichten? und Christian Meierhofer, Georg Philipp Harsdörffer, Hannover 2014, 75–76.

195 Meierhofer, Harsdörffer, 75.

196 Zu den Funktionsschemata der Beispieltypen vgl. Nicolas Pethes, Jens Ruchatz und Stefan Willer, Zur Systematik des Beispiels, in: Das Beispiel, 7–59, hier: 9.

197 Vgl. Melanie Möller, Beispiel und Ausnahme. Überlegungen zu Ciceros Rechtshermeneutik, in: Ancilla Iuris 81 (2015), 81–91.

198 Friedrich Ohly, Typologie als Denkform in der Geschichtsbetrachtung, in: Typologie. Internationale Beiträge zur Poetik, hg. von Volker Bohn, Frankfurt a. M. 1988, 22–63, hier: 23.

schichte Jael und Judith als einen Typus, dessen Antitypus Maria durch ihr tugendhaftes Verhalten geworden sei.[199]

In ihrer gleichsam emblematischen Verfasstheit will Harsdörffers literarische Epistemologie die Gefahr einer narrativen Eigenlogik besonderer Umstände bannen.[200] Ließ sich in den *Gesprächspielen* lernen, wie man sich im Rahmen dieser Epistemologie bewegt – etwa indem dort gezeigt wurde, wie „eine Geschichte / die sich zu einem Sprichwort schikket" zu verfassen ist, oder wie umgekehrt „viel Sprichwörter" „aus der Erzehlung" deduziert werden können[201] –, so steht der störungsfreien Transferleistung (von der topischen Regel zum Einzelfall und *vice versa*) hier eine potenziell überschüssige Umständlichkeit gegenüber, die es erschwert, Regeln für Fälle zu finden. Harsdörffers exemplarische Erzählungen berühren damit nicht zuletzt das Problem des Maßstabs, an dem sich die Referenzialität und Anwendbarkeit der narrativierten Fälle entscheidet. Angesichts von Vorlagen, bei denen viele „merkwürdige Umstände" in die „Begebenheit[en] einlauffen" (JMG 720), erhält die Suche nach Prinzipien und Urteilsmaßstäben für deren Wirkungen eine besondere Dringlichkeit. Wo Einzelheiten ausscheren, wo sie sich multiplizieren und damit den konkreten Grund eines Vorfalls uneinsichtig machen, drohen Ursache und Wirkung ihr gemeinsames Maß zu verlieren. Das Problem einer pragmatisch ausgerichteten Fallprosa ist die (Un-)Dienlichkeit ihrer narrativen Elemente.

Harsdörffers Sammel- und Übersetzungspraxis war darum in erster Linie eine Arbeit an der Verallgemeinerung von Ursache und Wirkung. Diese Arbeit hat für die Ausgangsfälle Jean-Pierre Camus' gewichtige Folgen: Durch Kürzungen ihrer Details wechseln sie das Genre und werden so von *histoires tragiques* in ebenso kurze wie abschreckende Exempla transformiert. Der entscheidende Auslöser dieser Transformation ist in einer Verknappung des Ausgangsmaterials zu suchen.[202] Anhand einer Geschichte mit dem Titel „Die eröffnete Beicht" lässt sich dies gut nachvollziehen. Der Fall erzählt Folgendes: Bei einem in Handgreiflichkeiten

---

199 Zum typologischen Denken als rhetorische Figur vgl. Northrop Frye, Typologie als Denkweise und rhetorische Figur, in: Typologie, 64–96.

200 Zur emblematischen Struktur der Mordgeschichten vgl. Hania Siebenpfeiffer, Narratio Crimen – Georg Philipp Harsdörffers *Der Grosse Schau-Platz jaemmerlicher Mord-Geschichte* und die frühneuzeitliche Kriminalliteratur, in: Harsdörffer-Studien, 157–176. Das Promythion ähnelt strukturell der *inscriptio*, das Epimythion der *subscriptio* und die *narratio* der *pictura*.

201 Harsdörffer, Gesprächspiele, Bd. 8, 39. Vgl. auch die beiden Gesprächspiele „Die Lehren" (459–470) und „Die Sprichwörter" (470–478) aus dem 5. Bd.; vgl. hierzu Christian Meierhofer, Praeceptum, Exemplum, Eventum. Anmerkungen zur literarischen und rhetorischen Normativität barocker Kurzprosa, in: Zeitsprünge. Forschungen zur Frühen Neuzeit 18, H. 3/4 (2014), 237–256, hier: 240.

202 Die folgenden Seiten sind eine erweiterte Fassung meines Aufsatzes Schnell-Werden. Verkleinerungseffekte in Harsdörffers Mordgeschichte, in: Verkleinerung, 59–77.

ausartenden Streit um die Qualität des verkauften Weins erschlägt ein Weinhändler (Nabor) einen Käufer (Adrian) in einem Akt der Notwehr und begräbt diesen daraufhin in seinem Keller. Da es keine Zeug:innen für die Tat gibt, kommt der Fall nicht vor das örtliche Gericht; der Weinhändler beichtet das Vergehen lediglich seinem Beichtvater. Auf Drängen der Familie des Opfers plaudert der Priester die ihm anvertraute Geschichte aus, sodass der Fall schließlich ans Licht kommt. Anstatt dass der Weinhändler jedoch dafür belangt wird, erhält der Beichtvater die Todesstrafe für seinen Bruch der Schweigepflicht.

Nimmt man Vorlage und Übersetzung vergleichend in den Blick, fällt sogleich auf, dass die Erzählung des Falls bei Camus beinahe doppelt so lang ist. Das liegt daran, dass er ganz im Sinne der Gattung der *histoire tragique* singuläre und wundersame Ereignisse erzählt. Als solche weisen sie stets besondere Umstände (*circonstances*) auf, welche die Erzählung amplifizieren. Die Figuren treten mit distinkten Merkmalen auf und erleben die kritischen Situationen jeweils auf ihre eigene Art und Weise. So erzählt Camus die Szene des Totschlags folgendermaßen:

> Adrian repart si brusquement, que Nabor voyant que sans autre aide que de ses mains la partie n'estoit pas assez forte de son costé se faisit d'vn maillet qu'il rencontra, & en ramena vn tel coup sur la teste d'Adrian qu'il l'estendit roide mort sur la place. Luy qui ne pensoit à rien moins qu'à le tuër, & qui ne songeoit qu'à se deffendre & à repousser l'iniure, demeura si estonné qu'à peine pouuoit-il rauoir ses esprits. A la fin recueillant sa raison que la colere & la frayeur auoient esgaree, il tire le corps dans vne arriere caue […].[203]

> Adrian erwiderte den Schlag mit einer solchen Heftigkeit, dass Nabor merkte, dass er ohne andere Hilfe als die seiner Hände für diese Angelegenheit nicht stark genug war. Deshalb griff er nach einem Hammer, den er dort fand, und verpasste damit Adrian einen solchen Hieb auf den Kopf, dass dieser tot auf dem Boden liegenblieb. Er dachte dabei an nichts weniger als ihn zu töten, und er, der sich nur verteidigen und die Ungerechtigkeit von sich weisen wollte, stand schockiert da und hatte Schwierigkeiten, seine Fassung wiederzufinden. Schließlich kam er wieder zur Vernunft, welche die Wut und die Furcht in die Irre geleitet hatten, und zog den Körper in den hinteren Teil des Kellers […]. (Übers. JSch.)

Durch den Einblick in die Gemütsverfassung des Täters werden in Camus' detaillierter Schilderung gleich zwei gewichtige rechtliche Probleme verhandelt, Notwehr und Zurechnungsfähigkeit.[204] Ganz anders bei Harsdörffer. In seiner Übersetzung

---

203 Camus, L'Amphitheatre Sanglant, 108–109.

204 Beide Momente trafen sich in der (besonders in Frankreich) intensiv geführten strafrechtlichen Diskussion um das Delikt des „Notwehrexzesses" – eine Subkategorie der Notwehr, die den Tatbestand eines aus heftigen Affekten, d. h. aus einer Gefühlsverwirrung begangenen Totschlags zu fassen suchte. Vgl. Susanne Pohl, Schuldmildernde Umstände im römischen Recht. Die Verhandlungen des Totschlags im Herzogtum Württemberg im 16. Jahrhundert, in: Justiz = Justice = Justitia?

liest sich diese Schlüsselszene so: „Adrian ist dem Nabor zu starck / und weil sie beede nur mit Fäusten handelnten / ergreifft Nabor das Bidnermesser und schlägt es dem Adrian auf das Haubt / daß er plötzlich zur Erden gefallen und den Geist auffgegeben" (JMG 25). Während Camus den Leser:innen Einsicht in das Innenleben der Figur gewährt – einer Figur, die zum Zeitpunkt der Tat nicht ganz bei sich ist („sa raison que la colere & la frayeur auoient esgaree") und sogar von ihrer plötzlichen Handlung selbst überrascht wird –, kommentiert Harsdörffer dieses entrückte Geistesstadium gar nicht. Kein Einblick in die Gedanken des Täters während und nach der Tat, keine strafrechtlich relevanten Nebenumstände, einzig ein verknapptes „Nabor ist der Mord von Hertzen leid" findet Eingang in seine Version (JMG 25).

Auch die Unschuldsmiene des Täters nach dem Verscharren des Leichnams erwähnt Harsdörffer mit keinem Wort; ebenso wenig spielen die Schuldgefühle des Beichtvaters, nachdem dieser den Fall ausgeplaudert hat, für ihn eine Rolle. Schließlich drohten beide Aspekte einen Sinnüberschuss zu produzieren, den Harsdörffers exemplarisches Erzählen um jeden Preis verhindern möchte. Um den Fliehkräften der Erzählung entgegenzusteuern, wird Camus' Text daher zum Stoff eines Verkleinerungsprogramms, das aus den komplexen Merkmalen eines Einzelereignisses das Allgemeine extrahiert. „Hieraus ist zu mercken", so lautet die verkürzende Lehre der „Eröffneten Beicht", „daß wie in dem Ehestand der Mensch nicht scheiden kan / was GOtt zusammen gefüget / also in der Beicht der Beichtiger nicht eröffnen kan / was Gott verborgen haben wollen" (JMG 27).

Narratologisch lässt sich der Unterschied zwischen beiden Fassungen folgendermaßen beschreiben: Bei Camus kommen Elemente zum Tragen, die individualisierende Effekte haben. Harsdörffer hingegen verzichtet auf diese für die lebhafte Charakterzeichnung der Figuren so wichtigen Informationen und reduziert die Narration allein auf die notwendigen Handlungselemente: jene Hauptumstände, die für die Narrativierung und Motivierung der Ereignisse unumgänglich sind.

Mit einem Verfahren solcher Art war Harsdörffer als Gerichtsassessor bestens vertraut.[205] Er hatte unter anderem die Aufgabe, den jeweiligen Fall aus den Akten zu referieren und dem Spruchkollegium eine Entscheidungsgrundlage zu liefern. Dabei folgte er einer standardisierten Technik, derer sich noch Juristen wie Leibniz bedienen sollten. Da diese Technik für die poetischen Verfahren des *Schau-Platzes* grundlegend ist, gilt es, sie näher zu beleuchten. Die sogenannte Relationstechnik war seit dem Ende des 15. Jahrhunderts durch das Reichskammergericht als ein

Rahmenbedingungen von Strafjustiz im frühneuzeitlichen Europa, hg. von Harriet Rudolph und Helga Schnabel-Schüle, Trier 2003, 235–256, hier: 240–241.

205 Auf die Verbindung von Berufs- und Schreibpraxis hat Patrick Hohlweck hingewiesen. Vgl. ders., Wahrheit der Ermittlung, 17–18.

Verfahren zur Herstellung entscheidbarer Fälle etabliert. Als Teil des universitären Kurrikulums wurde sie in Praxishandbüchern erläutert.[206] Erstmals normiert wurde sie just während Harsdörffers Zeit am Gericht im Jüngsten Reichsabschied von 1654.[207] Die für das frühneuzeitliche Rechtssystem charakteristische Trennung von untersuchendem und erkennendem Richter hatte zur Prozedur der Aktenversendung geführt und so aus dem Aktenreferenten eine Schlüsselfigur des Rechts gemacht. Als Referent hatte Harsdörffer die Aufgabe, aus den in den Akten gespeicherten Informationen die relevanten Einzelheiten zu extrahieren und einen komprimierten Bericht des Falls zu erstellen. Auf diese Weise präfigurierte er dessen Entscheidung.[208] Zu Beginn seines Vortrags, heißt es im Jüngsten Reichsabschied, solle der Referent den Fall „mit der gebührenden Kürtze [...] referieren" und sich dabei „aller überflüßigen Weitläufftigkeit" enthalten. Er habe den Fall „nur mit wenig Worten" zu rekapitulieren und zu berichten, „was ungefehr die merita causae [d.i. die Hauptsache, JSch] sey[ ]".[209]

Bei Kriminalfällen musste der Referent aus den Akten rekonstruieren, „was vor ein Verbrechen begangen" worden war, und beurteilen, „ob selbiges mit allen in die Sache einen Einflus habenden Umständen klar gemacht sey?"[210] Ausgangspunkt und narratives Herzstück seiner Relation war die „Geschichtserzählung" (*species facti*). Das, was dem Rechtsprozess zugrunde lag, sollte in eine kompakte Geschichte überführt werden. Ihre Konstruktion folgte besonderen Vorgaben. Sie musste „deutlich, ordentlich, kurz und doch vollständig"[211] sein, um den Richtern den „Zusammenhang der Sache"[212] gleich zu Beginn bündig vorzustellen. Einzelheiten, die in den Akten noch „weitläufftig"[213] angeführt wurden, sollten verdichtet und auf einen kurzen Begriff gebracht werden. Relationen dienten somit der Übersetzung empirischer Fälle in einen rechtlich entscheidbaren Sachverhalt.[214]

Die Darstellung des Rechtsfalls beruhte in Relationen auf einer Umstandsselektion und -verdichtung. Noch im 18. Jahrhundert galt darum die Regel, dass das Faktum „kurz und bloß mit Anführung der Umstände, die in die Decision einen

206 Vgl. Ranieri, Stilus Curiae; Meyer-Krentler, „Geschichtserzählungen"; sowie Schild, Relationen.
207 Vgl. Reichsabschied, §§ 143–156.
208 Zur Präfiguration der Entscheidung durch den aktenmäßigen Bericht vgl. im Blick auf die preußische Verwaltung Stephan Strunz, Bürokratische Verkleinerungen. Bewerbungskultur und Berichtpraxis in der preußischen Personalverwaltung um 1800, in: Verkleinerung, 75–86.
209 Reichsabschied, § 143.
210 Claproth, Relationen, 291.
211 Claproth, Relationen, 11.
212 Claproth, Relationen, 12.
213 Ludovici, Acten, Kap. III, § II, 141.
214 Vgl. Meyer-Krentler, „Geschichtserzählungen", 118.

Einfluß haben oder zu Erläuterung dienen, erzählt" werden soll.[215] Eine „Ueberladung mit unnützen, zur Sache nicht gehörigen, die Attention des Collegii ohne Noth ermüdenden Umständen",[216] war um jeden Preis zu vermeiden. Nur entscheidungsrelevante Tatsachen durften Teil einer Relation werden. „[O]ffenbahr unerhebliche Umstände"[217] sollten ausgelassen werden.

Die Relationstechnik war ein Hilfsmittel bei der Formierung von Fällen. Mit ihrer Hilfe selegierten, verdichteten und arrangierten die Aktenreferenten die Details eines Geschehens so, dass diese les- und bewertbar werden. Um den urteilenden Richtern den Fall vor Augen zu stellen, musste der Referent dazu in der Lage sein, „das Wesentliche"[218] herauszupräparieren. Die Anleitungen zur Referierkunst präsentierten ihnen Regeln für die „richtige Darstellung der zum Facto gehörigen Umstände".[219]

Das Gebot der Sachlichkeit und das Stilprinzip der *brevitas* war als Mittel der überzeugenden Rede rhetorischer Provenienz.[220] Neu, weil an den Erfordernissen des Inquisitionsprozesses orientiert, war die Zergliederung. Die Geschichte sollte in ihre Einzelheiten gegliedert werden. Sie sollte „nach der Zeitordnung [...] kurz, mit Auslassung der unerheblichen Umstände, und zwar dergestalt erzählet werden, daß jeder Umstand eine besondere Periode ausmachet".[221] Der Verlauf des strittigen Vorfalls sollte über seine erheblichen Einzelheiten rekonstruiert werden, auf deren Bedeutung der Referent die Aufmerksamkeit zu lenken hatte. Die überbordenden und in der Akte verstreuten Beweismittel hatte er „in eine gute natürliche Ordnung" zu bringen. Sofern einzelne Merkmale einen Urteilsgrund abgäben, sollte er „selbige

215 Johann Wilhelm Bernhard Hymmen, Kurze Anweisung zum Referiren, in: Beyträge zu der juristischen Litteratur in den Preußischen Staaten, Bd. 1, Berlin 1775, 105–114, hier: 107.

216 Johann Wilhelm Bernhard Hymmen, Von der Methode zu referiren, ein Auszug aus dem Circular vom 26. Sept. 1783; nebst einer Probe-Relation von dem ersten Heft des Briefwechsels über die Pr[eußischen] Justizreforme erzählten Rechtsfall, in: Beyträge zu der juristischen Litteratur in den Preußischen Staaten, Bd. 8, Dessau 1785, 139–182, hier: 141.

217 Claproth, Relationen, 48.

218 Justus Claproth, Vorrede zur zweyten Auflage (1766), in: Relationen, unpag.

219 Hymmen, Methode zu referiren, 139.

220 Claproth verweist in seiner Anleitung denn auch allenthalben auf Quintilian. Eckhardt Meyer-Krentler hingegen sieht in der Sachlichkeit der Relation einen Bruch mit der rhetorischen Tradition. Vgl. ders., „Der Poesie kan ein studiosis iuris gar wohl entbehren". Rhetorik, Verfachlichung und literarischen Wandel vom 17. zum 18. Jahrhundert, in: Glaube, Kritik, Phantasie. Europäische Aufklärung in Religion und Politik, Wissenschaft und Literatur, hg. von Lothar Bornscheuer, Herbert Kaiser und Jens Kulenkampff, Frankfurt a. M., Berlin, Bern u. a. 1993, 181–200, insb. 187–192. Gegen diese Auffassung und für die rhetorische Herkunft argumentiert Thomas Weitin, Zeugenschaft. Das Recht der Literatur, Paderborn und München 2009, 267–268.

221 Claproth, Relationen, 13.

mit Zahlen bemerken".[222] Damit sie „gehörig von einander abgesondert werden" musste er dabei jeden „gravirlichen Umstand unter fortlaufenden Nummern besonders" extrahieren.[223]

Für die Verfahren der frühneuzeitlichen Prosa wurde die Relationstechnik stilbildend. Die skizzierte Vorgehensweise bei Aktenauszügen beeinflusste nicht nur Harsdörffers knappen Stil, sondern erklärt auch die eigentümliche Anordnung der Geschichten in Paragrafenblöcke.[224] Gemäß den Vorgaben der Relationstechnik macht jeder Umstand in den zergliederten und nummerierten Fallerzählungen „eine besondere Periode" aus, die typografisch isoliert wird. Urteilsgründe und der kausale Zusammenhang der Sache werden auf diese Weise auf einen Blick vor Augen gestellt. Die Abfolge der Geschichte von der „eröffneten Beicht" nach Nabors Totschlag etwa ist folgendermaßen gestaltet:

> 5. Adrians Weib und Kinder fragen nach Adrian / und erfahren / daß er bey Nabor gewesen / besprechen ihn auch wegen ihres Vaters / und Nabor antwortet mit bebenden Hertzen / daß er wieder von ihm weggegangen / und daß er nicht könne Rechenschafft geben / von denen die bey ihm / als in einem offenen Wirtshause aus und eingehen.
>
> 6. Inzwischen nun Adrian nirgendwo zu betretten / nahet die österliche Zeit herbey in welcher Nabor sein Gewissen zu entlasten / sich in den Beichtstuel einfindet und den Geistlichen / welchen wir Celsum nennen wollen / diese erzehlte Mordthat ümständig beichtet.
>
> 7. Celsus war ein verständiger Mann / konte aber übel schwegen / und weil er mit Adrians Wittib bekant / sagt er / sie solte ihres Manns nicht ferner warten / dann er wüste / daß er nimmer wiederkommen könte. Als er nun bittlich angelangt wurde / seinen Aufenthalt anzuzeigen / läst er sich vernehmen / daß er solches noch thun könte / noch tragenden Amts wegen thun dörffte.
>
> 8. Adrians älster Sohn fasset dieses zu Ohren / und blendet Celsum in geheim mit Goldpulver / verspricht ihm endlich höchste Verschwiegenheit / und noch eine anzehliche Summa / wann er Gewißheit / wegen seines Vaters erlange würde. Hierdurch verblendet er Celsum / daß er heraus bricht / und die Beicht / so ihm vertrauet eröffnet [usw.]. (JMG 25–26.)

Camus' ungebunden fortlaufende Fallprosa wird um undienliche Details gekürzt und die relevanten Umstände der Begebenheit zergliedert, um dann unter fortlaufenden Nummern dargestellt zu werden. Der Prozess der Zergliederung, darin stimmt Harsdörffers Poetik des Falls mit der Relationstechnik überein, ist vom Prozess der Kohärenzstiftung nicht zu trennen.

---

222 Claproth, Relationen, 38.

223 Claproth, Relationen, 283.

224 Harsdörffer erklärt diese Formatierung unter Verweis auf die Proportionalität der Geschichten. „Zu mehrerer Gleichstimmigkeit dieses Wercklein" habe er „jede Geschichte mit 12. §. oder absetzen / die [...] bald lang / bald kurtz gefallen / verfasset." LLG 2, Vorrede, 371.

Die an der Relationstechnik geschulte Aufteilung der Geschichte in einzelne Glieder kompensiert die Formlosigkeit der Prosa. Ohne den Blick auf die praxeologische Dimension des Schreibens bleibt darum der intrinsische Zusammenhang von Recht und Literatur in frühneuzeitlichen Fallsammlungen verborgen. Diese wählen fortan „den Leser zum Richter" (JMG 442). Die damit angesprochenen Verfahrens- und Formatfragen sind wesentlich für eine Erzählliteratur, die nicht nur mit der Zumutung ihrer eigenen Ungebundenheit umgehen musste, sondern auch mit der Tatsache, dass ihre Stoffe in anderen Kompilationen bereits zirkulierten. Gemäß dem formalästhetischen Grundsatz, dass „alles Bilden [...] ein Weglassen sei",[225] arbeiten die *Schau-Plätze* an der Konstitution einer kasuistischen Prosaform, die sich im Verlauf der Frühen Neuzeit poetologisch immer stärker ihr Recht verschaffen sollte.

Solche Verknappungsverfahren hat Harsdörffer, gerade in Bezug auf die Übersetzungspraxis, immer wieder selbst thematisiert. Um Klarheit und Verständlichkeit (*perspicuitas*) trotz der Übertragung in eine andere Sprache zu gewährleisten, könne es zuweilen notwendig sein, dass „man den Wortverstand zurucke lassen und die Meinung allein dolmetschen muß" (PT 3, 37). Dass für den französischen Raum andere Diskursregeln gelten als für den deutschen und deshalb die Kombinationsmodi der Topoi angepasst werden müssen, versteht sich für Harsdörffer also beinahe von selbst.[226] Schließlich gilt die Regel: „Wann ein Frantzos [...] ein teutsches Kleid anziehet / sol es ihm so gerecht seyn / d[a]z man ihn für keine Fre[m]den / sondern für eine geborne Teutschen halte" (PT 3, 39). So wirbt er in der Vorrede der *Mordgeschichte* damit, „so unvermengt Teutsch geschrieben [zu haben] / daß man [an] gar wenig Orten bemercken wird / daß dieses auß einer andren Sprache in die unsrige gebracht worde" sei (JMG, Vorrede, Nr. 18). Nicht nur steht es „einem Ubersetzer frey / den Inhalt eines andren Buchs in seine Sprache zu übertragen", sondern es sei sogar erlaubt, diesen „ihm selben nach gutdünken dienen machen" – was in letzter Konsequenz bedeutet, dass man „allem und jeden so genau nicht nachgehet / [...] und nur den Verlauff der Sachen" erzählt (JMG, Vorrede, Nr. 15).

Im Fall des *Schau-Platzes* führt der veränderte Zielkontext einerseits zu sinngemäßen anstatt wortgetreuen Übersetzungen. Andererseits führt er zu einer Verdichtung der Vorlage, die den „Handlungskern"[227] des Ausgangstextes herauspräpariert und nur noch das Grundgerüst der Camus'schen Geschichten beibehält.

225 Eberhard Lämmert, Bauformen des Erzählens, Stuttgart 1955, 22.

226 Vgl. Jörg Robert, Im Silberbergwerk der Tradition. Harsdörffers Nachahmungs- und Übersetzungstheorie, in: Harsdörffers Universalität, 1–22, hier: 16.

227 Rosmarie Zeller, Harsdörffers Mordgeschichten in der Tradition der Histoires tragiques, in: Harsdörffer-Studien, 177–194, hier: 186.

Dieses Verfahren der Verknappung ist in der Sammlung programmatisch inseriert: Die Geschichten aus der französischen *Tragica*-Literatur wurden, wie es in der Vorrede heißt, von „vielen müssigen ümständen“ und „unnöhtiger Weitläufftigkeit“ befreit (JMG, Vorrede, Nr. 7). Harsdörffer habe sie „ohne Einmischung ümbständiger Klagreden“ verfasst und auf „Schminke [/] welcher sich die ungestalten Erzehlungen bedienen müssen“, gänzlich verzichtet.[228] Die Exempla sind das Produkt von Kürzungsoperationen. Die novellistischen Fallgeschichten der Vorlagen werden ihres überflüssigen Gewandes entkleidet, um dem Stilideal der *brevitas* zu entsprechen.

Harsdörffer steigert damit die „Raffungsintensität“[229] der Geschichten. Schließlich stand für die *Fruchtbringer* fest: „Kurtze Red hat Blitzes-Kraft / Langes Schnattern wenig Safft.“[230] Allerdings war eine „kurtze Art zu schreiben“ mit Blick auf die „Belustigung“ der Leserschaft nicht immer „anständig“. Um die bittere Pille der Lehre schmackhaft zu machen, war es daher mitunter geboten, „weitschweiffigere Umstände“ anzuführen, da ein Fall durch allzu eifriges Kürzen obskur werden kann. Zwar verursachen „die überflüssigen Wort einen Eckel“, aber durch einen „gar zu kurze[n] Begriff“ wird „die Sache mehrmahls vernachtheilt“ (PT 3, 33). Fest stand jedoch allemal, dass im Kampf gegen die „eckelhaffte[ ] Wortmenge“ ein „wolgestelltes Schreiben“ entsteht, das „viel angenehmer“ ist als eine „überverfasste“ Schrift.[231]

Auch dieses Verfahren thematisiert die Erzählinstanz in den Fallbeispielen selbst. „Andere Umstände“, heißt es etwa an einer Stelle, „wollen wir mit stillschweigen übergehen / damit wir die uns vorgesetzte Kürtze nicht überschreiten“ (LLG 1, 90). Schließlich will sie alle Fälle „[o]hn viel […] ümstände“ erzählen, „welche ich als einen stünkenden Sumpf / schnell überschreite“ (JMG 292). Und an anderer Stelle heißt es, sie habe nur die unabdingbaren Hauptumstände des Falls behalten: „Wir wollen geschwind verbey gehen / als ob einem stinkenden Ort / doch etliche nohtwendige ümstände anmelden“ (JMG 568).[232] Harsdörffers Übersetzungen haben einen olfaktorischen Sinn für „überflüssige ümbstände“. Anstatt die Geschichten in all ihren Einzelheiten zu entfalten, folgt Harsdörffer einem Verfahren, das „nur den Verlauff der Sachen richtig behält“ und den Fällen so eine neue Gestalt gibt (JMG, Vorrede, Nr. 14–15).

---

228 Harsdörffer, SchauPlatz, 3. und 4. Tl., Vorrede, unpag.

229 Lämmert, Bauformen, 32–33 u. ö.

230 Matthias Abele von Lilienberg, Metamorphosis Telæ Judiciariæ, Das ist: Seltzame Gerichts-Händel / Samt denen / hierauf gleichfalls selzam erfolgten Gerichts-Aussprüchen […] (1655), 8. Aufl. Nürnberg 1712, 44.

231 Harsdörffer, Secretarius, Bd. 2, 233.

232 Vgl. auch JMG 469: „Viel müssige Umstände […] übergehen wir billich / und berühren allein / daß […]“.

4 Umstandsknappheit: Typenwissen

Ging es bei der Formatierung des Einzelfallwissens darum, den Interessen einer ‚curieusen' Leserschaft gerecht zu werden, so hat die *brevitas* auf dem Niveau des Textes den Effekt, dass die Individualität von Personen und die Singularität von Ereignissen, ihren besonderen Umständen entkleidet, ins Typenhafte transformiert wird.[233] Eine Fallgeschichte wird so zum Exemplum.[234] Wie mit einem Ockham'schen Rasiermesser löst Harsdörffer die Verbrechen gezielt von ihren komplexen Bedingungen, um sie als allgemeine, lehrhafte Exempla umzudeuten. Die Komplexität einer einzigartigen Biografie beschränkt er auf einen begrenzten Satz typischer Eigenschaften;[235] die Singularität der Circumstantien stilisiert er, im Sinne der Topik, zu einer charakteristischen Situation.[236]

Was sich auf der Ebene des einzelnen Falls beobachten lässt, wird durch das Staccato von zweihundert Fällen intensiviert. Das Medium der Sammlung ermöglicht, Gesetzmäßigkeiten in einer Vielzahl singulärer und scheinbar zusammenhangsloser Vergehen zu entdecken. Schließlich verspricht die Theatrum-Form den Leser:innen eine Gesamtschau. Außergewöhnliche Mordfälle sind in einem solchen Panorama nicht mehr die Ausnahme, sondern die Regel. In der seriellen Aneinanderreihung von verknappten Verbrechenserzählungen im Medium der Sammlung wird also nicht die Individualität devianter Subjekte ausgestellt – was sich auch in der Vermeidung von internen Fokalisierungen ausdrückt –, sondern die Täter:innen werden auf das reduziert, was sie als Repräsentant:innen eines allgemeinen Verbrechertypus erscheinen lässt.

Eine nicht enden wollende Reihe von Typen durchzieht Harsdörffers Sammlung. Jeder Fall ist für Harsdörffer nur der individuierte Ausdruck eines allgemei-

233 So auch, ohne dies weiter auszuführen, Winfried Theiss, Nur die Narren und Halßstarrigen die Rechtsgelehrte ernehren... Zur Soziologie der Figuren und Normen in G. Ph. Harsdörffers *Schauplatz*-Anthologien von 1650, in: Literatur und Volk im 17. Jahrhundert. Probleme populärer Kultur in Deutschland, hg. von Wolfgang Brückner, Peter Blickle und Dieter Breuer, 2 Bde., Wiesbaden 1985, Bd. 2, 899–916, hier: 907.

234 Bereits Rosmarie Zeller (Mordgeschichten, 187), an deren Überlegungen ich hier anschließe, hat auf Harsdörffers „Tendenz" verwiesen, aus den „Novellen Exempel zu extrahieren". Während Zeller jedoch mit Blick auf diese Operation von einem literaturhistorischen „Rückschritt" (194) spricht, geht es in diesem Kapitel darum, entgegen dieser teleologischen Lesart die eigentümliche Poetik Harsdörffers herauszustreichen.

235 Vgl. mit Blick auf die Exemplarität des aktenmäßigen Berichts Kirchmeier, Verbrechen, 16.

236 Auch Christian Meierhofer erkennt – allerdings ohne Berücksichtigung der Verknappungsoperationen – in den Exempla „Variationen von topisch geordneten Figurentypen und Handlungsmustern". Ders., Harsdörffer, 75.

nen Typus.[237] Die Sammlung macht sich deshalb auf die Suche nach der gemeinsamen Natur und der innigen Verwandtschaft der einzelnen Fälle. Mit der Hilfe eines identischen und kontinuierlichen Wirkungszusammenhangs werden singuläre Ereignisse als Teil einer typischen Struktur dechiffriert. War für die Epistemologie des Aristotelismus die Disjunktion zwischen Strukturgesetz und Einzelfall bestimmend, so erweitert sich bei dem in der neo-platonischen Tradition stehenden Harsdörffer das über die Erzählungen vermittelte Wissen zum Strukturwissen über die Genese des Verbrechens.[238] Die Komplexität bestimmter Zusammenhänge wird im Zuge dessen unweigerlich auf einfache Forme(l)n reduziert. Sie ermöglichen es schließlich, im Medium des Typischen Verlaufsformen zu prognostizieren. Hortikulturell gewendet kann Harsdörffer so „von dem Samen wol sagen / was er für eine Frucht hervor bringen werde".[239] Knapper Sinn ist im *Schau-Platz* stets typisierter Sinn. Er wird als generalisierte Referenz verfügbar für analoge Fälle und garantiert so ihre Vergleichbarkeit.

Trotz aller behaupteten Außergewöhnlichkeit und Vielfalt sind die Fälle daher alle nach einem einheitlichen Muster geformt und formatiert. Ihre rhetorische Funktion ist die Erzeugung von Evidenz durch eine Nebeneinanderstellung von Ähnlichem (*adpositio similium*). „Dieses ist auß vorgehender Erzehlung beglaubet worden / soll aber mit nachgehender noch ferners ausfündig gemachet werden", so oder so ähnlich heißt es immer wieder (LLG 1, 29). Die auftretenden Figuren setzen aufgrund ihres sündhaften Verhaltens eine sich beinahe mit mechanischer Konsequenz entfaltende Kette in Gang. Auf das Laster folgt die Sünde, auf diese dann das große Unglück, meist in Form von Mord und Totschlag, und auf dieses wiederum eine erbarmungslose Bestrafung der Vergehen. „Wir verstehen", schreibt Harsdörffer, „hierdurch eine schickliche Folge / der nach und nach gefügten Ursachen: massen alles in dieser Welt ordenlich an einander hanget / und gleichsam an eine Ketten gegliedert ist".[240] Jeder Umstand wird unter Harsdörffers Hand zum Glied einer kausalen Kette, in der die Relation von Ursache und Wirkung nach Maßgabe einer Adäquanz von Verbrechen und Strafe geregelt ist.

Im Blick auf den heilsgeschichtlich zu verstehenden „Außgang" der Fälle wird schließlich die gesamte Weltordnung vorgestellt: Jeder einzelne Fall ist „eine Kette /

---

237 Dies ganz im Sinne des Neoplatonismus. Zum neoplatonischen Verhältnis von Einzelfall/Allgemeinheit vgl. Thomas Leinkauf, Mundus combinatus. Studien zur Struktur der barocken Universalwissenschaft am Beispiel Athanasius Kirchers SJ (1602–1680) (1993), 2., durchg. und bibliogr. erg. Aufl. Berlin 2009, 287–288.

238 Zu den neoplatonischen Einflüssen vgl. Peter Hess, Neoplatonismus und Bacon-Rezeption. Naturphilosophie bei Harsdörffer, in: Morgen-Glantz 13 (2003), 321–349.

239 Harsdörffer, Erquickstunden, 626.

240 Harsdörffer, Ars Apophthegmatica, 20.

welche uns niedrige Menschen gleichsam zu deß Höchsten GOTTes Allmacht ziehet" (LLG 1, Zuschrift, unpag.). Die gesamte Welt wird als eine universale, in sich analoge Kette aufgefasst. Auf intellektueller Ebene wird diese Welt ebenfalls von einer Analogik flankiert.[241] Durch „die Gegenhaltung gleichständiger Sachen" wird jedenfalls nicht nur der Verstand „vergnüget", sondern auch „eine Sache vollständiger an das Liecht [ge]setzet / und gleichsam von einer Warheit in die andere [ge]leitet" (PT 3, 57). Damit ist die Umstandstopik in ihrem neuzeitlichen Zuschnitt auf den Plan gerufen. Von bekannten Verhältnissen wird im Analogieschluss auf die unbekannten Ursachen eines merkwürdigen Vorfalls geschlossen. Dies unter der Annahme, dass ähnliche Ursachen ähnliche Wirkungen haben. Dieser Schluss von analogen Fällen auf einen neuen und insofern zweifelhaften Fall ist nicht nur epistemisch produktiv. Auf dem *Schau-Platz* erzeugt er zugleich eine Evidenz, die ebenso einprägsam wie abschreckend ist.

Im analogischen Zusammenhang der Sammlung wird der Bezug des Verschiedenen auf eine identische Struktur sichtbar. „Etliche Erzehlungen können unter einem Titel stehen", schreibt Harsdörffer, „gleich wie alle Tugenden gleichsam an einer Ketten hangen / deren jede ein absonderliches Glied machet / und im Gegensatz auch ein Laster an dem andern hanget" (LLG 1, 64). Als Moment einer Kette des Seins ist der singuläre Fall mit seiner Kontingenz versöhnt. Jedes einzelne Glied der Kette weist in sich dieselbe Struktur auf und ist somit in eine Einheit eingebunden, die das Gemeinsame der Vorfälle anzeigt – „allermassen auff einen Lehrsatz unterschiedliche Geschichte[n] gebracht werden können", wie Harsdörffer anmerkt (LLG 1, 29). Unter diesen Prämissen ist die Verkettung des einzelnen Falls kaum mehr von der Analyse der gesamten Weltordnung zu trennen.[242]

Über das Gesetz der Lasterkette stellt Harsdörffer Ähnlichkeitsrelationen zwischen den Geschichten her.[243] „Wie in vorhergehender Erzehlung der Geitz einen Todschlag angerichtet", leitet er etwa einen Fall ein, „also wird in folgenden zu ersehen seyn / wie die Lustseuche dergleichen übel stifftet" (JMG 140). Initialereignisse etablieren danach eine Pfadabhängigkeit, in der sich jedes Ereignis rekursiv auf die vorangehenden beziehen lässt – schließlich werden die durch Verbrechen erzeugten „Threnen" erst auf diese Weise „von ihrem ersten Ursprung" her lesbar.[244] Durch die richtige Anordnung des Wissens, ist Harsdörffer überzeugt,

---

241 Zur neoplatonischen Analogik vgl. Leinkauf, Mundus combinatus, insb. 163–167.

242 Zum kosmologischen Denkens Harsdörffers vgl. Karl Helmer, Weltordnung und Bildung. Versuch einer kosmologischen Grundlegung barocken Erziehungsdenkens bei Georg Philipp Harsdörffer, Frankfurt a. M. 1982.

243 Unter dem Lemma „Sünden" findet sich im Register denn auch der Topos „Sündenketten". JMG, Inhaltsregister, unpag.

244 Harsdörffer, Heraclitus und Democritus, Vorrede, unpag.

lässt sich „den Anfangen / die Ursachen / den Fortgang und das Ende“ eines Unglücksfalls beobachten.[245]

Allerdings handelt es sich nicht um einen Determinismus im strengen Sinn. Das Postulat des freien Willens ist integraler Bestandteil einer jeden barocken Handlungstheorie.[246] Die Narrativierung von Umständen und ihren Konsequenzen im Medium des Exemplums folgt daher einem Prinzip, das Leibniz etwas später mit der Formulierung umschreiben wird, dass vermöge kleinster Umstände „die Gegenwart mit der Zukunft schwanger geht und mit der Vergangenheit beladen ist“.[247] Man dürfe daher behaupten, „daß die Verdammten sich immer neue Leiden durch neue Sünden zuziehen und die Seligen sich immer neue Freuden durch neue Fortschritte im Guten gewinnen, da beides auf dem *Prinzip der Angemessenheit* beruht, dementsprechend die Tat eine Züchtigung zur Folge haben muß.“[248]

So auch im *Schau-Platz.* Laster führen hier nicht automatisch zur ewigen Verdammung, sondern die Sünder:innen vergehen sich immer wieder aufs Neue. „Laster wird von Last genennt / Deren Bürde spat erkennt / Und wann man sie mit behagen lang getragen / Kan sie niemand werffen ab / Biß sie letzt mit Scheu und Reu Ihres Trägers Rucken drucken in das Grab“, dichtet Harsdörffer (JMG 20). Deshalb werden auch nicht zwingend die Taten selbst verdammt – also die Delinquent:innen *für* ihre Taten bestraft –, sondern die Täter:innen verlieren ihr Seelenheil *durch* die unablässigen Missetaten, die ihren sündhaften Lebensstil fortwährend erneuern.[249] Es gilt die Regel, „daß der einmal böses gethan / es wieder thun könne“.[250] Auch die „Sünden-Knechte“ (JMG, Zuschrift, unpag.) des Satans sind in jedem Augenblick frei, sie erliegen nicht einfach den Wirkungen ihrer Vergangenheit, sondern sie können bloß, wie Gilles Deleuze mit Blick auf Leibniz sagt, „die aktuale und gegenwärtige Spur nicht beenden […], die sie jedem Tag, jedem Moment einkratzen“.[251] Die verdammungswürdigen Verhaltensweisen werden in diesem Sinne unaufhörlich neu begonnen, weshalb sich auf dem *Schau-Platz* Verbrechen auf Verbrechen häuft.

---

245 Harsdörffer, Erquickstunden, 647.

246 Vgl. Theo Kobusch, Die Entdeckung der Person. Metaphysik der Freiheit und modernes Menschenbild (1993), 2., durchges. und um ein Nachw. und um Literaturerg. erw. Aufl. Darmstadt 1997; vgl. auch LLG 1, Zuschrift, unpag.: Nach dem Sündenfall habe der Mensch nur „das Gewissen / nechst der Freyheit seines Willens und seiner Wercke behalten / daß er das Gute von dem Bösen unterscheiden / jenes thun unnd [sic] dieses meiden“ könne.

247 Leibniz, Neue Abhandlungen, Bd. 1, XXV.

248 Gottfried Wilhelm Leibniz, Die Theodizee I, in: Philosophische Schriften, Bd. 2.1, Frz.–Dt., hg. und übers. von Herbert Herring, Frankfurt a. M. 1996, 313. Herv. i. O.

249 Vgl. Deleuze, Falte, 118–120.

250 Harsdörffer, Erquickstunden, 602.

251 Deleuze, Falte, 120.

So wird in der „Großmüthigen Rache“ der vergewaltigende Soldatenhauptmann wie folgt eingeführt: „Le Pont war ein viehischer Mensch / welcher seine Rede mit vielen Gottslästerungen zu zieren pflegte / und für eine Ehre achtete / alle Sünden und Laster ungescheut zu begehen. Alle Fülle an Speiß und Tranck war diesen Unmenschen zu wenig / und beklagt er sich ohn unterlaß“ (JMG 74). Zuvor wird dieser Le Pont allerdings als ein Exemplar eines spezifischen Typus Mensch vorgestellt – des Soldaten. Harsdörffer expliziert, wie dieser Soldatentypus gebaut ist und worauf diese Bauart hinausläuft: „Von fressen und sauffen / ist nichts zu sagen / noch von Gelt erpressen und die Leute beschädigen / welche sie schützen solten: sondern von den Jungfrauen schwächen / und Weiber schänden / welches Laster mit der Füllerey pfleget verbunden zu seyn“. Tatsächlich bestätigt sich im weiteren Verlauf der Geschichte die unterstellte Verbindung der Todsünde der Völlerei (*gula*) mit diesem Verbrechenstypus: Als der Soldat „einsten wolgeessen / und nicht übel getrunken hatte / läst er sich gelüsten Mariam seines Wirts Tochter zu beschlaffen“ – und vollzieht schließlich, als diese sich sträubt, „seinen bösen Willen mit Gewalt“ (JMG 74).

Eine solche moraltheologische Komplexitätsreduktion, die das Verhalten von Individuen auf Lastertypen zurückführt, lässt sich auch bei Erzählungen wie dem „Stinckenden Hurenhengst“ beobachten. Der Lebenswandel des Protagonisten dieses merkwürdigen Falls werden ebenso wie seine Charakterdisposition nur knapp umrissen, auf biografische Details wird beinahe komplett verzichtet: „Er war dem Trunck und Wolleben ergeben / und ein rechter alter zerrissener Weinschlauch / ein Spieler und Hurenknecht. Alle seine Weißheit hat dieses letzte Laster verschlungen. Er lebte 30. Jahre / mit Weibern und ledigen Dirnen / in unehlicher Befleckung / daß nunmehr die Gewonheit bey ihm keine Sünde mehr“ (JMG 35). Angeführt werden nur die für den Fall notwendigen Informationen, will er doch belegen, dass eine Person, „welcher der Laster gewohnet“, nicht mehr auf die tugendhafte Bahn zurückkehren wird (JMG 34). Auch nach dem Versprechen, sein gottloses Leben hinter sich zu lassen, widmet sich der Protagonist darum weiter seiner sündhaften Leidenschaft. Der „stinckende Bock“ stirbt schließlich „durch allzu grosse Bewegung“ während einer „unzüchtigen Beküssung“ (JMG 36). Sein Leichnam fängt sogar so schlimm an zu stinken, dass er selbst „sechs Schuhe tief“ unter der Erde noch zu riechen ist und deshalb wieder ausgegraben und ins Wasser geworfen werden muss, „in welchen auch hernach viel todte Fische gefangen worden“ (JMG 37).

In der Vorlage Camus’, die den Titel „Le puant Concubinaire“ trägt, wird hingegen das trickreiche Verhalten der Frau, die den Protagonisten verführt, weil sie es auf sein Erbe abgesehen hat, en détail ausgeführt. In ihrer Umständlichkeit stellt Camus’ Geschichte die Merkwürdigkeit und Außergewöhnlichkeit des wundersamen Falls – „non moins funeste qu'estrange“[252] – in den Vordergrund. Genüsslich und nicht ohne Humor erzählt Camus die Einzelheiten der Bestattung und den Versuch der Gemeinde, den unerhörten Gestank des Leichnams zu bekämpfen:

> A peine put-on trouuer personne qui le voulust enseuelir: mis dans vne biere la putrefaction, perce le bois & le fait sentir par tout, on l'enduit de poix, de cire, de mastic, on applique du cuiraux iointures avec de la colle forte, tout cela ny fait rien. On fut en termes d'enuoyer querir vn cercueil de plomb, mais chacun tirant de son costé nul ne se trouua qui voulust en faire la despence à peine puton trouuer des hommes pour le porter en terre, ces gens qui nettoyent des cloaques l'entreprirent par vn grand salaire.[253]
>
> Man hat nur mit Mühe jemanden finden können, der ihn bestatten wollte: der Verwesende wurde in einen Sarg gesteckt, die Fäulnis durchkroch das Holz und wurde überall gerochen. Sie bestrichen den Sarg mit Pech, mit Wachs, mit Spachtelmasse, man verwendete gegerbte Fugen mit starkem Leim, aber all das brachte nichts. Man überlegte, nach einem Sarg aus Blei zu schicken, aber jeder entzog sich seinerseits, niemand ließ sich finden, der dafür bezahlen wollte. Mit Mühe konnte man Menschen finden, die ihn in die Erde hieven, jene Leute, welche die Kloaken reinigen, ließen sich schließlich für hohen Lohn dazu überreden. (Übers. JSch.)

Bei Harsdörffer hingegen ist der bestialische Gestank des toten Lasterhaften weniger ein wundersames Detail denn eine notwendige Konsequenz der Sünde. „Die geilen Böcke sonder Zucht“, heißt es verallgemeinernd im Merkvers des Epimythions, „Sind von dem Höchsten Gott verflucht / Sie müssen auch in diesem Leben / Der Höllen Rauchwerck von sich geben“ (JMG 37). Die stinkenden Einzelheiten umgeht Harsdörffers Übersetzung, um Kausalverhältnisse dort sichtbar werden zu lassen, wo sie aufgrund einer Vielheit von Faktoren schwer auszumachen sind.

Solche Figurenbeschreibungen lassen das Verhalten des Protagonisten schon nach wenigen Zeilen vorhersehbar werden. Ihre Funktion besteht darin, Sinnüberschüsse zu minimieren. In Harsdörffers Texten weisen alle Figuren daher typisierte Merkmale auf. Typisch sind die Verhaltensweisen der Altersstufen,[254] der unterschiedlichen Stände[255] und die Charakterdispositionen der einzelnen Nationalitäten: Leichtsinnige, hitzige oder „ehrsüchtige“ Franzosen stehen mit allen

---

252 Camus, L'Amphithéatre, 150.

253 Camus, L'Amphithéatre, 158–159.

254 So werden die Versuchungen des Satans mit Altersstufen korreliert: „[D]ie Jugend“ werde „mit Wollüsten / das männliche Alter mit Ehrgeitz / die bejahrten mit der leidigen Geltgeitz auf dem Schauplatz dieser Welt […] verführet.“ JMG, Zuschrift, unpag.

255 Etwa wenn er, wie oben angeführt, auf „die unbändigen Handwercker und Handwecks-Genossen“ verweist – seit den sogenannten Handwerkeraufständen von 1348/1349 ein Topos in Nürnberg. Harsdörffer, Secretarius, Bd. 2, 507. Zum Handwerkeraufstand vgl. Werner Schultheiss, Der Handwerkeraufstand 1348/49, in: Nürnberg – Geschichte einer europäischen Stadt, hg. von Gerhard Pfeiffer, München 1971, 73–75.

Wassern gewaschenen Italienern und Spaniern gegenüber.[256] Typisch sind wiederum die Eigenschaften der Lasterhaften: Der Heuchler „erzehlet / wie er viel frömmer / die Zeit aber ärger worden",[257] der „Geschäfftige" „weiß bey einem Haar eines jeden Vermögen / Gewinn / Verlust",[258] und den Ruchlosen erkennt man daran, dass seine Erzählungen „von den Sünden seiner Jugend / über welche er sich erfreuet" handeln.[259] Typisch ist im Anschluss an Galen auch das Verhalten der unterschiedlichen Temperamente.[260] Und typisch sind auch die Handlungsweisen, die den einzelnen Affekttypen zugeordnet werden: „Der Zornige kennt sich nicht wann er ergrimmt / verstellet sein Angesicht / setzet sein Leben auf die Spitze" (JMG 210).

Ein überschaubarer Typenschatz an erwartbaren Handlungsweisen reduziert Kontingenz auf Notwendigkeit und stellt auf diese Weise ein Orientierungswissen bereit, das Vorfälle einzuordnen hilft. Die konventionalisierten Bedeutungen erleichtern die Zeichendeutung: „Eine rote Nasen / wird mir einen Trunckenbold bedeuten / ein blasses Angesicht / die Furcht etc."[261] Auf diese Weise garantiert Harsdörffer eine kausale Kopplung der Zeichen an die präsentierten Geschehnisse. Mit Hilfe solcher typisierten Umstandszeichen stellt er Wahrnehmungsmuster bereit und kreiert beurteilbare Situationen. Seine kriminologische Semiotik erlaubt somit eine ‚umstandslose' Einordnung der Geschehnisse.

In Camus' Fallerzählungen hingegen ist ein schnelles Urteil trotz der Kommentareinschübe oftmals gerade nicht möglich. Im Gegenteil: Die Leser:innen werden dort permanent mit Unentscheidbarkeiten konfrontiert. Sei es auf der Ebene der *histoire*, etwa in Gestalt eines entscheidungsschwachen „esprit divisé en

---

256 Vgl. etwa die Geschichten „Der Frantzosen Leichsinnigkeit", „Der Frantzösische Frantzos" und „Das Liebsbissen". JMG 88–94, 133–136, 103–106. Die Benutzer:innen des Registers können sich unter dem Lemma „Italiäner" sodann einen Überblick über ‚typisch italienische' Verhaltensweisen verschaffen (JMG, Inhaltsregister, unpag.): „Italiäner Gemüts neigung CXL. 12. sind verschwiegen XXVI. 2. rachgierig XIV. 4. Eifersüchtig XXVII. 5."

257 Georg Philipp Harsdörffer und Joseph Hall, Die Kennzeichen der Tugenden und Laster, in: Harsdörffer, Pentagone Histoirique, 60. Harsdörffer liefert in seiner Übersetzung des Traktats *Characters of Vertues and Vices* (1608) des englischen Bischofs von Exeter Joseph Hall ein ganzes Tableau mit Tugend- und Lastertypen, das ihre Erkennbarkeit erleichtern soll. Bezeichnenderweise ist es einer weiteren Übersetzung Camus' angehängt. Zum Programm dieses Textes vgl. Hans-Joachim Jakob, Mit „der Leuchte wahrhaffter Geschichte". Tugend- und Lasterdidaktik in G. Ph. Harsdörffers *Pentagone Histoirique* (1652), in: Morgen-Glantz 30 (2020), 315–349.

258 Harsdörffer und Hall, Kennzeichen, 64.

259 Harsdörffer und Hall, Kennzeichen, 75.

260 Vgl. die Ausführungen über die „die Melancholische[n] und Gallreichen" und die „schleim- und blutreiche[n] Leute" in Harsdörffer, Heraclitus und Democritus, Vorrede, unpag.

261 Harsdörffer, Erquickstunden, 647.

lui-mesme",[262] der zwischen zwei Frauen hin und her gerissen ist und der die ‚psychologischen' Aspekte des Falls in den Vordergrund rückt.[263] Oder sei es, dass durch Szenen, in denen Gewaltausbrüche als Effekt eines temporären und diffusen Gefüges von Affekttypen inszeniert werden (wie im Fall Nabors aus der „eröffneten Beicht"), eine Ambiguität erzeugt wird, die eine problemlose Subsumtion einer Begebenheit unter eine Norm fraglich werden lässt. Der diskursive Rahmen allerdings, in dem solch ein Narrationstyp verankert ist, fehlt bei Harsdörffer. Während es bei dem in Frankreich zu Beginn des 17. Jahrhunderts omnipräsenten Affektdiskurs unter anderem um die Frage nach den Leistungen und Grenzen einer regulierenden Vernunft ging,[264] denkt Harsdörffer in Lasterkatalogen und topischen Handlungsmustern. Anstatt die Exempla-Tradition bloß zu verlängern, entfaltet ein solches Denken auf dem *Schau-Platz* ein eigenständiges literarisches Potenzial und eine neuartige Poetik, deren Eigenart in der Geschwindigkeit der Texte liegt.

5 Barocke Drastik: Poetik der geometrischen Progression

Damit das Singuläre regelhaft erscheint und der kontingente Vorfall als Teil eines allgemeinen Gesetzes dechiffriert werden kann, erzählt Harsdörffer nur den konzentrierten Handlungskern. Ohne die situativen Umstände und Gelegenheitsursachen tritt allein das moralisch defizitäre Verhalten als „Wurtzel" von Verbrechen in den Vordergrund und mit ihm ein Faktor, aus dem sich exemplarisch lernen lässt. Erst so kann man deutlich genug sehen, „daß auß einer argen Wurtzel keine gute Frucht wachsen kan / wann man die Wasserschüsse und unnützen Aeste nicht zeitlich abstimmelt / hindert oder mindert."[265] Anstatt die kriminelle Handlung mitsamt ihren Einzelheiten in den Fokus zu rücken, führen die Exempla die fatalen Konsequenzen vor Augen, die ein Verstoß gegen die rechtlich-moralische Ordnung hat. „Eine böse That", schreibt Harsdörffer, „hat doch keinen guten Außgang" (JMG 68).

Zielt dieses Verfahren darauf, mögliche Sünden und Verbrechen bereits im Keim zu ersticken, so werden therapeutische Effekte gerade durch die Geschwindigkeit der verknappten Texte erzielt. Denn Harsdörffers kurzer Stil bedeutet vor

262 Camus, L'Amphithéatre, 280.
263 Vgl. Zeller, Mordgeschichten, 189–193.
264 Zum französischen Affektdiskurs in der Frühen Neuzeit vgl. Anthony Levi, French Moralists. The Theory of the Passions 1585 to 1649, Oxford 1964 (zu Camus 126–135). Camus hatte sich selbst in einem Buch den Affekten und Leidenschaften ausführlich gewidmet. Vgl. Jean-Pierre Camus, Traitté des passions de l'ame, hg. von Max Vernet und Élodie Vignon, Paris 2014.
265 Harsdörffer, Erquickstunden, 593.

allem eines: „Ereignisbeschleunigung".[266] Um „den Leser / welcher deß Außgangs begierig ist / nicht [...] aufzuhalten" (JMG, Vorrede, Nr. 14), überfliegt er den Sachverhalt im Schnelldurchlauf – ein *decurrere per capita*,[267] das „nur den Verlauff der Sachen" (JMG, Vorrede, Nr. 15) erzählt und so den Texten Tempo verleiht. „Etliche schreiben weitläufftig / und ziehen mehr Umbstände [...] ein / als die Sache erfordert / daß dem Leser mehrmals die Gedult ermangelt solches Geschwätz abzulesen oder anzuhören", mahnt Harsdörffer immer wieder.[268] Unnötige ‚Dienstfertigkeit', das hatte schon die Geschichte von der „eiferigen Fürstin" gezeigt, ist moralisch wie stilistisch abzulehnen, „[a]lso wird verhoffentlich dem Endsbegierigen Leser nicht mißfallen / daß wir keine andre Zier / als welche zu zeiten aus der Sache selbst geflossen / mit eingebracht / und alles / so viel möglich / nach dem selbstständigen Verlauff beschrieben".[269]

Dabei folgen Harsdörffers Verdichtungen weniger einer Ökonomie der Sparsamkeit,[270] als vielmehr einer *Ästhetik des Verzichts*, die den Geschichten die Lizenz zum Schnell-Werden erteilt. Die Auslassungen (*omissiones*[271]) und Verknappungen verleihen ihnen eine dromologische Qualität, die den Camus'schen Vorlagen aufgrund ihrer Umständlichkeit fehlt. Dies ist notwendig, weil „dardurch das Gedächtniß / sonder Belästigung / gerühret" werden kann. Nur wenn der Dichter „nicht mehr Wort / als die Sache von nöhten hat / gebrauchet", wird das Beispiel mit „sondrem Nachdruck" versehen (PT 3, 67–68). In einer Kürze, die Geschwindigkeit organisiert, stellen die Geschichten die dramatischen Auswirkungen devianten Verhaltens vor Augen und erzielen so allererst jenen „mächtigen und kräfftigen Nachdruck" (JMG, Sendschreiben, unpag.), auf den es die Sammlung abgesehen hat.[272]

Mit diesem Verfahren folgen Harsdörffers Erzählungen einer Poetik der geometrischen Progression. In der „V. Kunstquelle" seiner *Ars Apophthegmatica* – genau an dem Ort, an dem das Gesetz der Lasterkette poetologisch verankert ist – hatte Harsdörffer den gewohnten Gang der Dinge mit dem Begriff der „Progres-

266 Gilles Deleuze und Claire Parnet, Dialoge (1977), hg. von Daniela Voss, Berlin 2019, 92.
267 Vgl. IO VI 1, 2.
268 Harsdörffer, Secretarius, Bd. 2, 232.
269 Harsdörffer, SchauPlatz, 3. und 4. Tl., Vorrede, unpag.
270 Vgl. Stefan Manns, „Die wahre und merckwürdige Geschichte lehret". Zum Erzählen in Georg Philipp Harsdörffers *Schau=Plätzen*, in: Harsdörffers Universalität, 147–166, der von „Meisterstücken narrativer Sparsamkeit" (155) spricht.
271 Vgl. Beate Czapla, Art. Praeteritio, in: Historisches Wörterbuch der Rhetorik, Bd. 7, Sp. 27–32.
272 Zur Figur des Vor-Augen-Stellens bei Harsdörffer vgl. Elmar Locher, *Hypotypose* und *memoria* in der Ästhetik Harsdörffers, in: Seelenmaschinen. Gattungstraditionen, Funktionen und Leistungsgrenzen der Mnemotechniken vom späten Mittelalter bis zum Beginn der Moderne, hg. von Jörg Jochen Berns und Wolfgang Neuber, Wien, Köln und Weimar 2000, 67–88.

sionem Arithmeticam" zu fassen gesucht.[273] Für die künstliche „Folge der Lehr" hatte er hingegen den Begriff der „Progressionem Geometricam" reserviert. Eine arithmetische Folge ist dadurch gekennzeichnet, dass die Differenz zweier benachbarter Folgeglieder konstant bleibt und deshalb eine, wie Harsdörffer sagt, „gleiche Zahlsteigerung" aufweist. Im Gegensatz zu dieser linearen Funktion wird eine geometrische Folge dadurch definiert, dass der Quotient zweier benachbarter Folgeglieder konstant bleibt. Als „ungleich bemässigte Zahlfolgerung" stellt eine geometrische Progression eine Exponentialfunktion dar und beschreibt deshalb einen rapiden Wachstumsprozess, der sprunghaft ins Unermessliche schnellt.

Anhand solcher Überlegungen entwirft Harsdörffer neue Regeln für die prosaische Textproduktion.[274] Eine Poetik des exponentiellen Wachstums durchbricht den langsamen Verlauf der Dinge, um Ereignisse schneller vorzuführen. Auf gedrängtem Raum installiert und verkettet sie Eskalationsstufen und beobachtet auf diese Weise „die Umstände […] / wann der Gebrauch gleich durchgehet".[275] Besorgt um ein schnelles Eintreffen „des Endes",[276] beschleunigt Harsdörffer das Schlussglied der Progression und damit ihre Summe. Schließlich ist „die Endursache das letzte in der Vollziehung und das erste in dem Absehen".[277]

Um romanesken Verirrungen vorzubeugen, verzichtet Harsdörffer auf eine Rhetorik, die Umwege geht. Auf den *Schau-Plätzen* streicht er alle argumentative und ornamentale Umständlichkeit und narrativiert stattdessen nur die zugespitzten Hauptsachen. Belehrende Digressionen werden zugunsten einer beschleunigten Falldarstellung aufgegeben, die unterhaltsamer und einprägsamer zugleich ist. In einer Art experimentellem Verfahren versetzt er die immer gleichen Laster in verschiedene Umstände, um den stets selben Ausgang zu beweisen. Auf seinen Schauplatz stellt er gemeine Personen, um „aus ihren Lastern […] den jämerlichen und meinsten Theil mörderlichen Außgang" vorzuführen und so die Einzelfälle „zu einer beständigen Lehre" zu erweitern, „daß gleiche Sünden gleiche Straffen zu erwarten haben."[278]

Wenn Harsdörffer im rhetorischen Schluss *causa* und *effectus* auf diese Weise miteinander verkettet, dann macht er das lasterhafte Verhalten zur Hauptursache verbrecherischer Unfälle – ein topisches Verfahren, dem Rudolf Agricola den Na-

273 Harsdörffer, Ars Apophthegmatica, 21.

274 Auf die Wichtigkeit der Kunstquellen für eine emergierende Poetik der Prosa hat Thomas Althaus hingewiesen. Vgl. ders., Harsdörffers kompilatorische Arbeit an einer Prosapoetik des Barock, 304–307.

275 Harsdörffer, Ars Apophthegmatica, 21.

276 Harsdörffer, SchauPlatz, 3. und 4. Tl., Vorrede, unpag.

277 Harsdörffer, Ars Apophthegmatica, 21.

278 Harsdörffer, SchauPlatz, 3. und 4. Tl., Vorrede, unpag.

men *eventa* gegeben hat und das lehrt, „aus den Potenzen des efficiens" ausfindig zu machen, was möglich ist.[279] Die Fälle formiert Harsdörffer so, dass die schrecklichen Ereignisse auf die ihnen vorausgehenden Umstände hin durchsichtig werden.[280] Die Ursachen der schrecklichen Begebenheiten werden in den Geschichten verdichtet und verkettet. So heißt es etwa an einer Stelle, dass die „erste Ursach" dieser jämmerlichen Mordgeschichte „die Trunkenheit" gewesen sei, „die andere Unzucht / die dritte ein böses und unruhiges Gewissen / welches bringet Judasreue und endlich darauf erfolgten Selbstmord" (JMG 386). Stets werden Umstände angeführt, deren Wirkungen allgemein anerkannt werden: Wer saufe, neige eben zur Unzüchtigkeit, lautet das generalisierte Verhaltensmuster.

Der Effekt im Verhältnis zu seinen verursachenden Umständen steht im Vordergrund eines Unternehmens, das Zusammenhänge konsekutiv interpretiert und die verknappten Einzelheiten funktional im Blick auf sein Argumentationsziel gebraucht. Ohne Selbst- und Fremdregulierung, so Harsdörffer, haben bestimmte Charakterdispositionen zwangsläufig fatale Folgen. Man könne zwar der „Neigung zum Bösen" nicht entkommen, „aber selbe wol im Zaum halten / und beherrschen" (PT 1, 8). Auf diese Weise entwirft der *Schau-Platz* Plotschemata, die aus einer Folge von Ereignissen bestehen, die konsequent auseinander hervorgehen. In ihrer Nebeneinanderstellung bilden diese Ereignisse eine Ordnung, die sowohl syntagmatisch als auch paradigmatisch verfugt ist. Auf die Wichtigkeit solcher Kausalreihungen verweist Harsdörffer nicht ohne Grund. Sie sind der „Grundantrieb" erzählender Prosa. Während sich der Vers auf „Ähnlichkeitsassoziationen" stützt, folgt die Bewegung der Prosa dem Prinzip der „Berührungsassoziation": „[D]ie Erzählung bewegt sich von [sic] Gegenstand zu seinem Nachbar auf raumzeitlichen und Kausalitätswegen".[281]

Über eine verkürzte Kausalverkettung wird jeder Vorfall in einen interpretierbaren Fall transformiert. Wie Harsdörffer in seiner Übersetzung einer protestantischen Moralkasuistik schreibt, auf die er an prominenter Stelle des *Schau-Platzes* verweist (JMG, Zuschrift, unpag.), soll „das Urtheil / welches man von einem Thun fället / nicht von einem Umbstand hergenommen werden […] / sondern von

---

279 ID 103.

280 Vgl. zur Ursachenforschung auch Victoria Gutsche, Der Begriff der Schuld in Georg Philipp Harsdörffers ‚Schauplatz'-Anthologien, in: Simpliciana XXXVIII (2016), 347–362, hier: 354–355.

281 Roman Jakobson, [Metapher und Metonymie:] Randbemerkungen zur Prosa des Dichters Pasternak [1935], in: Poetik. Ausgewählte Aufsätze 1921–1971, hg. von Elmar Holenstein und Tarcisius Schelbert, Frankfurt a. M. 1979, 192–211, hier: 202. Ebenfalls zit. bei Mülder-Bach, Prosa der Gesellschaft, 246.

allen zugleich."[282] Es gehe darum, „auff das begangene" zu blicken und „mit allen Umbständen / was verübet worden" zu betrachten, damit „wir nicht allein bedencken / was wir gethan / sondern auch wie es gethan".[283] Was für eine Kasuistik der Moral ein Standardverfahren ist, etabliert Harsdörffer als ein Verfahren der poetischen Darstellung: „Wie nun eines Dinges viel Ursachen können angeführet werden / also dienen solche alle zu einem Ende in der Poëtischen Beschreibung / und beleuchte die Sache mit alle eigentliche Umständen", hält er daher auch im *Poetischen Trichter* fest (PT 3, 70). Bei aller Umständlichkeit hat ein solches Erzählen jedoch stets auf eine angemessene Prägnanz der Details zu achten. Die Anführung von Einzelheiten kann nur dann die Genese eines Falls verständlich machen, wenn dessen Ursachen und Begleitumstände nicht zu ausschweifend erzählt werden.

Für die Art und Weise, *wie* solche Einzelheiten zur Darstellung gebracht werden können, ist Harsdörffers spezifische Form der Verkettung ebenso wichtig, wie für die Frage nach dem epistemischen und moralischen Mehrwert des Erzählten. Die Ursachen der Ereignisse werden im Eiltempo abgehandelt. Im energetischen Zusammendrängen von Fallumständen (rhet. *turba*[284]) stellt Harsdörffer eine Übersicht her, die es erlaubt, ein blitzartiges Urteil zu fällen. Denn erst in einer solchen intensiven Raffung, die die „Stuffen oder Gradus, der Erfolgung / Vermittlung / Wachsthums und Zunehmens" in einer verdichteten Darstellung eskalieren lässt, „können wir betrachten auf was Weise / durch was Vermittlung / wie und zu was Ende" ein Vorfall entstanden ist und wie dessen jeweiligen Umstände haben „außschlagen könne[n]".[285]

Während auf der Ebene des *discours* durch die Kürzungen Schnelligkeit generiert wird, geht es Harsdörffer in der *histoire* um eine Beschleunigung von Folgeereignissen. Eine solch rasante Entwicklung, bei der „alle Laster gleichsam in einer Ketten an einander hangen" (JMG 20), fasst er in einer Geschichte mit dem symptomatischen Titel „Das elende End" im Stile einer rhetorischen *percursio*[286] wie folgt zusammen: „Das erste Glied an solcher Ketten war ein unordentliches Leben / das zweyte Hurerey / das dritte der Betrug / das vierte Verlaugnung seiner Religion aus Furcht der Straff / das fünffte der Zorn / das sechste der Todschlag" (JMG 20). Sobald eine Initialzündung die Bahn vorgegeben hat, wird ein schier unaufhaltsamer Lauf immer schneller und aktualisiert schließlich das als Virtualität immer schon vorhandene Ereignis des Totschlags.

---

282 Georg Philipp Harsdörffer, Wilhelm Amesii. Von dem Recht deß Gewissens / und Desselben begebenden Fälle. In V. Büchern verfasset, Nürnberg 1654, 284.

283 Harsdörffer, Recht deß Gewissens, 39–40.

284 Vgl. IO VI, I, 1.

285 Harsdörffer, Ars Apophthegmatica, 21–22.

286 Vgl. Beate Czapla, Art. Percursio, in: Historisches Wörterbuch der Rhetorik, Bd. 6, Sp. 748–750.

Für diesen zergliederten Lauf leistet die an der Relationstechnik geschulte Formatierung der Geschichten in Paragrafenblöcken entscheidendes: Jeder Paragraf ist ein wichtiger Umstand, der in Bezug zu diesem Lauf steht und ihn ermöglicht hat. Im zerstückelten und nummerierten Text werden die entscheidenden Ursachen einzeln erkennbar und zugleich in ihrer Verkettung sichtbar. Harsdörffers klare und raffende Schreibart wird von einer Formatierung unterstützt, die den ausschweifenden und retardierenden Momenten einer ungebundenen Fallprosa entgegenwirkt. Umstände, die in Form einer verdichteten und paragrafierten Episode einzeln zur Darstellung gebracht werden, werden in ihrer Kombination zu Erzählsequenzen und Handlungsmustern. Dabei ermöglicht die eigentümliche Formatierung der Geschichten unterschiedliche Gebrauchsweisen: Wird das Register herangezogen, können einzelne Segmente adressiert werden. Bei einer linearen Lektüre hingegen steht die Formatierung im Dienst einer übersichtlichen und beschleunigten Verkettung. Die *Schau-Plätze* evozieren variable Lektürepraktiken,[287] mit denen jeweils unterschiedlich auf die Exempla zugegriffen werden kann.

„Ohne Einruckung ärgerlicher Umstände" (JMG 490) produzieren die Lasterketten in Harsdörffers Poetik der geometrischen Progression eine Geschwindigkeit, die darauf zielt, eine höhere Anschaulichkeit zu stiften als die in der Wirklichkeit verankerte arithmetische Folge. Harsdörffers „künstliche Verbindung der Sachen" beschleunigt natürliche Abläufe, die ohne diese Beschleunigung „nur schwer zu bemercken" wären.[288] Die Evidenz dieses poetischen Programms, das dennoch darauf pocht, keine *fabulae*, sondern ausschließlich „wahre Geschichte" zu erzählen (JMG, Vorrede, Nr. 17), unterscheidet sich hierin nicht zuletzt von derjenigen Camus'. Dieser erzielt Präsenzeffekte durch die Umständlichkeit des Erzählens. Bei Harsdörffer hingegen wird Evidenz gerade durch eine Kürze erzeugt, deren affektives Potenzial sich in plötzlichen Eskalationen entlädt, die wie das „Pulver in den Sprenggrufften" (JMG 73) eine enorme Explosivität haben. Eben noch hauen in der „Großmüthigen Rache" die Soldaten um Le Pont die Wirtstochter Maria „in Stücken". In der nächsten Sequenz schon werden sie in einem Racheakt „von den Felsen gestürtzt", „lebendig begraben", „geradbrecht / geviertelt" und „mit Zangen gerissen" (JMG 75). Beschleunigte Ereignisketten wie diese folgen einer eskalativen Logik, in der jede gewalttätige Aktion mit einer noch heftigeren erwidert wird, bis das Geschehen schließlich seinen höchsten Eskalationspunkt erreicht – eine nar-

---

287 Vgl. zur Spannbreite verschiedener Lektüretechniken auch Julie Orlemansik, Scales of Reading, in: Exemplaria 26 (2014), H. 2–3, 215–233.

288 Harsdörffer, Erquickstunden, 647.

rative Explosion von Einzelheiten, die in ihrem Zusammenfluss einer eskalativen Logik folgen.

Harsdörffer legitimiert solch eine explizite Darstellung durch ein wirkungsästhetisches Argument. Durch die Bestrafung der Lasterhaften werden die Leute stärker bewegt als durch eine Belohnung der Tugendhaften (JMG, Vorrede, Nr. 17). Dabei wird der Grad der Affizierung durch die Verknappung des Ausgangsmaterials gesteigert. Um eine noch stärkere Wirkung zu erzielen, verzichtet Harsdörffer auf den „ornamentalen Ballast"[289] der Vorlagen und zeigt stattdessen „nur die Sache selbsten".[290] Diese Darstellungsweise, die „die Tat gleichsam leibhaftig vor Augen [führt]",[291] kann damit gleichzeitig auch eine höhere Evidenz für sich beanspruchen. Denn mit der rhetorischen Figur des Vor-Augen-Stellens geht auch eine Art Medienwechsel einher, der Sprache und sinnliche Realität ununterscheidbar werden lässt[292] – ein Effekt, der nicht allein in der kurzen, dromologischen Erzählweise begründet liegt, sondern den Harsdörffer in der Durchschlagskraft der ‚teutschen' Sprache selbst verortet. Schließlich sprach diese seit jeher „mit der Zungen der Natur"[293] und konnte deshalb im Gegensatz zum Französischen eine innige Verwandtschaft von Zeichen und Bezeichnetem für sich beanspruchen. „Sie donnert", wie es heißt, „mit dem Himmel / sie blitzet mit den schnellen Wolken / [...] knallet mit dem Geschütze / brüllet wie der Löw".[294] Die „weitgeehrte uhralte Teutsche Sprache"[295] zeichnet sich also gewissermaßen von Beginn an durch eine ihr innewohnende elementare Explosivität aus. Und sie tendiert immer schon zu einer Transgression der Zeichen zum Sinnlichen.

Evoziert bereits die Kürze und Geschwindigkeit der Szenen eine heftige Wirkung, so erhalten sie gemäß der Progressionspoetik im Verlauf der Geschichten eine gesteigerte Einschlagskraft, die in ihrer „drastische[n] Plausibilität"[296] mit voller Wucht auf das affektive Gedächtnis der Leser:innen zielt. Mehr noch: Da „das Blut der Ermordten sonder Eckel nicht kan gesehen werden",[297] erzeugen die brutalen Verbrechenserzählungen geradezu viszerale Affekte. Ebenso kurz wie drastisch brennen sich die Szenen auf diese Weise „unvermercket tieff" in das Gedächtnis

---

289 Esteban Sanchino Martinez, Zwischen Evidenz, Ereignis und Ethik. Konturen einer Ästhetik und Poetik des Drastischen, in: Drastik. Ästhetik – Genealogien – Gegenwartskultur, hg. von Davide Giuriato und Eckhard Schumacher, Paderborn 2016, 69–92, hier: 75.

290 Harsdörffer, Gesprächspiele, Bd. 1, 393.

291 IO VI 1, 31.

292 Vgl. Campe, Vor Augen Stellen, 107, 129.

293 Harsdörffer, Gesprächspiele, Bd. 1, 355.

294 Harsdörffer, Gesprächspiele, Bd. 1, 355.

295 Harsdörffer, Gesprächspiele, Bd. 1, 14.

296 Blumenberg, Anthropologische Annäherungen, 116.

297 Harsdörffer, Heraclitus und Democritus, Vorrede, unpag.

der Leserschaft – erst recht, wenn sie die schnellen Sequenzen im Medium der Sammlung „ohne Unterlaß für Augen haben".[298] Nicht nur sollen die brutalen Mord- und Bestrafungsszenen ein furchterregendes „Mitleiden" bei den Leser:innen hervorrufen, sondern sie fungieren zugleich auch als „eine heilsame[ ] Warnung", die wie das „Gifft zum Gegengifft gebrauchet wird".[299] Die Exempla folgen damit der Figur einer „ausschließenden Einschließung"[300] – einer Figur des Immunen, die auf der Hereinnahme eines *phármakon* zum Zweck der affektiven Sicherung beruht:[301] Die giftigen Verbrechen werden in einer Dosis ausgestellt, welche die (Ansteckungs-) Gefahr neutralisieren soll, indem sie rechtzeitig „die bösen Neigungen unterbrichet / und den Lastern zu welchen uns unsre verderbte Natur reitzet / Einhalt thut".[302]

Harsdörffers Poetik der geometrischen Progression basiert somit nicht allein auf einer Darstellungslogik, die die Umstände von Begebenheiten so miteinander verkettet, dass sie sich aufeinander beziehen lassen und in der jedes Folgeereignis schneller und heftiger eintritt als das vorangehende; sie generiert darüber hinaus eine Wirkungsästhetik, die „viel stärcker zu Hertzen"[303] dringt, da sie qua aggressiv vorpreschender Darstellung die Leser:innen physisch involviert. In der Zusammenschau von zweihundert kurzen Fällen entwirft Harsdörffer auf diese Weise eine paradigmatische Topografie des Verbrechens. Deren evidenzielle und abschreckende Kraft speist sich aus den Effekten jener Verdichtung, die den Literaturtransfer von Beginn an gesteuert hatte. Durch solche Operationen entwarfen Harsdörffers Übersetzungsprojekte ein neues literarisches Verfahren, das sich nicht nur hinsichtlich seiner Sujets am Kriminalrecht ausrichtete. Die Auswahlprozesse und Verknappungskaskaden im Umgang mit (un-)dienlichen Einzelheiten bildeten eine ästhetische Fassung von Prosaliteratur vor, die den unscheinbaren Praktiken des Rechts womöglich mehr verdankt, als sie selbst es sich eingestehen mag.

---

298 Harsdörffer, Gesprächspiele, Bd. 2, 94.

299 Harsdörffer, Heraclitus und Democritus, Vorrede, unpag.

300 Vgl. zu dieser Figur Giorgio Agamben, Homo Sacer. Die souveräne Macht und das nackte Leben (1995), 10. Aufl. Frankfurt a. M. 2015, 16–18, 27–28.

301 Zur Immunisierung durch ausschließende Einschließung vgl. Roberto Esposito, Immunitas. Schutz und Negation des Lebens, Berlin 2004.

302 Harsdörffer, Erquickstunden, 602.

303 Harsdörffer, Heraclitus und Democritus, Zuschrift, unpag.

III Didaktische Fälle: Thomasius' *Juristische Händel*

Harsdörffers Mordgeschichten waren das Produkt eines Reduktionsverfahrens, das überflüssige Details der Vorlagen strich und den Geschichten die Lizenz zum Schnell-Werden erteilte. Seine geometrischen konzipierten Folgen setzten auf Kurzprosa und vermieden strikt jede Weitläufigkeit, um die Evidenz der Fälle zu erhöhen. In dieser Kürze lag die drastische Intensität der Progressionspoetik. Dieses Kapitel wird den Schauplatz Nürnberg und das barocke Welttheater nun verlassen. Anhand von Christian Thomasius' Übergang vom kursächsischen Leipzig ins kurbrandenburgische Halle werde ich ein Übergangsdrama nachzeichnen, das Konsequenzen für die Form des Casus hat.[1] In diesem Übergang manifestiert sich ein neuer Umgang mit Umständen: Sie gewinnen an zeichenhafter Qualität. Sie werden zu Indizien, mit denen die Wahrheit eines Vorfalls erschlossen werden kann, der seine Augenfälligkeit verloren hat. Während in Harsdörffers Fallbeispielen die Erzählung mit dem Fall zusammenfiel, führt Thomasius eine Differenz zwischen den Fallumständen und ihrer Erzählung ein. Die Einzelheiten des Falls müssen nun in der Erzählung selbst ermittelt werden. Mit einer Formulierung der älteren Kriminalromanforschung lässt sich diese Differenz als Unterscheidung zwischen einer Verbrechensliteratur und einer Kriminalliteratur beschreiben: Der „Geschichte eines Verbrechens" bei Harsdörffer steht die „Geschichte der Aufklärung eines Verbrechens" bei Thomasius gegenüber.[2] Dieser Wechsel ist alles andere als voraussetzungslos. Auch in diesem Kapitel erkunde ich daher die lokalen Prämissen einer neuartigen Fallprosa. Die leitende Annahme lautet, dass die Emergenz dieser Fallprosa am Ende des 17. Jahrhunderts untrennbar mit dem Projekt der hallischen Universitätsgründung und den brandenburgisch-preußischen Bildungsreformen verwoben ist. Mit Thomasius' Fallsammlung sollten Jurastudenten zu Staatsdienern reifen. In einem ersten Schritt werde ich Thomasius' Projekt einer Historisierung des Rechts vorstellen, dessen Folge die mehrbändige Fallsammlung war, um die es in diesem Kapitel gehen wird. In einem zweiten werde ich die Ausbildungspraxis der hallischen Juristenfakultät beleuchten. In einem dritten werde ich anhand eines exemplarischen Falls aus Thomasius' Sammlung die neuen Wissens- und Zeichenpraktiken diskutieren, die in der Universität Halle eingeführt wurden. Diese Praktiken, so die These, lassen den Umstand als Zeichen des Rechts in seiner Zeichen-

1 Dass Thomasius in mehrfacher Hinsicht als eine „Figur des Übergangs" bezeichnet werden kann, hat die Forschung immer wieder betont. Vgl. Schneider, Beobachtung des Zeugen, 170.

2 Richard Alewyn, Anatomie des Detektivromans (1968), in: Der Kriminalroman. Poetik – Theorie – Geschichte, hg. von Jochen Vogt, München 1998, 52–72, hier: 53.

https://doi.org/10.1515/9783111358680-004

haftigkeit zutage treten. Mit diesem Schritt ist der Wechsel auf eine systematische Reflexion rechtlicher Verfahren angezeigt, die Recht als Funktionssystem der Gesellschaft ausdifferenziert.

1 Körperloses Recht: Das unmögliche Gesetzeskorpus

Im Sommer 1714 trifft eine von Friedrich Wilhelm I. erlassene Kabinettsorder „wegen Abfassung einiger Constitutionen zum Land-Recht" bei der juristischen Fakultät der noch jungen Universität Halle ein.[3] Hauptadressat ist wegen seiner „Dexterität und Gelehrsamkeit"[4] kein geringerer als Christian Thomasius. Als Ordinarius der Juristenfakultät wird ihm die Aufsicht über die abzufassenden Konstitutionen übertragen und er wird mit einer umfassenden Entscheidungskompetenz ausgestattet. Das Ziel der Kabinettsorder ist unmissverständlich: Eine „Verbesserung des Justitz Wesens in Unserer Chur Marck Brandenburg" durch eine Kodifikation des Rechts, deren Ergebnisse Friedrich Wilhelm I. binnen drei Monaten erwartet.[5] Nicht nur sollen die Gesetze so verfasst sein, dass sie „auch von dem Gemeinen Mann leichtlich können verstanden werden".[6] Die preußische Regierung erhofft sich zudem, dass „dadurch den weitläufftigen Processen gäntzlich möge abgeholffen werden."[7] Thomasius und seine Kollegen sollen deshalb darauf achten, „daß Sie bei Abfaßung jedes Puncts die Gelegenheit zum Processiren abschneiden, und allen Ausflüchten vorbeugen mögen".[8] Aber damit nicht genug: Friedrich Wilhelm I. erwartet nichts weniger als eine Rechtsordnung, die „alle vorkommende und sich ereugnende Casus" im Voraus bedenkt und dem Körper des Rechts einverleibt.[9]

3 Die Kabinettsorder ist abgedruckt in Ernst Adolph Theodor Laspeyres, Die Reception des Römischen Rechts in der Mark Brandenburg und die Preußische Gesetzgebung vor König Friedrich II, in: Zeitschrift für deutsches Recht und deutsche Rechtswissenschaft 6 (1841), 1–96, hier: 88–96; sowie in Christian Thomasius. Leben und Lebenswerk. Abhandlungen und Aufsätze, hg. von Max Fleischmann, Halle 1931, 217–224. Als Verfasser der Order gilt der spätere preußische Justizminister Samuel von Cocceji.

4 Laspeyres, Reception, 95.

5 Laspeyres, Reception, 88.

6 Laspeyres, Reception, 91.

7 Laspeyres, Reception, 88.

8 Laspeyres, Reception, 92.

9 Laspeyres, Reception, 92.

Soweit die Kabinettsorder.[10] Der Wunsch nach einer Kodifikation und damit einer rationalen und systematischen Zusammenfassung des geltenden Rechts war für den erst ein Jahr zuvor eingesetzten König von Preußen ein wichtiger erster Schritt für seine zahlreichen politischen Reformbestrebungen.[11] Schließlich war eine einheitliche Rechtsordnung das Fundament, auf dem der preußische Staat fußen sollte. Dies galt gerade angesichts der konfessionellen Spannungen, die die preußischen Territorien seit dem Ende des 17. Jahrhunderts durchzogen.[12] Zudem war die Rechtslage in den meisten Fällen alles andere als durchsichtig: Im Normenpluralismus der Frühen Neuzeit stand das auf dem römisch-kanonischen Recht beruhende Gemeine Recht (*ius commune*) neben reichsrechtlichen, territorialen und städtischen Normen (*ius particulare*). Das schriftliche Gesetzesrecht (*ius scriptum*) wurde zudem lange Zeit von einem Gewohnheitsrecht flankiert.[13] Der Ruf nach einem neuen *Corpus Iuris* und einem *ius certum* wurde immer lauter und Friedrich Wilhelm I. reagierte darauf, indem er die unsystematischen Normen der

---

10 Zur Regierungstechnik des preußischen „Aktenkönigs" durch Kabinettsordern vgl. Vismann, Akten, 215–217; Martin Haß, Über das Aktenwesen und den Kanzleistil im alten Preußen, in: Forschungen zur Brandenburgischen und Preußischen Geschichte 22/2 (1909), hg. von Otto Hintze, 201–255, insb. 216–217; Meta Kohnke, Das preußische Kabinettsministerium. Ein Beitrag zur Geschichte des Staatsapparates im Spätfeudalismus, in: Jahrbuch für Geschichte des Feudalismus 2 (1978), 313–356; sowie Wolfgang Neugebauer, Das preußische Kabinett in Potsdam. Eine verfassungsgeschichtliche Studie zur fürstlichen Zentralsphäre in der Zeit des Absolutismus, in: Potsdam-Brandenburg-Preussen. Beiträge der Landesgeschichtlichen Vereinigung für die Mark Brandenburg zur Tausendjahrfeier der Stadt Potsdam, Berlin 1993, 69–115.

11 Grundlegend zu den Umstrukturierungsmaßnahmen Friedrich Wilhelm I. und Friedrich II. und mit Blick auf die preußische Behördengeschichte immer noch aktuell: Otto Hintze, Die Behördenorganisation und die allgemeine Staatsverwaltung Preußens im 18. Jahrhundert. Bd. 6/1: Einleitende Darstellung der Behördenorganisation und allgemeinen Verwaltung in Preußen beim Regierungsantritt Friedrichs II, Berlin 1901 (zu den Justizreformen unter Friedrich Wilhelm I. 82–125); zur preußischen Kriminalpolitik um 1700 vgl. Eberhard Schmidt, Die Kriminalpolitik Preußens unter Friedrich Wilhelm I. und Friedrich II., Berlin 1914.

12 Schon die Gründung der Universität Halle lässt sich teilweise als Reaktion auf die Konfessionsstreitigkeiten begreifen. Vgl. Marianne Taatz-Jacobi, Erwünschte Harmonie. Die Gründung der Friedrichs-Universität Halle als Instrument brandenburg-preußischer Konfessionspolitik – Motive, Verfahren, Mythos (1680–1713), Berlin und Boston 2014 (zu Thomasius 123–139).

13 Zum Status des Gewohnheitsrechts in der Frühen Neuzeit vgl. Roy Garré, Consuetudo. Das Gewohnheitsrecht in der Rechtsquellen- und Methodenlehre des späten *ius commune* in Italien (16.–18. Jahrhundert), Frankfurt a. M. 2005; zur Rechtsvielfalt ausführlich Peter Oestmann, Rechtsvielfalt vor Gericht. Rechtsanwendung und Partikularrecht im Alten Reich, Frankfurt a. M. 2002; zur projektierten neuen Ordnung der Rechtsquellen bei Thomasius vgl. Heinz Mohnhaupt, Gesetz und Gesetzgebung im Rahmen einer zu konkretisierenden Rechtsquellenordnung bei Christian Thomasius, in: Christian Thomasius (1655–1728). Wegbereiter moderner Rechtskultur und Juristenausbildung, hg. von Heiner Lück, Hildesheim, Zürich und New York 2006, 215–242.

Kurmark Brandenburg durch eine vereinheitlichende Kodifikation in die richtigen Bahnen zu lenken versuchte.

Allein, die geplanten Landeskonstitutionen scheiterten. Zwar machte sich die hallische Juristenfakultät sogleich an die Arbeit – schließlich handelte es sich um einen Befehl des Königs –, aber der zurück an das königliche Hoflager geschickte Kodifikationsvorschlag kam über ein Entwurfsstadium nicht hinaus. In einem Schreiben an Friedrich Wilhelm I. über die Gründe des Scheiterns heißt es, die Fakultät habe realisiert, dass dieses Großprojekt „vielen Schwürigkeiten noch unterworffen bleiben würde". Eine „beßere Einrichtung der Gesetze und Entscheidung derer Rechtsstreitigkeiten" könne „ohne erheblichen Widerspruch nicht abgefaßet werden". Die angemeldeten Zweifel an der Durchführbarkeit der „Königl[ichen] Maj[estät] Allergnädigsten Intention" betrafen vor allem die „principiis regulativis, nach welchen die Entscheidung geschehen soll". Weil die momentanen Prinzipien der Rechtsprechung unklar seien, sei es unumgänglich, „daß durch Entscheidung der mannigfaltigen vorkommenden Fälle die rationes einander entgegen lauffen" – weshalb, wie der Bericht schließt, die Sache ins Stocken geraten und letztlich nicht zu Stande gebracht worden sei.[14]

Als Problem der Gesetzgebung schildert die Juristengruppe um Thomasius die Umsetzung des rechtlichen Allgemeinheitsanspruchs. Treffe die aktuelle Urteilspraxis auf Gesetze, die einer anderen Rationalität gehorchten, sei das Scheitern absehbar, fasst der Bericht zusammen. Zudem würde die Erfüllung der Forderung, einzelne „Casus denen Constiutionen mit Großen Fleiße und Nachsinnen ein[zu]verleiben",[15] im Widerspruch zu einem übersichtlichen und handlicheren Recht stehen. Vielmehr würde sie das Gesetzeskorpus unnötig aufgeblähen und schließlich zu einer unüberschaubaren und kleinteiligen Kasuistik führen.

Die Gründe für das problematische Verhältnis der hallischen Rechtsgelehrten zum königlichen Kodifikationswunsch lagen aber noch tiefer. Die Kabinettsorder brachte den mit der Ausführung beauftragten Thomasius jedenfalls in eine gewisse

---

14 Es handelt sich hierbei um einen *Bericht der hallischen Juristenfakultät vom 16. November 1733 an den König*, der knapp zwanzig Jahre später auf einen erneuten Befehl zum Entwurf einer Kodifikation antwortet und dabei auf den gescheiterten Versuch von 1714 rekurriert. Auch dieses Mal sah sich die Fakultät nicht dazu imstande, den königlichen Wunsch angemessen zu erfüllen. Der Plan eines einheitlichen, auf den Prinzipien des Naturrechts gegründeten Rechts für die preußischen Territorien wurde erst mit dem Erlass des *Allgemeinen Preußischen Landrechts* 1794 in die Tat umgesetzt. Vgl. Reinhart Koselleck, Preußen zwischen Reform und Revolution. Allgemeines Landrecht, Verwaltung und soziale Bewegung von 1791 bis 1848, Stuttgart 1987, 23–51. Die zwei Fassungen des Berichts von 1733 sind abgedruckt in Gerhard Buchda, Über die verlorenen hallischen Konstitutionen zum Landrecht der Kurmark Brandenburg (1714), in: Zeitschrift der Savigny-Stiftung für Rechtsgeschichte 69 (1952), 385–399, hier: 394–397. Die Zitate finden sich auf Seite 395–396.

15 Laspeyres, Reception, 92.

Zwickmühle: Zwar lagen die inhaltlichen Vorgaben der gewünschten Kodifikation durchaus auf einer Linie mit seinen eigenen Reformzielen, die eine größere Rechtssicherheit und kurze Prozesse anstrebten – der Gesetzesreform stand jedoch die neue Einsicht in die Historizität des Rechts gegenüber.[16] Selbstverständlich hielt auch Thomasius eine Reform für unumgänglich.[17] Ohne eine entsprechende Kenntnis der historischen Rechtsentwicklung war diese in seinen Augen aber zum Scheitern verurteilt. Denn „lang eingerissene Mängel im gemeinen Wesen können so wenig durch übereylte Gesetze gehoben werden / als wenn ein Medicus einen Gichtbrüchtigen bey Straffe der Prügelung anbefehlen wolte / daß er aufstehen und herumgehen solle".[18]

Durch seine historischen Studien wusste Thomasius' „Medicus der Justiz",[19] dass der Ursprung allen Übels in der Einführung der römisch-kanonischen Prozessform seit dem 15. Jahrhundert lag.[20] Die fast schon brutale Vermischung unterschiedlicher Rechtstraditionen habe die „Ungewißheit derer Rechte hervorgebracht" und dazu geführt, „daß der gantze Process in Teutschland vom Kopf bis auf die Füsse mit dem Krebs behafftet sey" (JH 2, 181, 190). Zu schreiben wäre daher zuallererst eine „Historie der Unterdrückung derer teutschen Gewohnheiten". Andernfalls erhalte man keinen Begriff vom „Ursprung der Kranckheit" und damit vom systemimmanenten Problem der ungewissen Rechtsquellen. Bevor „die alten teutschen Rechte" nicht aus „denen Fürstlichen Archiven und geheimen Urkunden derer hohen Schulen und Städte" geborgen wären, könne man darum „keinen gescheiden Rathschlag von Verbesserung der Justiz erwarten" (JH 2, 180).

Die besondere Schwierigkeit einer Justizreform hatte für Thomasius noch einen weiteren Grund. Unüberlegt und überstürzt sind Gesetze nicht nur dann, wenn

16 Vgl. Notker Hammerstein, Jus und Historie. Ein Beitrag zur Geschichte des historischen Denkens an deutschen Universitäten im späten 17. und im 18. Jahrhundert, Göttingen 1972, 80.

17 Vgl. Martin Kühnel, Das politische Denken von Christian Thomasius. Staat, Gesellschaft, Bürger, Berlin 2001, 173–183.

18 Christian Thomasius, D. Melchiors von Osse Testament [...] durch nützliche Anmerckungen erläutert, Halle 1717, 450, Anm. 209.

19 Christian Thomasius, Ernsthaffte / aber doch Muntere und Vernünfftige Thomasische Gedancken u. Errinnerungen über allerhand außerlesene Juristische Händel, 4 Bde., Halle 1720–1721, Bd. 2, 177. Zitate aus den *Juristischen Händeln* werden im Folgenden im Haupttext mit der Sigle „JH" unter Angabe der Bandnummer angegeben.

20 Zum Prozess der Rezeption vgl. Wolfgang Sellert, Zur Rezeption des römischen und kanonischen Rechts in Deutschland von den Anfängen bis zum Beginn der frühen Neuzeit, in: Recht und Verfassung im Übergang vom Mittelalter zur Neuzeit, Bd. 1, hg. von Hartmut Boockmann, Ludger Grenzmann, Bernd Moeller et al., Göttingen 1998, 115–166; zur Rezeption im Bereich des Strafrechts vgl. Winfried Trusen, Strafprozeß und Rezeption. Zu den Entwicklungen im Spätmittelalter und den Grundlagen der Carolina, in: Strafrecht, Strafprozeß und Rezeption, 29–118.

sie ohne Bewusstsein für die Historizität des Rechts erlassen werden. Übereilt sind sie auch dann, wenn sie auf ein Justizpersonal treffen, das unfähig ist, noch die besten Gesetze vernünftig anzuwenden. Thomasius' Reformstrategie zielte daher neben einer historisch-kritischen Prüfung des Rechts auch auf ein neues Bildungsprogramm, das „ein rechtschaffener Jurist" (JH 2, 180) zu durchlaufen hat, um den Anforderungen an einen neuen Beamtentypus zu genügen – einen Typus, der sich nicht mehr „weitläufftig und ohne Noth wegen des Rechts kampelt" (JH 2, 199), sondern stattdessen „die gemeine Wohlfarth der Republique vor Augen" hat (JH 2, 171).

Dieses Bildungsprogramm sollte die Entwicklung eines neuartigen Urteilsvermögens voranbringen, das die richtige Entscheidung im Einzelfall zu treffen vermochte. Bei Gesetzgebungsakten sollte diese neue Klugheit (*prudentia*) mit geradezu prognostischen Fähigkeiten auch die „zukünfftigen Sachen" (JH 2, 171) im Auge behalten.[21] Eine politische Klugheit dieser Art, schreibt Thomasius, kennt keine „Hirnbilligkeit" (JH 2, 181) und keine übereilten Entschlüsse, „wohl aber eine Behutsamkeit, die der Furchtsamkeit sehr nahe kommt" (JH 2, 169). Nur auf vorausschauende und behutsame Weise könne verhindert werden, dass „unter dem Deckel einer eingebildeten Billigkeit" abermals ein „der gantzen Republique schädliches Recht eingeführet werde" (JH 2, 181).

Bevor der projektierte, mit solchen Fähigkeiten ausgestattete Mensch die Staatsbühne betrete, würden „dergleichen Gesetze umsonst und ohne Frucht gegeben" (JH 2, 193).[22] Es wäre daher kontraproduktiv, eine umfassende Reform der Rechtsordnung bereits jetzt anzugehen, wie Thomasius bemerkt. Es ist ein Irrtum, zu glauben, es könnten „die von vielen Zeiten her tief eingewurtzelten Fehler derer Republicken durch solche Gesetze ausgerottet werden" (JH 2, 193). Die jetzigen

---

21 Eine solche Klugheitslehre hat Thomasius selbst an unterschiedlichen Stellen entwickelt. Am prominentesten: Christian Thomasius, Kurtzer Entwurff der Politischen Klugheit, sich selbst und andern in allen Menschlichen Gesellschafften wohl zu rathen, Frankfurt a. M. und Leipzig 1710 (Zitate aus dem *Kurtzen Entwurff* werden im Folgenden im Haupttext mit der Sigle „PK" angegeben); speziell auf das Problem der Gesetzgebung zugeschnitten: Christian Thomasius, Lectiones de prudentia legislatoria / Über die Gesetzgebungsklugheit, in: Prudentia Legislatoria. Fünf Schriften über die Gesetzgebungsklugheit aus dem 17. und 18. Jahrhundert, hg. von Heinz Mohnhaupt, München 2003, 95–205. Zur politischen Klugheit im 17. Jahrhundert vgl. Gotthardt Frühsorge, Der politische Körper. Zum Begriff des Politischen im 17. Jahrhundert und in den Romanen Christian Weises, Stuttgart 1974, 1–124; ausführlich zum Stellenwert der *prudentia* bei Thomasius Leander Scholz, „Vier Augen sehen mehr als zwei". Christian Thomasius und die politische Klugheitslehre, in: Kulturtechniken des Barock. Zehn Versuche, hg. von Tobias Nanz und Armin Schäfer, Berlin 2012, 159–174.

22 Ein Katalog, was ein „Verbesserer der Justiz" (JH 2, 181) Thomasius zufolge alles wissen und können muss, findet sich auf Seite 180–187.

Staatsdiener wären durch diese überfordert. Schließlich hat man ihnen auf den Universitäten bisher nur „die falsche und unütze Gelehrsamkeit" beigebracht (JH 2, 162). Und da diese unfähigen „Pedanten"[23] beinahe alle Lehrstühle an den Universitäten besetzen und das Gerichtswesen sich aus ihnen zusammensetzt, grenze es sogar an Grausamkeit, nun plötzlich etwas Neues durch „jählinge Veränderung" einzuführen: „[U]nzehliche Menschen", die heute noch auf sicheren „Gerichts-Stellen" säßen, würden morgen schon „ins tieffste Elend gerathen und fast Hungers [...] sterben" – so zumindest Thomasius' subsistenzpolitisches Argument (JH 2, 196). Vorerst bliebe also nichts anderes übrig, als sich bis auf weiteres mit einem dysfunktionalen Recht abzufinden.

Die Gegenwart, mit der Thomasius zur Zeit des königlichen Kodifikationsauftrags konfrontiert war, lässt sich als eine Übergangsphase beschreiben, als eine Zwischen-Zeit, in der die alte Rechtsordnung problematisch geworden war und die neue noch auf sich warten ließ. Die aktuellen Normen galten, aber bedeuteten nichts mehr. Sie hatten ihre Kraft eingebüßt, waren aber noch nicht ganz verschwunden, während neue Gesetze noch nicht erlassen waren. Das in diesem Schwellenzustand antizipierte neue ‚teutsche' Recht war ebenso vergangen wie zukünftig. Das Interstitium konstituierte somit eine „leere" Zeit,[24] in welcher der Punkt der Gegenwart ebenso anomisch wie atopisch geworden war. Ein „unendliches Warten",[25] wie Deleuze und Guattari sagen würden, in dem die Gegenwart suspendiert war und die Aktualisierung eines Gesetzkorpus unmöglich erschien, da Vergangenheit und Zukunft „in jedem Augenblick die Gegenwart teilen".[26] Thomasius' Zaudern verhinderte eine überstürzte Gesetzgebung, um die Bedingungen und Implikationen einer Reform zu erarbeiten, die in Preußen erst lange nach seinem Tod mit dem *Allgemeinen Landrecht* (1794) und der *Criminal-Ordnung* (1805) verwirklicht werden sollte.[27]

Während das alte Gesetzeskorpus in einen „Prozess der Sklerosierung"[28] eingetreten war, war das Recht selbst körperlos geworden. Dem *Corpus Iuris* war das Recht entfahren. Und da in dieser liminalen Sphäre ausschließlich Vergangenheit und Zukunft subsistierten, wich es dem Erhalt eines Körpers im Medium einer

---

23 Zur Figur des Pedanten im Barock und darüber hinaus vgl. Wilhelm Kühlmann, Gelehrtenrepublik und Fürstenstaat. Entwicklung und Kritik des deutschen Späthumanismus in der Literatur des Barockzeitalters, Tübingen 1982, 285–318, 372–422, sowie, mit Blick auf Thomasius, 423–454.

24 Gilles Deleuze, Logik des Sinns (1969), 7. Aufl. Frankfurt a. M. 2014, 208.

25 Gilles Deleuze und Félix Guattari, Was ist Philosophie? (1991), Frankfurt a. M. 2000, 184.

26 Deleuze, Logik des Sinns, 206.

27 Vgl. Koselleck, Preußen zwischen Reform und Revolution, 23–51.

28 Cornelia Vismann, Wort für Wort, in: Das Recht und seine Mittel. Ausgewählte Schriften, hg. von Markus Krajewski und Fabian Steinhauer, Frankfurt a. M. 2012, 34–53, hier: 47.

neuen Kodifikation aus. Obwohl in dieser Zwischen-Zeit nichts geschah, war das Recht damit in einen Zustand des Werdens überführt. Nicht nur kam es bei der historischen Rechtsvergleichung – für Thomasius ein Moment der „Behutsamkeit", des Innehaltens und Sammelns (JH 2, 181) – zu einer Überlagerung von verschiedenen Zeiten, in der heterogene Komponenten miteinander in Beziehung traten, sondern es öffnete sich auch ein Experimentierfeld des Fallwissens, welches das Recht in seinem Werden erfasste.

„Bey der Vergleichung der Processe anderer Völcker unter einander" gerieten dabei „die besondern Umstände" des Rechts in den Blick, „die Zufälle und deren Ursachen" (JH 2, 187–188). Vergleicht man etwa „die alten Zeiten, da in zweiffelhaften Sachen der gerichtliche Zweykampf noch üblich war", mit „der nachfolgendem Art zu processiren", dann wird, so Thomasius, in den Zufällen des Anfangs die Emergenz der jetzigen Ordnung sichtbar (JH 2, 187). Sobald „die Kranckheit mit ihren Zufällen erkannt worden" ist (JH 2, 190), öffnen sich dem klugen Historiker die Augen, denn nun sieht er „die grosse Ungewißheit des Rechts", die „Unverständlichkeit[,] Menge u[nd] Vielheit" der Gesetze sowie ihre „Veränderung / Dunckelheit, Wiedersprechung" (JH 2, 188).

Thomasius hatte eine Universalgeschichte der Jurisprudenz im Sinn. Sein „curieuser Erforscher der Antiquität" sollte nicht nur die „Proceß-Ordnung bey denen Juden" erforschen und die Gesetze der „Mosaischen Republique" studieren, sondern auch die Rechtsentwicklung „derer Griechen, Römer und Teutschen" sowie „der Völcker in Asien[,] Africa, Europa und America" – und zwar „von ieden besonders nach Veränderung derer Zeiten" (JH 2, 177). Erst dann, in einem Überblick, der die unterschiedlichen Zeiten und Komponenten des Rechts in einer virtuellen Simultanität miteinander kommunizieren ließ, könne man „die irrigen Vorstellungen einer geschwinden Rechts-Verwaltung von denen tauglichen unterschieden" (JH 2, 186).

Indem er an den kontingenten Grund der Gesetze erinnerte und dadurch die geltenden Normen delegitimierte, deckte Thomasius die Dysfunktionalität des Rechtssystems auf. Ein entsetztes Recht war kein Zustand, auf den Thomasius bloß reagierte, sondern einer, den er aktiv herbeischrieb. Erst auf diese Weise öffnete sich jene Zwischen-Zeit, in deren Vakuum die Organe des von König Wilhelm I. geforderten neuen Körper des Rechts in Bewegung gerieten. Eine solche Zeit war nicht nur durch einen anomischen Zug gekennzeichnet. Durch Thomasius' Feder verwandelte sie sich auch in ein Sammelbecken von möglichem Recht.

Wo die Anwendung des allgemeinen Gesetzes problematisch geworden war, dort schlug die Stunde der Kasuistik. Sie wurde zum „Laboratorium zukünftiger

Codices".[29] In den Jahren nach dem ins Leere gelaufenen Kodifikationsauftrag von 1714 war Thomasius mit dem Sammeln von Rechtsfällen beschäftigt. Die Früchte dieser Arbeit veröffentlichte er ab 1720 in vier Bänden unter dem Titel *Ernsthaffte / aber doch Muntere und Vernünfftige Thomasische Gedancken und Erinnerungen über allerhand auserlesene Juristische Händel.*[30] Bereits 1717 hatte er seinen Worten Taten folgen lassen und mit der Herausgabe und Kommentierung von Melchior von Osses *Politischem Testament*, dem wohl bekanntesten deutschsprachigen Policeytraktat des 16. Jahrhunderts, einen eigenen Beitrag zu der von ihm geforderten Geschichte des Rechts geleistet.[31] Osses *Testament* eignete sich besonders für Thomasius' Reformprojekt: Auch Osse war es um eine grundlegende Reformation des Staates und vor allem dessen Justizwesens zu tun gewesen. Es war also an der Zeit für einen Abgleich und eine Revision von Osses Vorschlägen.

Zwar hatte er im Kommentar zu Osses *Testament* angekündigt, „dermahleins von Bücherschreiben Feyerabend zu machen, und diese Arbeit jüngern und munteren ingeniis zu überlassen", wie er sich in den *Juristischen Händeln* erinnert. Jedoch habe er das Schreiben auf Drängen von Freunden wieder aufgenommen und dieses Mal „eine etwas beliebtere Materie" gewählt (JH 1, Vorrede, unpag.). Das Interesse der Leserschaft an den „merckwürdigsten" Fällen war jedoch nicht der einzige Grund für die Wiederaufnahme der Schreibarbeit: Da Fälle in den normativen Systemen der Frühen Neuzeit Katalysatoren für die Kommunikation über Recht und Unrecht waren, musste ihm eine kasuistische Sammlung für eine Historisierung des Rechts besonders zweckmäßig erscheinen. Anhand von Fallproblemen ließ sich die Funktionalität und Gerechtigkeit von bestimmten Rechtspraktiken diskutieren, insbesondere des Inquisitionsprozesses. Dass es nur bei diesen vier Bänden der *Juristischen Händel* blieb, war allein seinem fortschreitenden Alter geschuldet – jedenfalls hatte er noch im ersten Band angekündigt, dass er „etwan noch etliche zwantzig biß dreyßig Theile von diesen Juristischen Händeln publiciren könte" (JH 1, Vorrede, unpag.).

Die „außerlesene[n]" Fälle (JH 1, Titelblatt), die Thomasius seiner Leserschaft präsentierte, hatten entsprechend eine andere Funktion, als die paradigmatischen Fälle, die Georg Philipp Harsdörffer in seinen *Schau-Plätzen* versammelt hatte. Dieser hatte in seinen Übersetzungen die französischen Fallvorlagen von ihren „müssigen ümständen" befreit (JMG, Vorrede, Nr. 7), um sie in allgemeingültige

29 Paolo Prodi, Eine Geschichte der Gerechtigkeit. Vom Recht Gottes zum modernen Rechtsstaat, München 2003, 266.

30 Die *Juristischen Händel* erhielten 1723 eine zweite Auflage.

31 Vgl. Thomasius, Osse; sowie Heiner Lück, Melchior von Osses und Christian Thomasius' Kritik am Gerichtswesen des frühmodernen Staates, in: Europa in der Frühen Neuzeit, hg. von Erich Donnert, Köln 1999, 187–198.

Exempla zu transformieren. Während Harsdörffer eine neugierige Leserschaft adressierte, die Unterhaltung erwartete, hatte Thomasius eine andere Zielgruppe im Blick: die Studenten des Rechts. Exemplarisch waren seine Fälle nur noch in ihrer Funktion als Präzedenzfälle, in Bezug auf ihre Verhandlung oder insofern sie als Beispiele des „grossen und allgemeinen Elendes so wol in bürgerlichen als peinlichen Fällen" dienten (JH 1, Vorrede, unpag.). Und während Harsdörffer der Rechtsordnung affirmativ gegenübergestand und sich an der Proliferation der policeylichen Verfasstheit des Rechts beteiligte, schlug Thomasius eine andere Richtung ein. Ihm ging es nicht mehr allein darum, Fälle unter vorgegebene rechtlich-moralische Parameter zu subsumieren. Sein Sammelinteresse galt vielmehr Fällen, die die Allgemeinheit des Gesetzes auf die Probe stellten. Gesammelt hat er deshalb in erster Linie Fälle, die als Subsumtionsprobleme insistierten und darum beunruhigend für das Rechtssystem waren. Seine Sammlung umfasst *Casus von Ehescheidungs-Sachen* (JH 1, 358–367), *Ungegründete Hexen-Proceße* (JH 3, 221–233) ebenso wie Geschichten *Von zwey Geschwistern / die in Verdacht waren / daß sie ihre Schwester gehangen* (JH 1, 185–191). Sie stellt *Allerhand Rechts-Fragen von Ungleicher Heyrath / zwischen Reichs-Fürsten und Weibs-Personen von geringem Bürger-Stand* (JH 2, 107–138) und Fragen, *Ob und wie weit Comödianten / Pickelheringe / item Scharffrichters Söhne ad Dignitates Academicas zuzulassen* (JH 3, 167–197). Sie verfolgt die *Reliquien des Politischen Pabstthums mit gesuchter Inquisition wieder unschuldige Leute* (JH 3, 1–167) und äußert *Unvorgreiffliche Bedencken über den gegenwärtigen Zustand des Justitien-Wesens und dessen künfftigen Verbesserung* (JH 2, 1–34).

Bei allen Unterschieden eint die versammelten „special Casus" (JH 3, Vorrede, unpag.) eines: Indem sie Gesetzeslücken sichtbar machen oder auf konkurrierende Prinzipien und prozessrechtliche Gefahren verweisen, bohren sie in den Schwachstellen veralteter Normen und Verfahren und lassen die Sklerose des Rechtskörpers sinnfällig werden.

2 Hallische Ausbildungsprogramme: Falltraining um 1700

Das Problem der „Ungewißheit derer Rechte" (JH 2, 181), mit dem sich Thomasius' juristischer Arzt konfrontiert sah, war keineswegs neu. Um die Gesundheit des Rechtswesens war man schon länger besorgt gewesen. Seit der Erfindung des Buchdrucks und der Integration des römischen Rechts in die europäische Rechtsprechung wurde es selbst für studierte Juristen immer schwerer, sich im Dickicht des wuchernden Normenbestands zurechtzufinden. Hinzu kamen die unzähligen Policeyordnungen, deren Proliferation zu einer unüberschaubaren Vielheit von Gesetzen geführt hatte. Die tiefgreifende rechtliche Verunsicherung hatte allerdings noch einen weiteren Grund: Durch die Pluralisierungserfahrungen der Frühen Neuzeit war die Existenz und die Geltung eines universalen Rechts in Frage gestellt worden.[32] Seitdem Reiseberichte aus den neu kolonisierten Erdteilen auf den Büchermarkt gelangten und auf dem alten Kontinent hartnäckig Religionskriege geführt wurden, erhärtete sich für die Rechtsgelehrten die Vermutung, dass die noch zur Zeiten der *res publica christiana* unterstellte ewige Einheit des Rechts eine Farce war. Man registrierte, dass die Menschen nicht überall die gleichen allgemeinen Normen teilten. Fortan mussten normative Systeme mit der Zumutung umgehen, auf dem wackeligen Boden der Kontingenz erbaut worden zu sein. „Drei Grad Polhöhe stürzen die ganze Rechtsprechung um. Ein Meridian entscheidet über die Wahrheit", schreibt Pascal. „In wenigen Jahren des Besitzes ändern sich die Grundgesetze. Das Recht hat seine Epochen [...]. Lächerliche Gerechtigkeit, die ein Fluss begrenzt!"[33]

In Deutschland war es der Helmstedter Professor Hermann Conring, der aus diesem Einzug der Kontingenz in das Recht die entsprechenden Konsequenzen zog. Mit seinem Werk *De origine juris germanici* avancierte Conring 1643 zum Urvater der deutschen Rechtsgeschichte.[34] Wie groß der Irritationsfaktor war, der von einer Historisierung des Rechts ausging, zeigt der Umstand, dass Conring in seinem Buch die Vorstellung einer *translatio imperii* als fiktiv entlarvte und damit dem Heiligen Römischen Reich eine seiner Legitimationsgrundlagen absprach. Ab den 1660er Jahren ergänzte er sein rechtshistorisches Programm um eine ausgefeilte Staatenkunde und damit um ein relationales Wissen, das differenzierte Analysen machtpolitischer Konstellationen lieferte.[35] Das Ziel war nun eine Beschreibung des tat-

---

32 Vgl. Oliver Bach, Natur als juridisches Argument an der Schwelle zur Aufklärung. Zu den theonomen, rationalistischen und voluntaristischen Systemstellen des Denkens vom Naturzustand bei Samuel Pufendorf und Christian Thomasius, in: Natur, hg. von Martin Mulsow und Friedrich Vollhardt (Jahrbuch Aufklärung 25), Hamburg 2013, 23–50, hier: 23–24.

33 Blaise Pascal, Pensées – Gedanken (1670), hg. und komm. von Philippe Sellier, aus dem Frz. übers. und mit einer Konkordanz von Sylvia Schiewe, Darmstadt 2016, 83.

34 Vgl. Hermann Conring, Der Ursprung des deutschen Rechts (1643), übers. von Ilse Hoffmann-Meckenstok, hg. von Michael Stolleis, Frankfurt a.M. 1994. Zu Conrings Geschichtsschreibung vgl. Michael Stolleis, Hermann Conring und die Begründung der deutschen Rechtsgeschichte, in: Conring, Der Ursprung des deutschen Rechts, 253–268; sowie Notker Hammerstein, Die Historie bei Conring, in: Hermann Conring 1606–1681. Beiträge zu Leben und Werk, hg. von Michael Stolleis, Berlin 1983, 217–236.

35 Zu Conrings Staatenkunde vgl. Jutta Brückner, Staatswissenschaften, Kameralismus und Naturrecht. Ein Beitrag zur Geschichte der politischen Wissenschaft im Deutschland des späten 17. und frühen 18. Jahrhunderts, München 1977, 33–42; sowie Arno Seifert, Conring und die Begründung der Staatenkunde, in: Hermann Conring, 201–216. Zum Einzug konkreter Verfassungszustände als Gegenstand des Wissens in das universitäre Curriculum – eine deutsche Spezifität – vgl. Rolf Lieberwirth, Der Staat als Gegenstand des Hochschulunterrichts in Deutschland vom 16. bis zum

sächlichen Zustands von Staaten, welche die ‚physische' Konstitution eines Staatsgebildes zu einem bestimmten Zeitpunkt in Differenz nicht nur zu seiner eigenen Vergangenheit, sondern auch zu anderen Staaten bestimmte.[36] Nur so könne, wie Conring schreibt, „die für den Staat beste und passende Form und Ordnung" gefunden werden.[37] Ein ahistorisches Politikverständnis, wie es an den protestantischen Universitäten im Anschluss an Aristoteles bis dahin gelehrt wurde, hatte damit ausgedient. Stattdessen wurden die konkreten institutionellen Zustände des Gemeinwesens, ihre Geschichte und die aus ihnen fließende Rechtsform in den Blick gerückt.

Thomasius trat mit seiner Historisierung des Rechts in die Fußstapfen des von ihm hoch geschätzten Conrings, aber auch von Samuel von Pufendorf,[38] über dessen Naturrecht er bereits in Leipzig eine dreijährige Vorlesungsreihe gehalten hatte.[39] Nachdem das konservative Leipzig Thomasius unter anderem aus diesem Grund der Stadt verwiesen hatte, war es die Beziehung zu dem in Leipzig aufgrund seiner vermeintlichen Gottlosigkeit verhassten Pufendorf, die ihm eine neue Stelle in Halle verschaffte.[40] Pufendorf war 1688, genau in dem Jahr, in dem die Luft in Leipzig für

---

18. Jahrhundert, Sitzungsberichte der Sächsischen Akademie der Wissenschaften zu Leipzig. Philologisch-historische Klasse, Bd. 120, H. 4, Berlin 1978.

36 Die Rede von einem ‚physischen' Zustand des Staates übernehme ich von Joseph Vogl, der die Spaltung des frühmodernen Staates in einen symbolisch-repräsentativen und einen physischen Körper beschreibt, der weniger aus einem Gemeinwillen herausgeht, sondern vielmehr die Vermögen und Kräfte des Staates organisiert. Vgl. Joseph Vogl, Die zwei Körper des Staates, in: ‚Aufführung' und ‚Schrift' in Mittelalter und früher Neuzeit, hg. von Jan-Dirk Müller, Stuttgart 1996, 562–574.

37 Hermann Conring, De Nomothetica / Über die Gesetzgebung (1663), in: Prudentia Legislatoria, 7–87, hier: 52.

38 Auch für den Naturrechtler Pufendorf war die Historie unverzichtbar für das neue Staatswissen geworden: Sie sei „die anmuthigste und nüzlichste Wissenschaft [...] welche sonderlich Leuten von Condition, und so in Staats-Bedienungen gebraucht werden / sehr wohl anstehet". Samuel von Pufendorf, Einleitung zu der Historie der Vornehmsten Reiche und Staaten / so itziger Zeit sich in Europa befinden [...], Frankfurt a. M. 1683, Vorrede, unpag. Zu Pufendorfs Geschichtsschreibung vgl. die kurzen, aber prägnanten Ausführungen bei Joseph Vogl, Kalkül und Leidenschaft. Poetik des ökonomischen Menschen (2002), 2. Aufl. Zürich und Berlin 2004, 50, und Brückner, Staatswissenschaften, 171–174; sowie ausführlich Helmut Zedelmaier, Der Anfang der Geschichte. Studien zur Ursprungsdebatte im 18. Jahrhundert, Hamburg 2003, 23–58.

39 Vgl. Steffen Martus, Aufklärung. Das deutsche 18. Jahrhundert – ein Epochenbild, Berlin 2015, 105. Thomasius' Vorlesungen über Pufendorf mündeten 1687/1688 in den *Institutiones jurisprudentiae divinae* – ein Buch, das Pufendorfs Naturrechtsverständnis öffentlich huldigte. Auf deutsch erschienen die *Institutiones* 1709. Vgl. Christian Thomasius, Drey Bücher der Göttlichen Rechtsgelahrtheit [...], Halle 1709.

40 Vgl. Werner Schneiders, Thomasius politicus. Einige Bemerkungen über Staatskunst und Privatpolitik in der aufklärerischen Klugheitslehre, in: Zentren der Aufklärung I. Halle. Aufklärung und

den polemisierenden Thomasius immer dünner wurde, als Hofhistoriograf nach Preußen an den Berliner Hof berufen worden und konnte dort für Thomasius bei Friedrich III. ein gutes Wort einlegen. Durch den zwei Jahre danach erfolgten Wechsel des Landesherrn entkam Thomasius schließlich knapp einem Haftbefehl, der im wutentbrannten Leipzig zusätzlich zum Publikations- und Berufsverbot gegen ihn ausgestellt wurde.

Im kurbrandenburgischen Halle kam Thomasius dafür umso besser an. Nicht nur war der polarisierende Rechtsgelehrte mit seinen visionären Ideen der geeignete Kandidat, um die von Friedrich III. schon länger verfolgte Bildungspolitik auch in Kurbrandenburg voranzutreiben.[41] Auch sein galanter Stil, der sich am französischen *savoir vivre* ausrichtete, passte hervorragend an die Saale.[42] Nachdem Ludwig XIV. 1685 das Edikt von Nantes aufgehoben hatte, war Kurbrandenburg zu einem Refugium für Glaubensflüchtlinge aus Frankreich geworden, darunter einige Adlige aus dem höfischen Milieu. Schon allein deshalb war der Standort Halle für Thomasius vielversprechend,[43] zielten doch seine galanten Vorstellungen auf eine Nachahmung der Franzosen sowie die Integration von höfischen Verhaltenslehren in den universitären Kontext.[44]

Aller kulturpolitischen Kontinuität zum Trotz setzte Thomasius mit seiner Orientierung am Nachbarland neue Akzente. Ging es bei den französischen Übersetzungsarbeiten Harsdörffers um die Etablierung eines ‚teutschen' Stils und den Aufweis der Gleich- oder sogar Höherwertigkeit der deutschen Sprache in literarischen, wissenschaftlichen und sozialen Belangen, so änderte sich gegen Ende des 17. Jahrhunderts die Problemlage.[45] Die kulturelle Hegemonie Frankreichs bestand

Pietismus, hg. von Norbert Hinske, Heidelberg 1989, 91–109, hier: 91; zu Thomasius' Zeit in Leipzig vgl. Siegfried Hoyer, Der junge Thomasius in Leipzig, in: Christian Thomasius (1655–1728). Gelehrter Bürger in Leipzig und Halle, hg. von Heiner Lück, Stuttgart 2008, 54–70; sowie Detlef Döring, Christian Thomasius und die Universität Leipzig am Ende des 17. Jahrhunderts, in: Gelehrter Bürger, 71–97.

41 Zu den bildungspolitischen Reformprojekten Friedrich III. vgl. Martus, Aufklärung, 82–91.

42 Zur Übernahme galanter Verhaltensmuster vgl. Jörn Steigerwald, Galanterie als kulturelle Identitätsbildung: Französisch-deutscher Kulturtransfer im Zeichen der Querelles (Dominique Bouhours – Christian Thomasius – Benjamin Neukirch), in: Papers from the Conference ‚The Fragile Tradition'. Bd. 2: German Literature, History and the Nation, hg. von Christian Emden und David Midgley, Oxford und Bern 2004, 119–141.

43 Vgl. Martus, Aufklärung, 107–108.

44 Vgl. Christian Thomasius, Discours Welcher Gestalt man denen Frantzosen in gemeinem Leben und Wandel nachahmen solle?, Leipzig 1690.

45 Zu den verschiedenen Stadien der deutschen Ausrichtung an Frankreich vgl. Gonthier-Louis Fink, Vom Alamodestreit zur Frühaufklärung. Das wechselseitige deutsch-französische Spiegelbild 1648–1750, in: Recherches Germaniques 21 (1991), 3–47; sowie, mit einer leichten zeitlichen Verschiebung, ders., Vom universalen zum nationalen Literaturmodell im deutsch-französischen

immer noch.[46] Die französische *République des lettres* hatte sogar die lateinische Gelehrtenrepublik abgelöst.[47] Aber die „Nord-Völcker" „mit dem groben temperament und massiv-Leibern" waren nicht ewig zur Stumpfsinnigkeit verdammt.[48] Anstatt die Ausrichtung an Frankreich aus sprach- und kulturpatriotischen Gründen abzulehnen, wie es seit Beginn der ressentimental aufgeladenen Alamodekritik üblich war,[49] plädierte Thomasius für eine gezielte Nachahmung der Franzosen, „denn sie sind doch heut zu tage die geschicktesten Leute".[50] Den Deutschen ihre Frankreich-Obsession auszutreiben, hielt Thomasius für ein sinnloses Unterfangen, da die französische Sprache „fast bey uns naturalisiret" und „so gemein worden / daß an vielen Orten bereits Schuster und Schneider / Kinder und Gesinde dieselbige gut genug reden".[51]

Seitdem das Herzogtum Magdeburg 1680 dem brandenburgischen Territorium einverleibt worden war, ging es zunehmend auch darum, das regionale Bildungsmonopol zu übernehmen, das zuvor die kursächsischen Universitäten Leipzig und Wittenberg besetzt hatten.[52] Das geeignete Mittel hierfür war die Gründung einer neuen Universität, als deren Standort sich die Residenzstadt Halle empfahl – immerhin das kulturelle und administrative Zentrum der Region sowie Herberge ei-

---

Konkurrenzkampf (1680–1770), in: Tradition, Norm, Innovation. Soziales und literarisches Traditionsverhalten in der Frühzeit der deutschen Aufklärung, hg. von Wilfried Barner, München 1989, 33–67.

46 Zum Wissenstransfer zwischen Deutschland und Frankreich in der Frühen Neuzeit vgl. Französisch-deutscher Kulturtransfer im Ancien Régime, hg. von Günter Berger und Franziska Sick, Tübingen 2002; sowie Transferts. Les relations interculturelles dans l'espace franco-allemand (XVIIIe–XIXe siècle), hg. von Michel Espagne und Michael Werner, Paris 1988.

47 Zur frühneuzeitlichen *Res publica litteraria* vgl. Res Publica Litteraria. Die Institutionen der Gelehrsamkeit in der Frühen Neuzeit, hg. von Sebastian Neumeister und Conrad Wiedemann, 2 Bde. Wiesbaden 1987; Kultur der Kommunikation. Die europäische Gelehrtenrepublik im Zeitalter von Leibniz und Lessing, hg. von Ulrich Johannes Schneider, Wiesbaden 2005; Heinrich Bosse, Die gelehrte Republik, in: Bildungsrevolution 1770–1830, hg. von Nacim Ghanbari. Heidelberg 2012, 305–326; zur mitteldeutschen Region um 1700 (Halle, Leipzig, Jena etc.) vgl. Detlef Döring, Die Res publica literraria im mitteldeutschen Raum um 1700, in: Strukturen der deutschen Frühaufklärung 1680–1720, hg. von Hans Erich Bödeker, Göttingen 2008, 71–98; sowie für den französischen Kontext Marc Fumaroli, La république des lettres, Paris 2015.

48 Thomasius, Discours, 30.

49 Vgl. Fink, Vom Alamodestreit zur Frühaufklärung, 25–34; sowie Achim Landwehr, Geburt der Gegenwart. Eine Geschichte der Zeit im 17. Jahrhundert, Frankfurt a. M. 2014, 205–254.

50 Thomasius, Discours, 6.

51 Thomasius, Discours, 21.

52 Vgl. Axel Rüdiger, Staatslehre und Staatsbildung. Die Staatswissenschaft an der Universität Halle im 18. Jahrhundert, Tübingen 2005, 36–37.

ner gut funktionierenden Ritterakademie.[53] Dass in Gestalt von Christian Thomasius 1690 ausgerechnet das ehemalige *enfant terrible* der Universität Leipzig mit dem Auftrag der Universitätsgründung nach Halle entsandt wurde, war ein besonders kühner Schachzug der preußischen Regierung im Kampf um die kulturelle Hegemonie.[54]

Als schließlich vier Jahre später die nach Friedrich III. benannte *Academia Fridericiana* feierlich eingeweiht wurde, war der Startschuss für ein akademisches Ausbildungsprogramm gegeben, das ganz nach Thomasius' Geschmack war.[55] Er hatte es geschafft, praktisch orientierte Juristen, darunter auch seinen ehemaligen Doktorvater von der Universität Frankfurt an der Oder, Samuel Stryk, an die ihm anvertraute Fakultät zu holen.[56] Damit lag er ganz auf einer Linie mit den Vorstellungen des Kurfürsten, dem an der Ausbildung von Funktionsträgern gelegen war, die ihre Rolle in den stetig anwachsenden preußischen Verwaltungsapparaten ausfüllen konnten.

Schon in seiner Leipziger Zeit hatte Thomasius sich für eine Orientierung des Lehrplans an den pragmatischen Bedürfnissen der territorialen Verwaltung ausgesprochen und mehrfach gefordert, nur diejenigen Materien zu lehren, die „in vita Civili & Practica zu etwas nutzen".[57] Nun hatte er die Zustimmung Friedrich III. und konnte seine Reformziele Schritt für Schritt umsetzen. Die Studierenden sollten innerhalb von drei Jahren „capabel gemacht werden / ihren Verstand und Willen rechtschaffen und zu Nutzbarkeit des menschlichen Geschlechts an zuwenden / die allgemeine Ruhe zu befördern / und dem gemeinen Wesen in wasserley Politischen Aemptern es wolle / geschicklich zu dienen."[58] Durch die Verschaltung eines Ausbildungs- mit einem Staatsprogramm sollte jener Beamtentypus das Licht der Welt

---

53 Ausführlich zu den Hintergründen der Universitätsgründung Jan Brademann, Residenzstadt und frühmoderner Staat: Überlegungen zum verfassungs- und kulturgeschichtlichen Hintergrund für die Gründung einer Universität in Halle, in: Gelehrter Bürger, 117–140.

54 Die langjährige Konkurrenz zwischen Leipzig und Halle wurde durch die Gründung der Universität zusätzlich befeuert. Zum stets angespannten Verhältnis Leipzig-Halle vgl. Günter Mühlpfordt, Halle-Leipziger Aufklärung. Kernstück der mitteldeutschen Aufklärung, Halle 2011, 194–209.

55 Ausführlich zu Thomasius' Reformprogramm Gunter E. Grimm, Literatur und Gelehrtentum in Deutschland. Untersuchungen zum Wandel ihres Verhältnisses vom Humanismus bis zur Frühaufklärung, Tübingen 1983, 336–425.

56 Vgl. Notker Hammerstein, Jurisprudenz und Historie in Halle, in: Zentren der Aufklärung I, 239–254, hier: 244.

57 Christian Thomasius, Christian Thomas Eröffnet Der Studierenden Jugend Einen Vorschlag / Wie er einen Jungen Menschen / der sich ernstlich fürgesetzt / Gott und der Welt dermahleins in vita civili rechtschaffen zu dienen / [...] binnen drey Jahren [...] zu informiren gesonnen sey, Halle 1689, 46.

58 Thomasius, Vorschlag, 12.

erblicken, den Thomasius noch dreißig Jahre später in den *Juristischen Händeln* als das wirksamste Heilmittel für einen maroden Staat und ein krebsbehaftetes Justizsystem preist. Hier, bei der Reformation der Juristenausbildung, hatte man anzusetzen:

> Das Ubel ist durch Academische Lehren gezeuget, und nach dem in die Gerichts-Stellen und an die Höffe gebracht worden. So ist es auch billig und vernünfftig, daß die Artzney darwieder auch auf denen Academien bereitet werde, und darauf in die Gemüther derer Rechts-Gelehrten und Hoff-Bedienten eindringe, und durch diese endlich gebilliget und ins Werck gerichtet werde. (JH 2, 196.)

Für das praktisch ausgerichtete Wissen der zukünftigen Funktionseliten spielte dabei die Integration der Historie in den Lehrplan eine besondere Rolle. Ein Student erhalte schließlich „in Erlernung der Klugheit vielmehr Vortheil [...] / wenn er Historien lieset / als wenn er seine seine Mühe auff allerhand aus vielen Schrifften gesammelte [...] Lehrsprüche wendet" (PK 29). Angesichts einer Staatenkunde, wie sie sich seit Hermann Conrings Studien zunehmend etablierte, war dies nur konsequent. Für das neuartige Staatswissen war der aktuelle Zustand des Gemeinwesens nicht nur der Punkt, von dem aus die Geschichte des Staates zu schreiben war. Der jeweilige Zustand des Staates wurde auch als das Resultat eben jener Geschichte aufgefasst.[59] Unter Thomasius' Federführung entwickelte sich die neu gegründete Universität rasch zu einer frühen Hochburg der Rechtshistorie und schickte sich damit an, nach und nach das Heer der Pedanten durch politisch kluge Ärzte zu ersetzen.[60]

Der Adressatenkreis, an den sich Thomasius' Fallsammlung richtete, setzte sich dementsprechend aus jener „studierenden und anwachsenden Jugend" zusammen, „aus welcher dermahleins Grund-Seulen des Christenthums und des Staats werden sollen".[61] Um zu vermeiden, dass der angehenden Beamtenschaft „das studiren

59 Zum wissenschaftsgeschichtlichen Kontext vgl. Arno Seifert, Staatenkunde. Eine neue Disziplin und ihr wissenschaftstheoretischer Ort, in: Statistik und Staatsbeschreibung in der Neuzeit vornehmlich im 16.–18. Jahrhundert, hg. von Mohammed Rassem und Justin Stagl, Paderborn, München, Wien u. a. 1980, 217–248 (zur Relation von Staatenhistorie und Staatenkunde insb. 225–228).

60 Vgl. Stolleis, Geschichte des öffentlichen Rechts, 298–309. Zur pragmatisch-historischen Ausrichtung der hallischen Universität vgl. Hammerstein, Jurisprudenz und Historie in Halle; zur neuartigen Staatswissenschaft in Halle Rüdiger, Staatslehre. Die wohl einflussreichste hallische Abhandlung zur Staatenkunde stammt vom Thomasius-Schüler Nicolaus Hieronymus Gundling, Ausführlicher Discovrs über den ietzigen Zustand der europäischen Staaten [...], Frankfurt a. M. und Leipzig 1733.

61 Christian Thomasius, Freymüthige Jedoch Vernunfft- und Gesetzmäßige Gedancken / Uber allerhand / fürnemlich aber Neue Bücher Durch alle zwölf Monat des 1689. Jahrs [...], Halle 1690, 309.

wegen des Lateinischen sauer und verdrießlich"[62] wurde, war die Sammlung in der Landessprache publiziert. Und um die Studenten nicht „mit unnöthigen theoretischen Grillen"[63] zu belasten, waren die Fälle aus der Praxis genommen. Nur so konnte verhindert werden, dass die Studierenden Sachen „mit grosser Mühe und Fleiß lernen / die ihnen hernach in gemeinen Leben wenig oder nichts nutze sind."[64]

Mit dieser Ausrichtung stand die Zirkulation von Praxiswissen im Vordergrund. Zugleich entzog Thomasius damit einem ganzen Wissenssystem seine Legitimation. Keine „Scholastische Pedanterey" mehr – Christian Thomasius war ausgezogen, um die „ohnnöthigen Grillen derer Schulfüchse auszutilgen"[65] und in den Köpfen der Studierenden aufzuräumen.[66] An die Stelle der scholastischen *memoria* trat das politische *judicium*, das weniger auf eine zu erbringende Gedächtnisleistung abzielte, als vielmehr auf eine „Selektion von Wissen nach der Differenz nützlich und nicht nützlich."[67] Auf diese Weise setzte Thomasius eine Modernisierung der alten *res publica literaria* in Gang.[68] Aus Wissensverwaltung (*memoria*) wurde der Appell, selber zu denken.[69] Hatte die barocke Universaltopik Wissen noch systematisch geordnet und mit ihrer enzyklopädisch ausgerichteten *ars combinatoria* eine totale Vernetzung des Wissens anvisiert,[70] ging es nun um eine am Gemeinwesen orientierte Wissensselektion nach dem Kriterium der Nützlichkeit.

Im Zentrum der neuen Unterrichtsmethode stand dabei eine erkenntnistheoretisch modulierte und auf empirisches Wissen zielende Circumstantienlehre: „Wer in seinen Kopff auffräumen will / muß attent seyn", schreibt Thomasius. „Die attention aber ist nichts anders / als eine gedultige und fleißige Betrachtung eines

62 Thomasius, Discours, 21.

63 Thomasius, Vorschlag, 46.

64 Christian Thomasius, Summarischer Entwurff Derer Grund-Lehren / Die einem Studioso Juris zu wissen / und auff Universitäten zu lernen nöthig [...], Halle 1699, Vorrede, unpag.

65 Thomasius, Discours, 25, 13.

66 Zu Thomasius' Kritik am scholastischen *memoria*-Konzept vgl. Frank Grunert, Die Pragmatisierung der Gelehrsamkeit. Zum Gelehrsamkeitskonzept von Christian Thomasius und im Thomasianismus, in: Kultur der Kommunikation, 131–153, hier: 146–148.

67 Scholz, Archiv der Klugheit, 6.

68 Vgl. Bosse, Gelehrte Republik, 317–318.

69 Vgl. Rudolf Stichweh, Wissenschaft, Universität, Professionen. Soziologische Analysen, Neuaufl. Bielefeld 2013, 79.

70 Vgl. Arno Seifert, Der enzyklopädische Gedanke von der Renaissance bis zu Leibniz, in: Leibniz et la Renaissance, hg. von Albert Heinekamp, Wiesbaden 1983, 113–124; Schmidt-Biggemann, Topica Universalis, 155–185; sowie Andreas Kilcher, *mathesis* und *poiesis*. Die Enzyklopädik der Literatur 1600 bis 2000, München 2003, 357–378.

Dinges nach allen Theilen und Umbständen."[71] Es galt, die intensive Beobachtung aller Einzelheiten zu trainieren, die mit Fällen des gemeinen Lebens in Verbindung stehen. Im *Philosophischen Lexicon* des Thomasianers Johann Georg Walch wird diese zu trainierende Aufmerksamkeit wie folgt definiert: Sie ist eine „Einrichtung des menschlichen Willen[s], daß man eine sorgfältige Begierde, alle Umstände einer Sache aufs genaueste zu bemercken, in sich erwecket". Sie setzt sodann ein „Nachsinnen" in Gang, das „einer Sache nicht ehe Beyfall giebet, biß man überleget, wie die Umstände derselben an einander hängen."[72] Um diese empirische Methode als ein Unterscheidungsvermögen zu verankern, musste der akademische Unterricht geeignete Materialien finden. Wie sich zeigte, waren Fallsammlungen „in diesem / das Sclavische Joch der alten Jrrthümer sich von dem Halse werffenden Seculo"[73] hierfür besonders dienlich.

Auch die Entscheidung für die deutsche Sprache zielte auf den Bruch mit der gelehrten Tradition. Die „Lateingrenze" war schließlich stets „das unverrückbare Fundament des gelehrten Standes" gewesen.[74] Durch die „Nationalisierung des Wissens"[75] leitete Thomasius den Bedeutungsverlust der internationalen Gelehrtensprache ein. Wer den Wechsel vom Lateinischen zur Volkssprache vollzog, durfte zudem mit einem weitaus größeren Publikum rechnen. Auf dem Buchmarkt war diese Wende bereits in Gang gesetzt worden: Seit dem Ende des 17. Jahrhunderts erschienen mehr und mehr Veröffentlichungen in der Landessprache. Wer auf deutsch publizierte, schloss somit „einen Pakt mit dem modernen Medienbetrieb".[76] Zudem arbeitete er daran, die Standesgrenzen zu verwischen. War bis dorthin die lateinische Sprache ein Medium gewesen, auf dessen Basis sich eine Bildungsallianz zwischen dem adligen und dem gelehrten Stand etablieren konnte, so war die Verwendung der deutschen Sprache auch ein Werkzeug, das in Bezug auf die Übereinkunft der beiden oberen Stände zu einem Unruheherd avancierte. Gerade an der *Fridericiana*, die 1694 die Nachfolge der hallischen Ritterakademie angetreten hatte, war diese Allianz besonders ausgeprägt. Mit der Einverleibung der Ritterakademie wurden auch deren adlige Absolventen in den universitären Rah-

71 Christian Thomasius, Außübung Der Vernunfft-Lehre […], Halle 1691, 11. Zum Diskurs der Aufmerksamkeit in der Frühaufklärung und seinen ästhetikgeschichtlichen Implikationen vgl. ausführlich Johannes Wankhammer, Creatures of Attention. Aesthetics and the Subject before Kant, Cornell University Press 2024.

72 Walch, Philosophisches Lexicon, Art. Aufmercksamkeit, Sp. 154.

73 Thomasius, Außübung Der Vernunfft-Lehre, Widmung, unpag.

74 Bosse, Gelehrte Republik, 312.

75 Martus, Aufklärung, 123.

76 Martus, Aufklärung, 124.

men integriert, was zu neuen Kontaktzonen zwischen Adligen und Bürgerlichen führte.[77]

Thomasius' auf deutsch verfasste Texte waren prinzipiell auf eine größere Leserschaft hin konzipiert, Hauptadressaten blieben allerdings die Studenten des Rechts. Schließlich war die Juristenfakultät der „Pflantzgarten des gemeinen Wesens".[78] Es sei offensichtlich, so Thomasius, „daß an den meisten Orten in Teutschland [...] denen Rechts-Gelehrten fast allein die gantze Vorsorge vor das gemeine Wesen auffgetragen werde" (PK 68). Für einen Staat, der seine Regierungstechniken an eine offen gewordene Zukunft anpassen musste,[79] waren die Juristen die ersten Ansprechpartner. Sie waren es, die in den Räten saßen und den Fürsten Entscheidungen nahelegten.[80] Für Thomasius war es daher nur folgerichtig, dass es auch den juristischen Fakultäten (und eben nicht den philosophischen und schon gar nicht den theologischen oder medizinischen) obliege, „die Lehre von Ertheilung guten Raths zu tractiren" (PK 68).

Die juristische Fakultät vermittelte wie keine andere ein Wissen von den Funktionen des Staates. Darüber hinaus konnte sie glaubwürdig „eine unmittelbare Beziehung von Rechtskenntnis und Gemeinwesen" unterstellen, die kein Korrelat in einer bestimmten Materie des Rechts hatte.[81] So ging sie aus dem in der Frühen Neuzeit entfachten Streit der Fakultäten um den Vorrang im Bildungssystem als Siegerin hervor.[82] Aus diesem Grund war die Thomasius'sche Klugheitslehre an der

---

77 Vgl. Martus, Aufklärung, 118 – 119.

78 Christian Thomasius, Höchstnöthige Cautelen Welche ein Studiosus Juris, Der sich zu Erlernung Der Rechts-Gelahrheit Auff eine kluge und geschickte Weise vorbereiten will / zu beobachten hat [...], Halle 1713, 395, Anm. x).

79 Vgl. Daniel Fulda, Um 1700 begann die ‚offene Zukunft'. Zum Ausgang der Aufklärung von einer allgemeinen Unsicherheitserfahrung, in: Um 1700. Die Formierung der europäischen Aufklärung. Zwischen Öffnung und neuerlicher Schließung, hg. von dems. und Jörn Steigerwald, Berlin und Boston 2016, 23 – 45. Die Thesen Reinhard Kosellecks, der den Beginn der „offenen Zukunft" in der „Sattelzeit" um 1800 verortet, sind von der neueren Forschung einer Revision unterzogen worden. Vgl. Koselleck, Historia Magistra Vitae; sowie Sattelzeit. Historiographiegeschichtliche Revisionen, hg. von Elisabeth Décultot und Daniel Fulda, Berlin und Boston 2016.

80 Zumindest in protestantischen Territorien sei es Standard, dass „nur diejenigen / die auff Universitäten Jura studiret / zu fürstlichen Räthen gemacht werden" (PK 68).

81 Stichweh, Der frühmoderne Staat, 353. Kurs. entf. Zur Verbindung der frühneuzeitlichen Klugheitslehre mit der Lehre des politischen Rats vgl. Burkhard Meyer-Sickendiek, Vorformen moderner Ratgeberliteratur: Die neuzeitlichen Klugheitslehren von Machiavelli bis Thomasius, in: Rat geben. Zu Theorie und Analyse des Beratungshandelns, hg. von Michael Niehaus und Wim Peeters, Bielefeld 2014, 159 – 178 (zu Thomasius 169 – 172).

82 Zum Streit der Fakultäten im 17. und 18. Jahrhundert vgl. Marian Füssel, Gelehrtenkultur als symbolische Praxis. Rang, Ritual und Konflikt an der Universität in der Frühen Neuzeit, Darmstadt 2006, 191 – 252.

juristischen Fakultät beheimatet. Allerdings war sie ein Werkzeug, von dem prinzipiell Alle Gebrauch machen konnten. Die Klugheitslehre war „die ‚Metatheorie' des politschen Rats",[83] die ein besonders ausgefeiltes Wissen von der „Einrichtung zukünfftiger Dinge" besaß (PK 68), um die Regierungen seit dem Ende des 17. Jahrhunderts besorgt waren.[84]

Für Thomasius stand fest, „daß die Klugheit zweyerley sey / und entweder von vergangenen Dingen urtheile / oder zu den künfftigen Rath gebe" (PK 18). Da die beratende Klugheit als ein Vermögen aufgefasst wurde, „bevorstehenden menschlichen Thaten eine Regel vorzuschreiben" (PK 18), konnte Thomasius die Differenz zwischen Befehlen und Ratschlägen aufheben. Den Akt des Gesetzgebens konnte er so als *prudentia legislatioria* unter den Begriff des Rats subsumieren (PK 39–40). Die urteilende Klugheit hingegen kam vor Gericht zum Einsatz sowie bei „Thaten / die nicht vor Gericht gebracht werden können / oder noch nicht vor Gericht gebracht sind" (PK 19). Während die Rechtsklugheit nicht auf „die Wissenschaft menschlicher Gesetze" verzichten konnte, richtete sich die praktische Lebensklugheit nach den „Regeln der Erbarkeit / der Gerechtigkeit / des Wohlstandes" (PK 20), die sie situativ anzuwenden hatte.[85]

Solch ein prudenzielles Wissen konnte man „durch blosses Speculiren" nicht erwerben (PK 20). Im Gegenteil: Da Klugheit als ein Erfahrungswissen begriffen wurde, war sie auf den Gebrauch von Exempla angewiesen. Nur sie waren in der Lage, „die Handgriffe zu zeigen / wie diese Regeln auf vorkommende Fälle geschickt zu appliciren / und bey einer zweiffelhafften oder duncklen Geschichte die nöthigen und zur Entscheidung dienenden Umstände wohl hervor zu suchen seyn" (PK 20–21). Ob diese Exempla historisch verbürgt oder erfunden waren, war dabei zweitrangig:

> Die Exempel / so ferne sie zum Grunde dieser Lehre und zu Erlangung der Erfahrenheit dienen / müssen in wahren Historien bestehen; Aber zu besserer Erleuterung der Reguln und zu Ubung der Lernenden ist nicht schädlich / sondern zu weilen nützlich / wenn man ihnen auch erdichtete casus oder Exempel vorlegt. [...] Ein Lernender wird dadurch offt zur Auffmercksamkeit ermuntert / und schärffet seinen Verstand damit / wie denn in Quintiliani und Senecæ controversien die meisten / wo nicht alle Exempel erdichtet seyn. (PK 30.)

83 Stichweh, Der frühmoderne Staat, 355, Fn. 47. Zum Stellenwert der politischen Beratung in der Frühen Neuzeit siehe ebd., 154–170.

84 Vgl. Burkhardt Wolf, Die Sorge des Souveräns. Eine Diskursgeschichte des Opfers, Berlin 2004, 97–125.

85 Zur situativen Angemessenheit der Klugheitslehre vgl. Patrick Hohlweck, „Unterscheid der Umstände". Verhaltenswissen um 1700, in: Wissensgeschichte des Verhaltens. Interdisziplinäre Perspektiven, hg. von Sophia Gräfe und Georg Toepfer, Berlin und Boston 2025, 27–43.

Der *Kurtze Entwurff der Politischen Klugheit* war der falsche Ort, um solche Exempla anzuführen (PK 21). Die *Juristischen Händel* hingegen waren genau der richtige, um Studierenden den Gebrauch der Klugheit im Rechtssystem anhand von Beispielfällen vorzuführen. „Denn in einem Exempel", schreibt Thomasius, „zeiget sich eine Sache mit allen Umständen / daraus dasjenige / davon die Frage ist / am besten und gewissesten gefasset werden kan" (PK 31). Die Relevanz beispielgebender Fallsammlungen ergab sich aus der Konzeption einer Klugheitslehre, die an der „Meta-Norm der Umstandsbezogenheit"[86] ausgerichtet war.

Wo Lehrsätze nicht mehr der Maßstab von Entscheidungen waren, kamen Exempla zum Einsatz, auf deren Einzelheiten genau zu achten war. Aus deren Untersuchung und Vergleich konnten neue Regeln abgeleitet werden. Denn obwohl Klugheit sich für Thomasius vornehmlich auf „Erfahrung" gründete, war sie keineswegs regellos (PK 28). Seine ab 1720 publizierte Fallsammlung war daher der Versuch, den Einsatz von Beispielen mit einer ausführlichen Kommentarfunktion zu verbinden, die bei der „Formirung allgemeiner Regeln" helfen sollte (PK 25). Die „gelehrten Leute", schreibt Thomasius in den *Juristischen Händeln*, „haben gar zu unterschiedene und wiederwärtige judicia und glauben nicht alleine von gelehrten Meinungen / sondern auch von täglich vorkommenden Händeln und Fällen unterschiedlich / und worüber der eine das juramentum credulitatis pro veritate facti zu schweren bereit ist / ist der andere just das Gegentheil zu schweren bereit" (JH 1, 124). Regeln auch im Reich der Kasuistik zu etablieren, war darum eines der Hauptanliegen von Thomasius' Fallsammlungen, die diese Regeln den hallischen Studenten verständlich machen sollten.

Damit reagierte Thomasius auf ein Problem, das den aristotelisch gefärbten *prudentia*-Diskurs des 17. Jahrhunderts durchzogen hatte. Die Klugheit war eben bloß ein Einzelfallwissen, ein Wissen der veränderlichen Dinge und situativen Angemessenheit, das der Allgemeinheit der Gesetze diametral gegenüberstand. Weil für die Epistemologie des frühneuzeitlichen Aristotelismus die Disjunktion zwischen Strukturgesetz und Singularienwissen, zwischen *scientia* und *historiae* unumgänglich war, war für die Aristoteliker stets klar gewesen „daß wegen vorfallender unzähliger Umstände / die man nicht allzeit vorher sehen kan / ein gefaster Rath öfters verändert werden müsse" (PK 59–60).

Thomasius, der schon in Leipzig eine Vorlesung über die Unzulänglichkeiten des Aristotelismus gehalten hatte,[87] war anderer Meinung. Trotz der Mannigfaltigkeit der Fälle müsse man keineswegs „unzählich viel Regeln nach der Anzahl aller

86 Hohlweck, „Unterscheid der Umstände", 28.
87 Vgl. Christian Thomasius, Discours Von denen Mängeln der Aristotelischen Ethic […], Leipzig 1688.

vollkommenden [sic] Umstände" geben. Der aristotelischen Annahme entgegen, hätten auch die „Wissenschafften / die auf menschlich Thun und Lassen gehen" nur „wenige allgemeine Regeln" (PK 60). Auch „die Gewißheit der allgemeinen Lehr-Sätze" sei schließlich induktiv, d.h. „aus nichts / als aus Betrachtung vieler einzeler Dinge entstanden" (PK 59). Der scholastische Gegensatz von philosophischem Gesetzeswissen und einer Kunst der Klugheit, die bei Einzelfällen zum Einsatz kam, war damit aufgehoben. Im Anschluss an Diskussionen, wie sie seit der *Logik von Port-Royal* geführt wurden, machte Thomasius Einzelfälle zum Gegenstand wissenschaftlicher Diskussion. Der Weg war damit frei für eine Neuorganisation der Wissenschaften, die den auf der Differenz von *historiae* und *scientia* basierenden humanistischen Fächerkanon durch eine erkenntnistheoretische Neuausrichtung nach den „Regeln der allgemeinen Klugheit" (PK 66) umstrukturierte.[88]

Die empirischen Praktiken des Wissens, die Thomasius in Halle zu etablieren hoffte, erforderten eine neuartige ‚wiegende und wägende Geistesbeschäftigung'.[89] Um als kasuistische Praxis institutionalisiert zu werden, mussten sie allerdings zuerst eingeübt werden. Die pragmatische Dimension von Thomasius' Sammlung – das Training von angehenden Juristen durch die Zirkulation von praktischem Wissen – beinhaltete darum Übungen in der geforderten, ebenso detaillierten wie gestreuten Aufmerksamkeit.

Da, wie seine Studenten lernten, „ein jedes factum seine eigene und besondere Umbstände hat", und weil „alle Fälle insonderheit zu erzehlen unmöglich ist",[90] konnten die prospektierten Staatsdiener nicht allein aus systematischen Werken lernen, was im Einzelfall zu tun war. Alles hing, wie bereits die *Logik von Port-Royal* bemerkt hatte, stattdessen von einer situativen Urteilskunst ab, weshalb das richtige Training der juristischen Akteure für Thomasius und seine hallischen Kollegen zur wichtigsten Aufgabe wurde: „Ein Richter muß selbst ein Judicium haben", wusste man in Halle, „denn aus Büchern lässet es sich nicht lernen / was man in allen und jeden sonderlichen Fällen vornehmen soll."[91]

---

88 Zum neuen Studienprogramm vgl. Thomasius, Cautelen (explizit dem Verhältnis *scientia/historia* widmet sich das 5. Kapitel „Cautelen von der Historie und der Philosophie überhaupt", 82–108). Rüdiger Campe hat diesen Umbruch mit der Entstehung der mathematischen Wahrscheinlichkeit um 1700 in Zusammenhang gebracht. Vgl. Campe, Spiel der Wahrscheinlichkeit. Thomasius wird in seinem Buch aber nur am Rande erwähnt – aus gutem Grund: Die Debatten um die aleatorische Wahrscheinlichkeit zu Beginn des 18. Jahrhunderts sind an Thomasius relativ spurlos vorbeigegangen. Vgl. hierzu Luigi Cataldi Madonna, Wissenschafts- und Wahrscheinlichkeitsauffassung bei Thomasius, in: Christian Thomasius 1655–1728. Interpretationen zu Werk und Wirkung, hg. von Werner Schneiders, Hamburg 1989, 115–136, insb. 128.

89 Vgl. die Bestimmung des Casus in Jolles, Einfache Formen, 191.

90 Ludovici, Einleitung, 71, 95.

91 Ludovici, Einleitung, 10.

In „processualischen und relatorischen Uebungen",[92] die im praktischen Teil des universitären Kurrikulums angestellt wurden, lernten Studenten fortan, entscheidungsfähige Fälle zu formieren.

> Es gehöret eine Schärfe der Beurtheilungskraft und eine Gegenwart des Geistes dazu, über die Vorfälle zu urtheilen, und selbige nach Vorschrift der Gesetze zu entscheiden. Die mehreste Zeit ist eine Handlung von sehr verschiedenen Umständen begleitet, wovon einer diese, ein anderer jene Entscheidung räthet. In diesem Zweifel das rechte Urtheil zu treffen, ist eine Sache, worinn gewiß kein Meister gebohren wird; Uebung und Aufmerksamkeit sind nur die Mittel, zu dieser Fertigkeit zu gelangen.[93]

Die frühneuzeitlichen Gebrauchskontexte von Casus zeigen, dass Falldarstellungen urteilende Geistesbeschäftigungen allererst hervorrufen sollten. André Jolles' Konzeption, nach der einfache Formen sich in spezifischen „Geistesbeschäftigungen" verwirklichen, erfordert daher eine nominalistische Inversion. Anstatt „das Wägen"[94] als die charakteristische Geistesbeschäftigung des Casus zu essenzialisieren, gilt es, seine Urteilsformen als Effekt der historisch kontingenten Praktiken des Wissens zu analysieren, die sich in Fallakten manifestierten. Es waren die in der hallischen Juristenfakultät etablierten, neuartigen Verfahren des Zeichenlesens, die Verfasser wie Lesende in „wägende[ ] und erwägende[ ]"[95] Subjekte transformierten.

3 Rahmenumstände: Autobiografie und Fallerzählung

Für die Proliferation von Praxiswissen setzte Thomasius in den *Juristischen Händeln* auf eine spezifische Form. Die Sammlung besteht aus Extrakten von Fallakten. Seine Entscheidung, Aktenauszüge bereitzustellen, erschien mindestens in dreifacher Hinsicht gewinnbringend für die Studierenden. Erstens materialisierten sich Fälle in Akten.[96] Dort waren alle Operationen erfasst und datiert, die mit dem jeweiligen Fall zu tun hatten. Rechtshandlungen erhielten in Akten einen zeitlichen Index, mit dem sie „als Ereignis in der Zeit adressierbar" wurden.[97] Zweitens ver-

92 Claproth, Vorrede zur zweyten Auflage, unpag.

93 Justus Claproth, Vorrede von der Verhältniß der Theorie und der Ausübung der Rechtsgelehrsamkeit (1756), in: Relationen, unpag.

94 Jolles, Einfache Formen, 191.

95 Jolles, Einfache Formen, 191.

96 Zur Materialität von Fällen vgl. Matthew S. Hull, Government of Paper. The Materiality of Bureaucracy in Urban Pakistan, Berkeley 2012, 112–161, insb. 115–126.

97 Vismann, Akten, 142.

folgte der Verweis auf die Akten eine Beglaubigungsstrategie, mit der Thomsaius einen Realitätseffekt erzielte: Die Fälle, so signalisieren es Medium und Form, waren tatsächlich vorgefallen und innerhalb eines institutionellen Rahmens bearbeitet worden. Drittens waren Akten das Rückgrat für Thomasius' gesetzeskritisches Reformprojekt. Da die momentanen Gesetzeswerke nur solche Fälle enthielten, die „kaum alle hundert Jahr einmahl / und doch wohl mit Mühe und Noth vorkommen können",[98] musste Thomasius die „Fürstlichen Archive[]" nach brauchbaren Präzedenzfällen durchforsten (JH 2, 180). Wenn das passende Recht nicht in den Gesetzen zu finden war, musste man es in den Fallakten suchen.

Dass solch ein umfangreiches Archiv an Fällen existierte, war der *Constitutio Criminalis Carolina* von 1532 zu verdanken. Die *Carolina* hatte den schriftlich geführten Inquisitionsprozess neben dem alten Akkusationsprozess etabliert und damit eine staatliche Ermittlungs- und Anklagefunktion installiert, die *ex officio* auch Untersuchungen anstellte, wenn es an Kläger:innen fehlte. Einerseits führte dies zu einem Zusammenfall von Richter und Ankläger. Andererseits trennte das Inquisitionsverfahren nach dem Vorbild des römisch-kanonischen Prozesses strikt zwischen lokaler Ermittlung und zentraler Urteilsfindung. Hierfür etablierte die *Carolina* die Institution der Aktenversendung, eine schriftbasierte Kommunikation, die die vor Ort registrierten Falldetails an höhere Gerichte schickte.[99] Der frühmoderne Verwaltungsstaat sicherte so seine Deutungshoheit: Die Entscheidung in Strafrechtsfällen sollten die Gelehrten an den Obergerichten oder den juristischen Fakultäten der Universitäten treffen, die des gemeinen Rechts kundig waren – mit der dramatischen Konsequenz, dass die Angeklagten ihre Richter nie persönlich zu Gesicht bekamen. Strafrechtlich relevante Vorfälle wurden fortan im Medium der Akten zu entscheidbaren Fällen geformt. Die empirische Welt erweiterte sich um die aktenförmige Welt des Falls.

In der Publikation von Fallakten konnte Thomasius die Techniken der Aktenversendung darstellen. Nicht nur setzt seine Sammlung die dokumentarische Rea-

98 Thomasius, Cautelen, 162. „Gesetze aber giebt man", wie es weiter heißt (162, Anm. h), „nicht von solchen Dingen / die in hundert Jahr kaum einmahl vorkommen."

99 Eine ausführliche zeitgenössische Beschreibung der Aktenversendung findet sich bei Zedler, Universal-Lexicon, Bd. 47, Art. Versendung der Acten, oder die Transmission und Verschickung der Acten zum Verspruch des Rechtens, Sp. 1791–1815; bei August Richter, Umständliche Doch in möglichster Kürtze verfaßte Historische Einleitung Uber den Criminal-Process [...], Frankfurt a. M. und Leipzig 1738, 161–172; sowie bei Johann Christian Quistorp, Von dem Verschicken der Acten in peinlichen Fällen, in: Beyträge zur Erläuterung verschiedener, mehrentheils unentschiedener Rechts-Materien aus der bürgerlichen und peinlichen Rechtsgelahrtheit, Rostock und Leipzig 1778, 1–15.

lität des Rechts in Szene,[100] sondern Thomasius demonstrierte seinem Publikum auch das Verdichten und Wägen von Fallumständen, das den Prozess der Entscheidungsfindung begleitete. Für Thomasius war dies die einzige Form, um die Art und Weise zu erfassen, in der das Rechtssystem Fälle prozessierte: „Diese Umbstände", schreibt er, „kan ich nicht besser beschreiben / als wenn ich den extract aus denen an uns geschickten actis hersetze" (JH 1, 214). Und an anderer Stelle heißt es: „Damit ich aber auch die Sache etwas umständlicher vorstelle, kann ich nicht besser thun, als wenn ich solches acten-mäßig thue" (JH 2, 37).[101]

In den *Juristischen Händeln* ist die Form der Rechtsfälle mit ihrem materialen Medium intrinsisch verwoben.[102] Die angeführten Rechtshändel konstituieren sich durch ein funktionales Arrangement medialer Elemente, das von den „Affordanzen"[103] der Akten selbst bestimmt wird. Als papierne Manifestation institutionell verbürgter Handlungen haben Akten eine formale Angebotsstruktur eigener Art, die für die Formierung eines entscheidbaren Falls maßgeblich ist. Die rechtliche Entscheidungsfindung wird durch Akten mit Speicher- und Übertragungsfunktionen ausgestattet, aber auch mit transformativen und formalisierenden Funktionen:[104] Im Medium der Akte wird aus einem *Vorfall* ein *Streitfall* und schließlich ein *Fall*, der unter ein bestimmtes Gesetz fällt – diesen Transformationsprozess kann Thomasius, anders als Harsdörffer, durch seine Erzählform mitreflektieren.

In den *Juristischen Händeln* entsteht die Form der Fälle somit als Funktion einer Feedbackschleife zwischen ihren materialen Bedingungen und der Pragmatik eines situierten Kontextes – dem Training von Anwälten. Das mediale Potenzial von

---

100 Zu den dokumentarischen Praktiken des Rechts vgl. Bruno Latour, Die Rechtsfabrik. Eine Ethnographie des Coseil d'Etat (2002), Konstanz 2016; sowie ders., Existenzweisen. Eine Anthropologie der Modernen (2012), Berlin 2014, 487–515.

101 Und an wieder anderer: „[Ich] habe [...] vor nöthig geachtet[,] nunmehro die gantze Beschaffenheit der Sache ex actis, so viel ich derer damahls habe habhafft werden können, und die mir communiciret worden, fideliter zu erzehlen, und die darbey vorfallende Umstände etwas deutlicher zu eröffnen" (JH 3, 3).

102 Neuere Diskussionen von Formfragen haben auf die elementare Verbindung von Form und materialem Medium hingewiesen. Vgl. Latour, Soziologie, 382–399; Georg Stanitzek, Buch: Medium und Form – in paratexttheoretischer Perspektive, in: Buchwissenschaft in Deutschland. Ein Handbuch. Bd. 1: Theorie und Forschung, hg. von Ursula Rautenberg, Berlin und New York 2010, 157–200, insb. 185–193; Levine, Forms, 1–23; sowie Hahn und Pethes, Einleitung.

103 Der designtechnische Begriff der Affordanz zielt im losen Anschluss an Bruno Latours Überlegungen zur Form auf die Angebotsstrukturen, Spielräume und Anschlussmöglichkeiten von Formen. Vgl. Levine, Forms, 6–11; sowie Richard Fox, Diamantis Panagiotopoulos und Christina Tsouparopoulou, Affordanz, in: Materiale Textkulturen. Konzepte – Materialien – Praktiken, hg. von Thomas Meier, Michael R. Ott und Rebecca Sauer, Berlin und Boston 2015, 63–70.

104 Vgl. Vismann, Akten, 11.

Akten, Dinge und Menschen, Institutionen und Textsorten zu verknüpfen, sowie ihre Funktion, die Details eines Vorfalls von einem Ort zum anderen zu transportieren und aus ihnen Beweise zu formen, wird in Thomasius' Falldarstellungen reproduziert. In der Replikation dieses Potenzials entsteht ein Fall durch eine „enge Kopplung" von Einzelheiten, die „lose" im Medium der Akte gekoppelt sind.[105]

Für die Herstellung von engen Umstandskopplungen waren Aktenauszüge zuständig. Die für diese Auszüge verwendete Relationstechnik war in der Frühen Neuzeit elementarer Bestandteil juristischer Ausbildungsprogramme. Medium und Form sind in dieser Hinsicht untrennbar verbunden und implizieren sich wechselseitig. Die Möglichkeiten des Mediums ‚Akte' regenerieren sich im Prozess der Formation von Fällen. Um die Fallumstände zu qualifizieren, wird deren „enge" Textur gelöst, damit sie in „lose" Relationen mit Elementen treten, mit denen sie in den Akten konfrontiert werden.

Diese verfahrenstechnischen Kopplungen macht Thomasius lesbar, indem er eine narratologische Figur einführt, die als Prozessbeobachter die Akten durchkämmt. Die vielschichtigen Beobachtungen unterschiedlicher Akteur:innen, mit denen das Rechtssystem operiert, stellten Thomasius vor erhebliche Erzählprobleme. Auf die Umstände von Rechtsfällen gab es stets verschiedene Perspektiven, die es zu vermitteln galt. Diese Vermittlung besorgte er durch die Integration einer narrativen Schicht zweiter Ordnung, die zugleich dazu diente, die „Händel lebhafft vorzustellen" (JH 1, Vorrede, unpag.). Sie ergänzt die Aktenauszüge um eine ausführliche Beschreibung der „Umstände der dabey vorgekommenen Gelegenheit, und der erfolgten Suiten" (JH 4, Vorrede, unpag.). Auf diese Weise kreierte Thomasius einen Rahmen, der der Komplexität sowohl der einzelnen Fälle als auch des Verfahrens gerecht wurde, das ihre Entscheidung generierte. Nur so ließen sich zudem verfahrensinhärente Probleme beobachten. Um das Ideal „einer kurtzen Rechts-Verwaltung" zu erreichen, müsse man schließlich, wie es immer wieder heißt, „die besondern Umstände solcher Verzögerung" erforschen (JH 2, 188). Thomasius erlaubte seinen Lesern die Beobachtung von juristischen Prozessen selbst und machte so die institutionellen Bedingungen von Entscheidungsfindungen sichtbar.

Paradigmatisch nachvollzogen werden können diese Operationen am ersten Fall von Thomasius' Sammlung, *Defension einer Frauens-Person, die wegen Kindermords verdächtig war.* Dem Fall kommt allein schon aufgrund seiner Länge eine herausragende Stellung in der Sammlung zu. Die Geschichte des Handels nimmt

105 Vgl. Luhmann, Medium und Form; sowie Sybille Krämer, Form als Vollzug oder: Was gewinnen wir mit Niklas Luhmanns Unterscheidung von Medium und Form?, in: Rechtshistorisches Journal 17 (1998), 558–573; ausführlich zu den Konsequenzen dieses Formbegriffs Probleme der Form, hg. von Dirk Baecker, Frankfurt a. M. 1993.

hundertvier eng bedruckte Seiten ein, während die durchschnittliche Länge der übrigen vierundzwanzig Falldarstellungen im ersten Band sonst sechs Seiten beträgt.[106] Der besagte Fall stammt aus dem Jahr 1681 und hat ein besonders kontroverses Thema zum Gegenstand.[107] Nach einer verheimlichten Schwangerschaft wurde der fünfzehnjährigen Anna Voigt vorgeworfen, ihr Kind getötet und es im Garten begraben zu haben, mit dem Wissen ihrer Eltern. Die Dienerschaft der Familie hatte das tote Kind dort entdeckt und das Verbrechen gemeldet.

Der Protagonist des Falls ist jedoch nicht Anna, sondern Thomasius selbst, dem der Fall als junger Anwalt von Annas Familie angetragen worden war. Erzählt wird aus der Ich-Perspektive eines älteren Anwalts, der auf seine Tätigkeiten als junger Mann zurückblickt. Der Handel beginnt wie folgt: „ANno 1681. mense Octobr. kömmt ein Leipziger Adcovate nebst einen frembden / den er seinen Schwager nennete / zu mir / und spricht mich in Nahmen desselben an / Ihm in einer verdrießlichen affaire bedienet zu sein / die in folgenden Umbständen bestünde" (JH 1, 1). Die narratologische Entscheidung für einen autobiografischen Ich-Erzähler hat eine spezifische Funktion, die mit dem Medium der Akte zu tun hat: Anstatt den Fall in Form einer zusammenhängenden Geschichte zu erzählen, präsentiert Thomasius seinen Lesern eine extensive Sammlung von Aktenstücken, die sich aus juristischen Kleinformen zusammensetzt: Verhörprotokolle, Verteidigungsschriften und Suppliken, sowie Berichte und medizinische Gutachten. Der Ich-Erzähler reagiert auf dieses Sammelsurium. Schließlich drohten die Akten im Inquisitionsprozess mitunter „tumultuarisch und unordentlich"[108] zu werden: Die Ordnung der Akte bildete nur den Gang der Untersuchung ab und nicht die Chronologie des

---

106 Eine Ausnahme stellt der vierundzwanzigste Handel (JH 1, 233–358) dar, der erneut über hundert Seiten hat.

107 Im Verlauf des 18. Jahrhunderts sollte der Kindsmord sogar für ein noch größeres Aufsehen sorgen, indem er zum Modellfall für die juristischen Reformen der Aufklärung wurde. Nicht mehr die Tat sondern die Täter:innen standen nun im Fokus bei der Bewertung von Verbrechen. Individuelle Schuld wurde fortan vor dem Hintergrund äußerer Bedingungen wie sozialem Elend, ungünstigen Lebensverhältnissen oder allgemeinen gesellschaftlichen Faktoren beurteilt. Vgl. ausführlich Kerstin Michalik, Kindsmord. Sozial- und Rechtsgeschichte der Kindstötung im 18. und beginnenden 19. Jahrhundert am Beispiel Preussen, Pfaffenweiler 1997; zur Produktivität des Themas im literarischen Diskurs vgl. Kirsten Peters, Der Kindsmord als schöne Kunst betrachtet. Eine motivgeschichtliche Untersuchung der Literatur des 18. Jahrhunderts, Würzburg 2001; Harald Neumeyer, Psychenproduktion. Zur Kindsmorddebatte in Gesetzgebung, Wissenschaft und Literatur um 1800, in: Diskrete Gebote. Geschichten der Macht um 1800. Festschrift für Heinrich Bosse, hg. von Roland Borgards und Johannes F. Lehmann, Würzburg 2002, 47–76; sowie Michael Niehaus, Wie man den Kindermord aus der Welt schafft. Zu den Widersprüchen der Regulierung, in: Sexualität – Recht – Leben. Die Entstehung eines Dispositivs um 1800, hg. von Maximilian Bergengruen, Johannes F. Lehmann und Hubert Thüring, München 2005, 21–40.

108 Claproth, Relationen, 275.

Vorfalls. Die Akten selbst enthielten keine kohärente Darstellung der Geschehnisse. Sie versammelten nur diejenigen Elemente, die vielleicht in eine kausale Erzählung überführt werden konnten.[109] „Es mag übrigens die […] zum Grunde liegende Geschichte in denen Acten stecken, wo sie will, so muß sie zusammen getragen werden", heißt es in einer Anleitung zur Relationskunst.[110] Die entscheidende Aufgabe von Thomasius' Ich-Erzähler bestand daher darin, die Akten sprechen zu machen. In der Geschichte fallgeschichtlicher Schreibweisen ist die Einführung dieser Erzählposition eine radikale Neuheit.[111]

Im Gegensatz zum zivilrechtlichen Akkusationsprozess, der Regeln für sein Verfahren angeben konnte, zeichnete sich das Verfahren der Inquisition durch eine gewisse „Formlosigkeit"[112] aus. Einer Logik des Verdachts folgend, sammelte und registrierte die Inquisition alle Einzelheiten und Kleinigkeiten, die sich im Umfeld einer Tat auffinden ließen. Die summarische Generalinquisition produzierte einen Überschuss an Informationen und Indizien, die im Medium der Akten auf eine Bewertung warteten.[113] Der Inquisitionsprozess setzte der geregelten Rechtsform des Akkusationsprozesses ein tendenziell ungeregeltes Verfahren entgegen und erteilte diesem Verfahren die Lizenz, seine rechtliche Form selbst zu generieren.

Mit der Figur des jungen Advokaten enthält der Text einen Beobachter zweiter Ordnung, der die Leser durch das Aktenkonvolut führt. Durch seine Augen können sie beobachten, wie Akteur:innen im Rechtssystem Beobachtungen anstellen. Thomasius' autodiegetischer Erzähler begleitet die Entscheidungsfindung der Gerichte und Juristenfakultäten und trägt dabei selbst zur Aufklärung des Falls bei. Folgt man den Bewegungen der Figur, werden all jene Elemente und Handlungen sichtbar, die weder Teil von Schreibakten noch Inskriptionstechniken sind, informelle Kommunikationen und Machtverhältnisse etwa, aber auch zufällige Begegnungen oder anwaltliche Taktiken bei der Fallbearbeitung – Vorgänge, die keinen Einzug in die Akten erhielten, aber eine erhebliche Rolle bei der Entscheidung von Fällen spielten. Thomasius' autobiografischer Stil ermöglicht es, die Verfahren des Rechts in zweiter Ordnung zu beobachten, um auf diese Weise ihre Mängel zu detektieren.

Mit dieser Erzählposition löste Thomasius das Versprechen ein, die Aktenauszüge mit einer Beschreibung der konkreten Vorgänge während der Prozesse selbst zu ergänzen. Er habe, schreibt er in der Vorrede, die Fälle entsprechend „etwas

---

109 Vgl. Michael Niehaus, Atropos. Die Acta Marien Louysen Papin von 1743, in: Fall – Fallgeschichte – Fallstudie, 100–120, hier: 101.

110 Claproth, Relationen, 14.

111 Auf die zentrale Rolle der Erfindung einer neutralen Erzählposition für die Hervorbringung von literarischen Fallgeschichten hat Katrin Trüstedt verwiesen. Vgl. dies., Stellvertretung, 179–180.

112 Michael Niehaus, Das Verhör. Geschichte – Theorie – Fiktion, München 2003, 129 u. ö.

113 Zur überbordenden Logik der Generalinquisition vgl. Niehaus, Verhör, 225–241.

umständlicher" gestaltet. Bei seinen galanten Lesern wollte er schließlich „eine Begierde zu Lesung derselben" und „ein Verlangen nach der continuation erwecken". Zu diesem Zweck integriert er „nützliche Neben-Gedancken, die da eine Anleitung geben, weiter nach zudencken" (JH 1, Vorrede, unpag.). Um die Händel „deutlicher zu verstehen", wollte Thomasius den Aktenauszügen „Umstände hinzusetzen, die vielleicht dem curiösen Leser nicht unangenehm seyn werden" (JH 2, 104). Durch die „etwas deutlichere Vorstellung der Umstände, als insgemein in denen Responsis præmittirten speciebus facti zu geschehen pflegt", hoffte er, seine Leserschaft gut zu unterhalten (JH 1, Vorrede, unpag.). Die Erzählung von Prozessdetails stellt einen erzählerischen Rahmen für die trockenen Dokumente bereit. Eine Sammlung, die nur aus „ausführlichen excerptis aus denen gesamten Actis" besteht (JH 1, Vorrede, unpag.), hätte ein Bildungsprogramm, das den Anspruch erhob, den Studierenden „von Anfang biß zum Ende nichts als belustigende Dinge"[114] aufzutischen, in der Tat ad absurdum geführt. Vielmehr sollten die Leser das Elend des Rechtswesens in den versammelten Beispielfällen „mit Händen greiffen" können (JH 1, Vorrede, unpag).

Der narrative Rahmen, in den Thomasius die Extrakte einbettet, dient entsprechend der ‚Unterhaltung' im doppelten Sinn. Einerseits als Unterhaltung seiner Leserschaft im Sinne des Amüsements, andererseits als ein Unterhalten von Verbindungen, das Herstellen eines Zusammenhalts dort, wo er zunächst nicht gegeben ist.[115] Die Einzelheiten des dem Prozess zugrundeliegenden Geschehens werden ebenso verknüpft wie die mannigfaltigen juristischen Gebrauchstexte, die den Vorfall ‚umstehen', und die in ihrer Gesamtheit die Verlaufsform des juristischen Handels konstituieren. Zu dieser Unterhaltung gehört die Integration von „etliche[n] Umstände[n]", „die zu [s]einem curriculo vitæ gehören" (JH 2, Vorrede, unpag.), was den Fällen die Qualität unterhaltsamer Anekdoten gibt. Schließlich hatte Thomasius es auch weit über die kursächsischen und preußischen Landesgrenzen hinaus zu einer gewissen Berühmtheit gebracht, sodass diese Strategie im Blick auf die Verkaufszahlen durchaus vielversprechend erschien. Durch die Offenbarung von Details aus seinem Leben als *circumstantiae auctoris* hoffte er, die Neugierde der Leserschaft zu erwecken.

Die eigenwillige Gestaltung der Sammlung, in der Thomasius als Autor und galanter Jurist selbstbewusst in Erscheinung tritt, war im Diskurs der Rechtswissenschaften eine radikale Neuheit. Auch wenn der Bekanntheitsgrad eines Namens die Kraft von gedruckten Gutachten und Entscheidungssammlungen erheblich

114 Thomasius, Vorschlag, 45.

115 Auf diese Doppelbedeutung des Unterhaltungsbegriffs hat Rüdiger Campe hingewiesen. Vgl. ders., To be continued. Einige Beobachtungen zu Goethes Unterhaltungen, in: Noch einmal anders. Zu einer Poetik des Seriellen, hg. von Elisabeth Bronfen, Christiane Frey und David Martyn, Zürich und Berlin 2016, 119–136, hier: 120.

verstärkte, konnte vom Vorhandensein einer „Autor-Funktion“[116] bis dato keine Rede sein: Die Biografie der Verfasser spielte für juristische Textsorten wie die Gutachten- und Entscheidungssammlungen – den sogenannten Konsilien – ebenso wenig eine Rolle wie ein Werkbegriff. Die Individualität eines Autors als Urheber eines Werkes war in der alten Gelehrtenrepublik schlichtweg nicht von Interesse. Mit Thomasius' *Juristischen Händeln* sollte sich das ändern. Erstmals profitiert ein juristisches Schrifttum von der „Anwesenheit eines biographischen Hintergrunds“[117] und von der Ausbildung einer Autor-Funktion.

Bereits in der Vorrede zum ersten Teil tritt Thomasius als Autor der Sammlung in Erscheinung. In aller Freizügigkeit spricht er dort über die Entwicklung seines eigenwilligen Stils, über biografische Zusammenhänge, sein Alter, seine Gesundheit und über seine vermeintlichen Feinde. Nicht umsonst ist das erste Wort der Sammlung ein „Ich“, das in einem performativen Akt die Richtung der Sammlung vorgibt (JH 1, Vorrede, unpag.). So erfahren die Leser zum Beispiel, dass Thomasius „Zeit [s]eines Lebens weder mit Kopffwehtagen / noch mit Sausen und Brausen in Ohren / noch mit andern Kopff-Krankheiten heimgesucht worden [sei] / sondern vielmehr dann und wann an Füssen einige Ansätze von Podagra gelitten“ habe, also an akuten Gichtanfällen (JH 1, Vorrede, unpag.). Über die Etablierung seines eigenen Stils wiederum erfährt man, dass die Skandale im konservativen Leipzig ihn in seiner schriftstellerischen Entwicklung zunächst gehemmt hätten, er nach mehreren gescheiterten Autorschaftsentwürfen aber wieder bei seiner eigentlichen schriftstellerischen Anlage gelandet sei, da er erkannt habe, dass „ein ieder Wahrheit liebender das talent, das ihm GOtt dißfals gegeben / brauchen und bey demselben bleiben“ soll. Thomasius inszeniert sich als autonomes und souveränes Subjekt des Schreibens – anscheinend mit Erfolg: „[N]achdem ich also nach dieser Regul meine Schreib-Art etliche und zwanzig Jahr eingerichtet / habe ich [...] befunden / daß dasjenige / was ich [...] in der Jurisprudentz [...] in öffentlichen Schrifften vorgetragen / viel mehreren applausum erhalten als vorhero“ (JH 1, Vorrede, unpag.).

Entscheidend für die Inszenierung von Thomasius' Autorschaft ist die Abgrenzung gegenüber anderen Schreibweisen. Über den Stil anderer, in der Regel auf Latein verfasster Konsilien schreibt er:

> [W]as aber die consilia oder responsa insonderheit betrifft / so thut wohl auch viel zu deren geringen Hochschätzung / daß mehrentheils in vier oder fünff Bogen dasjenige / was ver-

116 Vgl. Michel Foucault, Was ist ein Autor? (1969), in: Schriften in vier Bänden, Bd. 1, 1003–1041, hier: 1015.

117 Boris Tomaševskij, Literatur und Biographie (1923), in: Texte zur Theorie der Autorschaft, hg. und komm. von Fotis Jannidis, Gerhard Lauer, Matías Martínez et al., Stuttgart 2000, 49–61, hier: 58.

nünfftig / weise / und raisonable ist / kaum ein Blat / oder eine Seite austräget / das übrige aber aus impertinenten Latein und allegatis legum & Doctorum bestehet / welche zu nichts als Verwirrung der Juristischen Händel und offenbaren Auffenthalt der Justiz, dienlich sind. (JH 1, Vorrede, unpag.)

Er selbst überzeugt dagegen durch „handgreifliche kurtze raisons".[118] Anstatt eines eines „ächtzenden und seuffzenden stili" gebraucht er eine „muntere[ ] und fröliche[ ] Schreib-Art" (JH 1, Vorrede, unpag.).[119] Der Fokus auf seinen besonderen Stil ist deshalb wichtig, weil mit der individuellen ‚Eigentümlichkeit' von Thomasius sein geistiges ‚Eigentum' und damit so etwas wie eine ‚Werkherrschaft' begründet wird.[120] Auch zielte die Einrichtung eines wiedererkennbaren und unvergleichlichen Stils auf die Anerkennung auf dem Buchmarkt und auf gut besuchte Privatvorlesungen. Lange schon hatte Thomasius sich gefragt, wie er es schaffen könne, „bei denen jungen Leuten mehr nachdruck [zu] haben" (JH 1, Vorrede, unpag.). Eine Antwort darauf war die Feststellung, dass Schriften dann erfolgreich sind, wenn sich ihr Verfasser als Autor, d. h. als konkrete Person in individuellen Lebensumständen zu erkennen gibt. Damit besiegelte Thomasius das Ende der gelehrten Autorität und markierte zugleich den Beginn einer Autorschaft zwischen Recht und Literatur.

Seine *Juristischen Händel* stützt Thomasius auf eine stilisierte biografische Erzählung, die auch dazu dient, seinen Kritikern „das Maul zu stopffen" (JH 1, Vorrede, unpag). Jedenfalls rücken die autobiografischen Schnipsel Thomasius' weitbekannte Skandale in ein bestimmtes Licht. Sie haben jedoch nicht nur eine Rechtfertigungsfunktion, sondern führen auch dazu, Thomasius' Ruf als *enfant terrible* der deutschen Geisteslandschaft zu festigen. Immer wieder ist von seinen „Feinden" und „Verfolgern" die Rede, die ihn nach seiner skandalträchtigen Vertreibung aus Leipzig weiterhin traktieren würden (JH 3, 2–3 u. ö.). Das konservative Leipzig hatte Thomasius unter anderem aufgrund einer Vorlesung über den Naturrechtler Pufendorf der Stadt verwiesen, weil dieser als gottlos galt. Außerdem

118 Damit liegt Thomasius auf einer Linie mit den zeitgenössischen Stilanforderungen für Anwaltsschriften. „Schriftliche reden der advocaten recommendiren sich durch ihre kurtze deutlichkeit, gründlichkeit und bündige schlüsse", heißt es etwa im entsprechenden Teil von Johann Andreas Fabricius' *Philosophischer Oratorie.* Sie haben daher ohne „vieles allegiren" auszukommen. Vgl. ders., Philosophische Oratorie, Das ist: Vernünftige anleitung zur gelehrten und galanten Beredsamkeit [...], Leipzig 1724, 488, 490.

119 Zu Thomasius' Gutachtenstil vgl. weiterführend Falk Hess, *Consilia Thomasii.* Zu Inhalt und Form einiger Rechtsgutachten des Christian Thomasius aus der Sammlung ‚Consilia Hallensium Iureconsultorum' des Johann Peter von Ludewig, in: Wegbereiter moderner Rechtskultur, 201–214.

120 Vgl. Gerhard Plumpe, Eigentum – Eigentümlichkeit. Über den Zusammenhang ästhetischer und juristischer Begriffe im 18. Jahrhundert, in: Archiv für Begriffsgeschichte 23 (1980), 175–198.

hatte sich Thomasius mit der aristotelisch ausgerichteten Universität überworfen und durch seinen galanten Auftritt für reichlich Provokationen gesorgt. Seine Vorlesungen hielt er „im bunten Modekleid mit Degen und zierlichem goldenen Gehänge", und noch in Halle wurde seine Frau „um ihres Kleiderluxus willen" von August Hermann Francke von der Kommunion ausgeschlossen.[121] Durch die Flucht nach Halle im Jahr 1690 entkam Thomasius schließlich knapp einem Haftbefehl in Leipzig. Mit dem stetigen Verweis auf diese Urszene gestaltet Thomasius eine „biographische Legende",[122] die seine Autorschaft bestimmt und selbst im pragmatischen Schrifttum des Rechts noch wirksam ist.

In den *Juristischen Händeln*, die er 1720 als vergleichsweise alter Mann publiziert, dient der Rekurs auf seine biografische Urszene auch dazu, den Nachruhm zu sichern:

> [D]a ich nunmehro auf der Gruben gehe, mir nicht verdacht werden wird, daß ich besorget bin, so viel möglich, nicht so wohl meinen Feinden als denen Feinden, der von mir nach meinem Gewissen vertheydigten Wahrheiten, einige Gelegenheiten abzuschneiden, denenselben nach meinem Todte durch Fürbringung unvollkommener Erzehlungen von meinen fatis zu schaden. (JH 3, 2–3.)

Thomasius hatte die Befürchtung, dass seine wissenschaftliche Arbeit durch Falschaussagen über seine Biografie in Verruf geraten könne. Die Markierung autobiografischer Zusammenhänge gibt den unterschiedlichen Fällen, die Thomasius im Laufe seiner juristischen Karriere bearbeitet hat, dabei den Charakter eines ‚Werks'. ‚Werkpolitisch' waren die Strategien der Fallsammlung auch insofern ausgerichtet, als er teilweise bereits gedruckte Texte in den *Juristischen Händeln* nochmal abdrucken ließ, um sie durch eine Kommentierung und eine biografische Einordnung vor interpretatorischen Missverständnissen zu schützen. Die neu publizierten Fälle sollten stabilisiert werden gegenüber ihrer drucktechnischen Vervielfältigung und öffentlichen Zirkulation. Dies war deshalb wichtig, weil Thomasius die Erfahrung gemacht hatte, dass andere Verleger seine Texte ohne sein Einverständnis gedruckt hatten, weshalb er vorhatte, seine Arbeiten nach und nach „selbst unzerstümelt [zu] edire[n]".[123] Auf die Vorwürfe, insgeheim der Autor einiger anonym publizierter Texte zu sein, entgegnet Thomasius: „Ich habe niemahls

---

121 Friedrich Paulsen, Geschichte des gelehrten Unterrichts auf den deutschen Schulen und Universitäten vom Ausgang des Mittelalters bis zur Gegenwart. Mit besonderer Rücksicht auf den klassischen Unterricht, Leipzig 1885, 355; ebenfalls zit. bei Hohlweck, „Unterscheid der Umstände", 37–38.

122 Tomaševskij, Literatur und Biographie, 57.

123 Christian Thomasius, Allerhand bißher publicirte Kleine Teutsche Schriften […], Halle 1701, Vorrede, Nr. 3.

etwas sine nomine vel sub nomine ficto ediret […] [und] werde auch für mich nichts ediren / darbey mein Nahme nicht stehet."[124] Diejenigen seiner Entscheidungen und Gutachten, die ohne seinen Namen publiziert worden seien, werde er neu herausgeben und mit einem Eigennamen versehen, womit er Verantwortung für das Gedruckte übernehme.

Von einer Art ‚Werkpolitik des Rechts' lässt sich bei Thomasius auch in anderer Hinsicht sprechen. So beginnt er im 3. Teil der *Juristischen Händel* „allerhand Casus unter einer gewissen rubrique zu bringen / nach welcher sie einiger maßen eine Gleichförmigkeit mit einander haben / dergestalt / daß zuweilen auch vier biß fünffe unter einen Titul angebracht worden / und also bey nahe in die viertzig unterschiedene Fälle nebst denen darauf ertheilten responsis allhier werden anzutreffen seyn" (JH 3, Vorrede, unpag.). Wenn die Funktion des Werkbegriffs ist, heterogene Texte als Werk ein und desselben Autors lesbar zu machen,[125] dann generiert die Publikation und Anordnung von disparaten Entscheidungen ebenfalls so etwas wie ein ‚juristisches Werk' und damit eine Autor-Funktion: einen besonderen Urteils- und Entscheidungsstil, der in der Zusammenschau unterschiedlicher Fälle sichtbar wird. Die Veröffentlichung und Selbstherausgabe sowie der Selbstkommentar machen aus Thomasius' verschiedenen Urteilen ein pseudo-einheitliches ‚Werk'. Jede einzelne Entscheidung erhält einen paradigmatischen Charakter, d. h. sie weist auf eine größere Gesamtlinie hin, die sie repräsentiert. Die Menge von Texten wird in Bezug auf einen Autornamen – Christian Thomasius – als eine Einheit begriffen. Seine Texte treten untereinander in Beziehung, und werden von Thomasius mit einer „bestimmte[n] Erscheinungsweise" versehen, die ermöglicht, dass sie „auf eine bestimmte Weise rezipiert werden".[126] Die autorschaftliche Zurechenbarkeit stabilisiert rechtliche Funktionen wie Urteilsformen und Gesetzesinterpretationen. Indem sie subjektives rechtliches Ermessen als Präjudiz archiviert, erlaubt eine solche personale Zurechnung das Wiedererkennen eines Entscheidungsstils, an dem sich junge Juristen orientieren können.

Mit der Strategie, die „meinen Lebenslauff betreffenden vornehmsten Umstände[ ] zu publiciren" (JH 1, Vorrede, unpag), handelte sich Thomasius jedoch das Problem ein, mitunter von Begebenheiten zu erzählen, für die er keine strengen Beweise vorbringen konnte: „[I]ch erzehle diese Umbstände treulich nach demjenigen, was ich damahls pro memoria in meine privat acta gezeichnet", schreibt er in den *Juristischen Händeln*. „[S]ollte auch noch jemand in Leipzig leben, […] so wird

---

124 Thomasius, Kleine Teutsche Schriften, Vorrede, Nr. 5.
125 Vgl. Carlos Spoerhase, Was ist ein Werk? Über philologische Werkfunktionen, in: Scientia Poetica. Jahrbuch für Geschichte der Literatur und der Wissenschaften 11 (2007), 276–344, hier: 322.
126 Foucault, Was ist ein Autor?, 1014. Vgl. auch die Ausführungen Christoph Hoffmann, Schreiber, Verfasser, Autoren, in: DVjs 91 (2017), 163–187, hier: 164.

derselbe, wenn er unpartheyisch ist, nichts anders, als was ich hier schreibe, bezeigen können" (JH 3, 40). Im Blick auf die galante Aufmerksamkeitsökonomie hatten diese historischen Details allerdings eine wesentliche Funktion. Gerade wenn es darum ging, „die Herren Studenten auff der Universitæt"[127] angemessen zu unterhalten, kam das Erzählen von Kontexten einer „hochnothwenigen digression" gleich.[128] Die Amplifikation der Erzählung durch „die begehrten curieusen Umbstände" begeistert schließlich, wie Thomasius schreibt, vor allem jene „neue Art von Lesern", welche „von Natur curiös ist, auch die geringsten circumstantien zu wissen".[129]

Diese Strategien zur Rahmung der Aktenauszüge lassen sich im Kindsmordfall exemplarisch beobachten. Bevor Thomasius den Fall akzeptiert habe (Annas Vater hatte ihn um Beistand in dieser „verdrießlichen affaire" gebeten (JH 1, 1)), sei er inkognito zur Szene des vermeintlichen Verbrechens gereist. Durch Zufall und eine Reihe von Finten habe er einen ersten Blick in den Stand der Investigation erhalten[130] – eine Trope, die die editorischen Fiktionen der galanten Literatur imitiert. Auf der Amtsstube der ungenannten Stadt, die er inkognito betreten habe, wurde der Neuankömmling alsbald angesprochen, ob er „nicht von dem traurigen casu wüste / der zu N. mit dem Kindermord sich zu getragen hätte" (JH 1, 4). Der Fragende war niemand anderes als der Referent des Gerichts, beauftragt mit dem Verfassen von Aktenauszügen. Thomasius, durch seine intensive Beschäftigung mit den höfischen Verhaltenslehren ein Meister der Verstellungskunst, gab vor, mit dem Fall nichts am Hut zu haben.[131] Das Verfahren, das den Fall formieren und entscheiden soll, war schließlich ein diskretes im zweifachen Sinn: Einerseits war es ein mehrschrittiges Verfahren, dessen charakteristische Diskontinuität in der Trennung von untersuchendem und erkennendem Richter seinen vielleicht stärksten Ausdruck erfuhr. Andererseits war es als ein geheimer Prozess konzipiert. Verhöre erfolgten unter Ausschluss der Öffentlichkeit. Erst die Urteilsverkündung und die Bestrafung fanden öffentlich statt.

---

127 Hector Gottfried Erdmann (= Christian Thomasius), Zweyer Catholischen Gelehrten Eines Ehrlichen Jesuiten, und eines Vernünfftigen Juristen angenehmes Gespräch Von Simvltaneo [...], Amsterdam 1723, 228.

128 Thomasius, Simvltaneo, 234.

129 Thomasius, Simvltaneo, 227.

130 Es sei, wie Thomasius schreibt, schließlich nicht gebräuchlich, „die bey der general Inquisiton vorkommende indicia" dem Anwalt der Angeklagten „schrifftlich mitzutheilen oder dieselben in actis lesen zu lassen" (JH 1, 3). Die hallische Kriminalistik führt als Grund dafür an, dass die Advokaten ihre Schützlinge sonst auf das Verhör vorbereiten und zu Lügen veranlassen könnten. Vgl. Ludovici, Einleitung, 35.

131 Zu Thomasius' Verstellungskunst vgl. Ursula Geitner, Die Sprache der Verstellung. Studien zum rhetorischen und anthropologischen Wissen im 17. und 18. Jahrhundert, Tübingen 1992, 124–138.

Mit Zweifeln an der Stichhaltigkeit des Verdachts habe Thomasius den Referenten und den ihm zur Hilfe eilenden Gerichtsschreiber so lange provoziert, bis diese ihm die Akte „in die Hände" gedrückt hätten, um „eine gewisse passage daraus zu lesen". So erhielt er unverhofft Einblick in die laufende Untersuchung. Wenn er auch nur einige „Stunden später gekommen wäre", schreibt er rückblickend, dann hätte er „die Acta nicht [...] gefunden" (JH 1, 14). Als krönenden ‚Abschluss dieses Meisterstücks der strategischen Verstellung, und „damit der Actuarius keinen Verdacht auf mich würffe", ließ er es sich nicht nehmen, zu behaupten, „daß ich nicht glaubte / möglich zu seyn / daß ein Advocate mit Nachdruck die Inquisitinnen würde defendiren können" (JH 1, 4). Dass eine solche Verteidigung sehr wohl möglich war, davon konnten sich die Leser der *Juristischen Händel* selbst überzeugen.

Der Fall wandert, durch die soeben erzählte Episode motiviert, von den Händen des Aktuarius in die Hände des Protagonisten. Die Akten werden den studentischen Lesern sodann in der Abfolge der prozeduralen Schritte, die sie generiert haben, und nach dem jeweils gegenwärtigen Wissensstand des Protagonisten präsentiert. Dieser deckt nach und nach die Details der Untersuchung auf (die Eigenschaft und das Vorgehen der lokalen Amtsmänner zum Beispiel), während seine Handlungen die Logik juristischer Beweisführung verkörpern: Der junge Thomasius überquert institutionelle Schranken und bringt verschiedene Textsorten und forensische Wissensformen ins Spiel, um die Tatsachen des Falls zu qualifizieren.

Es ist bezeichnend, dass der Gerichtsschreiber und der Aktenreferent Thomasius Einblick in die Akte gewährten. Beide waren Schlüsselfiguren des frühneuzeitlichen Kriminalrechts. Die Ermittlungen des Gerichts wurden von einem Gerichtsschreiber begleitet, der „alle und iede Umbstände", die im Laufe des Prozesses auftauchten, „mit Fleiß aufzeichnen / und zu den inqvisition-Acten ordentlich registriren" sollte.[132] Die Ungewissheit, durch welche Beweise ein Fall eine entscheidbare Form erhielt, führte dazu, ein Übermaß an Daten aufzuzeichnen. So erhöhte sich die Chance, dass sich die entscheidenden Tatsachen darunter befanden.[133] Dass im Zuge dieser mediatisierten Wahrnehmung als Umstand nur gelten konnte, was sich akten- und protokollförmig machen ließ, blieb jedoch unausgesprochen.

Aufgabe des Referenten war es, aus diesem in den Akten gespeicherten Informationsüberschuss „die haupt-momenta der sache" zu extrahieren.[134] Die so ent-

132 Benedict Carpzov, Peinlicher Sächsischer Inquisition Und Achts-Proceß [...] (1638), 5. Aufl. Leipzig 1693, Tit. III. Art. IV, 55–56.

133 Vgl. Michael Niehaus, Kasuem, in: Fallgeschichten. Text- und Wissensformen exemplarischer Narrative in der Kultur der Moderne, 29–44.

134 Fabricius, Philosophische Oratorie, 490.

stehende ‚Relation' war ein komprimierter Bericht des Falls, den der Referent dem Spruchkollegium als Entscheidungsgrundlage vorlegte. Dabei hatte er „seine Relation so ein[zu]richten, daß diejenige, so selbige hören oder lesen, aus derselben, ohne die Acten gelesen zu haben, eben so gut von der Sache zu urtheilen im Stande sind, als wenn sie die 1) Acten durch eigenes Lesen sich bekannt gemachet, und 2) die Sache vorhero überdacht hätten."[135] Vor der Erwägung von Normen hatte der Referent die Einzelheiten des fraglichen Geschehens zu eruieren und aus einer Vielzahl von Aussagen dessen Hergang zu rekonstruieren. Nicht nur präfigurierte er damit die Entscheidung des Falls, sondern er machte den Fall allererst lesbar.

Als standardisierte Praxis sicherte die Relationstechnik bei der Aktenversendung die Verlässlichkeit der schriftlichen Kommunikation. Diese Kunst war für die Rechtsprechung so grundlegend, dass die Voraussetzung für eine Anstellung bei Gericht – etwa als Anwalt[136] – eine erfolgreich abgelegte praktische Prüfung war, für die der Anwärter eine Proberelation anfertigen musste. Ohne eine ausgefeilte Relationstechnik war eine Karriere im Staatsdienst undenkbar. Aus diesem Grund zeigte Thomasius seinen Studenten die Handgriffe, wie man mit den Akten eines Falls so umging, dass sie les- und beurteilbar wurden.

Auch seine Wahl, die Sammlung mit den Abenteuern eines jungen Anwalts zu beginnen, war programmatisch. Nicht nur diente dieser Beginn der Inszenierung seiner Autorschaft, sondern Anwälte hatten auch einen spezifischen Platz im rechtspolitischen Diskurs um 1700, in dem sie zur paradigmatischen Figur des Ratgebens und der Kritik avancierten. Sie waren „die aller vortrefflichsten und gescheidesten Staats-Leute",[137] wie zwei Schüler von Thomasius schreiben. Vor Gericht bestand ihre Funktion darin, „die Richter wegen einer und der andern Unwissenheit, oder Ungerechtigkeit, zu erinnern."[138] Anwälte waren „diejenigen, welche dem Richter die Gesetze helffen gewissenmäßig appliciren, so daß, wenn etwa der Richter ein gewisses Gesetz nicht erwägte, oder aus einem Gesetze nicht recht schlösse, oder die æquitatem Jur[is] Nat[urae] nicht betrachtete, [sie] ihn dessen erinnern und zu einer raisonnablen Sentenz veranlassen."[139] Advokaten legten den Finger in die Wunde, identifizierten Ungerechtigkeiten und waren Experten der billigen Entscheidung.

---

135 Claproth, Relationen, 9.

136 Vgl. Anette Baumann, Advokaten und Prokuratoren. Anwälte am Reichskammergericht (1690–1806), Köln, Weimar und Wien 2006, 9.

137 Johann Christoph Rüdiger und Andreas Rüdiger, Klugheit Zu Leben und zu Herrschen, Leipzig und Köthen 1722, 237.

138 Rüdiger und Rüdiger, Klugheit, 240.

139 Rüdiger und Rüdiger, Klugheit, 236–237.

In seinem Lehrbuch für Anwälte bemerkt Kaspar Stieler, ein Mitglied der *Fruchtbringenden Gesellschaft*, dass Advokaten es bei der Verteidigung eines Falls oftmals mit schwer zu entwirrenden Sachlagen zu tun hätten.[140] „Es fallen oft so verwirrte Umstände bey der Sache vor", schreibt Stieler, dass „auch ein gelehrter und geübter Advocat / alles seines Verstandes von nöhten hat / wenn er den Ursprung / samt dem Haubt-Werk / von den Nebensachen unterscheiden will."[141] Diese Fertigkeit erlange man durch Übung und den Gebrauch einer spezifischen Technik, der logisch aufgewerteten Circumstantienlehre. Diese liefere ein Instrument, „was vor- und nachgehet / wesentlich und beyfällig ist / [zu] underscheiden / [zu] teilen und [zu] ordnen."[142] Es helfe daher wenig, „das ganze Corpus Juris auswendig zu können / wenn es an einer guten Beurteilung fehlet / den Weitzen von der Sprey zu sondern / und was hier und dorthin gehöret / zu underscheiden / Gründe zu erfinden / und dieselbe geschicklich anzubringen".[143] Und diese Scheidekunst, die das Wichtige vom Unwichtigen und das Gehörige vom Ungehörigen trennt, ließ sich am besten anhand von konkreten Fallbeispielen erlernen.

Die Figur des Anwalts war für Thomasius entsprechend das ideale narratologische Werkzeug, um praktisches Wissen zu vermitteln und den „Beurteilungsverstand"[144] zu trainieren. Das Nachwuchstalent hatte 1681, zur Zeit des Falls, erst zwei Jahre zuvor an der Universität Frankfurt an der Oder den Doktorgrad erworben und war daraufhin nach Leipzig zurückgekehrt, um dort als Advokat praktische Erfahrung zu sammeln. Mit seinen noch jungen sechsundzwanzig Jahren und dem gerade erst erfolgten Berufseinstieg war er also, wie Thomasius selbst eingesteht, in der Rechtspraxis noch ziemlich unerfahren. Zwar hatte er sich bereits den Ruf erworben, „die Sachen nicht unnöthig auffzuhalten", aber gerade „in criminalibus" fehlte es ihm „noch an der Experienz" (JH 1, 2). Bevor er seinen Lesern die Aktenextrakte präsentiert, beschreibt Thomasius darum seine Erfahrung am Tatort. In einem Gasthof der Stadt sei er Zeuge geworden von der ungeheuren Kraft und Schnelligkeit von Gerüchten.[145] Dort hörte er die „in der ganzen Stadt bekante Zeitung / daß Hr. Hanß Heinrichs seine Tochter Anna ein Kind umbgebracht und ihre Mutter Maria darzu geholffen hätte" (JH 1, 3). Noch bevor Thomasius seine

140 Ausführlich zu Stieler vgl. die Beiträge in: Kaspar Stieler (1632–1707). Studien zum literarischen Werk des „Spaten", hg. von Michael Ludscheidt, Bucha bei Jena 2010.

141 Kaspar Stieler, Der Teutsche Advokat [...], Nürnberg und Jena 1678, 85.

142 Stieler, Advokat, 85.

143 Stieler, Advokat, 85.

144 Stieler, Advokat, 85.

145 Zur Autonomie der Kommunikation von Gerüchten vgl. Georg Stanitzek, Fama/Musenkette. Zwei klassische Probleme der Literaturwissenschaft mit „den Medien", in: Schnittstelle. Medien und Kulturwissenschaften, hg. von dems. und Wilhelm Voßkamp, Köln 2001, 135–150.

Rolle als Anwalt ausführen kann, haben die vermeintlichen Tatsachen des Falls in Form eines Gerüchtewissens bereits ein Eigenleben angenommen.

Solche Gerüchte spielen eine prominente Rolle in diesem Handel – aus gutem Grund: Thomasius war ein vehementer Gegner des Rechtsinstituts der *denunciatio*, die im Inquisitionsprozess die Generalinquisition einleitete.[146] Immer wieder betont er, dass „die Einführung der Papistischen denuntiation in peinlichen Sachen dem gemeinen Wesen höchst schädlich" gewesen sei. Das bewiesen „nicht alleine die Politischen vernünfftigen Grund-Regeln / sondern auch die tägliche Erfahrung" (JH 1, 106). Nach Thomasius ermöglichte die *denunciatio*, dass „hämische und listige Feinde auch denen Unschuldigen nicht durch offenbahre Gewalt, sondern auch dergleichen Angeberey Schaden [...] thun / und selbige in die Inquisition zu bringen suchen" (JH 1, 107).[147] Das war nicht zuletzt deshalb problematisch, weil sich ein einmal entstandener Verdacht kaum mehr loswerden ließ. Das diskrete Verfahren der Inquisition bestand aus Schritten, die im Medium des Verdachts die Wahrheit des Falls antizipierten. Diese sollte im Laufe des Prozesses hervorgebracht und im Geständnis schließlich bestätigen werden. Die gesetzliche Beweistheorie leitete aus einer schwachen oder ungesicherten Beweislage darum keine Unschuld ab. Vielmehr galt eine elementare Schuldvermutung. Die Schuld ließ sich im Laufe des Prozesses zwar bestätigen, aber nur schwer entkräften. Die Gewissheit der Schuld zeigte sich nicht erst nach Zusammenfügung aller Beweisstücke, sondern jedes einzelne belastende Detail konstituierte bereits eine Teil-Schuld.[148] Das inquisitorische Beweisrecht folgte damit einem „Prinzip der stetigen Abstufung", nach

---

146 Zu Thomasius' Kritik an der *denunciatio* vgl. Arnd Koch, Denunciatio. Zur Geschichte eines strafprozessualen Rechtsinstituts, Frankfurt a. M. 2006, 146–152. Die Einleitung des Inquisitionsprozesses beschreibt der *Zedler* wie folgt: „Wenn sich ein Geschrey und allgemeines Gerüchte erhebet, daß dis und jenes Laster geschehen sey; so muß ein Richter solches gemeine Geschrey nicht verachten, sondern emsige Nachforschung halten, woher dieses Geschrey entsprungen? Ob solches von ehrlichen und glaubwürdigen Personen geredet werde? Wider wen? Warum, und aus was für Umständen und Wissenschafft? Denn wenn es nur ein Murren und leeres Gesage wäre, und man nicht wissen könte, woher solches entsprungen? Oder aber ob auch in Wahrheit eine Uebelthat geschehen sey? so kan nur allein eine gemeine, und ohne Benennung einer gewissen Person, zu formirende Untersuchung angestellt, und in das Protocoll gesetzt werden". Art. Untersuchung, (rechtmäßige Ursachen zur peinlichen) oder redliche Indicien und Anzeigen zu Vorkehrung, der peinlichen Untersuchung, in: Zedler, Universal-Lexicon, Bd. 49, Sp. 2214–2222, hier: 2219.

147 Auch der an den Kindsmordfall direkt anschließende Handel – es geht um einen „Korn-Schreiber / der aus Haß von Seinen Closter-Verwalter angegeben worden" ist – handelt von der Problematik der *denunciatio*. Dort kündigt Thomasius zugleich an, dass „viele in folgenden vorzustellende Händel deutlich weisen", dass viele Personen, gleich welchen Amts, um „Jhre Feindschafft auszuüben, dergleichen denunciationen zu gebrauchen, und mehrentheils, weil Sie in keine Gefahr dabey lauffen, zu mißbrauchen pflegen" (JH 1, 107).

148 Vgl. die eindrücklichen Ausführungen bei Foucault, Überwachen und Strafen, 56–57.

welchem jede Stufe der Beweisführung einen bestimmten Grad der Schuld anzeigt.[149]

Auf diese Probleme macht der Kindsmordfall aufmerksam. Den Ursprung des Dramas lokalisiert Thomasius im „gemeine[n] Geschrey" (JH 1, 2) und in der „fliegende[n] Rede" (JH 1, 56) von Gerüchten und der aus ihnen folgenden falschen Anzeige. So hatte etwa die Köchin der verdächtigten Familie ihre Anzeige „nicht ex amore veritatis sed ex inimicitia & studio vindictæ" getätigt (JH 1, 48). Auch waren Thomasius „etliche Umbstände" zu Ohren gekommen, aus denen er „nothwendig abnehmen konte / daß die gantze Nachbarschafft Jhn [Annas Vater] dieses Unglücke wohl gönnen müste" (JH 1, 3). Mit der narrativen Hilfe des erzählenden Ichs wird der Fall zum Medium der Reflexion darüber, durch welche Handlungen und Prozeduren eine Maschinerie des Rechts allererst erst in Gang gebracht wird, die Ereignisse in Fälle der Inquisition transformiert.

Die Besonderheit dieser Vorgehensweise zeigt sich im Vergleich damit, wie Georg Philipp Harsdörffer in seiner *Jämmerlichen Mordgeschichte* Kindsmordfälle darstellt. In einer Geschichte mit dem Titel „Die betraffte Unzucht" etwa erzählt Harsdörffer einen Fall, der sich 1641 in Nürnberg abgespielt haben soll. Ein Geselle namens Huldrich habe sich nach einem „starken Trunk" mit „einer leichtfertigen gemeinen sonder zweiffel Wäscherin [...] sündlich vermischet" (JMG 385). Zwar hätten dessen Freunde den einfältigen Gesellen dazu überredet, der jungen Frau die Heirat zu versprechen, „damit sie in allen fall gesichert / und wann sie schwanger werden sollte / der Vater zum Kinde nicht zweiffelhafftig were" (JMG 385), jedoch habe sich Huldrich nach der Verlobung aus dem Staub gemacht. Den schließlich erfolgten Kindsmord erzählt Harsdörffer so:

> Inzwischen nahet die Zeit / daß diese Schleppe geberen musste / und weil sie verhoffte der Straffe zu entkommen / ermordete sie ihr eignes Kind / und ersteckte es mit einem Fatzolet : hette es auch in die Donau geworffen / wann sie nicht darüber ergriffen / und in Verhafft gebracht worden were. Diesen Kindermord bekante sie alsobald / und beschleunigte dardurch ihr Urtheil / daß sie nemlich mit dem Schwert solt enthaubtet werden / wie dann auch erfolget.

149 Foucault, Überwachen und Strafen, 57. Foucaults Annahme einer inquisitorischen Arithmetik des Beweises (die Möglichkeit einer Addierbarkeit von Beweisen) wurde allerdings von der neueren rechtsgeschichtlichen Forschung widersprochen. Foucault habe diese Auffassung von den Polemiken des Aufklärungsdiskurses übernommen. Die Juristen des gemeinen Rechts hätten eine solche Berechenbarkeit der Beweise stets abgelehnt. Vgl. Mathias Schmoeckel, Humanität und Staatsraison. Die Abschaffung der Folter in Europa und die Entwicklung des gemeinen Strafprozeß- und Beweisrechts seit dem hohen Mittelalter, Köln, Weimar, Wien und Böhlau 2000, 211–213. Foucaults Rede vom „arithmetisch-scholastischen und so lächerlichen Regime des klassischen Beweises" mag vielleicht auf die strengen Formen des vormodernen Zivilrechts zutreffen, aus strafrechtsgeschichtlicher Perspektive jedoch ist sie nicht haltbar. Vgl. Michel Foucault, Die Anormalen. Vorlesungen am Collège de France (1974–1975), 4. Aufl. Frankfurt a. M. 2016, 23.

> Huldrich sahe zu / daß sein vermeintes Weib auf den Rabenstein fast verweifflend / und wieder ihn beweglichst sich beklagend / dahin sterbe / betrübte sich deßwegen hertzlich / daß er Ursacher ihres und seines Kindes Tod / und lässet sich durch den Mordgeist verleiten / daß er nach Hause kehret / sich in einen Brunnen stürtzet / und sein selbst Henker wird. (JMG 386.)

Im Promythion hatte Harsdörffer die Geschichte mit den Worten eingeleitet, dass wie „aus nachgesetzter Erzehlung zu vernehmen" sei, „die Unkeuschheit mit vielen Lastern und mehrmals auch ewigen Unheil verbunden sey" (JMG 385). Im Epimythion, das das Exemplum beschließt, heißt es im Sinne des Gesetzes der Lasterkette trocken: „Ist also dieser jämmerlichen Mordgeschichte erste Ursach gewesen die Trunkenheit / die andere Unzucht / die dritte ein böses und unruhiges Gewissen / welches bringet Judasreue und endlich darauf erfolgten Selbstmord" (JMG 386).

Harsdörffers kurze und einprägsame Erzählung folgt, bis auf den Selbstmord Huldrichs, dem klassischen Muster von Kindsmordgeschichten:[150] Ein Mann verführt eine Frau und bricht sein Heiratsversprechen. Die verratene Frau lebt in Schande und Isolation und tötet schließlich das Neugeborene, um der Unzuchtsstrafe zu entgehen. Ihre Strafe empfängt sie dann aber bereitwillig. Zwar verweist Harsdörffer beim Verhalten des Mannes auf dessen Mitschuld, an der Notwendigkeit einer Bestrafung oder gar an der Stimmigkeit der Tatsachen zweifelt er jedoch nicht.

Ganz anders bei Thomasius. Die Einführung einer Erzählposition, die trotz ihrer Involviertheit in Distanz zum Vorfall und zum Prozessgeschehen steht, macht aus dem Kindsmordfall einen Casus, der Thomasius' rechtsreformerischen Bestrebungen dient. Sein autodiegetischer Erzähler begleitet die Entscheidungsfindung und lüftet die Geheimnisse des Gerichts. Das prominent eingesetzte ‚Ich' hat dabei eine dreifache Funktion: Es formt Umstände, Aussagen und Urteile und bringt sie in Verbindung. Es dient als narrativer Orientierungspunkt, der die Leser durch die unübersichtliche Akte führt. Und es ermöglicht die Beurteilung aktueller rechtlicher Verfahrensweisen – „und wird vielleicht der Leser selbst [...] [von diesen] judiciren können, wenn ich die Umbstände des Processes ihm kurtz und deutlich vorstelle", heißt es in den *Juristischen Händeln* an einer Stelle entsprechend (JH 3, 343). Um die Rolle dieses Erzählers genauer zu bestimmen – seine spezifische Funktion für die kasuistische Form und die Art von Entscheidungsproblemen, mit denen er konfrontiert ist – ist es wichtig, die Eigenart und Weitreiche der ‚Um-

---

150 Vgl. Jutta Heinz, Jämmerliche Mordgeschichte, Fallstudie, Farce. Zum Wechselverhältnis von Literatur und Justiz am Beispiel Kindsmord, in: Vom „Theater des Schreckens" zum „peinlichen Rechte nach der Vernunft". Literatur und Strafrecht im 17. und 18. Jahrhundert, hg. von Eric Achermann und Gideon Stiening, Berlin 2022, 39–56, hier: 43.

stände' zu verstehen, die sein Auge fasst. Die *circumstantiae* der rhetorischen Tradition trafen in der Juristenausbildung der Universität Halle auf die Indizienlehre des gemeinen Beweisrechts und eine kritische Hermeneutik von Zeugenaussagen. An den Kontaktstellen dieser Beweistypen entstand eine neuartige Kasuistik, die für die Poetik von Falldarstellungen und für ihre Erzählverfahren prägend wurde.

4 Regellose Umstände: Informelle Entscheidungen

Im frühneuzeitlichen Recht verstand man unter ‚Umständen' diejenigen Merkmale eines Vorfalls, durch deren Verkettung ein Fall entstand, der unter eine Norm fiel – eine Ereignisfolge, die selbst noch kein justiziabler Sachverhalt war, aber unter rechtlicher oder moralischer Beurteilung stand.[151] „Factum, ist ein Casus", heißt es im *Zedler*, eine „Sache, da ohne dessen genaue Einsicht, das Recht nicht apliciret werden kann, weil solches die Beschaffenheit aller Umstände wohl untersuchet, und alsdenn ist es simplex oder multiplex, da alle Umstände derer Dinge, Personen, Zeit, etc. zusammen kommen."[152] Je nachdem, wie diese Einzelheiten verkettet wurden, erhielt der Fall eine andere Gestalt.

Im Zuge der forensischen Tatsachenermittlung wurden aus Umständen Indizien – Beweismittel, die es erlauben, „eine komplexe Realität aufzuspüren, die nicht direkt erfahrbar ist."[153] Mit Hilfe solcher „scheinbar nebensächlichen empirischen Daten"[154] sollte der Vorfall auf die Bühne des juristischen Theaters gebracht werden. Ohne die Operationalität dieses Zeichentypus konnte die Wahrheit – „zumahl bey heimlichen Morden"[155] – nicht erscheinen: „Denn dergleichen Umstände sind die Wegweiser, wordurch man zu der rechten Wahrheit gelangen mag."[156] Auf die Beweiskraft dieser „Wegweiser" war man vor allem bei Kindsmordfällen angewiesen. Da es selten Zeug:innen für Infantizide gab, waren sie besonders schwer zu beweisen. Kindsmorde galten als *delicta occulta*, als geheime Delikte, die sich dem

151 Vgl. Sarah Seidel, „Erfunden von mir selbst ist keine einzige dieser Geschichten". August Gottlieb Meißners Fallgeschichten zwischen Exempel und Novelle, Hannover 2018, 183.

152 Zedler, Universal-Lexicon, Bd. 9, Art. Factum (Casus), Sp. 66; ebenfalls zit. bei Seidel, Meißners Fallgeschichten, 183.

153 Carlo Ginzburg, Spurensicherung. Der Jäger entziffert die Fährte, Sherlock Holmes nimmt die Lupe, Freud liest Morelli – die Wissenschaft auf der Suche nach sich selbst (1979), in: Spurensicherung. Die Wissenschaft auf der Suche nach sich selbst, 4. Aufl. Berlin 2011, 7–57, hier: 19.

154 Ginzburg, Spurensicherung, 19.

155 Art. Indicia Homicidii voluntarii, in: Zedler, Universal-Lexicon, Bd. 14, Sp. 650.

156 Art. Untersuchung […], in: Zedler, Universal-Lexicon, Bd. 49, Sp. 2217.

direkten Blick entzogen. Sie konnten daher nur indirekt bestimmt werden, durch Einzelheiten, die mit ihnen in Zusammenhang standen und um ihr Geheimnis herum gruppiert waren. Nur durch eine kunstvolle Verkettung ihrer Umstände konnten okkulte Taten rekonstruiert werden.

Die Wahrheit und Existenz von Kindsmorden antizipierte der frühneuzeitliche Inquisitionsprozess in einem Schatten verdächtiger Details. Dieses Verfahren erforderte eine Form der Erkenntnis, die die Wahrheit von Begebenheiten in ihren kontingenten Wirkungen sucht und deren tatsächlichen Hergang aus den mitunter widersprüchlichen Aussagen von Zeug:innen erschließt. Die Beobachtung von Indizien, ihre Sammlung und schließlich ihre erzählerische Verknüpfung hoben unbeobachtete Ereignisse aus der Latenz. Für die damit auf den Plan gerufene Kunst der Vermutung entwarf Thomasius eine neuartige Logik, die den alten Begriff der Glaubwürdigkeit (*verisimilitudinis*) in einen regelhaften Urteilsmodus transformierte. In der „Erkäntnüß des Wahrscheinlichen", schreibt Thomasius, sei es „wie in Erkäntnüß des unstreitig Wahren" möglich, „gleichmäßige Regeln" zu geben.[157] „Denn die conceptus verosimiles können so feste mit einander verknüpfft werden / als die warhafftigen ideen."[158] Die Beweisverfahren der Rhetorik erhielten damit eine logische Dignität.

Entscheidend war dafür ein neuer Blick auf das Zeugnis als Beweismittel. In seiner *Dissertatio de fide juridica* schreibt Thomasius:

> Si vero non infinita essent irritamenta, homines alias natura ad malum jam pronos, illiclendi [sic] ad mentiendum, uni testi scientiæque in judicio fides haberi posset, ac uni historico, de iis quæ ipse vidit, deponenti, si circumstantiæ negotii verosimilitudinem simul suaderent. At cum in judiciis omni ævo testes sæpissime fuerint corrupti, æquitas postulavit, ut uni testi non credatur, sed ut minum duobus vel tribus testibus fides fiat judici, ut ex eorum conveniantia in testimonio dicendo aliisque ex circumstantiis infinitis, puta ex vultu, gestu, promtitudine aut hæsitatione &c. appareret, utrum fides iis habenda sit, nec ne.[159]

> Aber wenn es nicht unendliche Irritationen gäbe, Menschen, die von Natur aus bereits zum Bösen neigen und zum Lügen verführt sind, könnte man einem Zeugen im Urteil ebenso vertrauen und einem Historiker, der bezeugt, was er gesehen hat, wenn die Umstände zugleich die Wahrscheinlichkeit des Falls anzeigen. Da aber in Prozessen zu allen Zeiten Zeugen am häufigsten korrupt waren, verlangt die Billigkeit, dass einem einzelnen Zeugen nicht geglaubt werden solle, sondern, dass zur richterlichen Überzeugung mindestens zwei oder drei Zeugen vonnöten seien, damit aus der Übereinstimmung ihrer Aussagen und anderen unendlichen Umständen, zum Beispiel aus ihrem Gesichtsausdruck, ihrer Gestik, ihrer Bereitschaft oder ihrem Zögern usw. hervorgeht, ob ihnen zu glauben sei oder nicht. (Übers. JSch.)

---

157 Christian Thomasius, Einleitung zu der Vernunfft-Lehre [...], Halle 1691, 224–225.
158 Thomasius, Einleitung zu der Vernunfft-Lehre, 238.
159 Christian Thomasius, Dissertationem de Fide Juridica [...], Halle und Magdeburg 1714, 68–69.

Um Zeugnisse zu bewerten, dürfe man sich nicht mehr bloß auf das Ansehen der Zeug:innen verlassen. „[N]icht einmahl die autorität anderer Menschen [kann] die vornehmste Richtschnur meines Glaubens seyn [...]; sondern es muß dieselbe auch ebenmäßig in mir selbst gesucht werden."[160] Wahrscheinlichkeit und Notwendigkeit bezeichneten somit nicht mehr einen Unterschied in der Stabilität oder Objektivität der Sachverhalte selbst, sondern sie verlagerten sich auf die Ebene der subjektiven Erkenntnisgewissheit im Angesicht empirischer Tatsachen.[161] Um diese Ebene für die Studenten des Rechts erfahrbar zu machen, bot sich der Einsatz eines Ich-Erzählers an, der die Erkenntnisse des Aktenauszugs miteinander in Beziehung setzt und die Wahrscheinlichkeit des Falls selbst herstellt.

Auf dem Spiel stand mit dieser Konzeption des historischen Glaubens eine neue Form von Wahrscheinlichkeitskalkül. Im Gegensatz zur aristotelischen Lehre könne man „nicht einmahl ohne Untercheid [sic] für wahrscheinlich halten / was von den meisten oder denen weisesten / klügesten / und gelehrtesten für wahr ausgegeben wird".[162] Die anthropologische Grundannahme der aristotelischen Rhetorik, dass es eine natürliche Neigung des Menschen zum Wahren gebe, wurde von Thomasius und den anderen Protagonisten des neuzeitlichen Skeptizismus verworfen.[163] Bei der Beurteilung von Zeugnissen sollten kluge Köpfe daher weder „auff die Menge der Zeugen / noch auff das Ambt und Ansehen dessen der es saget / sondern auff gantz andere Umbstände [...] reflectire[n]" – auf pathognomische Zeichen etwa, wie eine zitternde Hand während der Tätigung der Aussage.[164]

Damit war eine „Entgrenzung des Beobachtungsfeldes" angezeigt.[165] Um die Wahrscheinlichkeit eines Vorfalls zu beurteilen, hatte bereits die *Logik von Port-Royal* vorgeschlagen, alle seine begleitenden Umstände zu registrieren, innere sowie äußere.[166] Interne Umstände gehörten zum Vorfall selbst, externe betrafen den Bericht von Personen, durch deren Zeugnis man ein Bild des Vorfalls erhält.[167] Die

160 Thomasius, Außübung Der Vernunfft-Lehre, 50.

161 Vgl. Seifert, Cognitio historica, 158–159.

162 Thomasius, Einleitung zu der Vernunfft-Lehre, 227; vgl. Aristoteles, Topik, I 1 100b 21–23: „Anerkannte Meinungen [...] sind diejenigen, die entweder von allen oder den meisten oder den Fachleuten und von diesen entweder von allen oder den meisten oder den bekanntesten und anerkanntesten für richtig gehalten werden."

163 Vgl. Aristoteles, Rhetorik, I 1 1355a 14–18: „Denn zu sehen, was wahr ist und was der Wahrheit nahekommt, entspringt derselben Fähigkeit, gleichzeitig sind die Menschen von Natur aus hinlänglich zu Wahrheit bestimmt und treffen sie meistens auch. Daher bedeutet das Wahrscheinliche zu treffen in der Mehrzahl der Fälle gleichviel wie die Wahrheit zu treffen."

164 Thomasius, Außübung Der Vernunfft-Lehre, 50.

165 Niehaus, Verhör, 248.

166 Vgl. Arnauld und Nicole, Logik, 334.

167 Vgl. ausführlich Scholz, Zeugnis, 252–262.

Registratur solcher Umstände verlangte eine Beobachtung zweiter Ordnung. Man hatte nicht mehr allein darauf zu achten, *was* berichtetet, sondern auch darauf, *wie* es berichtetet wurde. Vor Gericht war dies seit dem Erlass der *Carolina* ein Standardverfahren: Um das Spiel der Körperzeichen bei Zeugenaussagen in den Blick zu bekommen, wurden neue protokollarische Verfahren ersonnen. Im Gegensatz zur rhetorisch-dialektischen Topik, die die ‚kunstlose' Bewertung von Zeugenaussagen außen vor gelassen hatte, unterschied die frühneuzeitliche Logik des Einzelfalls zwischen dessen inneren und äußeren Umständen nur unter der Prämisse ihrer wechselseitigen Beziehbarkeit.

Zeugnisse wurden herabgestuft zur Kontrollinstanz, um die Wahrscheinlichkeit von Begebenheiten zu bewerten. Die Bedingungen der Beobachtung und die Art und Weise, wie von einem Ereignis berichtet wird, bestimmten dessen Wahrscheinlichkeit mit. Damit gerieten vormals nebensächliche Details in den Fokus: Wer bei der Erzählung ins Schwitzen kam oder wessen Augenlied zuckte, dessen Zeugnis wurde fragwürdig. Der logische Diskurs integrierte auf diese Weise das *iudicium* (Urteil), das in der klassischen Topik ausgelassen wurde. Die antike Topik hatte sich nur um die *inventio* gekümmert, das Auffinden künstlicher Argumente; die beiden Umstandstypen – interne und externe – fielen ohne gemeinsamen Nenner in künstliche und unkünstliche Beweismittel auseinander.[168] Die rhetorische Kunst verblieb damit auf der Ebene einer „teilnehmenden Beobachtung erster Ordnung", die zwischen dem Vorfall und seinem Bericht nicht angemessen unterscheiden konnte.[169]

Die frühneuzeitliche Logik schloss an das Wissen der Topik an, verknüpfte jedoch nun *inventio* und *iudicium*. Zwischen Zeugnissen und den inneren Umständen von Begebenheiten bestand somit kein kategorialer Unterschied mehr.[170] Was in der antiken Topik noch als a-technische und technische Beweisformen bezugslos auseinandergefallen war, war nun aufeinander beziehbar. Am Fluchtpunkt dieser neuen Urteilslogik stand das Projekt einer Einzelfallwissenschaft. Die Unterscheidung zwischen *scientia* und *historia* – zwischen einer systematischen Phi-

---

168 Vgl. Cicero, Topik II, 8.

169 Campe, Spiel der Wahrscheinlichkeit, 116.

170 Eine solche Neutralisierung der Unterscheidung nimmt etwa auch Leibniz vor. Vgl. ders., Neue Abhandlungen, Bd. 2, 493. In seinem *Versuch einer Theorie der Wahrscheinlichkeit zur Gründung des historischen und gerichtlichen Beweises* hat Hanns Ernst von Globig etwas später die Gleichsetzung der Aussage mit einem Umstand, der eine bestimmbare Beweiskraft hat, auf den Punkt gebracht: „Der Zeuge reproducirt durch seine Aussage auf einmal die Umstände der Begebenheit, die er empfunden hat: diese Reproduction ist selbst ein Phänomen". Hanns Ernst von Globig, Versuch einer Theorie der Wahrscheinlichkeit zur Gründung des historischen und gerichtlichen Beweises, Regensburg 1806, 169.

losophie und dem topischen Wissen vom Einzelfall – war in der aristotelisch-scholastischen Erkenntnislehre stets fundamental gewesen. Die Inauguration dieses aus aristotelischer Sicht paradoxalen Projekts einer Wissenschaft vom Einzelfall vereinte alle Anti-Aristoteliker um 1700.[171]

Thomasius wirkte an dieser epistemischen Verschiebung entscheidend mit. „Hüte dich / daß du keiner Sache innerlichen Beyfall als einer unstreitige Warheit gebest / wenn du dieselbe nicht wohl überleget / und alle darzu gehörige Umstände genau in acht genommen", lautet seine wiederholte Warnung.[172] Statt der harten Disjunktion des Wahren und des bloß Glaubwürdigen setzte Thomasius auf die Konzeption einer gradierbaren Wahrscheinlichkeit. „[J]e mehr Leute ein dergleichen Zeugnüß ablegen", so lautete Thomasius' probabilistische Formel, „je wahrscheinlicher wird es."[173] Wahrscheinlichkeit gleiche einem „beweglichen punct" oder einem „Züngelgen einer Wage" und habe darum verschiedene Grade, die sich bis zur Gewissheit erheben könnten.[174] „Solche Grade", schreibt ein Schüler von Thomasius, „liegen in der Sache selbst und deren Umständen; es können aber auch Grade der Wahrscheinlichkeit seyn, welche in dem Zustand derer [liegen], die sie erkennen".[175] In der Auseinandersetzung mit den Prämissen der topisch-rhetorischen Tradition reflektierte Thomasius die Beobachterposition, die eine epistemische – und nicht mehr nur rhetorische – Erschließung von Einzelfällen erlauben würde. Diese konnten nur erschlossen werden, wenn die Erzähler von Fallgeschichten, im Gegensatz zu den Rednern der klassischen Rhetorik, die zu beurteilenden Vorfälle nicht selbst bezeugten. Die Schaffung einer solchen, trotz aller Involviertheit gleichsam ‚neutralen' Erzählposition war die große Neuerung der *Juristischen Händel*, was ihre Verfahren für die Literatur anschlussfähig machte.

Auch ein weiteres aristotelisches Schema stellte Thomasius' Empirismus auf den Kopf: Ausgerechnet die demonstrative „Scientz" war bei ihm an die Sinneswahrnehmung gebunden, während die Substanz der Dinge nur ein wahrscheinliches Wissen zuließ. Eine Wissenschaft vom verborgenen Ursprung der Dinge konnte es nicht geben, wohl aber von den „contingentia" und den „Accidentien", die „in die Sinnen fallen".[176] Gewissheit erlangte man demnach nicht mehr mithilfe

171 Vgl. Shapiro, Probability, 3–14.

172 Thomasius, Außübung Der Vernunfft-Lehre, 46–47.

173 Thomasius, Einleitung zu der Vernunfft-Lehre, 232.

174 Thomasius, Einleitung zu der Vernunfft-Lehre, 221.

175 So Walchs *Lexicon* mit Verweis auf Thomasius. Vgl. Walch, Philosophisches Lexicon, Art. Wahrscheinlichkeit, Sp. 2821–2838, hier: 2825.

176 Christian Thomasius, Einleitung zur Hof-Philosophie, Oder / Kurtzer Entwurff und die ersten Linien Von Der Klugheit zu Bedencken und vernünfftig zu schließen […], Frankfurt a. M. und Leipzig 1710, 193–194.

eines propositionalen Wissens. Vielmehr entstand sie durch einen perspektivisch aufgefächerten Zusammenhang, in dem die Beobachtung von Begebenheiten den Vorfall selbst als Mittelpunkt der Aufmerksamkeit ersetzt. Erst in der Berücksichtigung der Beobachterperspektiven ließen sich „falsche Erzehlungen von wahren oder wahrscheinlichen“[177] unterscheiden. Wie Thomasius bemerkt, hat man es vor Gericht schließlich oftmals mit Erzählungen zu tun, die „mit vielen unwahrscheinlichen Umbständen [...] colorir[t]“ sind (JH 1, 180). Manchen Sachen würden „viel falsche Umstände angedichtet“ (JH 4, 126), andere bestünden sogar aus „grösten Theils unglaublichen Umständen“ (JH 1, 205).

Für Thomasius, der seinen Studenten die *Logik von Port-Royal* bereits in Leipzig wärmstens empfohlen hatte,[178] hatte die Anwaltsfigur daher eine wichtige Funktion: Sie ermöglicht ein Urteil über Tatbestände als Beobachterin zweiter Ordnung, indem sie Zeugenaussagen, Gerüchte, Verhörprotokolle und Gutachten bewertet und miteinander vergleicht. Schließlich war es, wie Thomasius' Schüler und Kollege Johann Friedrich Ludovici schreibt, die Aufgabe des Advokaten, zu untersuchen, „ob es wahrscheinlich sey / daß der angegebene Delinquent die böse That begangen habe.“[179] Für einen Anwalt ging es darum, „diejenige[n] Umstände / daraus seine Unschuld entweder gäntzlich / oder doch zum Theil dargethan werden kan / nebst denen dahin gehörigen Rechts-Gründen vorzustellen“.[180] Er hatte „scharffe gründe“ anzuführen, „welche von der erfahrung ihres erfinders in der Logick, ins besondere der wahrscheinlichkeit, und der Oratorie zeugen.“[181] Um dies zu tun, musste er nicht nur die Einzelheiten des Vorfalls selbst, sondern auch deren Beobachtung durch andere Akteur:innen beobachten.

Aus unterschiedlichen und mitunter parteiischen Erzählungen hatte Thomasius die in den Akten schlummernde und dem Prozess zugrundeliegende wahre Geschichte des Falls zu rekonstruieren. Dabei war sein Verhältnis zum Fall distanziert: „Bey diesem Umbständen“, schreibt Thomasius im Blick auf den Mordverdacht, „bate ich mir drey Tage Zeit aus / die Sache reiflicher zu überlegen“ (JH 1, 3). In der Konfrontation mit verdächtigen Details verzögerte der Anwalt Entscheidungen. Damit überführte er den Fall in die Eigenzeit eines Verfahrens, das weniger im schnellen Zusammenfügen, als in der langsamen Zergliederung und Streuung von Fallumständen seine Form fand.

Die verzögerte Entscheidungsfindung im Kindsmordfall verweist auf ein systematisches Problem des Inquisitionsprozesses: die Unmöglichkeit, positiv anzu-

177 Thomasius, Cautelen, 97.
178 Vgl. Thomasius, Discours, 14.
179 Ludovici, Einleitung, 66.
180 Ludovici, Einleitung, 66.
181 Fabricius, Philosophische Oratorie, 490.

geben, welche Indizien Evidenz erzeugen. Auch ließ sich nicht bestimmen, wann genug Indizien vorhanden waren, um den nächsten prozeduralen Schritt einzuleiten.[182] Ihre Gültigkeit musste stattdessen subjektiv für jeden einzelnen Fall konkret bewertet werden:

> Allein / hier entstehet die Frage / welche indicia dann vor zureichend zu halten? Darauf kan ich weiter nichts zur Antwort geben / als daß es auf des Richters Ermessen ankomme. Die Rechts-Gelehrten sagen sonst: minima circumstantia variat rem, und lässet sich allhie auch appliciren / denn so manche inquisition, so mancherley indicia werden auch gefunden / dahero es eine allgemeine Regel dißfalls vorzuschreiben eine wahre Unmöglichkeit ist.[183]

Im Umgang mit Indizien konnte die juristische Entscheidung nicht formalisiert werden. „[W]o die Rechts-Sachen auff das arbitrium judicis ankommen", schreibt Thomasius, „da pfleget auch das arbitrium gar leicht bald so, bald anders zu fallen" (JH 1, 225). Das Indiz, als ein spezifisch rechtlicher Zeichentypus, war eine immanente Quelle der Instabilität. Seine Unbestimmtheit unterlief die Logik eines Strafsystems, das eine positive Beweistheorie als Bedingung ordentlicher Urteile setzte.[184] Thomasius' Studenten mussten lernen, mit dieser immanenten Regellosigkeit umzugehen, weshalb die Eigenarten und Gefahren von Indizienschlüssen eine große Rolle in den *Juristischen Händel* spielen.

Mit dem Beweismittel des Indizes war eine andere Art des Urteils verknüpft. Die Grundannahme der gesetzlichen Beweistheorie lautete, dass sich ein Sachverhalt durch solche Beweise unmittelbar einsehen ließ, die in der Rhetorik den Status des Kunstlosen erhalten hatten: Zeugenaussagen und Geständnisse. Das Beweisrecht des Inquisitionsprozesses konnte sich mit dieser Fassung auf die römische Theorie des Beweises stützen, der zufolge die unterstellte Objektivität von Zeugenaussagen und Geständnissen in ihrer Qualität als aussagenförmige Beweismittel lag.[185] Als Inbegriff ‚natürlicher' Beweise zeichneten sich sprachliche Aussagen seit

---

182 Zur Genealogie des Indizienparadigmas, das mit den seit der *Carolina* etablierten juristischen Prozeduren beginnt, vgl. Schneider, Beobachtung des Zeugen.

183 Ludovici, Einleitung, 9–10.

184 Vgl. Rudolf Stichweh, Zur Subjektivierung der Entscheidungsfindung im deutschen Strafprozess des 19. Jahrhunderts. Aspekte der Ausdifferenzierung des Rechtssystems, in: Subjektivierung des justiziellen Beweisverfahrens. Beiträge zum Zeugenbeweis in Europa und den USA (18.–20. Jahrhundert), hg. von André Gouron, Laurent Mayali, Antonio Padoa Schioppa et al., Frankfurt a. M. 1994, 265–300; im Anschluss an Stichweh hat Rafael Jakob eine konzise Analyse des informellen Entscheidens anhand von Indizien vorgelegt. Seinem Text sowie den persönlichen Gesprächen verdankt diese Untersuchung viel. Vgl. Rafael Jakob, Indizien erzählen. Kleists Der Zweikampf und die Informalisierung rechtlichen Entscheidens, Unveröffentlichte Masterarbeit, Humboldt-Universität zu Berlin 2019.

185 Vgl. Niehaus, Verhör, 60–61.

der Antike und bis in die Frühe Neuzeit hinein durch ihre Unmittelbarkeit aus. Eine Beweiskraft hatten sie auch unabhängig von ihrer rhetorischen Manipulation.

Indizien hingegen zählten seit der antiken Rhetorik zu den künstlichen Beweismitteln, zu jenem Bereich, der in den Aufgabenbereich des Redners fiel. Sie bewiesen nicht direkt, sondern hatten den Stellenwert eines vertrauenerweckenden Arguments, das seine Aussagekraft erst indirekt im Gebrauch des Redners entfaltet. Daran hatte sich auch in der frühneuzeitlichen Kriminalistik nichts geändert: „Indicia sunt argumenta ex circumstantiis facti desumta, quæ iudici de crimine perpetrato uel illius auctore fidem faciunt", definiert ein Handbuch des Kriminalrechts noch in der Mitte des 18. Jahrhunderts – sie sind Argumente, die aus den Umständen der Tatsache gezogen werden und beim Richter hinsichtlich des begangenen Verbrechens und seines Urhebers Glauben erzeugen (*fidem facere*).[186]

Die gemeinrechtliche Beweistheorie übernahm damit die topische Basisunterscheidung von künstlichen und natürlichen Beweisen.[187] Für die Inquisition war die Wahrheit „das Unentstellte, das Unbearbeitete"[188] und somit Sache eines natürlichen Beweises. Vorfälle, die vor Gericht gebracht wurden, hatten demnach privilegierte Beobachter:innen. Als „Äquivalent für das Auf-frischer-Tat-Ertappen" galt es, ihr Wissen im Verlauf des Prozesses zu reproduzieren.[189] Der Prozess sollte kein eigenes Wissen über den Sachverhalt generieren. Die in das Verfahren involvierten Akteur:innen sollten durch die Produktion von ‚Vorentscheidungen' dem Richter die Entscheidung gewissermaßen abnehmen.[190] Krönender Abschluss solcher Vorentscheidungen war das Geständnis als Königin der Beweise (*regina probationum*).[191] Der Richter hatte nur noch aus den zusammengetragenen Beweisen die Schlussfolgerung zu ziehen. Sein Urteil entsprang einer formalen Schlussfolgerung aus den in den verschiedenen Stufen des Verfahrens gesammelten Beweisen.

---

186 Johannes-Rudolphos Engau, Elementa Ivris Criminalis Germanico-Carolini [...], Jena 1742, Lib. II, Tit. VIII, § XCIV. Kurs. entf.

187 Zur Unterscheidung von natürlichen und künstlichen Beweisen vgl. Barthes, Die alte Rhetorik, 56–57. Die rhetorische Provenienz der beweisrechtlichen Basisunterscheidung betont Barbara Shapiro, Classical Rhetoric and the English Law of Evidence, in: Rhetoric and Law, 54–73.

188 Niehaus, Verhör, 228.

189 Michel Foucault, Die Wahrheit und die juristischen Formen (1974), aus dem Franz. von Michael Bischoff, mit einem Nachw. von Martin Saar, 4. Aufl. Frankfurt a. M. 2015, 71.

190 Vgl. Michael Niehaus, Die Entscheidung vorbereiten, in: Urteilen/Entscheiden, hg. von Cornelia Vismann und Thomas Weitin, München 2006, 17–36, hier: 30–31.

191 Zur Genealogie und Funktion des Geständnisses vgl. die Beiträge in Sozialgeschichte des Geständnisses. Zum Wandel der Geständniskultur, hg. von Jo Reichertz und Manfred Schneider, Wiesbaden 2007.

Diese Auffassung hatte Auswirkungen auf die Konzeption des strafrechtlichen Urteils. So forderte die *Carolina* – bis ins 19. Jahrhundert die bestimmende Verfahrensregel im Strafrecht – für eine ordentliche Verurteilung ein Geständnis der Angeklagten oder Aussagen von zwei „glaubhafftigen guten zeugen, die von einem waren wissen sagen".[192] Über die Qualität dieser Zeug:innen sagte die *Carolina* kaum etwas. „Gnugsame zeugen", heißt es bloß, „seindt die, die vnbeleumdet, vnd sunst mit keyner rechtmessigen vrsach zuuerwerffen sein."[193] Diese Bestimmung wurde von den gemeinrechtlichen Kommentatoren expliziert. Sie bemaßen die Glaubwürdigkeit einer Zeugenaussage anhand des Standes, der Religion und anderen Lebensumständen des Zeugen und bestimmten damit „a priori den Beweiswert seiner Aussage".[194] Die ordentliche Entscheidung war durch das Beweisrecht somit rechtlich geregelt. Bloß auf „vermutung oder anzeygung", d. h. auf Basis allein von Indizien konnten Personen nicht verurteilt werden.[195]

Für die gesetzliche Beweistheorie des Inquisitionsprozesses hatte ein Geständnis dabei nicht etwa strafmildernde Effekte. Vielmehr war es die Voraussetzung für die Verurteilung zur ordentlichen Strafe. Es war das wichtigste Beweismittel: Ohne ein Geständnis des oder der Angeklagten konnte die Todesstrafe nicht verhängt werden. Es hatte die Funktion, die Wahrheit der zusammengetragenen Beweise zu bestätigen und somit das ganze Verfahren rückwirkend zu legitimieren.[196] Der Idee nach zielte die gesetzliche Beweistheorie damit auf die Einhegung der subjektiven Anteile einer Entscheidung. Die Funktion des Richters sollte sich darauf beschränken, das Recht lediglich anzuwenden. Ihre Legitimität erhielten Entscheidungen aus der objektiven Nachvollziehbarkeit der Entscheidungsgründe.

Gegenüber dem Zeugnis und dem Geständnis hatte das Indiz einen problematischen Status.[197] Als ‚Indizien' galten all jene verdächtigen Beweise, die nicht die Beweiskraft unmittelbaren Wissens hatten, aber dennoch auf die Schuld der Inquisit:in hinwiesen. Im Gegensatz zu ‚objektiven' Zeugnissen und Geständnissen auf der Streckbank, die als Instrumente ‚direkter' Beweise galten, hatten Indizien den Status von ‚indirekten' Beweisen, die erst von zwei Zeug:innen bestätigt werden mussten.[198] Ihr Status als mittelbarer Beweis verhinderte ein Urteil, das nur auf

192 Die Peinliche Gerichtsordnung Kaiser Karls V. und des Heiligen Römischen Reichs von 1532 (Carolina), hg. von Friedrich-Christian Schroeder, Ditzingen 2014, Art. 22 und Art. 67.

193 Carolina, Art. 66.

194 Weitin, Zeugenschaft, 74.

195 Carolina, Art. 22.

196 Vgl. Foucault, Überwachen und Strafen, 53.

197 Vgl. Jakob, Indizien erzählen, 34–39.

198 Vgl. Carolina, Art. 23; sowie Barbara Shapiro, Presumptions and Circumstantial Evidence in the Anglo-American Legal Tradition 1500–1900, in: The Law of Presumptions. Essays in Comparative

ihnen basierte. Hatte die *Carolina* Indizien vor allem zur Regelung der Folter herangezogen – ihr Vorhandensein war die Bedingung für den Einsatz der Folter –, so wurde ihre Rolle in den gemeinrechtlichen Kommentaren weiter erläutert.[199] Ihre Hauptfunktion im Inquisitionsprozess war die Einleitung der einzelnen Verfahrensschritte.[200] Indizien mussten vorhanden sein, damit die Generalinquisition eingeleitet werden konnte. Sie waren notwendig, um zur Spezialinquisition zu schreiten und verdächtige Personen festzusetzen. Und sie mussten vorliegen, um mit der Folter zu beginnen, die ein Geständnis erpressen sollte. Dabei wurden die evidenziellen Anforderungen von Schritt zu Schritt erhöht (von den *indicia ad inquisitionem* zu den *indicia ad capturam* bis zu den *indicia ad torturam*).

So sehr Indizien damit eine herausragende Rolle im Inquisitionsprozess erhielten, so wenig ließ sich ihre Beweiskraft formalisieren. Ihre Beurteilung war aus keiner Regel des Rechts ableitbar. Die situative Bedingtheit indizieller Wirkkraft war Sache eines kasuistischen Wissens, dessen Aporie darin lag, dass die Zeichendeutung stets von Neuem eine Kunst blieb. Selbst eine um differenzierte Kommentare bemühte Strafrechtswissenschaft konnte nur vermerken, dass es „mehr eines weisen und verständigen Richters discretion und Gutachten anheim zu stellen / als in einer gewissen regul vorzuschreiben“ sei. Da „die Beschaffenheit der Missethaten / der Zustand und Gelegenheit der Personen / auch andere Umstände nicht einerley seyn“, war „die materia des Verdachts arbitraria“.[201] Indizienförmige Umstände wurden damit zum Katalysator von Verfahren, die „Regularitäten ohne Regel“ etablieren: „Vorgehensweisen, die sich einspielen, ohne auf eine Methode voraus- oder eine Routine zurückzugreifen.“[202] Die Ungeregeltheit indizieller Beweiskraft unterminierte die Regeln des gemeinen Beweisrechts und brachte eine

Legal History, hg. von Richard H. Helmholz und W. David H. Sellar, Berlin 2009, 153–187, hier: 155–158.

199 Prominent etwa bei Carpzov, Inquisition; Ludovici, Einleitung; und Johann Brunnemann, Anleitung / Zu vorsichtiger Anstellung des Inquisitions-Processes [...], hg. von Johann Samuel Stryk, Halle 1697. Ausführlich zum Verhältnis der Kommentare zur *Carolina* Hinrich Rüping, Die Carolina in der strafrechtlichen Kommentarliteratur. Zum Verhältnis von Gesetz und Wissenschaft im gemeinen deutschen Strafrecht, in: Strafprozeß und Rezeption, 161–176.

200 Zu den prozeduralen Schritten vgl. Alexander Ignor, Geschichte des Strafprozesses in Deutschland 1532–1846. Von der Carolina Karls V. bis zu den Reformen des Vormärz, Paderborn, München, Wien u. a. 2002, 41–128.

201 Carpzov, Inquisition, Tit. II, Art. III, 37–38. Bereits bei den Kriminalisten des 16. Jahrhunderts heißt es: „[O]mnes in materia indiciorum non potest dari certa doctrina, sed totum relinquitur arbitrio boni viri scilicet iudicis“ – bei allen Fragen zu Indizien kann keine bestimmte Lehre angegeben werden, sondern das Ganze muss der Entscheidung des Richters überlassen werden. Julius Clarus, Opera, quæ quidem hactenus extiterun omnia [...], Lyon 1579, Liber V, § fin. Q. 20 N. 1, 230.

202 Rüdiger Campe, Verfahren. Kleists Allmähliche Verfertigung der Gedanken beim Reden, in: Sprache und Literatur 110 (2012), 2–21, hier: 3.

arbiträre Urteilskunst hervor. „Wann nit möglich ist, alle argkwönige vnnd verdechtliche fell vnnd vmbstende zu beschreiben", hatte die *Carolina* erklärt, „soll jnn fellen, so darinn nicht benant sein, gleichnuß genommen werden."[203] Angesichts der Mannigfaltigkeit möglicher Umstände griff eine analoge Auslegungskunst, die das Kriminalrecht zwar nicht *de jure* aber *de facto* in ein Fallrechtssystem transformierte. „[D]enn sind die Personen und die Umstände ungleich", wiederholt auch Thomasius immer wieder, „so ist auch ein ander Urtheil darüber zu fassen" (JH 4, 43).

Wenn ein Fall nicht die für einen ‚vollen' Beweis geforderten zwei Augenzeug:innen und ein Geständnis der oder des Angeklagten aufwies, konnten die regulären beweisrechtlichen Standards (*facta plene probata*) für eine Verurteilung nicht angewendet werden. In Form von Indizien kamen stattdessen indirekte bzw. künstliche Beweismittel zum Einsatz. In einem solchen Fall konnte eine normale Strafe (*poena ordinaria*) allerdings nicht verhängt werden.

So auch in Thomasius' Kindsmordfall. Direkte Zeug:innen des unterstellten Mordes waren nicht vorhanden, da bei der Geburt des Kindes „niemand [...] ausser die Frau Mutter gewesen" war (JH 1, 69). Eine ordentliche Entscheidung konnte darum nicht gefällt werden. Wie schwierig es deshalb war, bei „diesem schweren casu" (JH 1, 73) zu einer Entscheidung zu kommen, belegt die Tatsache, dass der Prozess immer weiter verschleppt wurde und insgesamt mehrere Jahre andauerte. Urteile und Urteilsvorschläge, die das Verfahren vom Stadium der Generalinquisition in das der Spezialinquisition überleiten wollten, wurden von Thomasius mit Suppliken an den Landesherren gekontert, der daraufhin eine erneute Begutachtung des Falls anberaumte. Auch das Verfassen der Verteidigungsschrift zog sich über Monate hinweg, weil Thomasius bei den juristischen und medizinischen Fakultäten immer wieder neue Gutachten in Auftrag gab (JH 1, 81–82).

Auf diese Weise rücken die *Juristischen Händel* das Verfahren *als* Verfahren in den Blick. Thomasius' jüngeres Ich evozierte mit seinen Handlungen eine fortlaufende Vertagung der Entscheidung, ob Anna Voigt verhaftet werden und der nächste Verfahrensschritt eingeleitet werden solle oder nicht. Zwar lautet ein erstes Urteil, Anna „dem Scharff-Richter auff diese Maaße zu untergeben / daß er sie mag ausziehen / entblößen / zur Leiter führen / die zur Peinligkeit gehörigen instrumenta vorzeigen, die Daumenstöcke anlegen / und damit zuschrauben" und die Inquisitin „mit allen Ernst zu befragen" (JH 1, 94), aber der geschickte Anwalt konnte auch die Anwendung der Folter hinauszögern, indem er zeigte, dass das Beweismaterial dafür nicht hinreichend war. Dieser Verfahrensschritt hätte Annas

---

203 Carolina, Art. 24.

Schicksal bestätigt. Das andauernde Verharren im Zwischenraum der einzelnen Verfahrensabschnitte kam darum einem Aufhalten der Entscheidung gleich.

Das System der Inquisition lehnte Thomasius nicht nur wegen der Gefährlichkeit der *denunciatio* ab, sondern auch wegen dem zentralen Stellenwert der Folter: „Jch furchte, wenn man mich und dich marterte, wir würden alles aussagen, was man von uns begehrte, und wenn man uns weiter wegen der Umbstände marterte, würden wir auch Umbstände, und zwar solche darzu lügen, die wir wüsten, das sie der Richter gerne hörete, und durch deren aussage wir am ersten von der Marter abkämen", schreibt er.[204] Gegenüber den prozeduralen Schritten eines ‚objektiven' Beweisrechts, für das die Folter essenziell war, setzte Thomasius daher eine subjektive Urteilskunst, die das „Factum mit seinen Umständen wohl erweg[t]" (JH 1, 242), anstatt falsche Details unter der Daumenschraube zu erpressen.

Die Konsequenzen dieser Herangehensweise waren erheblich. Ein umständliches, auf Indizien und nicht mehr auf dem Pfeiler erfolterter Wahrheiten beruhendes Rechtssystem führte zum Zusammenbruch des inquisitorischen Urteilssystems.[205] Entsetzte Rechtspraktiker sprachen von Fällen, die „so tieff in die Umstände versincken, daß ein Richter mühe habe, heraus zu kommen".[206] Mitunter, schreibt Thomasius, konnte es vorkommen, dass „solche indicia auff beyden Seiten vor[kommen] / daß ein unpartheyischer Richter bald nicht weiß / auff welche Seite er incliniren soll" (JH 1, 186).[207] Die tendenziell unendliche Bewertung von Tatsachen, sowie die stete Möglichkeit, dass neue Beweise auftauchten, verhinderten eine formelle Entscheidung. „Denn so viel Umstände des facti, so viel neues Recht. Oft scheinet ein Ding gut und wolgetahn zuseyn / also / daß es iedermann / so es von aussen ansiehet / loben und hochhalten muß / so bald aber [...] ein schlimmer Umstand darzu komt / wird es alles anders".[208]

---

204 Christian Thomasius, Erinnerung Wegen seiner künfftigen Winter-Lectionen / So nach Michaelis Dieses 1702. Jahres ihren Anfang nehmen werden, Halle 1702, in: Vom Laster der Zauberei. Über die Hexenprozesse. De Crimine Magiae. Processus Inquisitorii contra Sagas (1701, 1712), übers. und hg. von Rolf Lieberwirth, 2. Aufl. München 1987, 221–224, hier: 223.

205 Vgl. John H. Langbein, Torture and the Law of Proof. Europe and England in the Ancien Régime, Chicago und London 1977, 45–69.

206 Zedler, Universal-Lexicon, Bd. 5, Art. Casus pro amico, Sp. 1393–1400, hier: 1397.

207 Wie Differenztheorien lehren, ist eine Entscheidung im starken Sinne nur gegeben, „wenn etwas prinzipiell Unentscheidbares (nicht nur: Unentschiedenes!) vorliegt." Niklas Luhmann, Das Recht der Gesellschaft (1995), 6. Aufl. Frankfurt a. M. 2013, 308. Ausführlich ders., Die Paradoxie des Entscheidens, in: Verwaltungsarchiv 84 (1993), 287–299; zur Entscheidung des Unentscheidbaren vgl. auch Jacques Derrida, Gesetzeskraft. Der ‚mystische Grund der Autorität' (1990), 7. Aufl. Frankfurt a. M. 2014, insb. 49–50.

208 Stieler, Advokat, 931.

Das informelle Entscheiden anhand von Indizien sorgte im Bereich des Rechts für eine Abkehr von binär strukturierten Wahrheiten. In dieser Eigenschaft bot es sich als Technik einer graduellen Wahrscheinlichkeit an, die die Gewissheit einer Tat schrittweise ermittelte. Das Ende des Prozesses wurde unberechenbar: Auf der Basis von Indizien konnte nur eine *poena extraordinaria* in Form einer „Verdachtsstrafe" verhängt werden, eine provisorische (und meistens verminderte) Strafe, die jederzeit angefochten werden konnte.[209] Schließlich sollten auch in Fällen, bei denen die geforderten zwei tadellosen Zeug:innen nicht vorhanden waren, Urteile gesprochen werden können. Verdächtige Personen wollte man nicht ohne weiteres davonkommen lassen, denn das hätte womöglich den Zorn Gottes nach sich gezogen.[210]

Mit der *poena extraordinaria* entwickelte die gemeinrechtliche Beweistheorie eine eigene indizienbasierte Strafkategorie, die dann greifen sollte, wenn ordentliche Strafen nicht ausgesprochen werden konnten. Mit ihrer Hilfe konnten Richter die „strengen Fesseln formalen Rechts" hinter sich lassen.[211] Strafen wie Züchtigungen, Gefängnis, Arbeitsstrafen oder Geldbußen konnten auch dann verhängt werden, wenn die Voraussetzungen zur gesetzlich vorgesehenen Strafe nicht gegeben waren. Da die beweisrechtlich strengen Anforderungen der Normalstrafe selten erfüllt waren, wurde das Verhängen von außerordentlichen Strafen bald zum juristischen Regelfall. Nicht nur bedeutete das Konzept einer außerordentlichen Strafmöglichkeit, dass auch dann verurteilt werden konnte, wenn die erforderlichen Beweise nicht vorhanden waren. Es gestattete ebenfalls, von der festgesetzten Strafe abzuweichen, sofern die Tatumstände eine mildere und mitunter sogar schärfere Bestrafung nahelegten. Anstatt auf einer durch ein Augenzeugnis vergegenwärtigten Wahrheit basierte das Urteil in solchen Fällen lediglich auf der Wahrscheinlichkeit eines Verdachts. Das regelgeleitete Verfahren des positiven Beweisrechts wurde auf diese Weise durch ein Verfahren ersetzt, das die Regeln seiner Entscheidungen nicht mehr angeben konnte.

Genau dies passierte im Fall des toten Kindes: Ohne je bestätigt zu werden, wurde die Schuld der Angeklagten in Form eines Verdachts lediglich antizipiert.

---

209 Zur *poena extraordinaria* vgl. Friedrich Schaffstein, Verdachtsstrafe, außerordentliche Strafe und Sicherungsmittel im Inquisitionsprozeß des 17. und 18. Jahrhunderts, in: Zeitschrift für die gesamte Strafrechtswissenschaft 101/3 (1989), 493–515; sowie für den französischsprachigen Raum Michel Porret, Le crime et ses circonstances. De l'esprit de l'arbitraire au siècle des Lumières selon les réquisitoires des procureurs généraux de Genève, Genf 1995; vgl. zudem, ebenso ausführlich wie prägnant, Schmoeckel, Humanität und Staatsraison, 295–359; sowie pointiert Lorenz Schulz, Normiertes Misstrauen. Der Verdacht im Strafverfahren, Frankfurt a. M. 2001, 184–187.

210 Vgl. Carpzov, Inquisition, Tit. IX, Art. I, 126–127.

211 Schaffstein, Verdachtsstrafe, 501.

Der Prozess kam zu keinem richtigen Ende. Stattdessen verharrte er in einer beinahe unendlichen Verzögerung, in der jede gefällte Entscheidung revidiert werden konnte. Weil „sie sich damahls in Unehren [habe] schwängern lassen", wurde Anna zunächst zu acht Wochen Gefängnis und zwei Jahren Landesverweis verurteilt (JH 1, 103–104). Die Mutter, die das tote Kind „in den Garten heimlich vergraben" hatte, wurde zu sechs Wochen Gefängnis, einer Geldstrafe und dem Tragen der Prozesskosten verurteilt. Aber auch dieses Urteil, schreibt Thomasius rückblickend, wurde nicht vollstreckt. Annas Vater habe es über zwei Jahre lang angefochten, genaueres weiß Thomasius darüber nicht zu berichten.[212]

Darin liegt die temporale Eigenart rechtlich geregelter Verfahren: Sie sind ein institutionalisiertes Zaudern.[213] Was in der Erzählung des Kindsmordfalls auf den ersten Blick wie eine Reflexion von Verfahrenslogiken aus der Perspektive ihrer Störung erscheint, fasst der Ich-Erzähler stattdessen ausgehend von ihrer spezifischen Funktion. Verfahren sind ein soziales System, das Umstände zulässt, die für Entscheidungsschwierigkeiten sorgen. Dadurch erhöht es systematisch die Unsicherheit der Beteiligten.[214] „Das Rechtssystem", so Niklas Luhmann, „verfügt über Möglichkeiten, Entscheidungen aufzuschieben und eine Zeitlang im Ungewissen zu operieren. Es nutzt, da Zukunft immer als ungewiß vor Augen steht, diesen Zeithorizont aus, um selbst Ungewißheit zu erzeugen und zu erhalten mit der Absicht, später zu einer (jetzt noch nicht entscheidbaren) Entscheidung zu kommen."[215] Um sich Zeit zu verschaffen, etabliert das Recht Verfahren. Das Entscheidungstempo eines solchen Systems ist notwendigerweise reduziert, dafür zeichnet es sich durch eine erhöhte Offenheit und eine gesteigerte Komplexität aus. Verfahren erzeugen selbst Alternativen und ermöglichen auf diese Weise die Entfaltung von Konflikten. In der elementaren Offenheit ihres Ausgangs liegt schließlich der Grund für die Eröffnung eines rechtlichen Verfahrens. Einen Rechtsstreit, dessen Ausgang bereits feststünde, lohnte es nicht, anzustrengen.

Die temporale Struktur des Rechts folgt somit einer Eigenlogik. Durch die Verkettung einzelner Fallumstände konstituiert das Verfahren eine „Eigenzeit".[216]

---

212 Über die historische Anna Voigt weiß man wenig. Dem Todesurteil entkam sie zwar, aber sie wurde dennoch des Landes verwiesen. Danach verlaufen sich ihre Spuren. Nach solch einer Vertreibung, die in der damaligen Zeit, zumal für eine junge Frau, einem Todesurteil gleichkam, war ihr Leben aber sicher nur von kurzer Dauer.

213 So auch, mit Verweis auf Joseph Vogl (Über das Zaudern (2007), 2. Aufl. Zürich und Berlin 2008), Benjamin Lahusen und Moritz Renner, Gespenster zweiter Ordnung, in: Soziologische Jurisprudenz. Festschrift für Gunter Teubner zum 65. Geburtstag, hg. von Gralf-Peter Callies, Andreas Fischer-Lescano, Dan Wielsch et al., Berlin 2009, 69–82, hier: 75.

214 Vgl. Luhmann, Legitimation durch Verfahren, 49–50.

215 Luhmann, Recht der Gesellschaft, 207.

216 Luhmann, Recht der Gesellschaft, 212.

Das Geschehen, das es zu bewerten hat, wird unter Gesichtspunkten behandelt, die den Prozess davon unabhängig machen, wann das Geschehen tatsächlich angefangen hat und wann es enden wird. Das Recht konstruiert andere Vergangenheiten und andere Zukünfte als andere Funktionssysteme der Gesellschaft. Die zeitliche Sequenz des verhandelten Geschehens ist allein davon abhängig, welche Einzelheiten das Recht mit einbezieht.

In einer solchen Zeitautonomie lässt sich eine Bedingung der Ausdifferenzierung und operativen Schließung des Rechtssystems ausmachen.[217] Das Recht verarbeitet Fälle nach selbstgesetzten Regeln. Die Voraussetzung dafür ist die Umstellung auf eine Beobachtung zweiter Ordnung.[218] Nur auf dieser Ebene kann ein operativ geschlossenes System, das keinen „transzendenten Halt"[219] mehr hat, bestimmen, was für seine Programme als Realität zählt. Ausdifferenzierung und rekursive Schließung des Rechtssystems bedeutet: Die Operationen, mit denen das Recht Fälle konstituiert (beobachtet), werden der eigenen Beobachtung unterstellt. Mit dieser „Koordination von Selbstbeschreibung mit Selbstsinngebung" reflektiert das Rechtssystem seine Einheit.[220] Es vergewissert sich, dass es auch dann sinnvoll beobachtet, wenn es nur sein eigenes Beobachten beobachtet. Bei seinen Entscheidungen ist es nur mehr auf sich selbst angewiesen. Was als Recht oder Unrecht gilt, bestimmt rechtmäßig allein das Rechtssystem.

Die Verlagerung auf die Ebene einer Beobachtung zweiter Ordnung im Bereich des Rechts wird zumal dann notwendig, wenn Recht als positives Recht in Erscheinung tritt.[221] Positives Recht erhält seine Geltung nicht mehr aus höheren Prinzipien, etwa einem unwandelbaren Natur- oder Vernunftrecht, sondern es gilt paradoxerweise genau deshalb, weil es geändert werden kann. Positives Recht ist kontingent. Seine Positivität markiert, dass es von der Entscheidung eines Gesetzgebers abhängt, die als Entscheidung – und somit im Blick auf andere Möglichkeiten – beobachtet werden kann.

Diese sich um 1700 vollziehende Umstellung ersetzt substanzielle durch circumstanzielle Fragen: Anstatt danach zu fragen, *was* die Vernunft oder die Natur in

217 Vgl. Niklas Luhmann, Ausdifferenzierung des Rechtssystems, in: Ausdifferenzierung des Rechts, 35–52.

218 Ausführlich zum Verhältnis von Beobachtung erster und zweiter Ordnung Niklas Luhmann, Die Beobachtung erster und die Beobachtung zweiter Ordnung, in: Kunst der Gesellschaft, 92–164; sowie ders., Die Wissenschaft der Gesellschaft, Frankfurt a. M. 1992, 68–121; zur Beobachtung zweiter Ordnung als Signum moderner Funktionssysteme vgl. ders., Beobachtungen der Moderne. Opladen 1992, 11–49.

219 Luhmann, Recht der Gesellschaft, 532.

220 Luhmann, Recht der Gesellschaft, 404.

221 Vgl. Niklas Luhmann, Positivität des Rechts als Voraussetzung einer modernen Gesellschaft, in: Ausdifferenzierung des Rechts, 113–153.

diesem oder jenem Fall sagt, oder aus welcher Rechtsquelle das Recht fließt, fragte man *wie*, auf welche Weise und unter welchen Umständen das Recht tut, was es tut. Wie funktionieren seine Verfahren? Woraus wird die richterliche Überzeugung gewonnen? Welche Unterscheidungen verwendet ein Urteil in der Konstitution von Fällen? Was kann es mit ihnen sehen – und was nicht?[222] Gerade das frühneuzeitliche Fallrecht, das Entscheidungsmaßstäbe anhand von Fallvariationen generierte, sicherte seine Autopoiesis durch eine Beobachtung zweiter Ordnung. Die Rechtskasuistik beobachtete vergangene Entscheidungen in ähnlichen und unähnlichen Fällen, ihre *ratio decidendi*, und filterte als Grundsätze des Entscheidens diejenigen Prinzipien heraus, die sich in der Beobachtung von Beobachtungen als stabil erwiesen.[223]

Diese neue Beobachtungsform hatte eine „toxische Qualität".[224] Sie vergiftete den Glauben an die Stimmigkeit und Folgerichtigkeit von Beobachtungen erster Ordnung. So konnte eine Aussage vor Gericht durch verdächtige Körperzeichen in Zweifel gezogen werden. Was die eine Zeug:in gesehen hatte, mochte sich einer anderen vielleicht ganz anders darstellen; und was der eine Richter entschieden (beobachtet) hatte, mochte ein anderer vielleicht anders entscheiden.

Darum konnten alle in Thomasius' Sammlung präsentierten Urteile von den Lesern korrigiert werden:

> Nach Erwegung dieser bißhero erzehlten Umbstände kan nun ein unpartheyischer Leser unser allhier beygedrucktes Urtheil mit Bedacht lesen / und überlegen / ob wir bey diesem gleichwohl zweiffelhafften und etwas verwirrten Handel das rechte Pflöckgen getroffen, oder / wenn er nicht unserer Meinung ist / sich selber über den Handel machen, und unser [...] gesprochenes Urtheil pro lubitu verbessern oder verschlimmern. (JH 1, 188.)

Die mitlaufende (Selbst-)Kritik der Urteilskraft ist für die *Juristischen Händel* typisch. Bevor der Ich-Erzähler im Kindsmordfall seine Handlungen offenlegt, fordert er die Leser sogar explizit auf, die Tatumstände zu bewerten, die ihren Weg in die Akten gefunden haben. Sie sollen erwägen, welche der unzähligen Indizien im überbordenden Datenset tatsächlich relevant sind:

> Worauff ich eben eigentlich damahlen reflectiret / würde zu weitläufftig fallen / allhier distincte anzuführen [...]; indessen können curiöse Gemüther die bißhero excerpirten registra-

222 Zur Genealogie der Aufdeckung des blinden Flecks von Beobachtungen erster Ordnung vgl. Susanne Lüdemann, Beobachtungsverhältnisse. Zur (Kunst-)Geschichte der Beobachtung zweiter Ordnung, in: Widerstände der Systemtheorie. Kulturtheoretische Analysen zum Werk von Niklas Luhmann, hg. von Albrecht Koschorke und Cornelia Vismann, Berlin 1999, 63–75.

223 Vgl. Luhmann, Recht der Gesellschaft, 531.

224 Luhmann, Beobachtung zweiter Ordnung, 156.

> turen noch einmahl / da es beliebig / für sich durchgehen / und sonderlich die mit andern littern getruckten Worte in Acht nehmen / maßen in denenselben partim indicia contra reos, partim indicia pro illis enthalten sind. (JH 1, 15.)

In der Tat hatte Thomasius Einzelheiten, welche die verdächtigte Anna be- oder entlasteten könnten, typographisch markiert, indem er die Strichstärke bei ihnen angehoben hatte.[225] Annas Vater, lesen etwa die Studenten, „hätte von seiner Köchin *ein Grabscheid gefordert*" (JH 1, 6).[226] Die Aussage einer Zofe erhält folgende Gestalt: „Die Anna hätte das Kind angesehen und gesagt: *ich will es immer behalten*" (JH 1, 12). Die des Kutschers: „als die Köchin das Kind suchen wollen / hätte er Ihr einen *Bratspieß* zugeworffen / *so etwan ein paar Ellen lang*" (JH 1, 11). Die eines anderen Zeugen: „Die Köchin hätte das Kind *mit einem Brat-Spieße gesucht*" (JH 1, 8). Und die Aussage der Käsemutter wird, als letztes Beispiel für die Umstandstypographie, so markiert: „Fruhe morgens hätte niemands zu Ihr der Tochter gedurfft / sondern *die Mutter alleine* wäre bey Ihr zu und abgegangen" (JH 1, 9).

Von seinen eigenen Gedanken verrät Thomasius nur so viel: „Mein Hertze wurde mir / nachdem ich etwas attent dasjenige / was ich gelesen / betrachtete / umb ein gutes Theil leichter" (JH 1, 14). Für angehende Juristen war diese Aufmerksamkeitsübung deshalb relevant, weil sie auf die rechtlichen Schritte vorbereitete, die für die Überleitung der General- in eine Spezialinquisition und nicht zuletzt für die Anwendung der Folter erforderlich waren. Bei diesen Schritten gab es stets die Möglichkeit, dass „viele irrige und falsche indicia mit unterlauffen".[227] Studenten hatten daher zu lernen, wie Tatumstände zu bewerten waren und wie sie von manifesten Zeichen auf verborgene Ursachen schließen konnten.

Unter Rückgriff auf eine topologische Metaphorik unterschieden die frühneuzeitlichen Kriminalisten zwischen nahen und entfernten Indizien (*indicia proxima et remota*), je nachdem wie sicher ihre Verbindung mit dem unterstellten Tatbestand war.[228] Die Grenze des Umstands war dabei von Fall zu Fall jeweils neu zu bestimmen: Welche der versammelten Merkmale gehörten zum konkreten Vorfall – und welche standen bloß in loser oder womöglich gar keiner Verbindung zur angenommenen Tat? Wann hörten Umstände auf, Zeichen des Rechts zu sein? Wo endete die Umstandskette eines Geschehens? „Nur diejenige Umstände können ei-

---

225 Die typographischen Markierungen treten in der 2. Aufl. von 1723 noch stärker hervor.

226 Thomasius' Hervorhebungen in größerem Schriftgrad sind hier kursiv wiedergegeben.

227 Ludovici Einleitung, 75.

228 Vgl. Engau, Elementa Ivris Criminalis, Lib. II, Tit. VIII, § XCV: „Diuiduntur in remota & proxima, prout inter et & maleficium comissum huisue auctorem certus uel incertus nexus deprehenditur." Kurs. entf. Ausführlich zu den verschiedenen Beweisgraden von Indizien Christoph Crusius, Tractatus de indiciis delictorum […], Marburg 1638; sowie Benedict Carpzov, Practicœ Novæ Imperialis Saxonicæ Rerum Criminalium (1635), Bd. 3, 6. Aufl. Wittenberg 1670, insb. Qu. CXX – CXXIII, 176 – 208.

nen Urtheilsgrund abgeben, welche einen Einflus in die Sache haben und bewiesen sind“, lautete die juristische Grundregel.[229] Mit Indizien konfrontiert zu sein, hieß daher zu bestimmen, welche Merkmale zu berücksichtigen waren, und welche von ihnen auf die Begebenheit schließen ließen. Da jede Tatsache selbst wiederum an einer abduktiven Kette der Beweisführung und einer investigativen Schlussfolgerung hing, entstanden Indizien als ein juristisches und semiotisches Phänomen ebenso sehr auf materialer wie interpretativer Basis.[230]

Im Rückgriff auf die publizierten Fälle sollten Thomasius' Studenten lernen, wie Situationen mit zweifelhafter evidenzieller Basis bewertet und wie Urteile aus ihnen gezogen werden konnten. Dies stimmte mit dem „gemeinen Sprichwort“ überein, dass selbst „der geringste Umbstand das Recht verändert“ (JH 1, 3). Wenn Thomasius daher in den *Juristischen Händeln* die „vorkommende[n] notabelsten Umstände“[231] hervorhebt, dann hat diese typographische Kennzeichnung eine spezifische Funktion: Sie regt die Suche nach Hinweisen auf das Begehen einer Straftat an, nach Details, die den Verdacht vermehren oder vermindern. Um den justiziablen Kern der Sache herauszudestillieren, war ein intensives Aktenstudium vonnöten. Ausgehend von den registrierten Indizien sollten die angehenden Juristen rekonstruieren, was tatsächlich vorgefallen war. „Die Lesung der gesamten Acten“ wiederum war die Bedingung hierfür. Denn sie diente „darzu / daß nicht leichte ein Umstand übersehen wird“.[232] Eine sorgfältige Lektüre und ein beflissenes Exzerpieren waren unumgänglich, um aus den in den Akten verstreuten Einzelheiten eine Geschichte des Vorfalls zu verfertigen, über deren Bestandteile ein Urteil gefällt werden konnte.

Die Markierung von Umständen ermöglichte eine gezielte Beobachtung von semiotischen Prozessen des Rechts. Die typographische Anhebung dient als Verfremdungstechnik, eine Entautomatisierung der Wahrnehmung im Sinne Šklovskijs.[233] Mit den Übungen der *Händel* trainierten die Studenten somit die Wahrnehmung der Wahrnehmung. Die Verfahrenstechnik *als* Formalisierungspraktik und nicht ein von einer Form-Inhalt-Differenz aus gedachter Inhalt tritt bei den Falldarstellungen in den Vordergrund. Darin schlägt ein ästhetischer Funken. An den Verfremdungsverfahren der *Juristischen Händel* lässt sich die Einübung in eine ästhetische Perspektive beobachten. Wenn kurze Zeit später Ästhetik als Disziplin

---

229 Claproth, Relationen, 48–49.

230 Vgl. Antonia Eder, Forensik und Fiktion. Zur Geschichte von Indizien zwischen Wahr-Werden und Wahrscheinlich-Sein, in: Ermittlungstechniken, 29–55, hier: 36–37.

231 Thomasius, Osse, 486, Anm. 240. Thomasius kommentiert hier die Praxis des Notierens der wichtigsten und urteilsrelevanten Umstände bei der Verlesung der Akten durch einen Referenten.

232 Thomasius, Osse, 494, Anm. 248.

233 Vgl. Šklovskij, Kunst als Verfahren, 15–17.

begriffsfähig wird, dann schließt sie an solche Wahrnehmungsübungen an – Übungen, mit denen Darstellungsweisen selbst in Erscheinung treten.[234]

5 Papierne Umstände: Die Materialität des Casus

Die semiotische Basis für das In-Erscheinung-Treten von Wahrnehmungsprozessen lag in der rationalistischen Semiotik, die seit dem Ende des 17. Jahrhunderts von Figuren wie Gottfried Wilhelm Leibniz oder Christian Wolff ausgearbeitet wurde. Neben die Vorstellung des Zeichens und des Bezeichneten trat die Vorstellung ihres Repräsentationsverhältnisses. Ein Zeichen wird dieser Konzeption gemäß nur unter der Bedingung zu einem Zeichen, „dass es unter anderem die Beziehung manifestiert, die es mit dem verbindet, was es bezeichnet. Es muß repräsentieren, aber diese Beziehung muß ihrerseits in ihm repräsentiert sein".[235] In diesem Sinn rückte Thomasius die Materialität von Zeichen in den Blick. Dabei machen die textuellen Praktiken, mit denen Umstände als Zeichen des Rechts auffällig wurden, deutlich, dass eine Terminologiegeschichte des Umstands ohne einen praxeologischen Blickwinkel Entscheidendes verpasst. Papiertechnologien im Umgang mit Details waren elementarer Bestandteil jener Prozesse, die das implizite Wissen von Praktiken in die begriffliche Architektur der philosophischen Ästhetik überführten.[236]

In der bereits mehrfach erwähnten Relationstechnik, deren Einfluss auf die frühneuzeitliche Fallprosa nicht zu hoch eingeschätzt werden kann, waren solche Papiertechnologien elementarer Bestandteil der Entscheidbarmachung von Fällen. Sie begleiteten die Auswahl und Verdichtung der relevanten Fallumstände. Dies war deshalb wichtig, weil die protokollarische Wut der Inquisition einen abundanten Schriftverkehr in Gang setzte und somit Darstellungsprobleme nach sich zog. Rechtsgelehrte wie Justus Claproth veranlasste sie dazu, mit seiner *Erfindung aus*

---

234 Vgl. Anselm Haverkamp, Ästhetik und Poetik: Martin Opitz im Schatten Baumgartens, in: ders., Rüdiger Campe und Christoph Menke, Baumgarten-Studien: Zur Genealogie der Ästhetik, Berlin 2014, 147–172; sowie ausführlich Wankhammer, Creatures of Attention; zur zentralen Stellung der Übung in der Baumgart'schen Ästhetik vgl. Christoph Menke, Die Disziplin der Ästhetik ist die Ästhetik der Disziplin. Baumgarten in der Perspektive Foucaults, in: Baumgarten-Studien, 233–247; sowie Gabriel Trop, Poetry as a Way of Life. Aesthetics and Askesis in the German Eighteenth Century, Evanston 2015.

235 Foucault, Ordnung der Dinge, 98.

236 Ich verwende den Begriff der *Paper Technology* im Anschluss an die Definition von Volker Hess und Andrew Mendelsohn, die darunter „die Summe aller Schreibverfahren [...], Text- [...] und Papiertechniken [...] und der damit verbundenen Werkzeuge [...] [verstehen], die [...] beim Festhalten, Sammeln, Akkumulieren von [...] Gesehenem und Bedachtem eingesetzt werden." Hess und Mendelsohn, Paper Technology, 3.

gedrucktem Papier wiederum neues Papier zu machen, und die Druckerfarbe völlig heraus zu waschen, eine Handreichung zu erstellen, wie mit Recyclingpapier der Materialknappheit begegnet werden konnte.[237] Praxishandbücher über die Relationskunst wiederum erklärten die Darstellungsregeln für Aktenauszüge und zeigten Beispiele für die richtige „Entscheidungsart“.[238] Schreibvorgaben und Zugriffsbestimmungen lieferten Techniken im Umgang mit den Fallumständen, deren Steuerungsfunktion sogar bis zur richtigen Handhabung des Papiers reichte.

> [E]s wäre zu wünschen / daß viele Richter das Papier nicht so sehr schoneten und die Articul fein deutlich und weit von einander schreiben liessen / damit zu des inquisiti Antwort raum wäre / solche völlig bey diesem Articul zu registriren / dann öffters im Examine ein und anderer zwar offt zur Frage nicht gehöriger / doch sehr nützlicher Umstand vorkömmet / welcher nothwendig / und wenn beym Articul nicht raum ist / wol auff die andere Seite registriret werden muß.[239]

Solche Papiertechniken ermöglichten die Gliederung und Verkettung von Beweisen sowie ihre Verdichtung und Abbreviation. Umgekehrt konnten sie Platz für die situative Ausfaltung eingefalteter Tatsachen schaffen – eine prozessuale Neuformung von Fallumständen, die für die Form frühneuzeitlicher Casus konstitutiv war. Aus solchen Operationen emergierte der Casus als eine dynamische Form, die sich „durch eine Reihe von Transformationen aufrechterhält.“[240] Die Dynamik dieser Transformationen setzt Thomasius zu Übungszwecken für seine Studenten in Szene.

Die Funktionszusammenhänge, die in der Frühen Neuzeit dem Umstandsbegriff einen erkenntnistheoretischen Zuschnitt verpassten, umfassten demnach eine Reihe materieller Praktiken. Die epistemische Nobilitierung der Circumstantienlehre versetzte Umstände an die „Schnittstelle zwischen der materiellen und der begrifflichen Seite“[241] der Jurisprudenz. Sie lösten Schreibakte aus und stimulierten einen aktenförmigen Schriftverkehr, der neuartige Gebrauchsroutinen in Gang setzte. Für eine Wissensgeschichte der *circumstantiae* ist es daher unumgänglich,

237 Vgl. Justus Claproth, Eine Erfindung aus gedrucktem Papier wiederum neues Papier zu machen, und die Druckerfarbe völlig heraus zu waschen, Göttingen 1774. Vgl. Hohlweck, Wahrheit der Ermittlung, 12. Zu den häufigen Klagen über den immensen Papierverbrauch vgl. Brendecke, Papierfluten; sowie Werle, Bücherflut.

238 Hymmen, Methode zu referiren, 139.

239 Ludovici, Acten, Kap. II, § V, 135.

240 Latour, Existenzweisen, 168. Kurs. entf. „Sobald man die Aneinanderreihung der Transformationen unterbricht“, so Latour weiter, „verflüchtigt sich die Form sofort.“

241 Hans-Jörg Rheinberger im Blick auf „epistemische Dinge“. Ders., Kritzel und Schnipsel, in: „fülle der combination“. Literaturforschung und Wissenschaftsgeschichte, hg. von Bernhard J. Dotzler und Sigrid Weigel, München 2005, 343–356, hier: 344.

die Spezifik dieser Praktiken genauer in den Blick zu nehmen. Von ihnen aus lassen sich die pädagogischen wie poetologischen Einsatzpunkte von Thomasius' Fallsammlung neu perspektivieren.

An den Schreibvorgaben der Relationstechnik zeigt sich die materiale Seite der frühneuzeitlichen Rechtskasuistik in aller Deutlichkeit. Als Verfahrenstechnik war die Funktion des Aktenauszugs, Fälle auch jenseits des strengen gesetzlichen Beweisrechts entscheidbar zu machen. Die Emergenz eines juristischen Indizienparadigmas ist daher ebenso wie die Informalisierung des Entscheidens ohne die Technik der Relation nicht zu denken. Diese versammelte „Ausführungsbestimmungen ohne Gesetz".[242] Die Aktenreferenten folgten Verfahrensregeln, die zwar „in denen Gesetzen nicht enthalten" waren, aber als „System des Vortrages und der Ueberlegung" dennoch eine Regelmäßigkeit aufwiesen.[243] Schon für die *Carolina* stand schließlich fest, dass Fälle sich nur „imm außschreiben formiren".[244] Die Formierung des Falls war Sache einer schriftlichen Erfassung empirischer Tatsachen und ihrer Verknüpfung und Verdichtung im Medium der Relation. Die Umstände von Vorfällen wurden in Papierformat reproduziert. Auf der zweidimensionalen Fläche des Papiers wurden sie handhabbar. Und von dieser Fläche aus erhielten sie ihre semiotische Kraft.

Um den Akten eine Fallerzählung zu entlocken, musste der Referent die Details des Streitfalls von den im Prozess beigebrachten Beweisen trennen – „man würde sonst die Geschichtserzählung und den ganzen Rechtsstreit nicht von einander unterscheiden können", lautete die Begründung.[245] Eine solche Fallerzählung konnte allerdings „nicht verfertiget werden / wo man nicht vorhero aus den Actis gewisse Excerpta machet / und dieselbe hernach in eine Form bringet".[246] Um das komplexe Beziehungsgeflecht eines Falls sachgerecht zu kürzen, wurden Techniken ersonnen, „welche die Excerpta desto kürtzer machen".[247] Die Kulturtechnik des Exzerpierens gehörte in der Frühen Neuzeit zum festen Repertoire der gelehrten Welt: Papiertechniken und geordnete Lektüre- und Sammelpraktiken waren integraler Bestandteil der Wissensproduktion in beinahe allen Disziplinen.[248] Das Ex-

242 Campe, Verfahren, 3.

243 Claproth, Vorrede zur zweyten Auflage, unpag.

244 Carolina, Art. 190.

245 Claproth, Relationen, 14.

246 Ludovici, Acten, Kap. III, § II, 141.

247 Ludovici, Acten, Kap. III, § V, 142.

248 Vgl. Helmut Zedelmaier, Werkstätten des Wissens zwischen Renaissance und Aufklärung, Tübingen 2015; ders., Lesetechniken. Die Praktiken der Lektüre in der Neuzeit, in: Die Praktiken der Gelehrsamkeit in der Frühen Neuzeit, hg. von Martin Mulsow und Helmut Zedelmaier, Tübingen 2001, 11–30; Décultot, Einleitung; sowie Markus Krajewski, ZettelWirtschaft. Die Geburt der Kartei aus dem Geiste der Bibliothek (2002), 2., kor. und erw. Aufl. Berlin 2017. Dass diese Praktiken noch im

zerpieren „aller die Sache selbst angehenden Umstände“[249] beruhte auf solchen Techniken; der Exzerptor ging darum methodisch auch dort vor, wo genaue Bestimmungen fehlten.

Der Aktenreferent orientierte sich an einer Dramaturgie, die den Fall schrittweise entscheidbar machte. Auf die Erzählung des Vorfalls (*species facti*) folgte der Aktenauszug (*extractus actorum*). Hierbei handelte es sich um die „Geschichte des ganzen Rechtstreits“,[250] um die Untersuchungen der Gerichtsmediziner etwa oder die Plädoyers der Anwälte. Für die vorangegangene „Geschichtserzählung“ hatte der Referent die in den Akten verstreuten Einzelheiten in ihrem raumzeitlichen Zusammenhang beobachtet, um sie zu verketten und zu narrativieren. Beim Aktenauszug ging es nun darum, den Fall neu zu formatieren. Die chronologische Reihenfolge des Falls sollte aufgelöst und die Sache „nach allen ihren Umständen zergliedert“ werden.[251] Der Aktenreferent sollte den Umstand als ein Zeichen erfassen und darstellen, das einen rechtlichen Unterschied macht. Diese Gliederungstechnik war stilbildend für die eigenwillige Formatierung von Harsdörffers Mordgeschichten gewesen.

Die Referenten, betont auch Thomasius, „müssen alle circumstantias in die Artickel bringen“ (JH 1, 319). Andernfalls komme es unweigerlich zu Fehlentscheidungen. Nur durch eine ordentliche „Einrichtung des Extracts“[252] konnte eine unübersichtliche Streuung der Entscheidungsgründe vermieden werden. Dafür musste die zusammenhängende Geschichte in einzelne Punkte, Artikel oder Paragrafen übersetzt und tabellarisch angeordnet werden. Tatsachen und Tatbestände waren der Effekt eines papiernen Wirklichkeitspräparats.[253] Sie wurden den Richtern so kommuniziert und präsentiert, dass diese das Wesentliche des Falls auf verdichtetem Raum überblicken und beurteilen konnten. Indem der Aktenreferent den Richtern auf diese Weise die relevanten Aspekte vor Augen stellte, überführte er den Fall in eine entscheidbare Form.

Um die Fälle übersichtlicher zu machen, sollten deren „gravirlichen Umstände“ von den „Defensionsgründen“ fein säuberlich getrennt werden[254] – eine Praxis,

---

19. Jahrhundert philologisches Denken und Handeln informierten, zeigt Philip Kraut, Die Arbeitsweise der Brüder Grimm, Stuttgart 2023.

249 Claproth, Relationen, 32.

250 Claproth, Relationen, 17.

251 Claproth, Vorrede zur zweyten Auflage, unpag.

252 Claproth, Relationen, 270.

253 Die Tatsachenfabrikation der empirischen Beobachtungskunst haben prominent untersucht Lorraine Daston, Warum sind Tatsachen kurz?, in: Cut and Paste um 1900. Der Zeitungsausschnitt in den Wissenschaften, hg. von Anke te Heesen, Berlin 2002, 131–143; sowie Mary Poovey, A History of the Modern Fact. Problems of Knowledge in the Sciences of Wealth and Society, Chicago 1998.

254 Claproth, Relationen, 270.

die Thomasius seinen hallischen Studenten beibrachte, indem er in den *Juristischen Händeln* die Strichstärke einzelner Elemente anhob. Justus Claproth erläutert diese Vorgehensweise wenig später unter Rücksichtnahme auf die zugrundeliegenden Papiertechniken: Der Referent müsse „unter einem jeden dieser abgesonderten Puncte auf dem gebrochenen Bogen auf einer Seitenspalte alles das ausziehen, was wider den Inquisiten streitet, auf der anderen aber alles was zu seiner Entschuldigung und Vertheydigung gereichet".[255] Schreiben wurde zu einem Verfahren des Urteilens.

Aktenrelationen waren demnach Teil jener Praktiken, die in der Frühen Neuzeit einen neuen Umgang mit Einzelfällen etablierten. Zwar wies dieser Umgang eine Kontinuität zu rhetorischen Wissens- und Darstellungsformen auf. In den Regeln der Rhetorik ging er jedoch nicht mehr restlos auf. Als die konstitutiven Elemente von Fällen wurden ‚Umstände' zur Grundlage einer relationalen Erkenntnistechnik, die auf den „agentiellen Schnitt"[256] eines praxeologischen und medialen Funktionszusammenhangs angewiesen war. Zwischen dem Medium der Akte, den gelehrten Kulturtechniken und der Formierung von Fällen ergaben sich performative und epistemische Rückkopplungen. Aus einem Gefüge von menschlichen und nicht-menschlichen „Mittlern", die „die Bedeutung oder die Elemente, die sie übermitteln", nicht nur „übersetzen", sondern auch „entstellen, modifizieren und transformieren",[257] entstanden Casus als dynamische Formen des Rechts.

In diesem prozeduralen Gefüge wurden Einzelheiten so zugerichtet, verkettet und arrangiert, dass Vorfälle lesbar und Entscheidungen möglich wurden. Aus einem Haufen von Details filterte die Relation den Sachverhalt als „justiziable Teilmenge".[258] Durch die Ordnung und Verknappung des ‚tumultuarischen' Aktenmaterials garantierte sie die Lesbarkeit des Falls und zog aus ihm zugleich die entscheidende Rechtsfrage. Die semiotische Differenz zwischen einer Einzelheit, die bloß in loser Verbindung mit einem Fall steht, und dem Indiz als einem eng an diesen gekoppelten Zeichen des Rechts, das juristische Entscheidungen ermöglicht, wurde in solchen Relationen etabliert.[259] Es waren die eher unscheinbaren Prak-

---

255 Claproth, Relationen, 270.

256 Barad, Agentieller Realismus, 20. In Auseinandersetzung mit Niels Bohrs Physik hat Barad die Theorie eines agentiellen Realismus entworfen, die Prozesse der Konnektivität beschreibt. In ihrer relationalen Ontologie gibt es auch im Bereich der Materie keine abgeschlossenen, passiven Einheiten, sondern nur Elemente in agentiellen „Intraaktionen", d. h. in prozesshaften und generativen Verschränken, die eben diese Elemente stets neu hervorbringen. Vgl. hierzu auch dies., Verschränkungen, Berlin 2015.

257 Latour, Soziologie, 70.

258 Meyer-Krentler, „Geschichtserzählungen", 133.

259 Die Begrifflichkeit ist angelehnt an Luhmann, Medium und Form.

tiken der aktenmäßigen Relationierung, die Einzelheiten – als Bezüge und Umgebungen von Fällen – in ihrer Zeichenhaftigkeit zu Tage treten ließen.

Auf Falldarstellungen, die der juristischen Ausbildung dienten, hatte diese Semiotik des Umstands großen Einfluss. So stehen in den *Juristischen Händeln* die Faktizität und der Zusammenhang von Einzelheiten stets zur Debatte. Auch im Kindsmordfall inszeniert Thomasius den semiotischen Prozess, der aus Umständen plausible Beweise macht. So bittet er seine Leser, zu beobachten, welche Details bezüglich der zu treffenden Entscheidung maßgeblich sind. Sodann sollen sie provisorisch bestimmen, ob diese für oder gegen die Verdächtige sprechen. Wie etwa sind elf Stichwunden auf dem Körper des toten Kindes gelandet? Hat die verdächtigte Anna sie zugefügt oder sind sie *post mortem* durch den Bratspieß entstanden, den die Köchin benutzt hat, um nach dem vergrabenen Kind im Garten zu suchen? Und wie sind die Aussagen der Zeug:innen und der Angeklagten zu bewerten? Wie die Leser kurze Zeit später lernen konnten, ließ sich aus den versammelten Indizien unter anderem folgender Schluss ziehen:

> Denen Umständen nach / und da die Köchin selbst gestanden / daß Sie den Cörper [des Kindes, JSch] mit dem producirten Bratspieß auffgesucht / und unterschiedliche mahl in die Erde gestochen / und nicht in Abrede seyn können / […] daß Sie den Cörper mit dem Bratspieß gestochen / so kan muthmaßlich geschlossen werden / daß die in dem Cörper gefundenen Stiche wohl von dem Bratspiesse haben herrühren können / massen dann nicht zu muthmassen / daferne das Kind hätte sollen umbgebracht werden / so viel Stiche von nöthen gewesen wären. (JH 1, 32.)

Bevor im Text solche konjekturalen Urteile zum Tragen kommen, macht sich der Ich-Erzähler daran, die genauen Todesumstände des Kindes zu ermitteln. Hierfür habe Thomasius zunächst die beiden des Mordes bezichtigten Frauen befragt. Zwar musste er feststellen, „daß die Tochter Anna ein blödes und einfältiges" Mädchen und ihre Mutter Maria „zu Intriguen und Verstellung geneigt" war, aber unschuldig schienen sie tatsächlich zu sein (JH 1, 18). Eine entscheidende Aufgabe seines anwaltlichen Briefings bestand daher darin, vor den Verhören der Mutter ihre „unförmlichen Antworten" auszutreiben, da diese sonst durch „ungeschickte Antworten und Variationes so wohl sich als Ihre Tochter nothwendig auff die Tortur bringen würde". „Fragte ich Sie von Aepffeln, so antwortete Sie von Birnen", klagt Thomasius, der alles daran setzte, aus ihren „Ausschweiffungen und Irregularitäten" eine „kurtze / deutliche / auch wohl aneinander hängende Antwort" zu machen, die vor Gericht bestehen konnte (JH 1, 19).

Ferner bestand seine Strategie in diesem Prozess darin, medizinische Gutachten zu besorgen, die bewiesen, dass das Kind nicht durch einen postpartalen Akt, sondern durch einen „harten Fall" (JH 1, 70) gestorben war, der während Annas Schwangerschaft passiert war. Wie dieses Vorgehen zeigt, stellen Indizien ein neues institutionelles Gefüge her. Sie rufen ‚wägende und wiegende' Wissenspraktiken hervor, die zu ihrer forensischen Qualifikation beitragen. Da die in der Inquisition installierten regulären Wahrheitstests – Augenzeug:innen und Folter – nicht angewendet werden konnten, mussten andere Agenturen der Wahrheit wie das medizinische Gutachten zum Einsatz kommen, um die in Frage stehenden Indizien, etwa den präpartalen Sturz von Anna, zu qualifizieren. Forensische Standardpraktiken koppelt der autobiografische Erzähler darum mit dem neuen Experimentalwissen der empirischen Wissenschaften, die nicht nur „mit herrlichen rationibus, sondern auch mit guten unverwerflichen experimentis" zu scheinen wussten (JH 1, 70). Der Umgang mit Umständen als regellosen Beweisen erforderte die Verknüpfung verschiedener Operationsfelder und Wissensformen. Diese Logik der Kopplung wiederholt sich in Thomasius' autobiografischen Erzählstil, der durch die Einführung eines durch die Akte wandernden ‚Ichs' Institutionen und ihre spezifischen Textsorten verknüpft und bewertet.

Gerade bei Kindsmordfällen spielten medizinische Gutachten eine große Rolle. Wie bei allen anderen Todesfällen auch, sollte eine Obduktion des Leichnams stattfinden, was seit der *Carolina* alle Kriminalordnungen vorgeschrieben hatten.[260] Ob das Kind bereits tot zur Welt gekommen oder ob es erst später gestorben war, war anhand einer bloßen Obduktion jedoch oftmals nicht zu ermitteln. Der Fall aus dem Jahr 1681 erlangte für Thomasius nun deshalb einen paradigmatischen Status, weil es um den Einsatz einer neuartigen und umstrittenen Methode ging, die genau dies sicher feststellen sollte. Diesbezüglich wurde der Fall der jungen Anna zum Präzedenzfall. „Vor diesen gegenwärtigen casu", schreibt er resümierend, „glaube ich nicht / daß dieser Frage halber etwas in denen judiciis in Teutschland und in denen Urtheilen oder Responsis collegiorum juridicorum vel medicorum vorgekommen sey" (JH 1, 104).

Der Moment, in dem er von dieser neuen Methode (es handelt sich um die sogenannte Lungenschwimmprobe) erfuhr, wird von Thomasius als ein Wendepunkt in der Frage nach der Schuld der Angeklagten und damit des ganzen Falls inszeniert. War der Aktenauszug, den der Advokat in der Amtsstube durch eine Finte zu lesen bekommen hatte, noch „sehr bedencklich" gewesen und hatte „wenig favorables für die Inquisitinnen" enthalten (JH 1, 4), so wendete sich nun das Blatt. Die Tatsache, dass er überhaupt von der Lungenschwimmprobe erfahren habe, sei ein glücklicher Zufall gewesen, „eine sonderliche Schickung GOttes" (JH 1, 17). Den Mediziner, der das tote Kind untersucht hatte, hatte Thomasius zufällig auf der Leipziger Buchmesse getroffen. Bei dem informellen Treffen habe er nicht nur

260 Vgl. etwa für die Churmark Brandenburg: Seiner Königlichen Majestät in Preußen etc. etc. Vor Dero Chur-Marck Brandenburg Verfaßte Criminal-Ordnung […], Berlin 1717, 18–19.

„unterschiedene Umbstände" in Erfahrung bringen können, die bei der Besichtigung des Leichnams vorgefallen seien, aus denen „indicia von der Partheyligkeit des Amtmanns zu nehmen waren", sondern der Arzt habe ihm auch erzählt, dass er bei der Obduktion eine neue Methode ausprobiert habe (JH 1, 16). Die Lungenschwimmprobe, die der Mediziner hatte vornehmen können, basierte auf einem Experiment, das der holländische Naturforscher Jan Swammerdam erstmals durchgeführt hatte, und dessen Ergebnisse zeigten, dass eine beatmete Lunge auf Wasser schwamm, eine unbeatmete hingegen unterging.[261] Wenn die Lunge auf dem Wasser schwamm, hatte das Kind schon geatmet und war demnach lebend geboren. Für die Wahrheitsermittlung vor Gericht war diese Probe bei Kindsmordsfällen schon bald Standard geworden.[262]

Die im Text abgedruckten Gutachten zur Lungenschwimmprobe stellt Thomasius seinen Lesern für den Gebrauch in ähnlichen Fällen zur Verfügung: „Weil nun diese Frage in denen oben beygedruckten responsis variis Medicis plene außgeführet worden / so werden sich die Herren Advocati inquisitorum derselben in dergleichen Fällen gar nützlich bedienen / auch nach Gelegenheit / wenn Jhnen dißfalls einige objectiones gemacht werden wollten / diese dann und wann beantworten können" (JH 1, 104). Gleichwohl betont Thomasius immer wieder, dass er mit der Schilderung seines eigenen Vorgehens „niemand gewisse Regel[n] vorschreiben" wolle, wie man seine Verteidigung in solchen Fällen einzurichten habe (JH 1, 81) – jede Verteidigung hat sich schließlich situativ den Eigenarten des jeweiligen Falls anzupassen.

Mit seinem Fokus auf die Etablierung der Lungenschwimmprobe gewinnt der Casus eine wissenspolitische Dimension. Es ging um nichts weniger als um den Anschluss des Rechtswissens an das naturwissenschaftliche Experimentalwissen. Die „angesteckte[n] Lichter der Wahrheit" hatten allerdings, wie Thomasius bemerkt, 1681 an der medizinischen Fakultät in Leipzig „noch keine grosse und merckliche Approbation gefunden". Erst jetzt, 1720, im Erscheinungsjahr der *Juristischen Händel*, seien sie „GOtt sey Danck! fast an allen Evangelischen Orten durchgedrungen" (JH 1, 17).[263] Die wiederkehrende Rede vom zurückgebliebenen

261 Vgl. Johannes Swammerdam, Tractatus physico-anatomico-medicus des respiratione usuque pulmonum, Leiden 1667. Vgl. Irmgard Müller und Daniela Watzke, Tatort Halle. Verbrechen und Strafe im Urteil des Professors der Medizin und Physik, Michael Alberti (1682–1757), in: Physica et historia. Festschrift für Andreas Kleinerst zum 65. Geburtstag, hg. von Sybille Gerstengarbe, Benno Parthier, Horst Remane et al., Halle 2005, 199–212, hier: 203–204.

262 Vgl. Esther Fischer-Homberger, Medizin vor Gericht. Zur Sozialgeschichte der Gerichtsmedizin, Darmstadt 1988, 276–279.

263 Er habe, schreibt Thomasius in seinen Schlussbetrachtungen, „diesen casum hauptsächlich deßwegen so ausführlich und weitläuftig vorgestellet, weil die nach dieser Zeit geführten criminal

Leipzig ist eine Diskreditierung der verhassten alten Wirkungsstätte: Im konservativen Leipzig habe man bloß „auff die Neulinge" geschimpft, „die solch thöricht Zeug / als das indicium vom Untersinckung der Lunge wäre / auff die Bahne brächten / von welchen doch weder Galenus noch Hippocrates etwas gewust hätten" (JH 1, 27). Der Verweis auf Leipzig bindet den Fall zugleich an Thomasius' biografische Zäsur, der Flucht aus seiner Heimatstadt.

Für die Spezifik des Kindsmordfalls und die Form des Prozesses war die Ablehnung aus Leipzig noch aus einem anderen Grund wichtig: Sie setzte eine Zirkulation der Akten in Gang und ließ den Fall eine Reise durch die Institutionen antreten. Die informelle Lungenschwimmprobe hatte nämlich ergeben, dass Anna ein totes Kind geboren habe. Die „Entdeckung dieses Umstandes" beflügelte den jungen Advokaten: ein erstes „Argument ad defendendam Ream" (JH 1, 17). Weite Teile der Falldarstellung folgen ab diesem Zeitpunkt Thomasius' Bemühungen um eine positive Begutachtung durch medizinische Fakultäten, was, wie er schreibt, kein leichtes Unterfangen gewesen sei. Die verschiedenen Institutionen, die er angerufen habe, hätten mehr als skeptisch auf die neue Methode reagiert. Nicht nur musste er die Richter von der Relevanz der Methode überzeugen, sondern er musste überhaupt erst einmal Autoritäten finden, die gewillt waren, ihm das gewünschte Gutachten zu erstellen.

Der forensische Umgang mit Indizien wie der Kinderlunge verschob das institutionelle Gefüge des Rechts. Im Prozess seiner Ausdifferenzierung befand das Recht sich auf der Suche nach Kopplungsmöglichkeiten mit anderen Funktionssystemen, die den Blick auf potenziell ambivalente Details ebenfalls geschärft hatten. Da Gutachten verschiedene Handlungsfelder verbinden,[264] sind sie beim Kindsmordfall das privilegierte Medium, um verschiedene Institutionen zu koppeln – etwa die experimentelle Medizin und das Strafrecht – und ihre Interaktionen zu beobachten. Wie Michael Alberti, Thomasius' ehemaliger Schüler und Kooperationspartner an der medizinischen Fakultät in Halle, schreibt, regen Gutachten eine „Collegialische Communication" an.[265] Gerade Infantizide beinhalteten viele

---

Acten in puncto infanticidii vielfältig bezeiget haben, daß die Quæstion, wie weit die Untersinckung der Lunge oder auch die Obenschwimmung derselben ein indicium für oder wieder die beschuldigte Kinder-Mörderinnen mache, zum öfftern darinnen ventiliret worden" (JH 1, 104).

264 Vgl. Alexa Geisthövel und Volker Hess, Handelndes Wissen. Die Praxis des Gutachtens, in: Medizinisches Gutachten. Geschichte einer neuzeitlichen Praxis, hg. von dens., Göttingen 2017, 9–39.

265 Michael Alberti, Jurisprudentiæ Medicæ, in qvo varii casus forenses et medici clinici in usum JCtorum [d.i. Jurisconsultus] et medicorum cum actorum excerptis [...], Schneeberge 1729, Bd. 2, Vorrede, unpag. Zu Alberti vgl. Müller und Watzke, Tatort Halle; sowie Wolfram Kaiser und Arina Völker, Michael Alberti (1681–1757), Halle 1982; generell zur gerichtsmedizinischen Kasuistik in Halle Retzlaff, Observieren, 77–121.

„merckliche Umstände, worauf fleißig und behutsam zu reflectiren" sei.[266] Auch für die rechtsmedizinische Wissensgenerierung erwies sich eine Sammlung solcher Fälle daher als gewinnbringend, da diese

> unter reifflicher, behutsamer und genauer Untersuchung manchmahls zu besonderen Conclusis und Decisis Anlaß geben [...], eingedenck der kleineste Umstand in manchen Casibus gantz eine neue Gestalt in der gantzen Sache zu schaffen pfleget; deßwegen auch bißweilen solche Umstände bey allen Collegiis sehr vorsichtig zu erwegen sind, damit in wichtigen Casibus, wo es auf Ehre, Leib und Leben anzukommen pfleget, keinem zu nahe getreten werde [...].[267]

Ausgefallene Casus, so Alberti, vermögen die hergebrachte medizinische Systematik zu sprengen und neues Wissen zu generieren, da „dergleichen Casus nicht überhaupt unter eine Classen zu bringen, oder schlechterdings aller Orten anzubringen und anzuwenden sind".[268] Thomasius, der mit Alberti freundschaftlich verbunden war und mit ihm das Interesse an einer Reform des Inquisitionsprozesses teilte, hatte die Vorrede für dessen *Systema Jurisprudentiae Medicae* verfasst.[269] Alberti wiederum hatte das „Gebot einer mikrologischen Aufmerksamkeit"[270] wohl unter anderem von Thomasius übernommen. Delikte wie ein Kindsmord hingen schließlich von einer Vielheit von Indizien ab: Das Verfahren der Lungenschwimmprobe war fehleranfällig, weshalb körperliche Zeichen, Ereignisse, der Lebenswandel, erfolterte Aussagen und andere Umstände stets mit in die medizinische Qualifikation einflossen. Das Ergebnis der Lungenschwimmprobe mussten die Gutachten daher in den Kontext der Restakte rücken. Das auffällig hohe Vorkommen in gerichtsmedizinischen Fallsammlungen von Delikten, die den weiblichen Körper involvieren, ist durch die Umstandsbezogenheit des Delikts jedoch nur bedingt zu erklären. Vielmehr standen gerade ledige Frauen unter Verdacht, Schwangerschaften und heimliche Geburten verbergen zu wollen, weshalb die Betroffenen Objekt einer erhöhten policeylichen Observanz waren.[271]

An medizinische Gutachten wurde nicht nur der Anspruch herangetragen, „auf alle und iede Umstände fleißig acht zu haben",[272] sondern sie mussten auch der

---

266 Alberti, Jurisprudentiæ Medicæ, Bd. 2, Vorrede, unpag.
267 Alberti, Jurisprudentiæ Medicæ, Bd. 2, Vorrede, unpag.
268 Alberti, Jurisprudentiæ Medicæ, Bd. 2, Vorrede, unpag.
269 Vgl. Christian Thomasius, Praefatio, in: Michael Alberti, Systema Jurisprudentiae Medicae [...] cum praefatione Christiani Thomasii [...], Halle 1725, unpag.
270 Retzlaff, Observieren, 104.
271 Vgl. Retzlaff, Observieren, 94–95. Ausführlich hierzu auch Peters, Kindsmord, 30–38.
272 Walch, Philosophisches Lexicon, Art. Klugheit, Sp. 1564–1569, hier: 1568.

juristischen Systemlogik folgen. Die Bedingung für die Kooperation der unterschiedlichen Domänen war schließlich, dass die medizinischen Aussagen auch tatsächlich justiziabel waren.[273] Die ärztlichen Kollegen mussten ihre Gutachten „deutlich, gründlich, und Acten-mäßig" verfassen.[274] Ohne eine Antizipation der juristischen Rationalität waren diese für den rechtlichen Entscheidungsprozess schlichtweg unbrauchbar. Die medizinische Begutachtung, die Thomasius für den Kindsmordfall in Auftrag gab, sollte die Tat qualifizieren, indem sie die registrierten Einzelheiten auf Grundlage des aktenmäßigen Berichts bewertete. Da in peinlichen Fragen eine besondere Behutsamkeit gefragt sei, habe Thomasius bei der Versendung der Akten an die medizinischen Fakultäten „den geringsten Umbstand / so ad informationem derer Herrn Medicorum dienlich seyn könte / nicht ausgelassen / noch selbigen anders / als er aus denen Actis zu verificiren, gesetzt" (JH 1, 83). Die einzelnen Elemente des Falls erforderten eine erhöhte Aufmerksamkeit, um ihren Status als Zeichen des Rechts festzulegen. Gerade als beinahe unmerkliche Details wurden sie merkwürdig.

Um Annas Unschuld zu beweisen, stützte sich Thomasius auf eine Reihe medizinischer Gutachten. Ein Teil der Gutachten bestätigte die Effizienz der Lungenschwimmprobe. Der andere Teil bewertete aus medizinischer Sicht die Aussagen der Angeklagten und einiger Zeug:innen, die den wichtigen Umstand betreffen, dass Anna kurz vor der Geburt einen schweren Fall erlitten habe. Eine Bedienstete habe ihr unmittelbar danach „auff den Leib gefühlet" und kein Lebenszeichen mehr spüren können (JH 1, 70). Es hätten, argumentiert Thomasius, daher „etliche der Medicorum aus etlichen Umbständen / daß das Kind von Annen Vogtin / müsse todt auff die Welt kommen seyn / geschlossen" (JH 1, 93). Die entlastenden Beweise erhalten ihre Evidenz erst innerhalb eines Gefüges amtlicher Formen und Stellungnahmen. Im Zuge solcher juristisch-institutionellen Kopplungen treten die Fallumstände in neue Nachbarschaften. Diese Nachbarschaften etablieren Relationen zwischen ihnen – etwa zwischen der schwimmenden Lunge und Annas Sturz –, die nur schwer aus ihnen abzuleiten sind.

An dieser Stelle werden die Konsequenzen indirekter Beweisformen deutlich. Um als Indiz wirksam zu werden, mussten die Beweise selbst erst bewiesen werden. Durch Zeug:innen etwa, aber auch durch Beweisformen wie das Lungenexperiment, mit dem die Lunge des Kindes als „unstreitiges Zeichen" (JH 1, 88) der Unschuld gelesen werden konnte. Die schwierige Stellung von Indizien als Beweismittel im Inquisitionsprozess hatte zur Folge, dass die Qualifikation des Indizes

273 Vgl. Heiner Fangerau und Irmgard Müller, Forensische Begutachtung in der Frühen Neuzeit. Das Diarium von Michael Alberti (1682–1757), in: Medizinisches Gutachten, 271–295.
274 Alberti, Jurisprudentiæ Medicæ, Bd. 2, Vorrede, unpag.

einen potenziell infiniten Regress von Umständen in Gang setzte: Die Wirksamkeit des Verfahrens der Lungenschwimmprobe musste schließlich selbst wiederum umständlich bewiesen werden (durch die Gutachten und wissenschaftlichen Stellungnahmen etwa, die Thomasius einholte).

Annas Sturz während der Schwangerschaft zog Thomasius heran, um plausibel zu machen, „daß durch diesen harten Fall" – und nicht in einem postpartalen Akt – „das Kind erschlagen worden" sei (JH 1, 70). In der Argumentation des Anwalts tritt der „Fall" somit ganz im Sinne der ursprünglichen Funktion des *casus* auf. In der gerichtlichen Rhetorik der Antike bezeichnete er weniger den strittigen Fall an sich, sondern den entschuldigenden Zufall, den der Rhetor ins Feld führt, um einen Vorsatz auszuschließen.[275] Als Teil der Statuslehre war der *casus* ein Element der *circumstantiae*, das für die Beurteilung von Handlungen von entscheidender Bedeutung war. Diese Bedeutung hatte der *casus* auch in der Frühen Neuzeit noch behalten. Im Recht, schreibt der *Zedler*, sei ein *casus* „ein unversehener Zufall, ein unglücklicher Fall, der durch menschlichen Rath, Sorge und Fleiß nicht kan vorher gesehen, noch von demjenigen, den er betroffen, verhindert oder abgewendet werden."[276]

Im Kindsmordprozess war der Sturz der Angeklagten ein Umstand, den Thomasius zum Beweis von Annas Unschuld ins Feld führte. Einige Jahrzehnte später, durch die Aufbereitung des Prozesses in den *Juristischen Händeln*, gewinnt dieser „Fall" Annas nun eine weitere Dimension. Zieht man den Spieleinsatz des dargestellten Falls sowie das Programm der Fallsammlung in Betracht, dann stellt der Ich-Erzähler die Frage, wann und wodurch eine Person zum „Fall" wird. „[D]er Inquisitin Fall", heißt es jedenfalls immer wieder, sei „vor der Zeit geschehen ehe sie des Kindes genesen" (JH 1, 99). Sie sei „in Geschrey gewesen / daß Sie schwanger seyn soll" (JH 1, 4). Dieses Geschrei war der Anstoß für die Generalinquisition, die ohne geregelte Formen Untersuchungen anstellte.[277] Ihr Verfahren folgte einer Logik des Verdachts, die anhand von Gerüchten vermeintlichen Verbrechen nachging und das *corpus delicti*,[278] das Vorliegen einer Straftat, retroaktiv konstruierte.

Im denunziatorischen Dispositiv war ein Vorfall somit weniger eine Begebenheit, als vielmehr ein *Verdacht*, der durch eine Anzeige zum Ereignis der Inquisition wurde: „Die Verdächtigen sind die eigentliche und ursprüngliche Zielgruppe

---

275 Vgl. Hanns Hohmann, Art. Casus, in: Historisches Wörterbuch der Rhetorik, Bd. 2, Sp. 124–140.

276 Art. Casus, in: Zedler, Universal-Lexicon, Bd. 5, Sp. 1391.

277 Vgl. zur Formlosigkeit der Generalinquisition Niehaus, Verhör, 193.

278 Vgl. die zeitgenössischen Ausführungen in Henrico Hahnio (Praes.) und Johannes Barckhusen (Resp.), Dissertatio Juridica de Corpore Delicti, Von der Gewißheit des verübten Verbrechens […], Halle 1740.

des weltlichen Inquisitionsverfahrens."[279] Die emphatische Rede vom ‚Fall', die den Kindsmordfall durchzieht, spielt mit der mehrfachen Konnotation des Begriffs (vom Vorfall über den Zufall bis hin zum Sturz) und versetzt die Fallsammlung dadurch in einen selbstreflexiven Modus. Diese Selbstthematisierung führt zur Klärung der Prämissen des rechtlichen Prozesses und versetzt das Rechtssystem damit in einen Zustand der Unruhe: Thomasius' ‚merckwürdige' Fälle lassen die Prozeduren des Rechts selbst merkwürdig erscheinen.

6 Situative Angemessenheit: Recht und Billigkeit

Dieser Effekt einer Umkehrung von Explanans (dem Gerichtsprozess) und Explanandum (dem Fall) wird auch durch eine weitere Eigenart des Kindsmordfalls erreicht: Thomasius' spezifischer Gebrauch der Billigkeit. Um Anna Voigts Unschuld zu beweisen, musste er im Sinne der *quaestio facti* nicht nur die Falschheit der Beschuldigungen darlegen und den Tatverdacht entkräften. Als Teil der *quaestio juris* musste er auch einen besonders rigorosen Artikel der *Carolina* abschwächen, der zu Beginn des 18. Jahrhunderts immer noch in Kraft war.[280] Besagter Artikel schreibt zur „Straff der weiber so jre kinder tödten" für Kindsmörderinnen die höchstmögliche Strafe vor: Sie sollen „lebendig begraben vnnd gepfelt" werden.[281] Er legt ebenfalls fest, dass im Fall eines toten Kindes die verheimlichte Schwangerschaft ein ausreichender Beweis dafür sei, dass eine Frau ihr Kind getötet habe:

> Doch so eyn weibßbild eyn lebendig glidtmessig kindtlein also heymlich tregt, auch mit willen alleyn, vnd on hilff anderer weiber gebürt, welche on hilfliche geburt, mit tödtlicher verdechtlicheyt geschehen muß, So ist deßhalb keyn glaublichere vrsach, dann daß die selbig mutter durch boßhafftigen fürsatz vermeynt, mit tödtung des vnschuldigen kindtleins daran sie vor inn oder nach der geburt schuldig wirt, jre geübte leichtuertigkeit verborgen zuhalten.[282]

In diesem Fall werden alle weiteren Entschuldigungen, die die angeklagte Frau vorbringe, automatisch als eine „angemasten vnbeweisten freuenlichen entschuldigung" disqualifiziert.[283] Wenn jedoch, fügt die *Carolina* hinzu, an ihrer Schuld oder Unschuld gezweifelt wird, „so sollen die Richter vnd vrtheyler mit antzeygung

---

279 Niehaus, Verhör, 193. Kurs. entf.

280 In einer Supplik, die er an den Kurfürsten von Sachsen richtete, bemerkt Thomasius, „daß hierbey der wichtigste status controversiæ nicht so wohl in facto, als in jure, und wie der 131. articulus der P[einlichen] Halßg[erichts] Ord[nung] zu interpretiren sey / bestehe" (JH 1, 95).

281 Carolina, Art. 131.

282 Carolina, Art. 131.

283 Carolina, Art. 131.

aller vmbstende bei den rechtuerstendigen [...] radts pflegen."[284] Das Prinzip der Aktenversendung ist auch diesem Artikel eingeschrieben. Die Untersuchungsrichter sollen bei diesem schwierigen Tatbestand unter Anzeige aller Einzelheiten Rat bei den Obergerichten oder den Juristenfakultäten suchen.

So habe denn auch „der rigor des 131. Artickels" für Thomasius das größte Hindernis einer erfolgreichen Verteidigung dargestellt. Er habe „alle vires ingenii darzu anwenden müssen", um die Applikation desselben auf den „gegenwärtigen casu" abzuwenden (JH 1, 16). Tatsächlich beruhte sogar, wie Thomasius selbst eingesteht, „fast das gantze Fundament gegenwärtiger defension auf dieses indicium und dessen elision" (JH 1, 58). Zum einen versucht sie, den evidenziellen Kurzschluss des Gesetzes zu demonstrieren, seine fehlende „ratio connexionis" (JH 1, 67);[285] zum anderen legt die Verteidigungsschrift das Gesetz einschränkend aus, d. h. sie zeigt, dass die Intention des Gesetzgebers und der Sinn des Gesetzes sich nicht auf den vorliegenden Fall erstrecken.

Während Thomasius' Hermeneutik die Lücke zwischen allgemeinem Gesetz und singulärem Fall schließt, führt die Applikation der Norm hier paradoxerweise zu ihrer Suspension. Um die gesetzliche Norm zu delegitimieren, beschreibt Thomasius Kaiser Karls V. ursprüngliche Intention detailliert und verweist auf den spezifischen historischen Kontext, in dem das Gesetz erlassen wurde (JH 1, 58–60). Auch hier arbeitet Thomasius an der Historisierung des Rechts. Und auch hier greift eine neuartige Vermutungskunst.[286] Denn „[d]ie Auslegung", so Thomasius, sei „nichts anders als eine deutliche und in wahrscheinlichen Muthmassungen gegründete Erklärung desjenigen / was ein anderer in seinen Schrifften hat verstehen wollen / und welches zu verstehen etwas schwer oder dunckel ist."[287] Eine solche konjekturale Auslegung wurde bei Fällen angewandt, in denen Gesetz und Billigkeit kollidierten und Zweifel an der korrekten Rechtsanwendung aufkamen:

> Weil aber auch die menschlichen Gesetze zum öfftern so danckel und einander zuwieder sind / daß sie nicht füglich durch die Regeln der Auslegung können erkläret und vereiniget werden;

---

284 Carolina, Art. 131.

285 Es sei, wie der Anwalt argumentiert, in keiner Weise eine „nothwendige Folgerung / daß wenn eine geschwängerte Weibes-Person das Kind heimlich getragen und heimlich gebohren hat / Selbige auch das Kind umbracht / oder doch zum wenigsten die intention, das Kind umbzubringen / gehabt haben müsse" (JH 1, 59–60).

286 Ausführlich zur hermeneutischen Wahrscheinlichkeit Lutz Danneberg, *Pyrrhonismus hermeneuticus, probabilitas hermeneutica* und hermeneutische Approximation, in: Unsicheres Wissen, 365–436; sowie ders., Die Auslegungslehre des Christian Thomasius in der Tradition von Logik und Hermeneutik, in: Christian Thomasius (1655–1728). Neue Forschungen im Kontext der Frühaufklärung, hg. von Friedrich Vollhardt, Tübingen 1997, 253–316.

287 Thomasius, Außübung Der Vernunfft-Lehre, 163–164.

> überdieses auch die im gemeinen Leben fürfallenden Umstände vielmahls so beschaffen sind / daß zwischen denen Regeln des Rechts der Natur und denen Regeln der Billigkeit / oder auch zwischen denen Civil-Gesetzen eine Widerwärtigkeit entstehet / und also die Application des Rechts sehr zweiffelhafftig gemacht wird / so ist nötig / daß ein kluger Jurist in vielen Dingen sein Judicium suspendire […].[288]

Die Auslegung von Gesetzen ist für Thomasius eine behutsame, beinahe zögerliche Kunst der Konjektur. Sie hat sich vor unüberlegten Entscheidungen zu hüten und von Vorurteilen zu befreien. Aufgrund ihrer Umstandsgebundenheit ist auch sie am besten durch Beispiele zu lehren: „[G]leichwie in andern Dingen die Muthmassungen aus vielfältigen und fast unzehligen Umbständen pflegen hergenommen zu werden", schreibt Thomasius, „also ist leichte zu ermessen / daß man auch in der Lehre von der Auslegung die gantze Kunst nicht in wenig und gewisse Regeln einschliessen könne / weil die Veränderung des geringsten Umstandes / offte auf die Muthmassung / darauff sich die Interpretation gründet / verändern soll."[289] Die Aufwertung konjekturaler Argumente bei der Ermittlung des Tathergangs und bei der Rechtsauslegung geht einher mit der Einräumung grundlegender Ungewissheitsmargen bei der Entscheidungsfindung – schließlich hat die juristische Entscheidungsfindung „meistentheils nur mit wahrscheinlichen Dingen zu thun […] / wobey man keine gewisse und unstreitige Entscheidung geben kann".[290]

Anhand des Kindsmordfalls konnte Thomasius die Stärken einer solchen Hermeneutik vorführen.[291] Hatte die *Carolina* das Argument des Verbergens der „leichtuertigkeit" noch aufgrund der Angst vor Schande als ein Indiz für den Mordvorsatz gewertet, so drehte Thomasius das Argument um und wies die Möglichkeit eines Vorsatzes gerade wegen der Furcht vor sozialer Ächtung zurück. Man habe das tote Kind nicht heimlich begraben, weil man es zuvor ermordet habe, sondern allein „damit die Schande die durch das todtgebohrne Kind nicht publiqv. worden / ferner verborgen bliebe" (JH 1, 67). Die verbleibenden Elemente der ge-

---

288 Thomasius, Cautelen, 210–211.

289 Thomasius, Außübung Der Vernunfft-Lehre, 180–181.

290 Thomasius, Cautelen, 216.

291 Zum Stand der Diskussion der juristischen Hermeneutik um 1700 vgl. Axel Bühler, Verstehen und Anwenden von Gesetzen in der juristischen Hermeneutik des 18. Jahrhunderts in Deutschland, in: Entwicklung der Methodenlehre in Rechtswissenschaft und Philosophie vom 16. bis zum 18. Jahrhundert. Beiträge zu einem interdisziplinären Symposium in Tübingen, 18.–20. April 1996, hg. von Jan Schröder, Stuttgart 1998, 101–114 (zu Thomasius 107–110); sowie Jan Schröder, The Concept and Means of Legal Interpretation in the 18th Century, in: Interpretation of Law in the Age of Enlightenment. From the Rule of the King to the Rule of Law, hg. von Yasutomo Morigiwa, Michael Stolleis und Jean-Louis Halperin, Dordrecht, Heidelberg, London u. a. 2011, 91–105 (zu Thomasius 94–96, 99–101).

setzlichen Definition entkräftete er ebenfalls: Weder habe die Angeklagte von ihrer Schwangerschaft gewusst, da sie erst unmittelbar vor der Geburt von ihr erfahren habe, noch sei die Geburt heimlich vonstatten gegangen, da die Mutter zugegen war. Wie Thomasius argumentiert, hätte der Geburtsraum ohne weiteres von anderen Personen betreten werden können. Außerdem habe man das Alter der Angeklagten zu berücksichtigen: „[I]n Ansehen der Inquisitin Jugend“ könne man nicht von einer vollen Zurechnungsfähigkeit sprechen, da diese „tempore der Schwängerung kaum 15. Jahr alt gewesen“ und offensichtlich „von Jhres Vaters Knecht Toffel R. verführet und hierzu betrüglicher Weise beredet worden“ sei (JH 1, 44–45).

Thomasius’ Argumentation zielt auf eine restriktive Interpretation des Gesetzes und weist daher dessen Extension auf den Fall durch einen Vergleich mit den „circumstantias facti“ zurück (JH 1, 97). Die Frage nach möglichen Entscheidungsgründen fiel für Thomasius mit der Frage nach der sachgerechten Umstellung des Vorfalls zusammen, wozu auch die Berücksichtigung persönlicher Umstände zählte.[292] Denn „[m]anchmal verschweigen [...] Advocaten die wahren und nöthigen Umbstände der Sache / oder verderben durch ihre Ungeschickligkeit das sonst gute Recht der Clienten“ (JH 1, 131). Auf diese Weise verkehrt Thomasius’ Abwägungsdenken die juristische Fragestellung. Anstatt danach zu fragen, ob der Kindsmordfall unter die Norm des 131. Artikels subsumierbar ist, fragt er danach, ob die konkreten Merkmale des Einzelfalls die Heranziehung der Norm überhaupt erlauben.[293]

Zu Beginn der *Juristischen Händel* einen Fall vorzustellen, der hinter verschlossenen Türen stattgefunden hatte, war ein strategischer Zug in Thomasius’ Reformbestrebungen. Ein Verbrechen wie ein „infanticidium“, so Thomasius, sei normalerweise ein „delictum occultum“, ein Vergehen, das heimlich und ohne Zeug:innen geschehe. Sofern darum „keine andere indicia verhanden“ waren, solle die Sache allein „GOttes gerechten Gerichte billig anheim gestellet werden“ (JH 1, 59). Eine verheimlichte Schwangerschaft sollte nicht automatisch zu einem Rechtsfall werden – eine Sichtweise, die sich auch auf andere ‚okkulte‘ Verbrechen wie das Praktizieren von Zauberei erstreckte.[294]

292 Zur Berücksichtigung personaler Umstände bei juristischen Entscheidungen vgl. programmatisch Thomasius, Drey Bücher, 521–522.

293 Vgl. zu dieser Umstellung Dieter Simon, Launische Natur, ständige Rechtsprechung und Sicherheit der Bürger, in: Wissen in Bewegung. Institution – Iteration – Transfer, hg. von Eva Cancik-Kirschbaum und Anita Traninger, Wiesbaden 2015, 15–28, hier: 28.

294 Vgl. Thomasius, Über die Hexenprozesse; sowie u. a. die Absolvirung einer ungegründet angegebenen Hexe, in: JH 1, 197–206, die Exempel recht alberner und tummer Hexen-Processe, in: JH 2, 300–339, und die Ungegründeten Hexen-Proceße, in: JH 3, 221–233.

Thomasius führte damit gleich im ersten Handel seiner Sammlung eine Unterscheidung zwischen Recht und Moral ein und trug so zu einem Differenzierungsprozess bei, der um 1700 immer stärker Fahrt aufnahm.[295] Wie sich an der Bauweise des Kindsmordfalls zeigt, ist die Reflexion seiner Verfahren eine markante Eigenart des ausdifferenzierten Rechtssystems.[296] In dieser „über Verfahren laufende[n] Reflexivität"[297] liegt der entscheidende Unterschied zur Moral. Während diese auf eine „Ethik als Reflexionstheorie der Moral" angewiesen ist,[298] zeichnet sich das Recht dadurch aus, rechtmäßig bezweifeln zu können, dass etwas rechtens ist. Nur das Recht kann sich selbst in Frage stellen und nur das Recht kennt das Zaudern im Urteil, die „temporäre[ ] Unentschiedenheit der Rechtsfrage."[299] Dieses Innehalten der aufgeschobenen Entscheidung hängt an dem verfahrenstechnischen Komplexieren der Fallumstände, das in der Frühen Neuzeit etwa in den tabellarischen Gegenüberstellungen der Relation seinen Ausdruck fand. Eine solche „Streuung von Evidenz"[300] lässt sich an Thomasius' Fallsammlung paradigmatisch beobachten. Es war die Ausfaltung und schließlich die Zuspitzung und Gegenüberstellung von Fallumständen, mit der das Rechtssystem bestimmte, was als Zeichen des Rechts gelten konnte – und welche Zeichen man umgekehrt dem Code der Moral zurechnen musste.[301]

In den *Juristischen Händeln* vermerkt Thomasius entsprechend, dass „nach Gelegenheit der Umbstände / die Regulæ decori [d. i. die Regeln der Moral, JSch] mit denen regulis justitiæ nicht zu vermischen [sind]" (JH 1, 225). Die bezeugte Tatsache, dass Anna „zweymahl in der Kinder-Stuben Unzucht [...] getrieben" hat (JH 1, 40), macht sie noch nicht zu einer Kriminellen. Sünden des Fleisches und „süsse Ge-

---

295 Vgl. Joachim Lindner und Claus-Michael Ort, Recht und Moral. Mediale Konstellationen gesellschaftlicher Selbstverständigung über ‚Verbrechen' vom 17. bis zum 21. Jahrhundert, in: Recht und Moral, 13–56; sowie Michael Titzmann, Die Ausdifferenzierung des Normensystems in Früher Neuzeit und Aufklärung: ‚Moral' vs. ‚Recht', in: Recht und Moral, 87–160; grundlegend Luhmann, Ausdifferenzierung des Rechts.

296 Zur Herausbildung von selbstreferentiellen Verfahren in der Frühen Neuzeit vgl. im Anschluss an Luhmann Barbara Stollberg-Rilinger, Einleitung, in: Herstellung und Darstellung von Entscheidungen. Verfahren, Verwalten und Verhandeln in der Vormoderne, hg. von ders. und André Krischer, Berlin 2010, 9–31.

297 Luhmann, Recht der Gesellschaft, 211.

298 Vgl. Niklas Luhmann, Ethik als Reflexionstheorie der Moral, in: Gesellschaftsstruktur und Semantik. Studien zur Wissenssoziologie der modernen Gesellschaft, Bd. 3, Frankfurt a. M. 1993, 358–447.

299 Luhmann, Recht der Gesellschaft, 211.

300 Trüstedt, Stellvertretung, 298.

301 Zum Code der Moral (gut/böse) und dessen Funktionsweise im Vergleich zum Code des Rechts (Recht/Unrecht) vgl. Niklas Luhmann, The Code of the Moral, in: Cardozo Law Review 14 (1993), 995–1009.

dancken von einem verbotenen Laster" sind nicht zu verwechseln mit echten Verbrechen. Da niemand durch solch eine „Regung" zu schaden kommt, „so ist auch keinem Menschen daran gelegen / daß jemand deswegen gestrafft werde".[302] Gegen das inquisitorische Prinzip, dass die Aufgabe der Richter darin bestehe, Verbrechen aufzuklären, selbst wenn es keine Kläger:innen gab (*officium judicis consistit, in eo, ut inquirat in delicta, etiamsi nemo accuset*),[303] argumentiert Thomasius, dass es nicht immer im öffentlichen Interesse sei, Handlungen, die weder Spuren noch Zeug:innen haben, zu untersuchen und zu betrafen.[304] Bei diesem konkreten Handel, so lässt sich Thomasius' Argumentation verstehen, haben seine Studenten es mit einem Vorfall zu tun, der niemals zum Fall hätte reifen dürfen.

So argumentierte auch der junge Advokat vor Gericht. Seine Verteidigungsschrift ist ein Lehrstück der Rechtshermeneutik, die darauf zielt, den Urteilsverfassern „in collectione & meditatione regularum æquitatis [...] Mühe zu ersparen" (JH 1, 58). Die Funktion der Billigkeit (*aequitas*) besteht darin, die Lücke zwischen Recht und Gerechtigkeit zu schließen. Ihre Notwendigkeit ergibt sich daraus, wie Aristoteles im fünften Buch seiner *Nikomachischen Ethik* festhält, „dass jedes Gesetz allgemein ist, dass aber in einzelnen Fällen allgemein gültige Aussagen nicht richtig sein können."[305] Aufgabe der Billigkeit ist daher „eine Korrektur des Gesetzes, wo dieses wegen seiner Allgemeinheit lückenhaft ist."[306] Im Anschluss an das aristotelische Verständnis wurde Billigkeit in der Frühen Neuzeit vornehmlich als ein rechtliches Phänomen verstanden, das bei hermeneutischen Problemen zur Anwendung kam.[307] „Wenn wir in dem natürlichen Rechte von der Billigkeit reden", heißt es etwa im *Zedler*, „so geschiehet solches sonderlich in der Abhandlung derer Gesetze, wobey man in der Application und Interpretation fraget, was die Aequitæt und Billigkeit mit sich bringe?"[308]

---

302 Thomasius, Drey Bücher, 518.

303 Christian Thomasius (Praes.) und Joachim Saltzsieder (Resp.), Dissertatio Inauguralis De Origine Processus Inquisitorii, Halle und Leipzig 1724, 9.

304 Für eine Entfaltung dieser in Thomasius' *Dissertatio Inauguralis De Origine Processus Inquisitorii* zu findenden Argumente vgl. Ettore Dezza, Geschichte des Strafprozessrechts in der Frühen Neuzeit. Eine Einführung, Berlin und Heidelberg 2017, 99–108; sowie (mit Blick auf die Schriften zum Hexenprozess und zur Folter) Regula Ludi, Die Fabrikation des Verbrechens. Zur Geschichte der modernen Kriminalpolitik 1750–1850, Tübingen 1999, 44–45.

305 Aristoteles, Ethik, V, 14.

306 Aristoteles, Ethik, V, 14.

307 Zum frühneuzeitlichen Diskurs der Billigkeit vgl. Jan Schröder, Aequitas und Rechtsquellenlehre in der frühen Neuzeit, in: Rechtswissenschaft in der Neuzeit. Geschichte, Theorie, Methode. Ausgewählte Aufsätze 1976–2009, hg. von Thomas Finkenauer, Claes Peterson und Michael Stolleis, Tübingen 2010, 35–64.

308 Art. Billigkeit, in: Zedler, Universal-Lexicon, Bd. 3, Sp. 1847–1848, hier: 1847.

Zur Zeit von Thomasius hatte die *aequitas* eine dreifache Funktion: Erstens sollte sie das Gesetz einschränken, wenn es zu allgemein war (restriktive Interpretation). Zweitens sollte sie es ausdehnen, wenn es zu spezifisch oder unvollständig war (extensive Interpretation).[309] Drittens sollte sie fehlende Gesetze kompensieren und etwaige Gesetzeslücken füllen. Denn unbillig war es, wenn man „blosser Dinge bey den Worten des Gesetzes oder des ergangenen Befehls verbleibet / und davon nicht ein Haarbreit weichen wil / ob schon die Sache selbst / die Umstände und Billigkeit ein anders erfordern."[310] Angesichts der Wirkmacht kleinster Umstände galt die Regel: „Summum jus, summa injuria: Das enge Recht ist ein weit Unrecht."[311] Dem entgegenzuwirken, war Sache der Billigkeit.

Ihr rechtlicher Status war allerdings problematisch.[312] Denn wenn, wie Harun Maye bemerkt, „die Billigkeit das Problem bezeichnet, dass die Gerechtigkeit einer richterlichen Entscheidung nicht immer aus dem geltenden Recht abgeleitet werden kann, dann kann es auch keine Rechtsquelle geben, die als Bedingung oder Regel der Entscheidung vorangeht."[313] In der Frühen Neuzeit war deshalb auch klar, dass es eine *aequitas scripta*, eine gesetzlich bestimmte Billigkeit, eigentlich nicht geben konnte. *Aequitas*, soviel stand fest, war notwendigerweise ungeregeltes Recht (*ius non scriptum*):[314]

> Das Jus hat seine Grentzen, über welche es nicht schreiten kan, Æquitas hingegen kan dieses thun, angesehen sie sich nach dem Unterschied derer Fälle, Thaten richtet, und können ihr durch Regeln keine Grenzen gesetzet werden, sondern es kommt bloß auf das Gutachten des Richters an, wie weit er selbige extendiren oder restringiren will.[315]

---

309 Beim Kindsmordfall plädiert Thomasius dafür, „daß gegenwärtiger articulus keine interpretationem extensivam, sondern nur restrictivam annehme" (JH 1, 60).

310 Justus Georg Schottel, Ethica Die Sittenkunst oder Wollebenskunst […]. Wolfenbüttel 1669, 581. Vgl. auch Christian Wolff, Vernünfftige Gedancken von dem Gesellschaftlichen Leben der Menschen Und insonderheit Dem gemeinen Wesen […]. Halle 1721, § 412: „Unterdessen da in verschiedenen Fällen die Umstände gantz unterschieden sind; pfleget es zu geschehen, daß die viel zu allgemeinen Gesetze sich darauf nicht schicken und man dannenhero der natürlichen Billigkeit allzunahe tritt, wenn man ihnen schlechterdinges folget."

311 Schottel, Ethica, 581.

312 Zur Problematik der Billigkeit vgl. Harun Maye, Die Paradoxie der Billigkeit in Recht und Hermeneutik, in: Urteilen/Entscheiden, 56–71.

313 Maye, Billigkeit, 61.

314 Vgl. etwa Johann Oldendorp, Was billig und recht ist (1529), 2. Aufl. Frankfurt a. M. 1948, 12. Zu Oldendorps Billigkeitsverständnis vgl. Oliver Bach, Philipp Melanchthon und Johann Oldendorp. Frühes protestantisches Naturrecht zwischen Jurisprudenz und Theologie, in: Von der Allegorie zur Empirie? Natur im Rechtsdenken des Spätmittelalters und der Frühen Neuzeit, hg. von dems., Susanne Lepsius und Friedrich Vollhardt, Berlin 2018, 104–120, insb. 112–114.

315 Art. ÆQVITAS, in: Johann Hieronymus Hermann, Allgemeines Teutsch-Juristisches Lexicon […], Bd. 2, Jena und Leipzig 1741, 33–34, hier: 34.

Um dieses Regulierungsdefizit zu kompensieren, wurde die Billigkeit hilfsweise im Gewissen[316] oder „in der natürlichen Vernunfft“[317] verankert. In Anbetracht der Tatsache, dass die „menschlichen Dinge und Actionen ohne Maß und unendlich“ sind, war für den Naturrechtler Hugo Grotius die Flucht zu den unabhängigen „Lehr-Sätzen der Natur“ die einzig angemessene Haltung: „[D]enn was dessen / so keine gewisse Maß hat / und unendlich ist / eine vollkommene Richtschnur seyn sol / solches kan nicht in gewisser Maß bestehen und endlich seyn.“[318] Dass billigen Entscheidungen jedoch stets eine gewisse Willkür eignete, war trotz aller Gottesfürchtigkeit und auch bei noch so großer „Weißheit und Gelehrsamkeit“[319] nicht zu vermeiden.

Die ungeregelte Billigkeit zeichnete sich durch eine eigentümliche Ortlosigkeit im Recht aus. Sie wurde daher für das neuzeitliche Rechtsdenken, dem es spätestens seit Beginn des 17. Jahrhunderts daran gelegen war, einheitliche und geschlossene Systeme zu kreieren, zu einem Problem.[320] Da *aequitas* „in eine gewisse und determinirte Regul nicht eingefasset werden kan“,[321] erhielt das Recht einen anomischen Zug. Beunruhigend am Billigkeitsdiskurs war für die Juristen dabei auch, dass er auf ein paradoxes Problem verwies, das ins Herz einer jeden Rechtsanwendung traf: Ohne eine zumindest temporäre Aufhebung derselben ließ sich eine Norm nicht anwenden.[322] Zwar versuchte der juridische Diskurs der Frühen Neuzeit die Billigkeit von der Dispensation abzugrenzen, die eine Aufhebung der Gesetze bezeichnete.[323] An der gesetzesaufhebenden Tendenz der Billigkeit änderte dies je-

---

316 Vgl. Oldendorp, Was billig und recht ist, 21–22. Zum Ideal des gewissenhaften Richters vgl. Katharina Flechsig, Von Causenflickern und Rittern der Rechte. Juristenkritik und Juristenideal in der Frühen Neuzeit, Göttingen 2021, 77–81.

317 Art. Æqvitas non scripta, in: Hermann, Teutsch-Juristisches Lexicon, Bd. 2, 34. Dass eine solche Regellosigkeit die Tür für willkürliche Entscheidungen öffne, wurde immer wieder problematisiert. Vgl. etwa Jakob Lersner, Bericht Ob es besser nach gewissen Rechten / oder nach Gutdüncken zu urtheilen [...], Helmstadt 1658.

318 Hugo Grotius, Büchlein / Von Der Billigkeit / von der Indulgenz und von der Gelindigkeit oder Mildigkeit [...], in: Drey Bücher Von Kriegs- Und Friedens-Rechten [...] (1625), Frankfurt a. M. 1709, 297–304, hier: 298.

319 Rüdiger und Rüdiger, Klugheit, 234.

320 Vgl. Bach, Naturrecht, 108.

321 Grotius, Billigkeit, 299.

322 Christian Moser hat „die normsuspendierende Tendenz der Billigkeit“ präzise herausgearbeitet. Vgl. ders., Anomie im Recht: Zum Zusammenhang von Billigkeit, Gewalt und Gesetzeskraft bei Heinrich von Kleist, in: Heinrich von Kleist. Konstruktive und destruktive Funktionen von Gewalt, hg. von Ricarda Schmidt, Seán Allan und Steven Howe, Würzburg 2012, 57–80, hier: 61–65.

323 Billigkeit bezieht sich im Unterschied zur Gesetzesdispensation in erster Linie auf ein Auslegungsproblem. Die Gemeinsamkeit liegt darin, dass beide nicht verrechtlicht werden können und somit Teil einer kasuistischen Praxis sind. Zum Stand der frühneuzeitlichen Debatte über die Dif-

doch nichts. Denn „zwischen Norm und Anwendung", gibt es, wie Giorgio Agamben bemerkt, „keinen inneren Zusammenhang, der es erlaubte, das eine aus dem anderen unmittelbar abzuleiten."[324] Wenn Normen auf einen Einzelfall angewendet werden, kommt es zwangsläufig zu einer temporären Aufhebung dieser Normen.

Die elementare Zusammenhanglosigkeit zwischen Norm und Anwendung führte in der Frühen Neuzeit zur Integration von nichtrechtlichen, d.h. aus keiner Regel ableitbaren Elementen in den Bereich des Rechts. Angesichts der kasuistischen Wirksamkeit von *minimae circumstantiae* waren normative Elemente auf anomische angewiesen, um ihre Kraft zu entfalten.[325] Um diese Lücke zu schließen, reformierte Christian Thomasius die universitäre Ausbildung von Juristen. Fortan diente das Training an und mit Fällen der Erwerbung von hermeneutischer Textkompetenz und der Einübung in eine Urteilshaltung, die auf dem Vermögen beruhte, „bey Ausübung und Anwendung einer allgemeinen Wahrheit die Umstände bey den besonderen Fällen genau [zu] beobachten [...], damit die Anwendung nicht unrecht geschehe".[326] Die Rechtsanwendung hatte sich am Grad der situativen Angemessenheit zu messen, weshalb der Erwerb einer Unterscheidungskompetenz in Thomasius' Augen besonders dringlich schien.

Auch im Kindsmordfall wich Thomasius' Gesetzesauslegung vom Buchstaben des Gesetzes ab, um die Kluft zwischen allgemeinem Gesetz und partikulärem Fall zu überbrücken. Die Einzelheiten des Falls setzte der Anwalt in ein Spannungsverhältnis mit der rigorosen Norm der *Carolina* und drängte die Richter auf diese Weise dazu, die „circumstantias ex bono & æquo mit [zu] consideriren" (JH 1, 64). Zwar macht Thomasius keinen Hehl daraus, was er von der Gesetzgebungskunst Kaiser Karls V. hält, aber keineswegs wolle er sie, wie er in seiner Verteidigungsschrift beteuert, „gantz übern Hauffen stossen" – schließlich habe „der Imperator in Verfertigung dieses Articuls zum Endzweck den Nutzen des gemeinen Wesens sich vorgesetzet" (JH 1, 60). Vielmehr ging es darum, das Gesetz so zu interpretieren, dass die Intention des Gesetzgebers und der Sinn des Gesetzes nicht auf Anna Voigts Fall bezogen werden konnten und deshalb der Artikel „auff diesen casum nicht extendiret werden kan" (JH 1, 67). Seine billige Auslegung, die eine historische Einord-

---

ferenz zwischen einer Dispensation des Gesetzes und Billigkeit vgl. Grotius, Billigkeit. Für Grotius (302) liegt die grundlegende Unterscheidung darin, dass die Dispensation „die Verpflichtung eines Gesetzes auf[hebt] / die Billigkeit aber erkläret / daß das Gesetz nicht verpflichte." Vgl. zum Unterschied auch Samuel von Pufendorf, Acht Bücher / Vom Natur- und Völcker-Rechte (1673), 2 Bde., Frankfurt a. M. 1711, Bd. 1, 183–184 (= I, 6, 17). Dispensation, so Pufendorf, hänge einzig und allein an „des Gesetze-Gebers Gnade", Billigkeit liege hingegen in „der Schuldigkeit eines jedes Richters".

324 Giorgio Agamben, Ausnahmezustand. Homo Sacer II. 1 (2003), 6. Aufl. Frankfurt a. M. 2014, 51.

325 Vgl. (ohne den Bezug auf Umstandsdifferenz) Agamben, Ausnahmezustand, 101.

326 Art. Urtheilungs-Krafft, in: Zedler, Universal-Lexicon, Bd. 51, Sp. 819–822, hier: 821.

nung des Artikels vornahm, konnte zwar das Gesetz nicht dispensieren (diese Möglichkeit war allein dem Souverän vorbehalten). Dennoch hob Thomasius im Akt der Anwendung die originäre Norm temporär auf. Sobald er sich vom engen Buchstaben des Gesetzes entfernte, um es auf den konkreten Fall anzuwenden, wendete er sich von der ursprünglichen Intention der Norm ab.

Was zunächst nach einer vertrauten kasuistischen Korrektur eines allzu allgemeinen Prinzips aussieht, die dazu anhält, „bey diesem schweren casu alle Umbstände wohl und genau [zu] ponderiren" (JH 1, 73), entpuppt sich als weitaus mehr. Indem Thomasius den Artikel der *Carolina* zurechtbog, um sie auf seinen Fall anzuwenden bzw. nicht anzuwenden, suspendierte er temporär eine Norm, die dem zeitgenössischen Gerechtigkeitssinn in keiner Weise mehr angemessen war. Seine Gesetzesinterpretation führte so zu einer Aushöhlung der bestehenden Rechtsordnung. Thomasius wurde zum Provokateur des Rechts, der alternative Verfahrensformen ins Spiel brachte und sich für die Aussetzung bestimmter Setzungen stark machte.

In dieser Funktion ist Billigkeit mehr als nur ein Instrument im kasuistischen Prozess der Rechtsinterpretation. Wenn eine Regel zu weit gebogen wird, kann sie auch brechen. Indem sie die Singularität des Kindsmordsfall transzendiert, um die ungerechten Prozeduren des Inquisitionsprozesses selbst anzuklagen, erschüttert Thomasius' Billigkeit die etablierte Verfahrensordnung. Im anomischen Bereich der Billigkeit handelte Thomasius im Vorgriff auf die ausstehende Reformation des Justizwesens. Die über den längerfristigen Umweg eines Bildungsprogramms geplante Auswechslung des gesamten Justizpersonals vollzieht er daher kurzerhand bereits im ersten Handel. Verfahrens- und Formfehler sowie Verstöße gegen die Amtspflichten wie Parteilichkeit, Habgier oder Bestechlichkeit werden durch den Ich-Erzähler schonungslos aufgedeckt und bei den nächsthöheren Instanzen neues Personal angefordert.

Und es kommt nicht von ungefähr, dass Thomasius die Reihe der *Juristischen Händel* mit just diesem Fall beginnt. 1720, im selben Jahr der Veröffentlichung des ersten Bandes, hatte der preußische König Friedrich Wilhelm I. ein Edikt zum Kindsmorddelikt erlassen, mit dem er, zum Schrecken aller progressiven Kräfte, die nicht mehr gebräuchliche Normalstrafe des Sackens wieder einführte. Er habe, so beginnt das Edikt, bemerkt, dass die Täterinnen für einen „wieder alle natürliche Liebe lauffenden Kinder-Mord" oftmals nur zum Tode durch das Schwert verurteilt würden.[327] Zwar begrüße er tendenziell gelindere Strafen, allerdings nicht in einem Fall, der in solchem Maße seine biopolitische Sorge auf sich ziehe:

327 Allgemeines Edict wegen des Kinder-Mords, worin die Straffe des Sacks verordnet wird. De Dato Berlin, den 30. Augusti 1720, in: Corpus Constitutionum Marchicarum, Oder Königl. Preußis.

> Wann aber leyder! die Erfahrung bezeuget, daß dieses Verbrechen allzu gemein wird, und viele ausser der Ehe gebohrne unschuldige Kinder von ihren gottlosen Müttern bey der Geburth umgebracht werden, deren Blut um Rache schreyet; dannenhero Uns oblieget, die Gerechtigkeit desto strenger zu führen, und zu versuchen, ob die härtere Bestraffung denen ruchlosen Gemüthern einen Schreck einjagen möge, sich auch vor dergleichen Sünden zu hüten, worauf nachhero solche abscheuliche Kinder-Morde erfolgen [...].[328]

An alle Juristenfakultäten des Landes (wozu auch die hallische gehörte) erging deshalb der Befehl, „bey Abfassung derer Sententzien auf die Straffe des Sackens schlechterdings zu erkennen, und Unserer Gnade und Huld eintzig und allein zu überlassen, ob Wir in ein oder andern Fällen Gnade vor Recht wollen ergehen lassen, welches Wir jedoch bey so häuffig grassirendem Ubel zu thun nicht gesonnen seynd, es müsten dann gar sonderbare Umstände Uns anrathen".[329] Welch fatale Wirkung dieses verschärfte Edikt auf Thomasius und seine Kollegen gehabt hat, kann man sich nur ausmalen. Die Darstellung von Fällen wie dem vermeintlichen Kindsmord in seiner neuen Sammlung belegen jedoch, wie sehr Thomasius gewillt war, am Fundament des königlichen Erlasses zu rütteln.

Die Voraussetzung von Thomasius' kasuistischem Verfahren, das Prozesse in zweiter Ordnung beobachtet, lag in der Historisierung des Rechts, die er in Gang gebracht hatte. Dieses Projekt hatte die prekäre Basis des Rechts sichtbar gemacht und die Beobachtung von Recht als historisches und kontingentes soziales Faktum ermöglicht. Zu Beginn des 18. Jahrhunderts begannen positives Recht und (göttliches) Naturrecht (sowie generell Recht und Moral) zu divergieren. Es öffnete sich ein Raum für die Kritik an Gesetzen durch Falldarstellungen, in denen Legalität und Legitimität nicht mehr koinzidieren. Erst jetzt konnten Fälle wie der vorgestellte vermeintliche Infantizid zum Prüfstein für das Rechtsempfinden werden und die poetische Form des Casus annehmen, wie André Jolles sie konzipiert hat.[330] Als ein Katalysator für eine Entwicklung, die eine steile Karriere im 18. und 19. Jahrhundert hingelegt hat, entdeckten Thomasius' Fallakten nicht nur die Illegitimität einzelner

und Churfürstl. Brandenburgische in der Chur- und Marck Brandenburg, auch incorporirten Landen publicirte und ergangene Ordnungen, Edicta, Mandata, Rescripta etc. [...] (1737), hg. von Christian Otto Mylius, 2. Aufl. Berlin und Halle 1755, 2. Tl., Abt. 3, Sp. 121–124, hier: 121.

328 Edict wegen des Kinder-Mords, Sp. 121.

329 Edict wegen des Kinder-Mords, Sp. 123.

330 Vgl. Christian Kirchmeier, Krise der Kritik. Zur Poetik von Kasus und Rätsel am Beispiel zweier Kriminalerzählungen von Jodokus D. H. Temme und Auguste Groner, in: Tötungsarten und Ermittlungspraktiken. Zum literarischen und kriminalistischen Wissen von Mord und Detektion, hg. von Maximilian Bergengruen, Gideon Haut und Stephanie Langer, Freiburg i. Br., Berlin und Wien 2015, 19–38, hier: 23–27. Kirchmeier lokalisiert das erste Auftauchen des Casus als Medium der Rechtskritik allerdings erst in der Zeit um 1800.

Gesetze; ihr umständliches Rahmennarrativ transformierte den Inquisitionsprozess und die Prozeduren des Rechts selbst in ‚Fälle', die zu Beurteilung standen.

Diese Transformation gelang, indem der Casus zu einer dynamischen Prosaform wurde, die ihrer eigenen Poetik gehorchte. Um das Gerichtsverfahren für seine Studenten beobachtbar zu machen, verwandelte Thomasius den historischen Fall in einen Casus, der eine „Streuung der Normen"[331] realisierte und so die Frage nach dem gerechten Gesetz im Einzelfall stellte. Hierfür installierte er nicht nur einen autobiografischen Ich-Erzähler, der Beobachtungen zweiter Ordnung anstellt, sondern er verlangte solche Beobachtungen in Potenz auch von seinen studentischen Lesern. Berichte (Beobachtungen) von Vorfällen und die Bewertungen (Beobachtungen) dieser Berichte (Beobachtungen) fielen nicht mehr wie in der alten Rhetorik als kunstvolle und kunstlose Beweise auseinander – als innere und äußere Umstände, wie es in der *Logik von Port-Royal* heißt –, sondern sie wurden von ein und demselben Leser als nur noch relativ differenzierte Aussage- und Erzählweisen unterschieden.[332]

Die Hypothesen über den Zusammenhang von Fallumständen und die Urteile über die Glaubwürdigkeit von Zeugnissen waren für das neuartige Wahrscheinlichkeitskalkül damit beziehbar geworden. Die Leser konnten unterschiedliche Stufen von Wahrscheinlichkeit bewerten und die Entscheidungen anderer revidieren. Das aus rhetorischer Perspektive untechnische Zeugnis erhielt damit einen neuen Status. Aus ihm wurde ein selbst wiederum beobachtbarer Umstand, dessen qualitative Differenz zum technischen Beweis der Rhetorik nivelliert war. Das Zeugnis sprach nicht mehr, wie in der Beweistheorie der *Carolina* noch vorgesehen, eine objektive Wahrheit aus. Vielmehr gab es, so wie die Rechtsregeln der *Carolina*, erst als Gegenstand eines rechtshermeneutischen Diskurses sein Wissen Preis. Fortan stand das Zeugnis immer schon unter Verdacht. Vorfälle hatten ihre Augenfälligkeit verloren.[333] Es gab, so lautet die epistemologische Annahme, einen beobachtbaren Unterschied zwischen dem Fall als Vorfall und seiner Darstellung in den Akten. Ordentliche Urteile waren unter diesen Bedingungen nicht mehr ohne weiteres zu fällen. Die Außerordentlichkeit des Urteils wurde zum Normalfall einer juristischen Praxis, die selbst Aussagen von Zeug:innen noch als ‚Umstände' des Falls verarbeitete.

In diesem Sinne konnte die neuere rechtsgeschichtliche Forschung eine Fehlannahme älterer Studien korrigieren: Es war nicht die 1740 in Preußen einsetzende Abschaffung der Folter, die durch den Wegfall eines erfolterten Geständnisses

---

331 Jolles, Einfache Formen, 179–180.

332 Vgl. Campe, Spiel der Wahrscheinlichkeit, 116.

333 Vgl. Jakob, Indizien erzählen, 13.

eine außerordentliche Strafmöglichkeit hervorrief und schließlich eine ‚freie Beweiswürdigung' ins Spiel brachte.[334] Vielmehr war es umgekehrt die in der inquisitorischen Praxis bereits in Gebrauch gewesene Umständlichkeit in der Beweiswürdigung, die einen Verzicht auf erpresste Aussagen allererst möglich machte.[335] Diese Form der Würdigung indirekter Beweise wurde mithilfe von Fallsammlungen eingeübt, die auf den Verdichtungstechniken der Relation beruhten. Allerdings musste ein auf Umstände fokussiertes Rechtssystem nun mit dem Problem umgehen, Entscheidungen zu produzieren, deren Regeln nicht mehr angegeben werden konnten. Und es handelte sich mit diesem Fokus das erkenntnis- und darstellungstechnische Problem ein, zu bestimmen, welche Details entscheidungsrelevant waren. Mit dieser Umstellung von der Geständnisorientierung auf die freie Würdigung von Beweisen gewannen zugleich Erzählstrukturen an Bedeutung, mit deren Hilfe die verstreuten Tatsachen eines Falls zu einem kohärenten Sachverhalt verknüpft wurden.[336]

Als Teil einer Feedbackschleife zwischen aktenbasierten Medientechnologien und der Pragmatik der Juristenausbildung hatte dieser logisch-juristische Umbruch um 1700 mehrere bemerkenswerte Konsequenzen. Fälle wurden nicht mehr ausgehend von ihrer Lösung erzählt, ihrem Ausgang, den Harsdörffer noch so schnell wie möglich herbeiführen wollte. Im Gegenteil: Einer neuartigen Poetik des Umstands folgend, trafen Fälle nun eine von vielen möglichen Entscheidungen, deren Entstehung einem potenziell revisionistischen Urteil des Lesers vorgelegt wurde. Er werde, schreibt Thomasius in den *Juristischen Händeln* im Blick auf seine eigenen Entscheidungen, es stets „des Lesers Urtheil auch lediglich überlasse[n] / wo etwann auch von mir hier und dar contra regulas prudentiæ peciret worden" (JH 3, Vorrede, unpag.).[337]

---

334 Vgl. Stichweh, Subjektivierung der Entscheidungsfindung.

335 Vgl. Lorenz Schulz, Semiotik und Recht: das Zeichen im Recht und das Recht des Zeichens, in: Die Welt als Zeichen und Hypothese. Perspektiven des semiotischen Pragmatismus von Charles Sanders Peirce, hg. von Uwe Wirth, Frankfurt a. M. 2000, 390 – 411, hier: 396; ausführlich Schmoeckel, Humanität und Staatsraison; sowie die frühe Studie von Langbein, Torture, insb. 45 – 69.

336 Vgl. Weitin, Zeugenschaft, 266.

337 In der Einübung einer juristischen Urteilskraft wird man auch nach dem Ende der Rechtskasuistik den Nutzen von Fallsammlungen erblicken. Vgl. Ernst Ferdinand Klein, Ueber Das Studium merkwürdiger Rechtsfälle, in: Annalen der Gesetzgebung und Rechtsgelehrsamkeit in den Preussischen Staaten, Bd. 6, hg. von dems., Berlin und Stettin 1790, 112 – 120, hier: 118: „Hieraus ergiebt sich, wie es möglich sey, das Studium der Rechtsfälle recht nützlich zu machen. Es müßte nähmlich der Leser, nachdem er sich mit der Geschichtserzählung bekannt gemacht hätte, ehe er weiter läse, selbst eine Entscheidung des Falles versuchen. Denn alsdenn würde er nicht nur seine Theorie durch Beyspiele erläutern und befestigen, sondern auch seine Beurtheilung üben, und also durch eine solche Lectüre den Mangel der Erfahrung in der That ersetzen."

Fortan wurden Fälle von ihrer Emergenz her befragt und beschrieben und ihre mediale Umgebung in den Blick gerückt. Die perspektivische Erfassung von Tatsachen stand nun im Vordergrund. Die Komplexität von Vorfällen wurde in einem neuen institutionellen Gefüge entfaltetet, das Recht, Medizin und Experimentalwissenschaft vereinte. Der Casus verwandelte sich damit in eine prozedurale Form, die Ungewissheit als „Motor des Verfahrens“[338] erzeugte. Die Aufmerksamkeit der studentischen Leserschaft wurde auf Begebenheiten gelenkt, die erst in der Gegenüberstellung ihrer Umstände und durch eine temporäre Unentschiedenheit Gestalt annahmen. Den Kontext von Fällen sollten die Leser selbst erschließen. Deren Lektüre wendete sich zur Deutung aktenkundiger Indizien. Im Versuch, seine Leser zu Experten der Spurenlese zu machen, etablierte Thomasius einen konjekturalen Urteilsmodus, der die „Geistesbeschäftigung“ des „Wägen[s]“[339] dynamisierte und ihr eine neuartige und historisch konkrete Form gab.

Seine Fallsammlungen sollten bald Nachahmer finden. Noch im Jahr der Erstauflage der *Juristischen Händel* gründete Thomasius’ Schüler Johann Christoph Meinig eine Zeitschrift mit dem Titel *Enunciata et Consilia Juris unterschiedener Rechts-Gelehrten, berühmter Facultæten und Schöppenstühle, uber besondere und im allgemeinen Leben vorfallende merckwürdige und dubiöse Casus*, die siebenundsechzig Bände umfassen und sich über zwei Jahrzehnte erstrecken sollte. Auch Meinigs Fallsammlung war ein „vor Studiosos und junge Practicos colligirtes Buch“.[340] Und auch hier ging es um die Bereitstellung von Präjudizien und die beispielhafte Anleitung des rechten *iudiciums* gleichermaßen. Zur „Einleitung in die Praxin“ und „zu einem gründlichen Exercitio“ versammelte Meinig Casus, die „seltsam, merckwürdig und von so curieusen Umständen sind, daß man eben dieser Eigenschafften wegen, den ersten Angriff nach, eine ungewöhnliche Untersuchung vermuthet, da doch die Decision hernach gantz natürlich erscheinet“[341] – „minima circumstantia variet Juris applicationem“, heißt es immer wieder.[342] Die Applikation von Normen auf Einzelfälle ging daher auch bei Meinig einher mit der minutiösen Aufmerksamkeit für deren Details. Da es bei vielen Prozessen „lediglich auf das arbitrium judicantium und den usum fori“ ankomme, präsentierte seine Zeitschrift

338 Luhmann, Legitimation durch Verfahren, 116.

339 Jolles, Einfache Formen, 191.

340 Johann Christoph Meinig, Enunciata et Consilia Juris Unterschiedener Rechts-Gelehrten, Berühmter Facultæten und Schöppenstühle, Uber besondere und im allgemeinen Leben vorfallende merckwürdige und dubiöse Casus […], 67 Bde., Leipzig 1720–1742, hier: Bd. 1, Zuschrift an Graf August Christoph, unpag.

341 Meinig, Enunciata et Consilia Juris, Bd. 1, Vorrede, unpag.

342 Meinig, Enunciata et Consilia Juris, Bd. 1, 659.

Musterlösungen schwieriger Fälle, die sich als Präzedenzfälle auf eine „auctoritatem rerum judicatarum" stützten und somit eine „vim legalem" besaßen.[343]

Aus wissensgeschichtlicher Perspektive markieren Sammlungen wie Thomasius' *Juristische Händel* und Meinigs *Enunciata et Consilia Juris* eine Wendung im Zugriff auf Einzelfälle. Die in Halle eingeübten Verfahren ebneten den Weg zu jenem Indizienparadigma, dessen Aufkommen im späten 19. Jahrhundert Carlo Ginzburg beschrieben hat.[344] Die neuere Forschung hat betont, dass sich die Formierung des Indizienparadigmas bereits um 1800 feststellen lasse und den Blick auf das Beweisrecht des *ius commune* gelenkt.[345] Allerdings lässt sich die Entstehung des Indizienparadigmas von der Sattelzeit auf die Zeit um 1700 vordatieren. Schon die Frühe Neuzeit hat einen ausgeprägten wissenschaftlichen Umgang mit Indizien entwickelt. Stärker noch als in gesetzlichen Verordnungen und wissenschaftlichen Kommentaren, traten Indizien in literarisch gestalteten Fallsammlungen als ein spezifischer Zeichentypus in Erscheinung, mit dem sich auf Vorfälle abduktiv schließen ließ. Es waren deshalb gerade die Darstellungsverfahren solcher Fallsammlungen, ihr poietisches und praxeologisches Wissen, aus denen sich im 19. Jahrhundert das Indizienparadigma formierte. Dem Indizienparadigma geht ein Umstandsparadigma voraus, dessen Praktiken die Aufmerksamkeit einer neuen Generation von Staatsdienern auf scheinbar Nebensächliches lenkten und den kontingenten Umstand als Zeichen epistemisch produktiv machten.

Der von Thomasius auf über hundert Seiten beschriebene Kindsmordfall ist vor Kurzem Gegenstand eines historischen Romans geworden, der den Fall der Anna Voigt ausgehend von den Fallakten der *Juristischen Händel* aus der jeweiligen Perspektive der am Prozess beteiligten Figuren erzählt.[346] Zwar mag es auf den ersten Blick verwundern, dass gerade dieser vergleichsweise unbekannte Fall aus dem Jahr 1681, der in einer bisher wenig beleuchteten Fallsammlung archiviert ist, zum Stoff eines zeitgenössischen Romans geworden ist – noch dazu eines norwegischen. Vor dem Hintergrund der in diesem Kapitel herausgearbeiteten neuartigen Verfahren ist der Anschluss moderner Romane an die Poetik der frühneuzeitlichen Kasuistik jedoch kaum überraschend.

---

343 Meinig, Enunciata et Consilia Juris, Bd. 1, Vorrede, unpag.

344 Vgl. Ginzburg, Spurensicherung.

345 Vgl. Eder, Forensik und Fiktion; sowie Düwell, „Denn nur das Einzelne ist wirklich", insb. 34–39.

346 Vgl. Tore Renberg, Die Lungenschwimmprobe. Verteidigung einer jungen Frau, die des Kindsmords bezichtigt wurde (2023), aus dem Norw. von Karoline Hippe und Ina Kronenberger, München 2024.

IV Wundersame Fälle: Pitavals *Causes célèbres et intéressantes*

Christian Thomasius' Fallsammlung entstand im pragmatischen Kontext der Juristenausbildung. Ihre Aufmerksamkeit auf Indizien und die Etablierung einer autodiegetischen Erzählinstanz hatte dem Casus eine neue Form verpasst. Diese Form war untrennbar mit dem Medium der Akte verwoben. Das folgende Kapitel wird den Zusammenhang von Akte und Fall weiterverfolgen. Es wird die Literarisierung von Prozessakten in den Blick nehmen. Damit wechselt der Schauplatz von Halle erneut zurück nach Leipzig – jenem Ort, von dem Thomasius noch geflohen war. In der Mitte des 18. Jahrhunderts hatte die Stadt jedoch ihre Staubigkeit bereits verloren. Eine Reihe von Thomasius' Schülern hatte sich in Leipzig niedergelassen und in der Stadt ein Verlangen nach französischen Prozessakten entfacht. Ende der 1740er Jahre erschien in Leipzig in neun Bänden die berühmte Rechtsfallsammlung des französischen Advokaten François Gayot de Pitaval (1673–1743), die bereits in Frankreich für Furore gesorgt hatte. Gut Hundert Jahre nach Harsdörffer schielte man erneut auf die literarischen Trends des Nachbarlands. Anhand eines der berühmtesten Fälle der Literaturgeschichte werde ich das neuartige Programm Pitavals analysieren. Dies unter besonderer Rücksichtnahme auf den Literaturtransfer. In einem zweiten Schritt werde ich die Konsequenzen dieses Programms für die kasuistische Form beleuchten. Ähnlich wie bei Thomasius, aber narrativ raffinierter, wird bei Pitaval die Ungewissheit inszeniert, die durch das rechtliche Verfahren hergestellt wird. In der Untersuchung seiner Schreibpraktiken nehme ich die Fährte wieder auf, deren Spur die Indizien bei Thomasius lesbar gemacht haben. In Pitavals Sammlung wird der semiotische Unterschied zwischen Umstand und Indiz nun literarisch produktiv.

1 Trügerischer Schein: Reflexivität des Falls

Die historisch verbürgte Geschichte des falschen Martin Guerre zählt zu den berühmteren Fällen der Frühen Neuzeit und wurde vielfach nach und immer wieder neu erzählt.[1] Sie spielt im südfranzösischen Dorf Artigat Mitte des 16. Jahrhunderts. Ein Bauer namens Martin Guerre taucht ebenso plötzlich wieder auf, wie er sich

1 Eine Auswahlbibliographie der Fallerzählungen findet sich bei Natalie Zemon Davis, deren Buch im Zuge einer Verfilmung des Stoffes entstanden ist und in Form einer Mikrohistorie die bisher umfassendste Rekonstruktion des Falls liefert. Natalie Zemon Davis, The Return of Martin Guerre, Cambridge und London 1983, 127–131.

https://doi.org/10.1515/9783111358680-005

etliche Jahre zuvor spurlos aus dem Staub gemacht hatte. Beinahe mühelos schafft er es, seinen Platz in der Dorfgemeinschaft und an der Seite seiner Frau Betrande du Rols wieder einzunehmen. Einige Jahre später verbreitet sich jedoch das Gerücht, dass es sich bei Martin Guerre in Wahrheit um einen Hochstapler namens Arnauld du Tilh handele, der Guerres Identität angenommen habe. Der Fall kommt vor Gericht, aber der Verdächtigte kann – nicht zuletzt durch die Intervention seiner eigenen Frau – nicht überführt werden. Der Angeklagte steht schon kurz vor dem Freispruch, als der echte Martin Guerre aus heiterem Himmel auftaucht. Der Betrüger wird entlarvt und daraufhin hingerichtet.

Als der französische Parlamentsadvokat François Gayot de Pitaval sich Anfang der 1730er Jahre dazu entschied, mit der Erzählung dieses brisanten Falls seine bald schon zwanzig Bände umfassenden *Causes célèbres et intéressantes, avec les jugemens qui les ont décidées*[2] zu beginnen, war die Geschichte des falschen Martin Guerre längst topisch geworden. Nicht nur war sie, ausgehend von einer aus Gerichtsakten entsprungenen Veröffentlichung eines am Prozess beteiligten Anwalts,[3] zu einem zentralen Fallbeispiel juristischer Ausbildungspraxis avanciert; der Fall zirkulierte zudem bereits in aller Kürze als wundersame Neuigkeit in Flugschriften,[4] hatte die Form einer *histoire prodigieuse* angenommen,[5] um dann in Montaignes *Essais* einzufließen[6] und schließlich als Anekdote in einer Sammlung berühmter Hochstapler zu landen.[7] Die Geschichte des Martin Guerre ist ein wandernder Fall.

Der falsche Martin Guerre gehörte zu einer Reihe von Simulanten und Hochstaplern, die um 1600 den Aufstieg zur literarischen Figur vollzogen hatten.[8] Seine

---

2 François Gayot de Pitaval, Causes célèbres et intéressantes, avec les jugemens qui les ont décidées, 20 Bde., Paris 1734–1743. Die *Causes célèbres* haben neun Auflagen erhalten. Der Gebrauch von durchgängig in Versalien geschriebenen Wörtern zur typographischen Hervorhebung einzelner Sätze oder Begriffe in dieser Ausgabe der *Causes célèbres* wird in Zitaten in vorliegender Arbeit nicht wiedergegeben.

3 Jean de Coras, Arrest Memorable, du Parlement de Tolose, Contenant une histoire prodigieuse, de nostre temps, avec cent bellens, & doctes Annotations […], Lyon 1561.

4 Guillaume Le Sueur, Histoire Admirable d'un Faux et Supposé Mary […], Paris 1561.

5 François de Belleforest, Histoires prodigieuses, extraictes de plusieurs fameux Autheurs […], Paris 1571, Bd. 2, f. 282^{r-v}.

6 Michel de Montaigne, Essais, Paris 1588, 3. Buch, Kap. 11, „Des boyteux". Montaigne war als junger Mann Zeuge der Hinrichtung des Betrügers gewesen.

7 Jean-Baptiste de Rocoles, Les imposteurs insignes; ou, Histoires de plusieurs hommes de néant […], Amsterdam 1683, 286–315.

8 Valentin Groebner hat den Aufstieg der Hochstaplerfigur mit der Emergenz von individuellen Kontroll- und Identifikationssystemen und der damit verbundenen papiernen, gleichsam fiktiven Verdoppelung von Personen durch administrative Abstraktionen in Verbindung gebracht. Vgl. Valentin Groebner, Der Schein der Person. Steckbrief, Ausweis und Kontrolle im Europa des Mittel-

verschlungene und vielschichtige Publikations- und Rezeptionsgeschichte, die noch bis in die feministischen und repräsentationstheoretischen Wendungen des 20. Jahrhunderts reicht,[9] legt den Schluss nahe, dass die mannigfachen Wiederaufbereitungen keine Rekonstruktionen oder Umdeutungen eines identisch bleibenden ursprünglichen Falls sind; vielmehr besteht seine vermeintliche Einheit gerade in dieser Serie von Transformationen und Modifikationen, die der Fall durchläuft.[10] Den heterogenen Rezeptionsweisen eines Falles eignet daher keine Nachträglichkeit. Sie sind von vornherein Komponenten seiner medialen Verfasstheit, die die Kompatibilität des Falls mit einer Vielzahl von Textformaten, literarischen Formen und diskursiven Themenfeldern garantiert.

Pitavals Wahl, ausgerechnet mit dieser *cause célèbre* die Sammlung zu eröffnen, lag aber nicht allein in der Anschlussfähigkeit und Bekanntheit des Falls begründet. Vielmehr hatte dessen Erzählung programmatischen Charakter für die poetologischen Aspekte von Pitavals Fallsammlung. Brisanterweise erscheint die Problemlage, auf die die Erzählung des Falls reagiert, in ihrem vollen Ausmaß erst in der deutschen Übersetzung. Konkret wird sie durch eine Verschiebung sichtbar, die die Übersetzung in einem einschlägigen Fußnotenkommentar in der Vorrede vornimmt. Dieser Kommentar betrifft die Verortung von Falldarstellungen im literarischen Feld des mittleren 18. Jahrhunderts und damit das „Gattungswissen"[11] des Casus selbst.

1747 war die erste Übersetzung der *Causes célèbres et intéressantes* unter dem Titel *Causes Celebres, oder Erzählung sonderbarer Rechtshändel, sammt deren gerichtlichen Entscheidung* in Leipzig bei Gottfried Kiesewetter erschienen, einem Stockholmer Buchhändler, der bis 1757 auch die Universitätsbuchhandlung in

---

alters, München 2004, 124–158. Zum narrativen Potenzial der Figur vgl. die Beiträge des Sammelbands Imposture et fiction dans les récits d'Ancien Régime, hg. von Nathalie Kremer, Jean-Paul Sermain und Yen-Mai Tran-Gervat, Paris 2016.

9 Zu Fragen bildlicher Repräsentation sowie der Problematik eines unzureichenden Grundes und des daraus resultierenden Stellvertreterlebens vgl. die Lesart bei Robert Musil, Der Mann ohne Eigenschaften, 2 Bde., hg. von Adolf Frisé, Hamburg 1978, Bd. 2, 1337–1349. Zur Agency der zurückgelassenen Ehefrau vgl. Janet Lewis, The Wife of Martin Guerre, in: Cases of Circumstantial Evidence, introduction by Kevin Haworth, Athens 2013, 3–116.

10 Nicolas Pethes hat diese konstitutive Funktion von Wiederaufbereitungen in unterschiedlichen Medien, Formaten und epistemologischen Kontexten für die Konstruktion von Fällen herausgestrichen und mit Verweis auf Hans Blumenbergs Studien zum Mythos (Arbeit am Mythos, Frankfurt a. M. 1979) als „Arbeit am Fall" bezeichnet. Nicolas Pethes, Wandernde Fälle. Transfer und Transformation gerichtspsychologischer Berichte, in: Die Causes célèbres des 19. Jahrhunderts, 39–58.

11 Zum spezifischen Wissen literarischer Gattungen, Genres und Formen vgl. den Band Gattungs-Wissen; sowie Gunhild Berg, Literarische Gattungen als Wissenstexturen. Zur Einleitung und zur Konzeption des Bandes, in: Wissenstexturen. Literarische Gattungen als Organisationsformen von Wissen, hg. von ders., Frankfurt a. M. 2014, 1–19.

Uppsala leitete.[12] Es folgten bis 1750 innerhalb kürzester Zeit sieben weitere Bände, die ebenso wie der erste Band inhaltlich den französischen Vorlagen entsprachen.[13] Im Gegensatz zu den Übersetzungsarbeiten, die Georg Philipp Harsdörffer und die *Fruchtbringende Gesellschaft* gut ein Jahrhundert zuvor getätigt hatten, nimmt die Kiesewetter'sche Übersetzung keinerlei formale Veränderungen und kaum Kürzungen vor und hält sich beinahe wortgetreu an Pitavals Original. Von einer überbietenden *aemulatio* im Sinne einer verbesserten Übersetzung, wie sie im literaturpolitischen Wettstreit der Nationen von Figuren wie dem Leipziger Johann Christoph Gottsched propagiert wurden, findet sich hier keine Spur.[14] Übrig bleibt im „Vorbericht des Ubersetzers" nur die bewundernde Anerkennung und der hoffnungsfrohe Aufruf, dass „doch die Zeit bald erscheinen [möchte], daß die Deutschen in allen Arten von Wissenschaften so schöne Schriften lieferten, daß man der Ausländer Schriften entbehren könnte!" (CC 1, Vorbericht, unpag).[15]

Im Leipzig der 1740er Jahre durfte Kiesewetter auf hohe Absatzchancen hoffen. Leipzig war ein „Ballungszentrum von Kommerz und Kultur" von europäischer Tragweite.[16] Mit ihrer Ausrichtung am Nachbarland hatten die Gottscheds sowie zahlreiche gelehrte Sozietäten und Salons dort ein Klima geschaffen, das Überset-

12 Gayott von Pitaval, Causes Celebres, oder Erzählung sonderbarer Rechtshändel, sammt deren gerichtlichen Entscheidung. Aus dem Franz. übers., 9 Bde., Leipzig 1747–1767. Zitate aus den *Rechtshändeln* werden im Folgenden im Haupttext mit der Sigle „CC" unter Angabe der Bandnummer angegeben.

13 Ein neunter Band wurde erst 1767 bei Heinsius in Leipzig verlegt, nachdem der Verlag Kiesewetter aufgekauft „und die ersten acht übersetzten Theile an sich gebracht" hatte. Im Gegensatz zu den ersten acht Bänden, die dem Original auch in der Reihenfolge treu bleiben, präsentiert er vermischte Auszüge aus „den übrigen französischen Theilen". CC 9, Vorbericht, unpag.

14 Vgl. Johann Christoph Gottsched, Ausführliche Redekunst. Nach Anleitung der alten Griechen und Römer, wie auch der neuen Ausländer [...] (1736), 2. Aufl. Leipzig 1739, „Von den Uebersezungen", 391–395. Vgl. Christian Meierhofer, Französische Rechtssachen und deutsche Schreibart. Zu Materialbezug und Übersetzungspraxis im Pitaval, in: Literatur und Recht: Materialität. Formen und Prozesse gegenseitiger Vergegenständlichung, hg. von Eric Achermann, Andres Blödorn, Corinna Norrick-Rühl et al., Berlin 2023, 257–284, hier: 263–264, 269. Für die freundliche Übersendung der Druckfahne danke ich Christian Meierhofer.

15 Den Überbietungswettkampf nimmt eine anonyme Rezension allerdings wieder auf. Die Übersetzung sei „gröstentheils so wohl gerathen [...], daß sie der Richtigkeit wegen vielen andern vorgezogen, und in Ansehung der Schreibart den besten deutschen Schrifften an die Seite gesetzt zu werden verdienet." Sie übertreffe „so gar das Original, in so ferne dieses wegen der langen Perioden an vielen Orten einiger maßen dunckel und schwer wird." Anonym, [Rez.] Gayott von Pitaval. Erzählung sonderbarer Rechtshändel sammt deren gerichtlichen Entscheidung, aus dem Französischen übersetzt, I. II. III. IV. V. VI. VII. VIII. Theil, in 8. Leipz. 1747–1750, in: Unpartheyische Critik über Juristische Schriften inn- und außerhalb Deutschland 1.6 (1750), 484–504, hier: 503.

16 Mühlpfordt, Halle-Leipziger Aufklärung, 125.

zungen französischer Werke begünstigte.[17] Zudem hatte sich Leipzig als ein europäisches Zentrum des Verlagswesens etabliert, in dem Großprojekte wie Zedlers vierundsechzig Bände umfassendes *Universal-Lexicon*, aber auch eine Reihe Periodika wie die *Moralischen Wochenschriften* erschienen.[18] Die Leipziger Buchmesse wiederum hatte seit dem Ende des 17. Jahrhunderts die Frankfurter Messe als größte Buchmesse Deutschlands abgelöst und Leipzig „zum Umschlagsort für die neuesten Gedanken" gemacht.[19] Auch wenn der kursächsische Hof in Dresden residierte, konnte Leipzig sich ökonomisch als erfolgreiche Handels- und Gelehrtenstadt profilieren. „Man kann nicht leügnen, daß Leipzig ein überaus annehmlicher ort ist und eine confluenz von solchen gelehrten die man in keinem theil der welt noch Statt findet", stellt ein Schweizer Messebesucher 1738 bewundernd fest. „Es sind über 100 Doctores und Magistri Legentes. Es sind mehr als 300 buchläden an dieser Leipziger meß. alle arten der Marchandise, alle nationes, zungen und sprachen."[20] Neben dem internationalen Publikum, das jährlich auf die Leipziger Messen strömte, war die große Anzahl von Verlagen und Buchläden auf die hohe Dichte wohlhabender und kulturell ambitionierter Einwohner:innen zurückzuführen.

Seitdem sich zu Beginn des 18. Jahrhunderts der Streit mit der Nachbarstadt Halle entschärft hatte, konnte eine Reihe ehemaliger Studenten von Christian Thomasius in Leipzig Fuß fassen.[21] Das orthodoxe Zentrum des Luthertums wurde zur galanten Modestadt. Die Thomasianer führten das neugestaltete Naturrecht, die Lehren der Rechtshistorie und die an den *Juristischen Händeln* erprobte Urteilskunst in Leipzig ein.[22] Entlang dem Beispiel juristischer Wahrheitsfindung

17 Vgl. Helga Brandes, Im Westen viel Neues. Die französische Kultur im Blickpunkt der beiden Gottscheds, in: Diskurse der Aufklärung. Luise Adelgunde Victorie und Johann Christoph Gottsched, hg. von Gabriele Ball, Helga Brandes und Katherine R. Goodman, Wiesbaden 2006, 191–212; sowie Günter Gawlick, Johann Christoph Gottsched als Vermittler der französischen Aufklärung, in: Leipzig. Aufklärung und Bürgerlichkeit. Zentren der Aufklärung III, hg. von Wolfgang Martens: Heidelberg 1990, 179–204. Zu den Leipziger Sozietäten vgl. Detlef Döring, Die Leipziger gelehrten Sozietäten in der 1. Hälfte des 18. Jahrhunderts und das Auftreten Johann Christoph Gottscheds, in: Europa in der Frühen Neuzeit, 17–42.

18 Vgl. Hazel Rosenstrauch, Leipzig als ‚Centralplatz' des deutschen Buchhandels, in: Leipzig. Zentren der Aufklärung III, 103–124.

19 Martus, Aufklärung, 287.

20 Zit. nach Detlef Döring, Leipzig, in: Kulturelle Zentren, 1253–1297, hier: 1263.

21 Zur herausragenden Stellung der sogenannten Thomasius-Rüdiger-Schule im Leipzig des frühen und mittleren 18. Jahrhunderts vgl. Detlef Döring, Die Philosophie Gottfried Wilhelm Leibniz' und die Leipziger Aufklärung in der ersten Hälfte des 18. Jahrhunderts, Stuttgart und Leipzig 1999, 102–127. Zur ‚Thomasianisierung' der Leipziger Universität vgl. Mühlpfordt, Halle-Leipziger Aufklärung, 159–162.

22 Vgl. Stolleis, Geschichte des öffentlichen Rechts, Bd. 1, 304–305.

entwarfen sie eine Wahrscheinlichkeitstheorie, die die neue Umständlichkeit des Indizienschlusses konzeptualisierte.[23] Wie in keiner anderen Stadt war ein Denken in Hypothesen im Leipzig des mittleren 18. Jahrhunderts präsent. All diese Faktoren, sowie die außerordentlich hohe Anzahl an Gerichten, die wie der europaweit berühmte Leipziger Schöppenstuhl eine Fallsammlung nach der nächsten herausgaben, werden Kiesewetter dazu bewogen haben, den in Frankreich bereits mehrfach aufgelegten Gayot de Pitaval zu übersetzen und seine Sammlung dem Leipziger – und aufgrund der Messen auch überregionalen – Publikum zu präsentieren.

Auch ohne signifikante Eingriffe in die einzelnen Falldarstellungen sorgt die anonyme Übersetzung für eine Abweichung von der Vorlage: Sie greift die poetologischen Überlegungen Pitavals in einer Anmerkung auf und akzentuiert sie anders. Dieser hatte in seiner Vorrede zwar den Unterhaltungswert seiner Sammlung betont, die mit Wunderbarem (*le merveilleux*) aufwarte und somit die Neugierde (*la curiosité*) vollauf befriedige. Jedoch hatte er im gleichen Atemzug seine faktuale „Histoire des Procès singuliers" von den fiktionalen „Histoires agréables" abgegrenzt. Diese seien ein bloßer „ouvrage de l'imagination", da sie auf der „fausseté des évenemens" beruhten.[24] „Qu'on ne croye pas", so die immer wieder artikulierte Besorgnis, „que mon principal motif ait été de plaire à l'imagination, en lui présentant des images agréables."[25] Anders als diese einzig ein „plaisir empoisonné"[26] provozierenden Hirngespinste, präsentierten seine Fälle ein „tissu de faits", ein Tatsachengewebe, weshalb das Wunderbare stets im Bereich des Wahren verbleibe.[27]

Genau an dieser Stelle erhebt der deutsche Übersetzer Einspruch. „Alle diese Gedanken", wendet er mit Blick auf Pitavals Vermarktungsstrategie ein, „rühren aus der Begierde, sein Werk zu loben". Und er hakt nach: „Warum sollte aus erdichteten Begebenheiten, nicht eben ein so reines und wahres Vergnügen entspringen?" Schließlich erwecke eine Begebenheit nicht allein aufgrund ihrer Fak-

23 Zur Stellung der Thomasianer im Wahrscheinlichkeitsdispositiv des 18. Jahrhunderts vgl. Bernd Buldt, Art. Wahrscheinlichkeit III, in: Historisches Wörterbuch der Philosophie, Bd. 12, Sp. 290–304; sowie Werner Alexander, *Pluraque credimus, paucissima scimus.* Zur Diskussion über philosophische und hermeneutische Wahrscheinlichkeit in der ersten Hälfte des 18. Jahrhunderts, in: Archiv für Geschichte der Philosophie 78 (1996), 130–165.

24 Pitaval, Causes célèbres, Bd. 1, „Avertissement", v.

25 Pitaval, Causes célèbres, Bd. 1, „Avertissement", viij.

26 Pitaval, Causes célèbres, Bd. 1, „Avertissement", v.

27 Pitaval, Causes célèbres, Bd. 1, „Avertissement", vj. Diese Ausrichtung konvergiert mit den poetologischen Forderungen des Âge Classique. Ausführlich zum Status des Wunderbaren im französischen Klassizismus Nathalie Kremer, Vraisemblance et représentation au XVIIIe siècle, Paris 2011, 63–85; sowie immer noch René Bray, La formation de la doctrine classique en France (1927), Paris 1966, 231–239.

tualität Vergnügen. Dies sei anderen Dingen geschuldet. Erstens „der glücklichen Art, diese wahrhafte Begebenheiten zu erzählen“, zweitens „dem Unerwarteten, welches darinnen bey diesen Processen verkömmt“, sowie drittens „der Geschicklichkeit der Advocaten“ und „der Betrachtung der Gerechtigkeit der gefällten Endurtheile“ (CC 1, Vorrede, unpag.).

Damit verschiebt die Übersetzung den Fokus vom „fiktionstheoretischen Problem der Referenz“ auf Fragen der „Darstellungstechnik und Textstruktur“.[28] Im Blick auf das Vergnügen der Rezipient:innen sei die Wahrheit der Pitaval'schen Geschichten keineswegs ein ästhetischer Wert an sich. Vielmehr entstehe die Überzeugungskraft der Erzählungen aus dem Grad ihrer formalen und rhetorischen Gestaltung, der Organisation von Wunderbarem und aus der Billigkeit des Justizpersonals selbst.[29]

Der Einschub des Übersetzers bringt die Sammlung auf die Höhe der poetologischen Debatten der Zeit. Das verdeutlicht auch die Tatsache, dass er Pitavals „Histoires agréables“ mit „Romanen“ übersetzt.[30] So schließt er die *Causes célèbres* an die im deutschen Sprachraum intensiv geführte Diskussion einer Poetik des Neuen und Wunderbaren an, sowie an die hitzige Debatte um die Legitimität der Gattung Roman.[31] Dieser Kommentar unterstreicht den spezifisch literarischen Wert der Fallsammlung. Zugleich markiert die kleine Intervention implizit auch eine ontologische Problemlage, die in den Fällen selbst manifest wird. Deren

---

28 Vgl. Meierhofer, Französische Rechtssachen, 269.

29 Dieses poetologische Dreiergespann führt Pitaval in einem späteren Band selbst als Verkaufsargument an: „Vielleicht habe ich auch außer dem Rechte, welches die glücklichen Materien, die ich erwählt, auf die Neubegierde und Aufmerksamkeit der Welt haben, der Begierde, die sonderbaren Rechtshändel und deren gerichtliche Entscheidung zu lesen, durch meine Schreibart, und die Ordnung und Einrichtung nicht geschadet.“ CC 4, „Vorbericht des Verfassers zum 3 und 4 Theile“, unpag.

30 Die divergierende Übersetzung, ebenso wie die generelle Signalwirkung dieser Fußnote, haben auch Rudolf Behrens und Carsten Zelle bemerkt. Mit leicht anachronistischen Tendenzen machen sie daran allerdings im Blick auf das gewählte Beispiel des Übersetzers – einen berühmten Giftmordfall – eine „für die Frühaufklärung ganz erstaunliche[ ] Minimalpoetik des angenehmen Grauens“ fest. Vgl. Rudolf Behrens und Carsten Zelle, Französische und deutsche Causes célèbres im neunzehnten Jahrhundert: Gemeinsamkeiten, Unterschiede, Bedingungen und Funktionen, in: Die Causes célèbres des 19. Jahrhunderts, 207–325, hier: 216–217.

31 Hiermit ist nicht zuletzt der Bereich der poetologischen Dichotomie von *historia* und *fabula* berührt. Zu diesem Komplex vgl. das Themenheft zu „Fabula und Historia in der frühen Neuzeit“ der Grimmelshausen-Gesellschaft (Simpliciana XX (1998)), insbesondere die beiden Aufsätze von Zeller, Fabula und Historia, und Stefan Trappen, Fiktionsvorstellungen der Frühen Neuzeit. Über den Gegensatz zwischen „fabula“ und „historia“ und seine Bedeutung für die Poetik (137–164).

Wirklichkeitswert bemaß sich spätestens seit Leibniz nicht mehr an ihrem materialen Gehalt, sondern hatte sich ins Strukturale verschoben.[32]

Wirklichkeit bedurfte nicht mehr der theologischen Bürgschaft eines großen Anderen, sondern war, wie Hans Blumenberg festgestellt hat, zum offenen „Resultat einer Realisierung“ avanciert, die sich am Grad ihrer immanenten Konsistenz bemaß.[33] Realität war nicht mehr extern garantiert, sondern war zu einer Frage des intersubjektiven Kontextes und somit zum „Inbegriff des einstimmigen Sichdurchhaltens einer Syntax von Elementen“ geworden.[34] Die Wahrheit einer Begebenheit war von nun an in Gestalt eines formal konsistenten, potenziell unendlichen Textes zu ermitteln. Jede Einzelheit musste mit den anderen Merkmalen dieses Textes genau übereinstimmen. Stießen sich zwei Details, wurde die Wirklichkeit brüchig.

In diese textförmig gewordene Wirklichkeit und die sich daraus ableitenden Folgeprobleme tritt der Martin Guerre Pitavals. Die Hochstaplerfigur war in der Frühen Neuzeit eine Maske, mit der sich unter dem Deckmantel der Ähnlichkeit Fragen der individuellen Differenzierung bearbeiten und anhand von Simulationen Wahrheitsprobleme diskutieren ließen.[35] Der falsche Martin Guerre verdichtet sich bei Pitaval darüber hinaus zu einer Allegorie rhetorisch informierter Erzählverfahren und der in sie eingelassenen Ambivalenzen. Sein jahrelanger Erfolg als Hochstapler ist das Resultat eines beinahe zur Vollendung gebrachten technischen Umgangs mit Details. Nicht nur ist Arnauld du Tilh „von tausend besondern Umständen völlig unterrichtet“ und vermag so die Rolle überhaupt zu spielen, sondern er hat diese sogar „fast noch besser, als der wahrhafte Martin Guerre selbst inne“ (CC 1, 7–8). Damit entpuppt er sich als ein besonders geschickter Betrüger, „der die Kunst versteht, den Betrug in den Schein der Wahrheit einzukleiden“, wie Pitaval im Rückgriff auf die Doppelpoligkeit der Wahrscheinlichkeitsmetapher fest-

32 Einschlägig: Gottfried Wilhelm Leibniz, Über die Methode, reale Phänomene von imaginären zu unterscheiden, in: Hauptschriften zur Grundlegung der Philosophie, Bd. 2., 3. Aufl. Hamburg 1966, 123–128. Vgl. ausführlich Vogl, Kalkül und Leidenschaft, 139–170; sowie Blumenberg, Realität und Realismus, 21–35, 79–104.

33 Blumenberg, Wirklichkeitsbegriff, 52. Kurs. entf.

34 Blumenberg, Wirklichkeitsbegriff, 64. Kurs. entf. Vgl. zu diesem Aspekt auch Esposito, Fiktion der wahrscheinlichen Realität, 7–35.

35 Wenn, mit Erich Auerbach, am Grund des Figurenbegriffs eine Ähnlichkeitsrelation zwischen Urbild und Abbild steht, so ließe sich im Hochstapler zugleich auch die Figur der Figuration schlechthin erkennen. Vgl. Erich Auerbach, Figura (1938), in: Mimesis und Figura. Mit einer Neuausgabe des ‚Figura‘-Aufsatzes von Erich Auerbach, hg. von Friedrich Balke und Hanna Engelmeier, Paderborn 2016, 121–188, hier: 126.

stellt (CC 1, 36).[36] Mithilfe der Circumstantienlehre und einer konsistenten Syntax gelingt ihm die Produktion einer fiktiven Realität, die sich mit der realen Realität messen kann. „Man konnte also sagen", heißt es deshalb weiter, „daß die Copie von dem Originale, das der Betrüger vorstellte, ihm fast ähnlicher war, als derjenige, welcher das Original selbst war" (CC 1, 40). Der Schein des Wahren leuchtet beim falschen Martin Guerre „durch die Erzählung ganz besondrer Umstände" (CC 1, 42) so hell, dass die Wahrheit im Gegenzug notgedrungen verblassen muss.

Auch vor Gericht rettet ihn seine Fabulierkunst vorerst. Nachdem Martin Guerres Onkel – erstaunlicherweise erst Jahre später – Zweifel ob der tatsächlichen Identität des Rückkehrers anmeldet, erschüttert das Detailwissen des Betrügers die herkömmlichen Wahrheitsmittel der Inquisition. So wird er etwa „über ganz besondre Umstände, die sich an ihrer Hochzeit, und den Morgen darauf zugetragen", befragt, und weiß dabei stets die richtige Antwort zu geben, ja, „so gar die Personen [zu nennen], welche ihn in der Hochzeitnacht, in seinem Hochzeit Bette besucht hatten" (CC 1, 14). In jeder Situation bleibt seine Erzählung widerspruchsfrei: „Man konnte dasjenige, was Martin Guerre gethan, nicht besser wieder nach erzählen" (CC 1, 14–15). Martin Guerre ist das Ergebnis seiner Umstände. Was zählt, sind die Details. Wahrheits- und Identitätsfragen sind zum Fall einer Erzählung geworden, die es vermag, „selbst die geheimnißvollsten Umstände" (CC 1, 50) so miteinander zu verketten, dass ein formaler Wirklichkeitsbeleg vorliegt.

Die Selbstinszenierung des Hochstaplers kann dabei auf die spezifische Eigenschaft von Erzählungen setzen, in Bezug auf ihren Gegenstand ontologisch indifferent zu sein.[37] Weil ihnen ein intrinsisches Realitätszeichen fehlt, können sie Falsches als wahr und Irreales als real erscheinen lassen. Im Zusammenfall von referentieller Belastbarkeit und inferentieller Stimmigkeit erweisen sich Arnauld du Tilhs Aussagen daher selbst in heiklen Verhörsituationen oder intimen Momenten mit der Gattin als glaubhaft. In Form einer konsistenten Umstandserzählung verleihen sie seinem Fall schließlich auch vor Gericht die nötige Überzeugungskraft.

Die aus der neuen Wirklichkeitsauffassung entsprungenen epistemologischen Probleme hatten auch die zeitgenössischen Erkenntnislehren registriert. Deren Tragweite diskutierten sie anhand poetologischer Fragen. In Georg Friedrich Meiers Ausführungen zur ästhetikologischen Wahrscheinlichkeit etwa werden die Konsequenzen der funktionalen Detailverkettung deutlich. Bisweilen könne, wie es heißt,

36 Auf die Doppeldeutigkeit des ‚Wahrheitsscheins' zwischen dem Aufscheinen des Wahren und der Möglichkeit der Täuschung hat Hans Blumenberg verwiesen und diese Ambivalenz auf die Aporien der antiken Rhetorik zurückgeführt. Vgl. Blumenberg, Paradigmen, 88.

37 Vgl. Albrecht Koschorke, Wahrheit und Erfindung. Grundzüge einer Allgemeinen Erzähltheorie, 2. Aufl. Frankfurt a. M. 2012, 9–19.

die Wahrscheinlichkeit „so gros seyn, daß man sie kaum von einer volkommenen Gewisheit zu unterscheiden im Stande bleibt."[38] Große Dichter haben, so Meier weiter, diesen Zustand seit jeher gezielt mit Hilfe einer Poetik hergestellt, die ihre Fälle „mit so vielen Bestimmungen und Umständen an[ ]führt, daß man warhaftig manchmal nicht sagen kan, ob sie erdichtet sind, oder ob sie sich [...] würklich zugetragen haben." Den gleichen Kunstgriff stellt Meier sodann bei Lügnern des gemeinen Lebens fest: „Sie wissen von ihren Erdichtungen, die Zeit, den Ort, die Personen und alle die Umstände zu sagen, die ein Ding zu einem einzeln Dinge machen, und daher sind sie im Stande, so viele Leute hinter das Licht zu führen."[39]

Ruft dieser Vergleich den Topos vom Lügen der Dichter auf, an dem sich die Literaturtheorie seit der Antike abgearbeitet hatte,[40] so erhält diese Analogie nun ihren problematischen Sinn vor dem Hintergrund einer umständlich gewordenen Wirklichkeit. Spätestens seit Mitte des 17. Jahrhunderts machen Lügner wie Dichter sich die Individuierungsfunktion von Circumstantien als derjenigen „Zeichen, welche zugleich Ursachen und Würkungen der Sache sind", zunutze und steigern, „indem sie eben deswegen alle Umstände so sorgfältig erzehlen", so die Glaubwürdigkeit des Erzählten.[41]

Hatten die Quellen des 16. Jahrhunderts, deren sich Pitaval für die Rekonstruktion des Falls bediente, in Arnauld du Tilhs Erzähltechnik nur einen Abkömmling „der schwarzen Kunst" (CC 1, 37) sehen können,[42] so ermöglicht Pitavals Version Transparenz hinsichtlich der rhetorisch-narratologischen Verfahren hinter dem teuflischen Betrug.[43] Die Kunst des guten Sprechens hat schließlich „stets implizit die Regeln für meisterhaftes Lügen mitgeliefert".[44] Diese Regeln macht Pitaval explizit: Martin Guerres Geschichte ist zum Fall einer poetischen Selbstverständigung geworden, das Diabolische einer metapoetischen Reflexion persuasiver Techniken gewichen. In der Allegorese der *cause célèbre* hat sich du Tilh jedenfalls

38 Georg Friedrich Meier, Anfangsgründe aller schönen Wissenschaften (1748), 1. Tl, 2. Aufl. Halle 1754, 220.

39 Meier, Anfangsgründe, 1. Tl., 220.

40 Hier bewahrheitet sich im eminenten Sinn die These, dass „die Geschichte der Ästhetik eine einzige Auseinandersetzung mit dem antiken Satz darstellt, daß die Dichter lügen". Blumenberg, Wirklichkeitsbegriff, 62.

41 Meier, Anfangsgründe, 1. Tl., 384–385.

42 Pitaval bezieht sich auf de Coras, Arrest Memorable.

43 Zur Säkularisierung der Hochstaplerfigur in der Frühen Neuzeit vgl. Michel Fournier, Portrait du diable en séducteur: la sécularisation de la topique de l'imposture chez Guilleragues et Chavigny de La Bretonnière, in: Imposture et fiction dans les récits d'Ancien Régime, 185–200.

44 Ursula Kocher, Lügen brauchen gute Redner. Überlegungen zu einer Rhetorik der Lüge, in: Rhetorik. Ein internationales Jahrbuch, Bd. 23: Rhetorik und Anthropologie, hg. von Peter Krause, Tübingen 2004, 41–49, hier: 49.

nicht nur in einen begnadeten Lügner verwandelt, sondern ist dort vor allem ein Meister des detaillierten Vor-Augen-Stellens (*enargeia*), der von Vergangenem so zu sprechen vermag, „als wenn alle diese Dinge ganz neu und erst geschehen wären" (CC 1, 25). Voraussetzung einer solchen erzählerischen Brillanz, deren Effektivität zu jener „moralischen und fast physicalischen Unmöglichkeit" des vollkommenen Identitätsdiebstahls geführt hat, ist seine topische Memorialtechnik. Diese Technik befähigt du Tilh dazu, „so viele Dinge in sein Gedächtniß bringen [zu] können", und sie garantiert ferner, dass die richtigen Einzelheiten auch „alle gleich in dem Augenblicke beyfallen, wenn sie ihm beyfallen sollen" (CC 1, 27–28). Im Rückgriff auf die *officia oratoris* vollzieht der Betrüger Darstellungsakte, die in ihrer umfassenden Plausibilität sogar die „Einbildungskraft" Betrande du Rols' – immerhin die Frau Martin Guerres – von seiner Identität überzeugen können (CC 1, 9).

Der Fall installiert im Blick auf seine Darstellungsverfahren eine Beobachtung zweiter Ordnung und markiert auf diese Weise Realität als Resultat einer umständlichen Realisierung. Im Zeichen einer Wirklichkeit, die in sich fiktionsanfällig ist, offenbart sich deshalb nicht allein die grundlegende Fingierbarkeit von Sachverhalten. In seiner Funktion als ästhetische Reflexionsfigur thematisiert der Hochstapler vielmehr das Verhältnis von fiktionaler und realer Realität überhaupt. Die Unterscheidung wird hier in das von ihr Unterschiedene wieder eingeführt: Die Differenz von Realität und Fiktionalität taucht innerhalb der Realität selbst als Unterscheidung einer fiktionalen und einer realen Realität wieder auf und ermöglicht auf diese Weise ihre Beobachtung.[45] Realität und Fiktion sind im Fall Martin Guerre somit keine Gegensätze mehr. In der „Fiktion der Realität von Realitäten"[46] macht die Geschichte stattdessen die Bedingungen kenntlich, unter denen Sachverhalte real erscheinen.

Bei der gerichtlichen Untersuchung des Falls wird du Tilhs Umstandspoetik daher zu einem erheblichen Problem. Angesichts dieses an „Unverschämtheit" und „Verwegenheit" nicht zu überbietenden Hochstaplers versagen die klassischen Mittel des Verhörs. Aus der Legion der „Beyspiele berühmter Betrüger" fällt er deshalb als Spezialfall heraus (CC 1, 4). Und auch ein neuartiges testimoniales Wissen kommt hier an seine Grenzen. Mit probabilistischen Methoden versucht das

45 Vgl. Niklas Luhmann, Literatur als fiktionale Realität, in: Schriften zu Kunst und Literatur, hg. von Niels Werber, Frankfurt a. M. 2008, 276–291; sowie mit Blick auf die Entwicklung dieser Unterscheidung in der Frühen Neuzeit Torsten Hahn, Kontingenz/Ordnung – Frühaufklärung, in: Systemtheoretische Literaturwissenschaft. Begriffe – Methoden – Anwendungen, hg. von Niels Werber, Berlin und New York 2011, 233–246.

46 Blumenberg, Wirklichkeitsbegriff, 72. Kurs. entf.

Gericht, den Betrüger zu überführen.[47] Aber auch die statistisch ausgewerteten Zeugnisse bringen kein Licht in den Fall: Von hundertfünfzig Befragten behaupten vierzig, er sei, wer er vorgebe zu sein, und belegen ihre Aussage ausgerechnet mit Verweisen auf individuierende Körperzeichen wie spezifische Narben.[48] Etwas mehr Zeug:innen bestätigen hingegen, dass es sich bei dem Verdächtigten um Arnauld du Tilh handele. Wiederum eine noch größere Anzahl – immerhin weit über sechzig Zeug:innen – vermögen aufgrund der großen Ähnlichkeit der beiden überhaupt keine Aussage zu treffen. Kurz, in „diesem so merkwürdigen und besondern Proceß" (CC 1, 51) greift auch dieses neue inquisitorische Wahrheitsinstrument nicht.

Ungeachtet einer immer noch zweifelhaften Wahrheit – so entwickelt sich die Sache weiter – entscheidet das lokale Gericht gegen du Tilh und verurteilt ihn, „der dem Ansehen nach, eben so unschuldig, als schuldig seyn kann", zum Tode. Trotz der sich später herausstellenden wahren Identität des Betrügers kommt dieses Urteil einer skandalösen Vorverurteilung auf schwacher Beweislage gleich, und es wurde auch vom Obergericht zu Toulouse gekippt. Das Gericht gab einer Appellation statt und ordnete „eine noch weitläuftigere Untersuchung" an, um endlich ein „vollkommnes Gemälde von der Wahrheit" zu erhalten. Zwar setzte diese ausgeweitete Investigation eine Befragung von unzähligen neuen Zeug:innen sowie eine Reihe von Doppelverhören in Gang, bei denen sowohl Peter Guerre (der Onkel Martins) als auch Bertrande du Rols in Anwesenheit des Beklagten befragt wurden, doch auch diese Untersuchung vermochte es nicht, die zur Entscheidung notwendige „moralische Gewissheit" herzustellen.[49] Im Gegenteil: Die Richter wurden nun erst recht „in eine nicht geringe Verwirrung" gestürzt und schließlich von „einer neuen Finsterniß des Zweifels, und der Ungewißheit" erfasst (CC 1, 18–19). Allein, diesmal erwiesen die Agenten des Rechts eine Widerstandsfähigkeit gegen die diabolischen Kräfte des Lügners. Anstatt ihr Urteil abermals auf „bloße Anschei-

47 Zur Entstehung einer Probabilistik des Zeugnisses vgl. Cornelis Menke, Der Nutzen probabilistischer Modelle testimonialen Wissens, in: Unsicheres Wissen, 301–316; sowie umfassend Lorraine Daston, Classical Probability in the Enlightenmnt, Princeton 1988, 296–369.

48 Erfolgte die *anagnorisis* des in der Literaturgeschichte des globalen Nordens berühmtesten Heimkehrers gerade anhand einer Narbe, so scheitert im Zuge der wahrheitstechnischen Umstellung von materialer Korrespondenz auf Binnenkonsistenz ausgerechnet diese gnorismatische Form. Zur Narbe des Odysseus und den erzählerischen Eigenarten des homerischen *nostos* vgl. das erste Kapitel bei Erich Auerbach, Mimesis. Dargestellte Wirklichkeit in der abendländischen Literatur (1946), 8. Aufl. Bern 1988, 5–27.

49 Die moralische Gewissheit ist der höchste Grad der Gewissheit, der im Reich des Wahrscheinlichen zu erreichen ist. Zu diesem Grundbegriff des Wahrscheinlichkeitsdispositivs vgl. Sven Knebel, Wille, Würfel und Wahrscheinlichkeit. Das System der moralischen Notwendigkeit in der Jesuitenscholastik 1550–1700, Hamburg 2000, 132–134.

nungen" (CC 1, 19) zu stützen und die Feststellungsverfahren erneut abzukürzen, warteten sie mit der Entscheidung dieses verzwickten Falls, bis die Beweise eingehend geprüft und alle Umstände erwogen waren.

Wie sehr ein Fall wie dieser das rechtliche Beweissystem auf die Zerreißprobe stellte, zeigt sich daran, dass zu seiner Entscheidung gleich eine ganze Serie juristischer Formen herangezogen wurde. In Pitavals Version etwa soll Betrande du Rols einen Eid auf ihren (falschen) Mann leisten, doch auch die Praxis des Schwurs, die dort zum Einsatz kam, wo sich Beweislücken auftaten, stößt angesichts der vertrackten Situation an ihre Grenzen:[50] „Sie wollte nicht schwören, und doch auch nicht glauben, daß er der rechte Martin Guerre wäre" (CC 1, 28–29). Eine Ermittlung der Wahrheit durch Zeugnisse aller Art, deren Wahrscheinlichkeit im Sinne einer testimonialen Circumstantienlehre durch den glaubwürdigen Zusammenhang der „Umstände der Zeit, des Ortes, und der Personen" bestimmt wird (CC 1, 35), misslingt. Und auch die neue Messweise der Probabilistik, die für jede Fallhypothese die Anzahl der Zeug:innen vergleicht, kann den Fall nicht aufklären. Während die Sache für die am Prozess beteiligten Person bis zuletzt noch ungewiss bleibt, verwandelt sich ihre Erzählung unter den Händen Pitavals daher in eine Diskussion über die Zulässigkeit und Stärke unterschiedlicher Beweismittel im Umgang mit „zweifelhaften Fällen". Welche Wahrheitsoperatoren können in einem Fall wie diesem zum Einsatz kommen, welche Instanzen der Realitätsprüfung erweisen sich als funktionstüchtig? Wonach bemisst sich die Wahrscheinlichkeit von Aussagen? Und welche Parameter beeinflussen eine Entscheidung? (Vgl. CC 1, 32–33). Auf diese Weise diskutiert Pitaval die Elemente der historischen Glaubwürdigkeit (*fides historica*) und damit die alte topische Frage, wie angesichts problematischer Zeugenschaft Glauben hergestellt werden kann (*fidem facere*).

So sehr dieser programmatische Casus im Blick auf Zeugenaussagen mit der Formel ‚je umständlicher, desto glaubhafter' eine erste Antwort auf die Frage nach historischer Verlässlichkeit liefern will, so wenig kann er damit seine eigene Lösung erwirken.[51] Stattdessen verliert er sich in der Undurchsichtigkeit widersprüchlicher Details: „So stritten Gründe mit Gründen, welche die Wahrheit bald entdeckten, bald wieder verbargen. Man sahe nur zuweilen Stralen von ihr, auf welche wieder dicke Finsternisse folgten, und der Beklagte sollte in seiner Rechtssache, der Ehe

---

50 Zur Genealogie und Funktion von Schwurpraktiken als rechtliche Beweismittel vgl. Reinhard von Hippel, Zeugeneid – Beweismittel – Beweisrecht, in: Staat, Recht, Kultur. Festgabe für Ernst von Hippel, hg. von Carl Joseph Hering, Bonn 1965, 117–125.

51 Im Rückgriff auf das testimoniale Wissen der Frühen Neuzeit gilt hier die Annahme, dass positive Zeugnisse deshalb wahrscheinlicher sind, weil sie im Gegensatz zu einer bloßen Verneinung („unbestimmt und unstät") mehr Gründe anführen müssen und deshalb insgesamt „bestimmter, und umständlicher" seien (CC 1, 33).

und des Kindes wegen, schon die Oberhand behalten" (CC 1, 38). Dieses epistemische Dilemma sollte erst durch die überraschende Rückkehr des mit einem Holzbein heimkehrenden wahren Martin Guerres gelöst werden. Allen verfahrenstechnisch hervorgebrachten Wahrheitsstrahlen zum Trotz vermag erst ein wie „vom Himmel in einer Maschine" heruntergestiegener Heimkehrer, Licht ins Dunkel des Falles zu bringen und für Gerechtigkeit zu sorgen (CC 1, 38).

Gegen die Blockade des Wirklichkeitssinns hilft hier also vorerst nur „eine Correctur der Welt durch das Wissen", ein *deus-ex-machina*-Effekt. Im Zusammenfall von dramatischer Peripetie und Anagnorisis bereitet er „dem flachen und frechen Princip der ‚poetischen Gerechtigkeit'" die Bahn.[52] Pitaval legitimiert diese providentielle Wendung durch den Verweis auf die Deutungen der zeitgenössischen Quellen. Allerdings fügt er die Rückkehr des echten Martin Guerres sogleich in den Rahmen innerjuristischer Praktiken der Wahrheitsproduktion und damit in die offene Konsistenz einer immanenten Umstandsverkettung ein. Es handelt sich weniger um „ein rechts Wunder der Vorsehung" (CC 1, 38) als um ein Element einer mediatisierten Wahrheit, die ihre unmittelbare und endgültige Evidenz verloren hat. Bevor der Fall eine gerechte Entscheidung erfahren kann, muss Martin Guerre daher erst eine Reihe von institutionell verbürgten Verfahrensschritten befolgen, mithin ein regelrechtes „Auftrittsprotokoll", beginnend mit der Einreichung einer Bittschrift.[53] Das juristische Verfahren produziert auch hier die Legitimität einer Entscheidung durch die Sicherstellung ihrer Richtigkeit, und diese Sicherstellung gelingt mithilfe einer konsistenten und fairen Anwendung von Rechtsprogrammen. In der systematischen Produktion von Ungewissheit liegt die legitimierende Funktion des Verfahrens. Die Spannung bis zur Urteilsverkündung wird so auch dann aufrechterhalten, wenn die Entscheidung bereits gefallen ist.

Das Bekenntnis des Betrügers führt schließlich noch einmal das Werkzeug seiner Blendkunst vor Augen: Nachdem er, so die Erklärung seiner diabolischen Kunst, auf seinen Reisen ein ums andere Mal für Guerre gehalten worden war, habe er sich bei dessen Freunden „nach den Umständen des Martin Guerre" erkundigt. Diese Kenntnisse habe er mit dem Bild, das er sich zuvor selbst von Guerre habe machen können, in Einklang gebracht (CC 1, 50). Der Hochstapler hat also vorhandene mit nicht vorhandenen Daten kombiniert, diese Subjektivierungs- und Identifizierungspraxis an kleinen Details ausgerichtet und so eine Darstellungsleistung vollzogen, die mit den Verfahren juristisch-historischer Evidenzproduktion

52 So die Lesart der antiken *deus-ex-machina*-Funktion bei Friedrich Nietzsche, Die Geburt der Tragödie (1872), in: Sämtliche Werke. Kritische Studienausgabe in 15 Einzelbänden, hg. von Giorgio Colli und Mazzino Montinari, München 1999, Bd. 1, 9–156, hier: 115, 95.

53 Zur Logik der Ankünfte formalisierenden Auftrittsprotokolle vgl. Juliane Vogel. Aus dem Grund. Auftrittsprotokolle zwischen Racine und Nietzsche, Paderborn 2018, 16–20.

konvergiert.[54] Denn wie die kohärente Rekonstruktion eines Vorfalls im Bereich des Rechts ist auch die glaubhafte Annahme der falschen Identität das Produkt einer Übereinstimmung von persönlicher Augenzeugenschaft und den Zeugnissen anderer. Und wie die wahrscheinliche Erzählung einer Begebenheit vor Gericht ist auch die gelungene Überzeugungsarbeit bei den Dorfbewohner:innen der Effekt eines konsistenten und überbordenden Einsatzes von *minimae circumstantiae.* Arnauld du Tilhs durchschlagender Erfolg bestätigt die individualisierende Funktion von Umständen. Aus einem disparaten Haufen täuschenden Scheins macht der Betrüger einen wahrscheinlichen Fall. Darin lassen sich die Grundzüge eines Erzählprogramms ausmachen, zu dessen Allegorie sich die Figur unter den Händen Pitavals verdichtet.

2 Umständliche Hypothesen: Varianten des Falls

Pitaval richtet den Fokus auf die Darstellung von Geschehnissen durch ihre Umstände und die damit zusammenhängenden Erkenntnisprobleme. Damit partizipiert seine Sammlung an einem Diskurszusammenhang, der sich um die Epistemologie der *historia* drehte.[55] Im Zentrum dieses Diskurses stand die *fides historica,* die Glaubwürdigkeit der Historie. Der Begriff bezeichnete die Verfahren historischer und juristischer Wahrheitsproduktion gleichermaßen. Ihre Gemeinsamkeit wurde in der Erschließung von Sachverhalten durch die jeweilige Analyse ihrer Kontexte verortet.[56] Im Sinne des *fidem facere* der antiken Topik ging es um die Absicherung von Fällen, „die wir nicht unmittelbahr begreiffen, sondern von andern erzehlt bekommen."[57] Der historische Glauben beruhte auf einem zweifachen Fundament: Einerseits auf Zeugnissen, deren Übereinstimmung und individueller Wert ermessen werden sollte. Andererseits auf der inneren Wahrscheinlichkeit der Einzelheiten, von denen diese Zeugnisse berichteten.[58] Beide Grundpfeiler wurden miteinander in Beziehung gesetzt und stützten sich gegenseitig. Gerade bei „unge-

54 Der Begriff der Daten wird ab ca. 1700 gleichbedeutend mit dem Begriff der Umstände verwendet, der nun alle sichtbaren Einzelheiten bezeichnet. Dies sowohl in der qualitativen Wahrscheinlichkeitslogik als auch in den sich formierenden statistischen Wissenschaften. Vgl. etwa die Formulierungen beim Thomasianer Christian August Crusius, Weg zur Gewißheit und Zuverläßigkeit der menschlichen Erkenntniß, Leipzig 1747, 651–657.

55 Vgl. Völkel, „Pyrrhonismus historicus". Zum Verhältnis von Ermittlungstechniken und dem Diskurs der *fides historica* vgl. auch Hohlweck, Wahrheit der Ermittlung, insb. 15.

56 Vgl. Eisenhart, De Fide Historica.

57 Walch, Philosophisches Lexicon, Art. Glaube, Sp. 1322.

58 Vgl. Walch, Philosophisches Lexicon, Art. Glaube, Sp. 1322.

wissen Fällen“ griff das Verfahren der *fides historica*, das „vermittelst scharffsinniger Gegeneinanderhaltung und Uberlegung aller Umstände wohl zu unterschieden [sic] weiß, was wahrscheinlich oder unwahrscheinlich und bloß möglich sey“, und was das Subjekt der Erkenntnis „also mit Grunde glauben, oder nicht glauben könne und solle“.[59]

In der ciceronianischen Topik hatte die Manipulation der *circumstantiae* einer Erzählung Wahrscheinlichkeit verliehen und Glaubwürdigkeit dadurch performativ hergestellt. Mit Beginn der Frühen Neuzeit hatte dieses topische Wissen einen erkenntnistheoretischen Zuschnitt erhalten. Im Zuge der empirischen Wende wurde es zum entscheidenden Instrument bei der Erkenntnis singulärer Begebenheiten. Als zentrale Schaltstelle in der Vermittlung von Gesetzeswissen und Singularienkenntnis, von *scientia* und *historia*, vermittelten Umstände nun das Wissen, *dass* etwas vorgefallen war, mit dem Wissen, *warum* es vorgefallen war. „Ita & in Historicis videmus, hanc vel illam rem factam esse, veræ autem circumstantiæ, qvæ toti qvasi machinæ primum motum impresserunt, raro aperiuntur“, schreibt einer der Theoretiker der *fides historica*, Friedrich Wilhelm Bierling. Bierling zufolge sehen wir, dass in der Historie dieser oder jener Fall geschehen ist, die wahren Umstände aber, die die ganze Maschinerie gewissermaßen in Bewegung gesetzt haben, werden selten eröffnet.[60] Um die wahren Ursachen zu erforschen, ergänzten im Diskurs der *fides historica* darum rationalistische Verfahren der Evidenz den rhetorischen Beweis. Das oberflächliche Wissen eines Vorfalls, das als glaubwürdige Schilderung seiner Einzelheiten Sache der rhetorischen *narratio versimilis* war, wurde ergänzt durch das kausale Wissen um seine Entstehung. Für die Theoretiker der *fides historica* beruhte die Wahrheit einer Begebenheit nun auf der logischen Analyse von Einzelheiten. Die damit verbundene Beobachtung von Zeugnissen ließ im Gegensatz zur rhetorischen Situation „eine Wahrscheinlichkeit von unterschiedenem Grade“ zu.[61] Anhand von bekannten und untrüglichen Tatsachen, der sichtbaren Seite eines Vorfalls, wurden seine Ursachen konjektural erschlossen.[62]

---

59 Walch, Philosophisches Lexicon, Art. Glaube, Sp. 1325.

60 Bierling und Patje, Pyrrhonismo Historico, 14.

61 Walch, Philosophisches Lexicon, Art. Glaube, Sp. 1323. Vgl auch Bierling und Patje, Pyrrhonismo Historico, 4: „Patet ex fide historica oriri verosimilitudinem, qvæ cum minime puncto consistat, sicut veritas rei & falsitas, varios, imo infinitos fere, admittit gradus“ – aus der historischen Glaubwürdigkeit fließt die Wahrscheinlichkeit, die, da sie nicht binär strukturiert ist, wie die Wahrheit oder Falschheit einer Sache, verschiedene, sogar beinahe unendlich viele Grade zulässt.

62 Vgl. Eisenhart, De Fide Historica, 49: „Interdum verò circumstantiæ factorum unà cum ipso facto occultæ sunt; & tunc ex iisdem demonstrates sæpenumero per conjecturas ac præsumtiones violentas facti qvalitas innotescit“ – manchmal liegen tatsächlich die Umstände der Tatsache zusammen mit der Tatsache selbst verborgen, und dann wird die Beschaffenheit der Tatsache aus Beweisen oftmals durch Wahrscheinlichkeitsschlüsse und Vermutungen bekannt.

In Leipzig, dem Erscheinungsort von Pitavals *Sonderbaren Rechtshändeln*, war diese neuartige Kunst der Konjektur Mitte des 18. Jahrhunderts besonders wirkungsvoll. An der städtischen Universität hatte sich eine Reihe von Thomasianern durchgesetzt und dessen Theorien und Methoden auf den Lehrplan gesetzt.[63] Thomasius selbst war seit Beginn des Jahrhunderts einer der wichtigsten Stichwortgeber der *fides historica*.[64] Seine Schüler entwickelten seine Gedanken in Leipzig weiter und orientierten sich dabei an der juristischen Entscheidungsfindung. Auf dem Spiel stand in den Entwürfen der sogenannten Thomasius-Rüdiger-Schule die Etablierung regelhafter Urteilsmodi im Reich schwankender Umstände.[65] Andreas Rüdiger,[66] August Friedrich Müller,[67] Adolph Friedrich Hoffmann,[68] Christian August Crusius[69] und Hermann Samuel Reimarius[70] konzeptualisierten die historische Erkenntnistechnik.[71] Im Entwurf einer *logica probabilium* lieferten sie Regeln für den Umgang mit Einzelheiten, die sie „nach dem Beispiel juristischer

63 Vgl. Mühlpfordt, Halle-Leipziger Aufklärung, 159–162.

64 Vgl. Thomasius, De Fide Juridica.

65 Zum nicht zu unterschätzenden intellektuellen Einfluss der Thomasius-Rüdiger-Schule im 18. Jahrhundert vgl. Döring, Leipziger Aufklärung, 102–127; sowie aus rechtsgeschichtlicher Perspektive Hinrich Rüping, Christian Thomasius und seine Schule, in: Recht und Rechtswissenschaft im mitteldeutschen Raum. Symposion für Rolf Lieberwirth anläßlich seines 75. Geburtstags, hg. von Heiner Lück, 1998, 127–136.

66 Vgl. Andreas Rüdiger, De sensu veri et falsi, libri IV […] (1709), 2. Aufl. Leipzig 1722.

67 Vgl. August Friedrich Müller, Einleitung in die Philosophischen Wissenschaften, Erster Theil, welcher den Eingang, die Logic, und Physic in sich enthält […] (1728), 2., verm. und verb. Aufl. Leipzig 1733, insb. Kap. 19.

68 Vgl. Adolph Friedrich Hoffmann, Vernunft-Lehre, Darinnen die Kennzeichen des Wahren und Falschen Aus den Gesezen des menschlichen Verstandes hergeleitet werden, Leipzig 1737, insb. 1075–1190 (Kap. 8 „Von dem Wahrscheinlichen" und Kap. 9 „Von den Graden der Wahrscheinlichkeit").

69 Vgl. Crusius, Weg zur Gewißheit. Zu Crusius' Wahrscheinlichkeitslogik vgl. Wilhelm Risse, Die Logik der Neuzeit, Bd. 2, Stuttgart und Cannstatt 1970, 659–706; sowie Madonna, Wahrscheinlichkeit und Aufklärung, 73–91; zum intellektuellen Profil vgl. die Beiträge in Christian August Crusius (1715–1775). Philosophy between Reason and Revelation, hg. von Frank Grunert, Andree Hahmann, Gideon Stiening u. a., Berlin und Boston 2021.

70 Hermann Samuel Reimarius, Die Vernunftlehre, als eine Anweisung zum richtigen Gebrauche der Vernunft […], Hamburg 1756. Zu Reimarius vgl. die Beiträge in Between Philology and Radical Enlightenment. Hermann Samuel Reimarius (1694–1768), hg. von Martin Mulsow, Leiden und Boston 2011; sowie die Beiträge in Hermann Samuel Reimarius (1694–1768). Natürliche Religion und Popularphilosophie, hg. von Dieter Hüning und Stefan Klingner, Berlin und Boston 2022 (hier insb. den Aufsatz v. Giuseppe Motta, Vom vernünftigen Zweifel. Die Wahrscheinlichkeitslehre von Hermann Samuel Reimarius, 69–86).

71 Zur Stellung der Thomasius-Rüdiger-Schule im Wahrscheinlichkeitsdispositiv des 18. Jahrhunderts vgl. Buldt, Art. Wahrscheinlichkeit III; sowie Alexander, *Pluraque credimus, paucissima scimus.*

Wahrheitsfindung" modellierten.[72] Die epistemologische Differenz zu Vernunftlehren, die auf notwendige und zeitlose Wahrheiten zielten, markierten die Thomasianer auf eine Weise, die seit der empirischen Wende begrifflich fixiert war: „Die Wahrscheinlichkeit", heißt es etwa bei Reimarius, „besteht in einer klaren und deutlichen Einsicht der Einstimmung oder des Wiederspruchs mit den Umständen eines Dinges. Sie richtet sich also nach denselben Regeln, wornach sich die gewisse Erkenntniß richtet. Der Unterschied aber von der Gewißheit entsteht daher, daß diese Einsicht nur aus den Umständen, die Gewißheit aber aus dem Wesentlichen der Sachen fliesset; diese also unzureichend, jene zureichend ist."[73] Aufgrund ihres Gegenstands unterscheidet sich die wahrscheinliche Erkenntnis vom demonstrativen Wahrheitsschluss. Als „Umstand" gilt dieser Bestimmung gemäß alles, was in einer Sache „nicht wesentlich und völlig enthalten", noch dieser Sache „wesentlich und völlig entgegen" ist. „Umstände", so Reimarius, „reichen also nicht zu, klar und deutlich einzusehen, daß Eins mit dem Andern einerley sey, oder dem Andern wiederspreche"[74] – aber das bedeute nicht, dass aus ihnen keine Gewissheit fließen könne. Sie erforderten bloß eine Erkenntnistechnik eigener Art.

Die Schulung an Thomasius' Texten und Vorlesungen hatte eine neuartige Wahrscheinlichkeitslehre hervorgebracht. Für die Thomasianer war die Gewissheit eines logischen Schlusses nicht mehr an demonstrative Beweisformen gebunden. Sie entwarfen Schlussregeln für Beweisverfahren, die auf Begebenheiten zielten, die nicht direkt in die Sinne fielen. Das bedeutete einige epistemologischen Neujustierungen. So stellten die Thomasianer Aristoteles auf den Kopf. Demonstratives Wissen, so die neue Annahme, erhalte man im Gegensatz zu den Annahmen der aristotelischen Tradition nur von sinnlich erfahrbaren Dingen. Sobald etwas seine Augenfälligkeit einbüße, greife hingegen die Logik des Wahrscheinlichen. In solchen „ungewissen fällen" macht man nicht „mit den empfinden der sinne den anfang", sondern „mit dencken".[75] Zu den sichtbaren Wirkungen müssen hier die möglichen Ursachen gefunden werden. Das Wahrscheinliche, definiert Müller, ist „eine mögligkeit, deren wirckligkeit, in ansehung ihrer durchgängigen übereinstimmung mit den in die sine fallenden umständen des objects, zu vermuthen ist."[76] Der Geist entwerfe Möglichkeiten, was es mit der fraglichen Sache wohl auf sich habe. Dann untersuche er, ob aus einem dieser Szenarien „vielleicht diejenigen eigenschafften, umstände, oder effecte, die wir an dem object noch durch die sinne

---

72 Buldt, Art. Wahrscheinlichkeit III, Sp. 292.

73 Reimarius, Vernunftlehre, 2. Tl., 3. Kap., § 220, 480.

74 Reimarius, Vernunftlehre, 1. Ab., § 40, 45–46.

75 Müller, Einleitung in die Philosophischen Wissenschaften, Kap. 19, § 5, 555.

76 Müller, Einleitung in die Philosophischen Wissenschaften, Kap. 19, § 8, 558.

empfinden, durch richtige folgerungen sich mögten herleiten lassen."[77] Die Thomasianer entwarfen mit dieser Konzeption eine Theorie des Schließens, der Charles Sanders Peirce gut 150 Jahre später den Namen „Abduktion" gab.[78] Diese präsumtive Schlussform kam dann ins Spiel, wenn man mit komplexen, unvollständigen oder unbewiesenen Umstandsbündeln konfrontiert war.

Die Prämisse dieser abduktiven Schlussform war die Registrierung eines Umstands als wahrnehmbarer Effekt unwahrnehmbarer Ursachen. Denn da „aus nichts nichts werden kann", müssen zuerst „gewisse Umstände von der Sache, deren wahre Beschaffenheit man herausbringen soll, bekandt gemacht seyn".[79] Die dann folgende Prüfung des Zusammenhangs zwischen einer Hypothese und den wahrgenommenen Tatsachen wurde von den Thomasianern im Sinne einer Satzlogik konzipiert. Im Aristotelismus war diese der Marker einer Wissenschaft, deren Erkenntnisinstrumente von der Welt der Umstände systematisch ferngehalten wurden. Die Wahrscheinlichkeitslogik der Frühen Neuzeit brach mit dieser Trennung. In ihrer Satzlogik ging es darum, zu überprüfen, ob konkrete Merkmale als Prädikat einem Subjekt zukommen oder nicht: Ließ sich das Erscheinen eines wunderbaren Details auf eine unterstellte Ursachenstruktur zurückführen oder nicht?

‚Umstände' werden bei den Thomasianern daher nicht zuletzt in Anlehnung an die empirische Topik definiert – als „etwas, welches schon anders woher demonstrativ oder wahrscheinlich bekannt ist, und welches mit demjenigen, was man in einem Satze als möglich annimmt, einen möglichen Causal-Zusammenhang hat".[80] Wie in den dialektischen Topiken von Boethius und Agricola und wie bei den Theoretikern der *fides historica* werden sie als diejenigen Elemente eines Beweisgangs in Anschlag gebracht, die in ihrer vorausgesetzten Bekanntheit ein unbekanntes Geschehen erschließen sollen. Unter der Annahme, dass dieses Geschehen mit jenen Tatsachen in einem möglichen Kausalzusammenhang steht, werden Fallhypothesen entworfen, deren jeweilige Wahrscheinlichkeit es zu eruieren gilt.

77 Müller, Einleitung in die Philosophischen Wissenschaften, Kap. 19, § 5, 554–555.

78 Vgl. Charles S. Peirce, Deduktion, Induktion und Hypothese (1878), in: Schriften zum Pragmatismus und Pragmatizismus, hg. von Karl-Otto Apel, 2. Aufl. Frankfurt a. M. 2015, 229–250. Die Abduktion ist für Peirce (232) eine Hypothese, die dann zum Tragen kommt, „wenn wir einen sehr seltsamen Umstand finden, der durch die Unterstellung erklärt werden würde, daß es ein Fall einer bestimmten allgemeinen Regel ist, und wenn wir daraufhin jene Unterstellung akzeptieren." Vgl. auch Walch, Philosophisches Lexicon, Art. Muthmassung, Sp. 1850: „[Mutmaßung] [i]st im weitern Verstand nichts anders, als ein wahrscheinlicher Schluß, da man aus gewissen Umständen, die man unmittelbar empfindet, die Wahrheit eines Satzes mit einer solchen Gewisheit, die noch einige Ausnahme leidet, folgert."

79 Hoffmann, Vernunft-Lehre, II, 8, 114, 1153.

80 Crusius, Weg zur Gewißheit, 691. Vgl. auch Hoffmann, Vernunft-Lehre, II, 8, 66, 1115.

Mit dieser Ausrichtung näherte sich die thomasianische Wahrscheinlichkeitslogik einer poetologischen Konzeption von Wahrscheinlichkeit an, die seit der Wiederentdeckung der aristotelischen *Poetik* in der italienischen Renaissance im Umlauf war.[81] Mit Figuren wie Riccoboni oder Robortello war die Allgemeinheit der Umstände, ihr wahrscheinlicher oder notwendiger Zusammenhang, zu demjenigen geworden, was die Dichtkunst an die Grenzen der Philosophie führte. Damit wurde sie zum Vorbild der historischen Erkenntnis (*cognitio historica*), die sich in der Frühen Neuzeit an die Erkundung der „circumstantias vero & causas impellentes" machte, der wahren Umstände und anstoßgebenden Ursachen.[82] Mit der verspäteten und über den Umweg Frankreich einsetzenden Rezeption der *Poetik* in Deutschland wurde diese Konzeption zum Ausgangspunkt für die Fassung einer Literatur, die zum Fall für die philosophische Ästhetik wurde. In Leipzig wiederum machten sich zeitgleich die Thomasianer daran, die Techniken der historischen Erkenntnis zu verfeinern.

Boethius hatte für ihr Denken den Takt vorgegeben: Die *circumstantiae* der rhetorischen Tradition wurden bei ihm zum prinzipiengestützten Mittelglied, das in einem Schluss, der syllogistisch dargestellt werden konnte, die Verbindung zwischen der Hypothese und der in Zweifel stehenden Sache etablierte. Die Thomasianer konnten an diese Satzlogik anknüpfen. In ihrer Wahrscheinlichkeitslehre erhielten Umstände die Funktion von Existenzialgründen, durch die sich die Existenz von Dingen oder Geschehnissen als möglich bestimmen ließ. Durch ihr „blosses Daseyn" machten solcherart konzipierte Umstandsbedingungen „etwas anderes möglich oder unmöglich, oder nothwendig", so dass „bey Setzung gewisser Umstände gewisse andere als möglich oder unmöglich mit determiniret werden."[83] Die Schreibfeder etwa, so Crusius' Beispiel aus dem Alltag, sei der Existentialgrund für die Figur der Buchstaben. Nach dem „Satz des nicht zu trennenden" galt in der Konditionallogik die Grundregel: Das, was sich nicht ohneeinander denken lasse, könne auch nicht ohneeinander bestehen. Und nach dem „Satz des nicht zu verbindenden" die Regel: Das, was sich nicht miteinander denken lasse, könne auch nicht miteinander bestehen.[84] Wenn man also auf einen Buchstaben stieß, so ließ sich auf eine Schreibfeder als Ursache mit großer Wahrscheinlichkeit schließen. Umgekehrt konnte bei Vorhandensein einer Schreibfeder auf ihren Effekt, den Buchstaben, geschlossen werden.

---

81 Dies ist einer der Grundthesen von Campe, Spiel der Wahrscheinlichkeit.

82 Bierling und Patje, De Pyrrhonismo Historico, 11.

83 Crusius, Weg zur Gewißheit, 255–256.

84 Vgl. Christian August Crusius, Entwurf der nothwendigen Vernunft-Wahrheiten, wiefern sie den zufälligen entgegen gesetzet werden (1745), 2., verm. Aufl. Leipzig 1753, Kap. 2, § 15, 27.

In Form einer „symbolischen Erkenntnis“, so die Thomasianer, könnten mithilfe solcher Regeln die Ursachen der wahrgenommenen Phänomene präsumtiv bestimmt werden. „Wir würden aber auch die Dinge gar nicht denken können, wenn wir nicht von einigen Umständen eine anschauende Erkenntniß hätten. Dieselbigen aber sind noch etwas undeterminirtes. Und eben an die Stelle der ermangelnden Determinationen, die uns unbekannt sind, schieben wir die symbolische Erkenntniß unter“, heißt es.[85] Diese Schlussform stellt die Verbindung zwischen sinnlich wahrnehmbaren Einzelheiten und dem Grund ihres Erscheinens her.[86] Und sie ergänzt unvollständige Belegmengen durch Analogieschlüsse.[87] Ausgangspunkt der symbolischen Erkenntnis ist eine Hypothese, deren Wahrscheinlichkeit ausgehend von bekannten Tatsachen eruiert wird.[88] „Es ist eine besondere Art der Wahrscheinlichkeit“, schreibt Crusius, „welche aus der Uebereinstimmung eines möglichen Satzes mit den Umständen erwächset. Ein solcher Satz, welchen man zuerst nur als möglich setzet, und hernach gegen die Umstände hält, um zu sehen, ob er sich durch seine Uebereinstimmung mit denselben als wahrscheinlich

---

85 Crusius, Weg zur Gewißheit, 353.

86 Vgl. auch die Definition der *cognitia symbolica* in Baumgartens *Metaphysik*: „Wenn das Zeichen und das Bezeichnete in der Vorstellung verbunden werden und die Vorstellung des Zeichens bedeutender ist als diejenige des Bezeichneten, wird die entsprechende Erkenntnis symbolisch genannt. Wenn dagegen die Vorstellung des Bezeichneten bedeutender ist als diejenige des Zeichens, so handelt es sich um eine anschauende Erkenntnis“. Alexander Gottlieb Baumgarten, Metaphysica/ Metaphysik (1739), Hist.-krit. Ausg., übers., eingel. und hg. von Günter Gawlick und Lothar Kreimendahl, Stuttgart-Bad Cannstatt 2011, § 620. Der Gebrauch von Kursivierungen und durchgängig in Versalien geschriebenen Wörtern zur typographischen Hervorhebung einzelner Sätze oder Begriffe in dieser Ausgabe der *Metaphysik* wird in Zitaten in vorliegender Arbeit nicht wiedergegeben.

87 Das Verfahren der symbolischen Erkenntnis ist in der Semiotik der Frühaufklärung ubiquitär. Vgl. etwa zur Rolle der symbolischen Erkenntnis in Christian Wolffs Semiotik die prägnanten Ausführungen bei Giuriato, „klar und deutlich“, 67–77; zur Verbindung von Circumstantienlehre und anthropologischer Semiotik bei Wolff vgl. Rüdiger Campe, Affekt und Ausdruck. Zur Umwandlung der literarischen Rede im 17. und 18. Jahrhundert, Tübingen 1990, 433–444.

88 Zum hypothetischen Denken der Thomasianer vgl. Giorgio Tonelli, Art. Hypothese, Hypothesis II, in: Historisches Wörterbuch der Philosophie, Bd. 3, Sp. 1261–1265. Das hypothetische Denken der frühneuzeitlichen Wahrscheinlichkeitstheorie hat seinen Ursprung nicht allein im juristischen Bereich, auch wenn ihre Protagonisten das Beweisrecht des *ius commune* und die juristische Hermeneutik als Modell hochhalten. Seit der kopernikanischen Wende etablierte sich das Denken in Hypothesen auch bei Astronomen oder Experimentalwissenschaftlern als eine Wissensform im Umgang mit Möglichem, aber nicht direkt Erfahrbarem. Vgl. Reto Rössler, Weltgebäude. Poetologien kosmologischen Wissens der Aufklärung, Göttingen 2020; sowie Hania Siebenpfeiffer, Die literarische Eroberung des Alls. Literatur und Astronomie (1593–1771), Göttingen 2025.

erweisen lässet, wird eine Hypothesis genennet."[89] Der symbolische Denkschluss überführt auf diese Weise – durch die Eruierung von Kausalzusammenhängen – eine Sache aus dem Stand der Möglichkeit in den Stand der Wirklichkeit. Diese Wirklichkeit hatte sich wie beim Fall des falschen Martin Guerre ins Strukturale verschoben. Ohne beschreibende und erzählende Techniken kommt solch ein Schluss aber nicht aus. Der ursächliche Zusammenhang einer Gegebenheit lässt sich nur durch eine narrative oder deskriptive Verknüpfung ihrer Einzelheiten herstellen, die „ein mögliches Zeichen von dem [sind], was darinnen angenommen wird"[90] – dem genauen Hergang einer Tat zum Beispiel.

Solche Verbindungen herzustellen ist Aufgabe der Einbildungskraft. Sie ist damit beauftragt, mögliche Szenarien zu entwerfen. Neben einem ausgefeilten *iudicium* benötigt der Wahrscheinlichkeitsschluss der Thomasianer daher ein hervorragendes *ingenium.* Dieses liefert den „Stoff zur Entdeckung der Ursachen".[91] Wie beim Entwurf hypothetischer Szenarien sind auch beim Vergleich dieser Szenarien mit den vorhandenen Tatsachen „ingeniöse einfälle von nöthen". Mit Hilfe solcher Einfälle lassen sich „mancherley mögligkeiten [...] finden, wie ein umstand als ein effect aus der supponirten hypothesi, als seiner causa, vielleicht entstehen könnte".[92] Das Ingenium entfaltet und verkettet die Einzelheiten und öffnet so einen Raum des Möglichen: „[I]ndem man sich den Effect deutlich vorstellet, ihn zergliedert, zu iedem Umstande die nächste Ursache, und so weiter, zu entdecken suchet, und herum sinnet, ob und warum die Sache auch anders seyn könnte: so lernet man die Ursachen eines Dinges, die uns als möglich einfallen, beurtheilen."[93]

Die Wahrscheinlichkeit einer Begebenheit, so Hoffmann, werde „theils aus den noch eher vorgegangenen Causis, theils aus den erfolgten Wirckungen, theils aus anderen Zeichen, theils aus der bezeugten Erfahrung anderer beurtheilet."[94] Die Ursachen, die Wirkungen, alle Zeichen, die irgendwie mit einem Geschehen in Verbindung standen, sowie schließlich das Zeugnis Dritter in analogen Fällen: all dies war in der Kategorie des ‚Umstands' aufgehoben. Diese Kategorie umfasste seit der *Logik von Port-Royal* nicht mehr nur den inneren Zusammenhang des Vorfalls, seine syntagmatische Verkettung (*circonstances intérieures*). Sie umfasste auch die Zeugnisse dieses Vorfalls als *circonstances extérieures.* Diese zwei Seiten des Um-

89 Crusius, Weg zur Gewißheit, 79. Zu Crusius' Konzept der wahrscheinlichen Hypothesenbildung vgl. auch Giuseppe Motta, Hypotheses. The Concept of Possibility in Ch. A. Crusius' Theory of Objectivity, in: Rivista di Filosofia Neo-Scolastica 112.3 (2020), 655–670.

90 Crusius, Weg zur Gewißheit, 691.

91 Crusius, Weg zur Gewißheit, 616.

92 Müller, Einleitung in die Philosophischen Wissenschaften, Kap. 19, § 11, 564.

93 Crusius, Weg zur Gewißheit, 616.

94 Hoffmann, Vernunft-Lehre, II, 8, 79, 1123–1124.

standsbegriffs, der innere Zusammenhang und das Zeugnis Dritter, waren aufeinander beziehbar und konnten so zur Basis einer präsumtiven Einzelfallwissenschaft werden, die die Wahrscheinlichkeit von Geschehnissen durch den Vergleich von Hypothesen messbar machen wollte.

Die Bedingung der Berechnung von Wahrscheinlichkeitsgraden war demnach die ‚Verumständlichung' aussageförmiger Beweismittel: die Herabstufung des einstmals privilegierten Aussagenbeweises zu einem Umstand, der mit anderen Umständen verrechnet werden konnte.[95] Im Bereich des Strafrechts war diese Entwicklung schon länger zu beobachten gewesen. In der gesetzlichen Beweistheorie hatten Begebenheiten bevorzugte Beobachter:innen, deren unmittelbares Wissen im Verlauf des Prozesses nur reproduziert werden musste. Mit der Installation einer Beobachtung zweiter Ordnung im Bereich des testimonialen Wissens war diese Konzeption brüchig geworden. Andere Beobachter:innen nahmen Details anders wahr, Zeug:innen hatten blinde Flecken. Der indirekte Zugang zu Vorfällen über ihre Umstände evozierte in seiner „strukturellen Nachträglichkeit" unweigerlich Fragen nach dem Status des Beobachtens.[96]

In diesen Fragezusammenhang schrieb sich Pitavals Sammlung ein. In der Problematisierung von Zeugenschaft, der Beschäftigung mit Ermittlungstechniken und dem Fokus auf Details rückt sie die Epistemologie des Einzelfalls in den Vordergrund. Weil sich, gemäß der *fides historica*, nur über dessen Umstände die Wahrheit eines unbezeugten Vorfalls erfassen ließ, steht die ausführliche Schilderung von Einzelheiten im Zentrum von Pitavals Rechtsfällen. Gerade im Blick auf die formale Eigenart der Sammlung wird dies deutlich: Die Geschichten werden als aktenmäßige Berichte außergewöhnlicher Prozesse inszeniert. In diesen Berichten treten die Darstellungstechniken von Fällen in Erscheinung. In Anlehnung an juristische Relationen enthalten die Prozessberichte neben einer „Geschichtserzählung" – den sogenannten *species facti* – auch Urteilsvoten, Anklage- und Verteidigungsschriften. Auf eine ausführliche Erzählung des Sachverhalts folgen die Darstellungen und Gegendarstellungen der Anwälte. Im Mittelpunkt der Prozessgeschichten steht „die Verhandlung vor Gericht", weshalb die Anwälte die „Helden der Pitavalgeschichten" sind.[97]

Wie in den Kapiteln zu Harsdörffer und Thomasius herausgearbeitet, waren Aktenrelationen ein entscheidendes Element der narrativen „Umformung von Le-

95 Vgl. Campe, Spiel der Wahrscheinlichkeit, 115, Fn. 27: „[D]ie Neutralisierung der Unterscheidung zwischen den inneren Umständen und den Testimonien" ist die „Bedingung der empirischen Wissenschaften und einer probabilistischen Theorie von Wissen."

96 Campe, Spiel der Wahrscheinlichkeit, 434.

97 Sebastian Speth, Vergnügen an gerechter Strafe. Poetische Gerechtigkeit und Strafrecht in Pitavalgeschichten, in: Literatur und Strafrecht im 17. und 18. Jahrhundert, 135–169, hier: 137.

benswirklichkeit in einen rechtlich handhabbaren Sachverhalt".[98] Als kondensierter Prozessbericht wurden Aktenrelationen den Richtern von einem Referenten im „historische[n] Styl" zur Urteilsfindung präsentiert.[99] Die Relation diente der Entscheidbarmachung unübersichtlicher und verstreuter Einzelheiten. Wie eine Anleitung aus der Mitte des 18. Jahrhunderts bemerkt, galt die Grundregel, dass „der Referent alle Sorgfalt anzuwenden hat, daß nicht ein einziger Umstand, der in die Sache einigen Einfluß hat, ausgelassen werde".[100]

In Frankreich war die Figur des Aktenreferenten sogar noch einflussreicher. Wie im deutschen Raum erhielten auch im französischen Strafprozess die Richter erst durch den Prozessbericht eines Berichterstatters (*rapporteur*) Kenntnis von der entsprechenden Strafsache (*visite du procès*).[101] Zwar hatten die Mitglieder des Gerichts die Möglichkeit der Akteneinsicht, aber meist folgten sie dem Standpunkt des *rapporteurs* und verließen sich auf dessen Aktenrelation. Anders als im Deutschen Reich hatte der Berichterstatter oftmals zugleich die Aufgabe, die Voruntersuchung zu leiten. Ermitteln und Berichten wurden so tendenziell ununterscheidbar.

Mit ihrer ‚relationalen' Ausrichtung nehmen die *Causes célèbres* die umständlichen Verfahren zur Konstitution von Fällen in den Blick. Die Frage danach, wie Vorfälle erzählt werden, wird so zum eigentlichen Gegenstand der Erzählungen. Da sie im Rekurs auf die Fallakten mit dem Anspruch des Faktualen auftreten, ist ihr Bemühen, das Reale gleichzeitig zu fiktionalisieren, umso erstaunlicher. Zwar pocht Pitaval auf die Wahrheitstreue der Fälle, die zu ihrer Zeit „die Aufmerksamkeit aller Welt erwecket" haben und „Inhalt der Gespräche der Vornehmen so wohl als der Niedrigen gewesen" waren, seine Sammlung will jedoch mehr sein als eine bloße Zusammenschau berühmter Prozesse. Das Besondere der Geschichten liege vielmehr darin, dass sie „das Ansehen einer Erdichtung" haben. Jedenfalls eigne den ausgewählten Fällen allesamt eine eigentümliche Kraft: Advokaten, die mit ihnen in Berührung gekommen waren, seien „in neue große Geister verwandelt" worden. Bei diffizilen Fällen, so Pitaval in der Vorrede, werden Anwälte zu Protodichtern – „so schön werden oft ihre Arbeiten" und so „viele lebhafte Gemälde" produzierten sie dann (CC 1, Vorrede, unpag.).

---

98 Meyer-Krentler, „Geschichtserzählungen", 118.

99 Claproth, Relationen, 19.

100 Claproth, Relationen, 282, Fn. a).

101 Vgl. Christoph Luther, Aufgeklärt strafen. Menschengerechtigkeit im 18. Jahrhundert, Frankfurt a. M. 2016, 60; sowie André Laingui und Arlette Lebigre, Histoire du droit pénal, Bd. 2: La procédure criminelle, Paris 1980, 99–100.

Das Wundersame ist den Fällen aufgrund ihrer Außergewöhnlichkeit immer schon inhärent. Es verleiht ihnen den Schein des Erfundenen.[102] Bei Ereignissen, die vom gewohnten Lauf der Dinge abweichen, stellt „die Natur" selbst „eine Reihe von Begebenheiten" vor, „welche von einer glücklichen Einbildungskraft ihre Schönheit entlehnt zu haben scheinen" (CC 1, Vorrede, unpag.). Entscheidend blieb für Pitaval aber weiterhin, dass es sich um aktenmäßig beglaubigte Vorkommnisse handelt. Denn nur als historische Singularität war das Wunderbare legitim. Sollte manchen Akten dennoch einmal der „Anmuth" gefehlt haben, so habe er diesem Mangel durch Tilgung der „rauhen und wilden Ausdrücke der Juristen" Abhilfe verschafft oder durch die Addition fiktiver Nebenumstände (CC 1, Vorrede, unpag.). „Die Seltenheit der Sache reizte die Neugierde", schreibt er, „allein, ich darfs wohl sagen, daß sie erloschen seyn würde, wenn ich meine Materie nicht mit einiger Kunst abgehandelt hätte" (CC 5, 212). Darin hebe seine Sammlung sich von anderen ab: „Ich muß hier melden", vermerkt Pitaval im Vorbericht des vierten Bandes, „wie viel Theil ich an diesem Werke habe, damit man mich nicht mit den Sammlern und Zusammenträgern in einen Rang stelle, welche eine unzählbare Schaar auf dem Parnasse ausmachen". Für die Aufbereitung und Umschrift der Aktenauszüge – „[w]enn die Schriften übel geschrieben sind, so giesse ich sie gänzlich um" – reklamiert Pitaval demnach den Status eines veritablen „Schriftstellers". Aus den Prozessakten habe er „ein neues Werk" gemacht: „[I]ch kann sagen, daß mir diese Schriften nur zum Stoffe dienen: denn ich richte das Gewebe oft ganz anders ein." Nicht umsonst habe man in seinen Falldarstellungen „die Anmuth der Romane gefunden, ohne das Falsche dabey anzutreffen" (CC 4, „Vorbericht des Verfassers zum 3 und 4 Theile", unpag.).

Die in die Geschichten integrierten Aktenstücke sind daher „keine authentischen Ego-Dokumente". Vielmehr sind sie indirekt durch eine Erzählinstanz vermittelt. In ihrer stilistischen Überformung nehmen die Aktenrelationen somit „eine Zwischenstellung zwischen Fakt und Fiktion ein".[103] Der bereits erwähnte anonyme Übersetzer legitimiert nicht zuletzt aufgrund dieser Eigenart den Literaturtransfer. Im Gegensatz zu deutschsprachigen Sammlungen hielten es „die französischen

---

102 Vgl. zur Naturalisierung des Wunderbaren in der Frühen Neuzeit Blumenberg, Paradigmen, insb. 62 zur „Naturalisierung der Begriffe des Wunders und des Wunderbaren, die jetzt gerade eben jener Natur zugeschrieben werden, deren Durchbrechung und Übermächtigung zuvor die theologische Zeugnisqualität des Wunders ausmachte." Kurs. entf. In Frankreich konnte sich Pitaval mit dieser Fassung auf Figuren wie Fontenelle berufen, die das wahre Wunderbare (*vrai merveilleux*) in der Mannigfaltigkeit der Natur verorten. Vgl. Bernard le Bovier de Fontenelle, Entretiens sur la pluralité des mondes, 4. Aufl. Paris 1698, 19–20. Vgl. auch Karlheinz Barck, Art. Wunderbar, in: Ästhetische Grundbegriffe, Bd. 6, 730–773, hier: 750–751.
103 Speth, Vergnügen an gerechter Strafe, 140.

Sachwalter", wie er feststellt, „nicht für eine Schande, in schweren und dunklen Sachen deutlich, und zu gleicher Zeit witzig und angenehm zu schreiben". Deshalb würden die Fälle auch „mehr als einer Gattung von Lesern gefallen". Die ingeniöse Kunst der Franzosen wecke die Aufmerksamkeit von Gelehrten wie Ungelehrten gleichermaßen (CC 1, Vorbericht, unpag.).[104]

Diese Unentschiedenheit zwischen Recht und Literatur verlangt von der Sammlung jedoch einige Bekenntnisse.[105] So werden die *Causes célèbres* von einer eigentümlichen Spannung durchzogen: Einerseits sind sie bemüht, die poetische Dignität der Fälle zu betonen; andererseits scheint es nicht minder wichtig, die Demarkationslinie zwischen *fabula* und *historia* aufrechtzuerhalten.[106] Die Geschichten zeichnen sich schließlich dadurch aus, dass in ihnen „das Wahre und Wunderbare miteinander vereiniget ist" (CC 1, Vorrede, unpag.). Durch diese Vereinigung kreuzen sie den Bereich der Dichtung. Aber es ist die Fragilität dieser sie allererst erzählenswert machenden Fusion, die eine fortwährende Grenzziehung zum Fiktiven erfordert.

Diese Liminalität, die den Gattungsstatus der Erzählungen betrifft, wird von inner- und außerdisziplinären Abgrenzungsgesten flankiert. Sie lassen die hybride Anlage der Sammlung umso mehr hervortreten. Zwar gehört diese, so Pitaval, zum Bereich der Historiographie, aber die Fälle weisen „untereinander keine Verbindung und Folge" auf, weshalb die temporale Logik seiner Vorgehensweise sich etwa von Zeitbüchern oder Chroniken unterscheidet (CC 1, Vorrede, unpag.).[107] Den Neuigkeitswert der Sammlung verortet Pitaval ferner im Vergleich mit der zeitgenössischen Jurisprudenz. Angesichts einer vornehmlich kasuistischen Entscheidungspraxis bemängelt er die Aufmachung juristischer Fallsammlungen, deren

---

104 Ausführlich zur Funktionsstelle von Witz – dem Entdecken unerwarteter Relationen – in der Frühen Neuzeit, Ekkehard Knörer, Entfernte Ähnlichkeiten. Zur Geschichte von Witz und *ingenium*, Paderborn 2007.

105 Den *Causes célèbres* wurde nicht umsonst eine regelrechte „Verschmelzung von Literatur und Recht" attestiert – eine historisch einzigartige Entdifferenzierung der Bereiche, die weder zuvor noch danach vollzogen worden sei: „Pitaval war vielleicht der einzige Jurist, der als Jurist und mit juristischem Anspruch die Fülle der Fälle des Lebens [...] literarisch *und* juristisch verarbeitete." Rainer Maria Kiesow, Das Alphabet des Rechts, Frankfurt a. M. 2004, 200. Herv. i. O. Vgl. auch als leicht modifizierte Auskopplung ders., Der Fall Pitaval, in: Kultur der Kommunikation, 119–129.

106 Das Selbstverständnis als nicht-fiktionale Gattung und die vehemente Abgrenzung von zeitgenössischen fiktionalen Formen hat im Blick auf die Vorrede auch Hans-Jürgen Lüsebrink in seiner Untersuchung zu den *Causes Célèbres* des 18. Jahrhunderts festgestellt. Welche enorme Bedeutung diese Grenzziehungen allerdings für die Struktur der Pitaval'schen Erzählungen selbst haben, verfolgt er nicht. Vgl. Lüsebrink, Kriminalität und Literatur, 107–108.

107 Zur Logik frühneuzeitlicher Geschichtschroniken vgl. Bernhard Jahn, Die Chronik als Umschlagplatz von Wissen. Zur Heterogenität des Wissens und seiner Ordnungen in sächsischen Chroniken des 16. Jahrhunderts, in: Wissensspeicher der Frühen Neuzeit, 3–20.

Urteile „das gehörige Licht bey dunklen Streitsachen“ vermissen ließen.[108] Solcherart konzipierte Entscheidungssammlungen seien für den Gebrauch schlichtweg ungeeignet. Sie stürzen die dringend benötigenden Juristen stattdessen in die Orientierungslosigkeit, denn sie übersehen eine maßgebliche Eigenart von Fällen: „Die geringste Verschiedenheit in einem Falle, der mit einem andern im übrigen einerley zu seyn scheint, bringt gleich eine große Verschiedenheit, indem, was Rechtens ist hervor“. Da es jedoch kaum vorkommt, „daß in zween ähnlichen Fällen alle Umstände ganz genau einerley seyn sollen“, so Pitavals Kritik an einem allein an Präjudizien ausgerichteten Fallrecht, „kann man auch nicht immer die Entscheidung des einen Falles für die Entscheidung des andern ansetzen“ (CC 1, Vorrede, unpag.). Ohne ein ausgeprägtes Unterscheidungsbewusstsein neigt das Rechtssystem zu Ungerechtigkeiten.[109]

Pitavals Sammlung setzt demgegenüber auf eine modifizierte Kasuistik. Ihre praktische Funktion liegt in der detaillierten Darstellung von Entscheidungsgründen. Zudem macht ihr Archiv von Beispielen ein ganzes Arsenal fallbezogener Argumente verfügbar.[110] Es trägt damit der „schwankenden Circumstantialität“[111] Rechnung, an der die Etablierung eines regelhaften Modus des Urteilens immer wieder gescheitert war. Falldarstellungen, so Pitaval, können schließlich nur unter der Prämisse Entscheidungshilfe leisten, dass sie die „wahrhaften Bewegungsgründe“ eines Urteils kommunizieren. Nur so unterrichten „merkwürdige Rechtsstreitigkeiten“ zugleich „den Verstand in der Rechtsgelehrsamkeit, nach welcher wichtige Vorfälle entschieden werden müssen“ (CC 1, Vorrede, unpag.). Die Umstandsbezogenheit seiner Fälle lässt sich juristisch daher als die Negation eines Gerechtigkeitsbegriffs verstehen, der allein auf der schematischen Gleichheit von

108 Pitaval bezieht sich hier vermutlich auf die im Frankreich des Ancien Régime allgegenwärtigen Sammlungen der sogenannten Arretisten, die ihren Namen von den Arrêts, den Urteilen haben. Zu dieser Form der Fallsammlung und zur Kasuistik der französischen Jurisprudenz der Frühen Neuzeit vgl. Kiesow, Das Alphabet des Rechts. Einen Einblick in die ebenfalls beeindruckende Menge frühneuzeitlicher Entscheidungssammlungen im deutschen Raum erhält man bei Gehrke, Entscheidungsliteratur.

109 Noch Ende des 18. Jahrhunderts wird der Nutzen von Fallsammlungen in der Einübung solch eines Unterscheidungsvermögens verortet. Vgl. Klein, Studium merkwürdiger Rechtsfälle, 118–119: Ein „Zweck [von Fallsammlungen, JSch] wäre, den Leser auf die großen Verschiedenheiten der ähnlich scheinenden Fälle ausgewählt werden, die in den meisten Stücken sehr ähnlich, aber doch in Absicht auf die Entscheidung verschieden zu beurtheilen sind.“

110 Zur Relevanz eines solchen Archivs für die analogische Fallbehandlung im gemeinen Recht vgl. Ranieri, Kasuistik; sowie Jan Schröder, Zur Analogie in der juristischen Methodenlehre der frühen Neuzeit, in: Zeitschrift der Savigny-Stiftung für Rechtsgeschichte. Germanistische Abteilung 114 (1997), 1–55.

111 Völkel, „Pyrrhonismus historicus“, 136.

Entscheidungen basiert. Stattdessen macht sich diese Kasuistik auf die Suche nach einzelfallgerechteren, sprich: billigeren Entscheidungsmaßstäben. Umständlichkeit ist aus dieser Perspektive eine Reaktion auf das Problem der Wiederverwendung von Entscheidungsregeln in unterschiedlichen Fallsituationen. In Form einer Beobachtung zweiter Ordnung stellt sie die Ratio von Entscheidungen (*rationes decidendi*) dar und bewertet ihre Angemessenheit.[112]

Das erklärte Ziel der Sammlung ist dabei, sich am Verfahren der Generaladvokaten zu orientieren, da diese „anstatt daß sie die Schwäche einer Sache verheelen, sie so zeigen wie sie ist; und, indem sie dieses thun, der neugierigen Welt die Gründe [*raisons*] melden, auf denen sie den Entschluß bauen, den sie gefasset haben, welches die Richter nicht thun, weil sie ihre Urtheile nicht rechtfertigen" (CC 4, 294).[113] Durch einen dezenten Erzählerkommentar werden Entscheidungsgründe und Argumentationsgänge in Pitavals Sammlung erläutert und so dem wiederholten Gebrauch angeboten. Indem die Prozessgeschichten neben den Urteilen auch die Plädoyers der Anwälte integrieren, machen sie die Gründe für bestimmte Entscheidungen kenntlich.[114]

---

112 Vgl. CC 4, „Vorbericht des Verfassers zum 3 und 4 Theile", unpag: „[Ich] habe [...] Beobachtungen über die gerichtlichen Aussprüche gemacht, und führe derselben Bewegungsgründe an." Neil MacCormick spricht im Blick auf die *rationes decidendi* auch von einer „second-order justification". Ders., Why Cases Have Rationes and What These Are, in: Precedent in Law, hg. von Laurence Goldstein, Oxford 1987, 155–182, hier: 161.

113 Zur Geschichte der Begründungspflicht vgl. Clara Günzl, Eine andere Geschichte der Begründungspflicht. Sichtweisen des frühen 19. Jahrhundert, Tübingen 2021.

114 Historisch stammt die Frage nach der *ratio decidendi* aus der mittelalterlichen Legistik. Diese hatte den um 1100 wiederentdeckten *Corpus Iuris Civilis* Kaiser Iustinians (533 n. Chr.), eine kasuistische Sammlung des antiken römischen Rechts, mit den topisch-rhetorischen Techniken der Spätantike kommentiert und bearbeitet. Ausgehend von den Einzelfallentscheidungen der römischen Juristen versuchten die scholastischen Rechtswissenschaftler (Glossatoren) zu allgemeinen Sätzen zu gelangen, die als rechtliche Argumente taugten. Um die jeweilige *ratio* der Entscheidungen herauszuarbeiten, verglichen sie die einzelnen Fälle mit ähnlich gelagerten und kontradiktorischen Fällen. Durch die Einführung von feinen Unterscheidungen (*distinctiones*) lösten sie widersprechende Entscheidungen. Dies gelang ihnen, indem sie zeigten, dass es sich bei den antiken Fallentscheidungen in Wahrheit um verschiedene Sachverhalte mit anderen Umständen handelte. Systematische Aspekte im strengen Sinne spielten dabei keine Rolle. Ein und derselbe Ausgangsfall konnte als Argument sowohl in privat- als auch in strafrechtlichen Fragen dienen. In dieser Arbeit der Glossatoren hat die Rechtsgeschichte die Geburt des juristischen Casus als eigenen Literaturtypus ausgemacht. Vgl. Carlo Ginzburg, Ein Plädoyer für den Kasus, in: Fallstudien, 29–48, hier: 33–34. Eine Übersicht der Casus-Literatur findet sich bei Peter Weimar, Die legistische Literatur der Glossatorenzeit, in: Handbuch der Quellen und Literatur der neueren europäischen Privatrechtsgeschichte. 1. Bd. Mittelalter (1100–1500). Die gelehrten Rechte und die Gesetzgebung, hg. von Helmut Coing, Frankfurt a. M. 1973, 129–259, hier: 213–221; zur Bedeutung dieser sich im Bologna des zwölften Jahrhunderts vollziehenden „Revolution" vgl. ausführlich Harold Berman, Recht und Re-

Neben solchen rekursiven Absicherungen ermöglicht diese Darstellungsform der Rechtshändel auch eine „Innovation durch Defektausgleich",[115] denn mit der Kenntnis von Entscheidungsgründen öffnet sich zugleich die Möglichkeit, Defekte im Recht aufzuspüren und andere Umgangsweisen mit ihnen zu entwickeln. Die sichtbar gewordenen Entscheidungsfehler der Rechtspraktiker werden zu operativen Faktoren. Sie können Ungerechtigkeiten im Recht auffinden und die Chance eröffnen, sich von den (kontingenten) Entscheidungen anderer zu distanzieren. Wenn Pitaval in seiner Vorrede daher ankündigt, die Fälle „mit allen ihren Umständen" zu erzählen, dann stützen sich seine Prozessgeschichten auf eine Beobachtungs- und Erkenntnisform, die zwischen Redundanz und Varietät vermitteln kann, „weil diese Bewegungsgründe und Ursachen sichrere Regeln bey ähnlichen Fällen sind, als die Endurtheile selbst" (CC 1, Vorrede, unpag.).

Dass solche Erkenntnisse auch für das Leipziger Publikum und den deutschsprachigen Raum von Interesse waren, lag am Zuschnitt des Strafrechts, das in der Frühen Neuzeit über Ländergrenzen hinweg recht homogen war.[116] Bei allen Unterschieden im Detail gab es eine große Übereinstimmung zwischen dem französischen und dem deutschen Strafprozess. Grund dafür war der gemeinsame Ursprung in der gemeinrechtlichen Tradition und der daraus folgende Bezug auf die gleichen wissenschaftlichen Autoritäten und dieselben Rechtsquellen.[117] Die Wissenschaft und Praxis des Strafrechts konnte sich daher auch im deutschen Raum auf auswärtige Strafnormen und die Meinungen französischer Gelehrter berufen, sofern diese mit dem gemeinen Recht in Einklang standen.[118]

Die *Causes célèbres* – so ließe sich hinsichtlich ihrer systematischen Funktion und ihres rechtlichen Horizonts festhalten – machen es sich zur Aufgabe, Fälle in ein rekursives Netzwerk von Entscheidungsregeln einzubinden. Zu diesem Zweck konstruieren sie Einzelfälle als wiederholbare Ereignisse, ohne dabei jedoch aus den Augen zu verlieren, dass angesichts sich wandelnder Umstände jeder Wiederholung ein differenzielles Moment inhärent ist. Pitavals Fälle wiederholen sich

---

volution. Die Bildung der westlichen Rechtstradition (1983), Frankfurt a. M. 1991; zu den Techniken der Glossatoren vgl. Helmut Coing, Europäisches Privatrecht. Bd. 1: Älteres gemeines Recht (1500–1800), München 1985; Hermann Lange, Römisches Recht im Mittelalter. Bd. 1: Die Glossatoren, München 1997; sowie Maximiliane Kriechbaum und Hermann Lange, Römisches Recht im Mittelalter. Bd. 2: Die Kommentatoren, München 2007.

115 Niklas Luhmann hat mehrfach die in ihrer Multivalenz für die Ausdifferenzierung des neuzeitlichen Rechtssystems nicht zu unterschätzende Funktion der Darstellung von Entscheidungsgründen hervorgehoben. Vgl. ders., Recht der Gesellschaft, 236–237, 275–277 u. ö. (Zitat 277).

116 Vgl. Luther, Aufgeklärt strafen, 51 u. ö.

117 Vgl. ausführlich Manlio Bellomo, Europäische Rechtseinheit. Grundlagen und System des Ius Commune, München 2005, 57–242.

118 Vgl. Luther, Aufgeklärt strafen, 65.

stets in Gestalt anderer Fälle, deren Umstandsdifferenz einen Unterschied im Recht macht – *minima circumstantia variat rem.* Analoge Fälle werden nicht nur ähnlich, sondern auch unähnlich gemacht. Wo eine Einzelheit abweicht, gewinnt der Fall eine andere Form und ein vermeintlich passendes Urteil verliert seine Angemessenheit. Der rechtliche Fokus auf Umstandsvarianz hat bei Pitaval außerdem eine ästhetische Qualität, denn die „Verschiedenheit der Urtheile", schreibt er, gibt „Anlaß zu schönen Betrachtungen" (CC 1, Vorrede, unpag.).

Als eine Reflektorfigur der Erzählinstanz bemerkt ein Anwalt im Blick auf die Problematik von Präjudizien einmal:

> Es ist der Schlendrian in den Schriften der Sachwalter, daß sie verschiedene Urtheile anführen; wenn sie aber bündig seyn sollten, so müßten sie nicht in dem geringsten Umstande von dem Falle, darauf man sie anwendet, unterschieden seyn. Findet sich nur der geringste verschiedene Umstand darinn, so ist die Anwendung falsch. Schicket sich auch das Urtheil vollkommen zu dem vorhandenen Falle? Man wird sagen, er sey der einzige, oder die Rechtsgelehrsamkeit habe sich geändert, oder die Beschaffenheit des Geistes der Rathspersonen, flöße ihnen in zweifelhaften Sachen verschiedene Urtheile ein. (CC 7, 53.)

In Pitavals Kasuistik steht die Passfähigkeit analoger Fälle stets unter Vorbehalt. Dennoch ist seine Sammlung voller intertextueller Verweise und Verknüpfungen. Jeder Fall wird von einem ähnlichen Fall flankiert, der eine Serie analoger Fälle in Gang bringt. Solche Verweise eröffnen eine Kasuistik komplexer Beziehungen. „Bey Gelegenheit der Materien, die ich abhandle", schreibt Pitaval, „führe ich andere merkwürdige an, welche einige Verwandschaft damit haben" (CC 4, „Vorbericht des Verfassers zum 3 und 4 Theile", unpag.).[119] Für jeden Fall lässt sich ein ähnlicher Fall finden, der die aufgeworfene Problematik wiederholt und sie zugleich variiert.[120] So entstehen „Räume verdichteter Relevanz".[121]

Der Fall Martin Guerre wird etwa dort wieder aufgerufen, wo die wahre Identität von Personen auf dem Spiel steht.[122] In der „Geschichte des Bettlers von Vernon" zum Beispiel wird das Kind eines Bettlers aufgrund von einer verblüffenden Ähnlichkeit mit dem vermissten Sohn einer wohlhabenden Frau verwech-

119 Vgl. auch CC 7, Vorbericht, unpag.: „Ich habe bey Gelegenheit der Rechtssachen, die ich abgehandelt, zu Ende alles angeführt, was einige Aehnlichkeit damit haben konnte; ich habe dasjenige unter meine Materie gebracht, was, nach meiner Meynung, einige Verbindung damit hatte, und angenehm seyn konnte."

120 Zur Häufung analoger Fälle bei Pitaval vgl. auch Meierhofer, Französische Rechtssachen, 284–286.

121 Koschorke, Wahrheit und Erfindung, 48. Kurs. entf.

122 Im Guerre-Fall ist selbst bereits eine Diskussion von Urteilen analoger Fälle installiert. Vgl. CC1, 47–48.

selt (CC 1, 65 – 175).[123] Auch hier täuschen sich Volk und Gericht, auch hier hält man zunächst „einen falschen Schein für das Wesen, und die Lüge für die Wahrheit" (CC 1, 93). Und ebenso geht es auch in diesem Fall um die Erkenntnisbedingungen der *historia*, die Herstellung einer *fides juridica*, und somit um die Frage nach der Überzeugungskraft unterschiedlicher Beweismittel. Was sind „authentische Beweise" (CC 1, 82)? Woran erkennt man „die Sprache der Wahrheit" (CC 1, 85)? Und wie lässt sich der wahre „Zustand" eines Menschen ermitteln, wenn dieser „durch die Kunstgriffe des Betruges zweifelhaft und ungewiß" geworden ist (CC 1, 95)?

Vor allem aber ist auch dieser Rechtshandel wieder „einer sinnreichen Erdichtung ähnlich", deren Komponenten der Advokat der Wahrheit in seinem Schlussplädoyer folgendermaßen umreißt:

> Das Erstaunen, das die Neuigkeit verursacht, die Vermischung, der Verwirrungen der einander entgegen laufenden Rollen, die die dabey vorkommenden Personen spielen, die Bewegungen großer Leidenschaften, die Veränderung der verschiedenen Gestalten dieser Rechtssache, die Ungewißheit, und das Warten wegen des Ausganges, die Bewunderung, welche das Besondre derselben wirkt, alles dieses trifft man hier auf eine vortheilhafte Art beysammen an. (CC 1, 142.)

Das Zusammenkommen dieser Funktionen rechtfertigt für Pitaval den Vergleich mit theatralischen Prinzipien und dramatischen Strukturen.[124] Schließlich sind in Theatertexten „Verwirrungen eingeflochten", deren „Knoten" wie beim „Bettler von Vernon" oder wie beim „falschen Martin Guerre" erst durch den Auftritt von Figuren, „welche dem Zuschauer heraushelfen", gelost werden (CC 1, 143).[125] Aber auch wenn hier wie dort überraschende Ankünfte ordnend in unübersichtliche Situationen eingreifen, darf die „Neubegierde" der Lesenden solche Rechtsfälle „mit den erfundnen Schauspielen nicht vermengen" (CC 1, 143). Zwar steht die Unterhaltung im Vordergrund, nur aufgrund ihres feierlichen Ernstes empfehlen sich Fälle jedoch als Präjudizien.

---

123 Ein weiterer thematisch verwandter Fall ist z. B. „Die von zwoen Müttern in Anspruch genommene Tochter" im fünften Band (CC5, 211 – 300).

124 Eine ebenso kurze wie pointierte Geschichte des Wechselverhältnisses von Theater und Recht, die die gemeinsame Politik der Zeugenschaft hervorhebt, findet sich bei Joseph Vogl, Scherben des Gerichts. Skizze zu einem Theater der Ermittlung, in: Gesetz. Ironie. Festschrift für Manfred Schneider, hg. von Rüdiger Campe und Michael Niehaus, Heidelberg 2004, 109 – 121. Zum Gerichtsverfahren als Modell für das Theater im 18. Jahrhundert vgl. Thomas Wirtz, Gerichtsverfahren: Ein dramaturgisches Modell in Trauerspielen der Frühaufklärung, Würzburg 1994.

125 Zur Dramaturgie des Knotens vgl. ausführlich Juliane Vogel, Verstrickungskünste. Lösungskünste: Zur Geschichte des dramatischen Knotens, in: Der Gordische Knoten. Lösungsszenarien in Wissenschaft und Kunst, hg. von Wolfgang Gratzer und Otto Neumaier, Wien und Berlin 2014, 111 – 130.

Die hier zum Tragen kommende Spannung zwischen Recht und Literatur durchzieht die gesamte Sammlung. Begründet ist sie im Anspruch, „zweyerley Gattungen von Lesern" zu gewinnen: „[D]iejenigen, welche den Nutzen mehr als das Vergnügen suchen, und diejenigen, welche das Vergnügen mehr, als den Nutzen suchen" (CC 7, Vorbericht, unpag.). Pitaval ist bemüht, „so wohl den Juristen, als Leuten von der schönen Welt zu gefallen", und „beyder Beyfall" zu erhalten.[126] Das aber ist alles andere als leicht, denn „da, wo die ersten stehen bleiben, und sich unterrichten, empfinden die letztern Ekel und Verdruß. […] Will man dem Geschmacke der erstern alles aufopfern? so wird unser Buch von den letztern gescheuet werden" – und *vice versa* (CC 7, Vorbericht, unpag.). Der Aufschub des Ausgangs durch eine Streuung von *circumstantiae* ist für Pitaval eine Technik, das Interesse beider Lesertypen zu berücksichtigen[127] – schließlich liegt die Konvergenz juristischer und literarischer Verfahren in der Produktion und Aufrechterhaltung von Ungewissheit und in der systematischen Verzögerung der Entscheidung.[128] Eine solche verfahrenstechnische Eigenzeit realisiert die Sammlung, um unterschiedlichen Lesergruppen zu gefallen.

Einerseits thematisiert Pitaval die Verschränkungen von Recht und Literatur in Bezug auf Wahrheitsspiele und deren Aufmerksamkeitsökonomie: „Die Erdichtungen gefallen", sagt etwa der Anwalt, durch dessen Stimme Pitaval spricht, „wenn sie unter dem Bilde der Wahrheit erscheinen, dahingegen diese Rechtssache die Aufmerksamkeit verursacht, weil sie das Wunderbare eines erdichteten Märchens an sich hat" (CC 1, 142). Andererseits warnt Pitaval seine Leserschaft davor, der Neugierde zu erliegen und so den Wirklichkeitsgehalt des Falls aus den Augen zu verlieren. Dies umso mehr, da die *curiositas* in faktualen und fiktionalen Fällen gleichermaßen die Aufmerksamkeit steuere. In beiden Fällen ist man begierig, die

126 Ergänzt und verkompliziert wird dieser Doppelanspruch durch das Begehren nach einer weiblichen Leserschaft: „Ich will es nicht verheelen, ich habe auch gewünscht, Leserinnen zu haben" (CC 7, Vorbericht, unpag.). Vgl. auch CC 4, „Vorbericht des Verfassers zum 3 und 4 Theile", unpag: „Man erlaube mir, daß ich mir etwas darauf einbilde, daß mich Leute von der großen Welt gelesen haben, deren schönste Zierde das Frauenzimmer ausmachet. Vielleicht ist dieses das erste mal, daß es sich mit einem Rechtsbuche bekannt gemacht, und daß man ein Werk von Gerichtshändeln auf ihrem Nachttische gefunden hat."

127 Eine umfangreiche Rezension der übersetzten Bände würdigt nicht umsonst den Einsatz von *circumstantiae* für die erfolgreiche Mehrfachadressierung von Lesertypen: „Die unerwartteten [sic] Umstände der Geschichte […] werden auch andern Lesern [als Juristen, JSch] von gutem Geschmacke uützlich [sic] und angenehm seyn." Anonym, [Rez.] Erzählung sonderbarer Rechtshändel, 489 [d. i. 488, JSch].

128 Ausführlich und systematisch zur Erzeugung von Spannung und einer dramatischen Eigenzeit vgl. Peter Pütz, Die Zeit im Drama. Zur Technik dramatischer Spannung, Göttingen 1970.

Einzelheiten zu erfahren, denen „man die großen Wirkungen zuschreiben soll", die man bei außergewöhnlichen Fällen wahrnimmt (CC 1, 142).[129]

Um den Wahrheitsgehalt seiner eigenen Erzählungen zu garantieren, setzt Pitaval auf Authentifizierungsstrategien wie den topischen Rekurs auf die Prozessakten. Angesichts der „allermerkwürdigsten Umstände derselben" (CC 7, Vorbericht, unpag.) reicht diese Beglaubigungstechnik allerdings noch nicht aus. Wie die Akteure vor Gericht sollen auch die Leser:innen die Vorfälle daher stets nach dem „Gesetze der Wahrscheinlichkeit" beurteilen (CC 1, 113)[130] – eine Vorsichtsmaßnahme, die dem Personal der *Causes célèbres* selbst nicht immer gelingen mag. Im Gegenteil: Weil dieses oftmals bloße „Muthmaßungen" anstellt, statt auf „Umstände, welche die[ ] Wahrheit deutlich beweisen", zu achten, erliegen hier mitunter ganze Städte einer „falschen Einbildung" (CC 1, 81, 128, 165).

Während Mutmaßungen nur auf die Möglichkeit eines Sachverhalts bezogen sind, betrifft die Wahrscheinlichkeit die vorhandenen Gründe, um diesen Sachverhalt für wahr zu halten. Angesichts einer konstitutiven Erkenntnisschwäche des Justizpersonals entfaltet sich dabei ein weiteres, wesentliches Merkmal des Pitaval'schen Verfahrens.[131] Im Zuge der Wahrheitsermittlung werden die Fälle von Bifurkationen durchzogen, die entlang von deren Umständen eine Reihe divergierender Erzählungen in Gang setzen. In jedem Fall sind heterogene Varianten ein und desselben Falles aufgehoben, eine Serie möglicher Fälle. Die *quaestio facti* evoziert in Pitavals Umstandspoetik eine Vervielfältigung des Falls, da sie alternative Deutungen und widerstreitende Erzählungen provoziert. In der Frage nach den Tatsachen, nach dem, was der Fall ist, zeichnen die Prozessgeschichten konfligierende Ereignislinien.[132] Dies führt zu einer Wucherung von Erzählinstanzen. Je nachdem, von welchen Akteur:innen die Einzelheiten kombiniert werden, werden die Fälle mit ihrem eigenen Anders-Sein konfrontiert. Aufgrund der damit einhergehenden „polyphone[n] Struktur"[133] ist diese Konfrontation ein riskantes er-

129 Zur neuen Stellung der *curiositas* seit der Frühen Neuzeit, die nun nicht mehr als Sünde gilt, vgl. Hans Blumenberg, Der Prozeß der theoretischen Neugierde, Frankfurt a. M. 1988.

130 Die Fragen eines Anwalts, die Pitaval indirekt wiedergibt, richten sich insofern ebenfalls an die Leser:innen: „Darf man", heißt es etwa einmal, „hierauf wohl den Beweis, der von Zeugnissen hergenommen wird, annehmen?" Und kurz darauf heißt es: „Was will man aus der angestellten gerichtlichen Untersuchung schließen?" CC 1, 90–91.

131 Die Fälle liefern zwar „deutliche Beweise von der schwachen Einsicht der erleuchtetesten Männer". Aber „[m]an würde höchst ungerecht seyn, wenn man sie deswegen tadeln wollte; ihr Irrthum ist von der Beschaffenheit der menschlichen Natur unzertrennlich" (CC 1, 507–508).

132 Der Begriff der Tatsache wird seit dem 18. Jahrhundert gleichbedeutend mit dem älteren Umstandsbegriff verwendet. Vgl. Vismann, Medien der Rechtsprechung, 104.

133 Lüsebrink, Kriminalität und Literatur, 108.

zählerisches Wagnis. Es erfordert die Installation einer „interpretativen Funktion“[134] durch eine ordnende Erzählinstanz.

Diese kompositorische Eigenart ermöglicht die Konstruktion eines elastischen Netzes von Entscheidungsregeln. In den Prozessgeschichten werden Fallhypothesen wiedergegeben, die zu fatalen Fehlentscheidungen geführt haben oder hätten führen können.[135] Entlang falscher Entscheidungsgründe, die etwa darin bestehen, entgegen aller Beweisregeln die „Verbrechen zu muthmaßen“ (CC 1, 200), wird ein Panorama möglicher Fälle entfaltet. Es kontrastiert die einzelnen Verkettungen und Entscheidungspfade mit abweichenden Möglichkeiten und überführt sie so in eine „Zeit des historischen Konjunktivs“:[136] „Nichts würde haben der Gerechtigkeit entgehen können“ (CC 1, 249).

In Frankreich war die Revision von Urteilen, die die grundsätzlich zuständigen Gerichte gefällt hatten, durch den königlichen Rat eine gängige Praxis.[137] Der König hatte die Macht, Urteile zu kassieren, wenn diese gegen die königlichen Edikte und die Ordonnanzen verstießen und die Richter sich Fehler in der Anwendung des Rechts zuschulden kommen ließen (*justice retenue*). Die letztinstanzliche Rechtsprechung oblag dem Parlament von Paris, wo Pitaval als Anwalt tätig war. Bei Kapitalstrafen war die Anrufung des Pariser Parlaments obligatorisch. Seit dem späten 16. Jahrhundert hatte das Parlament die Möglichkeit, Fälle, deren Zuständigkeit zunächst bei niederen Gerichten lag, an sich zu ziehen. Dass die Prozessgeschichten in Pitavals Sammlung oftmals Geschichten von Urteilsrevisionen durch das hohe Gericht sind, liegt wohl auch an dieser prozessrechtlichen Eigenart des französischen Inquisitionsprozesses.

Entsprechend kommen in den *Causes célèbres* konfligierende Fallerzählungen vor allem dann ins Spiel, wenn sich im Laufe eines Prozesses ein folgenschweres Urteil einer niederen Instanz als voreiliger Fehlschluss entpuppte. Fehlannahmen dieser Art entstehen nach Pitaval durch die Abkürzung von Begründungszusammenhängen und der daraus folgenden Fehlinterpretation von Tatsachen. Solche Fehlschlüsse müssen stets durch eine umständlichere Untersuchung korrigiert werden. So werden etwa in der „Geschichte des Bettlers von Vernon“, die den Prozess um die wahre Identität eines Kindes schildert, welches für ein anderes gehalten wird, die Richter von einem „Blendwerk“ getäuscht und „von falschen

---

134 Genette, Die Erzählung, 255.

135 In einem Fall, der abermals ein Fehlurteil basierend auf bloßen „Muthmaßungen“ zum Thema hat, fragt Pitaval daher auch: „Was kann die Richter besser aus den Irrthümern bringen, in welchen sie oft durch ihre Entscheidungen nach Muthmaßungen gestützet würden, als das traurige Schicksal [dieser unschuldig Verurteilten, JSch]?“ (CC 1, 391).

136 Vogl, Zaudern, 48.

137 Vgl. Luther, Aufgeklärt strafen, 55–56.

Eindrücken" verführt (CC 1, 65). Dabei müssen sie sich den Vorwurf der „Uebereilung" gefallen lassen, „und daß sie bey ihrem Verfahren in dieser Sache nicht alle mögliche und nöthige Vorsicht gebraucht hatten" (CC 1, 69). Anlass der rechtlichen Verwirrung ist in diesem Fall die fälschliche Anklage eines Bettlers, der beschuldigt wird, ein vermisst gemeldetes Kind geraubt zu haben. Auslöser für die Unterstellung ist die verblüffende Ähnlichkeit des vermissten Kindes mit dem Sohn des Bettlers. Besonders verblüffend ist dabei die Tatsache, dass weder des Bettlers Sohn noch dessen vermeintliche Mutter – die Mutter des Vermissten – sich gegenseitig als Mutter und Sohn anerkennen. Nur aufgrund der Überzeugung des Gerichts werden sie einander zuordnet. Auch wenn sich „alle Umstände zu seiner [des Bettlers, JSch] Rechtfertigung" vereinigen (CC 1, 103), wird der Fehler der Justiz erst spät korrigiert. Der „Zweifel" und die „Ungewißheit", die dieser Fall hervorruft, werden erst aufgehoben, nachdem „alle Gründe" überzeugend „auf die Wage" gelegt und „Muthmaßungen" durch handfeste „Beweise" ersetzt worden sind (CC 1, 141, 155).

In solchen Fällen, in denen die Faktenlage sowohl intra- als auch extradiegetisch neu bewertet wird, sorgt spätestens die Eröffnung der Entscheidungsgründe durch Pitaval für eine poetische Gerechtigkeit.[138] „Es wäre zu wünschen gewesen, daß man sie angehalten hätte, so würde das Verbrechen mit allen seinen Abscheulichkeiten völlig entdeckt worden seyn", sagt die Erzählinstanz einmal in Bezug auf die Rede eines Anwalts vor Gericht, der vorschnell eine Schuldige ausmacht (CC 1, 249). Übereilte Entscheidungen basieren hier stets auf einer ungenauen Prüfung der Tatsachen – einer Prüfung, die nur dann zu richtigen Ergebnissen gelangt, wenn sie strikt den Anforderungen der moralischen Gewissheit folgt und die jeweiligen Einzelheiten behutsam erwägt, um die Wahrscheinlichkeit möglicher Geschehensabläufe zu bestimmen.

Darin lässt sich die Verfahrensmaxime der 1670 veröffentlichten *Ordonnance criminelle* erkennen, des maßgeblichen französischen Strafgesetzbuchs.[139] Wie ein Kommentar aus der Mitte des 18. Jahrhunderts festhält, ist die Aufmerksamkeit auf noch den geringsten Umstand die verfahrenstechnische Prämisse im Strafrecht: „Nulle circonstance n'est à négliger, le lieu, le temps, les personnes, tous les signes qui accompagnent le délit; it faut observer le crime par tous les côtés [...]. Malheur du Juge qui ne sentiroit pas l'importance de ces details! rien n'est petit dans un si grand intérêt" – kein Umstand ist zu vernachlässigen, der Ort, die Zeit, die Perso-

---

138 Hierzu gehört auch, dass die Pitaval'sche Erzählung wenn nötig den Bericht der ursprünglichen Gerichtsprozesse korrigiert und die Annahmen und Schlüsse der Akteure ins rechte Licht setzt. Vgl. z. B. CC 1, 183, wo die „Meynung" eines Generaladvokaten nachträglich als abergläubisch verworfen wird.

139 Vgl. Ordonnance Criminelle du Mois d'Août 1670, URL: https://ledroitcriminel.fr/la_legislation_criminelle/anciens_textes/ordonnance_criminelle_de_1670.htm (31.01.2025).

nen, alle Zeichen, die das Delikt begleiten, das Verbrechen muss von allen Seiten beobachtet werden. Wehe dem Richter, der die Wichtigkeit dieser Einzelheiten nicht verspürt! Nichts ist klein bei einer so großen Angelegenheit, heißt es dort.[140]

Da bei Pitaval jeder Vorfall verschieden interpretiert wird, stecken bereits in den Plädoyers der Anwälte unterschiedliche Fallvarianten. Die Konstruktion des Rechtsfalls erfolgt demnach ganz im Sinne des *genus iudicale* im listenreichen Streitgespräch, was Pitaval im Blick auf die parteiischen Kommentare zur Rede vom Prozess als einem „Krieg des Schreibzeuges" verleitet (CC 1, 212). Der Fall als *Rechts*fall wird als *controversia* konstituiert. Er ist ein „Arrangement widerstreitender und auf den Widerstreit hin angelegter Geschichten", die Ungewissheit darüber erzeugen, was überhaupt der Fall ist.[141] Das rechtliche Verfahren dient der Entfaltung, Verklammerung und schließlich der Zuspitzung zweier entgegengesetzter Perspektiven auf die Umstände des jeweiligen Falls, deren temporäre Unentschiedenheit prozessual in eine entscheidbare Konstellation überführt wird.

Die Frage nach dem, was der Fall ist, ist bei unbezeugten Ereignissen kriminalistisch codiert. Bei Pitaval entstehen in der forensischen Untersuchung stets verschiedene Hypothesen. Auf diese Weise versehen die *Causes célèbres* die Falldarstellungen mit der konjekturalen Faktur des Hypothetischen – das probabilistische Wissen vom Möglichen durchkreuzt die Sammlung. Indem Pitaval dem komparativen Charakter von Wahrscheinlichkeitsbeweisen Rechnung trägt, erlaubt er den Leser:innen ein Urteil über die Wahrheit der Ereignisse.[142] In Leipzig, wo die deutsche Übersetzung erschien, war diese Methode bei der Behandlung von Einzelfällen ebenfalls etabliert. „[A]lle Wahrscheinlichkeit [entsteht] aus der Unwahrscheinlichkeit des Gegensatzes", schreibt Crusius.[143] Diese Opposition setzt eine kasuistische Komparatistik in Gang, deren Muster in den Verfahren des Rechts zu finden ist. Wie bei der Zuspitzung zweier entgegengesetzter Hypothesen im Inquisitionsprozess wird in der Wahrscheinlichkeitstheorie der Thomasianer jeder Fall oder jeder Satz mit seinem möglichen Gegenfall oder Gegensatz konfrontiert. Crusius selbst war 1747, im Jahr als Gayots Sammlung in Leipzig erstmals erschien, als Professor für Philosophie an die Universität Leipzig berufen worden. Mit ihm

140 Discours sur l'administration de la justice criminelle, prononcé par M^R^. S**, Avocat-Général, in: Code Criminel, ou Commentaire Sur l'Ordonnance de 1670 [...], hg. von François Serpillon, 4 Bde. Lyon 1767, Bd. 4, 1–50, hier: 22.

141 Trüstedt, Stellvertretung, 298.

142 Zum Hypothesenvergleich in der Wahrscheinlichkeitslogik um 1750 vgl. Carlos Spoerhase, Die „mittelstrasse" zwischen Skeptizismus und Dogmatismus. Konzeptionen hermeneutischer Wahrscheinlichkeit um 1750, in: Unsicheres Wissen, 269–300.

143 Crusius, Weg zur Gewißheit, 648–649.

und den anderen Thomasianern erhielt in Leipzig das Denken in hypothetischen Wahrscheinlichkeiten Einzug in die gelehrten und galanten Diskussionen.

In den Prozessberichten Pitavals lässt sich beobachten, wie sich alternative Hypothesen zueinander verhalten und wie Entscheidungs- und Erkenntnisprozesse als steuerbare Wirklichkeiten konstituiert werden. Dabei treibt Pitaval aus den Historien eine Darstellung zweiter Ordnung hervor, die in Szene setzt, wie Umstände als Argumente in die Hypothese des Falls integriert werden. Retrospektiv wird auf diese Weise das Verhältnis der Ereignisse zu ihrer Rekonstruktion durch Hypothesen durchsichtig. Die kasuistische Form fungiert bei Pitaval insofern als Rahmen, der zeigt, wie Wirkliches und Mögliches sich zueinander verhalten. Dieser Rahmen öffnet den Raum für verschiedene kombinatorische Möglichkeiten und insofern für „Formbildungen potentialiter".[144] In ihm wird sichtbar, dass jede Form als Verkettung von Elementen stets auf „ausgeschaltete Possibilitäten"[145] bezogen ist, auf Versionen des jeweiligen Vorfalls, die im Prozess der Formierung nicht realisiert wurden. Was bei Pitavals Prozessgeschichten und mit Blick auf die Eigenart des rechtlichen Verfahrens deutlich wird, gilt im 18. Jahrhundert für ästhetische Form überhaupt: Sie entsteht „durch die Anwesenheit dessen, was im jeweils Aktuellen abwesend und ausgeschlossen ist".[146] Jede Form hat mindestens zwei Versionen: Das, was aktuell gekoppelt ist und eine konkrete, aber flüchtige Form ausmacht, und das, was in der jeweiligen Aktualisierung nicht aufgeht, was zum Zweck der Formierung ausgeschlossen wurde, als Virtuelles aber mit der realisierten Form koexistiert.

An einem Fall, der an die Problematik des „Bettlers von Vernon" anschließt, lässt sich diese Eigenart der Pitavalgeschichten gut nachvollziehen. „Die Geschichte des Kindes, das von zwoen Müttern, als das ihrige, gerichtlich zurückgefordert worden", erzählt von einem komplizierten Prozess, der erneut die zweifelhafte Herkunft eines Jungen aufklären soll (CC 1, 176 – 330). Ausgangspunkt des berühmt gewordenen Falls aus der Mitte des 17. Jahrhunderts ist ein Komplott, der den Sohn eines adligen Ehepaars aus dem Weg schaffen will, um an dessen Erbe zu gelangen. Der Graf und die Gräfin von St. Geran erwarten nach über zwanzig erfolglosen Jahren endlich einen Nachkommen. Die Schwester des bis dato kinderlos gebliebenen Grafen, die als nächste Verwandte ihre Erbschaft bereits sicher geglaubt hatte, ist darüber alles andere als erfreut. Mithilfe ihres Liebhabers schmiedet sie einen Plan, der zunächst aufgeht: Sie besticht eine Hebamme, die die Gräfin von St. Geran während der Geburt betäubt, damit diese von ihrer Niederkunft nichts

---

144 Krämer, Form als Vollzug, 560.

145 Niklas Luhmann, Die Gesellschaft der Gesellschaft, 2 Bde., Frankfurt a. M. 1998, Bd. 1, 352, ebenfalls zit. bei Krämer, Form als Vollzug, 560.

146 Krämer, Form als Vollzug, 570.

mitbekommt. Als die Gräfin erwacht, ist das Neugeborene bereits heimlich aus dem Schloss geschafft worden. Obwohl sie selbst fest von ihrer Niederkunft überzeugt ist, wird ihr erzählt, sie sei nicht niedergekommen – manchmal komme das Kind eben doch erst später. Da alle im Kreissaal Anwesenden Teil des Komplotts sind, gibt es keine anderen Zeug:innen für die Geburt des Kindes. Nach einigen Wochen sind die Zeichen ihrer Schwangerschaft verschwunden und die Intrigant:innen überreden die Gräfin mithilfe eines perfiden Gaslightings, sie sei gar nie schwanger gewesen. Das Kind wird bei einer armen Frau namens Maria Pigoreau aufgezogen und für deren kurz zuvor verstorbenen Sohn ausgegeben. Nach einigen Jahren kann sich diese finanziell jedoch nicht mehr über Wasser halten, so dass sie das Kind ihrem Schwager Baulieu übergibt, dem Haushofmeister des Grafen. Obwohl Graf und Gräfin das Kind für einen Enkel Baulieus halten, sind sie sofort von dem schönen Jungen eingenommen. Sie ziehen ihn im Schloss als einen Pagen auf und suchen beständig seine Nähe. Nach einiger Zeit erreicht sie das Gerücht, dass sie in der Tat einen Nachkommen haben, der direkt nach der Geburt entführt wurde. Sie stellen Nachforschungen an und können den Fall schon bald vor Gericht bringen.

In Pitavals Sammlung wird der Verlauf des nun folgenden Prozesses detailliert auf knapp hundertdreißig Seiten nacherzählt, auch wenn Pitaval gemäß den Richtlinien der Relationstechnik allein diejenigen Aspekte integriert, „welche nach [s]einem Urtheile nur eigentlich zur Hauptsache gehören" (CC 1, 214). Ein erstes Urteil wird zugunsten der Gräfin gefällt, die das Kind für ihren verlorenen Sohn hält. Die Hebamme wird zum Tode verurteilt. Dieses Urteil stützt sich auf eine Reihe von Indizien, die nahelegen, dass es tatsächlich einen Komplott gab. Die Schwester des Grafen appelliert jedoch gegen das Urteil und zieht erneut Maria Pigoreau auf ihre Seite, die weiterhin fest behauptet, dass das Kind das ihrige sei. Die Richter – und mit ihnen die Leser:innen – haben es nun mit unterschiedlichen Versionen der Geschichte zu tun, welche die Begebenheit jeweils unterschiedlich interpretieren. Die verschiedenen Versionen stammen aus der Feder der Anwälte der involvierten Parteien. Sie tragen Aussagen und Dokumente zusammen, die den Hergang des Falls nachvollziehbar machen sollen. Zwar versucht die Erzählinstanz zu markieren, welche der Geschichten auf der Seite der Wahrheit steht, aber die Struktur von Rede und Gegenrede lässt der Erzählstimme kaum Platz für eingreifende Kommentare.

Wie bei Thomasius' *Juristischen Händeln* greift auch hier eine juristisch-poetische Zauderfunktion. Die Entscheidung dieses „verwirrten Handel[s]" wird erheblich in die Länge gezogen (CC 1, 211). „Man braucht Listen, man verstecket seinen Zug, man gewinnt die Zeit, und sucht der endlichen Entscheidung zu entgehen" (CC 1, 213). Nicht umsonst erzählt Pitaval genüsslich alle „in den Proceß einschlagenden Zufälle" und liefert eine kurze „Erzählung aller der Proceduren [...], welche den Proceß eine Zeit lang aufschoben" haben (CC 1, 254–255). Das rechtliche Verfahren, so wird hier deutlich, erhöht die Unsicherheit aller involvierten Parteien, indem es die Einzelheiten von Fällen aus unterschiedlichen Perspektiven beleuchtet und alternative Deutungen zulässt. Tatsächlich dauerte der Prozess über zehn Jahre, so dass der Graf von St. Geran zum Zeitpunkt der Entscheidung selbst nicht mehr am Leben war. Die angeklagten Parteien, heißt es im Text, verfuhren wie ein General im Krieg angesichts eines überlegenen Feindes, der „nur die Zeit zu gewinnen sucht, damit er ihn eben durch die Zeit, und durch die widrigen Zufälle [...] schwächen möge" (CC 1, 255).

So hält der Anwalt von Maria Pigoreau „alle die Geschichte, die die Zeugen ausgesaget, wo sie die Entführung des jungen Grafen und alle dabey vorgefallnen Umstände bezeugt haben, für Mährchen" (CC 1, 215). Stattdessen legt er eine eigene Interpretation der Geburtsumstände vor, die die Unwahrscheinlichkeit des Komplotts darlegt und beweisen will, dass Heinrich – so der Name des Kindes – der rechtmäßige Sohn der Maria Pigoreau sei. Auch der Anwalt der Schwester des Grafen – die Urheberin des Komplotts – gibt „die Niederkunft der Gräfinn [...] für eine Fabel aus" (CC 1, 235). Er „giebt sich alle Mühe, Umstände zu schmieden, welche zu dem Urtheile veranlassen sollen, daß die Gräfinn [sic] nicht schwanger gewesen, und daß sie folglich auch nicht entbunden worden ist" (CC 1, 291). Die Tatsache etwa, dass die Gräfin sich so leicht überzeugen hat lassen, sie sei doch nicht schwanger gewesen, spricht für ihn dafür, dass die Schwangerschaft bloß eingebildet war, ebenso dass sie viele Jahre lang ihr Kind nicht hat suchen lassen: „Ohne Zweifel ist dieses eins von den größten Wundern der Gnade", behauptet er, „wir wollen lieber sagen, ein Umstand eines Romans, der auf Unkosten der Wahrscheinlichkeit erfunden worden ist" (CC 1, 297–298). Der Anwalt der Gräfin wiederum führt eine vermeintlich plausiblere Version ins Feld, in welcher er den Beweisgründen der Gegenparteien „die Begebenheiten entgegen setzt, welche durch die gerichtliche Untersuchung bestätigt worden sind, wenn man die Entführung dieses Kindes, und alles was auf diese Entführung erfolgt ist, dagegen hält" (CC 1, 240).

Im Blick auf die Manipulation von Umständen durch die Anwälte setzt der Prozessbericht das komparative Wägen einzelner Möglichkeiten in Szene. Haben die auftauchenden Hinweise den Charakter einer verbürgten Tatsache? Und wenn ja, was bedeuten sie, wie sind sie zu interpretieren, zu welcher Geschichte lassen sie sich zusammensetzen? Gibt es „hinlängliche Anzeigen eines Verbrechens" (CC 1, 248)? Da es keine „ordentlichen Beweise" gibt (CC 1, 287), kann der Fall jedenfalls nur im Modus der Konjektur geklärt werden – schließlich wurde der junge Graf „ohne daß man es wahrgenommen, mitten aus seiner Familie geraubt" (CC 1, 209). Man lässt daher „bloße Muthmaßungen zum Beweise der Kindschaft zu, weil man von der Empfängniß keine Wissenschaft und deutliche Kenntniß haben kann" (CC 1, 264). Zur Entscheidung des Falls ist somit eine hohe Bindungskunst vonnöten, denn erst, wenn alle Merkmale „wie Ketten mit einander verbundnen Begebenheiten" sind (CC 1, 260), wird die Hypothese eines Komplotts wahrscheinlich. Die Vielstimmigkeit in Pitavals Text führt vor Augen, welche Umstände ein bestimmtes Argument stützen, und welche außenvor gelassen werden. Das führt bei den einzelnen Konjekturen zu umständlichen Wiederholungsschleifen: „Wir wollen die Umstände, die am meisten entscheidend sind, vom Anfange wieder durchgehen", sagt einmal ein Anwalt, um dann erneut eine neue Interpretation der versammelten Einzelheiten vorzulegen (CC 1, 320).

Nicht nur in diesem Fall ist Frage nach der Wahrheit in die Agonalität eines prozeduralen Rahmens eingelassen. In diesem Rahmen verhandelt Pitaval die Problematik fiktionaler Rede. Nicht umsonst ist die falsche Mutter des jungen Grafen – Maria Pigoreau – eine untalentierte Hobbydichterin, die mitten „in dem Verhörsaal ein schlechtes Sonnet von ihrer Art herumgehen" lässt (CC 1, 249). Manche Hypothesen wimmeln nur so vor „betrügliche[n] Anscheinungen" und „scheinbaren Gründe[n]" (CC 1, 326–327). Einzelne Anwälte schrecken auch vor Unwahrheiten nicht zurück, um die Richter von einer bestimmten Version des Falls zu überzeugen. Dabei haben die alternierenden Reden und mitunter betrügerischen Kommentare des Geschehens den Effekt, „uns [d.i. die Leserschaft, JSch] ungewisser zu machen" (CC 1, 141).

Auf der einen Seite dient der Vergleich mit „den theatralischen Stücken" (CC 1, 143) und der Romanform dazu, das Erzählen der Prozesse allererst zu legitimieren.[147] Auf der anderen Seite werden im Verlauf der Rechtsstreitigkeiten Formen und Gattungen des Fiktiven aufgerufen, um die Erzählungen anderer Anwälte zu diskreditieren und ihre Argumente zu schwächen. „Wir sehen nach dieser Geschichte, oder vielmehr nach dieser Fabel, daß es fast gar keinen wahrscheinlichen Umstand darinnen giebt", klagt etwa ein Verteidiger angesichts einer vermeintlich abenteuerlichen Variante seines Gegners (CC 1, 300). Jede Fallversion hat sich den Vorwurf der „Poesie" oder „Erdichtung" gefallen zu lassen: Rekonstruktionen von Sachverhalten werden als „Fabeln" verunglimpft, Erzählungen von Tathergängen als „Romane" abgetan, unplausible Umstandsverkettungen als „Zaubermährchen" verlacht (CC 1, 303 u. ö.).

Die wiederholten Einschreibungen des Textes in die Semantik literarischer Verfahren folgen einem Kalkül. Wo sie das Wunderbare, Neue und Überraschende der Fälle betonen, sind sie Teil einer literarischen Legitimierungsstrategie. Diese zielt darauf, die „Neubegierde" der Leser- und Käuferschaft zu wecken (CC 5, „Vorbericht zum V und VI Theile", unpag, u. ö.). „Man mag diesen Proceß", heißt es einmal, „auf einer Seite ansehen, auf welcher man will, so wird man auch überall

147 Die Analogie mit dem Theater hat nicht nur eine produktions-, sondern auch eine wirkungsästhetische Seite: „Man wird", preist Pitaval seine Fälle, „weichmüthig, wie man etwa bey der Vorstellung eines schönen Trauerspieles gerührt wird, und mit Vergnügen Thränen vergießt" (CC 1, Vorrede, unpag.).

Wunder antreffen“ (CC 1, 241). Angesichts einer veränderten Kommunikations- und Informationsökonomie, die sich in der Formierung von Öffentlichkeit und der Entstehung eines internationalen Pressewesens äußerte, galt es für Konkurrenzfähigkeit auf dem Buchmarkt zu sorgen.[148] Zu diesem Zweck greift Pitavals Kasuistik auf die Affordanzen etablierter Populärformen zurück. Mit der *histoire tragique* und der *histoire prodigieuse*, derer sich bereits Harsdörffer und Camus zu diesem Zwecke bedient hatten, standen zwei erfolgreiche Genres zum Anschluss parat.[149] Und trotz des Vorbehalts gegenüber fiktivem Erzählen knüpft die Sammlung auch an die Angebotsstrukturen prosaischer Großformen an. „Die Hauptsache von diesem Processe“, leitet Pitaval etwa die „Rechtssache des S. Geran“ ein, „ist ausserordentlich merkwürdig und wichtig. Man trifft das Wunderbare darinnen an, welches die Seele des Romans ist, und vielleicht hat die Beredsamkeit niemals ein größres Feld gehabt, große Bewegungen zu erregen“ (CC 1, 176). Aber nicht nur die den Prozessen zugrundeliegenden Begebenheiten haben etwas romanhaftes. Auch die Art und Weise, wie das Fallmaterial prozessiert wird, ähnelt Pitaval zufolge strukturell den Verfahren des Romans.

Die semantischen Einbettungen in das Feld des Fiktiven werfen die Frage nach der Bauweise wahrscheinlicher Erzählungen auf. Diese poetologische Frage wird anhand der verfahrensmäßigen Gegenüberstellung zweier Fallversionen und im Blick auf deren rhetorische und argumentative Verfasstheit diskutiert. Die Fallkonstruktionen werden in den Prozessgeschichten stets auf ihre poietische Dimension hin befragt und schließlich mit einem konjekturalen Urteilsmodus in Verbindung gebracht. Dabei ist die Metarede unverzichtbarer Teil der Falldarstellungen: Es geht um die Beobachtung des strategischen Entwurfs von Hypothesen, die Evidenz beanspruchen können. Den unplausiblen Fallvarianten von Anwälten und Richtern haftet hier stets das Stigma fiktionaler Dichtung an. Wie die Hochstaplerfigur exemplifizieren sie die Fiktionsanfälligkeit jeglicher Geschichtsschreibung. Sie machen das ontologische Grundproblem aller Darstellungen sichtbar, die auf Abwesendes zielen: Sie können mit der Wahrheit zusammenfallen – oder nicht. Im Medium des Prozessberichts werden ‚merkwürdige‘ und ‚wundersame‘ Fälle

148 Vgl. aus mediengeschichtlicher Perspektive Giesecke, Buchdruck in der frühen Neuzeit, insb. 640–645; sowie ausführlich Hedwig Pompe, Famas Medium: Zur Theorie der Zeitung in Deutschland zwischen dem 17. und dem mittleren 19. Jahrhundert, Berlin und Boston 2012, 7–60; sowie umfassend Die Entstehung des Zeitungswesens im 17. Jahrhundert. Ein neues Medium und seine Folgen für das Kommunikationssystem der Frühen Neuzeit, hg. von Holger Böning und Volker Bauer, Bremen 2011.

149 Zu den poetologischen Überlappungen und Unterschieden der beiden Genres vgl. Nicolas Cremona, Poétique des histoires tragiques (1559–1644). „Pleines de chair et de sang“, Paris 2019, 185–204.

operationalisiert, um verschiedene Möglichkeiten von Umstandsverkettungen als mögliche Varianten ein und desselben Vorfalls durchzuspielen.

Die in den Prozessberichten inszenierte Spannung von erfundener und wahrer Geschichte korrespondiert dabei mit der Skepsis der zeitgenössischen Theoretiker der *fides historica.* Auch sie hatten immer wieder betont, dass sich unter Geschichtserzählungen stets „Irr-Lichter" und „falsche Historien" finden können. In ihren Texten entwerfen sie darum eine „Scheide-Kunst", mit der sie „die Kennzeichen der Unwahrheiten oder unrichtigen Historien" ausfindig zu machen hoffen.[150] Den möglichen Wirklichkeiten der *fabula* steht hier die wirkliche Möglichkeit der *fides historica* gegenüber. Entsprechend ist das Wissen vom Möglichen – von dem, was der Fall war oder gewesen sein könnte – in den *Causes célèbres* stets mit einer Reflexion von Darstellungsweisen verbunden.

Diese Reflexion, in deren Zentrum die zum Umstand gemachten Elemente des Wahrscheinlichen stehen, betrifft auch die Leistungen und Grenzen der Einbildungskraft als „Organ für das Abwesende".[151] Qua Abduktion werden in den *Causes célèbres* Bezüge zu unsichtbaren oder unbezeugten Dingen hergestellt. Die Prozessgeschichten kreisen um das Problem einer glaubwürdigen Darstellung von Begebenheiten *in absentia* und streifen damit das Gebiet der „Einbildungs-Krafft". Neben der Vergegenwärtigung von Vergangenem umfasste dieses Gebiet den Bereich des Möglichen. Eine mangelhafte Regulierung der Einbildungskraft konnte dazu führen, dass man die Dinge „nicht recht betrachtet" und „sich im Beurtheilen übereilet".[152] So auch in Pitavals Fällen: Eine überbordende Einbildungskraft verkettet dort bisweilen die Begebenheiten zu einem „Roman", bei dem „der Urheber desselben nicht Rechenschaft von dem Baue seines Werkes geben kann" (CC 1, 303).[153] Umstände, die „den Knoten ihrer Stücke auflösen" sollen, helfen zwar den

---

150 Christoph August Heumann, Der Einleitung zur Historia Philosophica Siebendes und letztes Capitel. De Fide Historica oder von der Glaubwürdigkeit in dieser Historie, in: Acta Philosophorum, Bd. 1, Drittes Stück, Halle 1716, 381–462, hier: 383–384.

151 Albrecht Koschorke, Körperströme und Schriftverkehr. Mediologie des 18. Jahrhunderts (1999), 2., durchg. Aufl. München 2003, 273. Kurs. entf.

152 Walch, Philosophisches Lexicon, Art. Einbildungs-Krafft, Sp. 680–687, hier: 685. Der Artikel ist schließlich beinahe wortgetreu im *Zedler* übernommen worden. Vgl. Zedler, Universal-Lexicon, Bd. 8, Art. Einbildungs-Krafft, Sp. 533–538. Zu Aufbau und Quellen der beiden Artikel vgl. Gabriele Dürbeck, Einbildungskraft und Aufklärung. Perspektiven der Philosophie, Anthropologie und Ästhetik um 1750, Tübingen 1998, 17–33; zur (poetologischen) Rolle der Einbildungskraft um 1750, die in der dialektischen Spannung zwischen Wirklichkeitsverlust und -kontrolle ihren Ausdruck findet, vgl. ausführlich Koschorke, Körperströme und Schriftverkehr, 263–321.

153 Zur Regulierung einer potenziell ungezügelten Einbildungskraft in den kritischen Dichtungslehren vgl. Helmut Holzhey, Befreiung und Bindung der Einbildungskraft im Prozess der Aufklä-

„Poeten, deren Einbildungskraft erschöpft ist", aus der Patsche (CC 1, 299). Allerdings erzeugen sie dort, wo sie aufgrund fehlender Beweise nicht mehr plausibilisiert werden können, „eine Lücke im Roman" (CC 1, 323) und entlarven so die unwahrscheinliche Bauart von Hypothesen.

Die für den Indizienbeweis typische Regression des Beweisverfahrens – jedes Indiz muss selbst wiederum bewiesen werden, *ad infinitum* – hat dabei Auswirkungen auf die Hypothesenbildung. Im Fall der zwei Mütter etwa, die um dasselbe Kind streiten, wird einer an sich plausiblen Hypothese des in St. Geran stattgefundenen Komplotts aus diesem Grund zunächst noch keine Evidenz zugesprochen; „Es ist wahr, man hat gesagt: die Hebamme hätte der Gräfinn ein Mittel eingegeben, welches die Milch vertrieben; allein man hat doch von diesem Umstande keinen Beweis geführt" (CC 1, 191). Am Ende kann die Gräfin die Mutterschaft schließlich für sich beanspruchen, weil Beweise für sie sprechen, „die den Verstand gewaltig überzeugten": Eine Reihe von Zeug:innen „brachten so gewisse Umstände vor, welche den wahrhaften Stand des jungen Grafens entscheiden konnten, daß man nothwendig davon gerührt werden mußte" (CC 1, 209–210).

Pitavals Sammlung begibt sich mit solchen Reflexionen ins Zentrum einer komplexen darstellungstheoretischen Problemlage, die auf die onto-epistemologischen Neujustierungen um 1700 zurückzuführen ist. Hatte, wie Hans Blumenberg über den neuzeitlichen Wirklichkeitsbegriff sagt, die Ontologie des Möglichen nun strukturalen Charakter angenommen, so blieb dies für den Bereich des Erzählens nicht ohne Folgen.[154] Im Zeichen der neuen Umständlichkeit gab es in epistemischer Hinsicht zwischen den verschiedenen Disziplinen und ihrer Narrationstypen nur mehr graduelle Übergänge. Historische Erzählungen (*historiae*) waren seit der empirischen Wende ebenso wahrheitsfähig geworden wie die Proportionen der Wissenschaft (*scientiae*). Und auch der Wirklichkeitsgehalt faktualen und fiktionalen Erzählens unterschied sich fortan allein durch die verschiedenen „Grade der Wahrscheinlichkeit", die sich aus dem Grad der Übereinstimmung von externen und internen Umständen ergaben.[155] Wenn „Ordnung und Verknüpfung der Umstände darinnen ist", konnte die Wahrscheinlichkeit von kontingenten und singu-

rung, in: Bodmer und Breitinger im Netzwerk der europäischen Aufklärung, hg. von Annet Lüttken und Barbara Mahlmann-Bauer, Göttingen 2009, 42–59.

154 Vgl. Blumenberg, Wirklichkeitsbegriff; sowie im Anschluss an Blumenberg Campe, „Mögliche Welt". Zum Denken des Möglichen bei Blumenberg vgl. ausführlich Rüdiger Campe, Möglichkeit als Wirklichkeit bei Hans Blumenberg. Mit Ausblick auf Kontingenz, in: Theorien des Möglichen, hg. von Niklaus Largier und Anja Lemke, Berlin 2022, 105–135.

155 Johann Jakob Bodmer, Critische Betrachtungen über die Poetischen Gemählde Der Dichter [....], Zürich 1741, 549.

lären Geschehnissen als „Wahrheit nach einem gewissen Satz" erscheinen.[156] Sie war schließlich „nichts anderes als der Anschein dieser Verknüpfung, die auf Beweise gegründet ist", wie es Leibniz ausgehend vom konjekturalen Paradigma der gemeinrechtlichen Beweismittel formuliert.[157] Wo aus Tatsachen Hypothesen gebildet wurden, war es für die Erkenntnis gleichgültig, ob sie es mit Wirklichem oder Möglichem zu tun hatte. Für die ‚symbolische' Erkenntnis galt allein die höhere Plausibilität im Vergleich der Hypothesen. Denn selbst der präziseste Indizienbeweis beruht auf Vermutungen und kann daher nur den Schein der Wahrheit für sich geltend machen.

Ein gewichtiger Unterschied zu den notwendigen Wahrheiten der Wissenschaft bestand jedoch weiterhin: Da die Dichtkunst in den Bereich der historischen Wahrscheinlichkeit fiel, galt für sie, dass ihr spezifischer Beweismodus „keine Nothwendigkeit" besitzen konnte, die eine „mögliche Zusammenfliessung der Umstände auf irgend eine andere Weise, ausschliesse".[158] Dies hatte, wie Johann Jakob Bodmer in seiner Poetik im Anschluss an Leibniz schreibt, zur Folge, dass jeder Vorfall, den diese Disziplinen ins Auge fassten, „eben so wohl auf manche verschiedene Weise hätte geschehen können".[159] Gerade bei kontingenten Fällen machte sich der neue Zugriff auf Wirklichkeit bemerkbar. Ohne die Bürgschaft einer transzendenten Instanz war Wirklichkeit nun durch eine Kontextgebundenheit definiert.[160] Deren erkenntnistheoretische Kehrseite lag in der Unabschließbarkeit der situativen Kontextualisierung. Die elementare Offenheit eines erst zu konstituierenden, in sich stimmigen Kontexts stellte Realität als etwas nie endgültig Gesichertes vor – eine mit Blick auf erzählerische Verfahren nicht unerhebliche onto-epistemologische Prämisse, deren Implikationen Gayot de Pitaval in seinem Experimentierfeld des Erzählens nachgeht.

Im Verfahren der Umstandsverkettung konvergieren die evidenziellen Praktiken der Literatur mit der Logik des Beweisrechts und der zeitgenössischen Wahrscheinlichkeitstheorie – das inszenieren Pitavals Fälle und verweisen damit auf ein Wissen, das Recht, Literatur und eine empirische Historie formierend einschließt. In der Ausstellung erschwerter Form und der Thematisierung historisch-literarischer Verfahren gibt die Sammlung von Prozessen so ein Wissen von der Emergenz kasuistischen Wissens preis. So ist es gerade die poietische Frage nach wahrscheinlichen Zeichen, Umstandstypen und Kopplungsverfahren, mit der die an

156 Johann Jakob Bodmer, Critische Abhandlung von dem Wunderbaren in der Poesie und dessen Verbindung mit dem Wahrscheinlichen [...], Zürich 1740, 18.

157 Leibniz, Neue Abhandlungen, Bd. 2, 491. Kurs. entf.

158 Bodmer, Critische Betrachtungen, 548.

159 Bodmer, Critische Betrachtungen, 548–549.

160 Blumenberg, Wirklichkeitsbegriff, 51–52 u. ö.

rechtlichen Verfahren orientierte frühneuzeitliche Literatur ihre eigenen erzählerischen Prämissen beobachtet.

3 Semiotische Transformationen: Vom Umstand zum Indiz

Pitavals kasuistisches Erzählexperiment nutzt und erweitert Lizenzen und Spielräume, die trotz der vermeintlich starren Poetiken des Barock auch für randständigere Prosaformen bereits existierten.[161] Hierfür greift Pitaval auf überlieferte poetologische Modelle wie die *histoire tragique* zurück. Wie er selbst eingesteht, verweist allerdings schon die titelgebende Bezeichnung der *causes célèbres* auf eine gewisse formale Unentschiedenheit. Denn genau genommen handelt es sich nicht um *causes* – ein Begriff, den die deutsche Übersetzung mit „Rechtshändel" wiedergibt und der in Anlehnung an die klassische Rhetorik den strittigen Einzelfall (*controversia*) als Gegenstand einer Gerichtsrede bezeichnet (*causa*).[162] Vielmehr handelt es sich um „schriftliche Processe", weshalb Pitaval die Sammlung eigentlich „Procés célèbres & interessàntes" hätte nennen müssen (CC 1, Vorrede, unpag.). In Rücksichtnahme auf den ungelehrten Teil des breiten Adressatenkreises, den die Sammlung anvisiert, hat er sich jedoch entschieden, den für die Form des Prozesses zwar ungenaueren, dafür aber geläufigeren Begriff zu verwenden.

Als narratives Rahmenmedium ermöglicht die Prozessform eine Kollision kontradiktorischer Fallhypothesen. Deren Einsatz im advokatorischen Streit ist strategischer Natur.[163] Damit sind zum einen produktionsästhetische Fragen berührt, die narrative Verfahren thematisieren. Zum anderen entspringt die Eigenart dieser prozeduralen Form aus ihrem spezifischen Umgang mit Beweismitteln. Schließlich werden neuzeitliche Erzählungen im Gegensatz zur rhetorischen *narratio* erst dann glaubwürdig, wenn sie von ihrer eigenen Bauart auch Rechenschaft ablegen können. Andernfalls müssen sie sich den Vorwurf der Unglaubwürdigkeit oder, schlimmer noch, der Lüge gefallen lassen. Beim argumentativen Gebrauch von Beweisformen müssen die Justizfunktionäre demnach transparent sein – auch unter Inkaufnahme von Umständlichkeit. Nicht nur bei Pitaval setzen die Erzähler

161 Vgl. Althaus und Kaminski, Aspekte; Jörg Wesche, Literarische Diversität; sowie Winfried Barner, Spielräume. Was Poetik und Rhetorik nicht lehren, in: Künste und Natur in Diskursen der Frühen Neuzeit, 33–67.

162 Vgl. Gast, Art. Causa.

163 Zu den strategischen Elementen der advokatorischen Fürsprache im System der antiken Rhetorik vgl. Rüdiger Campe, Synegoria und Advokatur. Entwurf zu einer kritischen Geschichte der Fürsprache, in: Empathie und Erzählung, hg. von Claudia Berger und Fritz Breithaupt, Freiburg i. Br. 2010, 53–84.

und Rhetoren ihre Vertrauenswürdigkeit daher in Szene, indem sie Zeugnisse anführen und für jede Umstandsverkettung auch die entsprechenden Beweise liefern. Eine erzählerische und argumentative Konsistenz herzustellen, war angesichts der Spezifität der Pitaval'schen Fälle allerdings kein leichtes Unterfangen. Pitavals Sammelleidenschaft galt schließlich Fällen, die sich um klandestine Ereignisse drehten, die sich nicht bezeugen ließen. Um diese Vorfälle auf die Bühne der juristischen Sichtbarkeit zu stellen und in eine entscheidbare Form zu bringen, war ein Beweismittel vonnöten, das im Inquisitionsprozess lange Zeit eine zwiespältige und untergeordnete Rolle gespielt hatte und nun elementarer Bestandteil des neuzeitlichen Wahrscheinlichkeitsdispositivs geworden war:[164] der Indizienschluss.

Wie schon in Christian Thomasius' Kasuistik, rückt daher auch in der nur wenige Jahre später entstandenen Sammlung Pitavals der Zeichentypus des Indizes ins Zentrum des Interesses. Wo in den *Causes célèbres* herkömmliche investigative Techniken angesichts unbezeugter Vorfälle versagen, da springen Indizienschlüsse ein. In Form einer symbolischen Erkenntnis, wie sie unter anderem von den Thomasianern konzeptualisiert wurde, helfen sie, Fälle apagogisch zu erschließen, die sich einer anschauenden Erkenntnis entziehen. Wird Evidenz bei dieser Beweisform mit Hilfe wahrscheinlicher Zeichen indirekt hergestellt, so bleibt die Abhängigkeit von einer abduktiven Schlussform auch für die kasuistische Form nicht ohne Folgen: Sie kommt nun nicht umhin, „eine genaue Erzählung der kleinen und geringen Umstände" zu liefern, „deren Geschichte sich der Leser gefallen lassen muß" (CC 1, 185). Mit dieser Ausrichtung gewinnen die Fälle eine ästhetische Qualität. „Ofte wird eine ganze Handlung durch einen einzigen kleinen Umstand wahrscheinlich", heißt es jedenfalls in Sulzers *Allgemeiner Theorie der schönen Künste*; „wird dieser aus Versehen, weggelassen, so verwerffen wir die ganze Erzählung davon, als etwas falsches." Denn „Dinge, die an sich, wenn man Zeit und Ort und andre Nebenumstände nicht in Betrachtung ziehet, unglaublich sind, werden ganz begreiflich, wenn man jene zufällige Dinge dabey vor Augen hat."[165] Das retrospektive Erzählen kleinster Nebenumstände dient insofern der Plausibilisierung von Geschehenszusammenhängen.

164 Vgl. etwa die Rolle des Indizes im 4. Buch von Bernoullis 1713 erschienenen *Ars conjectandi* und in der *Logik von Port-Royal*. Jakob Bernoulli, Wahrscheinlichkeitsrechnung (*Ars conjectandi*), 3. und 4. Tl., übers. und hg. von R. Haussner, Leipzig 1899, insb. 75–80; sowie Arnauld und Nicole, Logik, insb. 328–350.

165 Art. Wahrscheinlichkeit. (Schöne Künste), in: Allgemeine Theorie der schönen Künste in einzelnen, nach alphabetischer Reihenfolge der Kunstwörter aufeinanderfolgenden Artikeln abgehandelt, hg. von Johann Georg Sulzer, 2 Bde., Leipzig 1771/1774, Bd. 2, 1263–1266, hier: 1265.

Was Pitavals Erzähler mit Blick auf den Kindsraubfall im Haus des Grafen St. Geran sagt, gilt deshalb auch für die anderen Fälle der Sammlung: „In einer jeden andern Geschichte, als in dieser, würde man den Leser mit der Erzählung so kleiner und geringer Umstände verschont haben; allein hier sind sie, bey dem Mangel anderer Beweise, höchstnötig gewesen“ – schließlich sind für den kriminalistischen Blick gerade die „kleinscheinenden Umstände[ ]“ von entscheidender Bedeutung (CC 1, 187–188). Nur mit ihrer Hilfe gelingt es angesichts von Vorfällen, die „mit der Hülle eines undurchdringlichen Geheimnisses“ bedeckt sind (CC 1, 181), „eine tiefere, sonst nicht erreichbare Realität einzufangen“[166] und Licht ins Dunkel des Falls zu bringen. Für Pitavals Status als Autor der Geschichten hat dieses Verfahren eine wichtige Funktion, denn es ist gerade die umständliche Gestaltung der Fallerzählungen in der *species facti*, die von den zeitgenössischen Rezipent:innen als Eigenleistung gewürdigt wurde: „Er wollte durchaus nicht unter die Menge der bloßen Sammler gerechnet werden“, heißt es in einer Rezension der deutschen Übersetzung. „Die Erzehlung des facti, die er bey ieder Sache voransetzet, ist ganz von seiner eignen Arbeit.“[167] Dass ein solches Erzählen keineswegs als etabliert gelten konnte, zeigt sich an den ihrerseits umständlichen Legitimierungen der neuen Umständlichkeit, die Pitaval immer wieder einschiebt.

Anstatt den Ausgang eines Falls durch eine kurze Erzählweise zu beschleunigen und so die Neugierde der Leserschaft durch eine schnelle Zielführung zu befriedigen, setzt Pitaval auf eine obsessive Ausfaltung von Einzelheiten und damit auf die Frage nach den mannigfachen Bezügen der Geschehnisse. Pitaval legt den Fokus somit auf die Rahmenbedingungen von Vorfällen. Durch diesen Fokus werden die Fälle zeitlich verdoppelt:[168] Eingelassen in die Zeitspanne eines narrativen Ermittlungsdramas spalten sich die Vorfälle in den Moment des tatsächlichen Geschehens und in die Zeit des Erscheinens ihrer Wahrheit. Bis dahin tauchen immer „nur schwache Anzeichen“ und „betrügliche Anscheinungen“ auf – „Blitze, welche uns eben in die Finsterniß wieder zurück stürzen, aus welchen wir einen Augenblick lang gegangen sind“ (CC 1, 325–326). Wie sehr das verzögerte Erscheinen der Wahrheit von ihrer sprachlichen Fassung als Teil eines narrativen Gefüges abhängig ist, zeigt sich bei Pitaval in aller Deutlichkeit. Ein Grund dafür ist der argumentative Status von Indizien. Seit der antiken Rhetorik gehörten sie zu den

166 Ginzburg, Spurensicherung, 17.

167 Anonym, [Rez.] Gayott von Pitaval. Erzählung sonderbarer Rechtshändel, 487.

168 Auf die innere Ungleichzeitigkeit von Ereignissen im Paradigma der Ermittlung wurde mehrfach hingewiesen. Vgl. etwa Joseph Vogl, Ort der Gewalt. Kafkas literarische Ethik (1990), Zürich 2010, 73; sowie Tzvetan Todorov, Typologie des Kriminalromans (1966), in: Der Kriminalroman, 208–215, hier: 209–211.

internen, artifiziellen Beweisformen, zu jenem Bereich also, der in den Aufgabenbereich der Redner fiel.

An dieser Zuordnung hatte sich bis in die juristischen Debatten des 18. Jahrhunderts wenig geändert: Indizien – etwa eine Narbe des geraubten Grafen von St. Geran, die dieser durch die Hebamme bei einem Mordversuch direkt nach dessen Geburt erhalten hat, oder ein blutiges Messer am Tatort – sprachen auch weiterhin nicht einfach so. Ihre Beweiskraft ziehen Indizien nicht aus sich selbst. Sie entfalten diese vielmehr erst als Element eines rhetorisch geformten Arguments innerhalb einer weiter gefassten Erzählung. Im Prozess von St. Geran wird dies deutlich: Gerade weil es sich um einen Indizienprozess handelt, bietet dieser Prozess „den Advocaten so viel Stoff [...], ihre Beredtsamkeit sehen zu lassen" (CC 1, 214). Denn die „Sache der Kindschaft" kann nur „durch Anzeigen bewiesen werden" (CC 1, 264). Solche Anzeigen beweisen eine Tat jedoch niemals unmittelbar, sondern bloß indirekt, und vermögen daher Ereignisse nur dann aus der Latenz zu heben, wenn sie als Umstand sprachlich gefasst und mit Hilfe einer abduktiven Verknüpfungskunst sprechen gemacht werden. Neu an den beweisrechtlichen und wahrscheinlichkeitstheoretischen Debatten der Frühen Neuzeit war die Rhetorisierung des Zeugnisses, die beginnende Herabstufung der Zeugenaussage zu einem Umstand unter anderen. Das „Zeugnis", schreibt etwa Leibniz im Blick auf diese Entwicklung, „kann selbst einen Tatbestand beibringen, der dazu dient, ein künstliches Argument zu bilden."[169] Die ehemals inartifizielle und somit unrhetorische Domäne des Zeugnisses war zur Sache einer konjekturalen Kunst (*ars conjectandi*) geworden.

Die beweisrechtliche und zeichentechnische Eigenart des Indizes bestimmt die konjekturale Logik der *Causes célèbres*. Der bereits erwähnte Evidenz-Wettstreit der Fallhypothesen führt dies auf paradigmatische Weise vor: Umstände tauchen im Zuge von Ermittlungen zunächst als opake, stumme und zerstreute Mannigfaltigkeit auf. Ihre evidenzielle Kraft entfalten sie erst in den mehr oder weniger plausiblen Erzählungen der juristischen Akteure. Während die Schuldigen und beinahe alle relevanten Entwicklungen des Prozesses für die Leser:innen bereits von Anfang an feststehen – die rechtsgültigen Urteile sind ihnen durch die Erzählerrede oft schon bekannt –,[170] treten in Pitavals Analytik die kunstvollen Enthüllungen der Anwälte in den Vordergrund sowie die verfahrenstechnische Produktion von Ungewissheit. Schließlich sind nicht nur die meisten „Verbrechen mit einer dicken Hülle bedeckt" (CC 1, 196), sondern selbst in bereits oft erzählten Geschichten wie

169 Leibniz, Neue Abhandlungen, Bd. 2, 493.

170 Schon in den Titeln ist oftmals bereits der Ausgang der Fälle vorweggenommen. Vgl. etwa den berühmten Giftmordfall aus dem ersten Band „Geschichte der Maria Margaretha von Aubray, einer Marquisinn von Brinvillier, welche überführt worden, daß sie ihren Vater und ihre zween Brüder mit Gift vergeben, und ihrer Schwester nach dem Leben gestanden habe." CC 1, 331–390.

dem „Martin Guerre“ trifft man immer wieder „Schwierigkeiten an, von denen diejenigen, welche sie zuerst gemacht [d. i. erzählt, JSch], die Auflösung nicht gegeben haben“. Selbst in „den wahrhaftesten Geschichten“, so Pitaval, kommen Umstände vor, die zwar wahr, aber beinahe unerklärlich sind (CC 1, 191). Dass etwa Arnauld du Tilh sich so lange für Martin Guerre hat ausgeben können, ist durchaus unglaubwürdig und doch ist es so passiert.

Eine Lösung für dieses Problem verspricht Pitavals umständlicher Erzählstil. Dieser geht noch den kleinsten „Spuren der Wahrheit“ (CC 1, 198) nach und kann so das Wiedererzählen von schon Bekanntem rechtfertigen. Die den Leser:innen zwar schon bekannten, aber erklärungsbedürftigen Tatsachen werden in Pitavals analytischen Berichten von narrativen Supplementen umstellt, die das Unglaubwürdige und Überraschende historischer Ereignisse glaubwürdig und nachvollziehbar machen. Um den historischen Geschehenskern als gleichsam substantielle Begebenheit scharen sich die akzidentiellen Circumstantien – und zwar im doppelten Sinne: erstens als raumzeitliche Faktoren und Relationen des Vorfalls selbst, die den syntagmatischen Zusammenhang seiner Geschichte allererst stiften und dessen geheime Ursachen aufdecken; zweitens als Umstände der Wahrheitsermittlung, die den Prozess der Erkenntnis- und Entscheidungsfindung beleuchten und Urteilsgründe durchsichtig werden lassen. Die Sammlung interessiert bei Verbrechen demnach weniger die Frage, *wer* es getan haben könnte, sondern *wie* es getan wurde und vor allem: *wie* dieses Wie entdeckt und die Täter:innen überführt werden konnten oder wie es zu den gravierenden Fehleinschätzungen der Richter hatte kommen können. Die Enthullung unklarer Ursachen befriedigt die Neugierde, die durch die skandalträchtigen Prozesse geweckt wurde.

Die Prozessgeschichten erkunden deshalb einerseits abduktiv, ob Täter:innen „sich in diesen Umständen mit einem Verbrechen befleckt haben“ konnten (CC 1, 302). Im Sinne einer Beobachtung zweiter Ordnung geht es Pitaval andererseits um die artifiziell geformten und narrativ organisierten „Folgen, die man aus den [...] vorhandenen Anzeigen zog“ (CC 1, 391), d. h. um die Ermittlungspraktiken und Argumentationen des Gerichts. Damit kehrt sich, wie bereits bei Thomasius, das Verhältnis des historischen Ereignisses zu seinen Begleiterscheinungen und Randbedingungen um. Anstatt eine als wesentlich begriffene Handlung zum Hauptgegenstand des Erzählens zu machen (die Tat selbst), rücken all diejenigen Vorgänge in den Fokus, die als rahmende Nebenumstände bloß Beiwerk oder als Umstände des Wissens nur stillschweigende Bedingung des Erzählten gewesen waren: die Zeugnisse des Falls, die Harsdörffer noch als glaubwürdig vorausgesetzt hatte, von Thomasius jedoch bereits mit Skepsis begegnet worden waren.

Die Grundzüge dieses Erzählverfahrens lassen sich an einem Fall verdeutlichen, der von den Pitaval-Sammlungen des 19. Jahrhunderts prominent aufgegriffen wurde.[171] Auf paradigmatische Weise versammelt die „Geschichte eines unschuldigen Mannes und einer unschuldigen Frau, welche wegen eines großen Diebstahles unrechtmäßiger Weise angeklagt worden" alle Komponenten des Pitaval'schen Programms (CC 1, 391–508). Sie geht so: Nach einem Einbruch beim Grafen von Montgommery wird das benachbarte Ehepaar Anglade zu Unrecht des Diebstahls verdächtigt und vom Grafen angezeigt. Im mündlichen Verhör zieht Monsieur Anglade durch seine zittrige Art den Verdacht auf sich und weil er sich in Widersprüche verstrickt. Trotz schwacher Beweislage wird er ins Gefängnis geworfen und auf die Folter gespannt. Weil er jedoch sein vermeintliches Verbrechen immer noch nicht bekennen will, wird er schließlich mit einer Verdachtsstrafe belegt und zu neun Jahren auf den königlichen Galeeren verurteilt. Dort stirbt der bereits durch Folter und Haft stark Geschwächte allerdings schon nach kurzer Zeit, weshalb für ihn die Entdeckung der wahren Diebe und die darauffolgende Revision des Urteils zu spät kommen. Im zweiten Teil des Falls versucht der Anwalt der Witwe ihre beschädigte Ehre wiederherzustellen. Hier geht es nun auch darum, ob der Graf, auf dessen Anzeige die Anglades in die Inquisition kamen, für seine falsche Beschuldigung haftbar gemacht werden kann.

Im Zentrum der Geschichte steht weder eine Kritik der Justiz noch der heilsgeschichtlich relevante Ausgang durch die nachträgliche Bestrafung der Übeltäter im Sinne einer poetischen Gerechtigkeit. Angesichts der schwachen Beweislage dreht sich stattdessen alles um die Problematik von Indizienschlüssen. Denn das Zittern des Monsieur Anglade wurde von den Richtern als Indiz seiner vermeintlichen Schuld gewertet. Durch diesen Fokus wirft Pitavals Aktenrelation die Frage auf, ab wann ein Umstand zum Umstand eines konkreten Falls wird – schließlich hat sich gerade der Indizienschluss die grundlegende Frage nach dem Ein- und Ausschluss von Einzelheiten zu stellen. Der Fall Anglade führt vor, wie im Zeichen des Verdachts jedes noch so kleine Detail zu einem bedeutungsvollen Element werden kann. „Wie spielt nicht die Einbildung, welche wider die Beklagten eingenommen ist! Ueberall glaubt sie Anzeigen zu finden", heißt es deshalb gleich zu Beginn (CC 1, 397). Der Verdacht entfaltet schon bald eine Eigendynamik, die in den „gleichgültigsten Handlungen" der Anglades „Zeichen ihrer Verbrechen" sieht (CC 1, 395). Jede ihrer Aktionen wird zum Zeichen und jedes Zeichen wiederum zum juristisch relevanten Indiz. Die Anklage wegen eines Verbrechens entpuppt sich daher als ein regelrechter „Schmelztiegel, in welchen man alle Handlungen eines

---

171 Ein Überblick über die Publikationsgeschichte des Falls findet sich bei Jules de Doncker, A Canon of Crime: The rise and development of the causes célèbres in Europe, 1734–1890, PhD thesis Universiteit Gent 2017, 203–205, URL: https://biblio.ugent.be/publication/8537965/file/8537966.pdf (31.01.2025).

Beklagten wirft“ (CC 1, 393). Dieser Dynamik des Verdachts konnte sich Monsieur Anglade nicht entziehen. Dass der arme Mann sich während des Verhörs verdächtig machte, lag wohl auch daran, dass der französische Strafprozess vorsah, Verhöre ohne den Beistand von Verteidigern vorzunehmen.[172] Überhaupt waren die Verteidigungsmöglichkeiten beschränkt: Die Angeklagten konnten zwar entlastende Beweise vorlegen, aber da sie weder Einblick in die laufende Untersuchung erhielten, noch Kontakt zu Angehörigen oder einem Rechtsbeistand aufnehmen durften, war dies in der Praxis selten von Erfolg gekrönt.[173] Diese Einschränkung ergab sich aus der Vorstellung, dass die Inquisit:innen sich nicht verteidigen, sondern zur Aufklärung des Sachverhalts beitragen sollten.

Charakteristisch für den Zeichentypus des Indizes ist seine Ambivalenz. Einerseits werden Indizien vorgefunden, andererseits sind sie das Konstrukt einer Interpretationspraxis und als solche polysemisch.[174] Als prekäres „Amalgam aus Material und Deutung“[175] sind sie anfällig für Fehlschlüsse. Wie fatal diese mitunter ausfallen können, belegt für Pitaval das traurige Schicksal der Anglades. Weil man in jeder ihrer Handlungen ein Indiz für den Diebstahl sieht, werden sie unschuldig ins Verderben gestürzt. Im Zuge der verdachtsförmigen Antizipation ihres vermeintlichen Verbrechens wird selbst der entlegenste Umstand Teil von abduktiven Schlussketten. Die zitternde Hand Monsieur Anglades beim Vorzählen seines Geldes wird als pathognomisches Ausdruckszeichen ebenso zu einem relevanten Detail erklärt wie die kurzfristige Absage des Ehepaars, mit dem Grafen dessen Rittergut zu besuchen.[176] Vormals insignifikante Details werden so zu verdächtigen Indizien. Selbst im blutigen Taschentuch des Grafen, das ihn voll dunkler Vorahnung dazu bewogen hatte, früher als geplant zurückzukehren (während seiner Abwesenheit ereignete sich der Diebstahl), sehen die Untersuchungsrichter ein Zeichen für die Schuld des Ehepaars. Durch „die Vereinigung gewisser Umstände und Muthmaßungen“ entsteht die Hypothese von der Schuld der Anglades (CC 1, 408). Für diese Hypothese ist abermals der Begriff des ‚Betrugs‘ reserviert, in welchen, so Pitaval, „der schwache menschliche Verstand durch einen Haufen zweydeutiger Muthmaßungen gestürzt werden kann“ (CC 1, 404). In Pitavals Dar-

172 Vgl. Ordonnance Criminelle du Mois d’Août 1670, XIV, 6.

173 Vgl. Luther, Aufgeklärt strafen, 65.

174 Vgl. Sybille Krämer, Was also ist eine Spur? Und worin besteht ihre epistemologische Rolle? Eine Bestandsaufnahme, in: Spur. Spurenlesen als Orientierungstechnik und Wissenskunst, hg. von ders., Werner Kogge und Gernot Grube, Frankfurt a. M. 2007, 11–33, hier: 16–17.

175 Eder, Forensik und Fiktion, 36.

176 Die minutiöse Beobachtung der Gebärden ist seit Einführung der *Carolina* 1532 elementarer Bestandteil der inquisitorischen Untersuchung. Vgl. ausführlich Schneider, Beobachtung des Zeugen.

stellung sind die Richter übereifrige Indizienleser – und gerade deshalb schlechte Leser.

Fälle wie derjenige der Anglades sind bei Pitaval einem *ordo inversus* verpflichtet. Von beobachteten Wirkungen wird auf nicht zu beobachtende Ursachen geschlossen. Was damit auf dem Spiel steht, ist die Frage nach der Kontingenz von Umständen. Diese werden ganz im Sinne von Agricolas Topos *de contingentibus* als Geschehnisse eingeführt, die einen bestimmten Vorfall bewirkt haben (oder nicht) und retrospektiv als dessen Vorbote gelten (oder nicht) – etwa das Blut in der Serviette des Grafen, das den Diebstahl ankündigt und schließlich zum falschen Beweismittel für die Schuld der Anglades wird. Verweisen zum Beispiel „die Veränderung seines Gesichtes, das Erzittern seines Körpers" (CC 1, 429) als Zeichen auf den Diebstahl oder nicht?[177] Und falls ja, welchen rechtlichen Status kann solch ein Beweismittel beanspruchen? Schließlich gelten „Anzeigen und Vermuthungen", darin sind sich die Advokaten im neu aufgerollten Prozess einig, im gemeinen Beweisrecht nicht als vollwertige Beweise: „[E]s sind nur Folgerungen aus gewissen Begebenheiten, um zu der Kenntniß einer ungewissen und verborgenen Begebenheit zu gelangen, zu welcher man die Beweise aufsucht" (CC 1, 436). Angesichts eines „verborgnen Verbrechens" wie eines nächtlichen Diebstahls könne man jedoch „die gewöhnlichen Regeln fahren [lassen]" und stattdessen eine Vielzahl Nebenumstände zu einem Hauptumstand, d. h. einem beweiskräftigen Indiz zusammenrechnen (CC 1, 443): „Wenn Anzeigen und Vermuthungen iemals einige Wirkung haben können, so muß ein Verbrechen von der Beschaffenheit des gegenwärtigen [...], das keine förmlichen und gewissen Zeugen hat, und dessen Beweis eben so finster als die Nacht ist, in der es begangen worden, durch dergleichen Anzeigen erkannt werden", rechtfertigen die Richter der Anglades ihr Vorgehen (CC 1, 441).[178]

Dem Verhältnis von Haupt- und Nebenumstand hatte sich auch die Thomasius-Rüdiger-Schule gewidmet. Um die Beweiskraft von Indizien zu berechnen, unterschied sie zwischen einfachen und zusammengesetzten Umständen. Mit diesem Unterschied ließ sich bestimmen, „eine wievielfache Präsumtions-Wahrscheinlichkeit aus dem Zusammentreffen der Umstände erwachse" und „wie viel gemeine

177 Seit Christian Thomasius' empirischer Beobachtungslehre zeichnen sich patho- und physiognomische Zeichen durch eine doppelte Kontingenz aus: Nicht nur müssen sie nicht immer auftauchen, sondern sie können auch verschiedenes bedeuten. Vgl. Schneider, Beobachtung des Zeugen, 170–172.

178 Die Ansicht, dass „in einem occulto delicto blosse præsumtiones zum Beweise [...] vor zulänglich zu achten" sind, findet sich in vielen zeitgenössischen Fallsammlungen. Vgl. Nomandri auserlesene und in praxi juridica merckwürdige Responsa und Decisiones [...]. Erste Collection, Quedlinburg und Aschersleben 1730, 27.

Grad Stärcke, aus den Umständen, wenn jeder vor sich betrachtet wird“, floss.[179] Als „harmonische Phänomene“ erhielten zusammenfallende Einzelheiten eine besondere Beweiskraft. Sie standen nicht nur in Verbindung mit einer strittigen Begebenheit, auf die sie als Zeichen verwiesen, sondern wiesen auch untereinander eine Verbindung auf. Als „isoliertes Phänomen“ hingegen galten Einzelheiten, deren Verbindung untereinander noch nicht einsichtig war, die mit der Tat jedoch in einem möglichen Zusammenhang standen. Bei der Frage nach der Harmonie von Umständen ging es um ihr immanentes Zusammenwirken. Für die Abschätzung unterschiedlicher Umstandskräfte war dabei der Rückgriff auf eine topologische Metaphorik typisch. So unterschieden die Thomasianer wie die frühneuzeitlichen Kriminalisten zwischen ‚nahen‘ und ‚entfernten‘ Umständen, um ihre Wahrscheinlichkeit qualitativ zu bestimmen.

> Wenn man [...] die Wahrscheinlichkeit und Unwahrscheinlichkeit bloß nach der Anzahl der Umstände abmisset, so nimmt man an, daß sie alle von gleicher Wichtigkeit sind, das ist, daß einer dem Wesen der Sache nicht näher verwandt ist als der andere, folglich, daß die Möglichkeit des Gegentheils bey dem einen nicht schwerer ist als bey dem anderen. Allein die Umstände sind mehrentheils an sich unterschieden, und einer allein oft wichtiger als viele anderen zusammen genommen; nämlich, je näher er dem Wesen des Dinges tritt, und je weniger Möglichkeit des Gegentheils dabey vorhanden ist. Es müssen also die Umstände auch mehr Wahrscheinlichkeit geben, je wichtiger sie sind.[180]

Nahe und entfernte Umstände waren Zeichen von Taten, deren Zentrum nicht einsehbar war. Die Unterscheidung zwischen ‚nah‘ und ‚fern‘ reagierte auf ein Problem, das mit der zahlenmäßigen Erfassung von Zeugnissen aufgetreten war, deren Einsatz Pitaval unter anderen im Fall Martin Guerre beschreibt: Nur weil hinsichtlich der einen Hypothese mehr Indizien vorhanden waren, hieß das nicht, dass dadurch die entgegengesetzte Hypothese unwahrscheinlicher wurde. Ein ‚naher‘ Umstand konnte viele ‚entfernte‘ aufwiegen und umgekehrt.

Auch im Fall Anglade richten die juristischen Akteure ihr Augenmerk penibel auf „die kleinsten Umstände [...], die etwas zur Entdeckung des Verbrechens beytragen“ könnten, und operationalisieren auf diese Weise ihre Ungewissheit (CC 1, 428). Ob aus vielen zufälligen Nebenumständen eine glaubhafte Geschichte entsteht, die das Fehlurteil des Gerichts erklären kann, wird im Prozess immer fraglicher. Jedenfalls lassen sich schwache Indizien nicht ohne Weiteres zu einem vollen Beweis verrechnen.[181] Aufgrund der fälschlichen Beschuldigung steht die Beziehung

179 Hoffmann, Vernunft-Lehre, II, 9, 42, 1180–1181.

180 Reimarius, Vernunftlehre, 2. Tl., 3. Kap., § 221, 484.

181 Der Anwalt der Madame Anglade fragt mit Recht, „[w]ie [...] denn ein Haufe[n] von Anzeigen, von denen jedes nichts beweist, einen bündigen Beweis hervorbringen [kann]?“ CC 1, 480.

einzelner Umstände zum Vorfall erneut zur Debatte. „Kann man wohl sagen", schreibt Pitaval, „daß unter dem bekannten, und unter dem unbekannten facto eine nothwendige Verbindung sey?" (CC 1, 481). Hatte man genügend Gründe versammelt, um von den registrierten Tatsachen auf das unbezeugte Ereignis des Anglade'schen Diebstahls schließen zu können? Oder handelte es sich um bloße Mutmaßungen, die ohne handgreifliche Beweise angestellt wurden?

Diese Fragen berühren eine für das Strafrechtssystem sensible Problematik, die ins Herz des gemeinen Beweisrechts zielt: Kann das Gericht auch ohne hinlängliche Beweise, in der Hoffnung, diese im Laufe der Ermittlung noch zu erhalten, eine Untersuchung wider einen Verdächtigen einleiten – und das auf bloße Anzeige hin? Darf man eines Verbrechens verdächtigte Personen wie Monsieur Anglade im Sinne einer freien Beweiswürdigung allein aufgrund von Indizien verurteilen?[182] Oder könnte sich dann niemand mehr vor denunzierenden Nachbar:innen und den Fangarmen einer willkürlichen Justiz sicher fühlen? Anders als Thomasius, einem vehementen Gegner der *denunciatio*, beantwortet Pitaval diese Fragen nicht. Stattdessen verweist er beim Endurteil voller Bewunderung auf „die getroffne Mäßigung des Parlamentes in Ansehung der Billigkeit und Menschlichkeit" (CC 1, 506):[183] Die Ehre der Witwe, so will es das Gericht, soll wiederhergestellt und der Name der Anglades aus den Gefängnisbüchern gestrichen werden, während der Graf von Montgommery für die Prozesskosten aufzukommen hat, ohne wegen vorsätzlicher Verleumdung verurteilt zu werden.

In ihren Plädoyers bedienen sich die beiden Anwälte fallrechtlicher Argumentationsweisen, indem sie Präjudizien anführen. Unter den Händen Pitavals wird das Beispiel der Anglades seinerseits zum Teil einer analogischen Fallserie. Im Einklang mit dem übergreifenden Sammelinteresse, das auf ein elastisches Entscheidungsnetz für Einzelfälle zielt, reicht es sogar bis in die Folgebände der *Causes célèbres*. So taucht im dritten Band die Problematik des Anglade'schen Falls in der Geschichte eines auf schwacher Indizienbasis unschuldig verurteilten Hausbediensteten wieder auf (CC 3, 340–431). Während hier wie dort die semiotische Verwandlungskraft von Umständen in Szene gesetzt wird, rückt die minutiöse Beschreibung von Einzelheiten im Fall des unschuldigen Bediensteten le Brün nun vollends in den Vordergrund. Als Erzähltechnik gibt ihr Pitaval Züge des enargetischen Vor-Augen-Stellens: „Hier sind die Umstände dieser kläglichen Historie; und

182 Zu diesem entlang der Abschaffung der Folter und der Antizipation einer freien Beweiswürdigung verlaufenden Prozess der „Entrechtlichung" der Entscheidungsfindung vgl. den hierzu maßgebenden Aufsatz von Stichweh, Subjektivierung der Entscheidungsfindung.

183 Die mangelnde Justizkritik hat man als reaktionär eingestuft und dabei auf die Diskrepanz zwischen der justizkritischen Darstellung und der konservativen „Parlamentsideologie" des Erzählerdiskurses verwiesen. Vgl. Lüsebrink, Kriminalität und Literatur, 129.

um den Schauplatz dieser betrübten Begebenheit vor Augen zu stellen, muß man die Oerter, wo sie sich ereignet hat, anzeigen" (CC 3, 342). Aber dieses topographische Verfahren – die Beschreibung des Ortes, wo sich der Vorfall ereignet hat – soll nicht allein die Einbildungskraft der Leserschaft beflügeln, sondern auch helfen, den Vorfall selbst zu entschlüsseln. „Es ist höchstnöthig, daß man die Lage aller dieser Oerter weis", kommentiert die Erzählinstanz, „weil sie zu den Muthmaßungen Anlaß giebet, die den Missethäter entdecken können" (CC 3, 343). Zu den angeführten Details heißt es: „Dieß sind Kleinigkeiten, allein je geringer sie sind, desto wichtiger ist es, eine ernsthafte Aufmerksamkeit darauf zu wenden" (CC 3, 347). Die Beschreibung kleinster Umstände hat hier eine eminent logische Funktion. Wie in Rudolf Agricolas maßgebender *Dialektik* fungiert die *descriptio* als eine Schlussform, mit der die Wahrheit eines Einzelfalls präsumtiv erschlossen werden soll.

Pitavals Umständlichkeit hat also eine zweifache Funktion, die Poetik und Epistemologie des Falls gleichermaßen betrifft. Als energetische Beschreibung erfüllt sie einerseits die evidenzielle Rolle von Visualisierungen. Als Kontextualisierung eines Geschehens dient sie andererseits der Situierung des Falls.[184] Im Paradigma der Ermittlung ist die anschauliche *descriptio* damit nicht mehr bloß der persuasive Ersatz einer Erzählung.[185] Vielmehr ist sie ihr Grund. Sie zielt nun auf den Entstehungskontext des Verbrechens selbst. Indem Pitavals *descriptio* dessen Grundriss zeichnet, nimmt sie das ‚Stehende' des Umstands in den Blick, auf dem sich das Geschehene ereignet hat. In Form von *circumstantiae historicae* fokussiert Pitaval außerdem die Handlungen des Kammerdieners während und nach seiner vermeintlichen Tat und damit den syntagmatischen Zusammenhang des Geschehens.[186] Zur sinnlichen Überredung tritt hier die kognitive Überzeugungs-

184 Zu dieser doppelten Funktion von Beschreibungen vgl. Martin Wagner, The Narratology of Observation. Studies in a Technique of European Literary Realism, Berlin und Boston 2018, 32–39.

185 Im oppositionellen Sinne der narratologischen Basisdifferenz Erzählen/Beschreiben. Vgl. Klaus R. Scherpe, Beschreiben, nicht Erzählen! Beispiele zu einer ästhetischen Opposition, in: Zeitschrift für Germanistik. Neue Folge 6.2 (1996), 368–383.

186 Einschlägig zur Dreigliedrigkeit der historischen Umstände (Antezedenz, Konkomitanz und Konsequenz) Erdmann Uhse, Wohl-informirter Redner […] (1704), 7. Aufl. Leipzig 1717, 58–59: „I. Circumstantiæ Historicæ, da betrachtet man I.) Antecedens, was vorher gehet. z. E. die Begierde nach fremden Gute. 2) Concomitans, was dabei vorgehet z. E. die Erbrechung eines fremden Geld-Kastens, 3.) Consequens, was darauf folget. z. E. der Galgen." Sowie Christian Weise, Politischer Redner / Das ist / Kurtze und eigentliche Nachricht / wie ein sorgfältiger Hofemeister seine Untergebene zu der Wolredenheit anführen sol […], Leipzig 1681, 119 (zu den *circumstantiae actionum*, die beschreiben, „was vorhergegangen / was bey der Handlung selbst vorgelauffen / und was endlich erfolget ist."). Auch der *Zedler* übernimmt diese Bestimmung, vgl. Art. Umstand, Umstände, in: Zedler, Universal-Lexicon, Bd. 49, Sp. 1063.

arbeit:[187] Die Modellierung der Umstände durch die detaillierte Beschreibung dient der visuellen Wahrnehmung und dem formalen Erkennen gleichermaßen. In Pitavals Relation fallen historischer Bericht (*relatio*) und logische Beziehung (*relatio*) zusammen. Ermitteln und Berichten sind ein und dieselbe Tätigkeit.

Im Fokus auf Einzel- und Besonderheiten setzen Pitavals Erzählungen die Schwelle der Beschreibbarkeit herab.[188] Der erzähltechnische Clou liegt in diesem Fall allerdings auch darin, dass der Fokus in entscheidenden Szenen auf le Brün liegt. Mit ihm betritt die Leserschaft den Tatort, es ist sein Blick, der die „Semiotik der Wahrnehmung"[189] steuert – mit der Besonderheit, dass dieser Blick in der aktenmäßigen Relation mit der polizeilichen Registratur zusammenfällt. Im französischen Strafprozess war dieser Zusammenfall von Untersuchung und Bericht gängig: Der Berichterstatter hatte auch die Aufgabe, die Ermittlungen zu leiten.

An diesem Morgen ist die Hausherrin nicht wie gewohnt aufgestanden und reagiert auch nicht auf das Klopfen der Bediensteten. Anstatt von einem Unfall (etwa einem Schlaganfall) auszugehen, vermutet der immer unruhiger werdende le Brün sogleich eine „Uebelthat" (CC 3, 349) – ein Umstand, der später gegen ihn verwendet werden wird und den der Text gleich mehrfach erwähnt. Schließlich verschaffen sich die Angestellten Zugang zum Zimmer:

> Der Schlösser öffnete die Thüre sehr leicht: le Brün gieng zuerst hinein, und lief nach der Frau von Mazel Bette, und hob, nachdem er sie etliche mal vergeblich gerufen hatte, einen Vorhang zu den Betthäupten auf, und schrie: Ach! die gnädige Frau ist ermordet. Es ist überflüßig, zu sagen, daß dieser betrübte Anblick einen großen Abscheu und eine mit Schrecken vermischte Bestürzung verursacht. [...] Le Brün gieng so fort in die Kleiderkammer, er schob einen Fensterladen auf, Licht zu machen; er hob den Geldkasten in die Höhe, der wohl verschlossen war, und sagte: Er ist nicht bestohlen, was heißt das! (CC 3, 349.)

---

187 Im Sinne der Unterscheidung von Überredung und Überzeugung, die noch im späten 18. Jahrhundert zum Tragen kommt. „Wir machen einen Unterschied zwischen Ueberredung und Ueberzeugung", heißt es etwa bei Sulzer. „Jene sezen wir in dem Beyfall, der mehr erschmeichelt, als erzwungen wird. Von der Ueberzeugung ist sie darin unterschieden, daß diese aus unumstößlichen und völlig unzweifelhaften Gründen nothwendig erfolget. Die Ueberredung würket Beyfall und Glauben, die Ueberzeugung unumstößliche Kenntniß der Wahrheit". Art. Ueberredung (Beredsamkeit), in: Sulzer, Allgemeine Theorie der schönen Künste, Bd. 2, 1192–1194, hier: 1192.

188 Vgl. Foucault, Überwachen und Strafen, 246–247, der eine solche Herabsetzung der Beschreibbarkeitsschwelle mit der Fallwerdung des Individuums in Verbindung bringt. Dazu gehören laut Foucault etwa auch die Integration biographischer Elemente usw. Pitaval steht noch im alten Fallparadima. Seine Fälle erhalten ihre Einzigartigkeit von den sie je bestimmenden Umständen. Seine detaillierte Anführung von Umständen und Indizien beschreibt keine individualisierenden Zeichen. Anstatt auf eine individuelle kriminelle Biographie bezogen zu werden, sind dies Zeichen, die auch ohne diesen Bezug deutungsfähig sind.

189 Deleuze und Guattari, Tausend Plateaus, 266.

Schon auf den Seiten zuvor hatte Pitaval minutiös le Brüns Handlungen am Vortag, in der Tatnacht und am Morgen unmittelbar vor der Entdeckung der Toten geschildert. Seinen spontanen Mikroaktionen hatte er dabei besondere Aufmerksamkeit gewidmet. „[I]n dergleichen Kleinigkeiten, die aus dem Stegereife und ohne Vorbedacht geschehen", – so die erkenntnistheoretische Erklärung der Erzählinstanz – „lässet sich die Natur und Wahrheit mehr erkennen" (CC 3, 347). Waren als *circumstantiae historicae* zunächst diejenigen Details in den Blick genommen, die als Antezedenzien, Konkomitanzen und Konsequenzen das Verhalten des unschuldigen Protagonisten im Vor- und Umfeld der Tat darlegen konnten, so wechselt der Fallbericht schon im nächsten Absatz die Perspektive. Fortan ist es nicht mehr der angesichts der Leiche verwunderte und bestürzte le Brün, sondern der nüchtern observierende Blick des Kriminalleutnants und der Wundärzte, der die *narratio* des Falls steuert. Allerdings beinhaltet die *species facti* nicht die Tat selbst. Stattdessen notiert die Relation nur die vorliegenden Umstände, als Ursache und Wirkung der Tat, in welche zugleich die ersten Schlüsse der untersuchenden Sachverständigen eingeflochten sind:

> Man fand in ihrem Bette, das über und über voll Bluts war, ein Stück einer Krause von Malinerspitzen ganz blutig, und eine Serviette, die wie eine Nachtmütze, wie diejenigen, derer man sich beym Ballspiele bedient, gedrehet war. Diese Serviette, welche auch blutig war, war mit einem S. wie die vom Hause, gezeichnet. Man urtheilte, daß die Frau von Mazel, da sie sich gewehrt, dieses Stück Krause und diese Mütze abgerissen hatte. Man fand in einer von ihren Händen drey oder vier Haare. In diesen Minuten nimmt die Natur alle ihre Kräfte zusammen, um sich den tödtlichen Streichen eines Meuchelmörders zu entziehen. Der Frau von Mazel waren alle Finger zerschnitten; welches beweiset, daß sie sich bis aufs äusserste wider ihren Mörder vertheidiget und sich an ihn angeklammert hatte […]. Die Leinen der Klingeln waren etlichemal um die Stangen der Bettvorhänge und so hoch geschlungen, daß man sie nicht erreichen konnte […]. Endlich fand man in der Asche ein verborgen Messer, acht bis neun Daumen lang, welches in einem Gewerbe auf und zu gemacht ward, und auf dem Rücken ein kleines Eisen hatte, den Hahn auf einem Feuergewehr auf- und zuzuschrauben; Der Heft dieses Messers, der von Schildkröte war, war fast ganz verbrannt; an der Klinge war nicht die geringste Spur von Blute zu sehen. Man urtheilte, daß das daran gewesene Blut durch die Hitze der Asche verraucht seyn müßte. (CC 3, 350 – 351.)

Jedes dieser Details[190] – die Registratur geht noch lange in diesem Stil weiter – ist potenziell signifikant und zudem hinsichtlich seiner möglichen Ursachen über-

190 Im französischen Original ist im Umstandsbegriff (*circonstances*) nicht von ungefähr auch der Begriff „détail" aufgehoben, der in der deutschen Version wiederum mit „Umstände" übersetzt ist. Vgl. z. B. Pitaval, Causes célèbres, Bd. 3, 372. Vgl. auch den Artikel zum Detail bei Friedrich Gladov, A la Mode-Sprach der Teutschen / Oder Compedieuses Hand-Lexicon […], Nürnberg 1727, 194: „Detail, ein Stück. it. der Umstand einer Sache. En detail, d. i. umständlich eine Sache erzählen."

determiniert. Alle bemerkten Umstände, „diese zerstreuten Scheine" (CC 3, 352), können zu einem späteren Zeitpunkt zu Indizien und damit zu entscheidenden Beweisen werden. Vorerst jedoch sind sie ein Haufen beiläufiger und opaker Einzelheiten, die erst in einem zweiten Schritt in signifikante Zeichen transformiert werden.[191] Es sind „stumme Zeugen", die auf mitunter aggressive Weise sprechen gemacht werden müssen (CC 3, 393 u. ö.).[192] Ihre notorische Sperrigkeit als zähe Tatsachen verlieren sie erst, wenn sie als Teil einer Beweiskette „über sich selbst und ihre nackte, rohe Gegenständlichkeit hinaus auf Sachverhalte verweisen" und als „Spuren eines Verbrechens, für das es keine Zeugen gibt", gelesen werden.[193]

Eine ganze Reihe von Sachverständigen – Schlosser, Messerschmiede, Perückenmacher, Näherinnen usw. – wird in der Folge damit beauftragt, die Umstände zu qualifizieren und festzulegen, „was zu Anzeigen dienen konnte" (CC 3, 355). An keiner Stelle jedoch verrät Pitaval in der „Historie des Processes", der *species facti*, den wahren Tathergang (CC 3, 342–363). Stattdessen versinkt der Fall in der Opazität seiner Umstände: Le Brün wird verdächtigt, aber den „[t]ausend Umstände[n]", die gegen ihn sprechen, stehen „tausend überzeugende Anzeigen" gegenüber, die auf seine Unschuld verweisen (CC 3, 360–361). Das Indiz erhält als Zeichen eine ambige Stellung: Es ist sowohl Medium des Wissens als auch Quelle des Irrtums.[194] Anstatt die Entscheidung des Falls mit seiner Beweiskraft zu beschleunigen, versieht es das Geschehen mit der Signatur der Ungewissheit.

Ausgehend von den vorgefundenen Bruchstücken machen sich die Akteure mit Hilfe von Hypothesen daran, „le Brün auf seiner Spur [zu] folgen" (CC 3, 369) und eine „zusammenhangende Erzählung" zu konstruieren (CC 3, 378). Zu dem, was sich in der Registratur noch ungeklärt dem Blick dargeboten hatte, wird die passende Geschichte und eine mögliche Ursachenstruktur gesucht: „Nach der Beschaffenheit der Oerter scheint es, daß es einem Diebe, einem Mörder leicht gewesen, zu jeder Stunde hinein zu gehen, und sich in diesem Hause zu verstecken", lautet etwa

191 Vgl. die ersten Sätze von Gerald L. Brans' Einführung in Šklovskijs *Theorie der Prosa*: „Modernity begins [im 17. Jahrhundert, JSch] with the recognition that the object before me is not a sign but a random particle. [...] It is opaque and irreducible, one singularity among others multiplied excessively in every direction." Gerald L. Brans, Introduction, in: Viktor Shklovsky, Theory of Prose, übers. von Benjamin Sher, mit einer Einf. von Gerald L. Brans, Elmwood Park 1991, ix.

192 An der Begrifflichkeit kann man die beweisrechtliche Herabstufung des Zeugnisses im 18. Jahrhundert zu einem Umstand unter anderen erkennen.

193 Lorraine Daston, Wunder, Beweise und Tatsachen. Zur Geschichte der Rationalität (1998), 2. Aufl. Frankfurt a. M. 2003, 29.

194 Insofern ist es ein für die Semiotik der „Episteme der Repräsentation" durchaus typisches Zeichen. Vgl. David E. Wellbery, Lessing's Laocoon. Semiotics and Aesthetics in the Age of Reason, Cambridge und New York 1984, 35. Grundlegend zum repräsentierenden Zeichen Foucault, Ordnung der Dinge, 91–101.

ein erster Schluss ausgehend von den topographischen Merkmalen (CC 3, 343). Das Reich des Fabulierens betreten dann die juristischen Protodichter. Während die Prozesshistorie die Untersuchung des Sachverhalts mitsamt der (fälschlichen) Beschuldigung in den Vordergrund stellt, sind es wieder die widerstreitenden Verteidigungs- und Anklageschriften der Advokaten, die den möglichen Zusammenhang des Registrierten konstruieren. Sie entlocken den Tatsachen Narrative, die in Form einer Kontroverse verhandelt werden.[195] Parteilich schreiten sie „zum Beweise, zur Gegeneinanderstellung, und zur Berichtigung aller die Ueberführung oder Vertheydigung des Missethäters betreffenden Umstände".[196] Wie in der Wahrscheinlichkeitstheorie der Thomasianer erfolgt dies durch die binäre Gegenüberstellung von Tatsachen. Einzelheiten, die schon aus der Prozesshistorie bekannt sind, liefern den Stoff von kleinen Geschichten, die nun als „sehr starke Beweisgründe" ins Spiel gebracht werden (CC 3, 368). Beiläufige Details und unscheinbare Vorgänge werden so zu „den allerstärksten Stücken der Ueberzeugung" (CC 3, 372). Ergänzt werden sie von einem Haufen Zusatzinformationen, etwa über le Brüns Charakter, die dem Fall immer wieder einen neuen Anstrich verpassen. Im Zeichen der abduktiv verfahrenden Indizienschlüsse verschmelzen *narratio* und *argumentatio* – das hypothetische Erzählen ist immer schon Teil der Beweisführung.

Aus dem Umstand, dass le Brün anstatt auf einen Schlaganfall sofort auf ein Verbrechen als Ursache für das Schweigen der Frau Mazel tippt, wird im Zuge einer solchen Konstruktion etwa ein Beweis der Schuld. „Hier siehet man ganz natürlich, was damals in seiner Seele vorgieng", spekuliert der Anwalt, der gegen le Brün argumentiert. „Er sahe, daß sich der Meuchelmord nunmehr entdecken und der Verdacht zuerst auf ihn fallen mußte [...]. Ich muß, saget er bey sich selbst, zuerst von diesem Meuchelmorde aus einer Gegenlist reden, welche zu denken Anlaß geben wird, daß ich es nicht gesagt haben würde, wenn ich schuldig daran wäre" (CC 3, 370–371). Hypothesen wie diese führen dazu, dass le Brün, dem man den Mord selbst nicht nachweisen kann, schließlich als Mittäter verurteilt wird. Um Unschuldige zu rechtfertigen – das legt Pitaval nahe – taugen solche kleinen Erzählungen kaum. Um Vorurteile zu bestätigen, dienen sie dafür umso mehr.

Die Eigendynamik des Verdachts motiviert erneut einen Fehlschluss. Auch in diesem Fall erliegen die Richter der Kontingenz von Indizien, aus denen in „nicht nothwendiger Weise [...] folget, daß es seyn und auch nicht seyn kann" (CC 3, 395). Angesichts eines unbezeugten Geschehens entpuppen sich Indizien abermals als

195 Vgl. Niehaus, Kasuem, 41–42: „Die für relevant gehaltenen Sachverhalte, die eine Falldarstellung – aus welchen Gründen auch immer – *nicht* enthält, sind eben Sachverhalte, die [...] über Verzweigungen zu einer Auffächerung des Falles führen." Herv. i. O.

196 Claproth, Relationen, 180.

„wahrhaftige Irrlichter“ (CC 3, 396). Sie sind nichts als „betrüglicher Schein“ (CC 3, 398), dessen Beweiskraft allein „einer seltsamen vorhergefaßten Einbildung“ entspringt (CC 3, 380). Fatalerweise wird aufgrund einer „unbestimmte[n] Möglichkeit“ (CC 3, 385) – le Brün wäre als Bediensteter in der Lage gewesen, dem Täter die Tür zu öffnen – ein Unschuldiger als Mittäter auf die Galeeren verdammt, der jedoch vor Strafantritt im Gefängnis durch die Folter stirbt. Le Brüns Anwalt verweist vergebens auf die mangelnde „Wahrscheinlichkeit dieser Möglichkeit“ (CC 3, 385), deren Unwahrscheinlichkeit erst in Pitavals Aufarbeitung hinreichend dargelegt wird.

Angesichts der Funktion von Beschreibungen, einen Gegenstand evidenziell vor Augen zu stellen, anstatt bloß auf ihn zu verweisen, zeigt sich die Erzählinstanz überrascht von der „Schwachheit der Erkenntnis der allererlauchtesten Leute“ (CC 3, 357). Obwohl zahlreiche Umstände „schreyen, daß er nicht der Mörder sey“, werden sie nicht gehört (CC 3, 363). „[V]ermöge eines unvermeidlichen Unglücks, das den besten Richtern begegnen kann“, so die Apologetik Pitavals, übersehen diese das Augenscheinliche (CC 3, 361). Trotz starker Indizien kann die fehlende Augenzeugenschaft erst retrospektiv durch Pitavals Beobachtung zweiter Ordnung ersetzt werden. Zwar wird der Irrtum der Richter, die zu ihrer Fehlentscheidung „durch die Anzeigen gezwungen“ worden seien (CC 3, 425), durch die strittige Beweiskraft betrügerischer Indizien erklärt, die Tatsache des unentdeckten Mordes selbst bleibt jedoch weiterhin erklärungsbedürftig.

4 Wunderbare Umstände: Der Vorfall als *occasio*

Die Ursachen für die Fehlentscheidung im Fall le Brün werden durch die Argumentation seines Anwalts und durch die Erzählerkommentare immer sichtbarer. Sie machen schließlich „das Verfahren gänzlich verdächtig“ (CC 3, 394). Erst durch das – aus rhetorischer Perspektive kunstlose – Geständnis des zufällig geschnappten Täters erfahren die Leser:innen den tatsächlichen Tathergang. Nur ein Zufall liefert „die wahrhaftige Erklärung aller Stücke der Ueberzeugung und aller stummen Zeugen“ (CC 3, 408). Wimmelte es in der *species facti* und in der Prozesshistorie nur so vor Umständen, Indizien und vermeintlichen Beweisen, so tauchen diese im Bekenntnis des ehemaligen Hausangestellten Berrys wieder auf. Sie sind nun allerdings nicht mehr zerstreute Zeichen, deren Status und Referenz noch unklar ist, und auch keine Elemente einer parteilichen Rekonstruktion. Vielmehr sind sie Teil einer kohärenten Erzählung aus erster Hand, die über eine lückenlose Verkettung endlich die Bedeutung der Indizien erschließt und das in sie eingefaltete stumme Wissen entfaltet.

Erstaunlich am Erscheinen der Wahrheit ist dabei weder die Entdeckung des wahren Mörders (alles deutet schon von Anfang an auf ihn) noch dessen kunstvolle

Überführung (durch starke Indizien ist er für die Leser:innen bereits überführt, „ehe man seinen Proceß angefangen hatte" (CC 3, 402)). Als exklusives Täterwissen beleuchtet das Geständnis vielmehr den Kontingenzspielraum der Tat. Die Lösung des Falls verkompliziert diesen damit gleichzeitig: Weder hatte der Mörder, wie er gesteht, die Absicht, Frau Mazel zu ermorden, noch war anzunehmen, dass seine Tat in diesem Haus, über dessen Einzelheiten und Eigentümlichkeiten Pitaval ausführlich berichtet hatte, unentdeckt hatte bleiben können. Wie so oft in Pitavals Fällen ist die Wahrheit auch hier fantastischer als alle Mutmaßungen, die zunächst plausibel wirkten. „Warum mußte dieser Bösewicht, der nach dem Verhängnisse seines Gleichen, dem Richtplatze nicht entgehen konnte, der Gerechtigkeit nicht eher in die Hände geliefert werden", fragt die Erzählinstanz noch unmittelbar vor dem Geständnis (CC 3, 401). Aber auch das Bekenntnis ändert nichts an der heilsgeschichtlichen Verunsicherung: „Wenn uns die Religion nicht belehrte, daß alle Begebenheiten durch den Urheber der Natur geordnet sind; sollte man nicht sagen, daß ein nothwendiges Verhängniß der Frau von Mazel Unglück zubereitet, und diesem abscheulichen Verbrechen bis zu seiner Vollbringung den Weg gebahnet hätte?" (CC 3, 408). Retrospektiv mag der Lauf der Dinge unaufhaltsam erscheinen. Da angesichts der göttlichen Providenz hier jedoch nicht von einem notwendigen Schicksal gesprochen werden könne, ohne die Lehren der Religion in Frage zu stellen, muss die Ursache für das Verbrechen in der Kontingenz seiner Umstände gesucht werden.

Im Kontext der Theodizee rückt daher das Okkasionelle der Tat in den Vordergrund. Zwar erhält der Ablauf des Geschehens den Charakter des Notwendigen, durch das Ausstellen der Gelegenheit als „relationsoffene Relation"[197] jedoch wird die Kontingenz des Vorfalls beobachtbar. Die tatsächlichen Tatumstände erscheinen vor dem Hintergrund anderer Möglichkeiten und sind daher von einem Saum ihres potenziellen Anders-Seins umgeben.[198] Insbesondere die Tatsache, dass der ehemalige Lakai Berry die Tat hatte ausführen können, ohne ertappt zu werden, sorgt für Verwunderung. „Ist es nicht wunderbar", schreibt Pitaval, „daß dieser Meuchelmörder in das Haus gekommen, [...] ohne daß ihm eine Seele in einem Hause, worinnen acht Bediente und ein Freund der Hauswirthinn [sic] waren, begegnet ist [...]?" Und: „Durfte er vermuthen, daß er so viele Umstände [*circon-*

197 Werner Hamacher, Infrakontingenz, in: Revue. Magazine for the Next Society 2015 (17): Gelegenheiten (Festschrift Dirk Baecker), hg. von Maren Lehmann, Athanasios Karafillidis und Moritz Klenk, 28–30, hier: 28. Die *occasio* in dieser Weise paradox zu definieren, hat Tradition. Bei Carl Schmitt etwa heißt es: „Die Beziehung des Occasionalismus ist eben, paradox formuliert, die Beziehung der nicht-faßbaren Beziehung, die Beziehung der alle Möglichkeiten offen lassenden Nicht-Beziehung". Carl Schmitt, Politische Romantik (1919), 6. Aufl. Berlin 1998, 94, Fn. 86.
198 Vgl. (mit Blick auf Leibniz' Pyramide möglicher Welten) Vogl, Zaudern, 45.

stances] antreffen würde, welche bey der Vollstreckung seines verdammten Anschlags zusammen gekommen sind, und ihn verheelt haben?" (CC 3, 408–409). In der Rekonstruktion der Begebenheit erscheint der Mord als Wirkung einer unvermuteten Gelegenheit. Auch der Fakt, dass die Tat unentdeckt blieb, ist bei Pitaval der Effekt eines Umstandsbündels, dessen Wirkung nicht mit Notwendigkeit eintritt, sondern nur *per occasionem.*

Der Fall entpuppt sich damit als *casus* im engen Sinn: als unglücklicher Zufall. „Casus heißt nämlich im römischen Criminalrechte ein Ereigniß, welches von demjenigen, der es herbeigeführt hat, nicht beabsichtigt worden ist", definiert ein *Rechtslexikon für Juristen.* „Er schließt also ebenso gut den verschuldeten, als den nicht verschuldeten Unglücksfall in sich".[199] Seit der Frühen Neuzeit hat der Zufall dabei nicht mehr die Form eines schicksalhaften Ereignisses, dessen Grund im rätselhaften Walten der *fortuna* zu suchen wäre. Im Zeichen der Kontingenz wird der Zufall vielmehr zu einem Relationsbegriff:[200] Er ist „[e]in Ereignis in der Welt, dessen zureichender Grund nicht bekannt ist".[201] Dieses Ereignis entsteht durch „eine Connexion natürlicher Umstände, die nicht von unserm Willen dependiren, mit dem Fortgang unserer Thaten".[202]

Den „Absichten entweder gemäß oder zuwieder", bestimmen solche unvorhersehbaren Umstände, wie es in einem einschlägigen Artikel der Thomasianer heißt, den „Verlauff" eines Geschehens „wieder Wissen, oder Vermuthen".[203] Durch eine verhängnisvolle Koinzidenz disparater Umstandsreihen entsteht im Fall le Brün ein unvorhersehbarer *casus fatalis.* Der einzelne Umstand wird zum Glied einer verzweigten Reihe, die immer auch anders verkettet werden könnte und darum eine relationale Erkenntnistechnik erfordert.

Eine solche Erkenntnis lieferte im Recht die Technik der aktenmäßigen Relation – eine Verbindung, die auch in Alexander Gottlieb Baumgartens Definition von *circumstantiae* und *occasio* angelegt ist. „Actio singularis cum effectu suo eventus dicitur. Relatio eventus est circumstantia. Complexus relationum ad eventum concurrentium occasio, eiusque causa causa occasionalis est", lautet Baumgartens prägnante Definition der *circumstantiae.* Eine einzelne Handlung mitsamt ihrer Wirkung heißt Vorfall. Die Relation, in der der Vorfall steht, heißt Umstand. Der Inbegriff der Umstände ist die Gelegenheit und deren Ursache die Gelegenheits-

199 Rechtslexikon für Juristen aller teutschen Staaten enthaltend die gesammte Rechtswissenschaft, 16 Bde., Leipzig 1839–1862, Bd. 2, Art. Casus, 572–587, hier: 586.
200 Vgl. Vogl, Kalkül und Leidenschaft, 159.
201 Baumgarten, Metaphysik, § 383.
202 Walch, Philosophisches Lexicon, Art. Zufälle, Sp. 3028–3029, hier: 3028–3029.
203 Walch, Philosophisches Lexicon, Art. Zufälle, Sp. 3029.

ursache.[204] Im Begriff des Vorfalls sind bei Baumgarten sowohl die einzelne Handlung als auch ihre spezifischen Effekte aufgehoben. Der Umstand bezeichnet bei ihm einen konkreten Bezug des Vorfalls (*relatio eventus*), seine Ursache und Wirkung, während ein Bündel von Umständen eine *occasio* ist, die einen Vorfall ermöglicht.[205] Der Clou an Baumgartens Definition ist, dass *relatio eventus* in diesem Zusammenhang nicht nur die Bestimmung der Verhältnisse, Beziehungen und okkasionellen Ursachen impliziert, sondern ebenfalls die Berichterstattung als literarische Relation des Vorfalls.[206] Die Technik des aktenmäßigen Berichts (*relatio*) erschließt einen Vorfall, dessen Gelegenheitsursachen (*causae occaionalis*) im Augenblick seiner Entstehung selbst nicht einsichtig sind. Auch bei Baumgarten fallen Ermittlung und Bericht zusammen.

Pitavals ‚relationale' Interpretation des Mords an Frau von Mazel schließt somit an einen Diskurs um die Epistemologie des Einzelfalls an, der die Bedingtheit von Vorfällen mit der Zufälligkeit ihrer Ursachen in Einklang zu bringen suchte. Dabei gerieten bei kausalen Relationen gerade die *causae occasionales*, die Gelegenheitsursachen, ins Visier[207] – Ursachen, die „keine eigene Krafft zu thun (agiren) haben, aber dem höchsten Wesen Gelegenheit zu würcken geben."[208] So hatte der frühneuzeitliche Okkasionalismus in Gestalt Nicolas Malebranches in der Frage nach Kausalverhältnissen allen „natürlichen" Ursachen den Status bloß sekundärer Gelegenheitsursachen zugeschrieben.[209] Entgegen der aristotelischen Tradition könne es zwischen zwei Umständen, zwischen zwei Begebenheiten oder Ereignis-

---

204 Baumgarten, Metaphysik, § 323. Übers. modifiziert. Zur terminologischen Verschränkung von *occasio* und *circumstantiae* in der frühneuzeitlichen Tradition vgl. Rainer Specht, Über ‚occasio' und verwandte Begriffe vor Descartes, in: Archiv für Begriffsgeschichte 15 (1971), 215–255, hier: 249–250.
205 Nicht umsonst hat Werner Hamacher die Gelegenheit als „*Ermöglichung* von Möglichkeiten" (Herv. i. O.) definiert und auf diese Weise die ontologische und strukturelle Vorgängigkeit der Gelegenheit vor jeder Möglichkeit betont. Hamacher, Infrakontingenz, 28.
206 Auf die Doppelbedeutung von *relatio* in diesem Kontext hat Rüdiger Campe hingewiesen. Vgl. ders., Spiel der Wahrscheinlichkeit, 347–348.
207 Ausführlich hierzu die klassischen Studien von Rainer Specht. Ders., Über ‚occasio' und verwandte Begriffe vor Descartes; ders., Über ‚occasio' und verwandte Begriffe bei Zabarella und Descartes, in: Archiv für Begriffsgeschichte 16 (1972), 1–27; ders., Über ‚occasio' und verwandte Begriffe im Cartesianismus I, in: Archiv für Begriffsgeschichte 16 (1972), 198–226; sowie ders., Über ‚occasio' und verwandte Begriffe im Cartesianismus II, in: Archiv für Begriffsgeschichte 17 (1973), 36–65.
208 Zedler, Universal-Lexicon, Art. Occasionales Caussæ, Bd. 25, Sp. 318.
209 Vgl. Steven Nadler, Malebranche on Causation, in: The Cambridge Companion to Malebranche, hg. von dems., Cambridge, New York, Melbourne u.a. 2000, 112–128; sowie Dominik Perler und Ulrich Rudolph, Occasionalismus. Theorien der Kausalität im arabisch-islamischen und im europäischen Denken, Göttingen 2000, 214–244.

reihen keine notwendige Relation (*une liaison nécessaire*) und deshalb keine Kausalität im engen Sinne geben.[210]

Im Diskurs des Okkasionalismus fehlt den Ursachen die „Kraft zur Kausalität".[211] In ihrer Kontingenz erhalten sie den Status von Zweitursachen, deren Kausalnexus durch Gott als übernatürliche Erstursache bedingt ist. Gottes allgemeiner Wille ist die einzige Ursache, die aus eigener Kraft Wirkungen hervorrufen kann. Da dies für die Okkasionalisten nur im Schöpfungswerk der Fall sein konnte, galt die Kausalität jeglicher Situation als defizitär. Die wahrhafte Ursache liege allein in Gott, der bei den entsprechenden Gelegenheiten veranlasst werde, gemäß allgemeiner Gesetze und ökonomischer Prinzipien tätig zu werden.[212] Im Verweis auf die sparsame und einfache Ökonomie der göttlichen Regeln ließ sich so erklären, warum das, was geschah, nicht immer mit dem göttlichen Willen zusammenfiel. In konkreten Momenten, so Malebranche, vollzieht Gott sein Werk zwar durch regelgeleitete Verfahren. Aufgrund ihres Eigensinns wichen diese Verfahren jedoch von der Ursächlichkeit seines Schöpfungswillens ab. Das göttliche Werk und die mannigfachen Wege (*voies*), auf denen sich dieses Werk vollzieht, waren damit auseinandergetreten.[213]

Eine providentielle Ordnung zeigt sich in dieser Fassung allein in der Erkenntnis stabiler Beziehungen, der regelhaften *simplicité des voies* im Walten Gottes. Ein Vorfall, der stets nur okkasionelle Bedingungen haben kann, kann nur im Blick auf die Einfachheit der göttlichen Grundgesetze in Bezug zur Heilsordnung

210 Zum okkasionalistischen Denken nicht-notwendiger Relationen vgl. Steven Nadler, ‚No Necessary Connection': The Medieval Roots of the Occasionalist Roots of Hume, in: The Monist 79.3 (1996), 448–466.

211 Rüdiger Campe, Verhaltenslehre der Gelegenheiten oder Okkasionalismus? Zu einem Thema zwischen Barock und Romantik, in: Gelegenheiten, 50–52, hier: 50.

212 Vgl. Nicolas de Malebranche, Abhandlung von der Natur und der Gnade (1712), aus dem Franz. übers., eing. und hg. von Stefan Ehrenberg, Hamburg 1993, insb. 11–142. Leibniz, der sich ebenfalls am kontingenten Ereignis und seinen schwankenden Umständen abgearbeitet hatte, hatte dem Malebranch'schen Okkasionalismus aus diesem Grund vorgeworfen, aus Gottes Wirken ein „miracle perpetuel" zu machen, indem er ihn als *deus ex machina* selbst in die gewöhnlichsten Situationen eingreifen lasse (*faire venir Deum ex machina dans une chose naturelle et ordinaire*). Unter diesen Bedingungen, so Leibniz, gerate das Verhältnis zwischen Natürlichem und Wunderbarem in eine Zone der Ununterscheidbarkeit. Mit seinem System einer prästabilierten Harmonie war ein eingreifender Gott unvereinbar. Vgl. Gottfried Wilhelm Leibniz, Eclaircissement des difficultés que Monsieur Bayle a trouvées dans le systeme nouveau de l'union de l'ame et du corps, in: Die philosophischen Schriften, Bd. 4, 517–524, hier: 520; sowie ders., Eclaircissement du nouveau systeme de la communication des substances […], in: Die philosophischen Schriften, Bd. 4, 493–500, hier: 499. Ausführlich zu Leibniz' Auseinandersetzung mit dem Okkasionalismus: Roger Woolhouse, Leibniz and Occasionalism, in: Leibniz. Critical Assessments, hg. von dems., London 1994, Bd. 4, 267–283.

213 Vgl. Stefan Ehrenberg, Einleitung, in: Malebranche, Abhandlung, VII–XXXVI, hier: XXII–XXVII.

gesetzt werden: „Läßt man zum Beispiel einen Stein auf den Kopf der vorbeigehenden Menschen fallen, so wird der Stein immer mit einer gleichen Geschwindigkeit fallen, ohne Unterschied der Frömmigkeit, des Rangs oder der guten oder schlechten Veranlagung derjenigen, die vorübergehen."[214] Mit der verfahrenstechnischen Einfachheit von Gottes Handeln, die von der „allgemeine[n] Naturordnung"[215] nicht mehr zu unterscheiden war, ließ sich das Konzept der Prädestination mit dem Problem des Falls der Gerechten (*chute des justes*) vereinen.

Diesen diskursiven Kontext ruft Pitaval auf. Der Fall der Gerechten, der in Pitavals Prozessberichten zutage gefördert wird, stellt den Verfasser vor Deutungsprobleme, die im Diskurs des Okkasionalismus verhandelt wurden. Dieser Diskurs stellte die Frage nach der Zurechenbarkeit von Handlungen auf eine neue Weise.[216] Auf dem Spiel stand der innere Bezug von Akteur:innen zu den äußeren Umständen ihrer Handlungen. Um tatsächlich Urheber:in einer Tat zu sein, so Malebranche, müsste eine Person einen umfassenden Überblick über die konkrete Situation besitzen – eine Erfahrung, zu der Menschen aufgrund ihres beschränkten Wissens keinen Zugang haben.[217] Aus dem Willen zur Tat, so die Grundbeobachtung des Okkasionalismus, folgt eben nicht immer die Realisierung der Tat. Oder umgekehrt, wie im Fall des „auf Anzeigen unschuldig Verurteilten": Ein Mord – der des Lakaien Berry – kann auch ohne Vorsatz stattfinden.

Als zufälliger Zusammenfall von Umständen ersetzt die Gelegenheit den Handelnden als „souveränen Initiator"[218] einer Handlung. Im Rückgriff auf den scholastischen Begriff der *occasio* bringt der frühneuzeitliche Okkasionalismus stattdessen all jene situativen Elemente in Anschlag, die als Teilursachen aufgrund ihrer

214 Malebranche, Abhandlung, 78.

215 Schmitt, Politische Romantik, 103. Schmitt, bei aller Sympathie für Malebranche (im Gegensatz zum romantischen Okkasionalismus), zieht aus dieser Tatsache freilich eine politisch heikle Konsequenz: „Es ist richtig, daß Gott auf solche Weise einer allgemeinen Ordnung unterworfen und daß der autoritäre Befehl und jede Aktivität unmöglich wird."

216 Vgl. Schmitt, Politische Romantik, 101: „Das Problem des Occasionalismus ist nämlich nicht nur metaphysisch, sondern ebensosehr ethisch. Es betrifft die alte Frage nach der Willensfreiheit des Menschen, d. h. nach dem Grad und dem Inhalt seiner Aktivität." Zum juristischen Diskurs der Zurechnungsfähigkeit in der Frühen Neuzeit vgl. Stephan Stübinger, Von der alten Imputationen-Lehre zum klassischen Verbrechensbegriff – Ein Beitrag zur Geschichte des strafrechtlichen Zurechnungsbegriffs, in: RW Rechtswissenschaft Jg. 2, H. 2 (2011), 154–176; zur Problematik vgl. auch die Beiträge in Unzurechnungsfähigkeiten. Diskursivierungen unfreier Bewusstseinszustände seit dem 18. Jahrhundert, hg. von Michael Niehaus und Hans-Walter Schmidt-Hannisa, Frankfurt a. M. 1998.

217 Malebranche spricht von der „Unwissenheit [...], in der wir uns bezüglich der Kombination der occasionellen Ursachen befinden, die außergewöhnliche Wirkungen hervorbringen". Malebranche, Abhandlung, 79.

218 Friedrich Balke, Der Staat nach seinem Ende. Die Versuchung Carl Schmitts, München 1996, 122.

Kleinheit und Vielzahl von den Akteur:innen selbst nicht zu überblicken sind. Als arbiträre *causae per accidens* zeitigen sie nur kontingenterweise bestimmte Effekte. Zwischen *occasio* und Wirkung besteht, wie Carl Schmitt in seiner einschlägigen Analyse des Okkasionalismus schreibt, ein „absolut inadäquates Verhältnis", weil „jede konkrete Einzelheit *occasio* eines unberechenbaren Effekts sein kann".[219] Im unvorhersehbaren Zusammenfluss von „Umstände[n], die zu Ausführung einer Sache sich uns darbiten", so der *Zedler*, treten Folgen ein, die unabsehbar sind.[220]

Im Fokus auf Gelegenheiten unterscheidet sich Pitavals Fallsammlung von Harsdörffers Mordgeschichten. Während Harsdörffer Kausalität über verkürzte Ursachenketten herstellt, verliert sich bei Pitaval der kausale Zusammenhang der Geschehnisse in die Vielzahl ihrer Merkmale und Bedingungen. Die eigentümliche Kausalität der *occasio* drückt das Unvorhersehbare eines Vorfalls aus und legitimiert bei Pitaval zugleich eine auf Kleinigkeiten und Begleitumstände fokussierte Beschreibung. Denn erst in der Rückschau wird eine Situation als eine Gelegenheit lesbar, die sich geboten hat und die zu ergreifen war.[221] Angesichts einer mangelhaften und nicht einsehbaren Kausalität erhält die detaillierte Anführung von Einzelheiten im Prozessbericht als *relatio eventus* eine epistemische Funktion. Sie liefert ein Wissen von den umgebenden Verhältnissen eines Geschehens. In ihrer Verknüpfung werden die einzelnen Umstände, als entfernte oder indirekte Ursachen, zur *causa occasionalis*. Und es ist gerade die Infragestellung notwendiger Relationen, die eine kasuistische und umständliche Untersuchung erfordert. Verstreute Einzelheiten begleiten nicht mehr bloß eine Handlung. Vielmehr werden sie zur Bedingung für die Ausführung einer Tat, für die Möglichkeit des Vorfalls selbst. Der Fallbericht Pitavals erkundet die kausalen Interdependenzen eines Geschehens, das aus dem zufälligen Zusammentreffen unvorhersehbarer Faktoren entstanden ist und daher selbst „den allerscharffsichtigsten Augen" entgehen musste (CC 3, 409).

Erst Pitavals *relatio eventus* hebt die okkasionelle Kausalität aus der Latenz. Ist die Gelegenheit auf der Ebene der *histoire* der Anlass eines vorsatzlosen Mords, so wird sie auf der Ebene des *discours* zum Grundriss, auf dem sich ein erzählbares Geschehen abspielen kann – ein Mord, der unter bestimmten Bedingungen stattfinden kann oder nicht: Ist das Haus abgeschlossen? Sind Diener zugegen, um den Mord zu verhindern oder zumindest einen Blick auf den Täter zu werfen? Und so weiter. Dabei ist es ausgerechnet die allgemeine Unwahrscheinlichkeit der Gelegenheit – das Zusammenkommen so vieler Faktoren –, die im Fall le Brün das

219 Schmitt, Politische Romantik, 92.

220 So die Definition der Gelegenheit in Zedler, Universal-Lexicon, Art. Gelegenheit, Bd. 10, Sp. 725.

221 Vgl. Elena Esposito, Gelegenheit im Nachhinein, in: Gelegenheiten, 25–27, hier: 26; sowie Till Dembeck, Texte rahmen. Grenzregionen literarischer Werke im 18. Jahrhundert (Gottsched, Wieland, Moritz, Jean Paul), Berlin und New York 2007, 144–145.

Geschehen allererst ermöglicht und die ungerechte Verurteilung eines Unschuldigen nach sich zieht. Das Wunderbare dieses Falls verortet Pitaval daher vor allem darin, dass „die Gänge dieses Meuchelmörders verborgen geblieben sind" (CC 3, 409).

Mit dieser Verortung ist die rhetorisch-poetische Figur der unwahrscheinlichen Wahrscheinlichkeit aufgerufen, die auf Aristoteles *Poetik* zurückgeht. Dort bemerkt Aristoteles, dass Begebenheiten dann den „Charakter des Wunderbaren" annehmen, „wenn die Ereignisse wider Erwarten eintreten und gleichwohl folgerichtig auseinander hervorgehen."[222] Zufallsereignisse sind demnach gerade dann wunderbar, wenn sie den Anschein von Folgerichtigkeit besitzen. Was er dort an den poetologischen Formen der Peripetie und der Anagnorisis exemplifiziert,[223] beschreibt er in seiner *Rhetorik* als scheinbaren Syllogismus, bei dem „man etwas als allgemeingültig und nicht allgemeingültig, sondern nur in bestimmten Fällen gültig darstellt". Unter bestimmten Umständen, so Aristoteles, sei „auch das, was gegen die Wahrscheinlichkeit ist, wahrscheinlich". Der Unwahrscheinlichkeit im Allgemeinen korrespondiert eine Wahrscheinlichkeit im Besonderen. Das hier entworfene Paradox einer unwahrscheinlichen Wahrscheinlichkeit lässt sich daher kasuistisch auflösen, indem in einem besonderen Fall etwas prinzipiell Unwahrscheinliches sich als ein „in bestimmter Hinsicht" Wahrscheinliches zeigt.[224]

„Das Wunderbare, wenn es unwahrscheinlich ist, oder doch anfänglich so zu seyn scheint, ist paradox", heißt es auch noch Mitte des 18. Jahrhunderts in der Ästhetik Georg Friedrich Meiers.[225] In der technischen Sprache der zeitgenössischen Umstandslogik formuliert, entpuppen sich bei einem wunderbaren Fall auf den ersten Blick „widersprechende" als bloß „schwere" Umstände. Während ein „widersprechender Umstand", wie es in einem einschlägigen Artikel im *Zedler* heißt, „einen Satz nothwendig unwahrscheinlich, und offenbar falsch" macht, entstehen „die schweren Umstände aus dem Mangel einiger anderer Neben-Umstände". Diese Neben-Umstände können, „wenn diese nur bekannt wären, auch gar

---

222 Aristoteles, Poetik, 9. Kap., 1452a.

223 Noch Gottsched bringt das Wunderbare mit der Peripetie und der Anagnorisis – und dem juristischen Prozess – in Verbindung. Vgl. Johann Christoph Gottsched, Versuch einer Critischen Dichtkunst: Erster allgemeiner Theil (1730). Ausgewählte Werke, Bd. 6/1, hg. von Joachim Birke und Brigitte Birke, Berlin und New York 1973, V. Kap, § 28, 250: „[D]ie Verkleidung und Entdeckung gewisser Personen, die bisweilen einer Sache schleunig einen andern Ausschlag giebt; die Ankunft abwesender Personen, der Tod der Kranken, oder das unvermuthete Leben derer, die man für Tod gehalten. Auch Processe, die man gewinnt oder verliert, Erbschaften, die man thut, Testamente, Heirathen, Briefe u. d. m. verursachen oft recht wunderbare Zufälle."

224 Aristoteles, Rhetorik, II, 24, 10, 1402a.

225 Meier, Anfangsgründe, 1. Tl., 339.

leicht als übereinstimmend geschlossen werden".[226] Der Anschein einer vermeintlichen Falschheit entsteht beim Wunderbaren demnach auch aus einer ungeklärten Faktenlage. Eine Begebenheit erscheint nur dann unwahrscheinlich, wenn man „von den Neben-Umständen das mit der Hypothesi noch nicht zum besten übereinkommenden Hauptumstandes nicht genugsame Erfahrung" hat.[227] Wunderbare Begebenheiten, definiert der *Zedler*, „pflegt man gemeiniglich diejenigen zu nennen, bey welchen wir nicht gleich einsehen, auf was Art und Weise dieselben entstanden"[228] – einen Mord wie den an Frau von Mazel etwa, dessen Ausführung durch den ehemaligen Hausangestellten Berry zuerst kaum möglich erscheint.

Entsprechend leistet bei Pitaval die Erkundung kontingenter Zusammenhänge die Vermittlung von Wunderbarem und Wahrscheinlichem. In der Erzählung eines Indizienprozesses präsentiert Pitaval einen Mord, der nur unter bestimmten Umständen wahrscheinlich ist. Eine solcherart konditionierte Wahrscheinlichkeit erfordert eine erhöhte Aufmerksamkeit auf die Gelegenheitsursachen eines Verbrechens, dessen erfolgreiche Ausführung hochgradig unwahrscheinlich war. Darin liegt das Wunderbare des Falls, dessen Umschlag ins Wahrscheinliche die Erzählinstanz konstruiert. Das Wunderbare wird wahrscheinlich, wenn das immanente Zusammenspiel von, einzeln betrachtet unglaubwürdigen, Details glaubwürdig rekonstruiert wird. Durch den Fokus auf die jeweiligen *occasiones* liefert Pitaval Einsicht in die Entstehung von Verbrechen. Und er liefert Einsicht in die Entstehung der Fehlurteile, die diese Verbrechen hervorgerufen haben. Die Beschreibungstechniken, die er hierfür einsetzt, behaupten eine strukturelle Verwandtschaft seiner Erzählungen mit literarischen Prosagattungen wie dem Roman – jener Gattung, deren Poetik des Wunderbaren die zeitgenössischen Dichtungstheorie ebenfalls ausgehend vom Umstandsparadigma modelliert. Im Blick auf die beiden Zürcher Literaturkritiker Johann Jakob Bodmer und Johann Jakob Breitinger wird das nächste Kapitel zeigen, wie der Entwurf einer Umgebung, in der sich Fälle möglicherweise ereignen können, zur Grundoperation einer neuen, ästhetisch konturierten Literatur wurde.

---

226 Zedler, Universal-Lexicon, Art. Widersprechende Umstände, Bd. 55, Sp. 1804.
227 Zedler, Universal-Lexicon, Art. Umstand, Umstände, Bd. 49, Sp. 1066.
228 Zedler, Universal-Lexicon, Art. Wunderbare Begebenheiten, Bd. 59, Sp. 2097.

V Übergänge: Poetiken des Casus im 18. Jahrhundert

Aus der rechtlichen Kasuistik der Frühen Neuzeit emergierte eine Poetik des Falls, die im 18. Jahrhundert für eine Reihe von Diskursen grundlegend wurde. Zwei dieser diskursiven Anschlüsse analysiert dieses Kapitel: Johann Martin Chladenius' *Allgemeine Geschichtswissenschaft*, die als Gründungstext der entstehenden Geschichtswissenschaft gilt,[1] und die Poetik des Wunderbaren der Schweizer Johann Jakob Bodmer und Johann Jakob Breitinger. Im Blick auf Chaldenius' perspektivische Erzählkunst beleuchte ich den Ort kasuistischer Verfahren in der Gründungsszene der modernen Geschichtsschreibung. Für Chladenius' Konzeption der historischen Erkenntnis ist die prozedurale Form des Casus von nicht zu unterschätzender Bedeutung. Die Konventionen der Rechtskasuistik wurden in dieser Konzeption zur Blaupause für eine Wissenschaft historischen Erzählens, die vom Standpunkt aristotelischer Wissensstandards aus in jeder Hinsicht unkonventionell war.

In der Analyse von Bodmers und Breitingers Poetiken verfolge ich die Migration der semiotischen Praktiken des Rechts in den Diskurs einer Ästhetik des Falls. Wie Chladenius' *Geschichtswissenschaft* schließen auch die Schriften der Züricher an das Wissen der Relationstechnik an. Sie modellieren den Casus damit als eine Prosaform, deren Verfahren auf umständlichen Selektionsmechanismen beruhen.

1 Johann Martin Chladenius und die Wissenschaft historischen Erzählens

Mitte des 18. Jahrhunderts entstand eine neue Konzeption der historischen Erkenntnis, die eng mit dem Namen Johann Martin Chladenius verknüpft ist.[2] Ausgangspunkt dieser Konzeption war die Einsicht, dass jede empirische Beobachtung an einen spezifischen Standort gebunden ist und deshalb immer nur einen bestimmten Teil des Geschehens registrieren kann.[3] Mit seiner Erkenntnis- und Ge-

1 Vgl. Christoph Friedrich, Die „Allgemeine Geschichtswissenschaft" von Johann Martin Chladenius, in: Johann Martin Chladenius, Allgemeine Geschichtswissenschaft, Faks-Nachdr. der Ausg. Leipzig 1752, mit einer Einl. von Christoph Friedrich und einem Vorw. von Reinhart Koselleck, Wien, Köln und Graz 1985, XI–LII.

2 Vgl. Frederick C. Beiser, The German Historicist Tradition, Oxford und New York 2011, 27–62.

3 Vgl. Reinhart Koselleck, Standortbindung und Zeitlichkeit. Ein Beitrag zur historiographischen Erschließung der geschichtlichen Welt, in: Vergangene Zukunft, 176–209.

https://doi.org/10.1515/9783111358680-006

schichtstheorie reagierte Chladenius auf ein gewichtiges Problem: Der historische Skeptizismus und die deistische Bibelkritik hatten im Europa der Frühen Neuzeit für ein intellektuelles Klima gesorgt, das die historischen Wahrheiten des Christentums infrage stellte.[4] Die Frage nach der Erkenntnis historischer Ereignisse und der richtigen Interpretation derjenigen Berichte, die von diesen Ereignissen handeln, wurde in diesem Klima immer dringlicher. Chladenius war ein orthodoxer Lutheraner, der sich zunächst als Professor für Kirchenaltertümer in Leipzig und später als Theologieprofessor in Erlangen mit diesen Fragen beschäftigte. Für ihn waren die Annahmen des Skeptizismus ein direkter Angriff auf die überlieferte christliche Lehre.[5] Seine Fassung der historischen Erkenntnis diente dazu, die Offenbarung zu verteidigen und den Skeptizismus zurückzuweisen.[6] Dabei wollte er zeigen, dass ein unvollständiger Blick auf Ereignisse kein Nachteil war. Die jeweilige Perspektive eines Betrachters, mit all ihren Verzerrungen und Lücken, sei vielmehr eine unverzichtbare Grundlage für jede historische Erkenntnis – selbst für die wahrheitsgetreueste Darstellung.

Bereits 1742, im programmatischen Kapitel zur Interpretation historischer Nachrichten seiner *Einleitung zur richtigen Auslegung vernünftiger Reden und Schriften*, hatte Chladenius den Begriff des ‚Sehepunkts' eingeführt, um die Standortgebundenheit empirischer Erkenntnis zu beschreiben.[7] Zehn Jahre später entwickelte Chladenius die Lehre vom Sehepunkt in seiner *Allgemeinen Geschichtswissenschaft* systematisch weiter. Im Mittelpunkt dieser Weiterentwicklung steht das Verhältnis zwischen den konkreten Umständen eines Ereignisses und der Perspektive, aus der diese beobachtet werden. Mit dieser Frage – wie die Erzählung eines

---

4 Vgl. zum Deismus Günter Gawlick, Der Deismus als Grundzug der Religionsphilosophie der Aufklärung, in: Hermann Samuel Reimarus (1694–1768). Ein „bekannter Unbekannter" der Aufklärung in Hamburg, hg. von Wolfgang Walter, Göttingen 1973, 15–43.

5 Vgl. Viktor Lau, Erzählen und Verstehen. Historische Perspektiven der Hermeneutik, Würzburg 1999, 52–55.

6 Vgl. Chladenius, Allgemeine Geschichtswissenschaft, Vorrede, insb. XVIII und XXII. Zitate aus der *Allgemeinen Geschichtswissenschaft* werden im Folgenden im Haupttext mit der Sigle „AG" angegeben. Der Widerlegung des historischen Skeptizismus und der „Rettung der hermenevtischen Gewißheit" hat Chladenius ein eigenes Buch gewidmet: Johann Martin Chladenius, Vernünftige Gedanken von dem Wahrscheinlichen und desselben gefährlichen Mißbrauche, hg. von Urban Gottlob Thorschmiden, Stralsund, Greifswald und Leipzig 1748, Zitat 24.

7 Vgl. Johann Martin Chladenius, Einleitung zur richtigen Auslegung vernünftiger Reden und Schriften, Faks-Nachdr. der Ausg. Leipzig 1742, hg. und mit einer Einl. von Lutz Geldsetzer, Düsseldorf 1969, 181–370.

Vorfalls und dessen Umstände zusammenhängen – bezieht sich Chladenius auf das kasuistische Wissen der Frühen Neuzeit.[8]

Das Ziel von Chladenius' Überlegungen war zu beweisen, dass man trotz der unhintergehbaren Lückenhaftigkeit von historischen Erzählungen ein adäquates Bild von Ereignissen erhalten könne. Voraussetzung hierfür war der Einsatz hermeneutischer Verfahren. Denn keine „Relation" eines historischen Ereignisses – „sie mag so ausführlich seyn, als sie will" – kann „die Begierde der Leser gnugsam sättigen", schreibt Chladenius. Stets erkundigten sich diese daher „nach mehreren Umständen und Particularitäten". Wenn schließlich keine weiteren Zeug:innen mehr zu befragen sind und auch eine Reise zum Ort des Geschehens nicht die gewünschte Klarheit bringt, „denckt man der Erzehlung selber nach, und sucht durch Zusammenhaltung der Umstände unter sich, und mit dem was uns sonsten schon bekannt ist, nach den Regeln der Natur und der menschlichen Weise zu dencken und zu handeln, solche Umstände heraus zu bringen, welche in der Erzehlung [...][,] die wir davon erhalten haben, übergangen sind" (AG, Kap. 7, § 25).

Das Verfahren von Chladenius' Hermeneutik besteht in der Sammlung des nötigen Wissens über die Einzelheiten und Umgebungen von Geschehnissen.[9] Die dafür benötigte historische Einbildungskraft war notwendig, weil Chladenius einen grundlegenden Unterschied zwischen einem Ereignis und seinem Bericht sah (AG, Kap. 1, § 14). Jedes empirische Ereignis sei in sich selbst klar und widerspruchsfrei, mit einem zureichenden Grund.[10] Das Problem liege in den Berichten. Diese enthalten immer Unklarheiten und Widersprüche.[11] Diese Mehrdeutigkeit sei das Ergebnis eines bestimmten Blickwinkels, denn:

8 Vgl. ausführlich und im Blick auf die kriegs- und nachrichtenhistorischen Hintergründe Verf., Perspektiven des Umstands. Johann Martin Chladenius und der frühneuzeitliche Casus, in: Jahrbuch der Deutschen Schillergesellschaft 68 (2025), 33–51.

9 Zu Chladenius' Hermeneutik vgl. ausführlich Peter Szondi, Einführung in die literarische Hermeneutik, Frankfurt a. M. 1975, 27–97; Christoph Friedrich, Johann Martin Chladenius. Die Allgemeine Hermeneutik und das Problem der Geschichte, in: Klassiker der Hermeneutik, hg. von Ulrich Nassen, Paderborn 1982, 43–75; sowie Claudia Henn, „Sinnreiche Gedancken". Zur Hermeneutik des Chladenius, in: Archiv für die Geschichte der Philosophie 58 (1976), 240–264.

10 Zur Ontologie des historischen Ereignisses bei Chladenius vgl. Ethan Kleinberg, Haunting history. For a deconstructive approach to the past, Stanford 2017, insb. 75–78.

11 Die Realität der Geschichte, inklusive ihrer rationalistischen Marker der Widerspruchsfreiheit und des zureichenden Grunds, wird hier vorausgesetzt: „Ubrigens ist der Unterscheid sehr mercklich: die Geschichte ist einerley, die Vorstellung aber davon ist verschieden und mannigfaltig; in der Geschichte ist nichts widersprechendes, in der Vorstellung aber der Geschichte und in verschiedenen Vorstellungen derselben kan etwas widersprechendes vorkommen; in der Geschichte hat alles seinen zureichenden Grund, in der Vorstellung davon können Dinge vorkommen, die ohne zureichenden Grund geschehen zu seyn scheinen." Chladenius, Einleitung zur richtigen Auslegung, § 318; vgl. auch AG, Kap. 1, § 15.

> [D]aß man gewisse Umstände und Theile zusammen nimmt, und sie sich auf einmahl, oder unmittelbar auf einander vorstellet […][,] [d]avon kan nun nicht der Grund in der Sache selber liegen, sondern er muß in dem Zuschauer zu suchen seyn, der vermöge seiner besondern Umstände und Gedenckart, solche Determinationen vor andern bemerckt und zusammen nimmt. (AG, Kap. 5, § 13.)

Diese Annahme führte zu einem Wechsel hin zu einer Beobachtung zweiter Ordnung bei historischen Ereignissen. Die Stimmigkeit und Folgerichtigkeit von Beobachtungen erster Ordnung geriet unter Verdacht. Denn was ein:e Beobachter:in gesehen haben mochte, hat sich einer:einem anderen vielleicht ganz anders dargestellt. Die *Allgemeine Geschichtswissenschaft* berücksichtigt nicht nur, *was* historische Zeug:innen berichten, sondern auch, *wie* sie es tun, aus welcher Perspektive und warum. Selbst ein als autoritativ geltender Bericht stellt keine objektive Wahrheit mehr dar. Die epistemologische Annahme lautete, dass es einen Unterschied gibt zwischen dem historischen Geschehen und seiner Darstellung. Erst im Rahmen eines hermeneutischen Diskurses wird die Geschichte erkennbar, auf das sich die Erzählungen und Berichte beziehen. Die „sinnliche Evidenz des Augenzeugen" verlor ihren besonderen Status.[12] Als Objekt einer Beobachtung zweiter Ordnung stand das historische Zeugnis nun selbst unter Beobachtung. Die damit einhergehende „Perspektivierung der Wirklichkeit"[13] war seit der Einführung der Zentralperspektive möglich, durch die der Wahrnehmungsakt selbst zum Thema der Beobachtung geworden war.[14] Im Bereich der historischen Erkenntnis wurden die Folgen dieser Perspektivierung jedoch erst mit Chladenius deutlich.

Obwohl die Sehepunkt-Metapher ursprünglich aus der Optik stammt,[15] erweitert sie Chladenius um die affektive Disposition und den sozialen Stand der Beobachter:innen. Diese Faktoren beeinflussen, wie man Dinge wahrnimmt. Nach Chladenius' Definition machen „Stand, Stelle und Gemüthsverfassung" den Sehepunkt aus (Kap. 5, § 11). Mit diesem sozial, topographisch und psychisch dreifach bestimmten Ort sind die Umstände der Beobachtung genannt. Ein Trauriger wird ein Ereignis anders wahrnehmen als ein Fröhlicher; ein Feind anders als ein Freund; ein Gelehrter anders als ein Ungelehrter (AG, Kap. 5, § 10). „Jeder derselben […] betrachtet die Sache nach seinen Umständen", schreibt Chladenius, „das ist, so

12 Völkel, „Pyrrhonismus historicus", 324.

13 Vgl. Martina Plümacher, Die Perspektivierung der Wirklichkeit, in: Abel im Dialog. Perspektiven der Zeichen- und Interpretationsphilosophie, hg. von Astrid Wagner und Ulrich Dirks, Berlin und Boston 2018, 1059–1084.

14 Zu den epistemologischen und kulturgeschichtlichen Konsequenzen der Zentralperspektive vgl. Hubert Damisch, Der Ursprung der Perspektive (2000), Zürich 2010.

15 Die optische Metapher des ‚Sehepunkts' entlehnt Chladenius Leibniz' *Monadologie* (1714).

viel ihn theils seine Umstände darzu veranlassen, theils aber ihm seine Umstände zulassen" (Kap. 5, § 7). Da es unendlich viele Kombinationen dieser Umstände und Bedingungen gibt, können auch unendlich viele Vorstellungen von demselben Ereignis entstehen. So kann „[e]ine Privat-Person [...] nach ihrer Einsicht alles vor ruhig, und das Land von einem Anfall vor weit entfernt halten, wenn man bey Hofe wegen äusserlicher oder innerlicher Unruhe schon von der grösten Gefahr redet."[16] Diese Bindung an die eigene Disposition betrifft nicht nur die Zeitzeug:innen, sondern auch die Historiker:innen, die aus vielen Erzählungen kausale Zusammenhänge herstellen.

Die Erklärung von unterschiedlichen und manchmal widersprüchlichen Erzählungen reichte jedoch nicht aus, um die Sicherheit des Ereignisses und damit die Sicherheit der Offenbarung als historisches Faktum zu bestätigen. Chladenius musste zeigen, dass sein Ansatz wissenschaftlich fundiert war. Ein Satz allgemeiner Regeln sollte die unendliche Vielfalt der Umstände in den Griff bekommen. Aus der Sicht des alten Wissenschaftsverständnisses haftete diesem Versuch beinahe etwas Anrüchiges an. Wissenschaft wurde nur als Wissen über das Wesen der Dinge verstanden, als philosophisches Regelwissen. Es war ein Wissen über unveränderliche Dinge, deren Notwendigkeit durch allgemeine Prinzipien bewiesen wurde. In der Frühen Neuzeit sprach man hier von „Vernunftwahrheiten". Von „Tatsachenwahrheiten" hingegen – von Einzelfällen, die sich nicht immer wiederholen und daher kontingent sind – konnte es keine Wissenschaft geben.[17]

Seit dem 17. Jahrhundert wurde diese strikte Trennung zunehmend hinterfragt. Es stand die Idee im Raum, auch Einzelfälle wissenschaftlich zu behandeln. Eine *Allgemeine* Geschichtswissenschaft sollte eine philosophische und disziplinübergreifende Theorie der historischen Erkenntnis sein, die eigene Standards der Wissenschaftlichkeit hatte (AG, Vorrede, XXIV). Diese Theorie sollte die Erfassung und Darstellung von Einzelheiten systematisieren. Denn die wechselnden Umstände waren in der Frühen Neuzeit diejenigen Elemente, die für die Ungewissheit im Bereich des Historischen sorgten:

> Wo keine Umstände, oder auch keine vorhergehende und nachfolgende Dinge sind, da kann auch diejenige Ungewißheit nicht statt finden, welche sich auf die Erkenntniß der Umstände, ingleichen der vorhergehenden und nachfolgenden Dinge gründet. Nun aber giebt es bey allgemeinen Wahrheiten keine Umstände, noch auch vorhergehende und nachfolgende Dinge. Daher kann also auch bey allgemeinen Dingen die Ungewißheit nicht statt finden, welche sich

16 Chladenius, Einleitung zur richtigen Auslegung, § 311.

17 Während das Gegenteil von Vernunftwahrheiten – von Axiomen der Mathematik oder identischen Sätzen der Logik – unmöglich ist, impliziert das Gegenteil von Tatsachenwahrheiten keinen Widerspruch. Ausführlich zur epistemologischen Grundunterscheidung von *vérités de raisonnement* und *vérités de fait* Sybille Krämer, Tatsachenwahrheiten und Vernunftwahrheiten (§§ 28–37), in: Gottfried Wilhelm Leibniz. Monadologie, hg. von Hubertus Busche, Berlin 2009, 95–111.

> auf die Erkenntniß der Umstände, ingleichen der vorhergehenden und nachfolgenden Dinge gründet.[18]

Um diese Ungewissheit zu vermeiden, hatte das Identitätsprinzip wissenschaftlicher Notwendigkeit die unterschiedlichen Begleiterscheinungen stets ausgeblendet.[19] Die Identität der Umstände war die Voraussetzung für präzise Definitionen. Allgemeine Aussagen konnten nur getätigt werden, wenn man Unterschiede in den Umständen ignorierte und nicht-identische Details wegließ. Auch der Satz vom Widerspruch galt nur unter gleichen Bedingungen: A kann nicht gleichzeitig Nicht-A sein – unter denselben Umständen; ein und dasselbe Attribut kann nicht gleichzeitig demselben Subjekt zukommen und nicht zukommen – unter denselben Umständen.

Die neu formierte Geschichtswissenschaft beschäftigte sich nun mit den ontologisch instabilen Einzelfällen. Sie nahm damit jene Tatsachenvielfalt und jene unscharfen Umgebungen von Wissensobjekten in den Blick, die aus Sicht der wissenschaftlichen Notwendigkeit nur Abweichungen von allgemeinen Regeln darstellten. Denn „Streitigkeiten über historische Wahrheiten", so Chladenius, ließen „sich nicht sowohl aus allgemeinen Principiis, als vielmehr aus den besondern Umständen, und sorgfältigst aufgesuchten und untersuchten Particularitäten der streitigen Geschichte […] entscheiden" (AG, Vorrede, XXIII). Im Blick auf historische Ereignisse ging es nun um die Erkundung von Kausalitäten abseits allgemeiner Gesetzmäßigkeiten. Dazu war es entscheidend, eine Methode zu entwickeln, die in der Welt schwankender Details den Zusammenhang von Ursache und Wirkung zu erschließen half. Dies warf Fragen nach dem Status des Beobachtens auf und danach, wie Berichte zu interpretieren waren. Chladenius machte dieses Problem deutlich, indem er auf den unweigerlichen Perspektivismus empirischer Beobachtungen hinwies, ihre Standortgebundenheit.

Dass der Begriff der ‚Umstände' bei Chladenius so oft fällt, ist keineswegs Zufall, denn „[d]ie eintzeln Geschichte und Dinge überhaupt, unterscheiden sich von denen allgemeinen Begriffen, unter welchen sie enthalten sind: durch die individuellen Umstände, die in dem allgemeinen Begriffe gar nicht enthalten sind" (AG, Kap. 4, § 22). In der Geschichte spielten Umstände daher eine besondere Rolle. Ihre Erfassung und Verknüpfung war entscheidend, um Ereignisse zu interpretieren, die nicht direkt beobachtet werden konnten. Aus deren beobachtbaren Umständen wurden Hypothesen entwickelt, mit denen Geschehnisse rekonstruiert werden konnten. In Leipzig, wo Chladenius zeitweise als Professor tätig war, waren die Verfahren solch einer konjekturalen Kunst von Christian Thomasius' Schülern

18 Chladenius, Vernünftige Gedanken von dem Wahrscheinlichen, 79.
19 Vgl. Serres, Umstände, 382–383.

eingeführt worden, die sich damit ihrerseits auf poetologische Neuordnungen des Renaissancehumanismus stützen konnten.[20] Hatten die Thomasianer für historische Verfahren eine präsumtive Logik etabliert, so fügte Chladenius dieser Logik eine wahrnehmungstechnische Dimension hinzu. Unter „Umständen" verstand er, basierend auf Leibniz, „die Bestimmungen von Begebenheiten, die von Beobachtern aus verschiedenen Sehepunkten in verschiedener Weise wahrgenommen werden."[21] Die Details von Ereignissen, die durch Fragen wie Wer? Wann? Wo? Wie? Warum? etc. ermittelt werden können, werden von verschiedenen Menschen unterschiedlich wahrgenommen und gewichtet.

Um Geschichte wissenschaftlich zu behandeln, war eine erkenntnistheoretisch fundierte Erzähltheorie erforderlich, die die Zurichtung und Verkettung von Einzelheiten systematisch fasste. Genau diese Erzähltheorie hat Chladenius in der *Allgemeinen Geschichtswissenschaft* entwickelt.

Bis in die Frühe Neuzeit wurde die Geschichtsschreibung als eine Kunst der Beredsamkeit angesehen.[22] Sie wurde hauptsächlich aus der Perspektive ihrer literarischen Gattungszugehörigkeit betrachtet, wobei der Unterschied zur Dichtkunst im Vordergrund stand.[23] An den Universitäten hatte Geschichte keinen eigenen Fachbereich. Sie galt als Hilfswissenschaft, besonders für Theologie und Rechtswissenschaft. Ihr Ziel war die „*Ver*mittlung vergangener Wirklichkeit, nicht die *Er*mittlung eines bis dahin unbekannten oder unklaren Geschehens."[24] Die Wahrheit historischer Geschehnisse stellte sich den Historikern nicht als logisches oder gnoseologisches Problem. Es stellte sich ihnen „als eine Frage des Willens zur Aufrichtigkeit".[25] Sie sollten ohne Vorurteile und Verzerrungen berichten, was geschehen war, und sich dabei jeglicher Bewertung enthalten. Mit Chladenius änderte sich das. Seine Arbeit markiert den Übergang zur Epoche des Historismus, zur kritischen Rekonstruktion der Vergangenheit.[26]

---

20 Vgl. Kap. I, 3 und IV, 2 dieser Arbeit.

21 „CIRCVMSTANTIAE rei gestae sunt eiusmodi determinationes, quae a spectatoribus ob diuersum punctum visus diuersimode percipiuntur." Johann Martin Chladenius, Nova philosophia definitiva [...]. Leipzig 1750, 70 (Übers. JSch). Die perspektivische Bindung der Wahrnehmung entwickelt Leibniz insbesondere in seiner *Monadologie*. Siehe Gottfried Wilhelm Leibniz, Monadologie, in: Monadologie und andere metaphysische Schriften, Frz.–Dt., hg., übers., mit Einl., Anm. und Reg. vers. von Ulrich Johannes Schneider, Hamburg 2002, 110–151, hier insb. §§ 57–60.

22 Zum Verhältnis von Rhetorik und Geschichtsschreibung vgl. Kessler, Das rhetorische Modell der Historiographie.

23 Vgl. Wolfgang Hardtwig, Geschichtskultur und Wissenschaft, München 1990, 23.

24 Hardtwig, Geschichtskultur und Wissenschaft, 23. Herv. i. O.

25 Hardtwig, Geschichtskultur und Wissenschaft, 63.

26 Vgl. Lau, Erzählen und Verstehen, 58–59; sowie ausführlich Beiser, The German Historicist Tradition.

Die neue historische Erkenntnistheorie stützte sich auf das Wissen der frühneuzeitlichen Kasuistik. Dieses Wissen überquerte in der Frühen Neuzeit Disziplinengrenzen. Es basierte auf der Verwissenschaftlichung rhetorischer und poetischer Verfahren. Zuvor war es Aufgabe der Rhetorik, Einzelfälle glaubhaft darzustellen. Auf ihr Archiv formgebender Verfahren griff die frühneuzeitliche *historia* zurück. Nun ging es darum, das rhetorische Wissen in Regeln zu fassen, mit denen Urteile über kontingente Ereignisse gefällt werden konnten. Die Etablierung von „Regeln, wo vorhin keine gewesen sind" (AG, Vorrede, S. XXVI), unternahm mit Johann Martin Chladenius ein Gelehrtentypus, der als Professor für Theologie, Rhetorik und Dichtkunst schon von Berufs wegen prädestiniert war, alte und neue Wissensformen zu verbinden.[27] Auch die Jurisprudenz war Vorbild für sein Vorhaben. Mit ihrem ausgeklügelten Beweisrecht war sie führend in der Behandlung von Einzelfällen. Seit dem Ende des 15. Jahrhunderts, als das aktenbasierte Verfahren und damit neue schriftliche Standards eingeführt wurden, hatte das Recht Methoden entwickelt, um aus einer Akte einen entscheidbaren Fall zu destillieren.

Für diese Destillation war die juristische Relationstechnik zuständig. Mit ihrer Hilfe sollte ein Aktenreferent einen kurzen Bericht der Fallumstände herstellen. Diesen komprimierten Bericht hatte er einem Kollegium vorzulegen, das den Fall auf dessen Grundlage entscheiden sollte. Die Kunst des Referierens bestand vor allem darin, als Filter für unwichtige Details zu dienen. Weitschweifige Einzelheiten in den Akten sollten komprimiert und auf das Wesentliche reduziert werden. Nur Aspekte, die für die Entscheidung relevant waren, durften in den Aktenbericht aufgenommen werden.

Chladenius griff auf die Technik des Aktenauszugs zurück. Die Geschichtswissenschaft konstituierte sich durch die Verbindung von Elementen aus der rhetorischen Gerichtsrede und der juristischen Technik, Fälle entscheidbar zu machen. Diese Verknüpfung verschiedener kasuistischer Techniken zeigt sich besonders in Chladenius' Fassung der historischen Erzählkunst. Die *Allgemeine Geschichtswissenschaft* beschreibt den Prozess von der Wahrnehmung eines Vorfalls bis zur Herstellung seines auslegungsbedürftigen Berichts. Sie soll zeigen, dass jeder Bericht seinen Gegenstand durch Verdichtungen und Auslassungen notwendigerweise verkürzt. Die durch Perspektivismus verursachte Reduktion muss daher der Ausgangspunkt einer Wissenschaft des Historischen sein. Die darstellungstechnischen Grundlagen der Geschichtsschreibung und ihre erkenntnistheoretischen Bedin-

27 Auf Chaldenius' Rückgriff auf die rhetorische Circumstantienlehre wurde bereits aufmerksam gemacht. Vgl. Henn, „Sinnreiche Gedancken", 249.

gungen stehen somit in einem Zusammenhang, der Geschichte als Wissenschaft überhaupt erst möglich macht.[28]

Der Grund für die dynamische Veränderung eines Vorfalls im Erzählen ist laut Chladenius neben der selektiven Wahrnehmung des Sehepunkts auch in der Funktionsweise der Sprache zu suchen. Diese zieht unweigerlich viele Einzelheiten zusammen (AG, Kap. 6, § 4). Zudem variiert der Bericht eines Vorfalls je nach dem pragmatischen Kontext:

> Vor Gerichte erzehlet jeder seine Geschichte [...], um eine gewisse Sentenz zu erhalten. [...] So erzehlen die Leute bey einer Injurienklage selten ihre harten Reden, wodurch sie die darauf erfolgten Schimpfworte veranlasset haben; sie bemercken hingegen nicht allein die Schimpfworte, die der andere ausgestossen, sondern auch wohl seine Gebehrden. (AG, Kap. 6, §§ 19–20.)

Diesen Befund kann Chladenius generalisieren: Hauptsächlich erzählt man, damit das Publikum ein Urteil fällen kann (AG, Kap. 6, § 9). Deshalb werden immer nur diejenigen Aspekte einer Begebenheit integriert, die diesem Zweck dienen. Die damit verbundenen Selektions- und Verdichtungsverfahren sind Teil einer natürlichen Logik, die sich „von selbst [...] in der Seele äusser[t]", als „angebohrne Erzehlungskunst" (AG, Kap. 6, §9).

Chladenius naturalisiert die Rhetorik. Was bei den antiken Rhetoren und den neuzeitlichen Aktenreferenten noch eine ausgefeilte Technik war, erklärt er zu einem anthropologischen Grundzug:

> Wir lassen nehmlich weg, was uns nicht anstehet, und lassen solche Umstände bey uns dunckel werden; und wir beschäfftigen uns mit dem, was uns gefället, oder zu unsern Umständen dienet: welches denn in unsere Erzehlungen, wenn wir es gleich nicht mercken, und nicht willens sind, etwas daran zu ändern, dennoch einen grossen Einfluß hat [...]. (AG, Kap. 6, § 8.)

Ereignisse werden stets verzerrt wahrgenommen und wiedergegeben. Allerdings merkt Chladenius an, dass solche Verzerrungen mitunter „wissentlich und vorsetzlich" geschehen (AG, Kap. 6, § 8). Das Subjekt historischer Erkenntnis ist immer in die Ereignisse verwickelt, denn: „Eine Sache, die uns nichts angehet, die untersuchen wir auch nicht" (AG, Kap. 10, § 24). Dieses Augenmerk auf Interessensverflechtungen lässt sich nicht zuletzt auf die Nachrichteninfrastruktur des 18. Jahrhunderts zurückführen. Das kommerziell ausgerichtete Nachrichtenwesen wurde von ökonomischen und höfischen Interessen geprägt, die sowohl die Perspektive der Berichterstattung als auch die Sichtbarkeit bestimmter Themen lenk-

28 Vgl. Lau, Erzählen und Verstehen, 69–70.

ten.[29] Das Nachrichtennetzwerk entschied, welche Ereignisse auf welche Weise Beachtung fanden – und welche nicht.

Auf solche Probleme ging Chladenius jedoch nur indirekt ein. Sein Fokus lag vielmehr darauf, die Erzählkunst an eine kasuistische Anthropologie rückzubinden. Historische Ereignisse würden zwangsläufig verkürzt, da viele Details ausgeblendet werden. Selbst „eine deutlich eingesehene Geschichte" werde „durch Weglassung vieler individuellen Umstände, mit Fleiß in eine undeutliche Vorstellung verwandel[t]."[30] Mit neoplatonischen Begriffen beschreibt Chladenius, wie die „Erzeugung der Erzehlung" als Abbild komplexer Einzelheiten zwangsläufig zu „Veränderungen des Urbildes" führt (AG, Kap. 6 §§ 12–13). So entstehen Aussagen, die einer Interpretation bedürfen. Generell neigen die kognitiven und sprachlichen Mechanismen aller Menschen dazu, „die besondern Umstände ins kurtze zu ziehen" (AG, Kap. 8, § 12). Im Blick auf Formgebungsprozesse geht Chladenius demnach davon aus, dass „alles Bilden ein Weglassen ist", um eine Formulierung der morphologisch ausgerichteten Literaturwissenschaft aufzugreifen.[31] Deshalb kann er trotz perspektivischer Unterschiede allgemeine Regeln für das Erzählen aufstellen. Wissenschaftlichkeit bedeutet hier, systematisch das Gemeinsame menschlicher Wahrnehmung und Verfahren zu fassen. Gleichzeitig steht diese anthropologische Annahme im Widerspruch zu Chladenius' kasuistischem Ansatz: Während die neue Geschichtswissenschaft einen universellen Begriff des Menschen voraussetzt, bleibt Chladenius' Denken durch eine ständestaatliche Typisierung geprägt, die bestimmte Perspektiven vorgibt – etwa die unterschiedliche Perspektive eines Hofmanns, eines Bürgers, eines Bauers usw.

Die Selektion und Verdichtung von Tatsachen konnte Chladenius bei den aktengeführten Prozessen des Rechts beobachten. Die Dynamik des juristischen Casus diente ihm als Vorlage für seine *Allgemeine Geschichtswissenschaft*. Seine Sensibilität für kasuistische Verfahren reichte jedoch noch weiter. Im Blick auf Rechtsprozesse wurde für ihn offenbar, dass jedes Erzählen auch ein Urteil enthalte. Nur

29 Vgl. Will Slauter, Periodicals and the Commercialization of Information in the Early Modern Era, in: Information. A Historical Companion, hg. von Ann Blair, Paul Duguid, Anja-Silvia Goeing et al., Princeton und Oxford 2021, 128–150; sowie Andrew Pettegree, The Invention of News. How the World came to know about itself, New Haven und London 2014.

30 Chladenius, Einleitung zur richtigen Auslegung, § 336. In der Terminologie seiner hermeneutischen Schrift entsteht durch die Kürzung und Komprimierung von Details ein „verjüngtes Bild" des Vorfalls. Vgl. ebd., § 337.

31 Günther Müller, Die Bedeutung der Zeit in der Erzählkunst, in: Morphologische Poetik, Tübingen 1968, 247–268, hier 259. In diesem ‚Weglassen' liegt eine wesentliche Gemeinsamkeit von Recht und Literatur. Vgl. zur juristischen Operation Simon, Launische Natur, 22: „Die Reduktion eines realen Geschehens auf das, was der Fall ist oder sein soll, geschieht durch Abstraktion. Man muss weglassen."

außergewöhnliche Ereignisse seien es wert, erzählt zu werden – doch gerade deren Darstellung war eine Herausforderung.[32] Die Hauptaufgabe der historischen Rekonstruktion sei es daher, einem ungewöhnlichen oder scheinbar rechtswidrigen Vorfall eine klare „Gestalt" zu verleihen (AG, Kap. 6, § 27 u. ö.).

Der Begriff ‚Gestalt' greift den Casus erneut auf. ‚Gestalt der Geschichte' ist die deutsche Übersetzung von *species facti*, einem juristischen Fachbegriff der Frühen Neuzeit. Er bezeichnet die aktenbasierte Erzählung desjenigen Vorfalls, der Anlass für den Prozess war. Als „historische Erzählung dererjenigen Thatumstände, welche bey der angestellten Klage zum Grunde liegen", war die „Geschichtserzählung" das narrative Herzstück der Relation.[33] Ihre Konstruktion folgte bestimmten Anforderungen. Sie sollte „deutlich, ordentlich, kurz und doch vollständig" sein, damit die urteilenden Leser den „Zusammenhang der Sache" von Anfang an präzise erfassen konnten.[34]

Analog hierzu rät Chladenius Geschichtswissenschaftler:innen, in ihren Texten jede „Weitläufftigkeit" zu vermeiden (AG, Kap. 11, § 20). Denn gerade „wenn eine Geschichte neu ist[,] [...] verursachen [...] Particularitäten einen Eckel. Das Mittel darwider ist die Verkürtzung, und der Auszug" (AG, Kap. 11, § 20). Chladenius nutzt den Begriff *species facti*, um Begebenheiten zu beschreiben, die geschichtlich Neues repräsentieren und sich keiner bekannten Kategorie zuordnen lassen. In solchen Fällen fehlt eine feste Regel, nach der die Erzählung gestaltet werden kann:

> Daher lässet sich eine solche Geschichte auf mancherley Weise erzehlen: und die Art der Geschichte, (species facti,) wird andere, nachdem man diese oder jene Umstände zusammen nimmt. Da nun die gewöhnlichste Conclusion, um derentwillen die Erzehlung vorgenommen wird, diese ist; daß die Sache recht oder unrecht sey, so kan man das vor den allgemeinen Begriff der Gestalt einer Geschichte annehmen: daß es die Zusammenfügung solcher Umstände sey, wodurch die Gerechtigkeit, oder die Ungerechtigkeit des Handels offenbar gemacht wird. Die Gestalt findet also nur statt, wenn die Sache zu keiner bekannten und gemeinen Art der Geschäffte und Händel kan gerechnet werden. (AG, Kap. 6, § 27.)

---

32 Vgl. AG, Kap. 6, § 27: „Nun werden aber gemeiniglich nur diejenigen [...] Fälle in besondere Erwegung gezogen, und einer besondern und gründlichen Erzehlung gewürdiget, welche nicht nach dem gemeinen Leisten der menschlichen Handlungen eingerichtet sind, sondern die was ausserordentliches, verwickeltes, oder gar widerrechtliches an sich haben." Sowie AG, Kap. 8, § 30: „Solche verwirrte Händel aber, sind eben diejenigen Geschichte, welche vor allen andern die meiste Aufmercksamkeit der Geschichtsliebhaber an sich ziehen, und daher vorzüglich Geschichte genennet werden, dergestalt, daß wenn iemand eine Geschichte will erzehlt haben; er in der That keine andere als eine von dieser Art verstehet."

33 Claproth, Relationen, 11.

34 Claproth, Relationen, 11–12.

Wenn die Orientierung an allgemeinen Gesetzen keine klare Orientierung mehr bietet und es gilt, „Regularitäten ohne Regeln"[35] zu etablieren: dann kommen kasuistische Verfahren zum Einsatz. Ähnlich wie die Juristen der Frühen Neuzeit definiert Chladenius den historischen Casus als eine außergewöhnliche Begebenheit. Die perspektivisch erfassten Merkmale dieser Begebenheit müssen, entsprechend dem frühneuzeitlichen Casus, in Beziehung zur Gerechtigkeit gebracht werden. Schließlich ist ein Casus „eine jede Begebenheit, worauf sich ein Gesetz anwenden läßt."[36] Die Umstände einer solchen Begebenheit sind Tatsachen, die in ihrer Zusammensetzung einen Fall ergeben, der einem Gesetz unterliegt – eine Ereignisfolge, die noch kein konkreter Sachverhalt ist, aber einer rechtlichen Beurteilung bedarf. Je nach der Art und Weise, wie diese Einzelheiten miteinander verbunden werden, erhält der Fall eine andere Gestalt.

Die *Allgemeine Geschichtswissenschaft* wird somit wesentlich von juristischen Praktiken ihrer Zeit geprägt. Daraus lassen sich vier Thesen über die neuzeitliche Geschichtsschreibung ableiten. *Erstens* kann jede Geschichte „auf mancherley Weise" erzählt werden, je nachdem, wie ihre Einzelheiten verkettet werden. Sie wird immer im Kontext möglicher alternativer Verknüpfungen erzählt. Daher schließt jede Erzählung bereits ein Urteil ein.[37] Aufgrund des unausweichlichen Urteils ist Geschichtsschreibung nach Chladenius *zweitens* eine inhärent ethische Angelegenheit. „Und derjenige verstümmelt die Erzehlung", schreibt Chladenius, „der Umstände weglässet, worauf doch die Gerechtigkeit und Ungerechtigkeit der Sache mit beruhet" (AG, Kap. 6, § 27). Weil sie auf einem Urteil beruht, wird die Gestalt einer Geschichte zum neuen Maßstab für die historiografische Praxis. Im Kontext des Chladenius'schen Perspektivismus werden Darstellungsprobleme *drittens* zu Fragen der Gerechtigkeit, die sich bereits im Erzählen selbst manifestieren. Die moderne Geschichtsschreibung konstituiert sich somit durch die Integration des juristischen Casus in ihre Erkenntnisstrukturen.

Der frühneuzeitliche Casus verknüpft individuelle Fallumstände so, dass ein Vorfall verständlich wird und ein Urteil möglich ist. Mit dieser Struktur hat sich der Casus – *viertens* – als Hypothek und als Apell in die moderne Geschichtsschreibung eingeschrieben, und zwar bereits im Akt ihrer Entstehung, mit Chladenius' *Allgemeiner Geschichtswissenschaft.* Historische Urteilsbildung ist seit Chladenius nicht mehr einfach mit Parteilichkeit gleichzusetzen. Sowohl das Verfassen als auch das Rezipieren von Geschichte verlangen nun ein Urteil. Die Ver-

35 Campe, Verfahren, 3.

36 Deutsche Encyclopädie oder Allgemeines Real-Wörterbuch aller Künste und Wissenschaft von einer Gesellschaft Gelehrten, 24 Bde., Frankfurt a. M. 1778–1807, Bd. 5, Art. Casus, Fall, Zufall, 301.

37 Bereits in seiner hermeneutischen Hauptschrift hat Chladenius bemerkt, dass eine Historie „aus lauter Urtheilen" bestehe. Chladenius, Einleitung zur richtigen Auslegung, § 307.

antwortung für die Darstellung der Wirklichkeit bemisst sich fortan an der Politik der Umstandsverkettung, an der Treue zu ihren Einzelheiten und Zusammenhängen. Die Urteilsförmigkeit von Geschichtsschreibung wird jedoch erst im Blick auf die kasuistische Blaupause der *Allgemeinen Geschichtswissenschaft* deutlich.

2 Ästhetik des Falls: Bodmer, Breitinger und das kasuistische Wissen

Die kasuistischen Verfahren der Frühen Neuzeit haben den Umstand in seiner Zeichenhaftigkeit sichtbar gemacht. Die Wahrnehmungs- und Aufmerksamkeitsübungen, die sie etablierten, bildeten eine ästhetische Fassung des literarischen Falls vor. In den Praktiken des Rechts zeigen sich die Umrisse einer kasuistischen Form, die ästhetisch konturiert ist. Im Zürich der 1730er und 1740er Jahre verpasste eine nach Leipzig schielende und als ‚critisch' auftretende Dichtungslehre der barocken Umstandspoetik einen neuen Zuschnitt.[38] Im 17. Jahrhundert hatten Figuren wie Georg Philipp Harsdörffer, Sigmund von Birken oder Christian Weise die rhetorische Umstandstopik als Technik der Wahrscheinlichkeitserzeugung benutzt. Sie machten sie zum Maßstab einer ungebundenen Dichtung, die sich von der ‚Reimkunst' emanzipierte. Im Barock sollte die Ergänzung eines historischen Falls durch wahrscheinliche Einzelheiten dessen Glaubwürdigkeit steigern. Mit dieser literarischen Technik konnten Fälle zwar formiert und ausgestaltet werden, aber zwischen den Erzählungen von Einzelfällen und den Demonstrationen der Wissenschaft klaffte eine Lücke. Das sollte sich Ende des 17. Jahrhunderts ändern. Wie die Poetiken von Riccoboni, Robortello und Scaliger vor ihm, griff Albrecht Christian Rotths Prosapoetik Aristoteles' Diktum von der Allgemeinheit der Dichtung auf. Er verortete diese Allgemeinheit nun jedoch in der Allgemeinheit poetischer Umstände – in den Ursachen und Gründen, einen Fall für glaubwürdig zu halten. Die Züricher Johann Jakob Bodmer und Johann Jakob Breitinger gingen in dieser Hinsicht einen Schritt weiter.[39] Schärfer noch als Rotth bestimmten sie die Dichtkunst von Seiten der Prosa. Sie hatten die Wahrscheinlichkeitsdebatten seit der *Logik von Port-Royal* aufmerksam verfolgt und in der Prozeduralität des juristischen Casus ein Modell für ihre neue Konzeption von Literatur gefunden. In ihren Poetiken ent-

38 Zum Verhältnis zwischen Leipzig und Zürich um 1740 vgl. ausführlich Detlef Döring, Der Literaturstreit zwischen Leipzig und Zürich in der Mitte des 18. Jahrhunderts. Neue Untersuchungen zu einem alten Thema, in: Bodmer und Breitinger im Netzwerk der europäischen Aufklärung, 60 – 104.
39 Ausführlich zu den Poetiken von Bodmer und Breitinger Hans Peter Herrmann, Naturnachahmung und Einbildungskraft. Zur Entwicklung der deutschen Poetik von 1670 bis 1740, Bad Homburg v. d. H., Berlin und Zürich 1970.

warfen sie eine an den juristischen Verfahren der Wahrheitssuche orientierte Dichtkunst, die in den barocken Regelpoetiken keine Entsprechung mehr hatte.

Bereits in der Anlage ihrer ästhetischen Theorie wird die Orientierung der Schweizer an der Rechtskasuistik sichtbar.[40] Als Problem einer solchen Theorie formuliert Bodmer in seiner Vorrede zu Breitingers Buch über die Natur der Gleichnisse die Tatsache, dass die literarischen Verfahren, für die eine ästhetische Theorie Regeln angeben soll, solche Regeln und Grundsätze stets unterlaufen:

> Es gehöret in der That eine grosse Geschicklichkeit dazu, die allgemeinen Regeln in besondern Umständen, und nach besondern Absichten anzuwenden; und das Verhältniß der Theile unter einander und aller Stücke gegen das Gantze mit ihrer Symmetrie gegen der Haupt-Absicht einzusehen. Die Schwierigkeit dieser Arbeit rühret daher, weil die absonderlichen Absichten, welche den Hauptzweck befördern sollen, unzehlbar und unendlich verschieden sind, denn jede absonderliche Absicht, jeder absonderliche Eindruck erfordert ihre eigenen und eben so absonderlichen Umstände, und daher entstehen eben so unzehlige, und unendlich verschiedene Gesetze und Regeln, nach welchen das Urtheil sich in der Wahl und Verbindung dieser Umstände zu richten hat. Daraus ist wohl zu verstehen, wie leicht es sey, in der Bestimmung dieser Absichten und Eindrücke zu fehlen, und wie viel irrige Urtheile entstehen müssen, wenn die Kunstrichter von besondern Stellen nicht nach deren besondern Absichten, sondern nach allgemeinen Absichten und allgemeinen Regeln urtheilen.[41]

In der Sprache der juristischen Kasuistik skizziert Bodmer ein ästhetisches Regelwerk, das angesichts unendlicher Umstandsvarianz „eben so unzehlige, und unendlich verschiedene Gesetze und Regeln“ enthalten muss. Die allzu allgemeine Regelpoetik hatte damit endgültig ausgedient.[42] Um der Individualität eines literarischen Textes gerecht zu werden, mussten dessen mannigfachen Details von einem verständigen „Kunstrichter“ in ein Verhältnis zum Ganzen gesetzt werden – eine

---

40 Eine pointierte Einführung in einige Voraussetzungen von Bodmers und Breitingers Ästhetik findet sich bei Carsten Zelle, ‚Vernünftige Gedanken von der Beredsamkeit‘ – Bodmers und Breitingers ästhetische Schriften und Literaturkritik, in: Bodmer und Breitinger im Netzwerk der europäischen Aufklärung, 25–41.

41 Johann Jakob Bodmer, Vorrede des Herausgebers, in: Johann Jakob Breitinger, Critische Abhandlung Von der Natur den Absichten und dem Gebrauche der Gleichnisse, Zürich 1740, unpag. Vgl. auch (mit Blick auf die Tätigkeit des Schreibens selbst) Johann Jakob Breitinger, Critische Dichtkunst Worinnen die Poetische Mahlerey in Absichtung auf die Erfindung […] erläutert wird […], Zürich und Leipzig 1740, 429: „Da nun die besondern Absichten eines verständigen Scribenten unendlich verschieden seyn können, indem er seinen Haupt-Zweck durch die Verbindung so unendlich vieler und verschiedener Eindrücke zu befördern suchen muß, so sind auch die Gesetze und Regeln, nach welchen sich das Urteil in der Wahl der Umstände richten muß, eben so unzehlbar und unendlich verschieden, als die besondern Absichten sind, die diese Wahl bestimmen.“

42 Vgl. Johannes Hees-Pelikan, Johann Jakob Bodmers Arbeit an der Ästhetik, Göttingen 2024, 295–296.

Operation, die im Sinne einer ästhetischen Billigkeit stets die Einzelfallgerechtigkeit im Blick haben muss. In den *Neuen Critischen Briefen* heißt es entsprechend einmal, dass die „Regeln der Kunstrichter" keine „Geseze" sind, „welche buchstäblich müssen beobachtet werden; der geringste Unterthan in der Republik der Gelehrten ist in so weit über die Geseze weg, daß er in allen Fällen, darinnen besondere Umstände eine Ausnahme fordern, von solchen abweichen darf".[43] Die richtige Literaturkritik urteilt nicht durch „mechanische Anwendung"[44] allgemeiner und fester Gesetze, sondern sie verfährt stets kasuistisch. „Lasset also die Kritik an Regeln noch so reich seyn, so helfen doch dieselben in hundert Fällen wenig oder nichts zu einem gründlichen Urtheil".[45] Literaturkritik impliziert eine Urteilskunst, die noch den kleinsten Unterschied in einem gegebenen Fall bemerkt. Die Ästhetik entwickelt kein Gesetzbuch, sondern eine Urteilspraxis.[46]

Auch in anderer Hinsicht durchquert das kasuistische Wissen der Frühen Neuzeit das Projekt der beiden Schweizer. An die empirischen Einzelfallwissenschaften knüpfen sie insofern an, als sie aus der Rhetorik eine Wissenschaft machen wollen, die „auf fest gesetzte philosophische Anfänge gegründet" ist, und deren Teile „aus einander abgeleitet werden können."[47] Ziel ist die Etablierung einer „wahre[n] und philosophische[n] Wolredenheit", die für den Entwurf einer philosophischen Ästhetik unerlässlich ist.[48] Die Amalgamation von Rhetorik, Poetik und philosophischem Wahrheitsdiskurs war grundlegend für die Neuordnung der empirisch-historischen Disziplinen gewesen. Die Züricher griffen auf die Wissenspraktiken der frühneuzeitlichen *cognitio historica* zurück und modellierten ihre kritische Dichtkunst als eine Art Einzelfallwissenschaft, die als eine Disziplin der sinnlichen Erkenntnis das Singuläre vor seiner allzu ‚klaren' begrifflichen Deter-

---

43 Johann Jakob Bodmer et al., Neue Critische Briefe, über ganz verschiedene Sachen, von verschiedenen Verfassern. Mit einigen Gesprächen im Elysium und am Acheron vermehrt, neue Aufl. Zürich 1763, 406. Ebenfalls zit. bei Hees-Pelikan, Bodmers Arbeit an der Ästhetik, 386–387.

44 Hees-Pelikan, Bodmers Arbeit an der Ästhetik, 386.

45 Bodmer et al., Neue Critische Briefe, 406.

46 Vgl. Hees-Pelikan, Bodmers Arbeit an der Ästhetik, 406.

47 Johann Jakob Bodmer und Johann Jakob Breitinger, Von dem Einfluß und Gebrauche Der Einbildungs-Krafft; Zur Ausbesserung des Geschmackes: Oder Genaue Untersuchung Aller Arten Beschreibungen […], Frankfurt a. M. und Leipzig 1727, Widmungsschreiben, unpag.

48 Vgl. Wankhammer, Creatures of Attention, 157. Ausführlich zum Anschluss der Züricher an das rhetorische Wissen: Dietmar Till, Transformationen der Rhetorik. Untersuchungen zum Wandel der Rhetoriktheorie im 17. und 18. Jahrhundert, Tübingen 2004, 394–432; sowie Campe, Affekt und Ausdruck, 1–108.

mination bewahrte.[49] Im Zuge dessen machten Bodmer und Breitinger die „semiotischen Implikationen der Rhetorik“[50] sichtbar.

Mit Bodmers und Breitingers Poetiken erhielt das Konzept einer gradierbaren Wahrscheinlichkeit, das grundlegend für die Emergenz einer Einzelfallwissenschaft gewesen war, Einzug in die Literatur. Poetische Erzählungen waren nun ebenso wahrheitsfähig, wie empirische oder historische Wahrheiten. Bodmer und Breitinger schlossen an die neuzeitliche Wahrscheinlichkeitslogik und den Diskurs der *fides historica* an. In diesem Diskurs ließ sich von den äußeren Umständen von Beobachtungen auf die inneren Merkmale eines Einzelfalls rekursiv schließen. Bei der Formierung einer poetischen Geschichte, heißt es auch in Bodmers *Abhandlung von dem Wunderbaren*, dürfe man „keinen Umstand in den Zusammenhang der Ausführung hineinbringen, der sich [mit] dem Zeugniß [...] stosse“.[51] Der Abgleich zwischen dem inneren Zusammenhang eines Vorfalls und seinen Zeugnissen sei die Bedingung für eine Wahrscheinlichkeit, die, „weil Ordnung und Verknüpfung der Umstände darinnen ist“, als hypothetische „Wahrheit nach einem gewissen Satz“ erscheinen konnte (WP 18). Damit war zugleich eine neue Konzeption von Dichtkunst umrissen: „Nicht schlechterdings die Erdichtung, sondern die Verbindung vieler Umstände, welche mit einander übereintreffen, eine gewisse Wahrheit zu erkennen zu geben, macht die Fabel aus“, schreibt Breitinger.[52] Nicht eine erfundene Handlung oder Geschichte mache das Wunderbare der Dichtkunst aus, sondern ihre Verfahren der Verkettung. Und für diese Verfahren, die eine neue Literatur programmatisch ankündigten, stand das Recht und die Historie Pate.

Die Übernahme juristischer Verfahren lag für die kritischen Dichtungslehren der Frühaufklärung nahe.[53] In ihrem Fokus auf eine sachgerechte Verknüpfung

---

49 Die Terminologie der ‚klaren‘ im Gegensatz zur ‚dunklen‘ Erkenntnis geht zurück auf Descartes und wurde in der Umschreibung durch Leibniz grundlegend für die Konzeption der Ästhetik als philosophischer Disziplin. Zum gradierbaren Unterschied zwischen deutlichen und verworrenen Erkenntnissen siehe einschlägig Gottfried Wilhelm Leibniz, Betrachtungen über die Erkenntnis, die Wahrheit und die Ideen, in: Kleine Schriften zur Metaphysik, Philosophische Schriften. Bd. I, hg. und übers. von Hans Heinz Holz, Darmstadt 2013, 32–47. Vgl. hierzu auch die Zusammenfassung bei Giuriato, „klar und deutlich“, 50–67.

50 Anselm Haverkamp, ‚Wie die Morgenröthe‘. Baumgarten Innovation, in: Baumgarten-Studien, 15–47, hier: 34.

51 Bodmer, Critische Abhandlung von dem Wunderbaren, 50. Zitate aus der *Critischen Abhandlung* werden im Folgenden im Haupttext mit der Sigle „WP“ angegeben.

52 Breitinger, Critische Dichtkunst, 194. Zitate aus der *Critischen Dichtkunst* werden im Folgenden im Haupttext mit der Sigle „CD“ angegeben.

53 Die Lust an der Lektüre von Rechtstexten beschreibt Bodmer im 61. Brief der *Neuen Critischen Briefe:* „Ich lese eben so gern Diplomata von Vergabungen an Kirchen und Klöster, Sammlungen von Rechten und Gesezen, den Johannes Vitoduranus, und was von dieser Art aus den finstern Jahr-

von Einzelheiten war die juristische Wahrscheinlichkeitslogik stets mit darstellungstechnischen Fragen konfrontiert gewesen. In Bodmers Konzeption der poetischen Erzählung fand diese Wahrscheinlichkeitsauffassung einen Widerhall. In Anlehnung an inquisitorische und historische Wissenspraktiken kann die „mögliche Zusammenfliessung der Umstände" auch in der Dichtkunst „durch zusammenstimmende und vereinigte Zeugnisse bewiesen" werden.[54] Die historisch-empirischen Disziplinen seien nicht die einzigen, die Vorfälle aus der Latenz heben können. Mit ihren analogen Verfahren, so Bodmer, habe auch die Literatur eine Zugriffsberechtigung auf Einzelfälle. Sie könne sich „bis zu der Würde der Historie" erheben (PG 548), weshalb es Bodmer zufolge zwischen den Narrationstypen nur mehr graduelle Übergänge gebe. Der Unterschied lag allein in der Beweiskraft und Anzahl der einzelnen Zeugnisse:

> Also sind Gedicht, Fabel, und Roman einestheils, und Historie anderntheils, nicht weiter von einander unterschieden, als daß die letztere mehr Grade der Wahrscheinlichkeit hat, indem sie mehr und bewährtere Zeugen hat, deren Aussage besser zusammenstimmet, und vollständiger ist. (PG 549.)

Wahrscheinlichkeit glich einem „beweglichen punct" oder einem „Züngelgen einer Wage"[55] – und war darum gradierbar. „[J]e mehr Leute ein dergleichen Zeugnüß ablegen", so lautete Christian Thomasius' probabilistische Formel, „je wahrscheinlicher wird es."[56] An diesem testimonialen Wissen orientierte sich Bodmer.

Um mögliche Begebenheiten zur Darstellung zu bringen, griff der Frühaufklärer auf die Beweismittel der *fides historica* zurück. So ist die poetische Formierung eines Falls bei Bodmer an eine Beobachtungskunst geknüpft, die die „gesammelten abgebrochenen Nachrichten [von einem Vorfall, JSch] mit einander vergleicht, ergäntzet, ausführet, verbindet" (WP 18). Wie Chladenius geht Bodmer davon aus, dass die Berichte über ein Ereignis dieses stets verkürzt wiedergeben. Erst durch den Vergleich unterschiedlicher Zeugnisse und die Auffüllung von Lücken kann die Dichtkunst ihrer Leistung gerecht werden, „unsichtbare Dinge auf

---

hunderten übrig geblieben ist, als die zierlichen Geschichtbeschreibungen der heutigen Scribenten, darf ich es sagen, auch der alten Schönschreiber." Bodmer et al., Neue Critische Briefe, 432. Ebenfalls zit. bei Hees-Pelikan, Bodmers Arbeit an der Ästhetik, 324, Fn. 87.

54 Bodmer, Critische Betrachtungen, 548. Zitate aus den *Critischen Betrachtungen* werden im Folgenden im Haupttext mit der Sigle „PG" angegeben.

55 Thomasius, Einleitung zu der Vernunfft-Lehre, 221.

56 Thomasius, Einleitung zu der Vernunfft-Lehre, 232.

eine sichtbare Weise vorzustellen" (WP 40).[57] Um Fälle narrativ vor Augen zu stellen, muss – ähnlich wie bei Chladenius' historischer Erzählkunst – „das [L]eere und [M]angelnde" der „kurtzbegriffenen Erzehlungen" mit „Umständen in den Begegnissen" angereichert werden, die sich wahrscheinlich ereignet haben. Dieses Verfahren etabliert einen „ordentlichen Zusammenhang" aller Einzelheiten (WP 50). Die Amplifikation mit Details erzeugt demnach nicht mehr, wie noch bei Harsdörffer oder von Birken, die Wahrscheinlichkeit vorausgesetzter Tatsachen. Vielmehr ermöglicht sie nun die Rekonstruktion von Tatsachen, deren Wahrheit erst in der widerspruchsfreien Verknüpfung von deren Umständen erscheint.

Die poetische Erfindung beruht bei Bodmer auf einer konjekturalen Logik. Diese Logik veranschlagt er auch für die Rezipientenseite: Auch die Leser:innen müssen die „Logik der Vermuthungen" beherrschen (PG 549). Nur so können sie die Wahrscheinlichkeit eines vorgestellten Falls richtig abschätzen. Damit fordert Bodmer die Leserschaft zum Urteil auf. Sie soll die äußeren Umstände eines Falls auf dessen innere Relationen beziehen. Dies, indem sie auf „das Ansehen und die Aufrichtigkeit derer" achtet, „die uns davon Bericht ertheilen" (WP 49) – schließlich besteht das Ziel von narrativen Verfahren unter anderem darin, den Leser in einen „sehenden Zeugen" zu transformieren (PG 75). Die Fälle, die ihm die Literatur vorstellt, wenn sie etwa „die Straffen mit den Verbrechen in eine genaue Uebereinstimmung gesezet hat", lehrten ihn „unvermerkt billige und unparteische Urtheile von den Handlungen und Leidenschaften fassen."[58] So wie den Kritiker:innen, komme auch „einem jeden rechten Leser" das „Straf- und Richter-Amt" in Bezug auf literarische Darstellungen zu (PG, Vorrede, unpag.).

Bei den Schweizern wurde die Dichtkunst zur Schule einer neuen Urteilskunst. Aus dieser Zielsetzung leitet neben Bodmer auch Breitinger die Anforderungen an den Bau einer Erzählung ab. Um die Aufmerksamkeit der Rezipient:innen zu fesseln, hat die Poet:in „die besondern Umstände" eines Falls „nach einander vorzustellen". Ihre Aufgabe ist es, dessen Merkmale „so zu ordnen und zu verbinden, daß man sie absonderlich erwegen, und [...] erkennen muß".[59] Im Zeichen des Konjekturalen gewinnt der literarische Fall somit eine ästhetische Dimension, die sich an der frühneuzeitlichen Epistemologie der Aufmerksamkeit ausrichtet.[60]

---

57 Diese Techniken berührten Fragen der philologischen Überlieferung. Vgl. hierzu ausführlich Stephan Kammer, Überlieferung: Das philologisch-antiquarische Wissen im frühen 18. Jahrhundert, Berlin und Boston 2017 (zu Bodmer S. 131–213).

58 Bodmer et al., Neue Critische Briefe, 249.

59 Breitinger, Fortsetzung Der Critischen Dichtkunst, 376. Zitate aus der *Fortsetzung der Critischen Dichtkunst* werden im Folgenden im Haupttext mit der Sigle „FCD" angegeben.

60 Vgl. hierzu ausführlich Wankhammer, Creatures of Attention, 152–198.

Um unter diesen Bedingungen als Dichtung erkennbar zu sein, galt es, ihren Wahrscheinlichkeitsgrad künstlich zu vermindern. Die Poesie müsse die ihr angemessenen „Grade des Wahrscheinlichen" selbst erzeugen. Um sich von den anderen historischen Disziplinen zu unterscheiden, müsse sie für einen „Schein des Falschen" sorgen (PG 549). Und dieser Schein entstehe durch die Auswahl, Formung und Verbindung von Umständen. Das kasuistische Wissen vom Möglichen verband sich bei den Zürcher Frühaufklärern daher mit einer Reflexion poetischer Darstellungsweisen. Die „Kunst des Poeten", schreibt Johann Jakob Breitinger, besteht darin,

> die Natur in dem Möglichen nachzuahmen, und die Dinge, die sie vorstellen will, auf einen solchen Grad der Vollkommenheit zu erheben, die sie zwar in der gegenwärtigen Welt, da ihre Beschaffenheit und Fähigkeit nach gewissen Absichten und durch gewisse Umstände determiniert und eingeschränckt ist, selten oder niemahls erreichen, aber bey andern Absichten und in einer andern Verbindung der Umstände gar wohl bekommen, und erreichen könnten. (CD 271.)

Die Umstandslizenz der Dichtkunst wurde in den Poetiken des Wunderbaren damit erheblich erweitert. Eine literarische Fallgeschichte war nunmehr „eine Historie aus einer andern möglichen Welt", wie es bei Breitinger im Anschluss an Leibniz und Wolff heißt (CD 60). Dem Poet stehe es frei, „die Umstände selbst zu erdichten", in die er seine Figuren versetzen wolle (CD 278). Wie schon bei Albrecht Christian Rotth wurde er zum „Schöpfer einer neuen idealischen Welt oder eines neuen Zusammenhanges der Dinge" (CD 426). Die Hauptaufgabe der Dichtkunst bestehe darin, Figuren und Handlungen „in neue Umstände" zu verbinden (CD 272). Auf diese Weise bringt sie Fälle „aus dem Stande der Möglichkeit in den Stand der Würcklichkeit" (CD 60). Sie schafft Welten, unter deren Voraussetzungen sich Fälle ereignen können. In diesen Welten schlummert eine unendliche Fülle von Fällen *in potentialis.* Aus diesen Möglichkeiten hat die Dichter:in einzelne Fälle auszuwählen und, indem sie sie in fiktive Bedingungen setzt, zum Leben zu erwecken.

> Der Poet führet seine wahrhaften aus der Historie entlehnten Personen nicht alleine in denen Umständen auf, in welchen sie sich nach dem Zeugnisse der Geschichte ehmals befunden hatten, sondern er erweitert diese bekannten Umstände, und versetzt sie in gantz neue, in die sie nach dem Laufe der Dinge hätten gerathen können, er läßt sie in diesen erdichteten Umständen reden und handeln, was sie in solchen ihrem bekannten Character nach wahrscheinlich würden geredet und gehandelt haben. (CD 278–279.)

Die Dichtkunst, so Breitinger, dürfe solche wunderbaren Umstände aber nur unter der Bedingung verbinden, dass diese sich weder mit der bekannten Natur noch mit den Eigenschaften der eingeführten Personen stießen, „noch sich selbst unter einander im geringsten stossen" (CD 272). Kurz, die Umstände müssen einen zureichenden Grund besitzen (WP 47). Auf keinen Fall dürfen sie so wunderbar sein, dass sie unwahrscheinlich werden. Denn ohne den „Schein des wahren" werde eine Dichter:in „stat vermundersam abentheurlich" (WP 143). Nur wenn die Dichtung durch eine regelhafte Verknüpfung eine „fidem narrantis" in Szene setze, schreibt Bodmer, könne sie auch aufsehenerregende Details integrieren (WP 41).

Damit verkomplizierte sich die Auswahl, Formung und Verbindung von Umständen. Es ging den Schweizern um den Entwurf einer möglichen Wirklichkeit, die sich bis in alle ihre Einzelheiten hinein als konsistent erwies.[61] In der kompossiblen Verkettung noch der kleinsten Dinge schafft die Dichtkunst konsistente Zeichenwelten. So seltsam deren Merkmale auch sind, so sehr ähneln ihre Fälle darum den „historischen Wahrheiten, die sich würcklich zugetragen haben, und durch glaubwürdige Zeugen bekräftigt sind" (CD 272). Um Figuren glaubwürdig in wechselnde Umgebungen zu versetzen, müssten die Wirkmechanismen ihrer charakterlichen Eigenschaften allerdings bekannt sein.[62] Die Literatur hatte ferner Maß zu nehmen an den Gesetzen der Natur. Sofern sie Kenntnis vom allgemeinen Verhältnis zwischen Ursachen und Wirkungen hat, kann sie in einem gleichsam experimentellen Verfahren erkunden, welche Möglichkeiten dieses Verhältnis unter veränderten Bedingungen aktualisiert.[63] In diesem Sinn blieb Dichtung weiterhin Mimesis: sie ahmt Mögliches nach.[64] In der Veränderung der Umstände hingegen lag das Neue und Wunderbare, das Breitinger zum Marker der neuen Literatur machte. Und diese Veränderungen erforderten andere Welten, in denen die Fälle sich abspielen konnten. Ein Fall, der unter gewissen Weltumständen vielleicht unmöglich ist, ist „unter anderen Bedingungen und in anderen Umständen nicht unmöglich" (CD 135). Was möglich oder wahrscheinlich ist, hängt von den Bedingungen ab, unter denen es vorfallen oder nicht vorfallen kann.

Das grundlegende Mittel zur Nachahmung möglicher Dinge sind bei den Schweizern die Umstände (CD 422). Darin schlossen sie an die barocken Poetiken an.

---

61 Vgl. PG 149, wo Bodmer mahnt, dass man „eben darum ein beständiges Auge auf die Verknüpfung derselben [Umstände] mit dem Orte, wo sie stehen, und mit andern Umständen, sowohl als dieser Umstände mit dem gantzen Wercke, halten" müsse.

62 Vgl. CD 271–272, 289; sowie die entsprechenden Passagen bei WP 60–61. Ausführlich zum Verhältnis von möglichen Umständen und dem Charakter der Figuren bei Bodmer Jesko Reiling, Die Genese der idealen Gesellschaft. Studien zum literarischen Werk von Johann Jakob Bodmer (1698–1783), Berlin und New York 2010, 46–62.

63 „Kennet der Poet die Gesetze, nach welchen alle Würckungen und Veränderungen in der gegenwärtigen Welt der würcklichen Dinge erfolgen, und verstehet er die Natur der Dinge genau, so kan ihm nicht verborgen seyn, was bey jeder veränderter Absicht und Umstand nach diesen Gesetzen und vermöge dieser Natur der Dinge möglich ist", schreibt Breitinger (CD 271–272).

64 Vgl. Inka Mülder-Bach, Im Zeichen Pygmalions. Das Modell der Statue und die Entdeckung der „Darstellung" im 18. Jahrhundert, München 1998, 114–115.

Dieses Nachahmungsmittel erhielt nun jedoch eine paradoxale Funktion: Umstände sollen zugleich Glauben erwecken und in Staunen versetzen.[65] Neben das Glaubwürdige tritt gleichberechtigt das Wunderbare. Die persuasive und evidenzielle Funktion der poetischen Erzählung ergänzen Bodmer und Breitinger damit durch ein primär wirkungsästhetisches Kriterium. Die wahrscheinliche Erzählung soll „mit Umständen an[ge]füllet [werden], welche wunderbar und erstaunlich sind", wie ihr Vorbild Joseph Addison in Bodmers Übersetzung schreibt.[66] Allerdings erforderte die Lizenz, auch vollkommen neue Geschehnisse zu dichten, neue Bindungsregeln. Wenn Figuren nicht aus der Geschichte entlehnt werden, sondern als „moralische Personen" in konkrete Umstände versetzt werden, gibt es schließlich keine Zeugnisse, mit deren Abgleich die Wahrscheinlichkeit ihrer Handlungen ermessen werden kann. Da ihr „Character alleine aus der Vorstellung des Poeten und sonst nirgend her erkannt werden" kann, muss die „Wahrscheinlichkeit der ihnen angedichteten Reden und Handlungen alleine aus den Umständen beurtheilet werden", schreibt Breitinger (CD 472). Eine Fiktion, die ihre Bindungskräfte nicht mehr aus den Regeln des Reims zieht, und die noch dazu die Bindung an historische Überlieferungen aufgibt, orientiert sich nun allein an umständlichen Bindungsverfahren. Das fiktive Geschehen bezieht seine Wahrscheinlichkeit allein aus seiner konsistenten Umstellung, aber in dieser Umstellung liegt zugleich das Wunderbare, das die Dichtkunst herzustellen hat.

Im Vergleich mit Harsdörffers *Mordgeschichte* lässt sich die Nähe bei gleichzeitiger Distanz der Schweizer zum barocken Umstandstheater ermessen. In einem längeren Zitat Breitingers wird das Verhältnis typisierter Figuren und personifizierter Laster zu ihren Umständen deutlich:

> [W]enn der Poet alle diese Helden, alle diese Tyrannen, alle diese Geitzigen, die ihm die Natur oder die Historie vorstellet, in allen denen so verschiedenen Umständen betrachtet, und die Würkungen der Großmuth, der Grausamkeit, des Geitzes, durch die Abstraction seiner Phantasie von dem Personal-Character absondert, so bekömmt er einen allgemeinen Begriff, er lernt die Macht dieser Tugenden, Laster, und Begierden in allen möglichen Umständen kennen, und versteht, nach was vor allgemeinen Grundsätzen dieselben würken. Da nun von dem Poeten nicht gefo[r]dert wird, daß er seine Personen nur in denen würcklichen Umständen, in welche die Natur sie gesetzet hat, aufführe, und nach ihrem gantzen Gemüthes-Stand abmahle, welches das Amt des Geschichtsschreiber ist, sondern da er allerley wahrscheinliche und mögliche Umstände erfindet, und seine Personen nur von einer gewissen Haupt-Leidenschaft und Neigung characterisirt, so muß er sie nothwendig in diesen erdichteten Umständen

65 Vgl. Addison, Critische Abhandlung von den Poetischen Schönheiten, 306: „Das Hauptwerck in der [...] Poesie ist [...], daß man Umstände erfinde, welche auf einmahl beydes Glauben und Erstaunen beym Leser zuwege bringen."
66 Addison, Critische Abhandlung von den Poetischen Schönheiten, 333.

> handeln und reden lassen, wie es die Wahrscheinlichkeit mit sich bringet, daß sie in dergleichen Umständen würden gethan haben [...]. (CD 289.)

Wie in Harsdörffers *Schau-Plätzen* werden im Nebeneinanderstellen disparater Begebenheiten die Wirkmechanismen personaler Eigenschaften erkundet. In der seriellen Darstellung dieser Kasuistik wird das allgemeine Verhältnis von Fall und Umstand sichtbar. Die „Macht" der jeweiligen Tugend oder des jeweiligen Lasters ist das gleichbleibende Substrat wechselnder Ursachen. Der Unterschied zum barocken Welttheater liegt in der Kontextgebundenheit der Lastertypen. Während Harsdörffers Typen notwendigerweise Unglücksfälle heraufbeschwören, wird die Funktionsweise abstrakter Leidenschaften bei Bodmer und Breitinger erst in Relation zu jenen Umständen sichtbar, in denen sie möglicherweise zur Geltung kommen.[67]

Die poetische Repräsentation ist demnach nicht mehr bloß eine Nachahmung natürlicher Abläufe. Gerade im Blick auf die technischen Details der Darstellungsmodi wird ersichtlich, dass die Schweizer, ähnlich wie Chladenius, vielmehr an mentalen Prozessen der Deformation interessiert sind, die im klassischen Nachahmungsparadigma nicht mehr aufgehen.[68] Die Figuren, die ihre Poetik des Wunderbaren ins Feld führt, sind auf eine Weise von ihren Affekten – Chladenius würde sagen: von ihrem ‚Sehepunkt' – bestimmt, dass sie die „Dinge, die vor Augen liegen[,] [...] in einer gantz andern Grösse, Figur und Gestalt" sehen (CD 309). An diesem transformativen Prozess richtet Breitinger die ästhetische Formgebung aus:

> Da nun dem Poeten sehr viel daran gelegen ist, daß er das Gemüthe des Lesers mit seiner Materie und dem Schicksal seiner Personen einnehme, und in einer beständigen Unruhe unterhalte, so muß er in beschreibung der Umstände, in die er seine Personen versetzet, die Sachen nicht immer in ihrer wahren und natürlichen Grösse vorstellen, wie sie demjenigen vorkommen, der keinen Antheil an einer Begebenheit hat, sondern es muß sie nach dem Maasse künstlich vergrössern oder verringern, wie sie denen Personen, für die er seine Leser einnehmen will, nach ihrem Gemüthes-Zustande wahrscheinlicher Weise vorkommen mußte; und durch diese kunstreiche Anwendung des Betrugs der Affecte werden seine Vorstellungen nicht alleine wunderbar, sondern auch hertzrührend. (CD 309–310.)

---

67 Vgl. die entsprechende Passage in WP 60–61: „Der Poet nimmt eine neue Mischung dieser Sachen [d.i. der Laster und Affekte, JSch] vor, er ziehet insonderheit eine gewisse Gemüthes-Neigung heraus, und sondert sie von allen andern, welche sie durch ihre Vermischung in Schrancken gehalten hatten, also daß sie auf einem hohen Grade hervorsticht; nachmahls setzet er sie in alle möglichen Umstände, denen das menschliche Leben unterworffen ist, und zeiget bey einer jeden, wozu dieselbe einen Menschen, der davon eingenommen ist, verleiten kan, indem er ihn gedencken, beschliessen, und handeln läßt, was ihr gemäß ist."

68 Den Begriff der ‚Deformation' übernehme ich von Johannes Wankhammer. Vgl. ders., Creatures of Attention, 176 u. ö.

Will die literarische Darstellung „wunderbar“ und „hertzrührend“ sein, so kommt sie um eine gewisse Künstlichkeit nicht herum. Einem gemeinen Fall durch die Bearbeitung seiner Umstände eine neue, außergewöhnliche „Gestalt“ zu geben, darin liegt für die Zürcher die Aufgabe der Literatur.

Die poetische Nachahmung macht an einem Gegenstand Details sichtbar, die bei empirischen Betrachtungen oder in der Reproduktion der Malerei unterhalb der Wahrnehmungsschwelle bleiben. „Die Vorstellung solcher Umstände muß auch nothwendig um so viel angenehmer seyn, je gewöhnlicher und gemeiner der Gegenstand an sich selbst ist, zumahl da wir nicht ohne Verwunderung vernehmen können, daß solche Dinge, mit denen wir täglich umgehen, uns zuvor noch verborgen und unbekannt gewesen waren“, schreibt Breitinger (CD 385). Bei einer gelungenen Darstellung werde man daher „so viele neue sonderbare Umstände, an welche wohl der tausendste nicht gedacht hat, nicht ohne Verwunderung wahrnehmen“ (CD 385–386). Wie Bodmer und Breitinger im Anschluss an Addison immer wieder betonen, geben solcherart geformte Umstände „von der höchsten Erfindungs-Kraft Anzeige“.[69] Wunderbar werden diese allerdings erst dann, wenn der „Schein des Falschen“ (PG 549) oder der „Anschein des Widerspruchs“ (FCD 282) an ihnen schimmert.[70] Erst so werden die Verfahren der Literatur von den Verfahren der *fides historica* unterscheidbar.

Seit dem frühen 18. Jahrhundert war das Wunderbare nicht mehr ein Attribut außergewöhnlicher Ereignisse, die in Staunen versetzen.[71] Vielmehr war es etwas, das es mithilfe einer sorgfältigen Aufmerksamkeit allererst zu entdecken galt.[72] Eine disziplinierte Wahrnehmung konnte selbst in scheinbar gewöhnlichen Dingen das Wunderbare entdecken. Für die Schweizer ging es entsprechend darum, „das Wunderbare in den Umständen zu entdecken“ (CD 444). Umstände in diesem Sinne sind Zeichen einer sprachlich neuartigen Möglichkeit, Dinge zu erfassen und Fälle in den Stand der Wirklichkeit zu überführen.[73] Sie machen Aspekte an diesen Fällen kenntlich, die für die Mechanismen der Wahrnehmung ungewöhnlich erscheinen. Darin lässt sich eine Erweiterung der rhetorischen Umstandstopik erkennen: Die Manipulation von Einzelheiten erzeugt nun nicht mehr den Schein des Wahren.

69 Addison, Critische Abhandlung von den Poetischen Schönheiten, 335.

70 Den Typus des scheinbar falschen oder widersprüchlichen Umstands diskutiert auch die neuzeitliche Logik. Vgl. etwa Art. Widersprechende Umstände, in: Zedler, Universal-Lexicon, Bd. 55, Sp. 1804; sowie Art. Umstand, Umstände, in: Zedler, Universal-Lexicon, Bd. 49, Sp. 1065.

71 Zur Rolle des Staunens bei Breitinger und der Poetik des Wunderbaren vgl. Nicola Gess, Staunen. Eine Poetik, Göttingen 2019, 45–54.

72 Vgl. Lorraine Daston, Eine kurze Geschichte der wissenschaftlichen Aufmerksamkeit, München 2001, 15–35.

73 Vgl. Campe, „Mögliche Welt“ und „Fictio Analogica“, 136.

Vielmehr verpasst sie den Einzelheiten der Rede den Glanz des Falschen und entfernt das Dargestellte damit gezielt vom höchsten Grad der historischen Wahrscheinlichkeit.

Am deutlichsten wird die sprachliche und semiotische Dimension des Neuen und Wunderbaren in Breitingers Gebrauch von „poetischen Beywörtern".[74] In Anlehnung an die Semantik des Adverbs als Umstandswort, wie sie in den Sprachtheorien der *Fruchtbringenden Gesellschaft* festgelegt wurde, sind solche Beiwörter für Breitinger Ornamente der Rede.[75] Neu ist, dass diese poetischen Beiwörter nicht nur den Ausweis der Kunstfertigkeit besorgen, sondern für Schriftsteller:innen auch eine disziplinierende Funktion haben. Als „kleine Beschreibungen" sind sie die Elemente von „ausführlichen Beschreibungen", der *descriptio* der rhetorischen Tradition. „Ausführliche Beschreibungen", definiert Breitinger, „sind eine künstliche Verbindung der merckwürdigsten und absonderlichsten Umstände und Kennzeichen, wovon eine Sache von andern ihres gleichen unterschieden wird, in einem ordentlichen Zusammenhang" (FCD 285). Poetische Beiwörter haben eine epistemische Funktion. Durch die Auswahl und Modellierung kleinster Merkmale wird ein Ding oder eine Sache individualisiert. Eine solche Singularität unterscheidet sich von anderen Einzeldingen allerdings nicht durch eine logische und klare Bestimmung ihrer wesentlichen Attribute.[76] Hier greift kein demonstratives und substanzielles Denken. Dichtung individualisiert einen Fall „nur dem äusserlichen Anscheine nach" (CD 48). Und dieses poetische Verfahren der Individualisierung zeitigt disziplinierende Effekte:

> Wenn man nun die Beywörter in diesem Licht als kleine Beschreibungen und einen Zierrath der Rede betrachtet, so ist leicht zu ermessen, daß das Gemüth in einer ziemlich ruhigen Verfassung stehen müsse, welches sich verweilet, die kleinsten und absonderlichsten Umstände in einer Sache mit solchem Fleisse und anhaltenden Sorge zu schildern, und daß die ungestümen Leidenschaften sich zu einer so angenehmen und kurtzweiligen Beschäftigung nicht leicht verstehen können. (FCD 286.)

---

74 Zur nicht zu unterschätzenden Bedeutung der Beiwörter bei Breitinger vgl. Giuriato, „klar und deutlich", 92–93.

75 Vgl. Justus Georg Schottelius, Ausführliche Arbeit von der Teutschen HaubtSprache […], 2 Bde., Braunschweig 1663, Bd. 1, 656; sowie Kaspar Stieler, Der Teutschen Sprache Stammbaum und Fortwachs oder Teutscher Sprachschatz […], Nürnberg 1691, 190–191. Ausführlich zur Semantik des Adverbs in den Sprachtheorien der Frühen Neuzeit Friederike Spitzl-Dupic, Adverb, in: Lexikon sprachtheoretischer Grundbegriffe des 17. und 18. Jahrhunderts, 2 Bde., hg. von Gerda Haßler und Cordula Neis, Berlin und New York 2009, Bd. 2, 1274–1291.

76 In den unterschiedlichen Weisen der Individualisierung verortet Breitinger die Differenz von Dichtung und Philosophie. Vgl. CD 47–48.

Disziplinierend wirken diese kleinen Merkmale, weil der Umgang mit ihnen eine erhöhte Aufmerksamkeit erfordert. Die ästhetische Schulung eines Blicks, der sich auf die kleinsten Einzelheiten richtet und ihre sprachliche Gestaltung fokussiert, ist zugleich eine Übung in der Regulation der Affekte.[77] Die Poetik des Umstands hat somit eine ethopoetische Funktion. Dabei hat die Aufmerksamkeit nicht allein die Umstände und Umstandswörter in ihrer Einzelheit zu erfassen. Sie hat diese Menge von Details auch zu synthetisieren. Die ästhetische Anschauung muss zugleich die Verknüpfung der einzelnen Stücke wahrnehmen und ihr Verhältnis zu einem Ganzen berücksichtigen, dessen Teile sie sind.[78] Die Ästhetik des Wunderbaren organisiert ein Übermaß kunstfähiger Umstände.[79] Für diese Anschauung liefert Bodmer zugleich einen neuen Maßstab: Je mehr Details als eine singuläre Einheit wahrnehmbar sind, desto größer ist die ästhetische Erkenntnis (PG 133).

Die poetologische Frage nach den „verwundersamen Umständen“[80] berührt auf elementare Weise die Problematik des sachgemäßen Ein- oder Ausschlusses narrativer Elemente. In dieser Hinsicht etablierte die neue Dichtkunst einen Blick auf ihre Gegenstände, der in den Praktiken des Rechts vorgebildet wurde.[81] Denn wie eine Gegebenheit im Auge des kasuistischen Rechts nur dann fallförmig wird, wenn einige ihrer Merkmale diskriminiert und andere privilegiert werden, so wird auch eine Darstellung nur dann poetisch, wenn ihre Umstandszeichen selegiert und geformt werden. Eine Ästhetik des Casus setzt das Vorhandensein von Elementen voraus, die im Prozess der Formierung nicht berücksichtig werden und als umständlicher Rest außenvorbleiben. Die poetische Formgebung filtert und ordnet eine andernfalls hässliche und rohe Umstandsmasse. Die „Kraft“ der schönen Dichtung, schreibt Breitinger, „rühret alleine von der geschickten Wahl der absonderlichsten Umstände her“ (CD 45). Es gehe darum, „aus dem Gemische so un-

77 Dass diese Aufmerksamkeit für die kleinen Dinge eine Schnittmenge von ästhetischem und policeylichem Diskurs ist, hat Friedrich Balke hervorgehoben. Vgl. ders., Die große Hymne an die kleinen Dinge – Jacques Rancière und die Aporien des ästhetischen Regimes, in: Ästhetische Regime um 1800, hg. von dems., Harun Maye und Leander Scholz, München 2008, 9–36.

78 In solch einem Verhältnis der Teile zum Ganzen hat Ernst Cassirer die grundlegende Operation der ästhetischen Anschauung entdeckt. Vgl. (im Blick auf Baumgarten) ders., Die Philosophie der Aufklärung (1932), 3. Aufl., unveränd. Nachdr. der 2. Aufl. Tübingen 1973, 361.

79 Vgl. (im Blick auf Baumgartens Ästhetik) Patrick Hohlweck, Das Verfahren der Form bei Baumgarten, in: Formästhetiken und Formen der Literatur, 41–60, hier: 43.

80 Addison, Critische Abhandlung, 307.

81 Dass die Schweizer, insbesondere Bodmer, in der Modellierung ihrer ästhetischen Konzepte sich an konkreten Praktiken orientiert haben, hat die neuere Forschung stark gemacht. Vgl. Hees-Pelikan, Bodmers Arbeit an der Ästhetik; sowie die Beiträge in Johann Jacob Bodmers Praktiken. Zum Zusammenhang von Ethik und Ästhetik im Zeitalter der Aufklärung, hg. von Frauke Berndt, Johannes Hees-Pelikan und Carolin Rocks, Göttingen 2022.

zehliger Umstände alleine diejenigen auszusuchen, und mit einander zu verbinden, die einen gewissen Eindruck auf das Gemüthe befödern können" (CD 27).

Eine umständliche Literatur bedeutet demnach nicht, alle Einzelheiten sorgfältig auszugestalten. Wohl aber, auch „die kleinsten und absonderlichsten Umstände in einer Sache mit solchem Fleisse und anhaltenden Sorge zu schildern", dass ein „reiches Gemählde" entsteht (FCD 285–286).[82] Schließlich sind es gerade solche Einzelheiten, die zunächst „gantz gleichgültig" erscheinen (PG 84), die eine Sache evidenziell vor Augen stellen und ihr „eine mahlerische Kraft mittheilen" (FCD 269). Im Rückgriff auf die rhetorische Figur der *evidentia* transformiert dieses Verfahren der Repräsentation die rhetorische Poetik in einen ästhetischen Diskurs.[83]

Der Anspruch kann schwieriger nicht sein. Einerseits geht es darum, noch die kleinsten Nebenumstände einer Begebenheit zu registrieren und zu schildern. Andererseits läuft man damit Gefahr, auch einen funktionslosen „Neben-Umstand" zu integrieren und die Sache auf diese Weise zu verdunkeln (PG 191). Die *circumstantiae* erhalten eine ambivalente Stellung zwischen Klarheit und Dunkelheit, nötiger Ausführlichkeit und unnötiger Weitläufigkeit. Die Erzählung, wiederholen Bodmer und Breitinger immer wieder, darf mit „kleinen, überflüssigen und unbequemen Umständen" nicht belastet werden (CD 436).[84] Folglich lautet eine Grundregel der poetischen Invention: „Wie kleine Steine und Grieß einen Bau verderben, also verderben kleine niederträchtige Umstände eine Rede" (PG 72). Denn eine poetische Schilderung wird „durch Einstreuung unnöthiger Neben-Umstände" ziemlich „aus[ge]dähnet" und das Wunderbare dadurch bereits im Keim „erstecket" (PG 191).[85] Es ist die „Pflicht eines Poeten", die durch so eine Übereifrigkeit entstehende „prosaische Mattigkeit zu vermeiden, und das Gemüthe des Lesers aufgewecket zu behalten" (CD 348). Dieser Pflicht kommt er nach, indem er einen Auslesungsprozess beherrscht, der vergleichbar mit den Techniken der aktenmäßigen Relation ist. So darf er „nur die kleinsten und absonderlichsten Umstände auslesen, und mit einander verbinden, durch welche ein Ding von allen andern [...] unterschieden ist, und die seine Absicht, das Gemüthe auf eine gewisse Weise zu rühren, am meisten befördern helfen" (CD 48).

---

82 Zu den mediologischen Hintergründen von Bodmers und Breitingers Konzeption der Dichtkunst und ihres Rückgriffs auf die rhetorische Figur des Vor-Augen-Stellens siehe Koschorke, Körperströme und Schriftverkehr, 263–321.

83 Vgl. Rüdiger Campe, Bella Evidentia. Der Begriff und die Figur der Evidenz in Baumgartens Ästhetik, in: Baumgarten-Studien, 49–71.

84 Vgl. auch PG 72.

85 Vgl. auch CD 348, wo es heißt, dass durch dieses Verfahren die Dichtkunst auf Distanz gehe zur „historische[n] Sorgfältigkeit in Beschreibung der geringsten Umstände",

Bei den Schweizern wird die angemessene „Wahl der Umstände" somit zur ästhetischen Grundoperation.[86] Da es nichts auf dieser Welt gibt, „das nicht mit vielerley Umständen begleitet ist", gilt es, „stets die vornehmsten von ihnen zu wehlen, und aus solchen durch eine genaue Verbindung" einen singulären Fall zu formen (PG 71–72).[87] Die Poetiken von Bodmer und Breitinger versuchen, neue Maßstäbe für die Auswahl, Verknüpfung und Darstellung dieser Umstände zu etablieren. Die „Lehre von der Wahl und Verbindung der Umstände" (CD 442–443) ist das Hauptstück ihrer Abhandlungen. Die im Vergleich mit den Hauptumständen eines Falls vermeintlich funktionslosen Nebenumstände gewinnen dabei an Bedeutung.[88] Für die Schweizer Kunstrichter sind es jedenfalls gerade die kleinen und unscheinbaren Details, die eine Darstellung als poetisch ausweisen:

> Es möchten zwar einigen auch diejenigen Umstände, welche in der Absicht, die man vorhat, hervorstechen, an sich selbst betrachtet öfters eben sowohl klein und gering scheinen, alleine wenn man es wohl erweget, so wird man finden, daß sie vornehmlich durch diese Kleinigkeit dienen, eine Sache dem Auge der Seelen recht sinnlich vorzustellen, und zugleich den genauen Fleiß des Poeten zu beglaubigen. (PG 72.)

Die Auswahl von Einzelheiten erfolgt nach Maßgabe der jeweiligen Wirkungsabsicht.[89] Die gewünschten Wirkungen erzielen diese Einzelheiten jedoch nur, wenn ihre Sammlung und ihr Arrangement zugleich den „genauen Fleiß des Poeten" beglaubigt. Durch dieses Verfahren wird dessen Vertrauenswürdigkeit in Szene gesetzt.[90] Dabei entwerfen Bodmer und Breitinger eine Rhetorik der Aufmerksamkeitslenkung, die den Geist auf die Auswahl und Zusammenstellung der Umstandszeichen als Verfahren der Sinngebung lenkt. Deren Wahl und Anordnung folgt einem Aufmerksamkeitskalkül: Die „Zusammenfassung auserlesener Umstände" zieht „den Geist sehr starck an sich" und macht ihn „aufmercksam" (PG 72).

---

86 Siehe insb. den 12. Abschnitt „Von der Wahl der Umstände und ihrer Verbindung" in CD 421–465.

87 Vgl. auch die entsprechende Stelle in CD 423, wo es heißt, „daß natürlicher Weise nichts in der Welt begegnet, das nicht von vielereley Umständen begleitet werde, also daß überall gewisse mit jeder Sache zugleich entstehende Umstände vorkommen müssen".

88 Die beiden Hauptumstände der Dichtung sind für die Schweizer der Umstand der Person und der Umstand der Sache oder Handlung. Alle anderen Umstände haben sich nach diesen Hauptumständen zu richten. Vgl. CD 183.

89 Zur Wirkungsästhetik der Schweizer vgl. Angelika Wetterer, Publikumsbezug und Wahrheitsanspruch. Der Widerspruch zwischen rhetorischem Ansatz und philosophischem Anspruch bei Gottsched und den Schweizern, Tübingen 1981, insb. 179–184.

90 Vgl. zu dieser Doppelfunktion auch CD 421–422: „Die Aussetzung der Umstände dienet, das Gemüthe einzunehmen, und die Erzehlung zu beglaubigen."

In diesem Verfahren liegt für die Schweizer die Mediendifferenz von Literatur und Malerei begründet.[91] Während die Malerei die Aufmerksamkeit der Betrachter:in durch die „Vermischung des Mannigfaltigen" nicht binden könne (CD 22), zeichne sich die Dichtkunst dadurch aus, Umstände als poetische Zeichen sichtbar zu machen, die mit einer Absicht ausgewählt und angeordnet wurden. „Gemählde der Poesie [...] geben Anweisung, wie man die Sachen von Stücke zu Stücke mit Vernunft und Ueberlegung anschauen soll", heißt es in der *Critischen Dichtkunst* (CD 28). Darin liegt das kasuistische Wissen der Literatur. Der „poetische Mahler", schreibt Breitinger, führt „das Auge des Gemüthes aus der Zerstreuung", indem er es „von einem merckwürdigen Umstande zu dem andern gemächlich hinführet, und es nöthigt, bey jeglichem ansonderlich diejenige Betrachtung zu machen, welche seinen Zweck zu befördern dienet" (CD 22). Er „bindet seine [d.i. des Lesers, JSch] Aufmerksamkeit auf das Absonderliche, dessen künstliche Verknüpfung er ihm der Ordnung nach vorweiset" (CD 23). Die Verfahren einer umständlichen Dichtkunst werden zu einem Verfahren der Entautomatisierung von Wahrnehmung:[92] „Neben dem bitte ich Achtung zu geben", heißt es weiter, „wie viel kleine, aber vor die Absicht des poetischen Mahlers wichtige Umstände durch diese poetische Schilderey in das Gemüthe des Lesers eingepräget werden, welche die achtlose Sicherheit in Beschauung einer mahlerischen Vorstellung, oder des wahren Gegenstandes selbst, nicht leicht wahrgenommen hätte" (CD 24–25). Während die Aufmerksamkeit die Funktion hat, ein einzelnes Merkmal einer Darstellung auf Kosten ihrer anderen Merkmale zu fokussieren, um deren Klarheit zu erhöhen, hat die Reflexion – die „Ueberlegung" – die Aufgabe, die distinkten Akte der Aufmerksamkeit zu verbinden, bis der Verstand alle relevanten Merkmale inklusive ihrer Zusammenhänge überblickt.[93]

---

91 Siehe hierzu etwa den 1. Abschnitt in CD 3–28, „Vergleichung der Mahler-Kunst und der Dicht-Kunst". Bereits Klaus Dockhorn hat mit Blick auf den ästhetischen Diskurs des 18. Jahrhunderts bemerkt, dass „[d]ie Fähigkeit, ‚Umstände' darzustellen, [...] geradezu als das Kriterium gelten [kann], durch das sich die Künste unterscheiden." Dockhorn, Wordsworth und die rhetorische Tradition, 28.

92 Dies im Sinne von Šklovskij, Kunst als Verfahren. Die hier geschilderte Entautomatisierung *avant la lettre* hat die neuere Forschung ebenfalls bemerkt. Vgl. Wankhammer, Creatures of Attention, 172–179.

93 Vgl. Wankhammer, Creatures of Attention, 169. „Relatio non est in objectis; sed est actus mentis", heißt es entsprechend auch in Breitingers Logiklehrbuch. Johann Jakob Breitinger, Artis cogitandi principia ad mentem recentiorum philosophorum compendio exhibita, atque in usum privatae institutiones concinnata, Zürich 1736, 1. Tl., IV, 2. Vgl. ausführlich zu Breitingers Logik (und seiner Auseinandersetzung mit der *Logik von Port-Royal*) Tadeusz Wojtowicz, Die Logik von Johann Jakob Breitinger 1701–1776, Paris 1947; sowie Hanspeter Marti, Die Schule des richtigen Denkens. Logik-

In dieser erhöhten Aufmerksamkeit für die Verbindung des Umstandszeichen zum möglichen Fall schrieben Bodmer und Breitinger das Programm der frühneuzeitlichen Fallsammlungen fort. Die Poetik des Wunderbaren regulierte das Verhältnis von „Fall und Umstand" auf eine neue Weise (CD 430). Sie setzte damit neue Maßstäbe für ein kasuistisches Verfahren der Form, das eine Vielfalt von Umständen so organisiert, dass es zu einem Erkenntnisinstrument eigener Art wurde.

unterricht und Disputation an der Zürcher Hohen Schule und der Einfluß Johann Jakob Breitingers, in: Bodmer und Breitinger im Netzwerk der europäischen Aufklärung, 149–171.

Schluss: Ende und Fortgang der Kasuistik

Dieses Buch hat seinen Untersuchungsgegenstand aus einer an der Entstehung der Humanwissenschaften orientierten Entwicklungsgeschichte herausgelöst. In der Erforschung von Fallgeschichten hat es damit einen Perspektivwechsel vorgenommen. Bisherige Studien zu kasuistischen Schreibweisen haben sich auf die Herausbildung und Ausdifferenzierung der anthropologischen Wissenschaften in der zweiten Hälfte des 18. Jahrhunderts konzentriert. Dieser Fokus lag darin begründet, dass die Emergenz von Menschenwissenschaften mit einer Konjunktur empirisch-induktiver Methoden und einem zunehmenden Interesse an der Erforschung des Individuellen einherging. Durch diesen Aufschwung wurden narrative Aufzeichnungspraktiken epistemisch bedeutsam. In Geschichten und Relationen wurden die Aussagen und Handlungen von kriminellen, kranken und devianten Subjekten geformt, um bestehende Normen zu bestätigen und Normalitätserwartungen zu etablieren. Fallartige Schreibweisen erhielten in diesem Zusammenhang insbesondere als Formen des *life writing* Aufmerksamkeit. Um 1800 wurden biografische Aufzeichnungen zum menschenkundlichen Quellenmaterial und zum Beweismittel in institutionalisierten Untersuchungsverfahren.

Die jüngere literatur- und kulturwissenschaftliche Forschung hat im Anschluss an die Arbeiten Michel Foucaults in solchen fallförmigen Aufzeichnungsverfahren eine Schreibweise entdeckt, die nicht nur für die Disziplinen der Humanwissenschaften grundlegend war, sondern auch zum Modell für eine Literatur wurde, die sich ebenfalls anthropologischen Fragestellungen widmete. So beginnen in der zweiten Hälfte des 18. Jahrhunderts literarische Texte – prominent etwa Romane wie Goethes *Werther* (1774) und Karl Philipp Moritz' *Anton Reiser* (1785 – 1790) oder Erzählungen wie Schillers *Verbrecher aus Infamie* (1786) – auf das Schema individueller Fallgeschichten zurückzugreifen. Moritz' *Magazin zur Erfahrungsseelenkunde* (1783 – 1793) und Schillers *Merkwürdige Rechtsfällen als ein Beitrag zur Geschichte der Menschheit* (1792 – 1795) beteiligten sich dabei sogar explizit am Wissenszusammenhang der Anthropologie. Schiller griff für seine Sammlung auf Pitavalgeschichten zurück, die er allerdings nicht direkt von Pitaval übernahm, sondern von dessen Nachfolger François Richer, der den *Causes célèbres et intéressantes* ab 1771 in achtzehn Bänden einen neuen Anstrich gegeben hatte.[1] Die Verfahrensgeschichte geriet

1 „Der ‚Pitaval' ist genaugenommen ein durch die von Schiller initiierte Auswahlübersetzung transformierter Richer", bemerken Behrens und Zelle richtigerweise. Vgl. dies., Französische und deutsche Causes célèbres im neunzehnten Jahrhundert, 223.

https://doi.org/10.1515/9783111358680-007

zugunsten der Verbrechensgeschichte in den Hintergrund. Die von Richer vorgenommene Modifikation der Erzählordnung hatte Konsequenzen für das Genre. Der Name Pitaval stand fortan für Rechtsfallgeschichten, die weniger an der Tat als an der Psychologie der Täter:innen interessiert waren.[2]

In Schillers Vorrede wird die damit in Gang gebrachte „Psychologisierung bzw. Anthropologisierung der Cause célèbre"[3] deutlich. Der „umständlichere Rechtsgang", den Pitavals Prozessgeschichten schildern, wirft laut Schiller den Blick weniger auf die Umstände und Umständlichkeiten der Jurisprudenz, sondern erlaubt vielmehr „tiefere Blicke in das Menschen-Herz" und enthüllt „das Innerste der Gedanken".[4] Schiller liest die Pitavalgeschichten als Lehrstücke einer entstehenden Kriminalpsychologie und gibt damit eine Rezeptionslinie vor, der noch die großen Pitavalsammlungen des 19. Jahrhunderts folgen werden.[5] Dementsprechend rückt sein Pitaval „die geheimen Bewegursachen menschlicher Handlungen" ins Licht. Er kreist um einen Menschen, der die gesellschaftlichen Normen überschreitet und durch sein deviantes Verhalten nicht nur zum Individuum, sondern auch zum Fall wird. Und es ist gerade die „Individualität des Falls", durch deren Kenntnis ein „wichtige[r] Gewinn für Menschenkenntniß und Menschenbehandlung" erzielt werde.[6]

Während Schiller auf der einen Seite schon dem neuen, modernen Fallparadigma verpflichtet ist, beschreibt er auf der anderen Seite bei Richers Texten auch Merkmale, die noch aus der Frühen Neuzeit und der Tradition der Jurisprudenz stammen. So erzähle Pitaval Fälle, die sich „an künstlicher Verwicklung, und Mannigfaltigkeit der Gegenstände bis zum Roman erheben, und dabei noch den Vorzug der historischen Wahrheit voraus haben."[7] Auch werde durch die Gestaltung der Fälle „die Zweifelhaftigkeit der Entscheidung" zum Motor der Erzählung, die auch deshalb so spannend seien, weil die Geschichten „für beide entgegengesezte [sic] Partheien gleiche Sorgfalt und gleich große Kunst aufbieten".[8] Der Zweifel entsteht, weil die Möglichkeit des Gegenteils nie ganz ausgeschlossen werden kann. Alle drei Aspekte – die durch die Erwähnung des Romans aufgeworfene Frage nach der literarischen Gattungszugehörigkeit, die verfahrenstechnische Produktion von

2 Vgl. Neumeyer, ‚Schwarze Seelen'. Zur Verschiebung der strafrechtlichen Diskussionen von der Tat zu den Täter:innen vgl. Ylva Greve, Die Unzurechnungsfähigkeit in der ‚Criminalpsychologie' des 19. Jahrhunderts, in: Unzurechnungsfähigkeiten, 107–132, hier: 107.

3 Behrens und Zelle, Französische und deutsche Causes célèbres im neunzehnten Jahrhundert, 223.

4 Schiller, Vorrede, 202–203.

5 Vgl. Behrens und Zelle (Hg.), Die Causes célèbres des 19. Jahrhunderts.

6 Schiller, Vorrede, 203.

7 Schiller, Vorrede, 202.

8 Schiller, Vorrede, 203.

Ungewissheit und die Herkunft aus dem rhetorischen Streitgespräch – hat meine Untersuchung bei Pitaval analysiert. Für Schiller sind es gerade diese Momente der Pitavalgeschichten, die ihre Anschlussfähigkeit an die Literatur begründen.

Auf den Spuren der damit gelegten Fährte lassen sich einige Merkmale der frühneuzeitlichen Rechtskasuistik rekapitulieren und anhand der drei genannten Aspekte noch einmal die Einsatzpunkte dieses Buches markieren. Während mit Beginn des menschenwissenschaftlichen Zeitalters Individuen zu Fällen wurden, die beschrieben und klassifiziert wurden, fokussierte die Frühen Neuzeit Fälle unter einem anderen Aspekt. Im Blick auf juristische Fallgeschichten zwischen Barock und Frühaufklärung zeigt sich, dass ‚Fälle' noch nicht synonym mit kranken oder devianten Subjekten waren. Die Literatur war noch kein Schauplatz einer Anthropologie. Vielmehr galt ein Fall damals noch subjektunabhängig als „ein Ganzes von Umständen, das eine Tat qualifiziert und die Anwendung einer Regel modifizieren kann".[9] Fälle waren demnach eng mit juristischen Wissenspraktiken verwoben. Sie erhielten ihre Einzigartigkeit von den sie je bestimmenden Umständen. Der Casus war im 17. und 18. Jahrhundert eine prozedurale Form, deren Eigenart in ihrem Umgang mit Fallumständen lag. Sie faltete Umstände ein und aus und rekonfigurierte Fälle auf diese Weise fortlaufend. Gemäß dem juristischen Sprichwort *minima circumstantia variat rem* – der kleinste Umstand ändert den Fall – hatte diese permanente Rekonfiguration eine tendenzielle Unabschließbarkeit der Urteilsbildung zur Folge. „Man sagt Umstände ändern die Sache und meint damit, es können Ereignisse eintreten, die der Sache oder Angelegenheit eine andere Gestalt geben", heißt es in einer Enzyklopädie am Ende der Frühen Neuzeit.[10] Die Rechtsfunktionäre hatten daher darauf zu achten, „den Casum wol ein[zu]nehme[n] und [zu] formire[n]" und dabei „nicht den geringsten Umstand zu verachten / auch wol denselben auf erfordern eines Umstandes willen anderst zu formiren."[11] Die Prozeduralität des Casus liegt daher neben der Anbahnung von Entscheidungen auch und gerade in der dynamischen Verfasstheit von Fällen begründet.

Die Transformationen, die ein Fall im Zuge seiner institutionellen Bearbeitung und narrativen Gestaltung durchlief, führten oft zu der von Schiller genannten „Zweifelhaftigkeit der Entscheidung". Ein Rechtsfall entstand in den juristischen Gefügen nur dann, wenn temporär unentscheidbar war, was genau der Fall war.

---

9 Foucault, Überwachen und Strafen, 246.

10 Art. Umstand, in: Krünitz, Oekonomische Encyklopädie. URL: https://www.kruenitz1.uni-trier.de (31.01.2025).

11 Daniel Richter, Thesaurus Oratorius Novus. Oder Ein neuer Vorschlag / wie man zu der Rednerkunst / nach dem Ingenio dieses Seculi, gelangen / und zugleich eine Rede auf unzehlich viel Arten veärndern könne, Nürnberg 1662, 187.

Diese Entscheidungsunsicherheit entsteht im Laufe eines Verfahrens – schließlich ist es die Funktion von juristischen Verfahren, eine solche Unsicherheit zu erzeugen. Schillers Interesse ist eine Spur, die es aufzugreifen gilt, weil sie eine Kontinuität sichtbar macht, die von der frühneuzeitlichen Kasuistik zur modernen Fallgeschichte führt. Die Frühe Neuzeit hatte im Zuge des umfassenden Ausbaus von Verwaltungsstrukturen solche schriftbasierten Verfahren allererst etabliert und damit einen Konvergenzpunkt mit literarischen Techniken geschaffen, die ebenfalls an der Herstellung von Ungewissheiten und der Streuung von Umständen interessiert waren.

Auch Schillers Hinweis auf die „große Kunst" „entgegengesezte[r] Parteien" im Umgang mit Vorfällen gilt es aufzunehmen, um den Perspektivwechsel dieses Buchs zu verdeutlichen. Denn in der Tat orientierten sich die Verfahren, die Umstände zu einem Fall verketteten, an einem Katalog von Regeln, der aus der Rhetorik stammte. Deren Techniken waren seit jeher an dem von Schiller erwähnten Prinzip des Für und Wider ausgerichtet. Um von einem professionellen Publikum bewertet werden zu können, mussten die konkreten Merkmale von Fällen schließlich nach einer standardisierten Methode erfasst werden. In der Frühen Neuzeit wurde den Techniken der alten Rhetorik darum ein neues Interesse entgegengebracht von einer Episteme, die Einzelfällen auf bisher unbekannte Weise Aufmerksamkeit schenkte.

Dieses Buch ist diesem Rückgriff an mehreren Stationen nachgegangen, um die Umschrift der rhetorischen Circumstantienlehre in ein wissenschaftliches Erkenntnisinstrument zu verfolgen – ein Instrument, das die neue, empirisch-historische Einzelfallwissenschaft *cognitio historica* genannt hat.[12] Es hat gezeigt, inwiefern Literatur philosophisch als Form der Realitätsdeutung an Bedeutung gewann: Sie entwickelte Techniken, die für den neuartigen Zugriff auf eine umständlich gewordene Wirklichkeit und ihre zufälligen Details relevant waren und mit deren Hilfe diese Wirklichkeit auf gesetzmäßige Weise erfasst werden konnte. Die Bildung von Hypothesen und der Einsatz von konjekturalen Argumenten war auf ein Wahrscheinlichkeitskalkül angewiesen, das Evidenz mithilfe einer Erzählerposition herstellte, die die verschiedenen Perspektiven auf einen Fall zu verklammern half.

Die Genealogie literarischer, dialektischer und rhetorischer Techniken ist daher eng verzahnt. Insofern muss das Verhältnis von Recht, Literatur und *historia* in seiner ganzen Verschlungenheit analysiert werden. So informieren einerseits die in der Frühen Neuzeit entwickelten juristisch-historischen Techniken die Verfasstheit moderner Prosaliteratur, für die das Erzählen im Zeichen des Verdachts

12 Vgl. Seifert, Cognitio historica.

eine grundlegende Operation wurde. Andererseits greifen diese Techniken ihrerseits vielfach auf Verfahren literarischer Provenienz zurück, in denen ein Modell für die Regelhaftigkeit ihres Wissens angelegt war, weil die Literaten in der Darstellung verallgemeinerter Umstände eine Möglichkeit sahen, Singuläres und Regelhaftes zu versöhnen. Diese Rekursionen und Verflechtungen an exemplarischen Schauplätzen sichtbar zu machen, war Anliegen dieser Untersuchung.

Um die Fragen nach der Form hervorzuheben, die dieses Buch im Blick auf die Poetik und Pragmatik des Casus diskutiert, kann ein letztes Mal auf Schillers Lesart der Pitavalgeschichten zurückgegriffen werden. In den Geschichten Richers erblickt Schiller ein narratives Verfahren, das aufgrund seiner „künstliche[n] Verwicklung" und der „Mannigfaltigkeit der Gegenstände" Ähnlichkeiten mit der Form des Romans hat. Die Frage nach dem Verhältnis von Casus und literarischer Gattung hat die Fallgeschichtenforschung seit jeher beschäftigt. Und sie hat auf diese Frage unterschiedliche Antworten gegeben. So hat bereits André Jolles in seinen *Einfachen Formen* (1930) auf die Nähe von Kasus und Novelle hingewiesen.[13] Die gattungspoetologische Diskussion hat diese Nähe seitdem teilweise bestätigt und um andere Kriterien ergänzt.[14] Der Blick auf die Fallgeschichte als ‚Schreibweise' wiederum hat gerade die genreunabhängige und -vorgängige Dimension des Casus hervorgehoben.[15]

Mit ihrer funktionsgeschichtlichen Perspektive hat meine Studie diesen Hinweis aufgegriffen. Dabei hat sie jedoch nicht nur in historischer Hinsicht – durch den Fokus auf die Zeit zwischen 1650 und 1750 – einen verschobenen Akzent gesetzt. Ihr Ziel war es vielmehr auch, das Augenmerk auf die Verbindung von kasuistischen Verfahren zur Emergenz der Prosa zu lenken. Insofern liefert Schillers Vergleich von Fallgeschichte und Roman – einen Vergleich, den Pitaval bereits selbst gezogen hatte – einen wichtigen Anhaltspunkt, um die literaturgeschichtliche

---

13 Vgl. Jolles, Einfache Formen, 182.

14 Caroline Emmelius etwa hat zu zeigen gesucht, dass die genrebildenden Novellen aus Boccaccios Decameron in ihrer Struktur dem Muster rhetorisch gestalteter Rechtsfälle folgen und „eine generische Nähe zum dillemmatischen Minnekasus" aufweisen. Vgl. Caroline Emmelius, Kasus und Novelle. Beobachtungen zur Genese des ‚Decameron', in: Literaturwissenschaftliches Jb. 51 (2010), 45–74, hier: 47; Hans Jürgen Scheuer wiederum ist der Nähe zwischen Kasus und Schwank nachgegangen, vgl. ders., Schwankende Formen. Zur Beobachtung religiöser Kommunikation in mittelalterlichen Schwänken, in: Literarische und religiöse Kommunikation in Mittelalter und Früher Neuzeit. DFG-Symposion 2006, hg. von Peter Strohschneider, Berlin und New York 2009, 733–770.

15 Vgl. Pethes, Literarische Fallgeschichten. Christiane Frey spricht von der Fallgeschichte als einer „parasitäre[n] Gattung". Vgl. dies., Von Menschen, Fällen und Paratexten. Friedrich Hoffmann bis Karl Philipp Moritz' *Anton Reiser*, in: Die Sachen der Aufklärung, 560–573, hier: 562.

Stellung des Casus zu ermessen.[16] Schließlich galt der Roman seit dem 18. Jahrhundert als die Prosaform schlechthin. Wie Rüdiger Campe gezeigt hat, operierte die moderne Romanästhetik mit Wahrscheinlichkeitskalkülen, die an die alte Umstandstopik anschlossen.[17] Solche Kalküle waren jedoch auch für die faktuale Gebrauchsprosa der Fallgeschichten grundlegend. Während der Roman im Entwurf möglicher Wirklichkeiten stärker vom Wissen der statistisch modellierten Probabilistik durchzogen wurde, machte die kasuistische Prosa auf andere Weise von den Theorien der Wahrscheinlichkeit Gebrauch. Ihr ging es nicht um immersive Lektüreerlebnisse, sondern um die Rekonstruktion verwirklichter Möglichkeiten bei gleichzeitiger Kritik an vergangenen Entscheidungen. An den Prozessgeschichten von Thomasius und Pitaval wurde dieser Zugriff deutlich. Sie arbeiteten mit Konjekturen, die entlang verstreuter Umstände und ausgehend von Indizien die Möglichkeit von einzelnen Verbrechen eruierten. Konstitutiv für die neue, ästhetisch modellierte Prosaliteratur konnten ihre Verfahren deshalb werden, weil die Wahrscheinlichkeit von Vorfällen hier im Zusammentreffen von konjekturalen und rhetorischen Schlüssen hervorgebracht wurde – eine Konvergenz, in der sich Darstellen und Erkennen so miteinander verbinden, dass eine Grundlage für ästhetische Schreibverfahren geschaffen wurde.[18]

Dabei war es gerade die Ungebundenheit der Prosa, die den Rechtsfunktionären die nötigen Spielräume ließ, um in der fallbezogenen Verkettung von Details die Kontingenz und Notwendigkeit von Vorfällen gleichermaßen zu berücksichtigen. Die juristischen Fallsammlungen waren der Ort, an dem unter dem „Zwang zur Verkettung"[19] neue Bindungsweisen erprobt wurden. Und sie waren der Ort, an dem eine Form der Aufmerksamkeit eingeübt wurde, die eine neue Form des (konjekturalen) Urteilens implizierte. Die kasuistische Verkettung von Einzelheiten zog dabei nicht nur operationale Probleme nach sich, sondern bedeutete auch ein Darstellungsproblem: Der Realismus des Dargestellten und dessen pragmatische Funktion standen im Gerichtsverfahren gleichermaßen auf dem Spiel. An die in der juristischen Sphäre etablierten Verfahren konnte eine neuartige Prosa-

16 Dass Erzählungen vom Menschen tendenziell größere Formen auf den Plan rufen, zeigt Jutta Heinz, Wissen vom Menschen und Erzählen vom Einzelfall. Untersuchungen zum anthropologischen Roman der Spätaufklärung, Berlin und New York 1996.

17 Vgl. Campe, Spiel der Wahrscheinlichkeit.

18 Vgl. zur Bedeutung dieses Zusammenfalls für die Literatur Wolfgang Schäffner, Das Indiz des Schönen. Ästhetische Autonomie und die Dispositive der Macht bei Karl Philipp Moritz und Friedrich Schiller, in: Das Laokoon-Paradigma. Zeichenregime im 18. Jahrhundert, hg. von dems., Inge Baxman und Michael Franz, Berlin 2000, 439–459, hier: 444.

19 Thomas-Michael Seibert, Was der Fall ist und was daraus wird: Erzählungen im Strafverfahren, in: Jenseits rechtsstaatlichen Strafrechts, hg. vom Institut für Kriminalwissenschaften und Rechtsphilosophie Frankfurt a. M., Frankfurt a. M., Berlin, Brüssel u. a. 2007, 649–659, hier: 651.

literatur anschließen – man denke zum Beispiel an die Fiktionstheorie von Gottsched und Baumgarten, oder an E. T. A. Hoffmann, Heinrich von Kleist und Robert Musil –, für die das verfahrenstechnische Konzept einer „formlosen Form"[20] grundlegend wurde. Die prozedurale Verkettung von Umstandsgefügen wurde ebenso wie die ‚relationale' Amplifikation und Verdichtung von Ereignissen zum Muster prosaischer Form. Ohne den Blick auf das juristische Erzählarchiv der Frühen Neuzeit lässt sich die moderne Karriere der Prosa und ihrer Klein- und Großformen daher nicht hinreichend verstehen.

Offen blieb in dieser Studie die Frage nach der Verbindung zwischen den Fallgeschichten des menschenwissenschaftlichen Zeitalters und dem frühneuzeitlichen Casus. Aus genealogischer Perspektive führt kein kontinuierlicher Weg vom Casus als juristischer Muster- oder Problemfall zum Fall als deviantes Subjekt, dessen Biografie Gegenstand einer genauen Erkundung ist. Aber auch wenn die Genealogie der Fallgeschichte von Diskontinuitäten durchzogen ist, so lassen sich doch einige formgeschichtliche Kontinuitäten ausmachen. Jedenfalls ist es erstaunlich, wie sehr literarische Texte auch nach dem ‚Ende der Rhetorik'[21] weiterhin auf den Annahmen der Umstandslehre basieren – allerdings ohne dies sich selbst einzugestehen.[22] Das, was seit der zweiten Hälfte des 18. Jahrhunderts die Gestalt realistischer Prosa annimmt, schreibt die Geschichte der *circumstantiae* als ästhetisches Verfahren der Formgebung fort. Denn obwohl die Geschichten „infamer Menschen"[23] von einer neuen Existenzweise der Literatur künden, sind sie doch gerade an den kleinsten Umständen ihres Lebens interessiert, die zum Zweck einer Bewertung aufgelesen, verdichtet und glaubwürdig verkettet werden müssen. Dieses gesteigerte Interesse an Einzelheiten, das sich in der Rechtskasuistik der Frühen Neuzeit anbahnt und in der Ästhetik des 18. Jahrhunderts fortsetzt, vereint die unterschiedlichen fallartigen Schreibweisen des Falls, die im Zuge des anthropologischen Projekts von so verschiedenen Feldern wie der Medizin, der Psychologie, der Pädagogik, der frühen Psychiatrie und schließlich der Psychoanalyse erprobt und verfeinert wurden – eine Entwicklung, an der die moderne Literatur wesentlich beteiligt war. Auch wenn in verschiedenen Beobachtungsordnungen und

---

20 Ralf Simon, Die Idee der Prosa. Zur Ästhetikgeschichte von Baumgarten bis Hegel mit einem Schwerpunkt bei Jean Paul, München und Paderborn 2013, 53.

21 Vgl. Campe, Affekt und Ausdruck, IX–XXIV, 487–554; sowie John Bender und David E. Wellbery, Rhetoricality: On the Modernist Return of Rhetoric, in: The Ends of Rhetoric. History, Theory, Practice, hg. von dens., Stanford 1990, 3–42.

22 Vgl. Dockhorn, Wordsworth und die rhetorische Tradition.

23 Vgl. Michel Foucault, Das Leben der infamen Menschen (1977), in: Schriften in vier Bänden, Bd. 3, 309–332.

Aufschreibesystemen[24] jeweils andere Umstände in den Blick geraten und diese Umstände andere epistemische Funktionen erfüllen, erfordert die Herstellung von Bezügen, die zwischen den Einzelheiten von Fällen walten, stets eine Verkettungs- bzw. Erzählkunst, deren Geschichte sich bis zur antiken Rhetorik zurückverfolgen lässt. Hier, auf der Ebene der Schreibverfahren, liegt eine Kontinuität, die vom Casus zum Fall führt.

Auffällig ist, dass der Aufstieg der menschenwissenschaftlichen Fallgeschichte mit dem Niedergang der Rechtskasuistik und dem Bedeutungsverlust der Circumstantienlehre zusammenfällt. Im Zuge der Rhetoriktilgung gerät die Umstandstopik vermehrt unter Verdacht, stets gleichförmige und insofern vorhersehbare Texte zu produzieren. „Circumstantiae, waren bey den alten Lehrern der Beredsamkeit eine Art der Erweiterungen eines Perioden, da man die Verhältnisse des Subjects gegen das Prädicat hineinbrachte", heißt es etwa im entsprechenden Artikel des *Real-Wörterbuchs aller Künste und Wissenschaft* von 1781.[25] „Man theilte sie ein in historische und moralische. Jene untersuchten, was vor einer Begebenheit vorgegangen, und wieder circumstantiae antecedentes genennt; was bey dem Verlauf der Sache selbst geschehen war, concomitantes, und was darauf folgte, consequentes. Moralische Umstände waren diejenige, die die moralische Ursache einer Handlung angiengen. Hieher gehört der bekannte Vers, in welchem solche zusammengebracht sind: quis? quid? vbi? quibus auxiliis? cur? quomodo? quando?" Dass es sich bei der Umstandsrhetorik um eine vermeintlich überholte Technik handelt, tritt bereits durch den markanten Gebrauch des Präteritums in aller Deutlichkeit zu Tage. Die geringe Wertschätzung des Verfassers wird jedoch noch expliziter, wenn es abschließend heißt: „Wer siehet nicht die Pedanterey einer solchen Anweisung? Mit Recht redet man jetzo nicht mehr davon. Wer denken kann, braucht diesen elenden Gängelwagen nicht, und wer nicht denken kann, den hilft er nichts."

Die *circumtantiae* hatten als rhetorische Technik ausgedient – zumindest propagierten dies in der Spätaufklärung lautstark die Gegner:innen der Rhetorik. Der Umstandstopik haftete fortan das Stigma umständlicher Gelehrsamkeit und staubigen Schulbuchwissens an. Ihre Kritiker:innen übersahen dabei jedoch, dass die

24 Unter einem Aufschreibesystem verstehe ich in Anschluss an Kittler ein Ensemble von „Techniken und Institutionen [...], die einer gegebenen Kultur die Adressierung, Speicherung und Verarbeitung relevanter Daten erlauben". Friedrich A. Kittler, Aufschreibesysteme 1800/1900 (1985), 3. vollst. überarb. Neuaufl. München 1995, 519. Zur Bedeutung medialer Apparaturen bei der Sammlung empirischer Umstände vgl. David E. Wellbery, Mediale Bedingungen der Kontingenzsemantik, in: Kontingenz. Poetik und Hermeneutik 17, hg. von Gerhart v. Graevenitz und Odo Marquard, München 1998, 447–450; zur Frage nach unterschiedlichen Beobachtungsparadigmen vgl. Retzlaff, Observieren und Aufschreiben; sowie Schneider, Beobachtung des Zeugen.

25 Allgemeines Real-Wörterbuch aller Künste und Wissenschaft, Bd. 5, Art. Circumstantiae, 653.

circumstantiae in neuer Form weiterlebten. Seitdem *historia* nicht mehr bloß die Dokumentation von Geschichten meinte, sondern auch das empirische Wissen vom Singulären, waren die *circumstantiae* der Topik und Rhetorik zu einem Erkenntnisinstrument geworden, das zugleich ein Erzähl- und ein Beweisverfahren war. Weit entfernt davon, einem starren topischen Raster zu gehorchen, waren es gerade diese kasuistischen, auf den Einzelfall fokussierten Verfahren, die den Aufschwung ungebundener Schreibformen in der Moderne ermöglichten.

Dass die Rhetorik auch über die Epochenschwelle um 1800 hinaus noch eine Wirkmacht hat, konnte mittlerweile eine Reihe von Studien nachweisen.[26] Auch diese Studie konnte unter anderem im Blick auf Chladenius zeigen, dass einige Grundannahmen der Rhetorik und der Rechtskasuistik in das anthropologische Wissen eingegangen sind, vor allem aber, dass ihre Schreibverfahren grundlegend für die Verfertigung von Prosatexten wurden. Der Rückgriff auch nach dem Epochenumbruch um 1800 auf die Schreibtechniken der frühneuzeitlichen Einzelfallwissenschaft wird allerdings erst sichtbar, indem man, wie diese Untersuchung es getan hat, die Geschichte des Casus aus einer Geschichte des anthropologischen Wissens löst.

Parallel zum Bedeutungsverlust der Circumstantienlehre verliert auch die Rechtskasuistik in der zweiten Hälfte des 18. Jahrhunderts an Bedeutung. Das erfahrungsbasierte Rechtshandeln wich einem Diskurs, der sich am allgemeinen Gesetz orientierte und die Kasuistik als Wissenspraxis hinter sich ließ. Es bildete sich ein Rechts- und Methodenverständnis heraus, das nicht mehr vorwiegend fallbezogen und kasuistisch dachte, sondern abstrakt und normorientiert.[27] Es wurden systematische Kodifikationen erlassen, um eine konsistente Rechtsanwendung zu gewährleisten – in Preußen etwa das *Allgemeine Landrecht* (1794) und die *Criminal-Ordnung* (1805), in Frankreich der *Code civil* (1804). Im Zuge der Systematisierung und Kodifizierung des Rechts verlor die Kasuistik ihren Stellenwert zugunsten einer formalisierten Auslegung, die dem Ideal einer Rechtsanwendung als deduktiver Ableitung aus einer abstrakten Rechtsregel entsprach. Im juristischen Denken bedeutete dies einen weitreichenden Umbruch. Das Fallrecht des *ius commune* geriet unter Willkürverdacht. Während in der Frühen Neuzeit Rechtsregeln ihre Autorität gerade dadurch erhielten, dass sie induktiv und argumentativ

---

26 Vgl. neben den Studien von Klaus Dockhorn exemplarisch Peter Schnyder, Die Magie der Rhetorik. Poesie, Philosophie und Politik in Friedrich Schlegels Frühwerk, Paderborn 1999, sowie neuerdings Elisabetta Mengaldo, Zwischen Naturlehre und Rhetorik. Kleine Formen des Wissens in Lichtenbergs „Sudelbüchern", Göttingen 2021, und Florian Fuchs, Civic Storytelling. The Rise of Short Forms and the Agency of Literature, New York 2023.

27 Vgl. Simon, Launische Natur; sowie Mertens, Gesetzgebungskunst im Zeitalter der Kodifikationen, und Caroni, Gesetz und Gesetzbuch.

gewonnene Erfahrungssätze waren, schränkte das kontinentale Recht die Orientierung an Präjudizien aller Art strikt ein und setzte stattdessen auf axiomatische Systeme.[28] Die Rechtslehre, schreibt Kant, kennt keine Kasuistik. Denn „[d]ie Kasuistik ist […] weder eine Wissenschaft, noch ein Teil derselben, denn das wäre Dogmatik, und ist nicht so wohl Lehre, wie etwas gefunden, sondern Übung, wie die Wahrheit solle gesucht werden. Fragmentarisch also, nicht systematisch".[29] Aus Kants Perspektive war die Kasuistik zu verwerfen, weil sie nicht auf die Erkenntnis eines universellen Gesetzes zielte, sondern von der Vorläufigkeit von Entscheidungen ausging. Sie argumentierte nicht aus der Perspektive einer allgemeinen Regel, sondern stets ausgehend vom konkreten Einzelfall und kam daher nie zu definitiven Urteilen.[30] Wenn die Gesetzgebung den Fehler begehe, „das Allgemeine nur in dem besondern darzustellen", heißt es nun hingegen immer wieder, so führe dies „zu einer unzweckmäßigen Vervielfältigung der gesetzlichen Bestimmungen".[31] Der einzelne Fall war keine Quelle von Rechtsnormen mehr. Stattdessen setzte das Recht fortan auf eine „prinzipienorientierte Regelungstechnik",[32] auf Normen, die als der schriftlich gefasste Wille eines Souveräns aufgefasst wurden. Diese Normen blendeten kontextbedingte Details aus. Sie waren eine allgemeine, vom Singulären absehende Regelung und im Idealfall systematisch geordnet.

In seinem Text zum Nutzen des Studiums von merkwürdigen Rechtsfällen schreibt der preußische Rechtsreformer Ernst Ferdinand Klein, „daß die vorhergehende Entscheidung der Rechtsfälle zur Entscheidung der darauf folgenden nur da als Regel dienen müsse, wo der gänzliche Mangel oder die Unzulänglichkeit der Gesetze keine andere Richtschnur übrig läßt; denn alsdann können der Willkühr des Richters auf keine andere Weise Gränzen gesetzt werden."[33] Für die juristische Denkweise habe der schnellfertige Rückgriff auf Fallsammlungen bedenkliche Folgen: Sie werde zu einem „bloßen Gedächtnißkram", die Gelehrsamkeit stecke nämlich allein „in dem Register über die gedruckten Sammlungen merkwürdiger Rechtsfälle." Solch ein Rechtsgelehrter, warnt Klein, „bekümmert sich nicht um Grundsätze; für ihn haben die Gesetze keinen Geist, und zuletzt wird ihm auch der

---

28 Der Wandel von einer Kasuistik zum System lässt sich auch in anderen Bereichen beobachten. Vgl. Wolfgang Neuber, Systematische und kasuistische Wissensordnungen. Mnemotechnische Prozesse im 17. Jahrhundert, in: Wissensideale und Wissenskulturen in der frühen Neuzeit, hg. von Wolfgang Detel und Claus Zittel, Berlin 2002, 185–197.

29 Kant, Metaphysik der Sitten, A 56, 544.

30 Vgl. Lorraine Daston, Regeln. Eine kurze Geschichte (2022), Berlin 2023, 292–294.

31 Paul Johann Anselm Feuerbach, Kritik des Kleinschrodischen Entwurfs zu einem peinlichen Gesetzbuche für die Chur-Pfalz-Bayrischen Staaten, 1. Tl., Gießen 1804, 13–14.

32 Mertens, Gesetzgebungskunst im Zeitalter der Kodifikationen, 293.

33 Klein, Studium merkwürdiger Rechtsfälle, 113.

ganze Inhalt derselben unbekannt."[34] Gefährlich für die Rechtspraxis sei das kasuistische Denken auch deshalb, weil der Richter bei der Entscheidung eines Falls „immer nur nach ähnlichen Fällen hascht" und dadurch die Besonderheit des aktuellen Falls aus dem Blick verliere – „[e]ine schiefe Beurtheilung der Sache ist unvermeidlich, wenn der Richter auf die besonderen Eigenheiten des Falls keine Rücksicht nimmt."[35]

So wenig dieses Urteil den subtilen Unterscheidungskünsten der frühneuzeitlichen Kasuisten gerecht wird, die ja gerade auf die Besonderheiten des Einzelfalls pochten, so sehr wurde es von Kleins Zeitgenossen geteilt. Die Kasuistik war am Ende.[36] „Wer richtige Grundsätze und einen geübten Verstand hat, wird zu casuistischen Schriften nur alsdann seine Zuflucht nehmen, wenn die Fälle ausserordentlich schwer und verwickelt sind, um entweder auf Aussichten geführt zu werden, oder seine Meinung mit dem Ansehen anderer kluger Männer zu bestärken. Weiter kann sich der Nutzen derselben nicht erstrecken."[37] Wer entscheiden will, darf sich nicht der Lektüre von Fällen hingeben. Entscheidend ist vielmehr ein methodisch gesichertes, möglichst automatisiertes Zusammenspiel von Regelerkenntnis und Anwendung.[38] Der einzelne Rechtsfall verblasst zum bloßen Beispiel.[39] Aber während Fall- und Prozessgeschichten ihre normative Kraft einbüßen, tauchen um 1800 Fallsammlungen auf, die, wie Schiller, Kriminalfälle dem Projekt einer Menschenwissenschaft andienen. Bereits in ihren Titeln – als Beispiel sei die Sammlung *Kriminalfälle für Rechtskundige und Psychologen* (1794) genannt – wird deutlich, dass Rechtsfragen hier der Frage nach dem Menschen nachgerückt sind. Der besondere Rechtsfall verschwindet mit dem Kodifikationszeitalter also nicht, aber das Interesse an ihm verschiebt sich.[40]

Ist er als empirisches Beobachtungsmaterial nun einerseits Ausgangspunkt für eine künftige Wissenschaft vom Menschen,[41] so wird der Fall andererseits zum Rohstoff für eine Literatur, deren Beglaubigungspraktiken seine Faktualität sugge-

34 Klein, Studium merkwürdiger Rechtsfälle, 115.

35 Klein, Studium merkwürdiger Rechtsfälle, 116.

36 Gleiches gilt für die Moralkasuistik. Vgl. Jonsen und Toulmin, Abuse of Casuistry.

37 Allgemeines Real-Wörterbuch aller Künste und Wissenschaft, Bd. 5, Art. Casuistick (philosophisch), 295–297, hier: 297.

38 Die damit berührte Frage nach der richtigen Entscheidungsart wurde in der ersten Hälfte des 19. Jahrhunderts vehement diskutiert. Vgl. Regina Ogorek, Richterkönig oder Subsumtionsautomat? Zur Justiztheorie im 19. Jahrhundert, Frankfurt a. M. 1986.

39 Simon, Launische Natur, 25.

40 Vgl. Inka Mülder-Bach und Michael Ott, Einleitung, in: Was der Fall ist, 9–31, hier: 15.

41 Vgl. Nicolas Pethes und Susanne Düwell, Noch nicht Wissen. Die Fallsammlung als Prototheorie in Zeitschriften der Spätaufklärung, in: Literatur und Nicht-Wissen. Historische Konstellationen 1730–1930, hg. von Michael Bies und Michael Gamper, Zürich 2012, 131–148.

rieren. Sie tun dies, indem sie auf jene Akten verweisen, denen der literarische Text sein Wissen um den Fall vermeintlich verdankt. Aus den normativen Funktionszusammenhängen des Rechts entlassen, kann der Fall Literatur werden.[42] Ob ihr nun ein realer Fall zu Grunde liegt oder nicht, und auch wenn ihr Bezug zum Recht ein anderer geworden ist: Die prosaische Verfasstheit einer solcherart realistischen Literatur sollte in der Moderne bestimmend werden. Sie basiert auf Schreibpraktiken, in die Techniken aus dem Alltag eines professioneller werdenden Verwaltungshandelns einflossen. Die Herstellung narrativer Gefüge ist nicht zu denken ohne die Verfahrensregeln, die sich unter den Bedingungen eines kasuistischen Rechts entwickelten.

42 Die These, dass der Fall nach dem Ende des kasuistischen Zeitalters „zur Literatur“ wird, vertritt auch Kiesow. Vgl. ders., Alphabet des Rechts, 200–201.

Danksagung

Dieses Buch ist die überarbeitete Fassung meiner im Februar 2023 an der Humboldt-Universität zu Berlin eingereichten Dissertation. Für die großzügige finanzielle Unterstützung der Open-Acces-Publikation danke ich dem Open-Access-Publikationsfonds der Humboldt-Universität zu Berlin und dem Publikationsfonds der Staats- und Universitätsbibliothek Bremen. Dem Verlag De Gruyter, insbesondere Julie Miess, Marcus Böhm und Ulla Schmidt, danke ich für die editorische Unterstützung.

In dieser Form ist dieses Buch auch das Ergebnis einer kollektiven Anstrengung. So hat das innovative Forschungsprogramm des DFG-Graduiertenkollegs „Literatur- und Wissensgeschichte kleiner Formen“ die Richtung meiner Arbeit entscheidend geprägt. Der stetige und kollaborative Austausch in den Seminaren und Kolloquien des Kollegs hat für meine Forschung einen Resonanzraum geschaffen, in dem ich stets hilfreiches Feedback erhalten habe. Allen Beteiligten des Graduiertenkollegs sei dafür herzlich gedankt. Mein größter Dank gilt meiner Erstgutachterin Ethel Matala de Mazza und meinem Zweitgutachter Joseph Vogl. Sie haben mir einerseits die intellektuelle Freiheit gelassen, die für die Erstellung dieser Arbeit nötig war. Andererseits haben sie mir große Unterstützung zukommen lassen, wenn ich sie brauchte. Ihr Zugriff auf literarische und kulturelle Artefakte war und ist mir ein Vorbild. Danken möchte ich auch den Teilnehmer:innen von Ethel Matalas und Joseph Vogls Kolloquien, deren kritisches Feedback die Arbeit besser gemacht hat. Für die Erstellung des Drittgutachtens und ihre hilfreichen Anmerkungen danke ich Katrin Trüstedt. Für die Mitwirkung am Promotionsverfahren möchte ich Hans Jürgen Scheuer, Steffen Martus, Anke te Heesen und Philipp Wegmann danken, deren Rückfragen und Anregungen in diese Fassung mit eingeflossen sind. Den Mitgliedern des Arbeitskreises „Normen, Zeiten, Texte“ danke ich für ihre Anmerkungen aus juristischer Perspektive.

Das Buch verdankt sich einer Vielzahl weiterer Gesprächszusammenhänge. Christian Kirchmeier verdanke ich entscheidende Hinweise im Studium in München. Von ihm habe ich wichtige Impulse bei der Vorbereitung meiner Promotion erhalten. Nun in Bremen konnte ich bei der Fertigstellung dieses Buches erneut auf ihn zählen. Burkhardt Wolf und Hans Jürgen Scheuer verdanke ich wertvolle Anregungen. Mit Steffen Bodenmiller konnte ich ausführlich über frühneuzeitliche Wissenskulturen sprechen. Roman Widder hat durch sein Interesse für Harsdörffer und den Barock wichtige Anstöße gegeben. Durch Maren Jägers Wissen um die Geschichte der Rhetorik hat das Projekt viel gewonnen. Mit Philip Kraut, Katharina Hertfelder und Anne MacKinney konnte ich mich über praxeologische Fragen austauschen. Ihrer großen wissenschaftsgeschichtlichen Expertise verdankt das

https://doi.org/10.1515/9783111358680-008

Buch viele Präzisierungen. Insbesondere Philip Kraut stand mir als Freund und Kollege stets mit gutem Rat zur Seite und konnte bei der Lösung vieler Detailfragen helfen.

Entscheidend war die Begegnung mit Noah Willumsen und Stephan Strunz. Sie haben das Projekt als Kollegen und Freunde durchweg begleitet. Die Anzahl an guten Ideen, die sie beigesteuert haben, ist nicht zu ermessen. Für ihr stetes Mitdenken möchte ich ihnen herzlich danken.

Im kontinuierlichen Austausch stand ich ebenfalls mit Rafael Jakob, dessen genaue Lektüren, kritische Rückfragen und umsichtige Hilfestellungen dem Projekt immer wieder entscheidende Anstöße gegeben haben. Ein großes Glück war auch, dass ich in ihm jemanden gefunden habe, der sich ebenfalls mit Fragen zu Recht und Literatur auseinandergesetzt hat. Auch ihm sei für seine Freundschaft und das stete Mitdenken herzlich gedankt.

Für ihre große Hilfe bei den Übersetzungen danke ich Philip Kraut, Elena Stingl und Noah Willumsen. Für das ausführliche Schlusslektorat bin ich Stephan Strunz, Rafael Jakob, Philip Kraut und Elena Stingl zu großem Dank verpflichtet. Für ihre Hilfe in letzter Minute danke ich Noah Willumsen und Merle Breitkreuz. Für das Lektorat einzelner Kapitel danke ich Sophie Bahr und Christian Kirchmeier; für ihre Hilfe bei der Erstellung des Literaturverzeichnisses Anna Tangemann und Lotta Ahlers.

Elena Stingl gilt mein größter Dank: für den kontinuierlichen Zusammenhalt, ihre klugen Gedanken und ihr sprachliches Feingefühl. Sie war nicht nur eine emotionale Stütze, sondern hat durch ihre intellektuelle Brillanz für die Lesbarkeit dieser Arbeit gesorgt. Die gemeinsamen Gespräche waren und sind für mich unverzichtbar.

Zuletzt möchte ich meine Eltern danken, auf deren Unterstützung ich immer zählen kann.

Berlin, im Februar 2025

Siglenverzeichnis

AG Johann Martin Chladenius, Allgemeine Geschichtswissenschaft, Faks-Nachdr. der Ausg. Leipzig 1752, mit einer Einl. von Christoph Friedrich und einem Vorw. von Reinhart Koselleck, Wien, Köln und Graz 1985.

CC Gayott von Pitaval, Causes Celebres, oder Erzählung sonderbarer Rechtshändel, sammt deren gerichtlichen Entscheidung. Aus dem Franz. übers., 9 Bde., Leipzig 1747 – 1767.

CD Johann Jakob Breitinger, Critische Dichtkunst Worinnen die Poetische Mahlerey in Absichtung auf die Erfindung […] erläutert wird […], Zürich und Leipzig 1740.

DP Albrecht Christian Rotth, Vollständige Deutsche Poesie / in drey Theilen […], Leipzig 1688.

FCD Johann Jakob Breitinger, Fortsetzung Der Critischen Dichtkunst […], Zürich 1740.

ID Rudolf Agricola, De inventione dialectica libri tres. Drei Bücher über die Inventio dialectica, krit. hg., übers. und komm. von Lothar Mundt, Tübingen 1992.

IO Marcus Fabius Quintilian, Institutiones oratoriae libri XII, übers. und hg. von Helmut Rahn, 2 Bde., 2. Aufl. Darmstadt 1988.

JH Christian Thomasius, Ernsthaffte / aber doch Muntere und Vernünfftige Thomasische Gedancken u. Errinnerungen über allerhand außerlesene Juristische Händel, 4 Bde., Halle 1720 – 1721.

JMG Georg Philipp Harsdörffer, Der Grosse Schau-Platz jämmerlicher Mordgeschichte. Bestehend in CC. traurigen Begebenheiten, Faks.-Nachdr. der 3. Aufl. Hamburg 1656, Hildesheim und New York 1975.

LLG Georg Philipp Harsdörffer, Der Grosse Schau-Platz Lust- und Lehrreicher Geschichte, Faks.-Nachdr. der 5. Aufl. Hamburg 1664, Hildesheim und New York 1978.

PG Johann Jakob Bodmer, Critische Betrachtungen über die Poetischen Gemählde Der Dichter […]. Zürich 1741.

PK Christian Thomasius, Kurtzer Entwurff der Politischen Klugheit, sich selbst und andern in allen Menschlichen Gesellschafften wohl zu rathen, Frankfurt a. M. und Leipzig 1710.

PT Georg Philipp Harsdörffer, Poetischer Trichter. Die Teutsche Dicht- und Reimkunst, ohne Behuf der Lateinischen Sprache, in VI. Stunden einzugiessen, Faks.-Nachdr. der Ausg. Nürnberg 1648 – 1653, Hildesheim und New York 1971.

WP Johann Jakob Bodmer, Critische Abhandlung von dem Wunderbaren in der Poesie und dessen Verbindung mit dem Wahrscheinlichen […], Zürich 1740.

https://doi.org/10.1515/9783111358680-009

Literaturverzeichnis

Enzyklopädien und Wörterbücher

Ästhetische Grundbegriffe, hg. von Karlheinz Barck, Martin Fontius, Friedrich Wolfzettel et al., 7 Bde., Stuttgart und Weimar 2000 – 2005.

Allgemeine Theorie der schönen Künste in einzelnen, nach alphabetischer Reihenfolge der Kunstwörter aufeinanderfolgenden Artikeln abgehandelt, hg. von Johann Georg Sulzer, 2 Bde., Leipzig 1771/1774.

Deutsche Encyclopädie oder Allgemeines Real-Wörterbuch aller Künste und Wissenschaften von einer Gesellschaft Gelehrten, 24 Bde., Frankfurt a. M. 1778 – 1807.

Deutsches Wörterbuch von Jacob Grimm und Wilhelm Grimm, 16 Bde. (32 Teilbde.), Leipzig 1854 – 1961. URL: https://woerterbuchnetz.de/DWB (31. 01. 2025).

Grammatisch-kritisches Wörterbuch der hochdeutschen Mundart mit beständiger Vergleichung der übrigen Mundarten, besonders aber der oberdeutschen, hg. von Johann Christoph Adelung, Dietrich Wilhelm Soltau und Franz Xaver Schönberger, 4 Bde., Wien 1811. URL: https://lexika.digitale-sammlungen.de/adelung/online/angebot (31. 01. 2025).

Großes vollständiges Universal-Lexicon aller Wissenschaften und Künste, hg. von Johann Heinrich Zedler, 64 Bde., Halle und Leipzig 1731 – 1754.

Handwörterbuch zur deutschen Rechtsgeschichte, hg. von Albrecht Cordes, angelegt auf 6 Bde., völlig überarb. und erw. Aufl. Berlin seit 2008, zitiert nach HRGdigital, URL: https://www.hrgdigital.de (31. 01. 2025).

Historisches Wörterbuch der Philosophie, hg. von Joachim Ritter, Karlfried Gründer, Gottfried Gabriel et al., 13 Bde., Basel 1971 – 2007.

Historisches Wörterbuch der Rhetorik, hg. von Gert Ueding, 15 Bde., Tübingen 1992 – 2016.

Lexikon sprachtheoretischer Grundbegriffe des 17. und 18. Jahrhunderts, hg. von Gerda Haßler und Cordula Neis, 2 Bde., Berlin und New York 2009.

Oekonomische Encyklopädie, oder allgemeines System der Staats- Stadt- Haus- u. Landwirthschaft, in alphabetischer Ordnung; von D. Johann Georg Krünitz, 242 Bde., 1773 – 1858. URL: https://www.kruenitz1.uni-trier.de (31. 01. 2025).

Philosophisches Lexicon [...], hg. von Johann Georg Walch, Leipzig 1726.

Reallexikon der deutschen Literaturwissenschaft, hg. von Harald Fricke, Jan-Dirk Müller, Klaus Weimar et al., 3 Bde. (1997 – 2003), 3. Aufl. Berlin und New York 2007.

Rechtslexikon für Juristen aller teutschen Staaten enthaltend die gesammte Rechtswissenschaft, 16 Bde., Leipzig 1839 – 1862.

Thesaurus linguae Latinae, URL: https://thesaurus.badw.de/tll-digital/tll-open-access.html, Berlin (ehemals Leipzig) seit 1900 (31. 01. 2025).

https://doi.org/10.1515/9783111358680-010

Texte von Georg Philipp Harsdörffer

Vollständiges Trincir-Büchlein / handelnd: I, Von den Tafeldecken [...]. II, Von Zerschneidung und Vorlegung der Speisen [...], Nürnberg 1640.

Kurtzer Bericht Von der Fruchtbringenden Geselschaft [sic] Zwecke und Vorhaben, in: Der Fruchtbringenden Geselschaft [sic] Nahmen / Vorhaben / Gemählde und Wörter [...]. Das Erste Hundert, Frankfurt a. M. 1646, unpag.

Nothwendiger Vorbericht, in: Jorge de Montemayor, Diana, in zweyen Theilen Spanisch beschrieben / und aus denselben geteutschet [...], Nürnberg 1646, unpag.

Der Grosse SchauPlatz Jämerlicher Mordgeschichte. Dritter und Vierter Theil [...], Hamburg 1649.

Der Grosse SchauPlatz Jämerlicher Mordgeschichte. Fünffter und Sechster Theil [...], Hamburg 1649.

Der Grosse SchauPlatz Jämerlicher Mordgeschichte. Erster und Ander Theil [...] (1649), 2. Aufl. Hamburg 1650.

Der Grosse SchauPlatz jämmerlicher Mordgeschichte. Siebender und Achter Theil [...], Hamburg 1650.

Vorrede. Den Inhalt / und die Dolmetschung dieses ersten Theils der Eromena betreffend, in: Giovanni Francesco Biondi, Eromena. Das ist / Liebs- und Heldengedicht [...], 1. Tl., 2. Aufl. Nürnberg 1651, unpag.

Pentagone Histoirique H. von Belley / Historisches Fünffeck [...], Frankfurt a. M. 1652.

Die Kennzeichen der Tugenden und Laster, zus. mit Joseph Hall, in: Pentagone Histoirique H. von Belley / Historisches Fünffeck [...], Frankfurt a. M. 1652.

Der Mässigkeit Wolleben / und der Trunckenheit Selbstmord [...], Ulm 1653.

Die Hohe Schul Geist- und Sinnreicher Gedancken [...], Nürnberg 1653.

Wilhelm Amesii. Von dem Recht deß Gewissens / und Desselben begebenden Fälle. In V. Büchern verfasset, Nürnberg 1654.

Ars Apophthegmatica, Das ist: Kunstquellen Denckwürdiger Lehrsprüche und Ergötzlicher Hofreden [...], Nürnberg 1655.

Artis Apophthegmaticæ Continuatio. Fortgeleitete Kunstquellen Denckwürdiger Lehrsprüche und Erfreulicher Hofreden [...], Nürnberg 1656.

Heraclitus und Democritus: Das ist: C. Fröliche und Traurige Geschichte [...], Nürnberg 1661.

Der grosse Schau-Platz Lust- und Lehrreicher Geschichte. Das erste Hundert (1651), 7. Aufl. Frankfurt und Hamburg 1683.

Frauenzimmer Gesprächspiele, 8. Bde., Nürnberg 1643 – 1649, Faks.-Nachdr., hg. von Irmgard Böttcher, Tübingen 1968 – 1969.

Der teutsche Secretarius. Das ist: Allen Cantzleyen, Studir- und Schreibstuben nutzliches, fast nohtwendiges und zum drittenmal vermehrtes Titular- und Formularbuch, 2 Bde., Faks.-Nachdr. der 3. Aufl. 1656, Hildesheim und New York 1971.

Poetischer Trichter. Die Teutsche Dicht- und Reimkunst, ohne Behuf der Lateinischen Sprache, in VI. Stunden einzugiessen, Faks.-Nachdr. der Ausg. Nürnberg 1648 – 1653, Hildesheim und New York 1971.

Der Grosse Schau-Platz jämmerlicher Mordgeschichte. Bestehend in CC. traurigen Begebenheiten, Faks.-Nachdr. der 3. Aufl. Hamburg 1656, Hildesheim und New York 1975.

Der Grosse Schau-Platz Lust- und Lehrreicher Geschichte, Faks.-Nachdr. der 5. Aufl. Hamburg 1664, Hildesheim und New York 1978.

Delitiae Mathematicae et Physicae, Der Philosophischen und Mathematischen Erquickstunden Dritter Teil, Neudr. der Ausg. Nürnberg 1653, hg. und eingel. von Jörg Jochen Berns, Frankfurt a. M. 1990.

Texte von Christian Thomasius

Discours Von denen Mängeln der Aristotelischen Ethic […], Leipzig 1688.

Christian Thomas Eröffnet Der Studierenden Jugend Einen Vorschlag / Wie er einen Jungen Menschen / der sich ernstlich fürgesetzt / Gott und der Welt dermahleins in vita civili rechtschaffen zu dienen / […] binnen drey Jahren […] zu informiren gesonnen sey, Halle 1689.

Discours Welcher Gestalt man denen Frantzosen in gemeinem Leben und Wandel nachahmen solle? […], Leipzig 1690.

Freymüthige Jedoch Vernunfft- und Gesetzmäßige Gedancken / Uber allerhand / fürnemlich aber Neue Bücher Durch alle zwölf Monat des 1689. Jahrs. […], Halle 1690.

Einleitung zu der Vernunfft-Lehre […], Halle 1691.

Außübung Der Vernunfft-Lehre […], Halle 1691.

Summarischer Entwurff Derer Grund-Lehren / Die einem Studioso Juris zu wissen / und auff Universitäten zu lernen nöthig […], Halle 1699.

Allerhand bißher publicirte Kleine Teutsche Schriften […], Halle 1701.

Drey Bücher der Göttlichen Rechtsgelahrtheit […], Halle 1709.

Einleitung zur Hof-Philosophie, Oder / Kurtzer Entwurff und die ersten Linien Von Der Klugheit zu Bedencken und vernünfftig zu schließen […], Frankfurt a. M. und Leipzig 1710.

Kurtzer Entwurff der Politischen Klugheit, sich selbst und andern in allen Menschlichen Gesellschafften wohl zu rathen, Frankfurt a. M. und Leipzig 1710.

Höchstnöthige Cautelen Welche ein Studiosus Juris, Der sich zu Erlernung Der Rechts-Gelahrheit Auff eine kluge und geschickte Weise vorbereiten will / zu beobachten hat […], Halle 1713.

Dissertationem de Fide Juridica […], Halle und Magdeburg 1714.

D. Melchiors von Osse Testament […] durch nützliche Anmerckungen erläutert, Halle 1717.

Ernsthaffte / aber doch Muntere und Vernünfftige Thomasische Gedancken u. Errinnerungen über allerhand außerlesene Juristische Händel, 4 Bde, Halle 1720 – 1721.

Zweyer Catholischen Gelehrten Eines Ehrlichen Jesuiten, und eines Vernünfftigen Juristen angenehmes Gespräch Von Simvltaneo […], [unter dem Pseudonym Hector Gottfried Erdmann], Amsterdam 1723.

Dissertatio Inauguralis De Origine Processus Inquisitorii, zus. Mit Joachim Saltzsieder (Resp.), Halle und Leipzig 1724.

Praefatio, in: Michael Alberti, Systema Jurisprudentiae Medicae […] cum praefatione Christiani Thomasii […], Halle 1725, unpag.

Vom Laster der Zauberei. Über die Hexenprozesse. De Crimine Magiae. Processus Inquisitorii contra Sagas (1701, 1712), übers. und hg. von Rolf Lieberwirth, 2. Aufl. München 1987.

Erinnerung Wegen seiner künfftigen Winter-Lectionen / So nach Michaelis Dieses 1702. Jahres ihren Anfang nehmen werden. Halle 1702, in: Vom Laster der Zauberei. Über die Hexenprozesse, 221 – 224.

Lectiones de prudentia legislatoria / Über die Gesetzgebungsklugheit (1702), in: Prudentia Legislatoria. Fünf Schriften über die Gesetzgebungsklugheit aus dem 17. und 18. Jahrhundert, hg. von Heinz Mohnhaupt, München 2003, 95 – 205.

Texte von François Gayot de Pitaval

Causes célèbres et intéressantes, avec les jugemens qui les ont décidées, 20 Bde., Paris 1734–1743.
Causes Celebres, oder Erzählung sonderbarer Rechtshändel, sammt deren gerichtlichen Entscheidung. Aus dem Französischen übersetzt, 9 Bde., Leipzig 1747–1767.

Zitierte Primärliteratur

Abele von Lilienberg, Matthias, Künstliche Unordnung / Das ist: Wunder-Seltsame / niemals in offentlichen Druck gekommene Gerichts- und ausser Gerichts- doch warhaffte Begebenheiten / Meistentheils aus eigner Erfahrnus [...] (1669), 2. Aufl. Nürnberg 1670.
Abele von Lilienberg, Matthias, Metamorphosis Telæ Judiciariæ, Das ist: Seltzame Gerichts-Händel / Samt denen / hierauf gleichfalls selzam erfolgten Gerichts-Aussprüchen [...] (1655), 8. Aufl. Nürnberg 1712.
Addison, Joseph, Critische Abhandlung von den Poetischen Schönheiten in Johann Miltons Verlohrnem Paradiese, in: Johann Jakob Bodmer, Critische Abhandlung von dem Wunderbaren in der Poesie und dessen Verbindung mit dem Wahrscheinlichen [...], Zürich 1740, 223–434.
Agricola, Rudolf, De inventione dialectica libri tres. Drei Bücher über die Inventio dialectica, krit. hg., übers. und komm. von Lothar Mundt, Tübingen 1992.
Alberti, Michael, Jurisprudentiæ Medicæ, in qvo varii casus forenses et medici clinici in usum JCtorum [d.i. Jurisconsultus] et medicorum cum actorum excerptis [...], Schneeberge 1729, Bd. 2.
Allgemeines Edict wegen des Kinder-Mords, worin die Straffe des Sacks verordnet wird. De Dato Berlin, den 30. Augusti 1720, in: Corpus Constitutionum Marchicarum, Oder Königl. Preußis. und Churfürstl. Brandenburgische in der Chur- und Marck Brandenburg, auch incorporirten Landen publicirte und ergangene Ordnungen, Edicta, Mandata, Rescripta etc. [...] (1737), hg. von Christian Otto Mylius, 2. Aufl. Berlin und Halle 1755, 2. Tl., Abt. 3, Sp. 121–124.
Anonym, [Rez.] Gayott von Pitaval. Erzählung sonderbarer Rechtshändel sammt deren gerichtlichen Entscheidung, aus dem Französischen übersetzt, I. II. III. IV. V. VI. VII. VIII. Theil, in 8. Leipz. 1747–1750, in: Unpartheyische Critik über Juristische Schriften inn- und außerhalb Deutschland 1:6 (1750), 484–504.
Apel, Johann, Methodica Dialectices Taio, Ad Ivrisprvdentiam adcommodata, Nürnberg 1535.
Aristoteles, Poetik, Gr.–Dt., übers. und hg. von Manfred Fuhrmann, Stuttgart 1982.
Aristoteles, Nikomachische Ethik, übers. von Eugen Rolfes, hg. von Günther Bien, Hamburg 1985.
Aristoteles, Metaphysik. Erster Halbband: Bücher I (A)–VI (E), Gr.–Dt., Neub. der Übers. von Hermann Bonitz, mit Einl. und Komm. hg. von Horst Seidl, Hamburg 1989.
Aristoteles, Zweite Analytik, in: Erste Analytik. Zweite Analytik. Organon, Bd. 3/4, Gr.–Dt., hg., übers., mit einer Einl. und Anm. vers. von Hans Günter Zekl, Hamburg 1997, 309–523.
Aristoteles, Hermeneutik oder vom sprachlichen Ausdruck (De interpretatione), in: Kategorien. Hermeneutik oder vom sprachlichen Ausdruck (De interpretatione). [...], Organon Bd. 2, Gr.–Dt., hg., übers., mit Einl. und Anm. vers. von Hans Günter Zekl, Hamburg 1998, 96–151.
Aristoteles, Topik, übers. und komm. von Tim Wagner und Christof Rapp, Stuttgart 2004.
Aristoteles, Rhetorik, übers. und hg. von Gernot Krapinger, Ditzingen 2018.
Arnauld, Antoine und Pierre Nicole, Die Logik oder die Kunst des Denkens (1662), aus dem Franz. übers. und eingel. von Christos Axelos, 2. durchg. und eine Einl. erw. Aufl. Darmstadt 1994.

Augustinus, Aurelius, De Rhetorica. Liber (um 380), in: Rhetores Latini Minores. Ex codicibus maximam partem primum adhibitis, hg. von Karl Halm, Leipzig 1862, 137–151.
Baader, Joseph (Hg.), Nürnberger Polizeiordnungen aus dem XIII bis XV Jahrhundert, Stuttgart 1861.
Barclay, John, Argenis Deutsch gemacht durch Martin Opitzen [...]: Fürstellung dieses Buchs, Breslau 1626 [...], in: Romantheorie 1620–1880. Dokumentation ihrer Geschichte in Deutschland, hg. von Eberhart Lämmert, Frankfurt a. M. 1988, 3–5.
Baumgarten, Alexander Gottlieb, Metaphysica/Metaphysik (1739), hist.-krit. Ausg., übers., eingel. und hg. von Günter Gawlick und Lothar Kreimendahl, Stuttgart-Bad Cannstatt 2011.
Belleforest, François de, Histoires Prodigievses extraictes de plvsievrs famevx Avtevrs [...], Paris 1575.
Bernoulli, Jakob, Wahrscheinlichkeitsrechnung (*Ars conjectandi*) (1713), übers. und hg. von Robert Haussner, Leipzig 1899.
Bierling, Friedrich Wilhelm (Praes.) und Gerhard Patje (Resp.), Dissertatio De Pyrrhonismo Historico, Oder Von der Ungewisheit der Historie [...], Hannover 1707.
Bierling, Friedrich Wilhelm, De fide historica (1707) (Auszug aus: Dissertatio de Pyrrhonismo Historico, Oder von der Ungewisheit der Historie. Rinteln: H. A. Enax), in: Theoretiker der deutschen Aufklärungshistorie. Bd. 1: Die theoretische Begründung der Geschichte als Fachwissenschaft, hg. von Horst Walter Blanke und Dirk Fleischer, Stuttgart und Bad Cannstatt 1990, 154–169.
Birken, Sigmund von, Teutsche Rede-bind-und Dicht-Kunst [...], Nürnberg 1679.
Birken, Sigmund von, Vor-Ansprache zum Edlen Leser, in: Anton Ulrich, Herzog v. Braunschweig, Die Durchleuchtige Syrerinn Aramena, Tl. 1, Nürnberg 1678, unpag.
Boaisteau, Pierre und François de Belleforest, Histoires Tragiqves, extraictes des oevvres italiennes de Bandel, & mise en langue Françoise [...], Anvers 1567.
Bodmer, Johann Jakob, Critische Abhandlung von dem Wunderbaren in der Poesie und dessen Verbindung mit dem Wahrscheinlichen [...], Zürich 1740.
Bodmer, Johann Jakob, Vorrede des Herausgebers, in: Johann Jakob Breitinger, Critische Abhandlung Von der Natur den Absichten und dem Gebrauche der Gleichnisse, Zürich 1740, unpag.
Bodmer, Johann Jakob, Critische Betrachtungen über die Poetischen Gemählde Der Dichter, mit einer Vorr. von Johann Jakob Breitinger, Zürich 1741.
Bodmer, Johann Jakob und Johann Jakob Breitinger, Von dem Einfluß und Gebrauche Der Einbildungs-Krafft; Zur Ausbesserung des Geschmackes: Oder Genaue Untersuchung Aller Arten Beschreibungen [...]. Frankfurt a. M. und Leipzig 1727.
Bodmer, Johann Jakob et al., Neue Critische Briefe, über ganz verschiedene Sachen, von verschiedenen Verfassern. Mit einigen Gesprächen im Elysium und am Acheron vermehrt, Neue Auflage, Zürich 1763.
Boethius, De differentiis topicis. Libri quatuor (um 523), in: Manlii Severini Boetii Opera Omnia, hg. v. Jacques-Paul Migne, 2 Bde., Paris 1891, Bd. 2.
Boethius, In Topica Ciceronis Commentarium Libri Sex (um 522), in: Manlii Severini Boetii Opera Omnia, hg. v. Jacques-Paul Migne, 2 Bde., Paris 1891, Bd. 2.
Böhmer, Georg Wilhelm, Handbuch der Litteratur des Criminalrechts in seinen allgemeinen Beziehungen, mit besondrer Rücksicht auf Criminalpolitik nebst wissenschaftlichen Bemerkungen, Göttingen 1816.
Breitinger, Johann Jakob, Artis cogitandi principia ad mentem recentiorum philosophorum compendio exhibita, atque in usum privatae institutiones concinnata, Zürich 1736.
Breitinger, Johann Jakob, Critische Dichtkunst Worinnen die Poetische Mahlerey in Absichtung auf die Erfindung [...] erläutert wird [...], Zürich und Leipzig 1740.
Breitinger, Johann Jakob, Fortsetzung Der Critischen Dichtkunst [...], Zürich 1740.

Brunnemann, Johann, Anleitung / Zu vorsichtiger Anstellung des Inquisitions-Processes [...], hg. von Johann Samuel Stryk, Halle 1697.
Camus, Jean-Pierre, L'Amphitheatre Sanglant ov sont representees plvsiervs Actions Tragiques de nostre temps, Paris 1630.
Camus, Jean-Pierre, L'amphitéâtre sanglant (1630), hg. von Stéphan Ferrari, Paris 2001.
Camus, Jean-Pierre, Traitté des passions de l'ame, hg. von Max Vernet und Élodie Vignon, Paris 2014.
Carolina. Die Peinliche Gerichtsordnung Kaiser Karls V. und des Heiligen Römischen Reichs von 1532, hg. v. Friedrich-Christian Schroeder, Ditzingen 2014.
Carpzov, Benedict, Practicœ Novæ Imperialis Saxonicæ Rerum Criminalium (1635), 6. Aufl. Wittenberg 1670.
Carpzov, Benedict, Peinlicher Sächsischer Inquisition Und Achts-Proceß [...] (1638), 5. Aufl. Leipzig 1693.
Chladenius, Johann Martin, Vernünftige Gedanken von dem Wahrscheinlichen und desselben gefährlichen Mißbrauche, hg. von Urban Gottlob Thorschmiden, Stralsund, Greifswald und Leipzig 1748.
Chladenius, Johann Martin, Nova philosophia definitiva [...]. Leipzig 1750.
Chladenius, Johann Martin, Einleitung zur richtigen Auslegung vernünftiger Reden und Schriften, Faks-Nachdr. der Ausg. Leipzig 1742, hg. und mit einer Einl. von Lutz Geldsetzer, Düsseldorf 1969.
Chladenius, Johann Martin, Allgemeine Geschichtswissenschaft, Faks-Nachdr. der Ausg. Leipzig 1752, mit einer Einl. von Christoph Friedrich und einem Vorw. von Reinhart Koselleck, Wien, Köln und Graz 1985.
Cicero, Marcus Tullius, De Inventione. Über die Auffindung des Stoffes – De Optimo Genere Oratorum. Über die beste Gattung von Rednern, Lat.–Dt., hg. und übers. von Theoder Nüßlein, Düsseldorf und Zürich 1998.
Cicero, Marcus Tullius, De Oratore – Über den Redner, Lat.–Dt., hg. und übers. von Theoder Nüßlein, Düsseldorf 2007.
Cicero, Marcus Tullius, Topik, übers. und mit einer Einl. hg. von Hans Günter Zekl, Hamburg 1983.
Claproth, Justus, Eine Erfindung aus gedrucktem Papier wiederum neues Papier zu machen, und die Druckerfarbe völlig heraus zu waschen, Göttingen 1774.
Claproth, Justus, Grundsätze von Verfertigung der Relationen aus Gerichtsacten, mit nöthigen Mustern. Zum Gebrauch der Vorlesungen [...] (1756), 3. verm. und verb. Aufl. Göttingen 1778.
Clarus, Julius, Opera, quæ quidem hactenus extiterun omnia [...], Lyon 1579.
Code Criminel, ou Commentaire Sur l'Ordonnance de 1670 [...], hg. von François Serpillon, 4 Bde., Lyon 1767.
Conring, Hermann, De Nomothetica / Über die Gesetzgebung (1663), in: Prudentia Legislatoria. Fünf Schriften über die Gesetzgebungsklugheit aus dem 17. und 18. Jahrhundert, hg. von Heinz Mohnhaupt, München 2003, 7–87.
Conring, Hermann, Der Ursprung des deutschen Rechts (1643), übers. von Ilse Hoffmann-Meckenstok, hg. von Michael Stolleis, Frankfurt a. M. 1994.
Coras, Jean de, Arrest Memorable, du Parlement de Tolose, Contenant une histoire prodigieuse, de nostre temps, avec cent bellens, & doctes Annotations [...], Lyon 1561.
Crusius, Christoph, Tractatus de indiciis delictorum [...], Marburg 1638.
Crusius, Christian August, Entwurf der nothwendigen Vernunft-Wahrheiten, wiefern sie den zufälligen entgegen gesetzet werden (1745), 2., verm. Aufl. Leipzig 1753.
Crusius, Christian August, Weg zur Gewißheit und Zuverläßigkeit der menschlichen Erkenntniß, Leipzig 1747.

Curtius, Michael Conrad, Aristoteles Dichtkunst, Hannover 1753.
Der jüngste Reichsabschied von 1654. Abschied der römisch kais. Majestät und gemeiner Stände, welcher auf dem Reichstag zu Regensburg im Jahr Christi 1654 aufgerichtet ist, hg. von Adolf Laufs, Bern und Frankfurt a. M. 1975.
Des löblichen frenckischen reichskraiß verainte vnd verglichne policey ordnung […], Nürnberg 1572, in: Die „gute“ Policey im Reichskreis. Zur frühmodernen Normensetzung in den Kernregionen des Alten Reiches. Bd. 2: Die „gute“ Policey im Fränkischen Reichskreis, hg. von Wolfgang Wüst, Berlin 2003, 827–838.
Deutsche Encyclopädie oder Allgemeines Real-Wörterbuch aller Künste und Wissenschaften von einer Gesellschaft Gelehrten 5, Art. Casus, Fall, Zufall, 301.
Deutsche Encyclopädie oder Allgemeines Real-Wörterbuch aller Künste und Wissenschaft, Bd. 5, Art. Casuistick (philosophisch), 295–297.
Deutsche Encyclopädie oder Allgemeines Real-Wörterbuch aller Künste und Wissenschaften von einer Gesellschaft Gelehrten 5, Art. Circumstantiae, 653.
Engau, Johannes-Rudolphos, Elementa Ivris Criminalis Germanico-Carolini […], Jena 1742.
Eisenhart, Johann, De Fide Historica Commentarius acceßit Oratio De conjungendis Jurisprudentiæ & Historiarum studiis (1680), 2., überarb. Aufl. Helmstedt 1702.
Erasmus, Desiderius, De Copia Verborvm ac Rervm (1512), in: Opera Omnia Desiderii Erasmi Roterdami. Recognita et adnotatione critica instrvcta notisqve illvstrata, Ordo 1, Tomus 6, hg. von Betty I. Knott, Amsterdam, London, New York u. a. 1988.
EXTRACT, Auß eines Erbarn Rahts der Statt Nuermberg Wandelbuch/ etlicher Gesetz vnd Ordnung […]. Nürnberg 1621, in: Die „gute“ Policey im Reichskreis. Zur frühmodernen Normensetzung in den Kernregionen des Alten Reiches. Ein Quellenwerk. Bd. 7. Policeyordnungen in den fränkischen Reichsstädten Nürnberg, Rothenburg o. d. T., Schweinfurt, Weißenburg und (Bad) Windsheim, hg. von Wolfgang Wüst, Erlangen 2015, 87–96.
Fabricius, Johann Andreas, Philosophische Oratorie, Das ist: Vernünftige anleitung zur gelehrten und galanten Beredsamkeit […], Leipzig 1724.
Feuerbach, Paul Johann Anselm, Kritik des Kleinschrodischen Entwurfs zu einem peinlichen Gesetzbuche für die Chur-Pfalz-Bayrischen Staaten, 1. Tl., Gießen 1804.
Fontenelle, Bernard le Bovier de, Entretiens sur la pluralité des mondes (1686), 4. Aufl. Paris 1698.
Freyer, Hieronymus, Teutsches Programma vom Romanenlesen […], Halle 1730.
Gladov, Friedrich, A la Mode-Sprach der Teutschen / Oder Compedieuses Hand-Lexicon […], Nürnberg 1727.
Globig, Hanns Ernst von, Versuch einer Theorie der Wahrscheinlichkeit zur Gründung des historischen und gerichtlichen Beweises, Regensburg 1806.
Goclenius, Rodolphus, Lexicon Philosophicvm, qvo tanqvam clave philosophiæ fores aperivntvr […], Matthias Becker 1613.
Gottsched, Johann Christoph, Ausführliche Redekunst. Nach Anleitung der alten Griechen und Römer, wie auch der neuen Ausländer […] (1736), 2. Aufl. Leipzig 1739.
Gottsched, Johann Christoph, Versuch einer Critischen Dichtkunst: Erster allgemeiner Theil (1730), Ausgewählte Werke, Bd. 6/1, hg. von Joachim Birke und Brigitte Birke, Berlin und New York 1973.
Grammatisch-kritisches Wörterbuch der hochdeutschen Mundart mit beständiger Vergleichung der übrigen Mundarten, besonders aber der oberdeutschen, hg. von Johann Christoph Adelung, Dietrich Wilhelm Soltau und Franz Xaver Schönberger, 4 Bde., Wien 1811, Art. Der Umstand. URL: https://lexika.digitale-sammlungen.de/adelung/lemma/bsb00009134_4_0_517 (31. 01. 2025).
Grotius, Hugo, Drey Bücher Von Kriegs- und Friedens-Rechten […] (1625), Frankfurt a. M. 1709.

Grotius, Hugo, Büchlein / Von Der Billigkeit / von der Indulgenz und von der Gelindigkeit oder Mildigkeit [...], in: Drey Bücher Von Kriegs- Und Friedens-Rechten, 297 – 304.

Gundling, Nicolaus Hieronymus, Ausführlicher Discovrs über den ietzigen Zustand der europäischen Staaten [...], Frankfurt und Leipzig 1733.

Hahnio, Henrico (Praes.) und Johannes Barckhusen (Resp.), Dissertatio Juridica de Corpore Delicti, Von der Gewißheit des verübten Verbrechens [...], Halle 1740.

Heidegger, Gotthard, Mythoscopia Romantica: oder Discours Von den so benanten Romans [...], Zürich 1698.

Hermann, Johann Hieronymus, Allgemeines Teutsch-Juristisches Lexicon [...], 2 Bde., Jena und Leipzig 1739 – 1741.

Heumann, Christoph August, Der Einleitung zur Historia Philosophica Siebendes und letztes Capitel. De Fide Historica oder von der Glaubwürdigkeit in dieser Historie, in: Acta Philosophorum, Bd. 1, Drittes Stück, Halle 1716, 381 – 462.

Hille, Carl Gustav von, Der Teutsche Palmbaum, Nachdr. der Ausg. Nürnberg 1647, München 1970.

Hoffmann, Adolph Friedrich, Vernunft-Lehre, Darinnen die Kennzeichen des Wahren und Falschen Aus den Gesezen des menschlichen Verstandes hergeleitet werden, Leipzig 1737.

Horaz, Ars poetica. Die Dichtkunst (14 v. Chr.), übers. und mit einem Nachw. hg. von Eckart Schäfer, Stuttgart 2017.

Hymmen, Johann Wilhelm Bernhard, Kurze Anweisung zum Referiren, in: Beyträge zu der juristischen Litteratur in den Preußischen Staaten, Bd. 1, Berlin 1775, 105 – 114.

Hymmen, Johann Wilhelm Bernhard, Von der Methode zu referiren, ein Auszug aus dem Circular vom 26. Sept. 1783; nebst einer Probe-Relation von dem ersten Heft des Briefwechsels über die Pr[eußischen] Justizreforme erzählten Rechtsfall, in: Beyträge zu der juristischen Litteratur in den Preußischen Staaten, Bd. 8, Dessau 1785, 139 – 182.

Hume, David, A Treatise of Human Nature, Nachdr. der Orig.-Ausg. von 1739 (1888), hg. von Lewis Amherst Selby-Bigge, 11. Aufl. Oxford 1960.

Justi, Johann Heinrich Gottlob von, Grundsätze der Policey-Wissenschaft [...], Göttingen 1759.

Kant, Immanuel, Die Metaphysik der Sitten (1797), Werkausgabe VIII, hg. von Wilhelm Weischedel, 17. Aufl. Frankfurt a. M. 2014.

Klein, Ernst Ferdinand, Ueber Das Studium merkwürdiger Rechtsfälle, in: Annalen der Gesetzgebung und Rechtsgelehrsamkeit in den Preussischen Staaten, Bd. 6, hg. von dems., Berlin und Stettin 1790, 112 – 120.

Kriminalfälle für Rechtskundige und Psychologen, Frankfurt a. M. und Leipzig 1794,

Laspeyres, Ernst Adolph Theodor, Die Reception des Römischen Rechts in der Mark Brandenburg und die Preußische Gesetzgebung vor König Friedrich II, in: Zeitschrift für deutsches Recht und deutsche Rechtswissenschaft, Bd. 6 (1841), 1 – 96.

Le Sueur, Guillaume, Histoire Admirable d'un Faux et Supposé Mary [...], Paris 1561.

Leibniz, Gottfried Wilhelm, Disputatio Inauguralis De Casibus Perplexis In Jure [...], Altdorf 1666.

Leibniz, Gottfried Wilhelm, Bedenken, welchergestalt den Mängeln des Justiz-Wesens in Theoria abzuhelfen, in: Deutsche Schriften, hg. von Gottschalk Eduard Guhrauer, 2 Bde., Berlin 1838, Bd. 1, 256 – 263.

Leibniz, Gottfried Wilhelm, Vita Leibnitii a se ipso breviter delineata, in: Die Werke von Leibniz gemäss seinem handschriftlichen Nachlasse [...], hg. von Onno Klopp, 11 Bde., Hannover 1864 – 1884, Bd. 1, XXXII – XLV.

Leibniz, Gottfried Wilhelm, Die philosophischen Schriften, hg. von Carl Immanuel Gerhardt, 7 Bde., Berlin 1875 – 1890.

Leibniz, Gottfried Wilhelm, Dissertatio de arte combinatoria, in: Die philosophischen Schriften, Bd. 4, 27–104.
Leibniz, Gottfried Wilhelm, Eclaircissement du nouveau systeme de la communication des substances […], in: Die philosophischen Schriften, Bd. 4., 493–500.
Leibniz, Gottfried Wilhelm, Eclaircissement des difficultés que Monsieur Bayle a trouvées dans le systeme nouveau de l'union de l'ame et du corps, in: Die philosophischen Schriften, Bd. 4, 517–524.
Leibniz, Gottfried Wilhelm, Sämtliche Schriften und Briefe, hg. von der Preußischen (nunmehr Deutschen) Akademie der Wissenschaften zu Berlin und der Akademie der Wissenschaften zu Göttingen, Darmstadt (nunmehr Berlin) seit 1923.
Leibniz, Gottfried Wilhelm, Brief an Herzog Johann Friedrich [Februar 1677], in: Sämtliche Schriften, 1. Reihe, 2. Bd., 19–22.
Leibniz, Gottfried Wilhelm, Unvorgreiflicher Vorschlag Einen continuirlichen Extractum Actorum betreffend, in: Sämtliche Schriften, 1. Reihe, 2. Bd., 47–51.
Leibniz, Gottfried Wilhelm, Brief an Hermann Conring [Juni 1678], in: Sämtliche Schriften, 1. Reihe, 2. Bd., 630–634.
Leibniz, Gottfried Wilhelm, Erfordernisse einer guten Landesregierung, in: Sämtliche Schriften, 4. Reihe, 3. Bd., 366–370.
Leibniz, Gottfried Wilhelm, Vorschlag zur Bildung einer Medizinalbehörde, in: Sämtliche Schriften, 4. Reihe, 3. Bd., 370–376.
Leibniz, Gottfried Wilhelm, Tödliche Schlägerei in Hedemünde, in: Sämtliche Schriften, 4. Reihe, 3. Bd., 600–603.
Leibniz, Gottfried Wilhelm, Nova Methodus discendae docendaeque Jurisprudentiae, in: Sämtliche Schriften, 6. Reihe, 1. Bd., 251–364.
Leibniz, Gottfried Wilhelm, Über die Methode, reale Phänomene von imaginären zu unterscheiden, in: Hauptschriften zur Grundlegung der Philosophie, hg. von Ernst Cassirer, 2 Bde. [1903–1904], 3. Aufl. Hamburg 1966, Bd. 2, 123–128.
Leibniz, Gottfried Wilhelm, Neue Abhandlungen über den menschlichen Verstand, in: Philosophische Schriften, Bd. 3 (1959), hg. und übers. von Wolfgang Engelhardt und Hans Heinz Holz, 2 Bde., 2. Aufl. Darmstadt 1985.
Leibniz, Gottfried Wilhelm, Die Theodizee I, in: Philosophische Schriften, Bd. 2.1, Frz.-Dt., hg. und übers. von Herbert Herring, Frankfurt a. M. 1996.
Leibniz, Gottfried Wilhelm, Monadologie, in: Monadologie und andere metaphysische Schriften, Frz.-Dt., hg., übers., mit Einl., Anm. und Reg. vers. von Ulrich Johannes Schneider, Hamburg 2002, 110–151.
Leibniz, Gottfried Wilhelm, Frühe Schriften zum Naturrecht, Lat.-Dt., hg., mit einer Einl. und Anm. vers. und übers. von Hubertus Busche, Hamburg 2003.
Leibniz, Gottfried Wilhelm, Schriften und Briefe zur Geschichte, bearb., komm. und hg. von Malte-Ludolf Babin und Gerd von den Heuvel, Hannover 2004.
Leibniz, Gottfried Wilhelm, Betrachtungen über die Erkenntnis, die Wahrheit und die Ideen, in: Kleine Schriften zur Metaphysik, Philosophische Schriften. Bd. I, hg. und übers. von Hans Heinz Holz, Darmstadt 2013, 32–47.
Lersner, Jakob, Bericht Ob es besser nach gewissen Rechten / oder nach Gutdüncken zu urtheilen […], Helmstadt 1658.
Ludovici, Jacob Friederich, Einleitung zum Peinlichen Proceß […], 4. Aufl. Halle 1714.

Ludovici, Jacob Friederich, Anhang Zum Peinlichen Proceß / Von der Arth / Die Acten und Registraturen zu verfertigen / selbe zu excerpiren / und in Gerichten zu referiren, in: Einleitung zum Peinlichen Proceß, 129 – 144.

Malebranche, Nicolas de, Abhandlung von der Natur und der Gnade (1712), aus dem Franz. übers., eing. und hg. von Stefan Ehrenberg, Hamburg 1993.

Montaigne, Michel de, Essais, Paris 1588.

Meier, Georg Friedrich, Anfangsgründe aller schönen Wissenschaften (1748), 1. Tl., 2. Aufl. Halle 1754.

Meinig, Johann Christoph, Enunciata et Consilia Juris Unterschiedener Rechts-Gelehrten, Berühmter Facultæten und Schöppenstühle, Uber besondere und im allgemeinen Leben vorfallende merckwürdige und dubiöse Casus [...], 67 Bde., Leipzig 1720 – 1742.

Melanchthon, Philipp, Elementa rhetorices. Grundbegriffe der Rhetorik (1519), hg., übers. und komm. vonVolkhard Wels, 2. Aufl., Postprint der Universität Potsdam der Ausg. Berlin 2001.

Müller, August Friedrich, Einleitung in die Philosophischen Wissenschaften, Erster Theil, welcher den Eingang, die Logic, und Physic in sich enthält [...] (1728), 2., verm. und verb. Aufl. Leipzig 1733.

Neumark, Georg, Poetische Tafeln / Oder Gründliche Anweisung zur Teutschen Verskunst [...], Jena 1667.

Nomandri auserlesene und in praxi juridica merckwürdige Responsa und Decisiones [...]. Erste Collection, Quedlinburg und Aschersleben 1730.

Obrecht, Georg, Fünff Vnderschiedliche Secreta Politica Von Anstellung / Erhaltung Vnd Vermehrung guter Policey [...], Straßburg 1617.

Oldendorp, Johann, Was billig und recht ist (1529), 2. Aufl. Frankfurt a. M. 1948.

Oekonomische Encyklopädie, oder allgemeines System der Staats- Stadt- Haus- u. Landwirthschaft, in alphabetischer Ordnung; von D. Johann Georg Krünitz, 242 Bde., 1773 – 1858, Art. Umstand. URL: https://www.kruenitz1.uni-trier.de (31. 01. 2025).

Opitz, Martin, Buch von der deutschen Poeterey [...], Breslau 1624.

Opitz, Martin, Gesammelte Werke, krit. Ausg., hg. von George Schulz-Behrend, 4 Bde., Bd. 3, Die Übersetzung von John Barclays Argenis (1626), Tl. 1, Stuttgart 1970.

Ordonnance Criminelle du Mois d'Août 1670, URL: https://ledroitcriminel.fr/la_legislation_criminelle/anciens_textes/ordonnance_criminelle_de_1670.htm (31. 01. 2025)

Pascal, Blaise, Pensées – Gedanken (1670), hg. und komm. von Philippe Sellier, aus dem Frz. übers. und mit einer Konkordanz von Sylvia Schiewe, Darmstadt 2016.

Peucer, Daniel, Anfangs-Gründe der teutschen Oratorie, in kurzen Regeln und deutlichen Exempeln vor Anfänger entworffen (1736), 2., verm. Aufl. Naumburg 1739.

Pufendorf, Samuel von, Acht Bücher / Vom Natur- und Völcker-Rechte (1673), 2 Bde, Frankfurt a. M. 1711.

Pufendorf, Samuel von, Einleitung zu der Historie der Vornehmsten Reiche und Staaten / so itziger Zeit sich in Europa befinden [...], Frankfurt a. M. 1683.

Quintilian, Marcus Fabius, Institutiones oratoriae libri XII, übers. und hg. von Helmut Rahn, 2 Bde., 2. Aufl. Darmstadt 1988.

Quistorp, Johann Christian, Von dem Verschicken der Acten in peinlichen Fällen, in: Ders:, Beyträge zur Erläuterung verschiedener, mehrentheils unentschiedener Rechts-Materien aus der bürgerlichen und peinlichen Rechtsgelahrtheit, Rostock und Leipzig 1778, 1 – 15.

Reimarius, Hermann Samuel, Die Vernunftlehre, als eine Anweisung zum richtigen Gebrauche der Vernunft [...], Hamburg 1756.

Riccoboni, Antonio, Poetica Aristotelis ab Antonio Riccobono latine conversa: eivsdem Riccoboni paraphrasis in poeticam Aristotetelis [...], Padua 1587.

Richter, August, Umständliche Doch in möglichster Kürtze verfaßte Historische Einleitung Uber den Criminal-Process [...], Frankfurt a. M. und Leipzig 1738.
Richter, Daniel, Thesaurus Oratorius Novus. Oder Ein neuer Vorschlag / wie man zu der Rednerkunst / nach dem Ingenio dieses Seculi, gelangen / und zugleich eine Rede auf unzehlich viel Arten veärndern könne, Nürnberg 1662.
Robortello, Francesco, In librum Aristotelis De Arte Poetica Explicationes [...], Florenz 1548.
Rocoles, Jean-Baptiste de, Les imposteurs insignes; ou, Histoires de plusieurs hommes de néant [...], Amsterdam 1683.
Rosacorb, Hermann Esaias, Syntagma observationvm practicarvm [...], Frankfurt a. M. 1646.
Rosset, François, Les Histoires tragiqves de nostre temps [...] (1614), 2. Aufl. Au Pont 1615.
Rotth, Christian, Vollständige Deutsche Poesie / in drey Theilen [...], Leipzig 1688.
Rüdiger, Andreas, De sensu veri et falsi, libri IV [...] (1709), 2. Aufl. Leipzig 1722.
Rüdiger, Johann Christoph und Andreas Rüdiger, Klugheit Zu Leben und zu Herrschen, Leipzig und Köthen 1722.
Scaliger, Iulius Caesar, Poetices libri septem. Sieben Bücher über die Dichtkunst (1561), Bd. 1. Buch 1 und 2, hg., übers., eing. und erl. von Luc Deitz, Stuttgart-Bad Cannstatt 1994.
Scaliger, Iulius Caesar, Poetices libri septem. Sieben Bücher über die Dichtkunst (1561), Bd. 2, Buch 3, hg., übers., eing. und erl. von Luc Deitz, Stuttgart-Bad Cannstatt 1994.
Scaliger, Iulius Caesar, Poetices libri septem. Sieben Bücher über die Dichtkunst (1561), Bd. 5, Buch 6 und 7, hg., übers., eing. und erl. von Gregor Vogt-Spira (Buch 6) und Luc Deitz (Buch 7), Stuttgart-Bad Cannstatt 2003.
Schiller, Friedrich, Vorrede [Merkwürdige Rechtsfälle als ein Beitrag zur Geschichte der Menschheit. Nach dem französischen Vorbild des Pitaval durch mehrere Verfasser ausgearbeitet und mit einer Vorrede begleitet herausgegeben von Schiller. Ersther Theil. Jena 1792], in: Werke, Nationalausgabe Bd. 19, Tl. 1, hg. von Waltraud Hagen und Thomas Prüfer, Weimar 2003, 201–203.
Schottelius, Justus Georg, Ausführliche Arbeit von der Teutschen HaubtSprache [...], 2 Bde., Braunschweig 1663.
Schottelius, Justus Georg, Ethica Die Sittenkunst oder Wollebenskunst [...], Wolfenbüttel 1669.
Schottelius, Justus Georg, Spatüberschikktes Sendschreiben Des Suchenden an den Spielenden / die Fortsetzung der Gesprächspiele betreffend, in: Georg Philipp Harsdörffer, Frauenzimmer Gesprächspiele, 8. Bde., Nürnberg 1643–1649, Faks.-Nachdr., hg. von Irmgard Böttcher, Tübingen 1968–1969, Bd. 4, 668–669.
Seckendoff, Veit Ludwig von, Teutscher Fürsten-Stat [...], Frankfurt a. M. 1656.
Seiner Königlichen Majestät in Preußen etc. etc. Vor Dero Chur-Marck Brandenburg Verfaßte Criminal-Ordnung [...], Berlin 1717.
Sonnenfels, Joseph von, Sätze aus der Polizey, Handlungs- und Finanz-Wissenschaft. Zum Leitfaden der akademischen Vorlesungen, Wien 1765.
Stieler, Kaspar, Der Teutsche Advokat / Oder Lehrschrift / Anzeigend: Auf was Weyse ein rechtlicher Beystand in Teutschland / so wol vor Gericht / als auser demselbigen / Zunge und Feder / dem Rechten und Gerichtsbrauch gemäß / geschicklich / zierlich und gebührlich anwenden und führen solle [...], Nürnberg und Jena 1678.
Stieler, Kaspar, Der Teutschen Sprache Stammbaum und Fortwachs oder Teutscher Sprachschatz [...], Nürnberg 1691.
Sulzer, Johann Georg, Art. Ueberredung. (Beredsamkeit), in: Allgemeine Theorie der schönen Künste, Bd. 2, 1192–1194.

Sulzer, Johann Georg, Art. Wahrscheinlichkeit. (Schöne Künste), in: Allgemeine Theorie der schönen Künste, Bd. 2, 1263 – 1266.
Swammerdam, Johannes, Tractatus physico-anatomico-medicus des respiratione usuque pulmonum, Leiden 1667.
Uhse, Erdmann, Wohl-informirter Redner [...] (1704), 7. Aufl. Leipzig 1717.
Walch, Johann Georg, Art. Einbildungs-Krafft, in: Philosophisches Lexicon, Sp. 680 – 687.
Walch, Johann Georg, Art. Glaube, in: Philosophisches Lexicon, Sp. 1322 – 1325.
Walch, Johann Georg, Art. Muthmassung, in: Philosophisches Lexicon, Sp. 1850.
Walch, Johann Georg, Art. Verrichtungen, in: Philosophisches Lexicon, Sp. 2690 – 2695.
Walch, Johann Georg, Art. Wahrscheinlichkeit, in: Philosophisches Lexicon, Sp. 2821 – 2838.
Walch, Johann Georg, Art. Zufälle, in: Philosophisches Lexicon, Sp. 3028 – 3029.
Weber, Matthias (Hg.), Die Reichspolizeiordnungen von 1530, 1548 und 1577. Historische Einführung und Edition, Frankfurt a. M. 2002.
Weise, Christian, Politischer Redner / Das ist / Kurtze und eigentliche Nachricht / wie ein sorgfältiger Hofemeister seine Untergebene zu der Wolredenheit anführen sol [...], Leipzig 1681.
Weise, Christian, Curiöse Gedancken Von Deutschen Versen / Welcher gestalt Ein Studierender in dem galantesten Theile der Beredsamkeit was anständiges und practicables finden sol [...], Leipzig 1692.
Weise, Christian, Curieuse Fragen über die Logica [...] in Zweyen Theilen, Leipzig 1696.
Wolff, Christian, Vernünfftige Gedancken von dem Gesellschaftlichen Leben der Menschen Und insonderheit Dem gemeinen Wesen [...], Halle 1721.
Zedler, Johann Heinrich, Art. Billigkeit, in: Universal-Lexicon 3, Sp. 1847 – 1848.
Zedler, Johann Heinrich, Art. Casus, in: Universal-Lexicon 5, Sp. 1391.
Zedler, Johann Heinrich, Art. Circumstantiæ, in: Universal-Lexicon 6, Sp. 151.
Zedler, Johann Heinrich, Art. Factum (Casus), in: Universal-Lexicon 9, Sp. 66.
Zedler, Johann Heinrich, Art. Gelegenheit, in: Universal-Lexicon 10, Sp. 725.
Zedler, Johann Heinrich, Art. Indicia Homicidii voluntarii, in: Universal-Lexicon 14, Sp. 650.
Zedler, Johann Heinrich, Art. Occasionales Caussæ, in: Universal-Lexicon 25, Sp. 318.
Zedler, Johann Heinrich, Art. Rüge-Gerichte, Rug-Gerichte, in: Universal-Lexicon 32, Sp. 1747.
Zedler, Johann Heinrich, Art. Versendung der Acten, oder die Transmission und Verschickung der Acten zum Verspruch des Rechtens, in: in: Universal-Lexicon 47, Sp. 1791 – 1815.
Zedler, Johann Heinrich, Art. Umstand, Umstände, in: Universal-Lexicon 49, Sp. 1066.
Zedler, Johann Heinrich, Art. Untersuchung, (rechtmäßige Ursachen zur peinlichen) oder redliche Indicien und Anzeigen zu Vorkehrung, der peinlichen Untersuchung, in: Universal-Lexicon 49, Sp. 2214 – 2222
Zedler, Johann Heinrich, Art. Urtheilungs-Krafft, in: Universal–Lexicon 51, Sp. 819 – 822.
Zedler, Johann Heinrich, Art. Widersprechende Umstände, in: Universal-Lexicon 55, Sp. 1804.
Zedler, Johann Heinrich, Art. Wunderbare Begebenheiten, in: Universal-Lexicon 59, Sp. 2097.

Weitere Literatur

Agamben, Giorgio, Idee der Prosa (1985), in: Idee der Prosa, Frankfurt a. M. 2003, 21 – 24.
Agamben, Giorgio, Signatura Rerum. Zur Methode (2008), Frankfurt a. M. 2009.
Agamben, Giorgio, Ausnahmezustand. Homo Sacer II.1 (2003), 6. Aufl. Frankfurt a. M. 2014.

Agamben, Giorgio, Homo Sacer. Die souveräne Macht und das nackte Leben (1995), 10. Aufl. Frankfurt a. M. 2015.
Ajouri, Philip, Policey und Literatur und in der Frühen Neuzeit. Studien zu utopischen und satirischen Schriften im Kontext Guter Policey, Berlin und Boston 2020.
Alewyn, Richard, Anatomie des Detektivromans (1968), in: Der Kriminalroman. Poetik – Theorie – Geschichte, hg. von Jochen Vogt, München 1998, 52 – 72.
Alexander, Werner, Pluraque credimus, paucissima scimus. Zur Diskussion über philosophische und hermeneutische Wahrscheinlichkeit in der ersten Hälfte des 18. Jahrhunderts, in: Archiv für Geschichte der Philosophie 78 (1996), 130 – 165.
Alt, Peter-André, Literarische Imagination als Spiel. Zum Verhältnis von Bildpoetik, Fiktion und Epistemologie bei Harsdörffer, in: Georg Philipp Harsdörffers Universalität. Beiträge zu einem *uomo universale* des Barock, hg. von Stefan Keppler-Tasaki und Ursula Kocher, Berlin und New York 2011, 23 – 38.
Althaus, Thomas, Das Reichskammergericht zu Speyer und der Sprichwörter-Thesaurus des Christoph Lehmann, in: Konstruktion der Gegenwart und Zukunft. Shaping the Present and the Future, hg. von Rudolf Suntrup und Jan R. Veenstra, Frankfurt a. M. 2008, 51 – 76.
Althaus, Thomas, Eine „artem Apophthegmaticam (wie ars Poëtica, Oratoria)“ haben – Harsdörffers kompilatorische Arbeit an einer Prosapoetik des Barock im Klärungsbereich der Breviloquenz, in: Spielregeln barocker Prosa. Historische Konzepte und theoriefähige Texturen ‚ungebundener Rede‘ in der Literatur des 17. Jahrhunderts, hg. von dems. und Nicola Kaminski, Bern 2012, 281 – 308.
Althaus, Thomas und Nicola Kaminski, Aspekte einer Theorie barocker Prosa, in: Spielregeln barocker Prosa. Historische Konzepte und theoriefähige Texturen ‚ungebundener Rede‘ in der Literatur des 17. Jahrhunderts, hg. von dens., Bern 2012, 7 – 21.
Anderson, Emily R., „I Will Unfold A Tale--!“: Narrative, Epistemology, and Caleb Williams, in: Eighteenth-Century Fiction 22.1 (2009), 99 – 114.
Artosi, Alberto, Giovanni Sartor: Leibniz as Jurist, in: The Oxford Handbook of Leibniz, hg. Maria Rosa von Antognazza, New York 2018, 641 – 663.
Aschauer, Lucia, Horst Gruner und Tobias Gutmann (Hg.), Fallgeschichten. Text- und Wissensformen exemplarischer Narrative in der Kultur der Moderne, Würzburg 2015.
Asmuth, Bernd, Art. Gebundene/ungebundene Rede, in: Historisches Wörterbuch der Rhetorik, Bd. 3, Sp. 605 – 629.
Auerbach, Erich, Mimesis, Dargestellte Wirklichkeit in der abendländischen Literatur (1946), 8. Aufl. Bern 1988.
Auerbach, Erich, Figura (1938), in: Mimesis und Figura. Mit einer Neuausgabe des ‚Figura‘-Aufsatzes von Erich Auerbach, hg. von Friedrich Balke und Hanna Engelmeier, Paderborn 2016, 121 – 188.
Aurnhammer, Achim und Nicolas Detering, Deutsche Literatur der Frühen Neuzeit: Humanismus, Barock, Frühaufklärung, Tübingen 2019.
Axer, Eva, Annika Hildebrandt und Kathrin Wittler: Umbruchszeit. Der deutschsprachige Stildiskurs des 18. Jahrhunderts im europäischen Kontext, in: Schreibarten im Umbruch. Stildiskurse im 18. Jahrhundert, hg. von dens., Berlin 2024, 7 – 30.
Bach, Oliver, Natur als juridisches Argument an der Schwelle zur Aufklärung. Zu den theonomen, rationalistischen und voluntaristischen Systemstellen des Denkens vom Naturzustand bei Samuel Pufendorf und Christian Thomasius, in: Natur (Jahrbuch Aufklärung 25), hg. von Martin Mulsow und Friedrich Vollhardt, Hamburg 2013, 23 – 50.

Bach, Oliver, Philipp Melanchthon und Johann Oldendorp. Frühes protestantisches Naturrecht zwischen Jurisprudenz und Theologie, in: Von der Allegorie zur Empirie? Natur im Rechtsdenken des Spätmittelalters und der Frühen Neuzeit, hg. von dems., Susanne Lepsius und Friedrich Vollhardt, Berlin 2018, 104 – 120.

Baecker, Dirk (Hg.), Probleme der Form, Frankfurt a. M. 1993.

Baldwin, Charles Sears, Renaissance Literary Theory and Practice. Classicism in the Rhetoric and Poetic of Italy, France, and England 1400 – 1600, hg. mit einer Einl. Von Donald Lemen Clark, New York 1939.

Balke, Friedrich, Der Staat nach seinem Ende. Die Versuchung Carl Schmitts, München 1996.

Balke, Friedrich, Die große Hymne an die kleinen Dinge – Jacques Rancière und die Aporien des ästhetischen Regimes, in: Ästhetische Regime um 1800, hg. von dems., Harun Maye und Leander Scholz, München 2008, 9 – 36.

Balke, Friedrich, Bernhard Siegert und Joseph Vogl, Editorial, in: Kleine Formen. Archiv für Mediengeschichte 21, hg. von dens., Berlin 2021, 5 – 8.

Balogh, Elemér, Die Verdachtsstrafe in Deutschland im 19. Jahrhundert, Berlin 2009.

Bangert, Julia, Buchhandelssystem und Wissensraum in der Frühen Neuzeit, Berlin und Boston 2019.

Barad, Karen, Agentieller Realismus. Über die Bedeutung materiell-diskursiver Praktiken (2003), Berlin 2012.

Barad, Karen, Verschränkungen, Berlin 2015.

Barck, Karlheinz, Art. Wunderbar, in: Ästhetische Grundbegriffe 6, 730 – 773.

Barner, Wilfried, Spielräume. Was Poetik und Rhetorik nicht lehren, in: Künste und Natur in Diskursen der Frühen Neuzeit, hg. von Hartmut Laufhütte, Barbara Becker-Cantarino, Martin Bircher et al., 2 Teile, Wiesbaden 2000, 1. Tl., 33 – 67.

Barner, Wilfried, Barockrhetorik. Untersuchungen zu ihren geschichtlichen Grundlagen (1970), 2. Aufl. Tübingen 2002.

Barthes, Roland, Am Nullpunkt der Literatur, in: Am Nullpunkt der Literatur. Literatur oder Geschichte. Kritik und Wahrheit (1953), 2. Aufl. Frankfurt a. M. 2016, 15 – 69.

Barthes, Roland, Die alte Rhetorik (1985), in: Das semiologische Abenteuer, Frankfurt a. M. 1988, 15 – 101.

Battafarano, Italo Michele, Vom Dolmetschen als Vermittlung und Auslegung. Der Nürnberger Georg Philipp Harsdörffer – ein Sohn Europas, in: Der Franken Rom. Nürnbergs Blütezeit in der zweiten Hälfte des 17. Jahrhunderts, hg. von John Roger Paas, Wiesbaden 1995, 196 – 213.

Battafarano, Italo Michele, Übersetzen und Vermitteln im Barock im Zeichen der kulturellen Angleichung und Irenik: Opitz, Harsdörffer, Hoffmannswaldau, Knorr von Rosenroth, in: Morgen-Glantz 8 (1998), 13 – 61.

Bauer, Volker und Holger Böning (Hg.), Die Entstehung des Zeitungswesens im 17. Jahrhundert. Ein neues Medium und seine Folgen für das Kommunikationssystem der Frühen Neuzeit, Bremen 2011.

Baumann, Anette, Advokaten und Prokuratoren. Anwälte am Reichskammergericht (1690 – 1806). Köln, Weimar und Wien 2006.

Becker, Peter und Peter Collin (Hg.), Administory. Zeitschrift für Verwaltungsgeschichte. Bd. 5 (2020): Administrative Multinormativity. Normenkonflikte in verwaltungshistorischer Perspektive.

Becker, Peter, Beschreiben, Klassifizieren, Verarbeiten. Zur Bevölkerungsbeschreibung aus kulturwissenschaftlicher Sicht, in: Information in der Frühen Neuzeit. Status, Bestände, Strategien, hg. von Arndt Brendecke, Markus Friedrich und Susanne Friedrich, Berlin 2008, 393 – 419.

Beetz, Manfred, Rhetorische Logik. Prämissen der deutschen Lyrik im Übergang vom 17. zum 18. Jahrhundert, Tübingen 1980.

Behrens, Rudolf und Carsten Zelle, Französische und deutsche Causes célèbres im neunzehnten Jahrhundert: Gemeinsamkeiten, Unterschiede, Bedingungen und Funktionen, in: Die Causes célèbres des 19. Jahrhunderts in Frankreich und Deutschland. Narrative Formen und anthropologische Funktionen, hg. von dens., Wiesbaden 2020, 207–325

Behrens, Rudolf und Carsten Zelle (Hg.), Die Causes célèbres des 19. Jahrhunderts in Frankreich und Deutschland. Narrative Formen und anthropologische Funktionen, Wiesbaden 2020.

Beiser, Frederick C., The German Historicist Tradition, Oxford und New York 2011.

Bellomo, Manlio, Europäische Rechtseinheit. Grundlagen und System des Ius Commune, München 2005.

Bender, John und David E. Wellbery, Rhetoricality: On the Modernist Return of Rhetoric, in: The Ends of Rhetoric. History, Theory, Practice, hg. von dens., Stanford 1990, 3–42.

Bendlage, Andrea und Peter Schuster, Hüter der Ordnung. Bürger, Rat und Polizei in Nürnberg im 15. und 16. Jahrhundert, in: Mitteilungen des Vereins für Geschichte der Stadt Nürnberg 82 (1995), 37–55.

Bendlage, Andrea, „Umb friedens willen" – Obrigkeit und Executive in der Reichstadt Nürnberg im 16. Jahrhundert, in: Kriminalität in Mittelalter und Früher Neuzeit. Soziale, rechtliche, philosophische und literarische Aspekte, hg. von Sylvia Kesper-Biermann und Diethelm Klippel, Wiesbaden 2007, 57–75.

Bennett, Jane, Lebhafte Materie. Eine politische Ökologie der Dinge (2010), Berlin 2020.

Berg, Gunhild, Literarische Gattungen als Wissenstexturen. Zur Einleitung und zur Konzeption des Bandes. In: Wissenstexturen. Literarische Gattungen als Organisationsformen von Wissen, hg. von ders., Frankfurt a. M. 2014, 1–19.

Berger, Günter und Franziska Sick (Hg.), Französisch-deutscher Kulturtransfer im Ancien Régime, Tübingen 2002.

Berman, Harold, Recht und Revolution. Die Bildung der westlichen Rechtstradition (1983), Frankfurt a. M. 1991.

Berndt, Frauke, Johannes Hees-Pelikan und Carolin Rocks (Hg.), Johann Jacob Bodmers Praktiken. Zum Zusammenhang von Ethik und Ästhetik im Zeitalter der Aufklärung, Göttingen 2022.

Berns, Jörg Jochen, Kompilation und Kombinatorik. Zusammenhänge und Grenzen von Harsdörffers naturwissenschaftlichen und ästhetischen Interessen, in: Harsdörffer-Studien. Mit einer Bibliografie der Forschungsliteratur von 1847 bis 2005, hg. von Hermann Korte und Hans-Joachim Jakob, Frankfurt a. M. 2006, 55–83.

Bidwell-Steiner, Marlen und Michael Scham (Hg.), Casuistry and Early Modern Spanish Literature, Leiden und Boston 2022.

Bien, Günther, Art. Circumstantia, in: Historisches Wörterbuch der Philosophie 1, 1019–1022.

Bies, Michael, Michael Gamper und Ingrid Kleeberg (Hg.), Gattungs-Wissen. Wissenspoetologie und literarische Form, Göttingen 2013.

Blair, Ann, The Theater of Nature. Jean Bodin and Renaissance Science, Princeton 1997.

Blumenberg, Hans, Paradigmen einer Metaphorologie, in: Archiv für Begriffsgeschichte 6 (1960), 7–142.

Blumenberg, Hans, Arbeit am Mythos, Frankfurt a. M. 1979.

Blumenberg, Hans, Der Prozeß der theoretischen Neugierde, Frankfurt a. M. 1988.

Blumenberg, Hans, Anthropologische Annäherungen an die Rhetorik, in: Wirklichkeiten, in denen wir leben. Aufsätze und eine Rede, Stuttgart 1996, 104–136.

Blumenberg, Hans, Wirklichkeitsbegriff und Möglichkeit des Romans, in: Ästhetische und metaphorologische Schriften, Ausw. und Nachw. von Anselm Haverkamp, Frankfurt a. M. 2001, 47 – 73.
Blumenberg, Hans, Realität und Realismus, hg. von Nicola Zambon, 2. Aufl. Berlin 2020.
Bornscheuer, Lothar, Topik. Zur Struktur der gesellschaftlichen Einbildungskraft, Frankfurt a. M. 1976.
Bosse, Heinrich, Die gelehrte Republik, in: Bildungsrevolution 1770 – 1830, hg. von Nacim Ghanbari. Heidelberg 2012, 305 – 326.
Brademann, Jan, Residenzstadt und frühmoderner Staat: Überlegungen zum verfassungs- und kulturgeschichtlichen Hintergrund für die Gründung einer Universität in Halle, in: Christian Thomasius (1655 – 1728). Gelehrter Bürger in Leipzig und Halle, hg. von Heiner Lück, Stuttgart 2008, 117 – 140.
Bramenkamp, Hedwig, Krieg und Frieden in Harsdörffers „Frauenzimmer Gesprächspielen" und bei den Nürnberger Friedensfeiern 1649 und 1650, 2., durchges. Aufl. München 2009.
Brandes, Helga, Im Westen viel Neues. Die französische Kultur im Blickpunkt der beiden Gottscheds, in: Diskurse der Aufklärung. Luise Adelgunde Victorie und Johann Christoph Gottsched, hg. von Gabriele Ball, Helga Brandes und Katherine R. Goodman, Wiesbaden 2006, 191 – 212.
Brans, Gerald L., Introduction, in: Viktor Shklovsky, Theory of Prose, translated by Benjamin Sher with an Introduction by Gerald L. Brans, Elmwood Park 1991, ix – xiv.
Bray, René, La formation de la doctrine classique en France (1927), Paris 1966.
Brendecke, Arndt, Papierfluten. Anwachsende Schriftlichkeit als Pluralisierungsfaktor in der Frühen Neuzeit, in: Mitteilungen des Sonderforschungsbereichs 573, I/2006, 21 – 30.
Breuer, Dieter, Einübung ins allegorische Verstehen. Zur Funktion des Erzählens in Harsdörffers „Gesprächspielen", in: Georg Philipp Harsdörffer. Ein deutscher Dichter und europäischer Gelehrter, hg. von Italo Michele Battafarano, Bern, Berlin, Frankfurt a. M. u. a. 1991, 127 – 142.
Breuer, Ingo, Barocke Fallgeschichten? Zum Status der Trauer- und Mordgeschichten Georg Philipp Harsdörffers, in: Zeitschrift für Germanistik. Neue Folge XIX/2 (2009), 288 – 300.
Breuer, Ingo, Barocke Vorgeschichte(n). Menschenkunde in Erzählungen des 17. Jahrhunderts, in: Kleine anthropologische Prosaformen der Goethezeit (1750 – 1830), hg. von Alexander Košenina, und Carsten Zelle, Hannover 2011, 1 – 21.
Brinkmann, Henning, Mittelalterliche Hermeneutik, Tübingen 1980.
Brückner, Jutta, Staatswissenschaften, Kameralismus und Naturrecht. Ein Beitrag zur Geschichte der politischen Wissenschaft im Deutschland des späten 17. und frühen 18. Jahrhunderts, München 1977.
Buchda, Gerhard, Über die verlorenen hallischen Konstitutionen zum Landrecht der Kurmark Brandenburg (1714), in: Zeitschrift der Savigny-Stiftung für Rechtsgeschichte 69 (1952), 385 – 399.
Bucholz, Werner, Anfänge der Sozialdisziplinierung im Mittelalter. Die Reichsstadt Nürnberg als Beispiel, in: Zeitschrift für Historische Forschung 18 (1991), 129 – 147.
Buck, August, Italienische Dichtungslehren. Vom Mittelalter bis zum Ausgang der Renaissance, Tübingen 1952.
Buck, August, Einleitung, in: Scaliger, Iulius Caesar, Poetices libri septem, Nachdr. der Ausg. Lyon 1561, Stuttgart-Bad Cannstatt 1964, S. V – XX.
Buldt, Bernd, Art. Wahrscheinlichkeit III, in: Historisches Wörterbuch der Philosophie 12, Sp. 290 – 304.
Bühler, Axel, Verstehen und Anwenden von Gesetzen in der juristischen Hermeneutik des 18. Jahrhunderts in Deutschland, in: Entwicklung der Methodenlehre in Rechtswissenschaft und Philosophie vom 16. bis zum 18. Jahrhundert. Beiträge zu einem interdisziplinären Symposium in Tübingen, 18. – 20. April 1996, hg. von Jan Schröder, Stuttgart 1998, 101 – 114.

Büttner, Frank, Markus Friedrich und Helmut Zedelmaier (Hg.), Sammeln, Ordnen, Veranschaulichen. Zur Wissenskompilatorik in der Frühen Neuzeit, Münster 2003.

Cahn, Michael, Kunst der Überlistung. Studien zur Wissenschaftsgeschichte der Rhetorik, München 1986.

Campe, Rüdiger, Affekt und Ausdruck. Zur Umwandlung der literarischen Rede im 17. und 18. Jahrhundert, Tübingen 1990.

Campe, Rüdiger, Spiel der Wahrscheinlichkeit. Literatur und Berechnung zwischen Pascal und Kleist, Göttingen 2002.

Campe, Rüdiger, Die Sorge der Prinzessin und die Zukunft des Ereignisses, In: Wissen. Erzählen. Narrative der Humanwissenschaften, hg. von Arne Höcker, Jeannie Moser und Philippe Weber, Bielefeld 2006, 65–84.

Campe, Rüdiger, Epoche der Evidenz. Knoten in einem terminologischen Netzwerk zwischen Descartes und Kant, in: „Intellektuelle Anschauung". Figurationen von Evidenz zwischen Kunst und Wissen, hg. von Sybille Peters und Martin Jörg Schäfer, Bielefeld 2006, 25–43.

Campe, Rüdiger, Synegoria und Advokatur. Entwurf zu einer kritischen Geschichte der Fürsprache, in: Empathie und Erzählung, hg. von Claudia Berger und Fritz Breithaupt, Freiburg i. Br. 2010, 53–84.

Campe, Rüdiger, Verfahren. Kleists Allmähliche Verfertigung der Gedanken beim Reden, in: Sprache und Literatur 110 (2012), 2–21.

Campe, Rüdiger, Von Fall zu Fall. Goethes Werther, Büchners „Lenz", in: Was der Fall ist. Casus und Lapsus, hg. von Inka Mülder-Bach und Michael Ott, Paderborn 2014, 33–55.

Campe, Rüdiger, Bella Evidentia. Der Begriff und die Figur der Evidenz in Baumgartens Ästhetik, in: ders., Anselm Haverkamp und Christoph Menke, Baumgarten-Studien: Zur Genealogie der Ästhetik, Berlin 2014, 49–71.

Campe, Rüdiger, Vor Augen Stellen. Über den Rahmen rhetorischer Bildgebung, in: Auf die Wirklichkeit zeigen. Zum Problem der Evidenz in den Kulturwissenschaften, hg. von Helmut Lethen, Ludwig Jäger und Albrecht Koschorke, Frankfurt a. M. und New York 2015, 106–136.

Campe, Rüdiger, Verhaltenslehre der Gelegenheiten oder Okkasionalismus? Zu einem Thema zwischen Barock und Romantik, in: Revue. Magazine for the Next Society 2015 (17): Gelegenheiten (Festschrift Dirk Baecker), hg. von Maren Lehmann, Athanasios Karafillidis und Moritz Klenk, 50–52.

Campe, Rüdiger, To be continued. Einige Beobachtungen zu Goethes Unterhaltungen, in: Noch einmal anders. Zu einer Poetik des Seriellen, hg. von Elisabeth Bronfen, Christiane Frey und David Martyn, Zürich und Berlin 2016, 119–136.

Campe, Rüdiger, „Mögliche Welt" und „Fictio Analogica". Baumgarten und der Sinn der modernen Fiktionstheorie, in: Wie entsteht Neues? Analogisches Denken, Kreativität und Leibniz' Idee der Erfindung, hg. von Constanze Peres, Paderborn 2020, 131–155.

Campe, Rüdiger, Möglichkeit als Wirklichkeit bei Hans Blumenberg. Mit Ausblick auf Kontingenz, in: Theorien des Möglichen, hg. von Largier, Niklaus und Anja Lemke, Berlin 2022, 105–135.

Canguilhem, Georges, Die Geschichte der Wissenschaften im epistemologischen Werk Gaston Bachelards (1963), in: Wissenschaftsgeschichte und Epistemologie. Gesammelte Aufsätze, hg. von Wolf Lepenies, Frankfurt a. M. 1979, 7–21.

Caroni, Pio, Gesetz und Gesetzbuch. Beiträge zu einer Kodifikationsgeschichte, Basel, Genf und München 2003.

Cassirer, Ernst, Die Philosophie der Aufklärung (1932), 3. Aufl., unveränd. Nachdr. der 2. Aufl. Tübingen 1973.

Certeau, Michel de, Die Förmlichkeit der Praktiken (1973), in: Lire Michel de Certeau. La formalité des pratiques – Michel de Certeau lesen. Die Förmlichkeit der Praktiken, Zeitsprünge 12/1–2, hg. von Philippe Büttgen und Christian Jouhaud, Frankfurt a. M. 2008, 7–65.
Circumstantia, in: Thesaurus linguae Latinae 3, Sp. 1172–1173.
Cogan, Marc, Rodolphos Agricola and the Semantic Revolutions of the History of Invention, in: Rhetorica. A Journal of the History of Rhetoric 2.2 (1984), 63–194.
Coing, Helmut, Europäisches Privatrecht. Bd. 1: Älteres gemeines Recht (1500–1800), München 1985.
Conermann, Klaus, Harsdörffers Plan einer Vernetzung europäischer Akademien, in: „Erfreuliche Nützlichkeit – Keim göttlicher Ehre". Beiträge zum Harsdörffer-Birken-Colloquium des Pegnesischen Blumenordens im Oktober 2014, hg. von Werner Kügel, Passau 2015, 1–65.
Copeland, Rita, Rhetoric, Hermeneutics and Translation in the Middle Ages. Academic Traditions and Vernacular Texts, Cambridge 1991.
Cordie, Ansgar M., Mimesis bei Aristoteles und in der Frühen Neuzeit, in: Künste und Natur in Diskursen der Frühen Neuzeit, hg. von Hartmut Laufhütte, Barbara Becker-Cantarino, Martin Bircher et al., 2 Teile, Wiesbaden 2000, 1. Tl., 277–288.
Cremona, Nicolas, Poétique des histoires tragiques (1559–1644). „Pleines de chair et de sang", Paris 2019.
Czapla, Beate, Art. Percursio, in: Historisches Wörterbuch der Rhetorik 6, Sp. 748–750.
Czapla, Beate, Art. Praeteritio, in: Historisches Wörterbuch der Rhetorik 7, Sp. 27–32.
Damisch, Hubert, Der Ursprung der Perspektive (2000), Zürich 2010.
Dane, Gesa, „Zeter und Mordio". Vergewaltigung in Literatur und Recht, Göttingen 2005.
Dane, Gesa, Rechtsgefühl, poetische Gerechtigkeit und Wahrscheinlichkeit: Georg Philipp Harsdörffers *Schau=Platz jämmerlicher Mordgeschichte*, in: Georg Philipp Harsdörffers Universalität. Beiträge zu einem *uomo universale* des Barock, hg. von Stefan Keppler-Tasaki und Ursula Kocher, Berlin und New York 2011, 167–179.
Dannberg, Lutz, Die Auslegungslehre des Christian Thomasius in der Tradition von Logik und Hermeneutik, in: Christian Thomasius (1655–1728). Neue Forschungen im Kontext der Frühaufklärung, hg. von Friedrich Vollhardt, Tübingen 1997, 253–316.
Danneberg, Lutz, *Pyrrhonismus hermeneuticus, probabilitas hermeneutica* und hermeneutische Approximation, in: Unsicheres Wissen. Skeptizismus und Wahrscheinlichkeit 1550–1850, hg. von Carlos Spoerhase, Dirk Werle und Markus Wild, Berlin und New York 2009, 365–436.
Daston, Lorraine, Classical Probability in the Enlightenment. Princeton 1988.
Daston, Lorraine Eine kurze Geschichte der wissenschaftlichen Aufmerksamkeit, München 2001.
Daston, Lorraine, Warum sind Tatsachen kurz?, in: Cut and Paste um 1900. Der Zeitungsausschnitt in den Wissenschaften, hg. von Anke te Heesen, Berlin 2002, 131–143.
Daston, Lorraine, Wunder, Beweise und Tatsachen. Zur Geschichte der Rationalität (1998), 2. Aufl. Frankfurt a. M. 2003.
Daston, Lorraine, The Empire of Observation, 1600–1800, in: Histories of Scientific Observation, hg. von ders. und Elizabeth Lunbeck, Chicago und London 2011, 81–113.
Daston, Lorraine, Regeln. Eine kurze Geschichte (2022), Berlin 2023.
Davis, Natalie Zemon, The Return of Martin Guerre, Cambridge und London 1983.
Décultot, Elisabeth, Einleitung: Die Kunst des Exzerpierens. Geschichte, Probleme, Perspektiven, in: Lesen, Kopieren, Schreiben. Lese- und Exzerpierkunst in der europäischen Literatur des 18. Jahrhunderts, hg. von ders., Berlin 2014, 7–47.
Décultot, Elisabeth und Daniel Fulda (Hg.), Sattelzeit. Historiographiegschichtliche Revisionen, Berlin und Boston 2016.

Deitz, Luc, Einführung, in: Iulius Caesar Scaliger, Poetices libri septem. Sieben Bücher über die Dichtkunst (1561), Bd. 1. Buch 1 und 2, hg., übers., eing. und erl. von Luc Deitz, Stuttgart-Bad Cannstatt 1994, XI – LXXV.

DeLanda, Manuel, Assemblage Theory, Edinburgh 2016.

Deleuze, Gilles, Differenz und Wiederholung (1968), München 1992.

Deleuze, Gilles, David Hume (1953), Frankfurt a. M. und New York 1997.

Deleuze, Gilles, Die Methode der Dramatisierung, in: Die einsame Insel. Texte und Gespräche 1953 – 1974, hg. von David Lapoujade, Frankfurt a. M. 2003, 139 – 170.

Deleuze, Gilles, Hume, in: Die einsame Insel. Texte und Gespräche 1953 – 1974, hg. von David Lapoujade, Frankfurt a. M. 2003, 236 – 247.

Deleuze, Gilles, Was ist ein Dispositiv?, in: Schizophrenie und Gesellschaft. Texte und Gespräche von 1975 bis 1995, hg. von Daniel Lapoujade, Frankfurt a. M. 2005, 322 – 331.

Deleuze, Gilles, Die Falte. Leibniz und der Barock (1988), 5. Aufl. Frankfurt a. M. 2012.

Deleuze, Gilles, Logik des Sinns (1969), 7. Aufl. Frankfurt a. M. 2014.

Deleuze, Gilles, Gespräch über Tausend Plateaus, in: Unterhandlungen 1972 – 1990 (1993), 6. Aufl. Frankfurt a. M. 2017, 41 – 54.

Deleuze, Gilles und Félix Guattari, Kafka. Für eine kleine Literatur (1975), Frankfurt a. M. 1976.

Deleuze, Gilles und Félix Guattari, Tausend Plateaus. Kapitalismus und Schizophrenie II (1980), Berlin 1992.

Deleuze, Gilles und Félix Guattari, Was ist Philosophie? (1991), Frankfurt a. M. 2000.

Deleuze, Gilles und Claire Parnet, Dialoge (1977), hg. von Daniela Voss, Berlin 2019.

Dell'Anno, Sina, Achim Imboden, Ralf Simon und Jodok Trösch, Prosa. Theorie, Exegese, Geschichte. Einleitung, in: Prosa: Theorie, Exegese, Geschichte, hg. von dens., Berlin und Boston 2021, 1 – 16.

Dembeck, Till, Texte rahmen. Grenzregionen literarischer Werke im 18. Jahrhundert (Gottsched, Wieland, Moritz, Jean Paul), Berlin und New York 2007.

Derrida, Jacques, Gesetzeskraft. Der ‚mystische Grund der Autorität' (1990), 7. Aufl. Frankfurt a. M. 2014.

Dezza, Ottore, Geschichte des Strafprozessrechts in der Frühen Neuzeit. Eine Einführung, Berlin und Heidelberg 2017.

Diefenbacher, Michael und Horst-Dieter Beyerstedt, Nürnberg, in: Handbuch kultureller Zentren der Frühen Neuzeit, hg. von Wolfgang Adam und Siegrid Westphal, Berlin und Boston 2012, 1569 – 1610.

Diestelkamp, Bernhard, Das Reichskammergericht. Der Weg zu seiner Gründung und die ersten Jahrzehnte seines Wirkens (1451 – 1527), Köln 2003.

Di Guilio, Sara und Alberto Frigo (Hg.), Kasuistik und Theorie des Gewissens. Von Pascal bis Kant, Berlin und Boston 2020.

Dockhorn, Klaus, Wordsworth und die rhetorische Tradition, in: Macht und Wirkung der Rhetorik, Bad Homburg, Berlin und Zürich 1968, 26 – 37.

Doncker, Jules de, A Canon of Crime: The rise and development of the causes célèbres in Europe, 1734 – 1890, PhD thesis Universiteit Gent 2017, URL: https://biblio.ugent.be/publication/8537965/file/8537966.pdf (31. 01. 2025).

Doms, Misia Sophia, „Wann ein Frantzos […] ein teutsches Kleid anziehet". Die Behandlung konfessioneller Fragen bei der Übersetzung von Jean-Pierre Camus' *L'Amphithéâtre sanglant* und in Harsdörffers *Der Grosse Schau-Platz jämmerlicher Mord-Geschichte*, in: Deutsch-französische Literaturbeziehungen. Stationen und Aspekte dichterischer Nachbarschaft vom Mittelalter bis zur Gegenwart, hg. von Marcel Krings und Roman Luckscheiter, Würzburg 2007, 51 – 69.

Döring, Detlef, Die Philosophie Gottfried Wilhelm Leibniz' und die Leipziger Aufklärung in der ersten Hälfte des 18. Jahrhunderts, Stuttgart 1999.

Döring, Detlef, Die Leipziger gelehrten Sozietäten in der 1. Hälfte des 18. Jahrhunderts und das Auftreten Johann Christoph Gottscheds, in: Europa in der Frühen Neuzeit. Festschrift für Günter Mühlpfordt, hg. von Erich Donnert, Köln 1999, 17–42.

Döring, Detlef, Christian Thomasius und die Universität Leipzig am Ende des 17. Jahrhunderts, in: Christian Thomasius (1655–1728). Gelehrter Bürger in Leipzig und Halle, hg. von Heiner Lück, Stuttgart 2008, 71–97.

Döring, Detlef, Die Res publica literraria im mitteldeutschen Raum um 1700, in: Strukturen der deutschen Frühaufklärung 1680–1720, hg. von Hans Erich Bödeker, Göttingen 2008, 71–98.

Döring, Detlef, Der Literaturstreit zwischen Leipzig und Zürich in der Mitte des 18. Jahrhunderts. Neue Untersuchungen zu einem alten Thema, in: Bodmer und Breitinger im Netzwerk der europäischen Aufklärung, hg. von Annet Lüttken und Barbara Mahlmann-Bauer, Göttingen 2009, 60–104.

Döring, Detlef, Leipzig, in: Handbuch kultureller Zentren der Frühen Neuzeit, hg. von Wolfgang Adam und Siegrid Westphal, Berlin und Boston 2012, 1253–1297.

Doering, Pia Claudia und Caroline Emmelius (Hg.), Rechtsnovellen. Rhetorik, narrative Strukturen und kulturelle Semantiken des Rechts in Kurzerzählungen des späten Mittelalters und der Frühen Neuzeit, Berlin 2017.

Dülmen, Richard van, Theater des Schreckens. Gerichtspraxis und Strafrituale in der frühen Neuzeit (1985), 3. Aufl. München 1988.

Dürbeck, Gabriele, Einbildungskraft und Aufklärung. Perspektiven der Philosophie, Anthropologie und Ästhetik um 1750, Tübingen 1998.

Düwell, Susanne, „Denn nur das Einzelne ist wirklich". Pädagogische, psychologische und kriminalpsychologische Fallsammlungen in Zeitschriften um 1800, Baden-Baden und Freiburg 2020.

Düwell, Susanne und Nicolas Pethes (Hg.), Fall – Fallgeschichte – Fallstudie. Theorie und Geschichte einer Wissensform, Frankfurt a. M. und New York 2014.

Düwell, Susanne und Nicolas Pethes, Fall, Wissen, Repräsentation – Epistemologie und Darstellungsästhetik von Fallnarrativen in den Wissenschaften vom Menschen, in: Fall – Fallgeschichte – Fallstudie. Theorie und Geschichte einer Wissensform, hg. von dens., Frankfurt a. M. und New York 2014, 9–33.

Dyck, Joachim, Philosoph, Historiker, Orator und Poet. Rhetorik als Verständnishorizont der Literaturtheorie des XVII. Jahrhunderts, in: Arcadia 4 (1969), 1–15.

Dyck, Joachim, Ticht-Kunst. Deutsche Barockpoetik und rhetorische Tradition (1966), 3. Aufl. Tübingen 1991.

Ecsedy, Judit M., Thesen zum Zusammenhang von Quellenverwertung und Kompilationsstrategie in Georg Philipp Harsdörffers *Schau-Plätzen*, in: Georg Philipp Harsdörffers Universalität. Beiträge zu einem *uomo universale* des Barock, hg. von Stefan Keppler-Tasaki und Ursula Kocher, Berlin und New York 2011, 115–146.

Eden, Kathy, Poetic and Legal Fiction in the Aristotelian Tradition, Princeton 1986.

Eder, Antonio, Forensik und Fiktion. Zur Geschichte von Indizien zwischen Wahr-Werden und Wahrscheinlich-Sein, in: Sprache und Literatur 48.1 (2019): Ermittlungstechniken, hg. von Till Breyer, Patrick Hohlweck und Philipp Weber, 29–55.

Ehrenberg, Stefan, Einleitung, in: Nicolas de Malebranche, Abhandlung von der Natur und der Gnade (1712), aus dem Franz. übers., eing. und hg. von Stefan Ehrenberg, Hamburg 1993, VII–XXXVI.

Eichenbaum, Boris, Die Theorie der formalen Methode (1926), in: Aufsätze zur Theorie und Geschichte der Literatur, ausgew. und aus dem Russ. übers. von Alexander Kaempfe, Frankfurt a. M. 1965, 7–52.

Emmelius, Caroline, Kasus und Novelle. Beobachtungen zur Genese des ‚Decameron', in: Literaturwissenschaftliches Jb. 51 (2010), 45–74.

Emmelius, Caroline, Fallkontexte. Narrativität, Diskursivität und Kontextualität von Mordfällen in Erzählsammlungen des 16. Jahrhunderts, in: Schwanksammlungen im frühneuzeitlichen Medienumbruch. Transformationen eines sequentiellen Erzählparadigmas, hg. von Seraina Plotke und Stefan Seeber, Heidelberg 2019, 189–222.

Endres, Rudolf, Grundzüge der Verfassung der Reichsstadt Nürnberg, in: Zeitschrift der Savigny-Stiftung für Rechtsgeschichte, Germanistische Abteilung, Bd. 111 (1994), 405–421.

Endres, Rudolf, Nürnbergs Stellung im Reich im 17. Jahrhundert. In: Der Franken Rom. Nürnbergs Blütezeit in der zweiten Hälfte des 17. Jahrhunderts, hg. von John Roger Paas, Wiesbaden 1995, 19–45.

Engel, Gisela, Johannes Süßmann und Susanne Scholz (Hg.), Fallstudien. Theorie – Geschichte – Methode, Berlin 2007.

Erdbeer, Robert Matthias, Der Text als Verfahren: Zur Funktion des textuellen Paradigmas im kulturgeschichtlichen Diskurs, in: Zeitschrift für Ästhetik und allgemeine Kunstwissenschaft 46.1 (2001), 77–105.

Espagne, Michel und Michael Werner (Hg.), Transferts. Les relations interculturelles dans l'espace franco-allemand (XVIIIe–XIXe siècle), Paris 1988.

Esposito, Elena, Fiktion der wahrscheinlichen Realität, Frankfurt a. M. 2007.

Esposito, Elena, Gelegenheit im Nachhinein, in: Revue. Magazine for the Next Society 2015 (17): Gelegenheiten (Festschrift Dirk Baecker), hg. von Maren Lehmann, Athanasios Karafillidis und Moritz Klenk, 25–27.

Esposito, Roberto, Immunitas. Schutz und Negation des Lebens, Berlin 2004.

Falk, Ulrich, Consilia. Studien zur Praxis der Rechtsgutachten in der frühen Neuzeit, Frankfurt a. M. 2006.

Fangerau, Heiner und Irmgard Müller, Forensische Begutachtung in der Frühen Neuzeit. Das Diarium von Michael Alberti (1682–1757), in: Medizinisches Gutachten. Geschichte einer neuzeitlichen Praxis, hg. von Alexa Geisthövel und Volker Hess, Göttingen 2017, 271–295.

Fauser, Markus, Wissen als Unterhaltung, in: Macht des Wissens. Die Entstehung der modernen Wissensgesellschaft, hg. von Richard van Dülmen, Köln und Weimar 2004, 491–514.

Fejtová, Olga, Die bürgerliche Buchkultur in Nürnberg im 17. Jahrhundert, in: Acta Comeniana. Internationale Revue für Studien über J. A. Comenius und Ideengeschichte der Frühen Neuzeit 17 (2003), 151–182.

Ferrari, Stéphan, L'histoire tragique au service de la cause tridentine. Exemplarité et foi religeuse dans *L'Amphitéâtre sanglant* et *Les Spectacles d'horreur* de Jean-Pierre Camus, in: Littérature Classiques 79 (2012/3), 112–126.

Fink, Gonthier-Louis, Vom universalen zum nationalen Literaturmodell im deutsch-französischen Konkurrenzkampf (1680–1770), in: Tradition, Norm, Innovation. Soziales und literarisches Traditionsverhalten in der Frühzeit der deutschen Aufklärung, hg. von Wilfried Barner, München 1989, 33–67.

Fink, Gonthier-Louis, Vom Alamodestreit zur Frühaufklärung. Das wechselseitige deutsch-französische Spiegelbild 1648–1750, in: Recherches Germaniques 21 (1991), 3–47.

Fischer, Ludwig, Gebundene Rede. Dichtung und Rhetorik in der literarischen Theorie des Barock in Deutschland, Tübingen 1968.
Fischer-Homberger, Esther, Medizin vor Gericht. Zur Sozialgeschichte der Gerichtsmedizin, Darmstadt 1988.
Flechsig, Katharina, Von Causenflickern und Rittern der Rechte. Juristenkritik und Juristenideal in der Frühen Neuzeit, Göttingen 2021.
Fleischmann, Max (Hg.), Christian Thomasius. Leben und Lebenswerk. Abhandlungen und Aufsätze, Halle 1931.
Fleischmann, Peter, Nürnberg in den 1640er Jahren, in: Johann Klaj (um 1616–1656). Akteur – Werk – Umfeld, hg. von Dirk Niefanger und Werner Wilhelm Schnabel, Berlin und Boston 2020, 177–196.
Fleischmann, Peter, Rat und Patriziat in Nürnberg. Die Herrschaft der Ratsgeschlechter vom 13. bis zum 18. Jahrhundert, 3 Bde., Nürnberg 2008.
Fournier, Michel, Portrait du diable en séducteur: la sécularisation de la topique de l'imposture chez Guilleragues et Chavigny de La Bretonnière, in: Imposture et fiction dans les récits d'Ancien Régime, hg. von Nathalie Kremer, Jean-Paul Sermain und Yen-Mai Tran-Gervat, Paris 2016, 185–200.
Foucault, Michel, Omnes et singulatim. Zu einer Kritik der politischen Vernunft (1981), in: Gemeinschaften. Positionen zu einer Philosophie des Politischen, hg. von Joseph Vogl, Frankfurt a. M. 1994, 65–93.
Foucault, Michel, Was ist ein Autor? (1969), in: Schriften in vier Bänden. Dits et Ecrits, 4 Bde., hg. von Daniel Defert und François Ewald, Frankfurt a. M. 2001–2005, Bd. 1, 1003–1041.
Foucault, Michel, Das Leben der infamen Menschen (1977), in: Schriften in vier Bänden. Dits et Ecrits, 4 Bde., hg. von Daniel Defert und François Ewald, Frankfurt a. M. 2001–2005, Bd. 3, 309–332.
Foucault, Michel, Das Spiel des Michel Foucault (1977), in: Schriften in vier Bänden. Dits et Ecrits, 4 Bde., hg. von Daniel Defert und François Ewald, Frankfurt a. M. 2001–2005, Bd. 3, 391–429.
Foucault, Michel, Überwachen und Strafen. Die Geburt des Gefängnisses (1975), 10. Aufl. Frankfurt a. M. 2007.
Foucault, Michel, Die Ordnung der Dinge. Eine Archäologie der Humanwissenschaften (1966), 23. Aufl. Frankfurt a. M. 2015.
Foucault, Michel, Die Wahrheit und die juristischen Formen (1974), aus dem Franz. von Michael Bischoff, mit einem Nachw. von Martin Saar, 4. Aufl. Frankfurt a. M. 2015.
Foucault, Michel, Sicherheit, Territorium, Bevölkerung. Geschichte der Gouvernementalität I. Vorlesung am Collège de France 1977–1978, 4. Aufl. Frankfurt a. M. 2015.
Foucault, Michel, Die Anormalen. Vorlesungen am Collège de France 1974–1975, 4. Aufl. Frankfurt a. M. 2016.
Fox, Richard, Diamantis Panagiotopoulos und Christina Tsouparopoulou: Affordanz. In: Materiale Textkulturen. Konzepte – Materialien – Praktiken, hg. von Thomas Meier, Michael R. Ott und Rebecca Sauer, Berlin und Boston 2015, 63–70.
Frank, Günter, Topik als Methode der Dogmatik. Antike – Mittelalter – Frühe Neuzeit, Berlin und Boston 2017.
Frakes, Jerold C., Remigius of Auxerre, Eriugena, and the Greco-Latin *circumstantiae*-formula of Acessus ad Auctores, in: The sacred nectar of the Greeks. The study of Greek in the West in the early Middle Ages, hg. von Shirley Ann Brown, London 1988, 229–255.

Frey, Christiane, Von Menschen, Fällen und Paratexten. Friedrich Hoffmann bis Karl Philipp Moritz' *Anton Reiser*, in: Die Sachen der Aufklärung. Beiträge zur DGEJ-Jahrestagung 2010 in Halle a.d. Saale, hg. von Frauke Berndt und Daniel Fulda, Hamburg 2010, 560–573.

Frey, Christiane, Fallgeschichte, in: Literatur und Wissen. Ein interdisziplinäres Handbuch, hg. von Roland Borgards, Harald Neumeyer, Nicolas Pethes et al., Stuttgart und Weimar 2013, 282–287.

Friedrich, Christoph, Johann Martin Chladenius. Die Allgemeine Hermeneutik und das Problem der Geschichte, in: Klassiker der Hermeneutik, hg. von Ulrich Nassen, Paderborn 1982, 43–75.

Friedrich, Christoph, Die „Allgemeine Geschichtswissenschaft" von Johann Martin Chladenius, in: Johann Martin Chladenius, Allgemeine Geschichtswissenschaft, Faks-Nachdr. der Ausg. Leipzig 1752, mit einer Einl. von Christoph Friedrich und einem Vorw. von Reinhart Koselleck, Wien, Köln und Graz 1985, XI–LII.

Friedrich, Markus, Frühneuzeitliche Wissenstheater. Textcorpus und Wissensbegriff, in: Wissensspeicher der Frühen Neuzeit. Formen und Funktionen, hg. von Frank Grunert und Anette Syndikus, Berlin und Boston 2015, 297–328.

Friedrich, Susanne, „Zu nothdürfftiger information". Herrschaftlich veranlasste Landeserfassungen des 16. und 17. Jahrhunderts im Alten Reich, in: Information in der Frühen Neuzeit. Status, Bestände, Strategien, hg. von Arndt Brendecke, Markus Friedrich und Susanne Friedrich, Berlin 2008, 301–334.

Friedrich, Udo, Erfahrung als Wert. Über das Verhältnis von Wissen und Subjekt in der Frühen Neuzeit, in: Eule oder Nachtigall? Tendenzen und Perspektiven kulturwissenschaftlicher Werteforschung, hg. von Marie Luisa Allemeyer, Katharina Behrens und Katharina Ulrike Mersch, Göttingen 2007, 49–72.

Friedrich, Udo, Weltmetaphorik und Wissensordnung in der Frühen Neuzeit, in: Enzyklopädistik 1550–1650. Typen und Transformationen von Wissensspeichern und Medialisierungen des Wissens, hg. von Martin Schierbaum, Berlin 2009, 193–248.

Frühsorge, Gotthardt, Der politische Körper. Zum Begriff des Politischen im 17. Jahrhundert und in den Romanen Christian Weises, Stuttgart 1974.

Fuchs, Florian, Civic Storytelling. The Rise of Short Forms and the Agency of Literature, New York 2023.

Füssel, Marian, Gelehrtenkultur als symbolische Praxis. Rang, Ritual und Konflikt an der Universität in der Frühen Neuzeit, Darmstadt 2006.

Fulda, Daniel, Um 1700 begann die ‚offene Zukunft'. Zum Ausgang der Aufklärung von einer allgemeinen Unsicherheitserfahrung. In: Um 1700: Die Formierung der europäischen Aufklärung. Zwischen Öffnung und neuerlicher Schließung, hg. von dems. und Jörn Steigerwald, Berlin und Boston 2016, 23–45.

Fuhrmann, Manfred, Die zivilrechtlichen Beispiele in Ciceros Topik, in: Topik und Rhetorik. Ein interdisziplinäres Symposium, hg. von Thomas Schirren und Gert Ueding, Tübingen 2000, 51–66.

Fumaroli, Marc, L'âge de l'éloquence. Rhétorique et „res literaria" de la Renaissance au seuil de l'époque classique, Genf und Paris 1980.

Fumaroli, Marc, La république des lettres, Paris 2015.

Gamper, Michael, Rhythmus als eine Organisationsform der Prosa, in: Prosa. Zur Geschichte und Theorie einer vernachlässigten Kategorie der Literaturwissenschaften, hg. von dems. und Svetlana Efimova, Berlin und New York 2021, 35–49.

Gamper, Michael und Ruth Mayer, Erzählen, Wissen und kleine Formen. Eine Einleitung, in: Kurz & Knapp. Zur Mediengeschichte kleiner Formen vom 17. Jahrhundert bis zur Gegenwart, hg. von dens., Bielefeld 2017, 7–22.

Gardt, Andreas, Kürze in Rhetorik und Stilistik, in: Sprachliche Kürze. Konzeptuelle, strukturelle und pragmatische Aspekte, hg. von Joachen A. Bär, Thorsten D. Roelcke und Anja Steinhauer, Berlin und New York 2007, 70 – 88.

Garré, Roy, Consuetudo. Das Gewohnheitsrecht in der Rechtsquellen- und Methodenlehre des späten *ius commune* in Italien (16.–18. Jahrhundert), Frankfurt a. M. 2005.

Gast, Wolfgang, Art. Causa, in: Historisches Wörterbuch der Rhetorik 2, Sp. 140 – 147.

Gast, Wolfgang, Art. Generalia/Specialia, in: Historisches Wörterbuch der Rhetorik 3, Sp. 723 – 730.

Gawlick, Günter, Der Deismus als Grundzug der Religionsphilosophie der Aufklärung, in: Hermann Samuel Reimarus (1694 – 1768). Ein „bekannter Unbekannter" der Aufklärung in Hamburg, hg. von Wolfgang Walter, Göttingen 1973, 15 – 43.

Gawlick, Günter, Johann Christoph Gottsched als Vermittler der französischen Aufklärung, in: Leipzig. Aufklärung und Bürgerlichkeit. Zentren der Aufklärung III, hg. von Wolfgang Martens, Heidelberg 1990, 179 – 204.

Gladfelder, Hal, Criminal trials and the dilemmas of narrative realism, 1650 – 1750, in: Prose Studies 20.3 (1997), 21 – 48.

Geitner, Ursula, Die Sprache der Verstellung. Studien zum rhetorischen und anthropologischen Wissen im 17. und 18. Jahrhundert, Tübingen 1992.

Gehring, Petra, ‚Wirklichkeit'. Blumenbergs Überlegungen zu einer Form, in: Journal Phänomenologie 35 (2011), 66 – 81.

Gehrke, Heinrich, Die privatrechtliche Entscheidungsliteratur Deutschlands. Charakteristik und Bibliografie der Rechtsprechungs- und Konsiliensammlungen vom 16. bis zum Beginn des 19. Jahrhunderts, Frankfurt a. M. 1974.

Geisthövel, Alexa und Volker Hess, Handelndes Wissen. Die Praxis des Gutachtens, in: Medizinisches Gutachten. Geschichte einer neuzeitlichen Praxis, hg. von dens., Göttingen 2017, 9 – 39.

Geisenhanslüke, Achim, Poetik. Eine literaturtheoretische Einführung, Bielefeld 2018.

Gelley, Alexander, The Pragmatics of Exemplary Narratives, in: Unruly Examples. On the Rhetoric of Exemplarity, hg. von dems., Stanford 1995, 142 – 161.

Genette, Gérard, Die Erzählung (1998), 3., durchg. und kor. Aufl. Paderborn 2010.

Gess, Nicola, Staunen. Eine Poetik, Göttingen 2019.

Giesecke, Michael, Der Buchdruck in der frühen Neuzeit. Eine historische Fallstudie über die Durchsetzung neuer Informations- und Kommunikationstechnologien (1991), 4. durchges. und um ein Vorw. erg. Aufl. Frankfurt a. M. 2006.

Ginzburg, Carl, Ein Plädoyer für den Kasus. In: Fallstudien. Theorie – Geschichte – Methode, hg. von Gisela Engel, Johannes Süßmann und Susanne Scholz, Berlin 2007, 29 – 48,

Ginzburg, Carlo, Spurensicherung. Der Jäger entziffert die Fährte, Sherlock Holmes nimmt die Lupe, Freud liest Morelli – die Wissenschaft auf der Suche nach sich selbst (1979), in: Spurensicherung. Die Wissenschaft auf der Suche nach sich selbst, 4. Aufl. Berlin 2011, 7 – 57.

Giuriato, Davide, „klar und deutlich". Ästhetik des Kunstlosen im 18./19. Jahrhundert, Freiburg i. Br., Berlin und Wien 2015.

Godzich, Wlad und Geffrey Kittay, The Emergence of Prose. An essay in prosaics, Minneapolis 1987.

Gottschalk, Karin, Wissen über Land und Leute. Administrative Praktiken und Staatsbildungsprozesse im 18. Jahrhundert, in: Das Wissen des Staates. Geschichte, Theorie und Praxis, hg. von Peter Collin und Thomas Horstmann, Baden-Baden 2004, 149 – 174.

Green-Pedersen, Niels Jørgen, The Tradition of the Topics in the Middle Ages. The Commentaries on Aristotle's and Boethius' Topics, Wien und München 1984.

Grell, Chantal, L'histoire entre érudition et philosophie. Etude sur la connaissance historique à l'âge des Lumières, Paris 1993.
Greve, Ylva, Die Unzurechnungsfähigkeit in der ‚Criminalpsychologie' des 19. Jahrhunderts, in: Unzurechnungsfähigkeiten. Diskursivierungen unfreier Bewusstseinszustände seit dem 18. Jahrhundert, hg. von Niehaus, Michael und Hans-Walter Schmidt-Hannisa, Frankfurt a. M. 1998, 107 – 132.
Grieb, Manfred H. (Hg.), Das Nürnberger Buchgewerbe. Buch- und Zeitungsdrucker, Verleger und Druckhändler vom 16. bis zum 18. Jahrhundert, Nürnberg 2003.
Grimm, Gunter E., Literatur und Gelehrtentum in Deutschland. Untersuchungen zum Wandel ihres Verhältnisses vom Humanismus bis zur Frühaufklärung, Tübingen 1983.
Grimm, Jacob und Wilhelm Grimm, Art. Rügeamt, in: Deutsches Wörterbuch 14, Sp. 1411.
Groebner, Valentin, Der Schein der Person. Steckbrief, Ausweis und Kontrolle im Europa des Mittelalters, München 2004.
Grotans, Anna A., Reading in Medieval St. Gall, Cambridge 2010.
Grunert, Frank, Andree Hahmann und Gideon Stiening (Hg.), Christian August Crusius (1715 – 1775). Philosophy between Reason and Revelation, Berlin und Boston 2021.
Grunert, Frank, Die Pragmatisierung der Gelehrsamkeit. Zum Gelehrsamkeitskonzept von Christian Thomasius und im Thomasianismus, in: Kultur der Kommunikation. Die europäische Gelehrtenrepublik im Zeitalter von Leibniz und Lessing, hg. von Ulrich Johannes Schneider, Wiesbaden 2005, 131 – 153.
Gründel, Johannes, Die Lehre von den Umständen der menschlichen Handlung im Mittelalter, Münster 1963.
Günther, Bettina, Sittlichkeitsdelikte in den Policeyordnungen der Reichsstädte Frankfurt am Main und Nürnberg (15.–17. Jahrhundert), in: Policey und frühneuzeitliche Gesellschaft, hg. von Karl Härter, Frankfurt a. M. 2000, 121 – 148.
Günther, Bettina, Die Behandlung der Sittlichkeitsdelikte in den Policeyordnungen und der Spruchpraxis der Reichstädte Frankfurt am Main und Nürnberg im 15. bis 17. Jahrhundert, Frankfurt a. M., Berlin, Bern u. a. 2004.
Günzl, Clara, Eine andere Geschichte der Begründungspflicht. Sichtweisen des frühen 19. Jahrhundert, Tübingen 2021.
Gumbrecht, Hans Ulrich, Art. Maß, in: Ästhetische Grundbegriffe, hg. von Karlheinz Barck, Martin Fontius, Friedrich Wolfzettel et al., 7 Bde., Stuttgart und Weimar 2000 – 2005, Bd. 3, 846 – 866.
Gutsche, Victoria, Der Begriff der Schuld in Georg Philipp Harsdörffers ‚Schauplatz'-Anthologien, in: Simpliciana XXXVIII (2016), 347 – 362.
Hacking, Ian, The Emergence of Probability. A Philosophical Study of Early Ideas About Probability, Induction and Statistical Inference, Cambridge 1975.
Härter, Karl, Criminalbildergeschichten. Verbrechen, Justiz und Strafe in illustrierten Einblattdrucken der Frühen Neuzeit, in: Repräsentationen von Kriminalität und öffentlicher Sicherheit. Bilder, Vorstellungen und Diskurse vom 16. bis zum 20. Jahrhundert, hg. von dems., Gerhard Sälter und Eva Wiebel, Frankfurt a. M. 2010, 25 – 88.
Härter, Karl, Strafrechts- und Kriminalitätsgeschichte der Frühen Neuzeit, Berlin und Boston 2018.
Hahn, Torsten, Kontingenz/Ordnung – Frühaufklärung, in: Systemtheoretische Literaturwissenschaft. Begriffe – Methoden – Anwendungen, hg. von Niels Werber, Berlin und New York 2011, 233 – 246.
Hahn, Torsten und Nicolas Pethes, Einleitung, in: Formästhetiken und Formen der Literatur. Materialität – Ornament – Codierung, hg. von dens., Bielefeld 2020, 9 – 19.

Halisch, Alexander, Barocke Kriminalgeschichtensammlungen, in: Simpliciana 21 (1999), 105 – 124.
Hamacher, Werner, Über einige Unterschiede zwischen der Geschichte literarischer und der Geschichte phänomenaler Ereignisse, in: Historische und aktuelle Konzepte der Literaturgeschichtsschreibung – Zwei Königskinder?, hg. von Wilhelm Voßkamp und Eberhard Lämmert, Tübingen 1986, 5 – 15.
Hamacher, Werner, Infrakontingenz, in: Revue. Magazine for the Next Society 2015 (17): Gelegenheiten (Festschrift Dirk Baecker), hg. von Maren Lehmann, Athanasios Karafillidis und Moritz Klenk, 28 – 30.
Hammerstein, Notker, Jus und Historie. Ein Beitrag zur Geschichte des historischen Denkens an deutschen Universitäten im späten 17. und im 18. Jahrhundert, Göttingen 1972.
Hammerstein, Notker, Die Historie bei Conring, in: Hermann Conring 1606 – 1681. Beiträge zu Leben und Werk, hg. von Michael Stolleis, Berlin 1983, 217 – 236.
Hammerstein, Notker, Reichshistorie, in: Aufklärung und Geschichte. Studien zur deutschen Geschichtswissenschaft im 18. Jahrhundert, hg. von Hans Erich Bödeker, Georg G. Iggers, Jonathan B. Knudsen et al., Göttingen 1986, 82 – 104.
Hammerstein, Notker, Jurisprudenz und Historie in Halle, in: Zentren der Aufklärung I. Halle. Aufklärung und Pietismus, hg. von Norbert Hinske, Heidelberg 1989, 239 – 254.
Hardtwig, Wolfgang, Geschichtskultur und Wissenschaft, München 1990.
Haß, Martin, Über das Aktenwesen und den Kanzleistil im alten Preußen, in: Forschungen zur Brandenburgischen und Preußischen Geschichte 22/2 (1909), hg. von Otto Hintze, 201 – 255
Hathaway, Baxter, The age of criticism. The late Renaissance in Italy, Ithaca 1962.
Haug, Walter, Exempelsammlungen im narrativen Rahmen: Vom ‚Pañcatantra' zum ‚Dekameron', in: Exempel und Exempelsammlungen, hg. von dems. und Burghart Wachinger, Tübingen 1991, 264 – 287.
Haverkamp, Anselm, ‚Wie die Morgenröthe'. Baumgarten Innovation, in: ders., Rüdiger Campe und Christoph Menke, Baumgarten-Studien: Zur Genealogie der Ästhetik, Berlin 2014, 15 – 47.
Haverkamp, Anselm, Ästhetik und Poetik: Martin Opitz im Schatten Baumgartens, in: ders., Rüdiger Campe und Christoph Menke, Baumgarten-Studien: Zur Genealogie der Ästhetik, Berlin 2014, 147 – 172.
Hees-Pelikan, Johannes, Johann Jakob Bodmers Arbeit an der Ästhetik, Göttingen 2024.
Heesen, Anke te und Emma C. Spary, Sammeln als Wissen, in: Sammeln als Wissen. Das Sammeln und seine wissenschaftsgeschichtliche Bedeutung, hg. von dens., Göttingen 2001, 7 – 21.
Heinz, Jutta, Wissen vom Menschen und Erzählen vom Einzelfall. Untersuchungen zum anthropologischen Roman der Spätaufklärung, Berlin und New York 1996.
Heinz, Jutta, Jämmerliche Mordgeschichte, Fallstudie, Farce. Zum Wechselverhältnis von Literatur und Justiz amd Beispiel Kindsmord, in: Vom „Theater des Schreckens" zum „peinlichen Rechte nach der Vernunft". Literatur und Strafrecht im 17. und 18. Jahrhundert, hg. von Eric Achermann und Gideon Stiening, Berlin 2022, 39 – 56.
Helmer, Karl, Weltordnung und Bildung. Versuch einer kosmologischen Grundlegung barocken Erziehungsdenkens bei Georg Philipp Harsdörffer. Frankfurt a. M. 1982.
Henn, Claudia, „Sinnreiche Gedancken". Zur Hermeneutik des Chladenius, in: Archiv für die Geschichte der Philosophie 58 (1976), 240 – 264.
Hennion, Antoine, Offene Objekte, Offene Subjekte? Körper und Dinge im Geflecht von Anhänglichkeit, Zuneigung und Verbundenheit, in: Zeitschrift für Medien- und Kulturforschung 1 (2011), 93 – 109.

Herrmann, Hans Peter, Naturnachahmung und Einbildungskraft. Zur Entwicklung der deutschen Poetik von 1670 bis 1740, Bad Homburg v. d. H., Berlin und Zürich 1970.
Herrick, Marvin T., The Fusion of Horatian and Aristotelian Literary Criticism, 1531 – 1555, Urbana 1946.
Herz, Andreas, Akademie und Kunst. Georg Philipp Harsdörffer und Joachim von Sandrat, in: Fruchtbringende Gesellschaft (1627 – 1680). Hundert Jahre nach der Reformation, hg. von Gabriele Ball, Klaus Conermann, Andreas Herz et al., Wolfenbüttel und Wiesbaden 2017, 343 – 368.
Hess, Falk, Consilia Thomasii. Zu Inhalt und Form einiger Rechtsgutachten des Christian Thomasius aus der Sammlung ‚Consilia Hallensium Iureconsultorum' des Johann Peter von Ludewig, in: Christian Thomasius (1655 – 1728). Wegbereiter moderner Rechtskultur und Juristenausbildung, hg. von Heiner Lück, Hildesheim, Zürich und New York 2006, 201 – 214.
Hess, Peter, Neoplatonismus und Bacon-Rezeption. Naturphilosophie bei Harsdörffer, in: Morgen-Glantz 13 (2003), 321 – 349.
Hess, Peter, „Ist also der Dichter seines Wercks Meister / der Geschichtschreiber der Warheit Knecht." Harsdörffers implizierte Romantheorie, in: Spielregeln barocker Prosa. Historische Konzepte und theoriefähige Texturen ‚ungebundener Rede' in der Literatur des 17. Jahrhunderts, hg. von Thomas Althaus und Nicola Kaminski, Bern 2012, 167 – 183.
Hess, Volker und Andrew Mendelsohn, Paper Technology und Wissensgeschichte, in: NTM. Zeitschrift für Geschichte der Wissenschaften, Technik und Medizin 21 (2013), 1 – 10.
Heßelmann, Peter, Der „honig der angedichteten umstände". Zur rhetorisch-poetologischen Kontroverse um historia, fabula und evidentia in der Romantheorie des Barock, in: Spielregeln barocker Prosa. Historische Konzepte und theoriefähige Texturen ‚ungebundener Rede' in der Literatur des 17. Jahrhunderts, hg. von Thomas Althaus und Nicola Kaminski, Bern 2012, 91 – 117.
Hippel, Reinhard von, Zeugeneid – Beweismittel – Beweisrecht, in: Staat, Recht, Kultur. Festgabe für Ernst von Hippel, hg. von Carl Joseph Hering, Bonn 1965, 117 – 125.
Hintze, Otto, Die Behördenorganisation und die allgemeine Staatsverwaltung Preußens im 18. Jahrhundert. Bd. 6/1: Einleitende Darstellung der Behördenorganisation und allgemeinen Verwaltung in Preußen beim Regierungsantritt Friedrichs II, Berlin 1901.
Hoffmann, Christoph, Schreiber, Verfasser, Autoren, in: DVjs 91 (2017), 163 – 187.
Hoffmann, Christoph, Schreiben im Forschen: Verfahren, Szenen, Effekte, Tübingen 2018.
Hohlweck, Patrick, Wahrheit der Ermittlung (Neuer Pitaval, Harsdörffer), in: Sprache und Literatur 48.1 (2019): Ermittlungstechniken, hg. von dems, Till Breyer, und Philipp Weber, 7 – 27.
Hohlweck, Patrick, Das Verfahren der Form bei Baumgarten, in: Formästhetiken und Formen der Literatur. Materialität – Ornament – Codierung, hg. von Torsten Hahn und Nicolas Pethes, Bielefeld 2020, 41 – 60.
Hohlweck, Patrick, „Unterscheid der Umstände". Verhaltenswissen um 1700, in: Wissensgeschichte des Verhaltens. Interdisziplinäre Perspektiven, hg. von Sophia Gräfe und Georg Toepfer, Berlin und Boston 2025, 27 – 43.
Hohmann, Hanns, Art. Casus, in: Historisches Wörterbuch der Rhetorik 2, Sp. 124 – 140.
Holenstein, André, Die Umstände der Normen – die Normen der Umstände. Policeyordnungen im kommunikativen Handeln von Verwaltung und lokaler Gesellschaft im Ancien Régime, in: Policey und frühneuzeitliche Gesellschaft, hg. von Karl Härter, Frankfurt a. M. 2000, 1 – 46.
Holzhey, Helmut, Befreiung und Bindung der Einbildungskraft im Prozess der Aufklärung, in: Bodmer und Breitinger im Netzwerk der europäischen Aufklärung, hg. von Annet Lüttken und Barbara Mahlmann-Bauer, Göttingen 2009, 42 – 59.
Hoppmann, Michael, Statuslehre, in: Historisches Wörterbuch der Rhetorik 8, Sp. 1327 – 1359.

Hoyer, Siegfried, Der junge Thomasius in Leipzig, in: Christian Thomasius (1655 – 1728). Gelehrter Bürger in Leipzig und Halle, hg. von Heiner Lück, Stuttgart 2008, 54 – 70.

Hruschka, Joachim, Die *species facti* und der Zirkel bei der Konstitution des Rechtsfalles in der Methodenlehre des 18. Jahrhunderts, in: Theorie der Interpretation vom Humanismus bis zur Romantik – Rechtswissenschaft, Philosophie, Theologie, hg. von Jan Schröder, Stuttgart 2001, 203 – 214.

Hull, Matthew S., Government of Paper. The Materiality of Bureaucracy in Urban Pakistan, Berkeley 2012.

Hundt, Markus, „Spracharbeit“ im 17. Jahrhundert. Studien zu Georg Philipp Harsdörffer, Justus Georg Schottelius und Christian Gueintz, Berlin und New York 2000.

Hundt, Markus, Diskursivierung von Wissen durch Sprache – der multimodale Ansatz von Georg Philipp Harsdörffer in den Frauenzimmer Gesprächspielen, in: Politik – Ethik – Poetik. Diskurse und Medien frühneuzeitlichen Wissens, hg. von Thorsten Burkard, Markus Hundt, Steffen Martus u. a., Berlin 2011, 177 – 200.

Hutson, Lorna, Circumstantial Shakespeare, Oxford 2015.

Hübner, Gert, Ältere deutsche Literatur. Eine Einführung (2006), 2., vollst. überarb. und erw. Aufl. Tübingen 2015.

Hüning, Dieter und Stefan Klingner (Hg.), Hermann Samuel Reimarius (1694 – 1768). Natürliche Religion und Popularphilosophie, Berlin und Boston 2022.

Ignor, Alexander, Geschichte des Strafprozesses in Deutschland 1532 – 1846. Von der *Carolina* Karls V. bis zu den Reformen des Vormärz, Paderborn, München, Wien u. a. 2002.

Iseli, Andrea, Gute Policey. Öffentliche Ordnung in der Frühen Neuzeit, Stuttgart 2009.

Jäger, Maren, Ethel Matala de Mazza und Joseph Vogl, Einleitung, in: Verkleinerung. Epistemologie und Literaturgeschichte kleiner Formen, hg. von dens., Berlin und Boston 2021, 1 – 12.

Jahn, Bernhard, Die Chronik als Umschlagplatz von Wissen. Zur Heterogenität des Wissens und seiner Ordnungen in sächsischen Chroniken des 16. Jahrhunderts, in: Wissensspeicher der Frühen Neuzeit. Formen und Funktionen, hg. von Frank Grunert und Anette Syndikus, Berlin und Boston 2015, 3 – 20.

Jakob, Hans-Joachim, Die Schauplatz- und Theater-Bildlichkeit in Georg Philipp Harsdörffers *Grossem Schau=Platz jämmerlicher Mordgeschichte*, in: Georg Philipp Harsdörffers Universalität. Beiträge zu einem *uomo universale* des Barock, hg. von Stefan Keppler-Tasaki und Ursula Kocher, Berlin und New York 2011, 83 – 114.

Jakob, Hans-Joachim, Eine Historie wandert durch die Jahrhunderte. Fall und Vorlage für Georg Philipp Harsdörffers Erzählung „Die Großmüthige Rache“, in: Kriminalfallgeschichten. TEXT+KRITIK-Sonderband, hg. von Alexander Košenina, München 2014, 7 – 21.

Jakob, Hans-Joachim, Mit „der Leuchte wahrhaffter Geschichte“. Tugend- und Lasterdidaktik in G. Ph. Harsdörffers *Pentagone Histoirique* (1652), in: Morgen-Glantz 30 (2020), 315 – 349.

Jakob, Hans-Joachim, Die Gemeinschaftsarbeiten von Georg Philipp Harsdörffer und Johann Michael Dilherr, in: Literarische Kooperation im Barock. Untersuchungen zur Zusammenarbeit von Autoren im 17. Jahrhundert, hg. von Ralf Schuster, Passau 2021, 41 – 68.

Jakob, Rafael, Indizien erzählen. Kleists Der Zweikampf und die Informalisierung rechtlichen Entscheidens, Unveröffentlichte Masterarbeit, Humboldt-Universität zu Berlin 2019.

Jakobson, Roman, [Metapher und Metonymie:] Randbemerkungen zur Prosa des Dichters Pasternak [1935], in: Poetik. Ausgewählte Aufsätze 1921 – 1971, hg. von Elmar Holenstein und Tarcisius Schelbert, Frankfurt a. M. 1979, 192 – 211.

Jaumann, Herbert, Die Kommunikation findet in den Büchern statt. Zu Harsdörffers Literaturprogramm in den „Gesprächspielen", in: Georg Philipp Harsdörffer. Ein deutscher Dichter und europäischer Gelehrter, hg. von Italo Michele Battafarano, Bern u.a. 1991, 163–179.
Jolles, André, Einfache Formen. Legende. Sage. Mythe. Rätsel. Spruch. Kasus. Memorabile. Märchen. Witz (1930), 6. Aufl. Tübingen 1982.
Jonsen, Albert R. und Stephen Toulmin, The Abuse of Casuistry. A History of Moral Reasoning, Berkeley, Los Angeles und London 1988.
Jürgensen, Renate, Utile cum dulci. Mit Nutzen erfreulich. Die Blütezeit des Pegnesischen Blumenordens in Nürnberg 1644 bis 1744, Wiesbaden 1994.
Jürgensen, Renate, Norimberga Literata, in: Stadt und Literatur im deutschen Sprachraum der Frühen Neuzeit, hg. von Stefan Anders, Thomas Elsmann und Klaus Garber, Tübingen 1998, 425–490.
Jürgensen, Renate, Bibliotheca Norica. Patrizier und Gelehrtenbibliotheken in Nürnberg zwischen Mittelalter und Aufklärung, Wiesbaden 2002.
Kablitz, Andreas, Die Unvermeidlichkeit der Natur. Das aristotelische Konzept der Mimesis im Wandel der Zeiten, in: Die Mimesis und ihre Künste, hg. von Gertrud Koch, Martin Vöhler und Christiane Voss, München und Paderborn 2010, 189–211.
Kaiser, Wolfram und Arina Völker, Michael Alberti (1681–1757), Halle 1982.
Kaminski, Nicola, *Ex bello ars* oder Ursprung der „Deutschen Poeterey", Heidelberg 2004.
Kammer, Stephan, Überlieferung: Das philologisch-antiquarische Wissen im frühen 18. Jahrhundert, Berlin und Boston 2017.
Kantorowicz, Hermann, The Quaestiones Disputatae of the Glossators, in: Tijdschrift voor Rechtsgeschiedenis/Revue d'histoire du droit/The Legal History Review 16.1 (1939), 1–67.
Kappl, Brigitte, Die Poetik des Aristoteles in der Dichtungstheorie des Cinquecento, Berlin und New York 2006.
Kaufmann, Matthias, Das Decorum: Grundlage oder Folgeerscheinung des Rechts?, in: Christian Thomasius (1655–1728). Wegbereiter moderner Rechtskultur und Juristenausbildung, hg. von Heiner Lück, Hildesheim, Zürich und New York 2006, 27–38.
Keppler-Tasaki, Stefan, Himmlische Rhetorik. Harsdörffers Poetik des Gebets zwischen lutherischer Orthodoxie und europäischem Manierismus, in: Georg Philipp Harsdörffers Universalität. Beiträge zu einem *uomo universale* des Barock, hg. von dems. und Ursula Kocher, Berlin und New York 2011, 299–325.
Keppler-Tasaki, Stefan und Ursula Kocher, Vorwort, in: Georg Philipp Harsdörffers Universalität. Beiträge zu einem *uomo universale* des Barock, hg. von dens., Berlin und New York 2011, VII–X.
Kessler, Eckhard, Das rhetorische Modell der Historiographie, in: Formen der Geschichtsschreibung, hg. von Reinhart Koselleck, Heinrich Lutz und Jörn Rüsen, München 1982, 37–85.
Keunecke, Hans-Otto, Buchverlag, Buchdruck und Buchhandel in Nürnberg 1640 bis 1650, in: Johann Klaj (um 1616–1656). Akteur – Werk – Umfeld, hg. von Dirk Niefanger und Werner Wilhelm Schnabel, Berlin und Boston 2020, 197–233.
Kiesow, Rainer Maria, Das Alphabet des Rechts, Frankfurt a.M. 2004.
Kiesow, Rainer Maria, Der Fall Pitaval, in: Kultur der Kommunikation. Die europäische Gelehrtenrepublik im Zeitalter von Leibniz und Lessing, hg. von Ulrich Johannes Schneider, Wiesbaden 2005, 119–129.
King, Martina und Thomas Wegmann (Hg.), Fallgeschichte(n) als Narrativ zwischen Literatur und Wissen, Innsbruck 2016.
Kirchmeier, Christian, Krise der Kritik. Zur Poetik von Kasus und Rätsel am Beispiel zweier Kriminalerzählungen von Jodokus D. H. Temme und Auguste Groner, in: Tötungsarten und

Ermittlungspraktiken. Zum literarischen und kriminalistischen Wissen von Mord und Detektion, hg. von Maximilian Bergengruen, Gideon Haut und Stephanie Langer, Freiburg i. Br., Berlin und Wien 2015, 19–38.

Kirchmeier, Christian, Verbrechen als Exemplum. Zu Poetik und Pragmatik frühneuzeitlicher Kriminalliteratur am Beispiel des ‚aktenmäßigen Berichts' über Lips Tullian (1716), in: IASL 41.1 (2016), 1–20.

Kittler, Friedrich A., Aufschreibesysteme 1800/1900 (1985), 3. vollst. überarb. Neuaufl. München 1995.

Kleinberg, Ethan, Haunting history. For a deconstructive approach to the past, Stanford 2017.

Kleinschmidt, Erich, Die literarische Stadtkultur Oberdeutschlands, in: Stadt und Literatur im deutschen Sprachraum der Frühen Neuzeit, hg. von Stefan Anders, Thomas Elsmann und Klaus Garber, Tübingen 1998, 281–292.

Kleinschmidt, Erich, Prosa, in: Reallexikon der deutschen Literaturwissenschaft 3, 168–172.

Knabe, Lotte, Einleitung, in: Leibniz, Gottfried Wilhelm, Sämtliche Schriften und Briefe, 4. Reihe, 3. Bd., XIX–XXXVIII.

Knape, Joachim, Historie in Mittelalter und Früher Neuzeit. Begriffs- und gattungsgeschichtliche Untersuchungen im interdisziplinären Kontext, Baden-Baden 1984.

Knebel, Sven, Wille, Würfel und Wahrscheinlichkeit. Das System der moralischen Notwendigkeit in der Jesuitenscholastik 1550–1700, Hamburg 2000.

Kneepkens, Corneille Henri, Robert Kilwardby on Grammar, in: A Companion to the Philosophy of Robert Kilwardby, hg. von Henrik Lagerlung und Paul Thom, Leiden und Bosten 2013, 17–64.

Knörer, Ekkehard, Entfernte Ähnlichkeiten. Zur Geschichte von Witz und *ingenium*, Paderborn 2007.

Kobusch, Theo, Die Entdeckung der Person. Metaphysik der Freiheit und modernes Menschenbild (1993), 2., durchges. und um ein Nachw. und um Literaturerg. erw. Aufl. Darmstadt 1997.

Koch, Arnd, Denunciatio. Zur Geschichte eines strafprozessualen Rechtsinstituts, Frankfurt a. M. 2006.

Kocher, Ursula, Lügen brauchen gute Redner. Überlegungen zu einer Rhetorik der Lüge, in: Rhetorik. Ein internationales Jahrbuch, Bd. 23: Rhetorik und Anthropologie, hg. von Peter Krause, Tübingen 2004, 41–49.

Kohnke, Meta, Das preußische Kabinettsministerium. Ein Beitrag zur Geschichte des Staatsapparates im Spätfeudalismus, in: Jahrbuch für Geschichte des Feudalismus 2 (1978), 313–356.

Koschorke, Albrecht, Körperströme und Schriftverkehr. Mediologie des 18. Jahrhunderts. München (1999), 2., durchg. Aufl. 2003.

Koschorke, Albrecht, Wahrheit und Erfindung. Grundzüge einer Allgemeinen Erzähltheorie (2012), 2. Aufl. Frankfurt a. M. 2012.

Koselleck, Reinhart, Preußen zwischen Reform und Revolution. Allgemeines Landrecht, Verwaltung und soziale Bewegung von 1791 bis 1848, Stuttgart 1987.

Koselleck, Reinhart, Vergangene Zukunft. Zur Semantik geschichtlicher Zeiten, Frankfurt a. M. 1989.

Koselleck, Reinhart, Historia Magistra Vitae. Über die Auflösung des Topos im Horizont neuzeitlich bewegter Geschichte, in: Vergangene Zukunft. Zur Semantik geschichtlicher Zeiten. Frankfurt a. M. 1989, 38–66.

Koselleck, Reinhart, Standortbindung und Zeitlichkeit. Ein Beitrag zur historiographischen Erschließung der geschichtlichen Welt, in: Vergangene Zukunft. Zur Semantik geschichtlicher Zeiten. Frankfurt a. M. 1989, 176–209

Košenina, Alexander, Recht – gefällig. Frühneuzeitliche Verbrechensdarstellung zwischen Dokumentation und Unterhaltung, in: Zeitschrift für Germanistik NF 15 (2005), 28–57.

Košenina, Alexander, Fallgeschichten. Von der Dokumentation zur Fiktion, in: Zeitschrift für Germanistik. Neue Folge XIX/2 (2009), 282–287.

Krajewski, Markus, ZettelWirtschaft. Die Geburt der Kartei aus dem Geiste der Bibliothek (2002), 2., kor. und erw. Aufl. Berlin 2017.
Krämer, Sybille, Form als Vollzug oder: Was gewinnen wir mit Niklas Luhmanns Unterscheidung von Medium und Form?, in: Rechtshistorisches Journal 17 (1998), 558 – 573.
Krämer, Sybille, Was also ist eine Spur? Und worin besteht ihre epistemologische Rolle? Eine Bestandsaufnahme. In: Spur. Spurenlesen als Orientierungstechnik und Wissenskunst, hg. von ders., Werner Kogge und Gernot Grube, Frankfurt a. M. 2007, 11 – 33.
Krämer, Sybille, Tatsachenwahrheiten und Vernunftwahrheiten (§§ 28 – 37), in: Gottfried Wilhelm Leibniz. Monadologie, hg. von Hubertus Busche, Berlin 2009, 95 – 111.
Krause, Marcus, Infame Menschen. Zur Epistemologie literarischer Fallgeschichten 1774 – 1816, Berlin 2017.
Kraut, Philip, Die Arbeitsweise der Brüder Grimm, Stuttgart 2023.
Krebs, Jean-Daniel, Deutsche Barocknovelle zwischen Morallehre und Information. Georg Philipp Harsdörffer und Théophraste Renaudot, in: MLN 103.3 (1988), 478 – 503.
Krebs, Jean-Daniel, Harsdörffer als Vermittler des ‚honnêteté'-Ideals, in: Georg Philipp Harsdörffer. Ein deutscher Dichter und europäischer Gelehrter, hg. von Italo Michele Battafarano, Bern u. a. 1991, 287 – 311.
Kremer, Nathalie, Vraisemblance et représentation au XVIIIe siècle, Paris 2011.
Kremer, Nathalie, Jean-Paul Sermain und Yen-Mai Tran-Gervat (Hg.), Imposture et fiction dans les récits d'Ancien Régime, Paris 2016.
Kriechbaum, Maximiliane und Hermann Lange, Römisches Recht im Mittelalter. Bd. 2: Die Kommentatoren, München 2007.
Kristeller, Paul Oskar, Renaissance Thought and the Arts. Collected Essays, erw. Aufl. mit einem Nachw, Princeton 1990.
Krüger, Lorenz, Lorraine Daston und Michael Heidelberger (Hg.), The Probabilistic Revolution, 2 Bde, Cambridge 1987.
Kühnel, Martin, Das politische Denken von Christian Thomasius. Staat, Gesellschaft, Bürger, Berlin 2001.
Kühlmann, Wilhelm, Gelehrtenrepublik und Fürstenstaat. Entwicklung und Kritik des deutschen Späthumanismus in der Literatur des Barockzeitalters, Tübingen 1982.
Kühne, Udo, Art. Colores rhetorici, in: Historisches Wörterbuch der Rhetorik 2, Sp. 282 – 290.
Lämmert, Eberhard, Bauformen des Erzählens, Stuttgart 1955.
Landfester, Ulrike, Das Recht des Erzählers. Verbrechensdarstellungen zwischen Exekutionsjournalismus und Pitaval-Tradition 1600 – 1800, in: Literatur, Kriminalität und Rechtskultur im 17. und 18. Jahrhundert, hg. von Uwe Böker und Christoph Houswitschka, Essen 1996, 155 – 183.
Landwehr, Achim, Geburt der Gegenwart. Eine Geschichte der Zeit im 17. Jahrhundert, Frankfurt a. M. 2014.
Langbein, John H., Torture and the Law of Proof. Europe and England in the Ancien Régime, Chicago und London 1977.
Lange, Hermann, Römisches Recht im Mittelalter. Bd. 1: Die Glossatoren, München 1997.
Lange, Winfried, Fruchtbringende Gesellschaft und Übersetzung im 17. Jahrhundert, in: Geschichte der Übersetzung. Beiträge zur Geschichte der neuzeitlichen, mittelalterlichen und antiken Übersetzung, hg. von Bogdan Kovtyk, Hans-Joachim Solms und Gerhard Meiser, Berlin 2002, 89 – 107.

Lahusen, Benjamin und Moritz Renner, Gespenster zweiter Ordnung, in: Soziologische Jurisprudenz. Festschrift für Gunter Teubner zum 65. Geburtstag, hg. von Gralf-Peter Callies, Andreas Fischer-Lescano, Dan Wielsch et al., Berlin 2009, 69 – 82.

Laingui, André und Arlette Lebigre, Histoire du droit pénal, Bd. 2: La procédure criminelle, Paris 1980.

Latour, Bruno, Drawing Things Together. Die Macht der unveränderlichen mobilen Elemente, in: ANThology. Ein einführendes Handbuch zur Akteur-Netzwerk-Theorie, hg. von Andréa Belliger und David J. Krieger, Bielefeld 2006, 259 – 307.

Latour, Bruno, Eine neue Soziologie für eine neue Gesellschaft. Einführung in die Akteur-Netzwerk-Theorie (2005), Frankfurt a. M. 2007.

Latour, Bruno, Existenzweisen. Eine Anthropologie der Modernen (2012), Berlin 2014.

Latour, Bruno, Die Rechtsfabrik. Eine Ethnographie des Coseil d'Etat (2002), Konstanz 2016.

Lau, Viktor, Erzählen und Verstehen. Historische Perspektiven der Hermeneutik, Würzburg 1999.

Lausberg, Heinrich, Handbuch der literarischen Rhetorik. Eine Grundlegung der Literaturwissenschaft (1960), 3. Aufl. Stuttgart 1990.

Leff, Michael C., The Logician's Rhetoric. Boethius' De topicis differentiis, Book IV, in: Medieval Eloquence. Studies in the Theory and Practice of Medieval Rhetoric, hg. von Murphy, James J., Berkeley 1978, 3 – 24.

Leff, Michael C., The Topics of Argumentative Invention in Latin Rhetorical Theory from Cicero to Boethius, in: Rhetorica 1 (1983), 23 – 44.

Legendre, Pierre, Das Verbrechen des Gefreiten Lortie. Abhandlung über den Vater. Lektionen VIII (1994), Freiburg 1998.

Lehnert, Walter, Nürnberg – Stadt ohne Zünfte. Die Aufgaben des reichsstädtischen Rugamts, in: Deutsches Handwerk in Spätmittelalter und Früher Neuzeit. Sozialgeschichte – Volkskunde – Literaturgeschichte, hg. von Rainer S. Elkar, Göttingen 1983, 71 – 81.

Leinkauf, Thomas, Mundus combinatus. Studien zur Struktur der barocken Universalwissenschaft am Beispiel Athanasius Kirchers SJ (1602 – 1680) (1993), 2., durchg. und bibliogr. erg. Aufl. Berlin 2009.

Leinkauf, Thomas, Grundriss Philosophie des Humanismus und der Renaissance (1350 – 1600), 2 Bde., Hamburg 2017.

Lepsius, Susanne, Art. Ius Commune, in: HRG. URL: https://www.hrgdigital.de/id/ius_commune/stichwort.html (31.01.25).

Lepsius, Susanne, Wissen = Entscheiden, Nichtwissen = Nichtentscheiden? Zum Dilemma richterlicher Beweiserhebung im Spätmittelalter und in der frühen Neuzeit, in: Urteilen/Entscheiden, hg. von Cornelia Vismann und Thomas Weitin, München 2006, 119 – 142.

Levi, Anthony, French Moralists. The Theory of the Passions 1585 to 1649, Oxford 1964.

Levine, Caroline, Forms. Whole, Rhythm, Hierarchy, Network, Princeton und Oxford 2017.

Lewis, Janet, The Wife of Martin Guerre, in: Cases of Circumstantial Evidence, introduction by Kevin Haworth, Athens 2013, 3 – 116.

Ley, Klaus, Über die allmähliche Verfertigung der Gedanken vor dem Reden. ‚Circumstantia'-Lehre, Beichte und Alltagsrhetorik in der Gegenreformation, in: Zeitschrift für romanische Philologie 107.3 – 4 (1991), 295 – 323.

Lieb, Claudia, Germanistiken. Zur Praxis von Literatur- und Rechtswissenschaft 1630 – 1900, Berlin und Heidelberg 2022.

Lieberwirth, Rolf, Der Staat als Gegenstand des Hochschulunterrichts in Deutschland vom 16. bis zum 18. Jahrhundert. Sitzungsberichte der Sächsischen Akademie der Wissenschaften zu Leipzig. Philologisch-historische Klasse, Bd. 120, H. 4, Berlin 1978.

Lindner, Joachim und Claus-Michael Ort: Recht und Moral. Mediale Konstellationen gesellschaftlicher Selbstverständigung über ‚Verbrechen' vom 17. bis zum 21. Jahrhundert, in: Recht und Moral. Zur gesellschaftlichen Selbstverständigung über ‚Verbrechen' vom 17. bis zum 21. Jahrhundert, hg. von Hans-Edwin Friedrich und Claus-Michael Ort, Berlin 2015, 13 – 56.
Locher, Elmar, Hypotypose und *memoria* in der Ästhetik Harsdörffers, in: Seelenmaschinen. Gattungstraditionen, Funktionen und Leistungsgrenzen der Mnemotechniken vom späten Mittelalter bis zum Beginn der Moderne, hg. von Jörg Jochen Berns und Wolfgang Neuber, Wien, Köln und Weimar 2000, 67 – 88.
Ludi, Regula, Die Fabrikation des Verbrechens. Zur Geschichte der modernen Kriminalpolitik 1750 – 1850, Tübingen 1999.
Ludscheidt, Michael (Hg.), Kaspar Stieler (1632 – 1707). Studien zum literarischen Werk des „Spaten", Bucha bei Jena 2010.
Ludwig, Ulrike, Das Herz der Justitia. Gestaltungspotentiale territorialer Herrschaft in der Strafrechts- und Gnadenpraxis am Beispiel Kursachsens 1548 – 1648, Konstanz 2008.
Lück, Heiner, Melchior von Osses und Christian Thomasius' Kritik am Gerichtswesen des frühmodernen Staates, in: Europa in der Frühen Neuzeit. Festschrift für Günter Mühlpfordt, hg. von Erich Donnert, Köln 1999, 187 – 198.
Lüdemann, Susanne, Beobachtungsverhältnisse. Zur (Kunst-)Geschichte der Beobachtung zweiter Ordnung, in: Widerstände der Systemtheorie. Kulturtheoretische Analysen zum Werk von Niklas Luhmann, hg. von Albrecht Koschorke und Cornelia Vismann, Berlin 1999, 63 – 75.
Lüdemann, Susanne, Literarische Fallgeschichten. Schillers ‚Verbrecher aus verlohrener Ehre' und Kleists ‚Michael Kohlhaas', in: Das Beispiel. Epistemologie des Exemplarischen, hg. von Nicolas Pethes, Jens Ruchatz und Stefan Willer, Berlin 2007, 208 – 223.
Lüsebrink, Hans-Jürgen, Kriminalität und Literatur im Frankreich des 18. Jahrhunderts. Literarische Formen, soziale Funktionen und Wissenskonstituenten von Kriminalitätsdarstellungen im Zeitalter der Aufklärung, München und Wien 1983.
Luhmann, Niklas, Legitimation durch Verfahren, Frankfurt a. M. 1983.
Luhmann, Niklas, Soziale Systeme. Grundriß einer allgemeinen Theorie, Frankfurt a. M. 1984.
Luhmann, Niklas, Die Wissenschaft der Gesellschaft, Frankfurt a. M. 1992.
Luhmann, Niklas, Die Paradoxie des Entscheidens, in: Verwaltungsarchiv 84 (1993), 287 – 299.
Luhmann, Niklas, The Code of the Moral, in: Cardozo Law Review 14 (1993), 995 – 1009.
Luhmann, Niklas, Ethik als Reflexionstheorie der Moral, in: Gesellschaftsstruktur und Semantik. Studien zur Wissenssoziologie der modernen Gesellschaft, Bd. 3, Frankfurt a. M. 1993, 358 – 447.
Luhmann, Niklas, Die Beobachtung erster und die Beobachtung zweiter Ordnung, in: Die Kunst der Gesellschaft, Frankfurt a. M. 1995, 92 – 164.
Luhmann, Niklas, Medium und Form, in: Die Kunst der Gesellschaft, Frankfurt a. M. 1995, 165 – 214.
Luhmann, Niklas, Die Gesellschaft der Gesellschaft, 2 Bde., Frankfurt a. M. 1998.
Luhmann, Niklas, Ausdifferenzierung des Rechts. Beiträge zur Rechtssoziologie und Rechtstheorie, Frankfurt a. M. 1999.
Luhmann, Niklas, Ausdifferenzierung des Rechtssystems, in: Ausdifferenzierung des Rechts. Beiträge zur Rechtssoziologie und Rechtstheorie, Frankfurt a. M. 1999, 35 – 52.
Luhmann, Niklas, Positivität des Rechts als Voraussetzung einer modernen Gesellschaft, in: Ausdifferenzierung des Rechts. Beiträge zur Rechtssoziologie und Rechtstheorie, Frankfurt a. M. 1999, 113 – 153.
Luhmann, Niklas, Literatur als fiktionale Realität, in: Schriften zu Kunst und Literatur, hg. von Niels Werber, Frankfurt a. M. 2008, 276 – 291.

Luhmann, Niklas, Das Recht der Gesellschaft (1995), 6. Aufl. Frankfurt a. M. 2013.
Luhmann, Niklas, Kontingenz und Recht. Rechtstheorie im interdisziplinären Zusammenhang, hg. und mit einem Nachw. Von Johannes F. K. Schmidt, Frankfurt a. M. 2013.
Luther, Christoph, Aufgeklärt strafen. Menschengerechtigkeit im 18. Jahrhundert, Frankfurt a. M. 2016.
Lutz, Ralf, Die klassische Lehre von den Umständen einer Handlung. Ein Beitrag zur Handlungstheorie Thomas von Aquins, in: Lebensbeendende Handlungen. Ethik, Medizin und Recht zur Grenze von ‚Töten' und ‚Sterbenlassen', hg. von Franz-Josef Bormann, Berlin und Boston 2017, 95 – 121.
Lyons, John D., Exemplum. The Rhetoric of Example in Early Modern France and Italy, Princeton 1989.
MacCormick, Neil, Why Cases Have Rationes and What These Are, in: Precedent in Law, hg. von Laurence Goldstein, Oxford 1987, 155 – 182.
Mack, Peter, Renaissance Argument. Valla and Agricola in the Traditions of Rhetoric and Dialectic, Leiden 1993.
Mack, Peter, Rhetoric and Dialectic in the Renaissance, in: Bulletin of the Institute of Classical Studies 50, Issue Supplement 96 (2007), 91 – 103.
Mack, Peter, A History of Renaissance Rhetoric 1380 – 1620, Oxford 2011.
Madonna, Luigi Cataldi, Wissenschafts- und Wahrscheinlichkeitsauffassung bei Thomasius, in: Christian Thomasius 1655 – 1728. Interpretationen zu Werk und Wirkung, hg. von Werner Schneiders, Hamburg 1989, 115 – 136.
Madonna, Luigi Cataldi, Wahrscheinlichkeit und Aufklärung. Auf dem Weg zu einem neuen Vernunftbegriff, Hildesheim, Zürich und New York 2021.
Manns, Stefan, „Die wahre und merckwürdige Geschichte lehret". Zum Erzählen in Georg Philipp Harsdörffers *Schau=Plätzen*, in: Georg Philipp Harsdörffers Universalität. Beiträge zu einem *uomo universale* des Barock, hg. von Stefan Keppler-Tasaki und Ursula Kocher, Berlin und New York 2011, 147 – 166.
Manns, Stefan, Grenzen des Erzählens. Konzeption und Struktur des Erzählens in Georg Philipp Harsdörffers *Schauplätzen*, Berlin und Boston 2013.
Marenbon, John, Boethius, Oxford, New York, Auckland u. a. 2003.
Marti, Hanspeter, Die Schule des richtigen Denkens. Logikunterricht und Disputation an der Zürcher Hohen Schule und der Einfluß Johann Jakob Breitingers, in: in: Bodmer und Breitinger im Netzwerk der europäischen Aufklärung, hg. von Annet Lüttken und Barbara Mahlmann-Bauer, Göttingen 2009, 149 – 171.
Martinez, Esteban Sanchino, Zwischen Evidenz, Ereignis und Ethik. Konturen einer Ästhetik und Poetik des Drastischen, in: Drastik. Ästhetik – Genealogien – Gegenwartskultur, hg. von Davide Giuriato und Eckhard Schumacher, Paderborn 2016, 69 – 92.
Martus, Steffen, Aufklärung. Das deutsche 18. Jahrhundert – ein Epochenbild, Berlin 2015.
Matussek, Peter, Die Memoria erschüttern. Zur Aktualität der Gedächtnistheater, in: Bühnen des Wissens. Interferenzen zwischen Wissenschaft und Kunst, hg. von Hans-Christian von Herrmann, Florian Nelle, Wolfgang Schäffner et al., Berlin 2003, 214 – 225.
Maye, Harun, Die Paradoxie der Billigkeit in Recht und Hermeneutik, in: Urteilen/Entscheiden, hg. von Cornelia Vismann und Thomas Weitin, München 2006, 56 – 71.
Maye, Harun, Was ist eine Kulturtechnik?, in: Zeitschrift für Medien- und Kulturforschung 1.1 (2010), 121 – 135.
Maye, Harun, Blättern/Zapping. Studien zur Kulturtechnik der Stellenlektüre seit dem 18. Jahrhundert, Zürich 2019.

Maué, Hermann, Thomas Eser, Sven Hauschke et al. (Hg.), Quasi Centrum Europae. Europa kauft in Nürnberg 1400–1800. Germanisches Nationalmuseum, Nürnberg, 20. Juni bis 6. Oktober 2002, Nürnberg 2002.

Meder, Stephan, Der unbekannte Leibniz. Die Entdeckung von Recht und Politik durch Philosophie, Wien, Köln und Weimar 2018.

Meierhofer, Christian, Alles neu unter der Sonne. Das Sammelschrifttum der Frühen Neuzeit und die Entstehung der Nachricht, Würzburg 2010.

Meierhofer, Christian, Erzählen und Wiedererzählen. Zur Verfahrensweise des Barockromans, in: Spielregeln barocker Prosa. Historische Konzepte und theoriefähige Texturen ‚ungebundener Rede' in der Literatur des 17. Jahrhunderts, hg. von Thomas Althaus und Nicola Kaminski, Bern 2012, 23–41.

Meierhofer, Christian, Georg Philipp Harsdörffer, Hannover 2014.

Meierhofer, Christian, Praeceptum, Exemplum, Eventum. Anmerkungen zur literarischen und rhetorischen Normativität barocker Kurzprosa, in: Zeitsprünge. Forschungen zur Frühen Neuzeit 18, H. 3/4 (2014), 237–256.

Meierhofer, Christian, Französische Rechtssachen und deutsche Schreibart. Zu Materialbezug und Übersetzungspraxis im Pitaval, in: Literatur und Recht: Materialität. Formen und Prozesse gegenseitiger Vergegenständlichung, hg. von Eric Achermann, Andres Blödorn, Corinna Norrick-Rühl et al., Berlin 2023, 257–284.

Mengaldo, Elisabetta, Zwischen Naturlehre und Rhetorik. Kleine Formen des Wissens in Lichtenbergs „Sudelbüchern", Göttingen 2021.

Menke, Christoph, Die Disziplin der Ästhetik ist die Ästhetik der Disziplin. Baumgarten in der Perspektive Foucaults, in: ders., Rüdiger Campe und Anselm Haverkamp, Baumgarten-Studien: Zur Genealogie der Ästhetik, Berlin 2014, 233–247.

Menke, Cornelis, Der Nutzen probabilistischer Modelle testimonialen Wissens, in: Unsicheres Wissen. Skeptizismus und Wahrscheinlichkeit 1550–1850, hg. von Carlos Spoerhase, Dirk Werle und Markus Wild, Berlin und New York 2009, 301–316.

Mertens, Bernd, Gesetzgebungskunst im Zeitalter der Kodifikationen. Theorie und Praxis der Gesetzgebungstechnik aus historisch-vergleichender Sicht, Tübingen 2004.

Meuthen, Erich, Selbstüberredung. Rhetorik und Roman im 18. Jahrhundert, Freiburg i. Br. 1994.

Meyer-Krentler, Eckhardt: „Geschichtserzählungen". Zur Poetik des Sachverhalts im juristischen Schrifttum des 18. Jahrhunderts, in: Erzählte Kriminalität. Zur Typologie und Funktion von narrativen Darstellungen in Strafrechtspflege, Publizistik und Literatur zwischen 1770 und 1920, hg. von Jörg Schönert, Tübingen 1991, 117–157.

Meyer-Krentler, Eckhardt, „Der Poesie kan ein studiosis iuris gar wohl entbehren". Rhetorik, Verfachlichung und literarischen Wandel vom 17. zum 18. Jahrhundert, in: Glaube, Kritik, Phantasie. Europäische Aufklärung in Religion und Politik, Wissenschaft und Literatur, hg. von Lothar Bornscheuer, Herbert Kaiser und Jens Kulenkampff, Frankfurt a. M., Berlin, Bern u. a. 1993, 181–200.

Meyer-Sickendiek, Burkhard, Vorformen moderner Ratgeberliteratur: Die neuzeitlichen Klugheitslehren von Machiavelli bis Thomasius, in: Rat geben. Zu Theorie und Analyse des Beratungshandelns, hg. von Michael Niehaus und Wim Peeters, Bielefeld 2014, 159–178.

Michalik, Kerstin, Kindsmord. Sozial- und Rechtsgeschichte der Kindstötung im 18. und beginnenden 19. Jahrhundert am Beispiel Preussen, Pfaffenweiler 1997.

Möller, Melanie, Beispiel und Ausnahme. Überlegungen zu Ciceros Rechtshermeneutik, in: Ancilla Iuris 81 (2015), 81–91.

Möllers, Christoph, Die Möglichkeit der Normen. Über eine Praxis jenseits von Moralität und Kausalität, Berlin 2015.

Mohnhaupt, Heinz, Gesetz und Gesetzgebung im Rahmen einer zu konkretisierenden Rechtsquellenordnung bei Christian Thomasius, in: Christian Thomasius (1655 – 1728). Wegbereiter moderner Rechtskultur und Juristenausbildung, hg. von Heiner Lück, Hildesheim, Zürich und New York 2006, 215 – 242.

Montefusco, Lucia Calboli, Die *adtributa personis* und die *adtributa negotiis* als *loci* der Argumentation, in; Topik und Rhetorik. Ein interdisziplinäres Symposium, hg. von Thomas Schirren und Gert Ueding, Tübingen 2000, 37 – 50.

Moos, Peter von, Geschichte als Topik. Das rhetorische Exemplum von der Antike zur Neuzeit und die historiae im „Policraticus" Johanns von Salisbury, Hildesheim, Zürich und New York 1988.

Moos, Peter von, Die angesehene Meinung. „Was allen oder den meisten oder den Sachkundigen richtig scheint". Vier Studien zum ENDOXON im Mittelalter, in: Öffentliches und Privates, Gemeinsames und Eigenes. Gesammelte Studien zum Mittelalter, Bd. 3, hg. von Gert Melville, Münster 2007, 237 – 393.

Moser, Christian, Anomie im Recht: Zum Zusammenhang von Billigkeit, Gewalt und Gesetzeskraft bei Heinrich von Kleist, in: Heinrich von Kleist. Konstruktive und destruktive Funktionen von Gewalt, hg. von Ricarda Schmidt, Seán Allan und Steven Howe, Würzburg 2012, 57 – 80.

Moss, Ann, Printed Commonplace-Books and the Structuring of Renaissance Thought, Oxford, New York, Auckland u. a. 1996.

Motta, Giuseppe, Hypotheses. The Concept of Possibility in Ch. A. Crusius' Theory of Objectivity, in: Rivista di Filosofia Neo-Scolastica 112.3 (2020), 655 – 670.

Motta, Giuseppe, Vom vernünftigen Zweifel. Die Wahrscheinlichkeitslehre von Hermann Samuel Reimarius, in: Hermann Samuel Reimarius (1694 – 1768). Natürliche Religion und Popularphilosophie, hg. von Dieter Hüning und Stefan Klingner, Berlin und Boston 2022, 69 – 86.

Mühlpfordt, Günter, Halle-Leipziger Aufklärung. Kernstück der mitteldeutschen Aufklärung, Halle 2011.

Mülder-Bach, Inka, Im Zeichen Pygmalions. Das Modell der Statue und die Entdeckung der „Darstellung" im 18. Jahrhundert, München 1998.

Mülder-Bach, Inka, Die Prosa der Gesellschaft. Literarische Form und soziale Bindung in Goethes Unterhaltungen deutscher Ausgewanderten, in: Prosa schreiben. Literatur – Geschichte – Recht, hg. von ders., Jens Kerten und Martin Zimmermann, Paderborn 2019, 225 – 248.

Mülder-Bach, Inka, Einleitung, in: Prosa schreiben. Literatur – Geschichte – Recht, hg. von ders., Jens Kerten und Martin Zimmermann, Paderborn 2019, 1 – 11.

Mülder-Bach, Inka und Michael Ott (Hg.), Was der Fall ist. Casus und Lapsus, Paderborn 2014.

Mülder-Bach, Inka und Michael Ott, Einleitung, in: Was der Fall ist, 9 – 31.

Müller, Günther, Die Bedeutung der Zeit in der Erzählkunst, in: Morphologische Poetik, Tübingen 1968, 247 – 268.

Müller, Irmgard und Daniela Watzke, Tatort Halle. Verbrechen und Strafe im Urteil des Professors der Medizin und Physik, Michael Alberti (1682 – 1757), in: Physica et historia. Festschrift für Andreas Kleinerst zum 65. Geburtstag, hg. von Sybille Gerstengarbe, Benno Parthier, Horst Remane et al., Halle 2005, 199 – 212.

Müller, Jan Dietrich, Decorum. Konzepte von Angemessenheit in der Theorie der Rhetorik von den Sophisten bis zur Renaissance, Berlin und Boston 2011.

Müller, Lothar, Weisse Magie. Die Epoche des Papiers, München 2014.

Mulsow, Martin (Hg.), Between Philology and Radical Enlightenment. Hermann Samuel Reimarius (1694 – 1768), Leiden und Boston 2011.

Murphy, James J. (Hg.), Renaissance Eloquence. Studies in the theory and practice of Renaissance rhetoric, Berkeley 1983.

Musil, Robert, Der Mann ohne Eigenschaften, 2 Bde., hg. von Adolf Frisé, Hamburg 1978.

Nadler, Steven, ‚No Necessary Connection': The Medieval Roots of the Occasionalist Roots of Hume, in: The Monist 79.3 (1996), 448 – 466.

Nadler, Steven, Malebranche on Causation, in: The Cambridge Companion to Malebranche, hg. von dems., Cambridge, New York, Melbourne u. a. 2000, 112 – 128.

Narciss, Georg Adolf, Studien zu den Frauenzimmergesprächspielen Georg Philipp Harsdörffers (1607 – 1658). Ein Beitrag zur deutschen Literaturgeschichte des 17. Jahrhunderts, Leipzig 1928.

Nellen, Stefan und Robert Suter, Unfälle, Vorfälle, Fälle. Eine Archäologie des polizeilichen Bicks in: Zum Fall machen, zum Fall werden. Wissensproduktion und Patientenerfahrung in Medizin und Psychiatrie des 19. und 20. Jahrhunderts, hg. von Sibylle Brändli, Barbara Lüthi und Gregor Spuhler, Frankfurt und New York 2009, 159 – 181.

Neuber, Wolfgang, Systematische und kasuistische Wissensordnungen. Mnemotechnische Prozesse im 17. Jahrhundert, in: Wissensideale und Wissenskulturen in der frühen Neuzeit, hg. von Wolfgang Detel und Claus Zittel, Berlin 2002, 185 – 197.

Neugebauer, Wolfgang, Das preußische Kabinett in Potsdam. Eine verfassungsgeschichtliche Studie zur fürstlichen Zentralsphäre in der Zeit des Absolutismus, in: Potsdam-Brandenburg-Preussen. Beiträge der Landesgeschichtlichen Vereinigung für die Mark Brandenburg zur Tausendjahrfeier der Stadt Potsdam, Berlin 1993, 69 – 115.

Neumeister, Sebastian und Conrad Wiedemann (Hg.), Res Publica Litteraria. Die Institutionen der Gelehrsamkeit in der Frühen Neuzeit, 2 Bde., Wiesbaden 1987.

Neumeyer, Harald, Psychenproduktion. Zur Kindsmorddebatte in Gesetzgebung, Wissenschaft und Literatur um 1800, in: Diskrete Gebote. Geschichten der Macht um 1800. Festschrift für Heinrich Bosse, hg. von Roland Borgards und Johannes F. Lehmann, Würzburg 2002, 47 – 76.

Neumeyer, Harold, ‚Schwarze Seelen'. Rechts-Fall-Geschichten bei Pitaval, Schiller, Niethammer und Feuerbach, in: IASL 31.1 (2006), 101 – 132.

Niefanger, Dirk und Werner Wilhelm Schnabel, Literarische Gruppenbildungen an der Universität Altdorf. In: Akademie und Universität Altdorf. Studien zur Hochschulgeschichte Nürnbergs, hg. von Hanns Christof Brennecke, Dirk Niefanger und Werner Wilhelm Schnabel, Köln 2011, 245 – 322.

Niefanger, Dirk, Barock. Lehrbuch Germanistik (2000), 3., akt. und erw. Aufl. Stuttgart 2021.

Niehaus, Michael, Das Verhör. Geschichte – Theorie – Fiktion, München 2003.

Niehaus, Michael, Wie man den Kindermord aus der Welt schafft. Zu den Widersprüchen der Regulierung, in: Sexualität – Recht – Leben. Die Entstehung eines Dispositivs um 1800, hg. von Maximilian Bergengruen, Johannes F. Lehmann und Hubert Thüring, München 2005, 21 – 40.

Niehaus, Michael, Die Entscheidung vorbereiten, in: Urteilen/Entscheiden, hg. von Cornelia Vismann und Thomas Weitin, München 2006, 17 – 36.

Niehaus, Michael, Atropos. Die Acta Marien Louysen Papin von 1743, in: Fall – Fallgeschichte – Fallstudie. Theorie und Geschichte einer Wissensform, hg. von Susanne Düwell und Nicolas Pethes, Frankfurt a. M. und New York 2014, 100 – 120.

Niehaus, Michael, Kasuem, in: Fallgeschichten. Text- und Wissensformen exemplarischer Narrative in der Kultur der Moderne, hg. von Lucia Aschauer, Horst Gruner und Tobias Gutmann, Würzburg 2015, 29 – 44.

Niehaus, Michael, Narration im Recht und vor Gericht, in: Grundthemen der Literaturwissenschaft: Erzählen, hg. von Martin Huber und Wolf Schmid, Berlin und Boston 2018, 514 – 527.

Niehaus, Michael und Hans-Walter Schmidt-Hannisa (Hg.), Unzurechnungsfähigkeiten. Diskursivierungen unfreier Bewusstseinszustände seit dem 18. Jahrhundert, Frankfurt a. M. 1998.

Nietzsche, Friedrich, Die Geburt der Tragödie (1872), in: Sämtliche Werke. Kritische Studienausgabe in 15 Einzelbänden, hg. von Giorgio Colli und Mazzino Montinari, Bd, 1, München 1999, 9 – 156,

Nisters, Thomas, Akzidentien der Praxis. Thomas von Aquins Lehre von den Umständen menschlichen Handelns, Freiburg i. Br. und München 1992.

Oestmann, Peter, Art. Aktenversendung, in: HRG. URL: https://www.hrgdigital.de/id/aktenversendung/stichwort.html (31. 01. 2025).

Oestmann, Peter, Rechtsvielfalt vor Gericht. Rechtsanwendung und Partikularrecht im Alten Reich, Frankfurt a. M. 2002.

Oestmann, Peter, Gemeines Recht und Rechtseinheit. Zum Umgang mit Rechtszersplitterung und Rechtsvielfalt in Mittelalter und Neuzeit, in: Hierarchie, Kooperation und Integration im europäischen Rechtsraum, hg. von Eva Schumann, Berlin und Boston 2015, 1 – 49.

Ohly, Friedrich, Typologie als Denkform in der Geschichtsbetrachtung, in: Typologie. Internationale Beiträge zur Poetik, hg. von Volker Bohn, Frankfurt a. M. 1988, 22 – 63.

Ogorek, Regina, Richterkönig oder Subsumtionsautomat? Zur Justiztheorie im 19. Jahrhundert, Frankfurt a. M. 1986.

Ort, Claus-Michael, ‚Mord'-Geschichten und ‚Verbrecher'-Wissen. Probleme der Verbrechensdeutung und die Generierung von Wissen in Georg Philipp Harsdörffers *Grossem Schau-Platz jämmerlicher Mord-Geschichte* (1650 – 1652), in: Fallgeschichte(n) als Narrativ zwischen Literatur und Wissen, hg. von Martina King und Thomas Wegmann, Innsbruck 2016, 27 – 48.

Ottmers, Clemens, Rhetorik (1996), 2., akt. und erw. Auflage, Stuttgart und Weimar 2007.

Otte, Gerhard, Dialektik und Jurisprudenz. Untersuchungen zur Methode der Glossatoren, Frankfurt a. M. 1971.

Padley, George Arthur, Grammatical theory in Western Europe: 1500 – 1700. Bd. 1: The Latin Tradition, Cambridge, London, New York u. a. 1976.

Patey, Douglas Lane, Probability and literary form. Philosophic theory and literary practice in the Augustan age, Cambridge, London, New York u. a. 1984.

Paul, Markus, Reichstadt und Schauspiel. Theatrale Kunst im Nürnberg des 17. Jahrhunderts, Tübingen 2002.

Paulsen, Friedrich, Geschichte des gelehrten Unterrichts auf den deutschen Schulen und Universitäten vom Ausgang des Mittelalters bis zur Gegenwart. Mit besonderer Rücksicht auf den klassischen Unterricht, Leipzig 1885.

Pech, Thierry, Conter le crime. Droit et littérature sous la Contre-Réforme. Les histoires tragiques (1559 – 1644), Paris 2000.

Peil, Dietmar, Strafe und Ritual. Zur Darstellung von Straftaten und Bestrafungen im illustrierten Flugblatt, in: Wahrnehmungsgeschichte und Wissensdiskurs im illustrierten Flugblatt der Frühen Neuzeit (1450 – 1700), hg. von Wolfgang Harms und Alfred Messerli, Basel 2002, 465 – 486.

Peirce, Charles S., Deduktion, Induktion und Hypothese (1878), in: Schriften zum Pragmatismus und Pragmatizismus, hg. von Karl-Otto Apel, 2. Aufl. Frankfurt a. M. 2015, 229 – 250.

Perler, Dominik und Ulrich Rudolph, Occasionalismus. Theorien der Kausalität im arabisch-islamischen und im europäischen Denken, Göttingen 2000.

Peters, Kirsten, Der Kindsmord als schöne Kunst betrachtet. Eine motivgeschichtliche Untersuchung der Literatur des 18. Jahrhunderts, Würzburg 2001.

Pethes, Nicolas und Susanne Düwell, Noch nicht Wissen. Die Fallsammlung als Prototheorie in Zeitschriften der Spätaufklärung, in: Literatur und Nicht-Wissen. Historische Konstellationen 1730–1930, hg. von Michael Bies und Michael Gamper, Zürich 2012, 131–148.

Pethes, Nicolas, Literarische Fallgeschichten. Zur Poetik einer epistemischen Schreibweise, Paderborn 2016.

Pethes, Nicolas, Wandernde Fälle. Transfer und Transformation gerichtspsychologischer Berichte, in: Die Causes célèbres des 19. Jahrhunderts in Frankreich und Deutschland. Narrative Formen und anthropologische Funktionen, hg. von Rudolf Behrens und Carsten Zelle, Wiesbaden 2020, 39–58.

Pettegree, Andrew, The Invention of News. How the World came to know about itself, New Haven und London 2014.

Pinborg, Jan, Die Entwicklung der Sprachtheorie im Mittelalter, Münster und Kopenhagen 1967.

Pinborg, Jan, Topik und Syllogistik im Mittelalter, in: Sapienter ordinare. Festgabe für Erich Kleineidam, hg. von Fritz Hoffmann, Leo Scheffczyk und Konrad Feiereis, Leipzig 1969, 151–178.

Plett, Heinrich F., Rhetoric and Renaissance Culture, Berlin und New York 2004.

Plümacher, Martina, Die Perspektivierung der Wirklichkeit, in: Abel im Dialog. Perspektiven der Zeichen- und Interpretationsphilosophie, hg. von Astrid Wagner und Ulrich Dirks, Berlin und Boston 2018, 1059–1084.

Plumpe, Gerhard, Eigentum – Eigentümlichkeit. Über den Zusammenhang ästhetischer und juristischer Begriffe im 18. Jahrhundert, in: Archiv für Begriffsgeschichte 23 (1980), 175–198.

Pohl, Susanne, Schuldmildernde Umstände im römischen Recht. Die Verhandlungen des Totschlags im Herzogtum Württemberg im 16. Jahrhundert, in: Justiz = Justice = Justitia? Rahmenbedingungen von Strafjustiz im frühneuzeitlichen Europa, hg. von Harriet Rudolph und Helga Schnabel-Schüle, Trier 2003, 235–256.

Pomata, Gianna und Nancy G. Siraisi (Hg.), Historia. Empiricism and Erudition in Early Modern Europe, Cambridge und London 2005.

Pomata, Gianna, Observation Rising: Birth of an Epistemic Genre, 1500–1650, in: Histories of Scientific Observation, hg. von ders. und Elizabeth Lunbeck, Chicago und London 2011, 45–80.

Pompe, Hedwig, Famas Medium: Zur Theorie der Zeitung in Deutschland zwischen dem 17. und dem mittleren 19. Jahrhundert, Berlin und Boston 2012.

Poovey, Mary, A History of the Modern Fact. Problems of Knowledge in the Sciences of Wealth and Society, Chicago 1998.

Porret, Michel, Le crime et ses circonstances. De l'esprit de l'arbitraire au siècle des Lumières selon les réquisitoires des procureurs généraux de Genève, Genf 1995.

Prodi, Paolo, Eine Geschichte der Gerechtigkeit. Vom Recht Gottes zum modernen Rechtsstaat, München 2003.

Pütz, Peter, Die Zeit im Drama. Zur Technik dramatischer Spannung, Göttingen 1970.

Quain, Edwin A. S. J., The medieval accessus ad auctores, in: Traditio III (1943), 215–264.

Radlmeier, Dominik, Weltliteratur aus Nürnberger Pressen. Das reichsstädtische Verlagswesen im Zeitalter des Dreißigjährigen Krieges, in: Norica. Berichte und Themen aus dem Stadtarchiv Nürnberg 9 (2013), 73–81.

Raible, Wolfgang, Die Weisheit des (Fall-)Rechts, in: Weisheit, hg. von Aleida Assmann, München 1991, 437–452.

Ranieri, Filippo, Stilus Curiae. Zum historischen Hintergrund der Relationstechnik, in: Rechtshistorisches Journal 4 (1985), 75–88.

Ranieri, Filippo, Entscheidungsfindung und Begründungstechnik im Kameralverfahren, in: Zwischen Formstrenge und Billigkeit. Forschungen zum vormodernen Zivilprozeß, hg. von Peter Oestmann, Köln, Weimar und Wien 2009, 165 – 190.

Ranieri, Filippo, Kasuistik und Regelbildung bei der Rechtsfindung im europäischen Ius commune des 16.–17. Jahrhunderts, in: Dogmatisierungsprozesse in Recht und Religion, hg. von Georg Essen und Nils Jansen, Tübingen 2011, 153 – 188.

Reichertz, Jo und Manfred Schneider (Hg.), Sozialgeschichte des Geständnisses. Zum Wandel der Geständniskultur, Wiesbaden 2007.

Reiling, Jesko, Die Genese der idealen Gesellschaft. Studien zum literarischen Werk von Johann Jakob Bodmer (1698 – 1783), Berlin und New York 2010.

Renberg, Tore, Die Lungenschwimmprobe. Verteidigung einer jungen Frau, die des Kindsmords bezichtigt wurde (2023), aus dem Norw. von Karoline Hippe und Ina Kronenberger, München 2024.

Repgen, Tilman, Ius Commune, in: *Usus modernus pandectarum.* Römisches Recht, Deutsches Recht und Naturrecht in der Frühen Neuzeit, hg. von dems. und Hans-Peter Haferkamp, Köln, Weimar und Wien 2007, 157 – 173.

Retzlaff, Stefanie, Observieren und Aufschreiben. Zur Poetologie medizinischer Fallgeschichten (1700 – 1765), Paderborn 2018.

Rheinberger, Hans-Jörg, Kritzel und Schnipsel, in: „fülle der combination". Literaturforschung und Wissenschaftsgeschichte, hg. von Bernhard J. Dotzler und Sigrid Weigel, München 2005, 343 – 356.

Richter, Sandra, Außer Konkurrenz? Die *Ars poetica* des Horaz in Kommentar und Poetik des 16. und 17. Jahrhunderts, in: Welche Antike? Konkurrierende Rezeptionen des Altertums im Barock, 2 Bde., hg. von Ulrich Heinen, Bd. 2, Wiesbaden 2011, 934 – 956.

Rieger, Stefan, Speichern/Merken. Die künstlichen Intelligenzen des Barock, München 1997.

Rippl, Coralie, Erzählen als Argumentationsspiel. Heinrich Kaufringers Fallkonstruktionen zwischen Rhetorik, Recht und literarischer Stofftradition, Tübingen 2014.

Risse, Wilhelm, Die Logik der Neuzeit, Stuttgart und Bad Cannstatt 1970.

Ritter, Joachim, Die Lehre vom Ursprung und Sinn der Theorie bei Aristoteles, in: Metaphysik und Politik. Studien zu Aristoteles und Hegel, Frankfurt a. M. 1977, 9 – 33.

Robert, Jörg, Im Silberbergwerk der Tradition. Harsdörffers Nachahmungs- und Übersetzungstheorie, in: Georg Philipp Harsdörffers Universalität. Beiträge zu einem *uomo universale* des Barock, hg. von Stefan Keppler-Tasaki und Ursula Kocher, Berlin und New York 2011, 1 – 22.

Robertson Jr., Durant Waite, A Note on the Classical Origin of ‚Circumstances' in the Medieval Confessional, in: Studies in Philology 43.1 (1946), 6 – 14.

Rössler, Reto, Weltgebäude. Poetologien kosmologischen Wissens der Aufklärung, Göttingen 2020.

Rose, Dirk, *Res* und *verba.* Literarhistorische Anmerkungen zu einer rhetorischen Beziehungsgeschichte, in: Das Verhältnis von *res* und *verba.* Zu den Narrativen der Dinge, hg. von Martina Wernli und Alexander Kling, Freiburg i. Br., Berlin und Wien 2018, 33 – 51.

Rosenblum, Michael, Why What Happens in Shandy Hall Is Not „A Matter for the Police", in: Eighteenth-Century Fiction 7.2 (1995), 147 – 164.

Rosenstrauch, Hazel, Leipzig als ‚Centralplatz' des deutschen Buchhandels, in: Leipzig. Aufklärung und Bürgerlichkeit. Zentren der Aufklärung III, hg. von Wolfgang Martens, Heidelberg 1990, 103 – 124.

Roßbach, Nikola und Thomas Stäcker (Hg.), Welt und Wissen auf der Bühne. Die Theatrum-Literatur der Frühen Neuzeit. Repertorium, Wolfenbüttel 2011.

Rudolph, Harriet, Eine gelinde Regierungsart. Peinliche Strafjustiz im geistlichen Territorium. Das Hochstift Osnabrück (1716 – 1803), Konstanz 2001.

Rudolph, Harriet, „Wahrhafftige Abcontrafactur"? Die Evidenz des Verbrechens und die Effizienz der Strafjustiz in illustrierten Einblattdrucken (1550 – 1650), in: Evidentia. Reichweiten visueller Wahrnehmung in der Frühen Neuzeit, hg. von Markus Friedrich, Karin Leonhard und Gabriele Wimböck, Münster 2007, 163 – 190.

Rüdiger, Axel, Staatslehre und Staatsbildung. Die Staatswissenschaft an der Universität Halle im 18. Jahrhundert, Tübingen 2005.

Rüping, Hinrich, Die *Carolina* in der strafrechtlichen Kommentarliteratur. Zum Verhältnis von Gesetz und Wissenschaft im gemeinen deutschen Strafrecht, in: Strafrecht, Strafprozeß und Rezeption. Grundlagen, Entwicklung und Wirkung der *Constitutio Criminalis Carolina*, hg. von Peter Landau und Friedrich-Christian Schroeder, Frankfurt a. M. 1984, 161 – 176.

Rüping, Hinrich, Christian Thomasius und seine Schule, in: Recht und Rechtswissenschaft im mitteldeutschen Raum. Symposion für Rolf Lieberwirth anläßlich seines 75. Geburtstags, hg. von Heiner Lück, Köln, Weimar und Wien 1998, 127 – 136.

Rutherford, Richard, Poetics and literary criticism, in: The Cambridge Companion to Horace, hg. von Stephan Harrison, Cambridge 2007, 248 – 261.

Scattola, Merio, Krieg des Wissens, Wissen des Krieges. Konflikt, Erfahrung und System der literarischen Gattungen am Beginn der Frühen Neuzeit, Padova 2006.

Schäffner, Wolfgang, Das Indiz des Schönen. Ästhetische Autonomie und die Dispositive der Macht bei Karl Philipp Moritz und Friedrich Schiller, in: Das Laokoon-Paradigma. Zeichenregime im 18. Jahrhundert, hg. von dems., Inge Baxman und Michael Franz, Berlin 2000, 439 – 459.

Schaffstein, Friedrich, Studien zur Entwicklung der Deliktstatbestände im Gemeinen deutschen Strafrecht, Göttingen 1985.

Schaffstein, Friedrich, Verdachtsstrafe, außerordentliche Strafe und Sicherungsmittel im Inquisitionsprozeß des 17. und 18. Jahrhunderts, in: Zeitschrift für die gesamte Strafrechtswissenschaft 101/3 (1989), 493 – 515.

Schagerl, Jasper, Die Operativität gelehrter Praxis. Paper Technology bei Georg Philipp Harsdörffer, in: Barock en miniature. Kleine Formen in Barock und Moderne, hg. von Matthias Müller, Nils Ritter und Pauline Selbig, Berlin und Boston 2020, 29 – 42.

Schagerl, Jasper, Schnell-Werden. Verkleinerungseffekte in Harsdörffers Mordgeschichte, in: Verkleinerung. Epistemologie und Literaturgeschichte kleiner Formen, hg. von Maren Jäger, Ethel Matala de Mazza und Joseph Vogl, Berlin und Boston 2021, 59 – 77.

Schagerl, Jasper, Perspektiven des Umstands. Johann Martin Chladenius und der frühneuzeitliche Casus, in: Jahrbuch der Deutschen Schillergesellschaft 68 (2025), 33 – 51.

Scherpe, Klaus R., Beschreiben, nicht Erzählen! Beispiele zu einer ästhetischen Opposition, in: Zeitschrift für Germanistik. Neue Folge, 6.2 (1996), 368 – 383.

Scheuer, Hans Jürgen, Schwankende Formen. Zur Beobachtung religiöser Kommunikation in mittelalterlichen Schwänken, in: Literarische und religiöse Kommunikation in Mittelalter und Früher Neuzeit. DFG-Symposion 2006, hg. von Peter Strohschneider, Berlin und New York 2009, 733 – 770.

Schild, Wolfgang, Relationen und Referierkunst. Zur Juristenausbildung und zum Strafverfahren um 1790, in: Erzählte Kriminalität. Zur Typologie und Funktion von narrativen Darstellungen in Strafrechtspflege, Publizistik und Literatur zwischen 1770 und 1920, hg. von Jörg Schönert, Tübingen 1991, 159 – 176.

Schmidgen, Henning, Fehlformen des Wissens, in: Georges Canguilhem, Die Herausbildung des Reflexbegriffs im 17. und 18. Jahrhundert, aus dem Franz. übers. von Henning Schmidgen, München 2008, VII–LVIII.

Schmidgen, Henning, Dreifache Dezentrierung: Canguilhem und die Geschichte wissenschaftlicher Begriffe, in: Begriffsgeschichte der Naturwissenschaften. Zur historischen und kulturellen Dimension naturwissenschaftlicher Konzepte, hg. von Ernst Müller und Falko Schmieder, Berlin und New York 2008, 149–163.

Schmidt, Eberhard, Die Kriminalpolitik Preußens unter Friedrich Wilhelm I. und Friedrich II, Berlin 1914.

Schmidt, Georg, Die Anfänge der Fruchtbringenden Gesellschaft als politisch motivierte Sammlungsbewegung und höfische Akademie, in: Die Fruchtbringer – eine teutschhertzige Gesellschaft, hg. von Klaus Manger, Heidelberg 2001, 5–37.

Schmidt-Biggemann, Wilhelm, Topica Universalis. Eine Modellgeschichte humanistischer und barocker Wissenschaft, Hamburg 1983.

Schmidt-Biggemann, Wilhelm und Anja Hallacker, Topik: Tradition und Erneuerung, in: Topik und Tradition. Prozesse der Neuordnung von Wissensüberlieferungen des 13. und 17. Jahrhunderts, hg. von Thomas Frank, Ursula Kocher und Ulrike Tarnow, Göttingen 2007, 15–27.

Schmitt, Arbogast, Mimesis bei Aristoteles und in den Poetikkommentaren der Renaissance. Zum Wandel des Gedankens von der Nachahmung der Natur in der frühen Neuzeit, in: Mimesis und Simulation, hg. von Andreas Kablitz und Gerhard Neumann, Freiburg i. Br. 1998, 17–53.

Schmitt, Carl, Politische Romantik (1919), 6. Aufl. Berlin 1998.

Schmitt-Maaß, Christoph, Of 'Conversion' and 'Reversal': Georg Philipp Harsdörffer and his Adaptations of Jean Pierre Camus in Context of Jansenism, Counter-Reformation, and Reform Catholicism, in: Taking Stock – Twenty-five Years of Comparative Literary Research, hg. von Norbert Bachleitner, Achim Hölter und John A. McCarthy, Amsterdam 2019, 493–519

Schmitz-Emans, Monika, Zur Einleitung: Das Alphabet als Ordnungsmuster – Enzyklopädistik als poetologisches Programm – Lexikographik als literarisches Verfahren, in: Alphabet, Lexikographik und Enzyklopädistik. Historische Konzepte und literarisch-künstlerische Verfahren, hg. von ders., Kai Lars Fischer und Christoph Benjamin Schulz, Hildesheim, Zürich und New York 2012, 7–26.

Schmoeckel, Mathias, Humanität und Staatsraison. Die Abschaffung der Folter in Europa und die Entwicklung des gemeinen Strafprozeß- und Beweisrechts seit dem hohen Mittelalter, Köln, Weimar, Wien u. a. 2000.

Schnabel, Werner Wilhelm, Vorschneidekunst und Tafelfreuden. Georg Philipp Harsdörffer und sein „Trincirbuch“, in: Georg Philipp Harsdörffer und die Künste, hg. Doris von Gerstl, Nürnberg 2005, 158–174.

Schneider, Hans-Peter, Der Plan einer „Jurisprudentia Rationalis“ bei Leibniz, in: Archiv für Rechts- und Sozialphilosophie/Archives for Philosophy of Law and Social Philosophy 52.4 (1966), 553–578.

Schneider, Manfred, Die Beobachtung des Zeugen nach Artikel 71 der *Carolina.* Der Aufbau eines Codes der Glaubwürdigkeit 1532–1850, in: Geschichten der Physiognomik. Text – Bild – Wissen, hg. von dems. und Rüdiger Campe, Freiburg i. Br. 1996, 153–182.

Schneider, Ute, Grundlagen des Mediensystems: Drucker, Verleger, Buchhändler in ihren ökonomischen Beziehungen 1600–1750, in: Das Mediensystem im Alten Reich der Frühen Neuzeit (1600–1750), hg. von Johannes Arndt und Esther-Beate Körber, Göttingen 2010, 27–37.

Schneiders, Werner, Thomasius politicus. Einige Bemerkungen über Staatskunst und Privatpolitik in der aufklärerischen Klugheitslehre, in: Zentren der Aufklärung I. Halle. Aufklärung und Pietismus, hg. von Norbert Hinske, Heidelberg 1989, 91–109.

Schulz, Lorenz, Semiotik und Recht: das Zeichen im Recht und das Recht des Zeichens, in: Die Welt als Zeichen und Hypothese. Perspektiven des semiotischen Pragmatismus von Charles Sanders Peirce, hg. von Uwe Wirth, Frankfurt a. M. 2000, 390–411.

Schulz, Lorenz, Normiertes Misstrauen. Der Verdacht im Strafverfahren, Frankfurt a. M. 2001.

Schnyder, Peter, Die Magie der Rhetorik. Poesie, Philosophie und Politik in Friedrich Schlegels Frühwerk, Paderborn 1999.

Schnyder, Peter, Alea. Zählen und Erzählen im Zeichen des Glücksspiels 1650–1850, Göttingen 2009.

Schnyder, Sibylle, Tötung und Diebstahl. Delikt und Strafe in der gelehrten Strafrechtsliteratur des 16. Jahrhunderts, Köln, Weimar und Wien 2010.

Schock, Flemming, Wissensliteratur und ‚Buntschriftstellerei' in der Frühen Neuzeit: Unordnung, Zeitkürzung, Konversation. Einführung, in: Polyhistorismus und Buntschriftstellerei. Populäre Wissensformen und Wissenskultur in der Frühen Neuzeit, hg. von dems., Berlin und Boston 2012, 1–20.

Schoeck, Richard J., Agricola and Erasmus: Erasmus' Inheritance of Northern Humanism, in: Rodolphus Agricola Phrisius 1444–1485, hg. von Fokke Akkerman und Arie Johan Vanderjagt, Leiden und New York 1988, 181–188.

Scholz, Leander, Das Archiv der Klugheit. Strategien des Wissens um 1700, Tübingen 2002.

Scholz, Leander, „Vier Augen sehen mehr als zwei". Christian Thomasius und die politische Klugheitslehre, in: Kulturtechniken des Barock. Zehn Versuche, hg. von Tobias Nanz und Armin Schäfer, Berlin 2012, 159–174.

Scholz, Oliver R., Von Rom, den Antipoden und von Wundern: Das Zeugnis anderer in Logiken der Neuzeit, in: Unsicheres Wissen. Skeptizismus und Wahrscheinlichkeit 1550–1850, hg. von Carlos Spoerhase, Dirk Werle und Markus Wild, Berlin und New York 2009, 245–267.

Schröder, Jan, Zur Analogie in der juristischen Methodenlehre der frühen Neuzeit, in: Zeitschrift der Savigny-Stiftung für Rechtsgeschichte. Germanistische Abteilung 114 (1997), 1–55.

Schröder, Jan, Topik und Jurisprudenz in der Frühen Neuzeit, in: Muster im Wandel. Zur Dynamik topischer Wissensordnungen in Spätmittelalter und Früher Neuzeit, hg. von Wolfgang Dickhut, Stefan Manns und Norbert Winkler, Göttingen 2008, 33–48.

Schröder, Jan, Aequitas und Rechtsquellenlehre in der frühen Neuzeit, in: Rechtswissenschaft in der Neuzeit. Geschichte, Theorie, Methode. Ausgewählte Aufsätze 1976–2009, hg. von Thomas Finkenauer, Claes Peterson und Michael Stolleis, Tübingen 2010, 35–64.

Schröder, Jan, The Concept and Means of Legal Interpretation in the 18th Century, in: Interpretation of Law in the Age of Enlightenment. From the Rule of the King to the Rule of Law, hg. von Yasutomo Morigiwa, Michael Stolleis und Jean-Louis Halperin, Dordrecht, Heidelberg, London u. a. 2011, 91–105.

Schubert, Ernst, Vom Gebot zur Landesordnung. Der Wandel fürstlicher Herrschaft vom 15. zum 16. Jahrhundert, in: Die deutsche Reformation zwischen Spätmittelalter und Früher Neuzeit, hg. von Thomas A. Brady, München 2001, 19–61.

Schüßler, Rudolf, Moral im Zweifel. Band 1: Die scholastische Theorie des Entscheidens unter moralischer Unsicherheit, Paderborn 2003.

Schüßler, Rudolf, Moral im Zweifel. Band 2: Die Herausforderung des Probabilismus, Paderborn 2006.

Schüttpelz, Erhard, Der Punkt des Archimedes. Einige Schwierigkeiten des Denkens in Operationsketten, in: Bruno Latours Kollektive. Kontroversen zur Entgrenzung des Sozialen, hg. von Georg Kneer, Markus Schroer und Erhard Schüttpelz, Frankfurt a. M. 2008, 234–260.

Schultheiss, Werner, Der Handwerkeraufstand 1348/49, in: Nürnberg – Geschichte einer europäischen Stadt, hg. von Gerhard Pfeiffer, München 1971, 73–75.

Schulz, Christoph Benjamin, Poetiken des Blätterns, Hildesheim, Zürich und New York 2015.

Schumann, Eva, Rechts- und Sprachtransfer am Beispiel der volkssprachigen Praktikerliteratur, in: Transfer von Expertenwissen in der Frühen Neuzeit – Gelehrte Diskurse in der volkssprachigen Praxis, hg. von ders. und Udo Friedrich, Göttingen 2018, 61–111.

Schwarting, Rena, Organisationsbildung und gesellschaftliche Differenzierung. Empirische Einsichten und theoretische Perspektiven, Wiesbaden 2021.

Seibert, Thomas-Michael, Was der Fall ist und was daraus wird: Erzählungen im Strafverfahren, in: Jenseits rechtsstaatlichen Strafrechts, hg. vom Institut für Kriminalwissenschaften und Rechtsphilosophie Frankfurt a. M., Frankfurt a. M., Berlin, Brüssel u. a. 2007, 649–659.

Seibert, Thomas-Michael, Die Lehre vom Rechtszeichen. Entwurf einer allgemeinen Rechtslehre, Berlin 2017.

Seidel, Sarah, „Erfunden von mir selbst ist keine einzige dieser Geschichten“. August Gottlieb Meißners Fallgeschichten zwischen Exempel und Novelle, Hannover 2018.

Seifert, Arno, *Cognitio historica.* Die Geschichte als Namengeberin der frühneuzeitlichen Empirie, Berlin 1976.

Seifert, Arno, Staatenkunde. Eine neue Disziplin und ihr wissenschaftstheoretischer Ort, in: Statistik und Staatsbeschreibung in der Neuzeit vornehmlich im 16.–18. Jahrhundert, hg. von Mohammed Rassem und Justin Stagl, Paderborn, München, Wien u. a. 1980, 217–248.

Seifert, Arno, Conring und die Begründung der Staatenkunde, in: Hermann Conring 1606–1681. Beiträge zu Leben und Werk, hg. von Michael Stolleis, Berlin 1983, 201–216.

Seifert, Arno, Der enzyklopädische Gedanke von der Renaissance bis zu Leibniz, in: Leibniz et la Renaissance, hg. von Albert Heinekamp, Wiesbaden 1983, 113–124.

Seifert, Arno, Historia im Mittelalter, in: Archiv für Begriffsgeschichte 1997 (2), 226–284.

Seitter, Walter, Menschenfassungen. Studien zur Erkenntnispolitikwissenschaft, München 1985.

Sellert, Wolfgang, Zur Rezeption des römischen und kanonischen Rechts in Deutschland von den Anfängen bis zum Beginn der frühen Neuzeit, in: Recht und Verfassung im Übergang vom Mittelalter zur Neuzeit, Bd. 1, hg. von Hartmut Boockmann, Ludger Grenzmann, Bernd Moeller et al., Göttingen 1998, 115–166.

Serres, Michel, Le Système de Leibniz et ses modèles mathématiques, Paris 1968.

Serres, Michel, Der Parasit (1980), Frankfurt a. M. 1987.

Serres, Michel, Umstände, in: Die fünf Sinne. Eine Philosophie der Gemenge und Gemische (1985), Frankfurt a. M. 1993, 380–416.

Serres, Michel, Hermes IV. Verteilung (1977), Berlin 1993.

Serres, Michel, Hermes V. Die Nordwest-Passage (1980), Berlin 1994.

Shapin, Steven, Pump and Circumstance: Robert Boyle's Literary Technology, in: Social Studies of Science 14. 4 (1984), 481–520.

Shapiro, Barbara, Probability and Certainty in Seventeenth-Century England. A Study of the Relationships between Natural Science, Religion, History, Law, and Literature, Princeton 1983.

Shapiro, Barbara, Classical Rhetoric and the English Law of Evidence, in: Rhetoric and Law in Early Modern Europe, hg. von Victoria Kahn und Lorna Hutson, New Haven 2001, 54–73.

Shapiro, Barbara, Presumptions and Circumstantial Evidence in the Anglo-American Legal Tradition 1500–1900, in: The Law of Presumptions. Essays in Comparative Legal History, hg. von Richard H. Helmholz und W. David H. Sellar, Berlin 2009, 153–187.
Siebenpfeiffer, Hania, Narratio Crimen – Georg Philipp Harsdörffers *Der Grosse Schau-Platz jaemmerlicher Mord-Geschichte* und die frühneuzeitliche Kriminalliteratur, in: Harsdörffer-Studien. Mit einer Bibliografie der Forschungsliteratur von 1847 bis 2005, hg. von Hermann Korte und Hans-Joachim Jakob, Frankfurt a. M. 2006, 157–176.
Siebenpfeiffer, Hania, Affekt und Amoral – Der Fall der Marquise de Brinvilliers (1676/1734), in: Recht und Moral. Zur gesellschaftlichen Selbstverständigung über ‚Verbrechen' vom 17. bis zum 21. Jahrhundert, hg. von Hans-Edwin Friedrich und Claus-Michael Ort, Berlin 2015, 161–192.
Siebenpfeiffer, Hania, Die literarische Eroberung des Alls. Literatur und Astronomie (1593–1771), Göttingen 2025.
Siegert, Bernhard, Netzwerke der Regimentalität und die Schicklichkeit der Briefe im 17. Jahrhundert, in: MLN 105 (1990), 536–562.
Siegert, Bernhard, Kulturtechnik, in: Einführung in die Kulturwissenschaft, hg. von Harun Maye und Leander Scholz, München 2011, 95–118.
Siegert, Bernhard, Öffnen, Schließen, Zerstreuen, Verdichten. Die operativen Ontologien der Kulturtechnik, in: Zeitschrift für Medien- und Kulturforschung 8.2 (2017), 95–113.
Simon, Dieter, Launische Natur, ständige Rechtsprechung und Sicherheit der Bürger, in: Wissen in Bewegung. Institution – Iteration – Transfer, hg. von Eva Cancik-Kirschbaum und Anita Traninger, Wiesbaden 2015, 15–28.
Simon, Ralf, Die Idee der Prosa. Zur Ästhetikgeschichte von Baumgarten bis Hegel mit einem Schwerpunkt bei Jean Paul, München und Paderborn 2013.
Simon, Thomas, Gute Policey. Ordnungsbilder und Zielvorstellungen politischen Handelns in der frühen Neuzeit, Frankfurt a. M. 2004.
Šklovskij, Viktor, Die Kunst als Verfahren (1916), in: Russischer Formalismus. Texte zur allgemeinen Literaturtheorie und zur Theorie der Prosa, hg. von Jurij Striedter, 5. Aufl. München 1994, 4–35.
Slauter, Will, Periodicals and the Commercialization of Information in the Early Modern Era, in: Information. A Historical Companion, hg. von Ann Blair, Paul Duguid, Anja-Silvia Goeing et al., Princeton und Oxford 2021, 128–150.
Sloan, Michael C., Aristotle's Nicomachean Ethics as the Original Locus for the Septem Circumstantiae, in: Classical Philology 105.3 (2010), 236–251.
Solbach, Andreas, Gesellschaftsethik und Romantheorie. Studien zu Grimmelshausen, Weise und Beer, New York, Washington, Baltimore u. a. 1994.
Solbach, Andreas, Evidentia und Erzähltheorie. Die Rhetorik anschaulichen Erzählens in der Frühmoderne und ihre antiken Quellen, München 1994.
Sommer, Manfred, Wirklichkeit, in: Blumenberg lesen. Ein Glossar, hg. von Robert Buch und Daniel Weidner, Frankfurt a. M. 2014, 363–378.
Specht, Rainer, Über ‚occasio' und verwandte Begriffe bei Zabarella und Descartes, in: Archiv für Begriffsgeschichte 16 (1972), 1–27.
Specht, Rainer, Über ‚occasio' und verwandte Begriffe im Cartesianismus I, in: Archiv für Begriffsgeschichte 16 (1972), 198–226.
Specht, Rainer, Über ‚occasio' und verwandte Begriffe im Cartesianismus II, in: Archiv für Begriffsgeschichte 17 (1973), 36–65.
Speth, Sebastian, Vergnügen an gerechter Strafe. Poetische Gerechtigkeit und Strafrecht in Pitavalgeschichten, in: Vom „Theater des Schreckens" zum „peinlichen Rechte nach der

Vernunft". Literatur und Strafrecht im 17. und 18. Jahrhundert, hg. von Eric Achermann und Gideon Stiening, Berlin 2022, 135–169.
Spitzl-Dupic, Friederike, Adverb, in: Lexikon sprachtheoretischer Grundbegriffe des 17. und 18. Jahrhunderts 2, 1274–1291.
Spoerhase, Carlos, Was ist ein Werk? Über philologische Werkfunktionen, in: Scientia Poetica. Jahrbuch für Geschichte der Literatur und der Wissenschaften 11 (2007), 276–344.
Spoerhase, Carlos, Die „mittelstrasse" zwischen Skeptizismus und Dogmatismus. Konzeptionen hermeneutischer Wahrscheinlichkeit um 1750. In: Unsicheres Wissen. Skeptizismus und Wahrscheinlichkeit 1550–1850, hg. von dems., Dirk Werle und Markus Wild, Berlin und New York 2009, 269–300.
Spörl, Uwe, Aristotelische Argumentationen zur fiktionalen Erzählprosa in deutschsprachigen Barockpoetiken, in: Spielregeln barocker Prosa. Historische Konzepte und theoriefähige Texturen ‚ungebundener Rede' in der Literatur des 17. Jahrhunderts, hg. von Thomas Althaus und Nicola Kaminski, Bern 2012, 69–89.
Sporhan-Krempel, Lore, Nürnberg als Nachrichtenzentrum zwischen 1400 und 1700, Nürnberg 1968.
Stanitzek, Georg, Blödigkeit. Beschreibungen des Individuums des 18. Jahrhunderts, Tübingen 1989.
Stanitzek, Georg, Fama/Musenkette. Zwei klassische Probleme der Literaturwissenschaft mit „den Medien", in: Schnittstelle. Medien und Kulturwissenschaften, hg. von Georg Stanitzek und Wilhelm Voßkamp, Köln 2001, 135–150.
Stanitzek, Georg, Buch: Medium und Form – in paratexttheoretischer Perspektive, in: Buchwissenschaft in Deutschland. Ein Handbuch. Bd. 1: Theorie und Forschung, hg. von Ursula Rautenberg, Berlin und New York 2010, 157–200.
Steigerwald, Jörn, Galanterie als kulturelle Identitätsbildung: Französisch-deutscher Kulturtransfer im Zeichen der Querelles (Dominique Bouhours – Christian Thomasius – Benjamin Neukirch), in: Papers from the Conference ‚The Fragile Tradition'. Bd. 2: German Literature, History and the Nation, hg. von Christian Emden und David Midgley, Oxford und Bern 2004, 119–141.
Stengers, Isabelle, La propagation des concepts, in: D'une science à l'autre. Des concepts nomades, hg. von ders., Paris 1987, 9–26.
Stichweh, Rudolf, Der frühmoderne Staat und die europäische Universität. Zur Interaktion von Politik und Erziehungssystem im Prozeß ihrer Ausdifferenzierung (16.–18. Jahrhundert), Frankfurt a. M. 1991.
Stichweh, Rudolf, Zur Subjektivierung der Entscheidungsfindung im deutschen Strafprozess des 19. Jahrhunderts. Aspekte der Ausdifferenzierung des Rechtssystems, in: Subjektivierung des justiziellen Beweisverfahrens. Beiträge zum Zeugenbeweis in Europa und den USA (18.–20. Jahrhundert), hg. von André Gouron, Laurent Mayali, Antonio Padoa Schioppa et al., Frankfurt a. M. 1994, 265–300.
Stichweh, Rudolf, Wissenschaft, Universität, Professionen. Soziologische Analysen (1994), Neuaufl. Bielefeld 2013.
Stillers, Rainer, Humanistische Deutung. Studien zu Kommentar und Literaturtheorie in italienischer Renaissance, Düsseldorf 1988.
Stingelin, Martin, ‚Schreiben', in: Mir ekelt vor diesem tintenkleksenden Säkulum." Schreibszenen im Zeitalter der Manuskripte, hg. von dems., München 2004, 7–21.
Stierle, Karlheinz, Geschichte als Exemplum – Exemplum als Geschichte. Zur Pragmatik und Poetik narrativer Texte, in: Geschichte – Ereignis – Erzählung, hg. von Reinhart Koselleck und Wolf-Dieter Stempel, München 1973, 347–375.
Stöckmann, Ingo, Vor der Literatur. Eine Evolutionstheorie der Poetik Alteuropas, Tübingen 2001.

Stockhorst, Stefanie, Reformpoetik. Kodifizierte Genustheorie des Barock und alternative Normenbildung in poetologischen Paratexten, Tübingen 2008.

Stockhorst, Stefanie, Theorie des (Un-)Praktischen. Zur Logik einer obsoleten Kunst am Beispiel von Harsdörffers ‚Trincierbuch', in: Euphorion. Zeitschrift für Literaturgeschichte 116.1 (2022), 19–37.

Stolberg, Michael, Medizinische *loci communes*. Formen und Funktionen einer ärztlichen Aufzeichnungspraxis im 16. und 17. Jahrhundert, in: NTM – Zeitschrift für Geschichte der Wissenshaften, Technik und Medizin 21 (2013), 37–60.

Stollberg-Rilinger, Barbara, Einleitung, in: Herstellung und Darstellung von Entscheidungen. Verfahren, Verwalten und Verhandeln in der Vormoderne, hg. von ders. und André Krischer, Berlin 2010, 9–31.

Stolleis, Michael, Geschichte des öffentlichen Rechts in Deutschland. 1. Bd. Reichspublizistik und Policeywissenschaft. 1600–1800, München 1988.

Stolleis, Michael, Condere leges et interpretari. Gesetzgebungsmacht und Staatsbildung in der frühen Neuzeit, in: Staat und Staatsräson in der frühen Neuzeit. Studien zur Geschichte des öffentlichen Rechts. Frankfurt a. M. 1990, 167–196.

Stolleis, Michael, Hermann Conring und die Begründung der deutschen Rechtsgeschichte, in: Hermann Conring, Der Ursprung des deutschen Rechts, übers. von Ilse Hoffmann-Meckenstok, hg. von Michael Stolleis, Frankfurt a. M. 1994, 253–268.

Strathern, Marilyn, Relations. An Anthropological Account, Durham und London 2020.

Strunz, Stephan, Bürokratische Verkleinerungen. Bewerbungskultur und Berichtpraxis in der preußischen Personalverwaltung um 1800, in: Verkleinerung. Epistemologie und Literaturgeschichte kleiner Formen, hg. von Maren Jäger, Ethel Matala de Mazza und Joseph Vogl, Berlin und Boston 2021, 75–86.

Stübinger, Stephan, Von der alten Imputationen-Lehre zum klassischen Verbrechensbegriff – Ein Beitrag zur Geschichte des strafrechtlichen Zurechnungsbegriffs, in: RW Rechtswissenschaft Jg. 2, H. 2 (2011), 154–176.

Stump, Eleonore, Boethius' Theory of Topics and its Place in Early Scholastic Logic, in: Atti del Congresso internazionale di studi boeziani, hg. von Luca Obertello, Rom 1981, 249–262.

Stump, Eleonore, Dialectic and Boethius's De topicis differentiis, in: Dialectic and Its Place in the Development of Medieval Logic. Ithaca und London 1989, 31–56.

Szondi, Peter, Einführung in die literarische Hermeneutik, Frankfurt a. M. 1975.

Taatz-Jacobi, Marianne. Erwünschte Harmonie. Die Gründung der Friedrichs-Universität Halle als Instrument brandenburg-preußischer Konfessionspolitik – Motive, Verfahren, Mythos (1680–1713), Berlin und Boston 2014.

Theiss, Winfried, Nur die Narren und Halßstarrigen die Rechtsgelehrte ernehren... Zur Soziologie der Figuren und Normen in G. Ph. Harsdörffers *Schauplatz*-Anthologien von 1650, in: Literatur und Volk im 17. Jahrhundert. Probleme populärer Kultur in Deutschland, hg. von Wolfgang Brückner, Peter Blickle und Dieter Breuer, 2 Bde., Wiesbaden 1985, Bd. 2, 899–916.

Till, Dietmar, Transformationen der Rhetorik. Untersuchungen zum Wandel der Rhetoriktheorie im 17. und 18. Jahrhundert, Tübingen 2004.

Till, Dietmar, *Oratio ligata/oratio soluta*. Zur Genese einer Opposition und den mit ihr entstehenden Normierungslücken in der Poetik der Frühen Neuzeit, in: Spielregeln barocker Prosa. Historische Konzepte und theoriefähige Texturen ‚ungebundener Rede' in der Literatur des 17. Jahrhunderts, hg. von Thomas Althaus und Nicola Kaminski, Bern 2012, 229–246.

Titzmann, Michael, Die Ausdifferenzierung des Normensystems in Früher Neuzeit und Aufklärung: ‚Moral' vs. ‚Recht', in: Recht und Moral. Zur gesellschaftlichen Selbstverständigung über

‚Verbrechen' vom 17. bis zum 21. Jahrhundert, hg. von Hans-Edwin Friedrich und Claus-Michael Ort, Berlin 2015, 87–160.
Todorov, Tzvetan, Typologie des Kriminalromans (1966), in: Der Kriminalroman. Poetik – Theorie – Geschichte, hg. von Jochen Vogt, München 1998, 208–215.
Tomaševskij, Boris, Literatur und Biographie (1923), in: Texte zur Theorie der Autorschaft, hg. und komm. von Fotis Jannidis, Gerhard Lauer, Matías Martínez et al., Stuttgart 2000, 49–61.
Tonelli, Giorgio, Art. Hypothese, Hypothesis II, in: Historisches Wörterbuch der Philosophie 3, Sp. 1261–1265.
Traninger, Anita, Mühelose Wissenschaft. Lullismus und Rhetorik in den deutschsprachigen Ländern der Frühen Neuzeit, München 2001.
Trappen, Stefan, Fiktionsvorstellungen der Frühen Neuzeit. Über den Gegensatz zwischen „fabula" und „historia" und seine Bedeutung für die Poetik, in: Simpliciana XX (1998), 137–164.
Trappen, Stefan, Dialektischer und klassischer Gattungsbegriff bei Opitz. Ein übersehener Zusammenhang zwischen Aristoteles, Scaliger und der deutschen Barockpoetik, in: Martin Opitz (1597–1639). Nachahmungspoetik und Lebenswelt, hg. von Thomas Borgstedt und Walter Schmitz, Tübingen 2002, 88–98.
Trimpi, Wesley, The Quality of Fiction: The Rhetorical Transmission of Literary Theory, in: Traditio 30 (1974), 1–118.
Trop, Gabriel, Poetry as a Way of Life. Aesthetics and Askesis in the German Eighteenth Century, Evanston 2015.
Trusen, Winfried, Strafprozeß und Rezeption. Zu den Entwicklungen im Spätmittelalter und den Grundlagen der *Carolina*, in: Strafrecht, Strafprozeß und Rezeption. Grundlagen, Entwicklung und Wirkung der *Constitutio Criminalis Carolina*, hg. von Peter Landau und Friedrich-Christian Schroeder, Frankfurt a. M. 1984, 29–118.
Trüstedt, Katrin, Stellvertretung. Zur Szene der Person, Göttingen 2022.
Twellmann, Marcus, Assemblage (Collage, Montage). Für einen neuen Formalismus, in: DVjs 93 (2019), 239–261.
Ueding, Gert und Bernd Steinbrink, Grundriß der Rhetorik. Geschichte – Technik – Methode (1986), 5., akt. Aufl. Stuttgart 2011.
Uhlmann, Gyburg, Poetik in der Antike, in: Grundthemen der Literaturwissenschaft: Poetik und Poetizität, hg. von Ralf Simon, Berlin und Boston 2018, 61–85.
Vec, Miloš, Multinormativität in der Rechtsgeschichte, in: Berlin-Brandenburgische Akademie der Wissenschaften (vormals Preußische Akademie der Wissenschaften), Jahrbuch 2008, Berlin 2009, 155–166.
Veit, Walter F., These, Hypothese, in: Historisches Wörterbuch der Rhetorik 9, Sp. 541–565.
Vickers, Brian, Rhetoric and Poetics, in: The Cambridge History of Renaissance Philosophy, hg. von Charles B. Schmitt, Quentin Skinner, Eckhard Kessler et al., Cambridge 1988, 715–745.
Virilio, Paul und Sylvère Lotringer, Der reine Krieg (1983), Berlin 1984.
Viehweg, Theodor, Topik und Jurisprudenz. Ein Beitrag zur rechtswissenschaftlichen Grundlagenforschung (1953), 5. Aufl. München 1974.
Vismann, Cornelia, Akten. Medientechnik und Recht, Frankfurt a. M. 2000.
Vismann, Cornelia, Medien der Rechtsprechung, hg. von Alexandra Kemmerer und Markus Krajewski, Frankfurt a. M. 2011.
Vismann, Cornelia, Wort für Wort, in: Das Recht und seine Mittel. Ausgewählte Schriften, hg. von Markus Krajewski und Fabian Steinhauer, Frankfurt a. M. 2012, 34–53.

Vogel, Christian, Boethius' Theorie der argumentativen Wissensvermittlung. Working Paper No. 22. Sonderforschungsbereich 980. Episteme in Bewegung. Wissenstransfer von der Alten Welt in die Frühe Neuzeit, Freie Universität Berlin 2019.
Vogel, Juliane, Verstrickungskünste. Lösungskünste: Zur Geschichte des dramatischen Knotens, in: Der Gordische Knoten. Lösungsszenarien in Wissenschaft und Kunst, hg. von Wolfgang Gratzer und Otto Neumaier, Wien und Berlin 2014, 111–130.
Vogel, Juliane, Aus dem Grund. Auftrittsprotokolle zwischen Racine und Nietzsche, Paderborn 2018.
Vogl, Joseph, Die zwei Körper des Staates, in: *‚Aufführung' und ‚Schrift' in Mittelalter und früher Neuzeit*, hg. von Jan-Dirk Müller, Stuttgart 1996, 562–574.
Vogl, Joseph, Staatsbegehren. Zur Epoche der Policey, in: Deutsche Vierteljahrsschrift Jg. 2000, H. 4, 600–626.
Vogl, Joseph, Kalkül und Leidenschaft. Poetik des ökonomischen Menschen (2002), 2. Aufl. Zürich und Berlin 2004.
Vogl, Joseph, Über das Zaudern (2007), 2. Aufl. Zürich und Berlin 2008.
Vogl, Joseph, Scherben des Gerichts. Skizze zu einem Theater der Ermittlung, in: Gesetz. Ironie. Festschrift für Manfred Schneider, hg. von Rüdiger Campe und Michael Niehaus, Heidelberg 2004, 109–121.
Vogl, Joseph, Ort der Gewalt. Kafkas literarische Ethik (1990), Zürich 2010.
Vogl, Joseph, Poetologie des Wissens, in: Einführung in die Kulturwissenschaft, hg. von Harun Maye und Leander Scholz, München 2011, S. 49–71.
Vogl, Joseph, Meteor. Versuch über das Schwebende, München 2025.
Völkel, Markus, „Pyrrhonismus historicus" und „fides historica". Die Entwicklung der deutschen historischen Methodologie unter dem Gesichtspunkt der historischen Skepsis, Frankfurt a. M., Bern und New York 1987.
Wagner, Martin, The Narratology of Observation. Studies in a Technique of European Literary Realism, Berlin und Boston 2018.
Wankhammer, Johannes, Creatures of Attention. Aesthetics and the Subject before Kant, Cornell University Press 2024.
Watt, Ian, The Rise of the Novel. Studies in Defoe, Richardson and Fielding (1957), 4. Aufl. Berkeley und Los Angeles 1964.
Watt, Ian, Der bürgerliche Roman. Aufstieg einer Gattung. Defoe, Richardson, Fielding, Frankfurt a. M. 1974.
Webb, Ruth, Ekphrasis, Imagination and Persuasion in Ancient Rhetorical Thoery and Practice, Farnham 2009.
Weimar, Peter, Die legistische Literatur der Glossatorenzeit, in: Handbuch der Quellen und Literatur der neueren europäischen Privatrechtsgeschichte. 1. Bd. Mittelalter (1100–1500). Die gelehrten Rechte und die Gesetzgebung, hg. von Helmut Coing, Frankfurt a. M. 1973, 129–259.
Weinberg, Bernard, A history of literary criticism in the Italian Renaissance, 2 Bde., Chicago 1961/1963.
Wellbery, David E., Lessing's Laocoon. Semiotics and Aesthetics in the Age of Reason, Cambridge und New York 1984.
Wellbery, David E., Mediale Bedingungen der Kontingenzsemantik, in: Kontingenz. Poetik und Hermeneutik 17, hg. von Gerhart v. Graevenitz und Odo Marquard, München 1998, 447–450.
Wels, Volkhard, Triviale Künste. Die humanistische Reform der grammatischen, dialektischen und rhetorischen Ausbildung an der Wende zum 16. Jahrhundert, Berlin 2000.
Wels, Volkhard, Der Begriff der Dichtung in der Frühen Neuzeit, Berlin und New York 2009.

Welsh, Alexander, Strong Representations. Narrative and Circumstantial Evidence in England, Baltimore 1992.
Werber, Niels, Die Form des Populären. Zur Frühgeschichte fantastischer und kriminalistischer Literatur, in: Der Reiz des Trivialen. Künstler, Intellektuelle und die Popkultur, hg. von Thomas Hecken, Opladen 1997, 49 – 86.
Werle, Dirk, Die Bücherflut in der Frühen Neuzeit – realweltliches Problem oder stereotypes Vorstellungsmuster?, in: Frühneuzeitliche Stereotype. Zur Produktivität und Restriktivität sozialer Vorstellungsmuster, hg. von Miroslawa Czarnecka, Bern, Berlin, Brüssel u. a. 2010, 469 – 486.
Wesche, Jörg, Literarische Diversität. Abweichungen, Lizenzen und Spielräume in der deutschen Poesie und Poetik der Barockzeit, Tübingen 2004.
Wetterer, Angelika, Publikumsbezug und Wahrheitsanspruch. Der Widerspruch zwischen rhetorischem Ansatz und philosophischem Anspruch bei Gottsched und den Schweizern, Tübingen 1981.
White, James Boyd, The Legal Imagination, Chicago und London 1985.
Wickman, Matthew, Of Probability, Romance, and the Spatial Dimensions of Eighteenth-Century Narrative, in: Eighteenth-Century Fiction 15.1 (2002), 59 – 80.
Widder, Roman, Pöbel, Poet und Publikum. Figuren arbeitender Armut in der Frühen Neuzeit, Konstanz 2020.
Wijffels, Alain (Hg.), Case Law in the Making. The Techniques and Methods of Judicial Records and Law Reports, 2 Bde., Berlin 1997.
Wils, Jean-Pierre, Ethik, in: Historisches Wörterbuch der Rhetorik 2, Sp. 1468 – 1507.
Wiltenburg, Joy, Crime and Culture in Early Modern Germany, Charlottesville und London 2012.
Wirtz Thomas, Gerichtsverfahren: Ein dramaturgisches Modell in Trauerspielen der Frühaufklärung, Würzburg 1994.
Wojtowicz, Tadeusz, Die Logik von Johann Jakob Breitinger 1701 – 1776, Paris 1947.
Wolf, Burkhardt, Die Sorge des Souveräns. Eine Diskursgeschichte des Opfers, Berlin 2004.
Wolf, Burkhardt, Fortuna di mare. Literatur und Seefahrt, Zürich und Berlin 2013.
Woolhouse, Roger, Leibniz and Occasionalism, in: Leibniz. Critical Assessments, Bd. 4, hg. von dems., London 1994, 267 – 283.
Wübben, Yvonne, Fall und Fallgeschichte – Der Mensch als Sache anthropologischer Diskurse: Einleitung, in: Die Sachen der Aufklärung. Beiträge zur DGEJ-Jahrestagung 2010 in Halle a. d. Saale, hg. von Frauke Berndt und Daniel Fulda, Hamburg 2010, 521 – 524.
Zedelmaier, Helmut, *Bibliotheca universalis* und *bibliotheca selecta.* Das Problem der Ordnung des gelehrten Wissens in der frühen Neuzeit, Köln, Weimar und Wien 1992.
Zedelmaier, Helmut, Lesetechniken. Die Praktiken der Lektüre in der Neuzeit, in: Die Praktiken der Gelehrsamkeit in der Frühen Neuzeit, hg. von dems. und Martin Mulsow, Tübingen 2001, 11 – 30.
Zedelmaier, Helmut, Der Anfang der Geschichte, Studien zur Ursprungsdebatte im 18. Jahrhundert, Hamburg 2003.
Zedelmaier, Helmut, Werkstätten des Wissens zwischen Renaissance und Aufklärung, Tübingen 2015.
Zelle, Carsten ‚Vernünftige Gedanken von der Beredsamkeit' – Bodmers und Breitingers ästhetische Schriften und Literaturkritik, in: Bodmer und Breitinger im Netzwerk der europäischen Aufklärung, hg. von Annet Lüttken und Barbara Mahlmann-Bauer, Göttingen 2009, 25 – 41.
Zeller, Rosmarie, Spiel und Konversation im Barock. Untersuchungen zu Harsdörffers „Gesprächspielen", Berlin und New York 1974.
Zeller, Rosmarie, Fabula und Historia im Kontext der Gattungspoetik, in: Simpliciana XX (1998), 49 – 63.
Zeller, Rosmarie, Der Diskurs über die Poetik des Aristoteles in deutschen und lateinischen Poetiken des 17. Jahrhunderts, in: Études Germaniques 57 (2002), 5 – 33.

Zeller, Rosmarie, Harsdörffers Mordgeschichten in der Tradition der Histoires tragiques, in: Harsdörffer-Studien. Mit einer Bibliografie der Forschungsliteratur von 1847 bis 2005, hg. von Hermann Korte und Hans-Joachim Jakob, Frankfurt a. M. 2006, 177–194.

Zeller, Rosmarie, Sigmund von Birken und Georg Philipp Harsdörffer, in: „Erfreuliche Nützlichkeit – Keim göttlicher Ehre“. Beiträge zum Harsdörffer-Birken-Colloquium des Pegnesischen Blumenordens im Oktober 2014, hg. von Werner Kügel, Passau 2015, 171–189.

Zeusch, Ulrike, Aporien in der Literaturtheorie der Frühen Neuzeit. Francesco Robortollos *In librum Aristotelis De arte poetica explications* und die Folgen, in: Mimesis – Repräsentation – Imagination. Literaturtheoretische Positionen von Aristoteles bis zum Ende des 18. Jahrhunderts, hg. von ders. und Jörg Schönert, Berlin und New York 2004, 181–214.

Zinsmaier, Thomas, Zwischen Erzählung und Argumentation, *colores* in den pseudoquintilianischen *Declamationes maiores*, in: Rhetorica. A Journal of the History of Rhetoric 27.3 (2009), 256–273.

Personenregister

https://doi.org/10.1515/9783111358680-011